AF895223

Webradio-Streamripping

Schriften zum Wirtschafts- und Medienrecht, Steuerrecht und Zivilprozeßrecht

Herausgegeben von Jürgen Costede
und Gerald Spindler

Band 55

PL ACADEMIC RESEARCH

Aileen Prill

Webradio-Streamripping

Eine neue Form der Musikpiraterie?

Eine Untersuchung des urheberrechtlichen Rahmens für Webradios und der Schranke der Privatkopie

PL ACADEMIC RESEARCH

Bibliografische Information der Deutschen Nationalbibliothek
Die Deutsche Nationalbibliothek verzeichnet diese Publikation in der Deutschen Nationalbibliografie; detaillierte bibliografische Daten sind im Internet über http://dnb.d-nb.de abrufbar.

Zugl.: Göttingen, Univ., Diss., 2013

Gedruckt auf alterungsbeständigem, säurefreiem Papier.

D 7
ISSN 1614-2071
ISBN 978-3-631-64183-5 (Print)
E-ISBN 978-3-653-03384-7 (E-Book)
DOI 10.3726/978-3-653-03384-7

© Peter Lang GmbH
Internationaler Verlag der Wissenschaften
Frankfurt am Main 2013
Alle Rechte vorbehalten.
PL Academic Research ist ein Imprint der Peter Lang GmbH.

Peter Lang – Frankfurt am Main · Bern · Bruxelles · New York · Oxford · Warszawa · Wien

Das Werk einschließlich aller seiner Teile ist urheberrechtlich geschützt. Jede Verwertung außerhalb der engen Grenzen des Urheberrechtsgesetzes ist ohne Zustimmung des Verlages unzulässig und strafbar. Das gilt insbesondere für Vervielfältigungen, Übersetzungen, Mikroverfilmungen und die Einspeicherung und Verarbeitung in elektronischen Systemen.

Dieses Buch erscheint in einer Herausgeberreihe bei PL Academic Research und wurde vor Erscheinen peer reviewed.

www.peterlang.com

Vorwort

Die vorliegende Arbeit wurde im Juni 2012 von der juristischen Fakultät der Georg-August-Universität Göttingen als Dissertation angenommen. Literatur und Rechtsprechung wurden im Wesentlichen bis Juni 2013 berücksichtigt.

Mein herzlicher Dank gilt zunächst meinem geschätzten Doktorvater, Herrn Prof. Dr. Gerald Spindler, für die freundliche Aufnahme und die schöne Zeit an seinem Lehrstuhl und die interessanten Projekte, die ich im Rahmen meiner Tätigkeit als wissenschaftliche Mitarbeiterin betreuen durfte. Bedanken möchte ich mich auch bei Herrn Prof. Dr. Andreas Wiebe für die schnelle Erstellung des Zweitgutachtens. Ein großer Dank gilt weiterhin Herrn Dr. Gerd Kastendieck und dem Vorstand der Dr. Giesing-Stiftung für die großzügige finanzielle Unterstützung der Veröffentlichung dieser Arbeit.

Besonders danken möchte ich außerdem meinen Freunden, die mich bei diesem Projekt begleitet haben. Nennen möchte ich meinen Schulfreund Henning, der mir nicht nur bei Fragen zum technischen Hintergrund zur Seite gestanden hat, sondern stets auch ein offenes Ohr für die sonstigen Sorgen im Leben hatte. Lena und Monika danke ich, dass sie sich trotz starker beruflicher Einbindung bzw. eigener Promotion immer die Zeit für konstruktive fachliche Diskussionen und das Korrekturlesen meiner Arbeit genommen haben. Außerdem danke ich Alexandra und Frau Floerke. Beide waren mir mit wichtigen Hinweisen zu den unzähligen Formalitäten und als Anlaufstelle für Fragen des Doktorandendaseins eine unschätzbare Hilfe.

Mehr als Dank aber schulde ich meinem Freund Giosino, der mich vor allem in den letzten Monaten der Promotion immer wieder ermutigt und so viel Geduld mit mir aufgebracht hat. Von ganzem Herzen danken möchte ich außerdem meinen Eltern für ihre bedingungslose Unterstützung und ihre aufmunternden Worte, wenn die Lage mal wieder aussichtslos erschien. Nur mit ihrer Hilfe konnte diese Arbeit gelingen. Danke!

Düsseldorf, im Juli 2013
Aileen Prill

Inhaltsverzeichnis

Einleitung 1
A. Gegenstand der Untersuchung 1
B. Zielsetzung 6
C. Eingrenzung der Untersuchung 12
D. Gang der Untersuchung 13

Erster Teil: Technische Erfassung des Nutzungsvorgangs 15
Kapitel 1: Webradio-Varianten 15
A. Live-Streaming (Webcasts und Simulcasts) 16
B. Programmpakete 17
I. On-Demand-Streams 17
II. Loop-Streams / Near-on-Demand 18
III. Podcasts 19
C. Personalisierte Webradios 20
Kapitel 2: Technische Grundlagen 22
A. Produktion und Bereitstellung eines Programms 23
B. Abruf durch den Nutzer 24
C. Übertragungsvorgang 25
I. Streaming 25
II. Methoden der Netzwerkkommunikation 27
1. Unicast 27
2. Content Delivery Networks 28
3. Network Layer Multicast 28
4. Peer-to-Peer 30
D. Aufzeichnung von Streaming-Audio („Streamripping“) 32
I. Mittels Computerprogramm 32
II. Mittels Web-Anwendung 34
III. Bewertung des Potentials intelligenter Aufnahmesoftware 35
Kapitel 3: Geographische Beschränkung der Abrufbarkeit durch „Geo-Sperren“ 36
A. Netzinterne Kontrollmechanismen 37
I. (Keine) Gefahr durch Deep-Links 38

II. Lokalisierung mittels IP-Adresse ... 39
1. Die IP-Adresse ... 39
2. IP-Address Geolocation ... 40
a) Funktionsweise ... 40
b) Konsequenzen aus der datenschutzrechtliche Diskussion um IP-Adressen ... 42
3. Mechanismen zur Verschleierung der IP-Adresse ... 44
a) Anonymisierungsdienste ... 44
b) Proxy-Server ... 45
c) Virtual Private Network ... 46
III. Lokalisierung von Rechnern mithilfe von netztopologischen Informationen ... 47
1. Zählung der Hops ... 48
2. Messung der Antwortzeiten ... 49
a) Ping-Befehl ... 49
b) Aktualisierungsbefehl ... 50
IV. Identifizierung der Internetverbindung ... 50
B. Kontrolle anhand von netzexternen Faktoren ... 50
C. Bewertung der Effektivität von Geo-Sperren ... 51

Zweiter Teil: Einordnung von Webradio in das System der Verwertungsrechte ... 53
Kapitel 1: Einordnung der Vorbereitungshandlungen ... 54
A. Vervielfältigungen zur Vorbereitung ... 54
B. Bearbeitungen ... 56
Kapitel 2: Einordnung des Übertragungsvorgangs ... 59
A. Vervielfältigungen während des Übertragungsvorgangs ... 60
I. Vervielfältigungen bei Internet Service Providern ... 60
II. Vervielfältigungen beim Nutzer ... 63
1. Rechtliche Beurteilung der Kopien im Zwischenspeicher ... 63
2. Hersteller der Kopie im Zwischenspeicher ... 65
III. Ergebnis ... 67
B. Das Anbieten von Webradio als öffentliche Wiedergabe ... 67
I. Historische Entwicklung und Abgrenzung zwischen §§ 19a und 20 UrhG ... 68
1. Vom Senderecht zum Recht der öffentlichen Zugänglichmachung ... 68
2. Notwendigkeit und Konsequenzen einer Abgrenzung ... 72
3. Umfang des § 19a UrhG ... 74

4. Charakteristika von Sendung und öffentlicher Zugänglichmachung ... 76
a) Verwendete technische Infrastruktur ... 77
b) Begriff der „Öffentlichkeit“ ... 79
aa) Qualitative und quantitative Zusammensetzung ... 79
bb) Sukzessiver Zugriff und sukzessives Anbieten ... 81
c) Begriff der „Zugänglichmachung“ ... 83
aa) Ort des Empfangs oder Abrufs ... 84
bb) Wahrnehmungs- und Nutzungsmöglichkeiten auf Empfängerseite ... 84
cc) Zeitliche Dimension ... 86
1) Sukzessive Nutzungsvorgänge ... 86
2) Zeitpunkt des Abrufs ... 87
3) Grad der zeitlichen Wahlmöglichkeit ... 88
dd) Verantwortlichkeit für die Gestaltung des Webradio-Programms ... 89
5. Zwischenergebnis ... 92
II. Verwertungsrechtliche Bewertung der unterschiedlichen Webradio-Varianten ... 92
1. Live-Streaming ... 92
a) Simulcasts ... 92
b) Webcasts ... 93
c) Spartenkanäle ... 94
2. Programmpakete ... 94
a) Podcasts ... 95
b) Loop-Streams / Near-on-Demand ... 96
aa) Begründungsansätze in Literatur und Rechtsprechung ... 97
bb) Bewertung ... 97
c) On-Demand-Streams ... 99
3. Personalisiertes Webradio ... 100
a) Lösungsansätze in der Literatur ... 101
b) Eigene Wertung ... 103
4. Interaktive Elemente, Speichermöglichkeiten und Zusatzinformationen ... 105
a) „Stop and Play“-Funktion ... 105
b) „Skip“-Funktion ... 106
c) „Never Play Again“-Funktion ... 107
d) Speichermöglichkeiten ... 107
III. Ergebnis ... 107

Kapitel 3: Einordnung des Webradiohörens 108
A. Technisch bedingte Vervielfältigungen 108
B. Umgehung technischer Schutzmaßnahmen 109
I. Qualifikation als technische Maßnahme 109
1. Technische Lösung 110
2. Schutz urheberrechtlicher Befugnisse 111
3. Bestimmung im normalen Betrieb 112
II. Voraussetzung der Wirksamkeit 114
1. Wirksamkeit des Kontrollmechanismus 114
a) Netzinterne Mechanismen 114
b) Netzexterne Faktoren 116
2. Einsatz durch den Rechteinhaber 117
III. Umgehungshandlung 119
IV. Ergebnis 120
Kapitel 4: Einordnung des Streamripping 120
A. Streamripping per Computerprogramm 121
I. Vervielfältigung auf der Festplatte 121
II. Aufzeichnung durch Umgehung technischer Schutzmaßnahmen 121
1. Vorliegen einer wirksamen technischen Maßnahme 122
a) Qualifikation als technische Lösung 122
aa) Verschlüsselungstechniken und Passwortsperren 122
bb) Übermittlungsverfahren „Streaming“ 123
b) Bewertung der Wirksamkeit 124
2. Umgehungshandlung 125
III. Ergebnis 125
B. Streamripping über Web-Anwendungen 126
I. Speicherung online 127
II. Übermittlung der Aufnahme an den Nutzer 130
III. Abgriff des Webradio-Programms und Weiterleitung an den Online-Speicher 131
1. Rechtsprechung zu Online-Videorekordern 132
2. Stellungnahme 133
IV. Ergebnis 134
Kapitel 5: Bewertung grenzüberschreitender Sachverhalte 135
A. Zur Anwendbarkeit des deutschen Urheberrechts 136
I. Das Schutzlandprinzip 137
II. Zur Geeignetheit des Schutzlandprinzips bei Multistate-Verwertungshandlungen 138

III. Lösungsansätze zur Schaffung eines erhöhten Inlandsbezugs ... 139
1. Dogmatische Einordnung eines erhöhten Inlandsbezugs .. 140
2. Vorschläge für alternative Anknüpfungsregeln ... 142
a) Völkerrechtskonforme Anwendung des Rechts des Schutzlandes ... 142
b) Ersetzen des Territorialitätsprinzips durch das Universalitätsprinzip ... 142
c) ALI-Principles ... 143
d) CLIP-Principles ... 144
3. Stellungnahme ... 146
B. Lokalisierung der Verwertungshandlungen ... 149
I. Lokalisierung einer Vervielfältigung i.S.d. § 16 UrhG ... 149
II. Lokalisierung einer öffentlichen Wiedergabe i.S.d. §§ 19a und 20 UrhG ... 150
1. Theorien zur Lokalisierung von Eingriffen in das Senderecht ... 150
a) Sendelandprinzip ... 150
b) Empfangsland-Theorie ... 153
2. Prüfung der Übertragbarkeit der Theorien auf Internet-Sachverhalte ... 155
a) Sendelandprinzip versus Empfangsland-Theorie ... 155
b) Zur Notwendigkeit der Einschränkung der Empfangsland-Theorie ... 158
c) Bedeutung der Vorgaben der AVMD-RL ... 161
3. Ergebnis ... 163
III. Lokalisierung einer Umgehung einer technischen Schutzmaßnahme ... 164
Kapitel 6: Zusammenfassung der Ergebnisse des zweiten Teils ... 165

Dritter Teil: Bedeutung der Schranken des Urheberrechts für die Zulässigkeit von Webradio und Streamripping ... 169
Kapitel 1: Zur Anwendung von Schrankenbestimmungen ... 171
A. Der Grundsatz der engen Auslegung ... 172
I. Zur Gültigkeit des Grundsatzes ... 173
II. Die Bedeutung der Zielsetzung einer Ausnahmevorschrift und der Interessenlage ... 175
B. Die Interessenlage im Urheberrecht ... 178
I. Grundrechtlich geschützte Interessen des Urhebers ... 179
1. Vermögensrecht ... 180

a) Sozialpflichtigkeit 180
b) Bestands- und Institutsgarantie 181
c) Verhältnismäßigkeitsprüfung 183
d) Vertrauensschutzprinzip 184
e) Abgrenzung zu Enteignungen 184
2. Persönlichkeitsrecht 185
3. Kunst- und Wissenschaftsfreiheit 186
II. Grundrechtlich geschützte Interessen der Verwerter 187
III. Grundrechtlich geschützte Interessen der Allgemeinheit und der Werknutzer 189
1. Informations-, Meinungs- und Medienfreiheiten 190
2. Persönlichkeitsgrundrecht, insbesondere Schutz der Privatsphäre 191
3. Kunst- und Wissenschaftsfreiheit 192
IV. Sozial- und Kulturstaatsprinzip 193
C. Vorgaben des urheberrechtlichen Dreistufentests 194
I. Hintergrund 195
1. Implementierung des Dreistufentests: Von der RBÜ in die InfoSoc-RL 195
2. Aktuelle Vorschläge zur Anpassung und Anwendung des Dreistufentests 198
3. Adressaten des Dreistufentests 201
4. Materieller Anwendungsbereich des Dreistufentests 203
II. Analyse der Teststufen 205
1. Erste Stufe: Beschränkung auf bestimmte Sonderfälle 205
a) Erfordernis der Bestimmtheit 205
b) Vorliegen eines Sonderfalls 207
2. Zweite Stufe: Keine Beeinträchtigung der normalen Verwertung 209
a) Existenz eines Marktes 209
b) Relevanz der Möglichkeit der Kontrolle der Verwertung 211
c) Kriterien zur sachgerechten Bestimmung einer Beeinträchtigung 213
d) Darlegungs- und Beweislast 216
3. Dritte Stufe: Keine unzumutbare Verletzung berechtigter Interessen 217
a) Vorliegen berechtigter Interessen 217
aa) Urheber und Rechteinhaber 218
bb) Geschützte Interessen 221

cc) (Un)zumutbare Verletzungen ... 222
b) Berücksichtigung der Interessen Dritter ... 222
c) Interessenabwägung nach dem Grundsatz der Verhältnismäßigkeit ... 224
III. Zusammenfassung der Vorgaben des Dreistufentests ... 227
D. Argumente aus der ökonomischen Analyse des Rechts ... 229
I. Die ökonomische Funktion des Urheberrechts ... 230
II. Die Bedeutung der ökonomischen Betrachtung für die Verwertungsrechte ... 232
III. Die Bedeutung der ökonomischen Betrachtung für die Schrankenbestimmungen ... 233
IV. Zulässigkeit der Berücksichtigung der Argumente der ökonomischen Analyse ... 235
Kapitel 2: Zur Privilegierung der technisch bedingten Vervielfältigungen ... 236
A. Webradio-Anbieter: Vorbereitung und Anbieten des Webradio-Programms ... 237
I. Vervielfältigungen bei der Vorbereitung ... 237
1. Vorübergehende Vervielfältigungshandlungen, § 44a UrhG ... 238
a) Vorübergehend, flüchtig/begleitend, integraler Teil ... 238
b) Bewertung der wirtschaftlichen Bedeutung ... 239
c) Zweck der Vervielfältigung ... 241
2. Ephemere Vervielfältigung durch Sendeunternehmen, § 55 UrhG ... 243
a) Berechtigte Sendeunternehmen ... 243
b) Vervielfältigungen mit eigenen Mitteln ... 244
c) Vervielfältigungen zur einmaligen Sendung ... 245
3. Zwischenergebnis ... 246
II. Bereithalten des Webradio-Programms ... 247
B. Vermittler: Vervielfältigungen während der Übermittlung ... 248
C. Nutzer: Empfang und Wahrnehmbarmachung von Webradio ... 250
I. Vorübergehend, flüchtig/begleitend, integraler Teil ... 250
II. Bewertung der wirtschaftlichen Bedeutung ... 250
III. Zweck der Vervielfältigung ... 251
D. Ergebnis ... 252
Kapitel 3: Zur Privilegierung von Webradio-Streamripping ... 254
A. Privilegierter Vervielfältigungszweck und -umfang ... 254
I. Private Nutzung ... 255
II. Nutzung nicht zu Erwerbszwecken ... 256

III. Anzahl der zulässigen Kopien ... 258
IV. Zwischenergebnis ... 259
B. Anforderungen an die Vorlage ... 259
I. Rechtmäßige Erlangung der Vorlage bzw. rechtmäßiger Zugriff ... 260
II. Keine offensichtliche Rechtswidrigkeit der Vorlage ... 262
1. Von der Freigabebedingung des § 53 Abs. 1 Satz 1 UrhG erfasste Vorlagearten ... 263
a) Bedeutung des Verwertungsverbots i.S.d. § 96 Abs. 2 UrhG ... 263
b) Geltungsbereich der Freigabebedingung des § 53 Abs. 1 Satz 1 UrhG ... 265
c) Stellungnahme ... 265
2. Rechtswidrigkeit der Vorlage ... 267
3. Offensichtlichkeit der Rechtswidrigkeit ... 268
a) Begriff der „Offensichtlichkeit" ... 268
b) Betrachtungshorizont ... 269
aa) Subjektiver oder objektiver Sorgfaltsmaßstab ... 269
bb) Das europäische Verbraucherleitbild ... 270
c) Offensichtlichkeit der Rechtswidrigkeit bei Webradio-Angeboten ... 272
aa) Anhaltspunkte für eine Rechtswidrigkeit ... 273
bb) Zurechnung des Wissens des Anbieters der Aufnahmesoftware ... 276
III. Zwischenergebnis ... 277
C. Herstellenlassen durch Dritte ... 278
I. Zurechnung der Vervielfältigungshandlung ... 279
II. Unentgeltlichkeit ... 281
III. Zwischenergebnis ... 282
D. Ergebnis: Reichweite des § 53 Abs. 1 UrhG ... 282
Kapitel 4: Verfassungs- und dreistufentestkonforme Auslegung des § 53 Abs. 1 UrhG im Lichte von Webradio-Streamripping ... 284
A. Vervielfältigungsfreiheit als verfassungsrechtliches und ökonomisches Postulat ... 285
I. Vervielfältigungsfreiheit verfassungsrechtlich erforderlich ... 286
1. Informationsfreiheit und Konsuminteressen ... 287
2. Privatsphäre, informationelle Selbstbestimmung, Integrität informationstechnischer Systeme ... 288
3. Kunst- und Wissenschaftsfreiheit ... 290
II. Vervielfältigungsfreiheit ökonomisch berechtigt ... 291

B. Erste Teststufe: Beschränkung auf bestimmte Sonderfälle 293
C. Zweite Teststufe: Beeinträchtigung der normalen Werkverwertung 294
I. Marktbetrachtung: Die normale Verwertung von Musik 295
II. Beeinträchtigung der normalen Verwertung durch Webradio-Aufnahmen 297
1. Möglichkeit der Kontrolle des Marktes 297
2. Finanzielle Einbuße der Rechteinhaber 299
3. Konkurrierende Werknutzung 301
III. Zwischenergebnis 303
D. Exkurs: Das gegenwärtige System der Vergütung privater Vervielfältigungen 304
I. Voraussetzungen der Vergütungspflicht 305
II. Anspruchsberechtigte 306
III. Kriterien zur Bestimmung der Höhe des gesetzlichen Vergütungsanspruchs 309
IV. Bestimmung der Vergütung für Privatkopien 312
E. Dritte Teststufe: Der Interessenausgleich 315
I. Vorliegen berechtigter Interessen der Rechteinhaber und deren Beeinträchtigung 315
II. Zumutbarkeit der Beeinträchtigung 317
1. Entgegenstehende Interessen Dritter 317
2. Reduzierung der Beeinträchtigung durch eine angemessene Vergütung 318
a) Begriff des „gerechten Ausgleichs“ 319
aa) Vorschläge in der deutschen Literatur 319
bb) Ansätze auf europäischer Ebene 320
cc) Die Entscheidungen des EuGH zum „gerechten Ausgleich“ 321
dd) Stellungnahme 324
b) Bewertung der Europarechtskonformität des deutschen Vergütungssystems 326
aa) Kreis der Anspruchsberechtigten und Anspruchsgegner 326
bb) Vergütungspflichtige Geräte/Speichermedien..... 327
cc) Bestimmung der Vergütungshöhe 329
dd) Zulässigkeit von Kaufpreiskopplung und Kappungsgrenzen 330
ee) Bedeutung des Gewinns Dritter 332

ff) Hürden bei der Durchsetzung ... 333
gg) Ermittelter Anpassungsbedarf ... 334
III. Zwischenergebnis ... 335
F. Ergebnis ... 338
I. Notwendigkeit der Restriktion des § 53 Abs. 1 UrhG ... 338
II. Die Privatkopie de lege ferenda ... 340
1. Lösungsvorschläge für eine Anpassung des § 53 Abs. 1 UrhG ... 340
2. Eigener Regelungsvorschlag ... 347
3. Internationale Lösungsvorschläge i.S. einer Neuordnung des Urheberrechts ... 348

Schlussbetrachtung ... 353
Zusammenfassung der Ergebnisse in Thesen ... 353
Fazit ... 358
Ausblick ... 360
A. Haftung des Anbieters der Aufnahmesoftware ... 360
B. Internetsperren und Warnhinweismodelle ... 363
C. ACTA ... 366
D. Verbesserung der Rechtewahrnehmung ... 367

Literaturverzeichnis ... 373

Einleitung

„Kein Grund zum Kulturpessimismus.“

Bundesjustizministerin Sabine Leutheusser-Schnarrenberger[1]

A. Gegenstand der Untersuchung

Seit jeher wird die Auswertung von Musik von der Entwicklung neuer Technologien beeinflusst. Die letzten fünfzehn Jahre haben mit der Verlagerung des Schwerpunktes der Auswertung von Musik ins Internet allerdings den größten Umbruch seit Erfindung der Schallplatte miterlebt. Zu nennen sind etwa der Siegeszug und Niedergang der Tauschbörsen, der Start des *iTunes Store* und die Eröffnung von Plattformen wie *MySpace* und *YouTube*.[2] Daneben hat in jüngerer Zeit, begünstigt durch die verbesserten Übertragungskapazitäten und -qualitäten und die raschen Entwicklungen im Bereich mobiler Endgeräte, ein weiteres Geschäftsmodell erheblichen Auftrieb erhalten: das Webradio.

Zum Bereich Webradio zählen nicht mehr nur die Angebote traditioneller Hörfunkstationen, die das Internet als alternative zeitgleiche Übertragungstechnik für eine Zweitverwertung ihrer UKW-Programme nutzen, sog. „Simulcasts“, und teilweise weitere, nur online verfügbare thematische Zusatzangebote anbieten. Auch reine Webradiostationen, die ihre Programme ausschließlich über das Internet anbieten, sog. „Webcasts“, sowie Anbieter personalisierbarer Online-Musikdienste haben ihren Platz gefunden.[3] Allein 3.100 deutsche Webradios gab es im Jahr 2011, die wiederum diverse Kanäle mit unterschiedlichen Inhalten anbieten.[4] Auf internationaler Ebene liegt die Anzahl der mehr oder minder dauerhaft ver-

1 Frankfurter Allgemeine Zeitung v. 31.5.2012, S. 8.

2 *Van Eecke/Truyens* et al., EU study on the Legal analysis of a Single Market for the Information Society, SMART 2007/0037, November 2009, http://ec.europa.eu/information_society/newsroom/cf/itemdetail.cfm?item_id=7022, S. 2 stellen die technischen Entwicklungen und die Gesetzesinitiativen anschaulich gegenüber.

3 Für eine Übersicht über das Webradio-Universum im Jahr 2011, s. *Goldhammer/Schmid/Link*, BLM-Webradiomonitor 2011, 5.7.2011, http://www.webradiomonitor.de/webradiomonitor-studie/studie-2011, S. 8.

4 *Goldhammer/Schmid/Link* a.a.O., S. 13. Zur Entwicklung vom Weltempfänger zum Webradio, s. *Dierking*, Internet zum Hören, S. 2-17.

fügbaren Webradios Schätzungen zufolge sogar schon zwischen 10.500 und 14.000,[5] wovon ein Großteil in Deutschland abrufbar ist.[6] Dabei sind etwa 90% der Webradios ausschließlich über das Internet empfangbar, 11% sind Simulcasts, und personalisierbare Dienste machen gegenwärtig 0,4% aus.[7] Alle Webradio-Varianten enthalten dabei begünstigt durch die interaktive Infrastruktur zahlreiche statische oder dynamische Zusatzinformationen zum Programm oder dem gespielten Künstler.[8]

Finanziert werden diese Angebote in der Regel durch Werbung, z.B. Bannerwerbung, Pop-ups oder Spots im Programm.[9] Darüber hinaus sind Abonnementzahlungen oder Kommissionsgeschäfte üblich, bei denen für jeden Nutzer, der den gespielten Titel unmittelbar aus dem Dienst heraus kauft – in der Regel über eine Weiterleitung per Link an einen Online-Shop wie z.B. *Amazon* – ein bestimmter (oder kaufpreisanteiliger) Betrag gezahlt wird. Öffentlich-rechtliche Anbieter genießen zudem natürlich die Finanzierung über Gebühren.[10]

Wie viele andere neue Online-Musik-Angebote basiert Webradio auf der Übertragungsstrategie Streaming, d.h. das Programm wird nicht wie beim Download vor Wiedergabe vollständig heruntergeladen, sondern wird nach und nach übertragen und kann währenddessen bereits angehört werden, ohne dass eine permanente Kopie auf dem Rechner des Nutzers hinterlegt wird. Dies schont die Speicherkapazitäten des Rechners des Nutzers und erlaubt einen schnellen Zugriff auf die Inhalte. Die Nutzung von Webradio ist dabei nicht schwer. Der Nutzer kann spezielle Webradio-Software wie den *phonostar-Player*[11] auf seinem

---

5 *Martens/Windgasse,* Media Perspektiven 2010, 119 (120).

6 Vgl. das Angebot des Internetradio-Portals *phonostar*, welches im zweiten Quartal 2012 das Programm von 6.000 Webradios aus aller Welt anzeigt, s. *phonostar GmbH*, Was kann der phonostar-Player 3.0, http://www.phonostar.de/phonostar_player/features.

7 *Goldhammer/Schmid/Link*, BLM-Webradiomonitor 2011, 5. 7.2011, http://www.webradiomonitor.de/webradiomonitor-studie/studie-2011, S. 14.

8 Statisch sind Informationen, die sich im Verlauf des Programms nicht ändern, bspw. Informationen zur Diskographie des Künstlers oder Links zu Online-Shops. Dynamische Information werden im Verlauf des Programms angepasst, so z.B. eine im Laufe eines Live-Konzertes ergänzte Playlist, s. dazu die Ausführungen zu interaktiven Fernsehangeboten des *P2P-Next Consortium*, Deliverable number 2.1.1a, 2008, abrufbar unter: http://www.p2p-next.org, S. 105-109.

9 Im Jahr 2010 lagen die Onlinewerbeeinnahmen aller deutschen Webradio-Angebote bei ca. € 10 Mio mit Prognose auf € 26 Mio für das Jahr 2015, s. *Goldhammer/Schmid/Link*, BLM-Webradiomonitor 2011, 5.7.2011, http://www.webradiomonitor.de/webradiomonitor-studie/studie-2011, S. 97 f. und 116.

10 Zu den Einnahmequellen bei Webcasting und Simulcasting *Bortloff*, GRUR Int 2003, 669 (683); sowie bei Webradio und Podcasts *Dierking,* Internet zum Hören, S. 35-39; und allgemein zu den Bezahlmodellen im Internet, s. Dritter Zwischenbericht der Enquete-Kommission „Internet und digitale Gesellschaft“, BT-Drs. 17/7899, S. 71.

11 http://www.phonostar.de/phonostar_player.

Computer installieren oder auf sein Standard-Musikprogramm wie z.B. *iTunes* oder den *Windows Media Player* zurückgreifen. Er kann Webradio über ein Webradio-Portal wie *radio.de*[12] oder *rautemusik.fm*[13] oder direkt über die Homepage einer Radiostation per Webplayer, wie etwa beim *Norddeutschen Rundfunk*[14], hören. Oder aber er verwendet ein externes Gerät wie einen speziellen Webradio-Empfänger, eine Spielekonsole oder ein Smartphone, wofür mittlerweile unterschiedliche Radio-Apps verfügbar sind.[15]

So ist eine deutliche Tendenz der kontinuierlichen Ausdehnung der Nutzung von Webradio sichtbar. Bereits ein Drittel der deutschsprachigen Bevölkerung haben schon einmal Webradio gehört und 5,5% nutzen es sogar mehrmals die Woche.[16] Bei den 14-29jährigen sind es bereits 52,9% (bzw. 14,6% mehrmals die Woche), und dabei sind in diesen Zahlen die personalisierbaren Musikdienste noch nicht erfasst.[17] Konzentriert sich die Befragung ausschließlich auf die sog. „Onliner", d.h. die Personen, die das Internet regelmäßig nutzen, wird jedenfalls bezogen auf diese Gruppe eine noch größere Durchdringung erkennbar.[18] Dies ist natürlich nichts gegen die Reichweite von terrestrischem Rundfunk, den täglich 77% der deutschsprachigen Bevölkerung hören.[19] Dennoch wird dem Medium Webradio ein signifikantes wirtschaftliches Potential beigemessen, was sich u.a. im Börsengang des US-amerikanischen Webradios *Pandora*[20], welches mit 2,6 Milliarden US-Dollar bewertet wird,[21] und an der Einführung von speziellen Streaming-Charts äußert.[22]

---

12 http://www.radio.de.

13 http://www.rautemusik.fm/radio.

14 http://www.ndr.de/ndr2/index.html.

15 S. die Apps von *radio.de* (http://www.radio.de/iphone) und *phonostar* (http://www.phonostar.de/radio-app).

16 *Gattringer/Klingler,* Media Perspektiven 2011, 442 (453 f.); und *dies.*, Media Perspektiven 2012, 410 (419 f.). Zu den Hörgewohnheiten hinsichtlich Ort und Zeit des Abrufs, Dauer der Nutzung, und den beliebtesten Inhalten, s. *v. Eimeren/Frees*, Media Perspektiven 2011, 334 (346 f.); *Martens/Windgasse*, Media Perspektiven 2011, 267 (270 f., 275); und *Mende,* Media Perspektiven 2010, 369 (371).

17 *Gattringer/Klingler*, Media Perspektiven 2011, 442 (453 f.). Diese Zahlen können selbstverständlich nur als Nährungswerte verstanden werden, da es verschiedene Unschärfen in der Datenerhebung gibt, s. im Einzelnen *Martens/Windgasse,* Media Perspektiven 2010, 119 (121 f.).

18 *v. Eimeren/Frees*, Media Perspektiven 2011, 334 (346).

19 Für eine Übersicht der Nutzung terrestrischen Radios in Deutschland, s. *Gattringer/Klingler,* Media Perspektiven 2011, 442 (442-453).

20 http://www.pandora.com, in Deutschland allerdings nicht verfügbar.

21 *SPIEGEL ONLINE GmbH,* Internetradio Pandora ist 2,6 Milliarden Dollar wert, 16.6.2011, http://www.spiegel.de/wirtschaft/unternehmen/0,1518,768677,00.html.

22 *Musikmarkt GmbH & Co. KG*, media control startet europaweit erste Streaming-Charts, 7.5.2012, http://www.musikmarkt.de/Aktuell/News/News/media-control-startet-europaweit-erste-Streaming-Charts-mit-Video.

Zusätzlich zum reinen Hören von Webradio ergeben sich wie schon beim „herkömmlichen“ Radio selbstverständlich diverse Anschlussnutzungen. Insbesondere die Aufnahme eines Titels aus dem Webradio hat eine nicht zu vernachlässigende Bedeutung erlangt. Für dieses „Streamripping“[23] stehen diverse Aufnahmesysteme zur Verfügung, die in ihrer technischen Ausgestaltung so unterschiedlich sind wie die Bedürfnisse der Nutzer hinsichtlich des Bedienkomforts oder der Qualität und der Verfügbarkeit der Titel. Grob differenzieren lässt sich insofern nur zwischen Programmen wie *radio.fx*[24], welche auf dem Computer des Nutzers installiert werden, und Web-Anwendungen wie *musicmonster.fm*[25] oder *flatster*[26], welche der Nutzer über das Internet steuert. Anders als Mitschnitte vom UKW-Radio sind Webradio-Aufnahmen allerdings nahezu verlustfrei und mit dem Original identisch. Zudem verfügen viele Aufnahmesysteme über ausgereifte, vollautomatisierte Recherchefunktionen, und werden daher auch als „intelligente Aufnahmesoftware“[27] bezeichnet. Zugleich sind sie oftmals kostenlos bzw. zahlt der Nutzer nicht mehr als eine Gebühr für die Nutzung der Software.

Aus Nutzersicht sind sie daher eine äußerst attraktive Alternative zu kostenpflichtigen pay-per-Download Angeboten. Bereits 15% der Deutschen, mithin ca. 9,3 Mio. Personen, haben im Jahr 2010 Musik aus dem Webradio und von Musikvideos aufgezeichnet; mehr als 50% als noch im Vorjahr.[28] Zudem hat Aufnahmesoftware gerade deshalb eine gewisse Brisanz entwickelt, weil Dritte in ihr ein neues Geschäftsmodell entdeckt haben und mit ihrem Verkauf oder Betrieb Umsatz machen, die Rechteinhaber daran jedoch finanziell nicht beteiligen. Für die Musikindustrie bedeutet Aufnahmesoftware und damit einhergehend das Streamripping folglich ganz offensichtlich eine große Gefahr für ihre etablierten Formen der Erstverwertung der Musik über Tonträger und Downloads – und dies in einer Zeit, in der ohnehin schon große Verluste durch Musikpiraterie über Tauschbörsen entstanden sind.[29]

---

23 Wortschöpfung aus dem die Übertragungstechnik bezeichnenden Wort „Streaming“ und dem englischen Wort „to rip“, was „losbrechen“ oder „herausreißen“ bedeutet.

24 http://www.tobit.de/radiofx.

25 http://www.musicmonster.fm.

26 http://www2.flatster.com/flatsterStart.aspx.

27 Beschlussempfehlung und Bericht des Rechtsausschusses, BT-Drs. 16/5939, S. 3. Der Begriff ist im bisherigen Sprachgebrauch jedoch noch nicht eindeutig definiert.

28 *Bundesverband Musikindustrie*, Presseversion DCN-Studie 2011, http://www.musikindustrie.de/studien, S. 7.

29 Zu den Konsequenzen illegaler Musiknutzungen auf deutscher Ebene, s. *Bundesverband Musikindustrie*, Presseversion DCN-Studie 2011, http://www.musikindustrie.de/studien. Für eine Einschätzung der Verluste durch Internetpiraterie auf europäischer Ebene, s. *TERA Consultants*, Building a Digital Economy. The Importance of Saving Jobs in the EU's Creative Industries, März 2010, http://www.teraconsultants.fr/assets/publications/PDF/2010-Mars-Etude_Piratage_TERA_full_report-En.pdf.

Dabei haben weitere Umsatzeinbrüche in der Musikbranche nicht nur Konsequenzen für die individuellen Rechteinhaber. Auch die Volkswirtschaft kann betroffen sein, denn die Kreativwirtschaft erzielt einen Umsatz von jährlich mehr als EUR 650 Milliarden, macht damit 2,6% des Bruttoinlandsproduktes der Europäischen Union aus und beschäftigt 3 % der europäischen Erwerbsbevölkerung.[30] Es ist daher nicht verwunderlich, dass einige Stimmen bereits von einer „Napsterisierung des Urheberrechts"[31] durch diese Angebote sprechen, oder sie als „Filesharing von morgen"[32] bezeichnen, sprich einen weiteren Fall der Musikpiraterie durch eine rechtswidrige Nutzung des geistigen Eigentums anderer erkennen und deren Verbot fordern.

Auf rechtlicher Ebene äußert sich dieser Interessenkonflikt in einer Diskussion um die rechtliche Zulässigkeit von Webradio-Aufnahmen als Privatkopie i.S.d. § 53 Abs. 1 UrhG, denn diese urheberrechtliche Schrankenbestimmung entzieht gewisse Vervielfältigungen zu privaten Zwecken dem Verbotsrecht der Rechteinhaber und unterwirft sie einem gesetzlichen Vergütungsanspruch. Zugleich wird die Zulässigkeit des Vertriebs von Aufnahmesoftware bzw. des Angebots entsprechender Web-Anwendungen in Frage gestellt. Die Diskussion kulminierte zuletzt in der Forderung der Musikindustrie sowie der Buch- und der Filmwirtschaft, die Reichweite der Schranke der Privatkopie bei anstehenden Reformen des Urheberrechts erheblich einzuschränken.[33]

Verschärfend kommt hinzu, dass nur ein Bruchteil der in Deutschland zugänglichen Webradios für das Gebiet der Bundesrepublik lizenziert ist, d.h. die Rechteinhaber in den meisten Fällen schon an dem Webradio-Angebot als solchem nichts verdienen. Die *Gesellschaft für musikalische Aufführungs- und mechanische Vervielfältigungsrechte (GEMA)* zum Beispiel, welche in Deutschland die Rechte der Urheber musikalischer Werke (Komponisten, Textautoren, Musikverleger) wahrnimmt, hat gerade einmal ca. 1300 Webradios lizenziert.[34] Dass nicht alle Angebote lizenziert sind, ist jedoch nicht nur auf die Weigerung ihrer Anbieter zurückzuführen, die Rechteinhaber für die Nutzung ihrer Werke zu entlohnen.

---

30 *Deloitte*, Background Document in support of the Digital Agenda for Europe. http://ec.europa.eu/information_society/newsroom/cf/itemdetail.cfm?item_id=7717, S. 106.

31 *Bortloff*, GRUR Int 2003, 669 (671).

32 *Busch*, GRUR 2011, 496.

33 S. *Forum der Rechteinhaber*, Stellungnahme zum Entwurf des „zweiten Korbs" zur Regelung des Urheberrechts in der Informationsgesellschaft vom 9. Juni 2006, http://www.musikindustrie.de/uploads/media/pp_gesetz_nat_stellungn_20060609_forum_korb2.pdf, S. 1 f.

34 *GEMA*, Lizenzierte Webradios, https://www.gema.de/musiknutzer/lizenzieren/meine-lizenz/online-anbieter/webradio/lizenzierte-webradios.html. Auch wenn die größeren Hörfunkstationen für ihre Simulcasts und Anbieter personalisierter Musikdienste Direktverträge mit den Rechteinhabern abschließen, und sich daher in dieser Zahl nicht wiederfinden, bleibt die Dunkelziffer nicht lizenzierter Angebote groß.

Unklarheiten bestehen schon beim Lizenzierungsprozess. Denn obwohl die *GEMA* und die *Gesellschaft zur Verwertung von Leistungsschutzrechten (GVL)*, welche gewisse Rechte der öffentlichen Wiedergabe für ausübende Künstler und Tonträgerhersteller wahrnimmt, mittlerweile einige Tarife für die Lizenzierung von Webradio aufgestellt haben,[35] ist nicht abschließend geklärt, welche Verwertungsrechte durch die einzelnen Webradio-Typen betroffen, d.h. welche Lizenzen erforderlich sind. Zudem müssen diese für ein und dieselbe Produktion u.U. von verschiedenen Rechteinhabern erworben werden.

B. Zielsetzung

Zentraler Gegenstand der folgenden Untersuchung ist die Frage, ob Streamripping vom Webradio tatsächlich ein Fall von Musikpiraterie ist, der bereits *de lege lata* verboten ist oder jedenfalls *de lege ferenda* verboten gehört.

Hierfür wird zunächst untersucht, unter welchen Voraussetzungen Webradio überhaupt legal angeboten werden kann, d.h. welche Rechte betroffen sind und welche Lizenzen für ein legales Angebot benötigt werden. Denn obwohl die unterschiedlichen Webradio-Varianten jedenfalls aus wirtschaftlicher Sicht vergleichbar erscheinen, gibt es kein einheitliches „Online-Recht", sondern es kommen verschiedene Rechte der öffentlichen Wiedergabe in Frage. So ist umstritten, ob hierdurch das Recht der öffentlichen Zugänglichmachung i.S.v. § 19a UrhG oder das Senderecht i.S.v. § 20 UrhG betroffen oder ein eigenes und noch unbenanntes Recht einschlägig ist.[36] Ferner kann das Vervielfältigungsrecht

---

35 Seitens der *GEMA* für personalisierbare Webradios s. den Tarif Vergütungssätze VR-OD 8 für die Nutzung von Werken des GEMA-Repertoires im Rahmen von entgeltlichen Streaming-Angeboten (sogenannte „unlimitierte Abonnements"), abrufbar unter: https://www.gema.de/file admin/user_upload/Musiknutzer/Tarife/Tarife_vra/tarif_vr_od8.pdf; und den Tarif Vergütungssätze VR-OD 9 für die Nutzung von Werken des GEMA-Repertoires im Rahmen von Ad-funded-Streaming-Angeboten, BAnz v. 23.12.2011; sowie für Simulcasts und Webcasts den Tarif Radio (S-VR/Hf-Pr) für die Nutzung von Werken des GEMA-Repertoires durch private Veranstalter von Hörfunk (alle Sendearten ohne Premium-Radio), abrufbar unter: https://www.gema.de/fileadmin/user_upload/Musiknutzer/Tarife/Tarife_sonstige/gema_tarif_radio.pdf; und den Tarif Premium-Radio S-VR/PHf-Pr für die Nutzung von Werken des GEMA-Repertoires durch private Veranstalter von Premium-Radio (alle Sendearten), abrufbar unter: https://www.gema.de/fileadmin/user_upload/Musiknutzer/Tarife/Tarife_sonstige/tarif_premium_radio.pdf. Auf Seiten der *GVL* steht der Tarif für die Verwendung erschienener Tonträger fürs sog. Internetradio / Webcasting, BAnz v. 19.8.2008. Zur Verteilung der Einnahmen aus diesen Online-Nutzungen durch die *GEMA* gemäß Verteilungsplan, s. *Müller*, in: *Kreile/Becker/Riesenhuber*, Recht und Praxis der GEMA, Kap. 11.3.

36 Die §§ 15 ff. UrhG beschreiben die Verwertungsrechte der Urheber. Die Befugnisse der Tonträgerhersteller und ausübenden Künstler werden im UrhG an anderer Stelle geregelt – für Tonträger-

i.S.v. § 16 Abs. 1 UrhG berührt sein. Für die Verhandlungsposition der Rechteinhaber gegenüber den Webradio-Anbietern ist die Zuordnung jedenfalls von elementarer Bedeutung. Sie entscheidet darüber, welche Schrankenbestimmungen einschlägig sind, ob nach dem Urheberrechtsgesetz ein Verbotsrecht oder nur ein Vergütungsanspruch besteht und wie kompliziert das Rechte-Clearing ist. In diesem Zusammenhang ist außerdem die rechtliche Einordnung von Streaming-Angeboten bei grenzüberschreitenden, ausländischen Webradios zu klären.

Erstes Ziel dieser Arbeit ist es daher, die unterschiedlichen Webradio-Typen den Verwertungsrechten der §§ 15 ff. UrhG zuzuordnen, um die Voraussetzungen an die Zulässigkeit eines Webradio-Angebotes aufzuzeigen. Insbesondere im Hinblick auf die neueren, personalisierbaren Webradio-Angebote wie *last.fm*[37] gibt es kaum umfassendere Studien.[38] Die vorliegende Arbeit untersucht dabei nicht nur den Übermittlungsprozess, sondern auch die durch Vorbereitung, Empfang und Aufzeichnung angesprochenen Rechte sowie die Konsequenzen einer Umgehung etwaiger technischer Schutzmaßnahmen. Dies beinhaltet eine Darstellung der technischen Möglichkeiten der räumlichen Beschränkung der Abrufbarkeit von Webradio sowie eine Bewertung ihrer Bedeutung für die Bestimmung des Vorliegens einer verwertungsrechtlich relevanten Nutzungshandlung.

Das *zweite Ziel* ist eine Überprüfung der Reichweite der Schranke der Privatkopie i.S.v. § 53 Abs. 1 UrhG im Hinblick auf die Anfertigung von Webradio-Aufnahmen. Es bestehen berechtigte Zweifel, ob diese Schranke, die immerhin seit dem 1.1.1966 existiert, im Internetzeitalter noch zu dem – nicht zuletzt verfassungsrechtlich – geforderten Ausgleich der Interessen aller Beteiligten beiträgt. Zu diesen zählen freilich nicht nur die unterschiedlichen Personen auf Seiten der Rechteinhaber, die einen Verlust der Kontrolle über die Verwertung ihrer Werke fürchten. Eine weitere Interessengruppe bilden die Nutzer bzw. die Allgemeinheit mit ihrem Wunsch nach einem möglichst preisgünstigen Zugriff bei möglichst umfassender Verfügbarkeit an Werken. Zudem spielt mit den Werkvermittlern wie den Plattform-Betreibern und Software-Anbietern eine weitere Personengruppe hinein, die zur möglichst einfachen Vermarktung ihrer Geschäftsmodelle eine ungehinderten Zugriff auf geschützte Inhalte braucht. In jedem Fall ist die Schranke der Privatkopie daher zumindest klärungsbedürftig. Mit Blick auf das für Privatkopien bestehende pauschale Vergütungssystem, welches nach wie vor heiß debattiert wird, wird diese Schranke im Rahmen dieser

hersteller in §§ 85 f. UrhG und für Künstler in §§ 73 ff. UrhG. Sofern eine Unterscheidung zwischen den Rechten der einzelnen Rechteinhaber für die Untersuchung nicht erforderlich ist, wird auf die Rechte der Urheber Bezug genommen.

37 http://www.lastfm.de.

38 Soweit ersichtlich zu diesem Thema bislang nur *Malcher*, Personalisierte Webradios.

Arbeit einer Überprüfung unter besonderer Berücksichtigung der Vorgaben des urheberrechtlichen Dreistufentests, der einzigen internationalen Richtschnur für die Beurteilung nationaler Schrankenbestimmungen, unterzogen und etwaiger Anpassungsbedarf ermittelt.

Eine vertiefte Auseinandersetzung mit diesen Themen auf juristischem Gebiet ist zu diesem Zeitpunkt vor allem deswegen interessant, weil das Urheberrecht im Allgemeinen und die Schranke der Privatkopie im Besonderen sowohl auf europäischer als auch auf nationaler Ebene auf dem Prüfstand stehen. Dabei ist angesichts der abgeschlossenen Anhörungen zum Dritten Korb der Urheberrechtsnovelle und dem anstehenden Referentenentwurf insbesondere die Webradio-Problematik wieder höchst aktuell. Der *Bundestag* hatte das *Bundesministerium der Justiz* im Rahmen der abschließenden Beratungen zum Zweiten Korb aufgefordert, u.a. für die dritte Novelle zu prüfen, ob die Schranke der Privatkopie als Reaktion auf diese neue Technologie auf Kopien nur vom Original zu begrenzen sei, ob die Herstellung einer Privatkopie durch Dritte zu verbieten bzw. in diesem Fall die Pauschalvergütung anzupassen sei, und ob ein Verbot intelligenter Aufnahmesoftware einzuführen sei.[39] Zugleich hat der *Bundestag* allein seit 2003 zwei Enquete-Kommissionen eingesetzt, die sich mit urheberrechtlichen Themen beschäftigen: die 2007 abgeschlossene Enquete-Kommission „Kultur in Deutschland“[40] und die im April 2013 abgeschlossene Enquete-Kommission „Internet und digitale Gesellschaft“[41]. Die darin aufgeworfenen Fragen betreffen ebenfalls die Übertragbarkeit des bisherigen Urheberrechtssystems auf das Internet, einschließlich der Anwendung und Auslegung von Schrankenbestimmungen, darunter die Privatkopie.[42]

Aber auch die *Europäische Kommission* ist nicht untätig. Mit dem Ziel, aus dem digitalen Binnenmarkt u.a. durch Erreichen eines geeinten Marktes für Inhalte einen nachhaltigen wirtschaftlichen und sozialen Nutzen zu ziehen, sieht

---

39 Beschlussempfehlung und Bericht des Rechtsausschusses, BT-Drs. 16/5939, S. 3, angenommen vom *Deutschen Bundestag* in der Sitzung vom 5.7.2007, Verh. d. BT, 16. Wahlp., S. 11157 f.; sowie die Kleine Anfrage der SPD v. 7.7.2011, BT-Drs. 17/6560, insbesondere Fragen 3 und 14, und die Antwort der *Regierung,* die Ergebnisse der Konsultationen zusammen mit dem Referentenentwurf präsentieren zu wollen, s. BT-Drs. 17/6678, S. 2 und 4. Ebenso lautete das Ziel des Koalitionsvertrages zwischen CDU, CSU und FDP, ein „hohes Schutzniveau“ zu gewährleisten und die Arbeit am dritten Korb fortzuführen, s. Wachstum. Bildung. Zusammenhalt. Koalitionsvertrag zwischen CDU, CSU und FDP, 17. Legislaturperiode, http://www.bmi.bund.de/Shared Docs/Downloads/DE/Ministerium/koalitionsvertrag.pdf?__blob=publicationFile, S. 103.

40 Eingesetzt durch Beschluss des *Deutschen Bundestages* vom 15.12.2005, BT-Drs. 16/196.

41 Eingesetzt durch Beschluss des *Deutschen Bundestages* vom 4.3.2010, BT-Drs. 17/950.

42 S. Schlussbericht der Enquete-Kommission „Kultur in Deutschland“, BT-Drs. 16/7000; und Dritter Zwischenbericht der Enquete-Kommission „Internet und digitale Gesellschaft“, BT-Drs. 17/7899, S. 79 f.

die „Digitale Agenda“ der *Europäischen Kommission* eine Verbesserung der Verwaltung, Transparenz und europaweiten Lizenzierung der Online-Rechte vor und es wurde ein Vorschlag für eine kollektive Rechtsverwaltung auf europäischer Ebene erarbeitet.[43] Zudem hat sie, wenngleich (noch) ohne gesetzgeberische Konsequenzen, diverse Konsultationen angestoßen, insbesondere zur Angemessenheit der Vergütung für Privatkopien,[44] zu den urheberrechtlichen Schranken im Bereich Forschung, Wissenschaft und Unterricht,[45] und zu den Hindernissen für den Online-Vertrieb audiovisueller Werke.[46] Zudem wird der EuGH angesichts des heutigen Harmonisierungsstands in immer mehr Gerichtsverfahren konsultiert, sodass dieser in jüngerer Zeit die Chance hatte, wegweisende Interpretationen der diversen Richtlinien zu liefern, welche das Urheberrecht – jedenfalls in Teilbereichen – harmonisieren sollen.[47] Ferner liefern diverse Studien aus Wissenschaft und Wirtschaft Denkanstöße zu der Frage der Zukunft des Urheberrechts.[48]

---

43 Mitteilung der Kommission an das Europäische Parlament, den Rat, den Europäischen Wirtschafts- und Sozialausschuss und den Ausschuss der Regionen, Eine Digitale Agenda für Europa, KOM 2010 (245) endg./2, S. 8 f.; Vorschlag für eine Richtlinie des Europäischen Parlaments und des Rates über kollektive Wahrnehmung von Urheber- und verwandten Schutzrechten und die Vergabe von Mehrgebietslizenzen für die Online-Nutzung von Rechten an Musikwerken im Binnenmarkt, COM 2012 (372) final.

44 Zum aktuellen Stand, s. *Europäische Kommission*, Vergütungsabgaben für die Privatkopie, http://ec.europa.eu/internal_market/copyright/levy_reform/index_de.htm, insbesondere die Empfehlungen des Berichterstatters *Vitorino,* Recommendations resulting from the Mediation on Private Copying and Reprography Levies, 31.1.2013, http://ec.europa.eu/internal_market/copy right/levy_reform/index_de.htm. S.a. die Mitteilung der Kommission an das Europäische Parlament, den Rat, den Europäischen Wirtschafts- und Sozialausschuss und den Ausschuss der Regionen, Ein Binnenmarkt für Rechte des geistigen Eigentums Förderung von Kreativität und Innovation zur Gewährleistung von Wirtschaftswachstum, hochwertigen Arbeitsplätzen sowie erstklassigen Produkten und Dienstleistungen in Europa, KOM 2011 (287) endg., S. 16.

45 Grünbuch Urheberrecht in der wissensbestimmten Wirtschaft, KOM 2008 (466) endg.; und Mitteilung der Kommission, Urheberrechte in der wissensbestimmten Wirtschaft, KOM 2009 (532) endg.

46 Grünbuch über den Online-Vertrieb von audiovisuellen Werken in der Europäischen Union: Chancen und Herausforderungen für den digitalen Binnenmarkt, KOM 2011 (427) endg.

47 S. die Übersicht zu den Entscheidungen bis Ende des Jahres 2011 bei *Metzger*, GRUR 2012, 118 ff.

48 Zu erwähnen seien *Guibault/Westkamp/Rieber-Mohn* et al., Study on the Implementation and Effect in Member States' Law of Directive 2001/29/EC. Part I, Februar 2007, http://ec.europa.eu/ internal_market/copyright/docs/studies/infosoc-study_en.pdf, zur Umsetzung der InfoSoc-RL; *Hugenholtz/van Eechoud/van Gompel* et al., The Recasting of Copyright, November 2006, http://ec.europa.eu/internal_market/copyright/docs/studies/etd2005imd195recast_report_2006.pdf mit einer Gesamtuntersuchung des europäischen Urheberrechts; *Kretschmer*, Private Copying and Fair Compensation, September 2011, http://www.ipo.gov.uk/ipresearch-faircomp-full-201110.pdf zu den unterschiedlichen urheberrechtlichen Vergütungssystemen in Europa; und

Bedingt werden diese Initiativen durch die veränderten Verhaltensmuster und Erwartungen der Nutzer im Umgang mit kreativen Werken und in Bezug auf deren Kosten und Verfügbarkeit und damit einhergehend das grundlegend veränderte Wertgefüge im Musikmarkt.[49] Zu nennen sind die Omnipräsenz des Internets, die größere Quervernetzung einzelner Internetangebote und die neuen Werkvermittler wie Plattformbetreiber, die heute in vielen Fällen anstelle der Rechteinhaber in direkten Kontakt mit den Nutzern treten. Nicht zu unterschätzen sind außerdem die veränderten Bezahlmodelle und das damit einhergehende Gefühl der Kostenlosigkeit von geistigen Inhalten. Man denke an die werbeunterstützten „Advertising-Modelle" oder die „Freemium"-Angebote, die neben einem kostenpflichtigen Bereich, kostenfreie weil werbefinanzierte Angebote bereithalten. Geprägt hat die Nutzer zudem die Erfahrung, dass eine Durchsetzung der Rechte gegenüber dem Einzelnen nur selten Erfolg hat bzw. die Wahrscheinlichkeit, für eine unzulässige Nutzung zur Verantwortung gezogen zu werden, gering ist.[50] Diese Feststellungen gelten umso mehr für die „Digital Natives", d.h. jene Personen, die bereits in das digitale Zeitalter hineingeboren wurden und die Gegebenheiten der Offline-Welt überhaupt nicht mehr kennen.[51] Gleichzeitig aber betonen der deutsche und der europäische Gesetzgeber immer wieder, dass „der Urheber [...] Ausgangspunkt des Urheberrechts"[52] bleibe und „ein hohes Maß an Urheberrechtsschutz [...] für geistiges Schaffen von grundlegender Bedeutung"[53] sei.

Die Arbeit trägt daher zur Diskussion der grundlegenden Frage des Internetzeitalters bei, inwiefern das bestehende Urheberrechtssystem trotz des Medienwandels noch geeignet ist, neue Geschäftsmodelle in einen rechtlichen Rahmen einzugliedern und dabei die Interessen aller beteiligten Parteien bei der Auswertung

---

Bently/Dreier/Hilty et al., The Wittem Project. European copyright code, April 2010, http://www.copyrightcode.eu mit dem Entwurf eines europäischen Urheberrechtsgesetzes. Für Beiträge aus der Wirtschaft, s. *European Broadcasting Union*, Modern copyright for digital media, März 2010, http://www.ebu.ch/registration/policy2010/images/EBU%20Copyright%20 WHITE%20Paper_EN_FINAL.pdf.

49 Dies betont auch die Internet-Enquete, s. BT-Drs. 17/7899, S. 16.

50 Die Trends beschreiben im Einzelnen *Van Eecke/Truyens* et al., EU study on the Legal analysis of a Single Market for the Information Society, SMART 2007/0037, November 2009, http://ec.europa.eu/information_society/newsroom/cf/itemdetail.cfm?item_id=7022, S. 7-17.

51 Der Begriff geht zurück auf *Marc Prensky*. Im Gegensatz dazu sind „Digital Immigrants" all jene, die neue Medien wie das Internet erst später kennengelernt haben und sich daher im Umgang mit ihnen oft schwer tun, s. *Prensky*, On the Horizon 9 (5) 2001, S. 1-6.

52 *Neumann*, Ohne Urheber keine kulturelle Vielfalt. Zwölf-Punkte-Papier des Staatsministers für Kultur und Medien zum Schutz des geistigen Eigentums im digitalen Zeitalter. Positionspapier, 26.11.2010, http://www.kulturrat.de/dokumente/bundesregierung/positionspapier-neumann.pdf, S. 2.

53 Grünbuch Urheberrecht in der wissensbestimmten Wirtschaft, KOM 2008 (466) endg., S. 4.

kreativer Leistungen im Rahmen neuer Geschäftsmodelle auszugleichen. Dass urheberrechtliche Fragestellungen rund um Online-Musikdienste dabei nicht nur ein akademisches Problem darstellen, zeigt schon der Medienrummel um das Verfahren der *GEMA* gegen die Video-Plattform *YouTube*[54] über die Verantwortlichkeit des Betreibers der Plattform für die Urheberrechtsverletzungen seiner Nutzer[55] bzw. der „urheberrechtliche Showdown"[56] rund um das Anti-Counterfeiting Trade Agreement (ACTA)[57]. Zudem waren sowohl Webradios als auch Aufnahmesoftware bislang kaum Gegenstand gerichtlicher Auseinandersetzungen.[58]

---

54 *LG Hamburg*, MMR 2012, 404-409 = ZUM 2012, 596-606 m. Anm. *Leupold*. *GEMA* und *YouTube* haben gegen das Urteil Berufung eingelegt, s. *GEMA*, Rechtsmittel für mehr Transparenz und Rechtssicherheit: GEMA legt in Sachen YouTube Berufung ein, Pressemitteilung v. 21.5.2012, https://www.gema.de/presse/pressemitteilungen/presse-details/article/rechtsmittel-fuer-mehr-transparenz-und-rechtssicherheit-gema-legt-in-sachen-youtube-berufung-ein.html. Im Zeitpunkt der Veröffentlichung dieser Arbeit hat sich die *GEMA* nach Scheitern der Verhandlungen mit *YouTube* an die Schiedsstelle beim Deutschen Patent- und Markenamt gewendet, um die Angemessenheit der von der *GEMA* für werbefinanzierte Streamingdienste geforderten Urhebervergütung im Rahmen einer Schadensersatzforderung überprüfen zu lassen, s. *GEMA*, YouTube-Verhandlungen: GEMA reicht Anträge bei Schiedsstelle ein, Pressemitteilung v. 10.1.2013, https://www.gema.de/presse/top-themen/youtube.html.

55 S. *Zeitonline*, YouTube verliert gegen GEMA, 20.4.2012, http://www.zeit.de/digital/internet/2012-04/youtube-gema-prozess. Selbst der *Tagesschau* war es eine Meldung wert, s. die Zusammenfassung unter *tagesschau.de,* Worum geht es beim GEMA-YouTube-Streit?, 20.4.2012, http://www.tagesschau.de/inland/gema108.html.

56 *Leutheusser-Schnarrenberger*, Kein Grund zum Kulturpessimismus, Frankfurter Allgemeine Zeitung v. 31.5 2012, S. 8.

57 Handelsübereinkommen zur Bekämpfung von Produkt- und Markenpiraterie zwischen der Europäischen Union und ihren Mitgliedstaaten, Australien, Kanada, Japan, der Republik Korea, den Vereinigten Mexikanischen Staaten, dem Königreich Marokko, Neuseeland, der Republik Singapur, der Schweizerischen Eidgenossenschaft und den Vereinigten Staaten von Amerika, Fassung vom 15.11.2010, abrufbar unter: http://register.consilium.europa.eu/pdf/de/11/st12/st12196.de11.pdf.

58 Soweit ersichtlich bislang nur *OLG Hamburg*, MMR 2006, 173-175 (staytuned); und die Vorinstanz *LG Hamburg,* Urt. v. 6.10.2004 – 308 O 365/04 (staytuned), erhältlich in juris; sowie *OLG Hamburg*, MMR 2009, 560-561 = ZUM 2009, 414-416 (Staytuned III) zu einem entgeltlichen Internet-Musikdienst. S.a. *BGH*, GRUR 2004, 669 (Musikmehrkanaldienst) zu Mehrkanaldiensten. Hilfreiche Anhaltspunkte für die vorliegende Untersuchung können sich zudem aus dem Bereich des Webfernsehens ergeben, wie etwa aus den Urteilen des BGH zu Internet-Videorekordern, s. *BGH*, NJW 2009, 3511-3518 m. Anm. *Rössel* = GRUR 2009, 845-850 (Internet-Videorecorder); und *BGH*, Urt. v. 11.4.2013 – I ZR 152/11, veröffentlicht in BeckRS 2013, 07557 (Internet-Videorecorder II) sowie die beiden weiteren, leitsatzlosen Entscheidungen in Sachen Internet-Videorecorder II (I ZR 151/11 und I ZR 153/11) abrufbar unter: http://www.bundesgerichtshof.de.

C. Eingrenzung der Untersuchung

Diese Untersuchung beschränkt sich auf den Musikbereich, da dieser zum einen oft Vorreiter digitaler Nutzungsformen bzw. der erste ist, der unter neuen Formen der „Internetpiraterie" leidet. Zum anderen ist das Rechtegeflecht angesichts der geringeren Anzahl an Rechteinhabern etwas weniger komplex als im Bereich der audiovisuellen Medien, sodass sich die Problematik am Beispiel Webradio leichter veranschaulichen lässt. Gleichwohl sind die hier gefundenen Ergebnisse in vielen Punkten auf andere Werkkategorien wie Film- und Lichtbildwerke und deren Nutzung im Web-TV übertragbar.

In diesem Zusammenhang sei zur Erläuterung die vom Urheberrechtsgesetz vorgegebene Trennung der rechtlichen Stellung der Urheber einerseits und der leistungsschutzberechtigten Künstler und Tonträgerhersteller andererseits hervorzuheben, die zwei voneinander zu unterscheidende Rechteketten bedingt. Die Seite der Urheber umfasst die Komponisten der Melodie und die Verfasser des Liedtextes sowie ihre Musikverlage, auf welche die ersteren in der Regel ihre Nutzungsrechte übertragen. Auf Seiten der Leistungsschutzberechtigten stehen der Interpret und der künstlerische Produzent sowie die Tonträgerhersteller und Plattenfirmen, die die Künstler in der Regel mit Produktion und Vertrieb ihrer fixierten Darbietungen beauftragt haben. Ein Bindeglied zwischen den Inhabern der Urheber- und Leistungsschutzrechte und den Verwertern bilden die Verwertungsgesellschaften, die treuhänderisch die Rechteverwaltung im Bereich der Massennutzung von Musik übernehmen.[59] An diesen beiden Rechteketten wird sich im Folgenden orientiert, wobei in der Praxis verschiedene Funktionen vielfach in einer Person zusammenfallen. Für eine bessere Lesbarkeit wird im Folgenden auf eine separate Nennung der für die Leistungsschutzberechtigten einschlägigen Normen verzichtet, sofern eine Differenzierung für die Untersuchung nicht erforderlich ist. Da diese Normen Wertungsparallelen aufweisen, gilt für sie in diesen Fällen das in Bezug auf Urheber Gesagte entsprechend.

Ausgeklammert aus der Betrachtung werden Sendeunternehmen i.S.d. § 87 UrhG, da diese vom Phänomen Webradio – anders als im Fall von Web-TV – weniger stark betroffen sind. Eine weitere Schwerpunktsetzung ist, dass der Fokus auf Angeboten liegt, welche auf der Streaming-Technologie basieren. „Podcasts" und andere „Download"-Angebote werden nicht *en detail* untersucht.[60] Die Schutzfähigkeit der untersuchten Schutzgegenstände wird vorausgesetzt.

---

59 Eingehend zu den Beteiligten des Musikgeschäfts und ihren rechtlichen Beziehungen *v. Einem*, Verwertungsgesellschaften, S. 29-40. Zur Wertschöpfungskette im Musikmarkt, s. *Malcher*, Personalisierte Webradios, S. 120-127; sowie aus ökonomischer Sicht *Gorski*, Effizienz, Wahlfreiheit und Gleichbehandlung, S. 106-116.

60 Für eine Untersuchung der „Podcasts" sei verwiesen auf die Arbeit von *Dierking*, Internet zum Hören.

Diese Arbeit stellt vor dem Hintergrund der anstehenden urheberrechtlichen Reformen eine rein urheberrechtliche Analyse des deutschen Rechts dar und beschäftigt sich nicht mit rundfunk-, telemedien- oder datenschutzrechtlichen Aspekten.[61] Ferner wird die Haftung der Anbieter von Aufnahmesoftware ausgeklammert, sofern diese nicht selbst unmittelbar eine urheberrechtlich relevante Handlung vornehmen. Gleichwohl ist das Ergebnis dieser Arbeit für die rechtliche Bewertung der Zulässigkeit von Aufnahmesoftware von Bedeutung. Denn erst wenn die Nutzer mithilfe der Software eine rechtlich unzulässige Vervielfältigungshandlung vornehmen, kommt überhaupt eine Haftung des Anbieters der Software als Teilnehmer gem. § 830 BGB oder Störer gem. §§ 823 Abs. 1, 1004 BGB i.V.m. § 97 Abs. 1 UrhG in Betracht.

Die Frage nach den Möglichkeiten der individuellen oder kollektiven Lizenzierung von nationalen und internationalen Webradio-Angeboten kann aus Platzgründen ebenfalls nicht vertieft werden. Mit der Einordnung der unterschiedlichen Webradio-Typen in das System der Verwertungsrechte liefert diese Arbeit hierfür jedoch die Voraussetzungen.

D. Gang der Untersuchung

Zum besseren Verständnis der Untersuchung liefert der *erste Teil* dieser Arbeit Informationen zur Nutzung von Webradio und Aufnahmesoftware. Es werden die vorrangigen Webradio-Varianten sowie die Methoden zur Aufzeichnung von Webradio erläutert und die technischen Grundlagen von Audio-Streaming gegliedert nach den einzelnen Nutzungsschritten dargestellt. Zudem erfolgt eine Erläuterung der technischen Möglichkeiten, die Abrufbarkeit von Webradio bereits geographisch zu beschränken.

Im *zweiten Teil* folgt eine Untersuchung der Verwertungsrechte i.S.d. §§ 15 ff. UrhG, die durch die Erstellung eines Webradio-Programms, die Übertragung von Webradio, dessen Wahrnehmung und eine mögliche Aufzeichnung betroffen sind. Dabei wird, sofern dies geboten ist, eine differenzierte Betrachtung nach der jeweiligen Webradio-Variante vorgenommen. Des Weiteren widmet sich dieser Teil der Frage, inwiefern ein Verstoß gegen das Verbot der Umgehung technischer Schutzmaßnahmen i.S.d. § 95 a UrhG vorliegt, wenn Kopierschutzmechanismen oder geographische Sperren zwecks Wahrnehmung und/oder Aufzeichnung umgangen werden. Darüber hinaus beschäftigt sich dieser Teil mit der

61 S. dazu *Dierking*, Internet zum Hören; *Lent*, K&R 2003, 502 ff.; *Wolff*, ITRB 2009, 177 ff.; und *Schmidt*, in: *Stern/Peifer/Hain* (Hrsg.), Werkvermittlung und Rechtemanagement im Zeitalter von Google und YouTube, S. 27 ff.

Beurteilung grenzüberschreitender Nutzungsvorgänge. Es wird die Anwendbarkeit des deutschen Urheberrechts auf Webradio-Angebote aus dem Ausland überprüft und eine Lokalisierung der Verwertungshandlung nach deutschem Recht vorgenommen. Mit den Ergebnissen des zweiten Teils lassen sich die für die Nutzung von Musik im Webradio grundsätzlich erforderlichen Lizenzen bestimmen und die Feststellung treffen, wann Webradio in Deutschland rechtmäßig angeboten wird.

Der *dritte Teil* untersucht die Zustimmungsfreiheit der einzelnen Verwertungshandlungen im Lichte der Schrankenbestimmungen des Urheberrechts. Dazu werden die rechtlichen Rahmenbedingungen für die Anwendung von Schrankenbestimmungen erläutert, wozu nicht nur der grundrechtliche Schutz der Interessen der beteiligen Parteien zählt, sondern auch die Vorgaben des völkerrechtlich verankerten urheberrechtlichen Dreistufentests sowie Argumente aus der ökonomischen Analyse des Rechts. Im Anschluss wird bestimmt, inwiefern Vorbereitung, Übertragung und Empfang von Webradio zustimmungsfrei möglich sind. Sodann wird geprüft, inwiefern Streamripping durch die Schranke der Privatkopie privilegiert ist, der Vorwurf der „Internetpiraterie" also gerechtfertigt ist oder nicht. Ein Schwerpunkt liegt hierbei auf der Frage, wann die Rechtswidrigkeit eines Webradios mangels entsprechender Lizenzierung für einen Nutzer offensichtlich ist und welche Konsequenzen eine solche Rechtswidrigkeit bzw. Offensichtlichkeit hat. Einen weiteren Schwerpunkt bildet die Frage, inwiefern ein Herstellenlassen durch Dritte rechtlich zulässig ist. Infolgedessen lässt sich konstatieren, ob gewisse Formen von Aufnahmesoftware einen Rückgriff auf die Schranke der Privatkopie *per se* ausschließen. Die Ergebnisse zum Schutzumfang des § 53 Abs. 1 UrhG *de lege lata* werden sodann anhand der Vorgaben des Verfassungsrechts und des Dreistufentests überprüft. Dabei wird insbesondere die Angemessenheit des gegenwärtigen Pauschalvergütungssystems analysiert. Der Teil schließt mit einer Erläuterung des etwaigen Anpassungsbedarfs des geltenden Rechts und einem Regelungsvorschlag für eine Gestaltung des § 53 Abs. 1 UrhG *de lege ferenda.*

In der Schlussbetrachtung werden die Ergebnisse dieser Arbeit in Bezug auf die rechtliche Bewertung von Webradio-Angeboten und Streamripping in Thesen zusammengefasst, und ihre Bedeutung im Rahmen eines Fazits abstrakt erfasst. Ferner wird ein Ausblick gegeben, mit welchen alternativen Ansätzen den rechtlichen Herausforderungen des Internetzeitalters begegnet werden kann.

Erster Teil: Technische Erfassung des Nutzungsvorgangs

Die verschiedenen Möglichkeiten der Interaktion zwischen Anbieter und Nutzer, welche in diesem Maße nur das Internet eröffnen kann, haben zu einer erheblichen Ausdifferenzierung von Online-Musikdiensten anhand der Wünsche der Nutzer bezüglich Programminhalt und Verfügbarkeit geführt. Eine juristische Würdigung der Nutzung von Musik im Webradio und der Verwendung von Aufnahmesoftware setzt daher Vorkenntnisse bezüglich der unterschiedlichen Webradio-Varianten und ihrer technischen Realisierung voraus. Ferner ist aufgrund der grenzüberschreitenden Natur des Mediums Internet zu prüfen, inwiefern Möglichkeiten bestehen, das Angebot geographisch zu beschränken. Beides ist nicht zuletzt deshalb von Bedeutung, weil die Webradio-Betreiber versucht sein können, Verantwortlichkeiten durch technische Lösungen umzuverteilen und hierdurch der juristischen Verfolgung zu entgehen.[62]

Dieser erste Teil erläutert daher die verschiedenen Erscheinungsformen und die technische Umsetzung von Webradio-Angeboten, Aufnahmesoftware und „Geo-Sperren", um ein einheitliches Vorverständnis der technischen Grundlagen zu vermitteln.

Kapitel 1: Webradio-Varianten

In Bezug auf Online-Musikangebote spricht man von Internetradio, Webradio, Webcasting, Simulcasting, Podcasting, Downlaod, Streaming, Live-Streaming, Playlists, Pull- und Push-Diensten, Loop-Streams und On-Demand-Streams. Die Terminologie wird uneinheitlich verwendet bzw. ist teils austauschbar. Ziel dieses Kapitels ist es, diese Sprachverwirrungen durch eine Erläuterung der gegenwärtig gängigen Webradio-Varianten zu entflechten. Die hierbei vorgenommene Einteilung der Erscheinungsformen von Webradio erfolgt anhand des Grades der jeweiligen Einflussnahme von Anbieter und Nutzer auf Programmbeginn und

62 Man denke nur an die Weiterentwicklung des zentralen Peer-to-Peer-Systems von *Napster* zu dem von *Gnutella* genutzten dezentralen bzw. zu dem von *KaZaA* und *Grokster* verwendeten hybriden Nachfolger. Grundlegend zu der P2P-Problematik *Brinkel*, Filesharing.

-inhalt. Aus diesem Blickwinkel ergeben sich die Kategorien Simulcasts und Webcasts als Formen des Live-Streaming (Abschnitt A); Programmpakete wie On-Demand-Streams, Loop-Streams und Podcasts (Abschnitt B); und personalisierte Webradios (Abschnitt C). Allerdings ist der Vorbehalt zu machen, dass die nachfolgende Beschreibung der Erscheinungsformen aufgrund der kontinuierlichen Entwicklung in diesem Bereich selbstverständlich nicht abschließend sein kann.

A. Live-Streaming (Webcasts und Simulcasts)

„Simulcasts"[63] und „Webcasts"[64] gleichen den klassischen Radioprogrammen und bilden mit 11% und 89 % gegenwärtig bei weitem die größte Gruppe an verfügbaren Webradio-Angeboten.[65] Der Zugriff erfolgt entweder über die Internetseiten der Radioprogramme oder über spezielle Webradio-Portale wie *phonostar*[66], welche Sortier- und Suchfunktionen für die unterschiedlichen Webradios anbieten.[67] Sie erlauben dem Hörer wie im Falle terrestrischer Angebote keine Einflussmöglichkeit auf den Programmablauf – weder auf Inhalt noch auf Beginn. Vielmehr steigt der Hörer in ein für alle Empfänger gleichzeitig „live" ablaufendes, inhaltlich vorgegebenes Programm ein. Insofern beschränkt sich die Interaktivität auf die Abgabe von Titelwünschen, die wie im klassischen Rundfunk als Hörerwunsch ins Programm einfließen, oder die Abstimmung im Rahmen von Hörercharts.[68]

Simulcasts und Webcasts unterscheiden sich voneinander hinsichtlich der Quelle, aus der das Programm stammt. Beim Simulcasting wird ein Radioprogramm, wie ein klassisches Hörfunkprogramm, gleichzeitig über terrestrische Sender oder Satellit und im Internet gesendet.[69] Zum Beispiel ermöglichen mittlerweile viele Hörfunkunternehmen durch „Live-Streams" den Zugriff auf ihr

---

63 Ein Kunstwort aus den Wörtern „simultaneous" und „broadcasting".

64 Ebenfalls ein Kunstwort aus den Wörtern „web" für world wide web und „broadcasting".

65 *Goldhammer/Schmid/Link*, BLM-Webradiomonitor 2011, 5.7.2011, http://www.webradiomonitor.de/webradiomonitor-studie/studie-2011, S. 14. Die Kategorie „Webcasts" setzt sich zusammen aus „Online-Only" Angeboten (84%) und den Online-Angeboten der UKW-Stationen (5%).

66 http://www.phonostar.de. Eine Übersicht über die Nutzung dieser Plattform bieten *Martens/Windgasse*, Media Perspektiven 2011, 267 ff.

67 S.a. die Darstellung bei *Mende,* Media Perspektiven 2010, 369 (371).

68 Die Nutzungsmöglichkeiten können beispielsweise nachvollzogen werden anhand des Angebotes des *Norddeutschen Rundfunks* unter http://www.ndr.de/radio/index.html. S.a. die Beschreibungen bei *Foged,* Ent LR 2002, 142; *Gey,* Das Recht der öffentlichen Zugänglichmachung, S. 138; *Handig*, GRUR Int 2007, 206 (207); *Rüberg*, Vom Rundfunk- zum Digitalzeitalter, S. 293; und *Schwenzer*, GRUR Int 2001, 722 (723).

69 S. *Malcher*, Personalisierte Webradios, S. 20 m.w.N.

24stündiges Programm über das Internet.[70] Webcasts hingegen sind reine Internetsender mit einem oft hoch ausdifferenzierten Spartenprogramm.[71] Sortierungskriterien sind z.B. Musikrichtung, Künstler, Region oder Veröffentlichungsjahr. Das *ESC Radio* spielt beispielsweise ausschließlich Musik vom *Eurovision Song Contest.*[72] Aber auch kleinere, regionale Anbieter, wie z.B. die *Uniwelle Tübingen*, nutzen das Medium Webradio für die Verbreitung ihrer Sendungen.[73]

In aller Regel werden Simulcasts und Webcasts in Anlehnung an das Anschalten eines „echten" Radios durch Aufrufen eines Hyperlinks oder das Anwählen eines in der grafische Benutzeroberfläche (GUI) integrierten „Play"-Symbols aktiviert. Um einen schnellen Zugriff auf den Wunschsender zu erleichtern, halten Webradio-Player zudem oftmals Kategorien abhängig vom Genre oder der Aktualität sowie weitere Suchmöglichkeiten wie Übertragungsqualität und Sprache vor.[74]

B. Programmpakete

Neben der Live-Sendung ihres Radioprogramms halten viele Rundfunkunternehmen ihre Programme oder Teile davon zusätzlich für den späteren Zugriff durch den Nutzer bereit.[75] Es gibt insbesondere drei Übertragungsformen für solche Programmpakete.

I. On-Demand-Streams

Bei „On-Demand-Streams" stellt der Anbieter ein vorgefertigtes und für alle Hörer inhaltlich gleiches Programmpaket bereit, auf das ein einzelner Hörer zeitlich frei bestimmbar zugreifen kann. Damit legt der Hörer den Startzeitpunkt der Übertragung des archivierten Programms selbst fest, hat aber keinen Einfluss auf die zu übermittelnden Inhalte. Mithin gibt es kein für alle Hörer gleichzeitig ablaufendes Programm. Eine permanente Kopie auf dem Rechner des Hörers ist nicht vorgesehen.[76] Insofern sind hiervon Angebote zu unterscheiden, bei denen der Nutzer auf einzelne Musiktitel zugreift.

---

70 S. z.B. das Angebot des *Norddeutschen Rundfunks*, abrufbar unter: http://www.ndr.de/ndr2/index.html.

71 S. *Malcher*, Personalisierte Webradios, S. 20 m.w.N.

72 http://www.escradio.com.

73 http://www.uni-tuebingen.de/uniradio.

74 S. die Literaturangaben in Fn. 68.

75 S. die Beschreibung der Digital-Strategie der ARD von *Schmidt*, in: *Stern/Peifer/Hain* (Hrsg.), Werkvermittlung und Rechtemanagement, S. 27 ff.

76 S. *Bäcker,* Die Rechtsstellung der Leistungsschutzberechtigten, S. 47 f.; *Gey,* Das Recht der öffentlichen Zugänglichmachung, S. 136; und *Rüberg*, Vom Rundfunk- zum Digitalzeitalter, S. 294.

Anbieter solcher On-Demand-Streams sind nicht nur professionelle Medienunternehmen. Vielmehr hat sich diese Form der Zurverfügungstellung auch im privaten Bereich etabliert. Interessant sind Internetportale wie *8tracks*[77], welche ihren Nutzern die Möglichkeit bieten, individuelle „Mixe" aus Musikstücken ihrer eigenen Musiksammlung zusammenzustellen und diese anderen Internetnutzern im Wege des Streaming zugänglich zu machen. Um die Verfügbarkeit der Mixe zu gewährleisten, selbst wenn die Person, die den Mix zusammengestellt hat, nicht online ist, werden die Titel auf die Server von *8tracks* hochgeladen und von dort gestreamt. Die Zusammenstellung der einzelnen Mixe muss dabei gewisse Vorgaben erfüllen, um den Inhalt möglichst unvorhersehbar zu halten.[78] Dies hält *8tracks* für erforderlich, um als Radiosender i.S.d. US-amerikanischen Urheberrechts zu gelten. Entsprechend zahlt *8tracks* nach eigenen Angaben für die Nutzung der Musik Lizenzgebühren an die US-amerikanischen Verwertungsgesellschaften *ASCAP*[79], *BMI*[80] und *SESAC*[81], welche die Rechte der öffentlichen Wiedergabe für Urheber und Verlage wahrnehmen.[82] Trotz der ausschließlichen Lizenzierung innerhalb der USA ist das Angebot aber auch in Deutschland nutzbar.

II. Loop-Streams / Near-on-Demand

Eine Mischform der klassischen Radioprogramme und der zeitversetzten On-Demand-Streams sind „Loop-Streams".[83] Bei diesem Geschäftsmodell ist das

77 http://www.8tracks.com.

78 Insbesondere dürfen nicht mehr als zwei Musikstücke vom gleichen Künstler oder demselben Album in einem Mix enthalten sein und in der Beschreibung des Mixes dürfen nicht mehr als drei Namen der im Mix enthaltenen Künstler und keine Titel der Musikstücke genannt werden. Zudem werden die im Mix enthaltenen Musikstücke nur bei der ersten Wiedergabe in der vom Zusammensteller des Mixes vorgesehenen Reihenfolge gespielt. Schon ab dem zweiten Abruf erfolgt die Wiedergabe zufällig. Die Funktionsweise von *8tracks* kann nachvollzogen werden anhand der Erläuterungen von *8tracks, Inc.*, About, http://8tracks.com/about.

79 „American Society of Composers, Authors and Publishers", s. *ASCAP*, About ASCAP, http://www.ascap.com/about.

80 „Broadcast Music, Inc.", s. *BMI*, About BMI, http://www.bmi.com/about.

81 „Society of European Stage Authors and Composers", wobei diese Gesellschaft heute nicht mehr nur Rechte europäischer Urheber wahrnimmt, s. *SESAC*, About SESAC, http://www.sesac.com/About/About.aspx.

82 S. *8tracks, Inc.*, About, http://8tracks.com/about. Ein entsprechendes Leistungsschutzrecht für Tonträgerhersteller und ausübende Künstler gibt es in den USA nicht, vgl. 17 U.S.C. § 106 (4) und (6), sodass von diesen Rechteinhabern für Radiosendungen auch keine Lizenzen eingeholt werden müssen, was den Lizenzierungsprozess freilich erheblich vereinfacht. S. die zusammenfassende Darstellung der Rechtslage in den USA bei *Sterling*, World Copyright Law, Rdnr. 90.10.

83 Auch „Looped Programming" genannt, s. *Schwenzer*, GRUR Int 2001, 722 (723).

Programmpaket in einer in Start- und Endzeitpunkt nicht beeinflussbaren Schleife fortlaufend geschaltet. Nutzer müssen zwecks Zugriff auf das Programm lediglich warten, bis es wieder von vorn beginnt.[84] Zum Beispiel hat der *Rundfunk Berlin-Brandenburg (rbb)* Loop-Streams von einigen seiner Sendungen im Online-Angebot.[85]

Vergleichbar sind diese „Loop-Streams" mit dem aus dem interaktiven Fernsehen bekannten „Near-Video-on-Demand" (NvoD),[86] bei dem Inhalte, typischerweise Filme, auf verschiedenen Kanälen in einer vom Zuschauer unbeeinflussbaren Abfolge in festen Intervallen zeitversetzt wiederholt übermittelt werden, wodurch eine größtmögliche zeitliche Verfügbarkeit für die Nutzer auch ohne individuellen Abruf einzelner Datensätze erreicht wird. Eine (elektronische) Programmübersicht informiert, wann eine Sendung auf welchem Kanal beginnt.[87] Die Angebote Loop-Stream und NVoD lassen sich unter dem Oberbegriff „Near-on-Demand (NoD)" zusammenfassen.

III. Podcasts

In Bezug auf die Übermittlungsstrategie sind die vorgenannten Erscheinungsformen von den „Podcasts"[88] abzugrenzen. Podcasts sind sog. Push-Dienste. Dabei wird das Programmpaket zwar automatisch übermittelt, die Übermittlung erfolgt jedoch durch die Einrichtung eines Abonnements, d.h. der Nutzer erhält nach erstmaligem Anfordern des Podcasts eine neue Podcast-Episode unabhängig von festen Sendezeiten immer dann, wenn diese verfügbar ist und sich der Nutzer mit dem Internet verbindet. Der nutzerseitig entsprechend einzustellende Podcasting-Client überwacht die Aktualisierung der Quelle und signalisiert Empfangsbereitschaft, wenn ein neuer Podcast verfügbar ist.[89] Diverse Plattformen wie z.B. *Podster*[90] bieten Möglichkeiten, das allgemein verfügbare Podcast-

84 S. *Dierking,* Internet zum Hören, S. 31; und *Gey,* Das Recht der öffentlichen Zugänglichmachung, S. 137 f.

85 S. http://www.fritz.de/neue_musik/musikstreams/index.html.

86 Die Begrifflichkeit ergibt sich aus der Nähe zu „Video-an-Demand"-Diensten, bei denen der Nutzer den Abrufzeitpunkt frei wählen kann.

87 Zu Near-Video-on-Demand, s. *Kleinke,* AfP 2005, 460 (461). Schon länger wird NVoD im digitalen Rundfunk, im Hotel- oder Flugzeugfernsehen eingesetzt. Zur Abgrenzung zu den nachfolgend besprochenen „personalisierten Webradios", s. *Malcher*, Personalisierte Webradios, S. 16 f.

88 Ein Kunstwort aus der Marke „iPod" für MP3-Player und dem englischen Wort „broadcasting".

89 S. die Erläuterung der technischen Grundlagen bei *Dierking,* Internet zum Hören, S. 26-28; und *Gey,* Das Recht der öffentlichen Zugänglichmachung, S. 136 f.

90 http://podster.de.

Angebot nach bestimmten Schlagwörtern zu durchsuchen, um das gewünschte Angebot zu finden.

Wie im Falle der zeitversetzten On-Demand-Streams kann der Nutzer damit Start- und Endzeitpunkt beeinflussen, nicht aber den Inhalt des Programms. Im Gegensatz zu den vorgenannten Erscheinungsformen wird die Datei allerdings vollständig heruntergeladen und eine permanente Kopie auf der Festplatte des Nutzers angefertigt, bevor der Nutzer auf die Datei zugreifen und den Inhalt hören kann.

C. Personalisierte Webradios

Neben der Möglichkeit, Einfluss auf den Beginn einer Übertragung zu nehmen, kann der Nutzer bei vielen Musikangeboten, den sog. „personalisierten (oder personalisierbaren) Webradios“[91], individuell in den Inhalt des Programms eingreifen und ihn auf seine Bedürfnisse anpassen bzw. werden ihm aktiv Inhalte nach seinen Vorlieben zusammengestellt und/oder vorgeschlagen.[92] „Skip“- und Stop-Funktionen sind dabei ebenso Standard wie der Einsatz von Empfehlungssoftware und ein breites Angebot von Zusatzinformationen und Interaktionsmöglichkeiten zwischen den Nutzern, beispielsweise im Wege von Diskussionsforen, der Abgabe von Bewertungen von Musiktiteln, Chatfunktionen oder der Einbindung in *facebook*. Dem Grad und der Art der Individualisierung sind dabei jedenfalls technisch kaum Grenzen gesetzt.[93] Diese Webradio-Angebote machen gegenwärtig allerdings erst einen Anteil von 0,4% am Gesamtmarkt für Webradio aus.[94]

Bei *last.fm*[95], einem der Vorreiter dieser Webradio-Angebote in Deutschland, gibt der Nutzer zum Beispiel einen Künstler oder das Genre vor, an dem sich das Programm orientieren soll, und weitere Künstler und Titel werden der Playlist

---

91 Dieser Terminus ist von den Gerichten bislang nicht verwendet worden. In der Forschung und in der Umgangssprache findet er aber immer weitere Verbreitung, s. *Dierking*, Internet zum Hören, S. 21 und 24; *Klatt*, CR 2009, 517 ff.; *Koch*, GRUR 2010, 574; *Malcher*, Personalisierte Webradios; und *v. Ungern-Sternberg*, in: *Stern/Peifer/Hain* (Hrsg.), Werkvermittlung und Rechtemanagement im Zeitalter von Google und YouTube, S. 51 (54), „personalisiertes Internet-Radio“. Auf die Suchanfrage „personalisiertes Webradio“ erhält man bei *Google* mittlerweile ca. 2.100 Treffer aus ganz unterschiedlichen Quellen angezeigt.

92 Zum Phänomen der Personalisierung von Online-Diensten *Malcher* a.a.O., S. 11 f.

93 Detailliert *Malcher* a.a.O. S. 13-16. Vgl. auch die früheren Beschreibungen bei *Braun*, ZUM 2005, 100 (103); *Castendyk*, in: FS Loewenheim, S. 31 (33 f.); *Foged*, Ent LR 2002, 14; *Schwenzer*, GRUR Int 2001, 722 (723 f.).

94 *Goldhammer/Schmid/Link*, BLM-Webradiomonitor 2011, 5.7.2011, http://www.webradiomonitor.de/webradiomonitor-studie/studie-2011, S. 14.

95 www.last.fm.

anhand von mit dem Wunschkünstler assoziierten Informationen wie Musikrichtung, Ursprungsland oder Veröffentlichungsjahr bzw. den Präferenzen vergleichbarer Nutzer hinzugefügt, sog. „Collaborative Filtering“. Alternativ hierzu werden von anderen Anbietern Methoden des sog. „Content-based Filtering“ eingesetzt, im Rahmen derer Tempo, Stimmung und Klangarbe eines Titels akustisch analysiert werden, um entsprechende Musikvorschläge zu unterbreiten.[96]

Die konkrete Titelauswahl und Sendezeit wird durch den Anbieter des Programms bestimmt und die Titel werden hintereinander linear und ohne Unterbrechungen übertragen. Die konkreten Suchmöglichkeiten sind damit begrenzt; ausgeschlossen ist insbesondere die Suche und Auswahl konkreter Musiktitel. Der Nutzer kann über die „Lieben“- bzw. „Bannen“-Funktion allerdings seine geschmacklichen Präferenzen konkretisieren und sein Nutzerprofil verfeinern.[97] *Last.fm* hat sein Webradio dabei in ein größeres Leistungsangebot integriert und versteht sich als „Empfehlungsservice für Musik“, indem es zusätzlich über Neuerscheinungen und Tourdaten informiert, einen gezielten „Reinhörservice“ in sämtliche Titel sowie die Möglichkeit zum Kauf des Titels – sei es als Download oder als physische CD – anbietet.[98] Ein ähnliches Angebot liefern *Aupeo*[99] und *Pandora*[100].

Als Weiterentwicklung der personalisierten Webradios sind umfassendere Internet-Audiodienste zu verstehen, wie etwa *napster*[101], *spotify*[102], sowie die neueren Plattformen *simfy*[103], *juke*[104], *deezer*[105] und das von einem der *Skype*-Gründer ins Leben gerufene *rdio*[106].[107] Sie enthalten in der Regel die Funktion eines personalisierten Webradios im Sinne eines kostenlosen „Einsteigerangebotes“. Daneben ermöglichen sie jenen Nutzern, die ein Monats-Abo abgeschlossen haben, eine weitergehende individualisierbare Gestaltung, etwa derart, dass die Nutzer

96 Zu den möglichen Filter-Verfahren eingehend *Malcher*, Personalisierte Webradios, S. 35 f. An einem „Content-based Filtering“ arbeitet z.B. die Firma *Google, Inc.*, s. *F. Schwarz*, Der schnelle Weg, Süddeutsche Zeitung v. 17.11.2011, S. 11.

97 Für eine detaillierte Darstellung des Webradios *last.fm*, s. *Malcher* a.a.O., S. 14 f. und 28-48.

98 Eine Beschreibung dieser Funktionen findet sich unter *Last.fm Ltd.*, Über Last.fm, http://www.lastfm.de/about. Für das darunterliegende Geschäftsmodell basierend auf transaktionsabhängiger und transaktionsunabhängiger Erlösgenerierung, s. *Malcher* a.a.O. S. 31 f.

99 https://www.aupeo.de.

100 http://www.pandora.com. Für eine Beschreibung dieses personalisierten Webradios, welches in Deutschland nicht verfügbar ist, s. *Malcher*, Personalisierte Webradios, S. 25-28.

101 http://www.napster.de.

102 http://www.spotify.com.

103 http://www.simfy.de.

104 http://www.myjuke.de.

105 http://www.deezer.com/de/radio.

106 http://www.rdio.com.

107 Für einen Vergleich der genannten Musikstreaming-Angebote, s. Musikexpress v. Mai 2012, S. 54-57.

die Musiktitel einzeln auswählen und diese in eine selbst zusammengestellte Playlist integrieren können. Bei einer solchen Playlist-Funktion teilt der Nutzer dem einzelnen Titel also einen konkreten Übertragungszeitpunkt zu und nichts ist dem Zufall oder dem Einfluss des Anbieters überlassen. Diese Funktion ist daher richtigerweise nicht als „Webradio“ sondern als „Playlist“ einzuordnen.[108] Von Webradio sind außerdem solche Online-Musikdienste abzugrenzen, bei denen der Nutzer die Möglichkeit hat, ungeachtet der Integration von Titeln in eine Playlist auf einzelne Titel zuzugreifen und damit über Zeit und Inhalt des Programms frei zu bestimmen. Diese Angebote sind ähnlich wie ein Musikdownload als echtes Music-on-Demand-Angebot zu verstehen, mit dem Unterschied, dass kein Download auf den Rechner des Nutzers erfolgt, sondern die Inhalte gestreamt werden.[109]

Kapitel 2: Technische Grundlagen

Webradio basiert auf der Übertragungsstrategie Streaming. Die Übertragung der Inhalte vom Anbieter zum Hörer erfolgt wie bei jeder Internetnutzung zwar durch einen anhaltenden Datenstrom. Anders als bei der Übertragungsstrategie Download erfolgt bei Streaming Audio-Angeboten der Zugriff auf die Inhalte jedoch schon während und nicht erst nach Abschluss ihrer Übermittlung.[110] Dies ermöglicht nicht nur den Empfang von in Echtzeit übertragenen Inhalten, sondern erspart dem Nutzer zugleich die beim Download übliche Wartezeit und beeinträchtigt die Speicherkapazität des Computers des Nutzers in geringerem Umfang, da keine permanente Speicherung erfolgt. Auf Seiten des Anbieters liegt der Vorteil dieser Übertragungsstrategie darin, dass er kein fertiges, in sich abgeschlossenes Programm vorhalten muss, sondern den Programminhalt in Echtzeit beeinflussen und ändern kann.[111]

Die bei der technischen Realisierung von Streaming Audio im Allgemeinen bzw. bei Webradio im Speziellen notwendigen Verwertungsschritte lassen sich vier Stufen zuordnen: die Produktion der Inhalte durch den Anbieter (Abschnitt A), den Abruf und die Wiedergabe durch den Nutzer (Abschnitt B) sowie die Übermittlung der Programminhalte über das Internet (Abschnitt C). Dem kann

---

108 Die kann etwa anhand des Angebotes von *Spotify* nachvollzogen werden, s. *Spotify Ltd.*, Playlists, http://www.spotify.com/de/about/features/playlists.

109 S. etwa das Angebot von *simfy GmbH*, Das ist Simfy, http://corporate.simfy.com/de/das-ist-simfy.

110 Für eine Erläuterung der Übertragungsstrategie Download in Abgrenzung zu Streaming, s. *Gey*, Das Recht der öffentlichen Zugänglichmachung, S. 132-135.

111 Zu den Vorteilen des Streaming s.a. *Rieger*, GWDG-Bericht 61 (2003), 7-11; und *Topic*, Streaming Media Demystified, 2002, S. 127-136.

sich eine weitere Nutzungshandlung in Form der Aufnahme der gestreamten Inhalte auf Seiten des Nutzers durch „Streamripping“ anschließen (Abschnitt D).

A. Produktion und Bereitstellung eines Programms

Ausgangsmaterial, das nur in analoger Form verfügbar ist, wie z.B. die Stimme eines Radio-Moderators oder ein Live-Konzert, wird zunächst digitalisiert. Das digitalisierte Tonsignal oder ein bereits digital vorliegendes Signal wird sodann durch Kompression und Konvertierung in ein streamingfähiges Format umgewandelt, wobei die Datei regelmäßig zusätzliche Informationen zum Inhalt, wie z.B. Interpret und Titel eines Musiktitels, erhält. Im sich anschließenden Bereitstellungsprozess wird die Datei in verschiedene Protokolleinheiten[112] unterteilt.[113]

Angesichts der Übertragungsraten der heutigen Internetzugänge ist es grundsätzlich möglich, auch unkomprimierte und damit meist größere Dateien schnell zu übertragen.[114] Insofern ist eine Kompression der Datei für ihre Übertragung als Streaming Media nicht zwingend erforderlich. Allerdings eignen sich einige Formate, wie z.B. MP3[115] oder das proprietäre WMA[116], aufgrund ihrer unabhängigen Paketstruktur für die Übertragung besser als andere und ermöglichen zugleich einen schnelleren Zugriff bei einem langsamen Anschluss.

Für die Datenkompression stehen verlustlose und verlustbehaftete Verfahren zur Verfügung. Verlustlose Kompressionsverfahren erlauben eine bitidentische Rekonstruktion des Ausgangssignals. Bei der verlustbehafteten Kompression bleiben gewisse Frequenzanteile bei der Kodierung unberücksichtigt, insbesondere solche, die das menschliche Ohr nicht oder kaum wahrnehmen kann oder die durch andere Frequenzen überlagert werden.[117] Im Ergebnis gehen für das

112 Vereinfacht wird auch der Begriff „Datenpaket“ verwendet, was den dahinter stehenden Ablauf jedoch nicht korrekt wiedergibt.

113 Zu den für das Anbieten von Webradio notwendigen Vorbereitungshandlungen *Rieger*, GWDG-Bericht 61 (2003) 9, 17. Zur Digitalisierung allgemein *Werner*, in: *Ensthaler/Weidert* (Hrsg.), Handbuch UrhR und Internet, Kap. 3 Rdnrf. 25 f.

114 Wie z.B. in den Dateiformaten PCM (Pulse-Code Modulation) oder ADPCM (Adaptive Differential Pulse-Code Modulation), s. *Wikimedia Foundation Inc.*, Pulse-Code Modulation, http://en.wikipedia.org/wiki/Pulse_code_modulation.

115 Dies steht für „MPEG-1 Audio Layer 3“ und wurde u.a. von einer Gruppe am *Fraunhofer-Institut für Integrierte Schaltungen (IIS)* in Erlangen entwickelt.

116 Dies steht für „Windows Media Audio“ von *Microsoft*.

117 Ausführlich *Lerch*, in: *Weinzierl* (Hrsg.), Handbuch der Audiotechnik, S. 849 (850, 857, 864-869); *Rieger*, GWDG-Bericht 61 (2003), 18-21; *Tanenbaum*, Computernetzwerke, S. 730-735; *Topic*, Streaming Media Demystified, S. 59-65. Eine Kompression um den Faktor 10 ist

geschulte Ohr und bei einer hochwertige Musikanlage dadurch die „Schattierungen“ einer Aufnahme verloren, im Gegenzug erhält man jedoch eine in ihrer Größe stark reduzierte Datei.

B. Abruf durch den Nutzer

Der Prozess der Wiedergabe beginnt, wenn der Nutzer über seinen „Streaming-Client“, d.h. eine Software für den Computer oder das Smartphone, welche entweder als Plug-In im Webbrowser integriert ist oder ein eigenständiges Wiedergabeprogramm darstellt, einen Radiosender auswählt, z.B. indem er auf der Webseite auf „Jetzt Hören“ oder „Play“ klickt. Über dieses Programm kann der Nutzer die Inhalte steuern, d.h. vorspulen, pausieren oder unterbrechen.[118] Daneben kann Audio-Streaming über spezielle, computerunabhängige stationäre streamingfähige Endgeräte, ähnlich einem Radio für den terrestrischen Empfang, wiedergegeben werden.[119] Letztlich funktionieren diese aber wie ein Streaming-Client auf dem Computer des Nutzers, sodass es hinsichtlich ihrer Funktionsweise keiner weiteren Ausführungen bedarf.[120]

Startet der Nutzer die Wiedergabe, wird vom Webserver eine kurze Metadatei übertragen. Sofern das Webradio aus dem Browser und nicht direkt aus dem Streaming-Client gestartet wird, bestimmt der Browser als nächstes die passende Anwendung, mit der die Wiedergabe erfolgen kann und schreibt die Metadatei in eine Arbeitsdatei auf der Festplatte, deren Namen der Browser an den Streaming-Client übergibt. Dieser erkennt den in der Arbeitsdatei enthaltenen Uniform Resource Locator (URL), kontaktiert den Server, auf dem die gewünschte Datei abrufbar ist, und gibt diese sodann wieder.[121]

---

bei verlustbehafteten Kompressionsverfahren nicht ungewöhnlich. Verlustfreie Kompressionsverfahren erreichen in der Regel nur eine Kompression um den Faktor 3.

118 Gebräuchliche Streaming-Clients sind etwa der *Windows Media Player* der Firma *Microsoft*, der *Quicktime Media Player* oder *iTunes* der Firma *Apple* und der *Real Player* der Firma *Real Networks*, sowie der nichtkommerzielle Streaming-Client *VLC media player*, s. die Übersicht bei *Wikimedia Foundation Inc.*, Streaming-Client, http://de.wikipedia.org/wiki/Streaming_Client.

119 Hersteller für stationäre Webradio-Empfangsgeräte gibt es mittleweile einige, s. etwa die Übersicht bei *Hansen*, Radiofrühling, c't-Magazin v. 11.5.2009, S. 118 (124 f.); sowie *Ludwig*, Radio 2.0 für die Internet-Generation, 19.8.2011, http://www.chip.de/artikel/Onlineradio-Test-Die-besten-Internetradios-im-Praxis-Check_51002633.html.

120 Eine detaillierte Untersuchung der unterschiedlichen Wiedergabeoptionen von Internetradio bietet *Riegler*, Webradio und Web-TV.

121 S. *Kurose/Ross*, Computernetzwerke, S. 642 f.

C. Übertragungsvorgang

I. Streaming

Hinsichtlich der Datenübermittlung per Streaming gibt es unterschiedliche Erscheinungsformen. Jede davon ist mit Speicherungen auf dem Computer des Nutzers verbunden, sie variieren jedoch in der Speicherintensität.

Beim Streaming i.e.S. findet keine vollständige Speicherung auf dem Zielrechner statt, wenngleich abhängig vom verwendeten Transportprotokoll in verschiedener Häufigkeit und Intensität Speicherungen im Zwischenspeicher[122] vorgenommen werden.[123] Beim sog. „progressiven Download" hingegen wird die Datei vollständig vom Server auf den Computer des Nutzers heruntergeladen und dort entweder im Arbeitsspeicher (RAM) oder auf der Festplatte – je nach Anwendung und Einstellung – temporär oder dauerhaft abgelegt; bereits parallel zum Herunterladen beginnt der Streaming-Client mit dem Abspielen der Mediendatei.[124]

Bei Streaming unter Einsatz des Transmission Control Protocol (TCP) werden die eingehenden Protokolleinheiten mithilfe einer Flusskontrolle und einer Überlastkontrolle kontrolliert vom Anbieterserver abgerufen und im TCP-Empfangspuffer gespeichert und ausgelesen. Um ein flüssiges Abspielen zu ermöglichen, werden diese anschließend in richtiger Reihenfolge und in größeren Einheiten an einen zweiten Zwischenspeicher, den des Streaming Clients, weitergeleitet, welcher sich ebenfalls entweder im Arbeitsspeicher oder auf der Festplatte des Zielrechners befindet. Die Größe des Client-Puffers und damit der Umfang der dort gespeicherten Daten ist in der Regel frei einstellbar, wobei als sinnvolle Untergrenze eine Speicherung von zwei bis fünf Sekunden genannt wird. Im Client-Puffer befindet sich beim Streaming per TCP also immer eine kurze Sequenz der Datei; im TCP-Empfangspuffer eine stark schwankende Teilmenge.[125]

Im Gegensatz zum TCP werden die Protokolleinheiten beim User Datagram Protocol (UDP) in einer konstanten Geschwindigkeit ohne Fluss- und Überlast-

122 Der Zwischenspeicher, auch „Puffer" genannt, ist ein Datenbereich zur temporären Speicherung von Daten im Arbeitsspeicher oder auf der Festplatte, welchen das Betriebssystem der Software automatisch zuweist.

123 Anschaulich *Kurose/Ross,* Computernetzwerke, S. 644-649; und *Tanenbaum,* Computernetzwerke, S. 735-739, 741. Für den Verbindungsaufbau stehen verschiedene Netzwerkprotokolle zur Verfügung, deren Untersuchung für die Problemstellung dieser Arbeit nicht erforderlich ist. Für eine detaillierte Erläuterung sei daher auf die verständlichen Darstellungen bei *Rieger,* GWDG-Bericht 61 (2003), 12 f., 30-50 verwiesen.

124 S. die Beschreibungen bei *Busch,* GRUR 2011, 496 (497); *Koch,* GRUR 2010, 574 (575); und *Stieper*, MMR 2012, 12 (13) mit Beispielen zum Video-Streaming.

125 Zur Übertragung mittels TCP, s. *Busch,* GRUR 2011, 496 (497 f.); und *Kurose/Ross,* Computernetzwerke, S. 272 ff. und 645.

kontrolle an den Empfänger gesendet und dort im UDP-Empfangspuffer gespeichert. Vorteil dieses Übertragungsprotokolls ist, dass die Übertragungsrate an die Abspielgeschwindigkeit des Clients angepasst werden kann und daher, zumindest theoretisch, die Zwischenspeicherung in einem Client-Puffer entfallen und die Datei direkt aus dem UDP-Puffer abgespielt werden kann. In der Praxis wird jedoch auch hier ein Client-Puffer eingesetzt, um den „Jitter", d.h. die zeitliche Differenz zwischen Erzeugung der Protokolleinheit an der Quelle und dem Eintreffen beim Empfänger, auszugleichen. In diesem findet sich in der Regel eine Speicherung von einer Sekunde, im UDP-Puffer von maximal 4 Sekunden.[126]

Der Streaming-Client muss in beiden Fällen den Puffer möglichst voll halten, gleichzeitig aber Pufferüberläufe verhindern. Die Lösung ist in der Regel die Definition einer Untergrenze und einer Obergrenze im Puffer, sodass der Webradio-Server die Daten nur überträgt, bis der Puffer bis zur Obergrenze voll ist. Wird die Untergrenze erreicht, weist der Streaming Client den Server an, wieder mit dem Senden zu beginnen. Datenverluste aufgrund verloren gegangener Pakete werden dabei durch Interpolation ausgeglichen.[127]

Hinsichtlich des Umfangs der Daten, die sich zu einem gewissen Zeitpunkt auf dem Rechner des Nutzers befinden, muss sich daher Folgendes vor Augen geführt werden: Die Daten werden in einzelne Protokolleinheiten aufgeteilt in einer kontinuierlichen Folge über das Netzwerk an den Nutzer übertragen. Theoretisch kann der Nutzer bei der Übertragungsstrategie Streaming also schon jede einzelne Protokolleinheit nutzen, ohne auf das Ende der Übertragung des gesamten Materials warten zu müssen. In der Tat ist das in einer einzelnen Protokolleinheit enthaltene Signal aber so kurz, dass es ein Mensch nicht wahrnehmen kann und erst mehrere Protokolleinheiten gestreamt und im Puffer gespeichert worden sein müssen, bevor der jeweilige Musiktitel wahrnehmbar gemacht werden kann. Zu berücksichtigen ist weiter, dass die einzelnen Protokolleinheiten abhängig von der jeweiligen Übertragungstechnik und den Einstellungen des Zwischenspeichers unterschiedlich lang im Zwischenspeicher verbleiben. In der Regel erlaubt die Software, dass der Stream pausiert wird, wobei die eingehenden Daten weiter im Puffer gespeichert werden, während ältere zeitversetzt noch wiedergegeben werden. Spätestens bei Trennung von der Stromquelle werden sie jedoch automatisch gelöscht. Sobald dies geschehen ist, stehen sie dem Nutzer nicht mehr – jedenfalls nicht ohne tiefergehende Computerkenntnisse – zur Ver-

126 Zur Übertragung mittels UDP, s. *Busch* a.a.O., S. 497 f.; und *Kurose/Ross* a.a.O., S. 239 ff. und 644. Zu den gängigen Streaming-Formaten und Fragen der Interoperabilität, s. *Rieger*, GWDG-Bericht 61 (2003), 17 f.; und *Topic*, Streaming Media Demystified, 2002, S. 18, 75-77.

127 S. *Kurose/Ross* a.a.O., S. 644 f. und 653-659.

fügung.[128] Das Ausmaß der sich im Puffer befindlichen Daten ist daher äußerst schwer zu bestimmen.[129] Sofern die Datei als Ganzes abgerufen wurde, wird sie am Ende des Streaming-Vorgangs nichtsdestotrotz einmal vollständig auf dem Zielrechner kopiert.

II. Methoden der Netzwerkkommunikation

Hinsichtlich der Übertragung der Programminhalte können abhängig vom zu übertragenen Inhalt unterschiedliche Methoden der Netzwerkkommunikation zur Anwendung kommen, die sich stark vom klassischen Sendeverfahren für Radio und Fernsehen unterscheiden. Der Nutzer selbst weiß dabei in der Regel nicht, welche Methode verwendet wird, da die GUI dies nicht erkennen lässt und es für die Bedienung und Nutzung des Webradios auch nicht von Bedeutung ist. Für eine verwertungsrechtliche Einordnung des Nutzungsvorgangs ist eine genaue Betrachtung jedoch lohnenswert.

1. Unicast

Beim „Unicast", der im Internet gegenwärtig gängigsten Methode der Netzwerkkommunikation, wird eine direkte Verbindung zwischen dem absendenden Anbieter, dem Server, und dem empfangenden Nutzer, dem Client, auf Anfrage des Client aufgebaut. Es entsteht eine „Punkt-zu-Punkt-Verbindung"[130].[131]

Für Webradio-Angebote bedeutet dies, dass eine separate Verbindung zu jedem Nutzer hergestellt wird und die Protokolleinheiten an jeden Nutzer individuell übertragen werden. Dies kann für den Anbieter ein großes Problem darstellen, da mit der Anzahl der Nutzer das Übertragungsvolumen wächst und folglich große Bandbreiten vorausgesetzt werden, was – sofern technisch überhaupt möglich – zu erheblichen Kosten auf Anbieterseite führen kann.[132]

---

128 *Blumenfeld*, Broadcast Engineering 43 (2001), Heft 8, 40; *Bortloff*, GRUR Int 2003, 669 (670); *Malcher*, Personalisierte Webradios, S. 18 f.

129 Der Prozess kann etwa anhand der Video-Plattform *YouTube* (www.youtube.com) nachvollzogen werden, bei der der rote Statusbalken in der Zeile unterhalb des Videos anzeigt, in welchem Umfang das Video schon geladen wurde.

130 Die Bezeichnung „Punkt-zu-Punkt"-Verbindung soll in diesem Zusammenhang suggerieren, dass eine Kommunikation zwischen zwei Parteien hergestellt wird. Nicht damit gemeint ist, dass eine direkte Verbindung auf der Ebene des Data Link Layers (Layer 2 des OSI-Modells) aufgebaut wird.

131 S. *Cisco Systems GmbH*, Handbuch Netzwerktechnologien, S. 74 und 571; und *Kurose/Ross*, Computernetzwerke, S. 447.

132 *Blumenfeld* verdeutlicht dies anhand einer einfachen Rechnung: Bei nur 100.000 Hörern und einer durchschnittlichen Bitrate von 128k müssten schon 12.800.000.000 bit/s bzw. 12,8 Gb/s

In der Theorie ist Unicast daher weniger für die Übertragung von Live-Streams sondern eher von Programmpaketen oder personalisierten Webradios geeignet.[133] Häufig wird es mangels Alternative[134] dennoch hierfür verwendet.[135]

2. *Content Delivery Networks*

Zur vereinfachten Verteilung großer Mediendateien werden daher spezielle „Content Delivery Networks (CDNs)“[136] eingesetzt.[137] In einem CDN wird der Inhalt vom ursprünglichen, die Inhalte speichernden Server auf eine Anzahl von „Edge Caches“ kopiert, welche an strategisch günstigen Punkten in der Nähe von Endnutzern platziert sind. Anfragen nach Inhalten werden an denjenigen Edge Cache weitergeleitet, der in kürzester Entfernung zum anfragenden Nutzer steht, und von dort bedient, um die Transportzeiten weitestgehend zu verkürzen, möglichst wenig Bandbreite zu verbrauchen und Unterbrechungen zu verhindern. Letztlich handelt es sich aber auch bei dieser Methode um Unicast, bei dem allerdings die Verteilung der Daten effizienter gestaltet ist.[138]

CDNs unterstützen mittlerweile ein Angebot von sowohl Downloads als auch live oder on-demand Streaming-Media. Allerdings sind die Kosten des Aufbaus und der Verwaltung einer CDN-Infrastruktur verhältnismäßig hoch.[139]

3. *Network Layer Multicast*

Als weitere Option für die Übertragung von Inhalten gilt das „Multicast“.[140] Hierbei wird – ähnlich dem Empfang von analogem Radio – eine Gruppe von Nutzern mit ein und demselben Datenstrom versorgt, sodass eine „Mehrpunkt“-

---

durchgeleitet werden, s. *Blumenfeld*, Broadcast Engineering 43 (2001), Heft 2, 50; und *Rieger*, GWDG-Bericht 61 (2003), 11 f., 53. S.a. *Castendyk*, in: FS Loewenheim, S. 31 (33).

133 S. *Bullinger*, in: *Wandtke/Bullinger*, UrhR, § 19 a UrhG Rdnr. 34; *Rimac*, End-to-End Mechanisms for Rate-Adaptive Multicast Streaming over the Internet, S. 2.

134 S. dazu sogleich.

135 S. *Tanenbaum*, Computernetzwerke, S. 740.

136 Auch „Content Distribution Networks“ genannt.

137 Kommerzielle Anbieter sind beispielsweise *Limelight Networks*, http://www.limelight.com; und *Akamai*, www.akamai.de.

138 Ausführlich zur Funktionsweise von CDNs *Kurose/Ross*, Computernetzwerke, 660 f.; *Lei*, Media Distribution using Overlay Multicast and Peer-to-Peer Technologies, S. 14 f.; und *Topic*, Streaming Media Demystified, 2002, S. 121-127.

139 S. *Lei*, Media Distribution using Overlay Multicast and Peer-to-Peer Technologies, S. 15. Zur Beschreibung des Angebots eines CDN, s. u.a. *Limelight Networks, Inc.*, Limelight Video Platform, http://www.limelightvideoplatform.com/support/live-streaming.

140 So beispielsweise bei *Bullinger*, in: *Wandtke/Bullinger*, UrhR, § 19 a UrhG Rdnr. 34; *Dierking*, Internet zum Hören, S. 26; und auch *Stieper*, MMR 2012, 12 (13).

bzw. eine „1:n"-Verbindung entsteht.[141] Im Gegensatz zu Unicast ist Multicast jedoch unidirektional, also ohne Rückkanal, sodass zwischen Server und Client keine Kommunikation stattfindet.[142] Übertragen auf das Internet bedeutet diese Methode der Netzwerkkommunikation, dass der Sender keinen konkreten Empfänger mit einer konkreten IP-Adresse anspricht, sondern dass die Daten, bzw. die einzelnen Protokolleinheiten, zunächst an den nächsten Router mit der Aufgabe gesendet werden, diese an alle Router weiterzuleiten, usw.[143]

Der Vorteil ist, zumindest theoretisch, dass die erforderliche Bandbreite beim Server nicht von der Zahl der tatsächlichen Nutzer abhängt. Aus praktischer Sicht ist diese Methode der Netzwerkkommunikation im Internet allerdings (noch) nicht umsetzbar. Nur sehr wenige Internet Service Provider unterstützen Multicast, sodass die Protokolleinheiten mangels konkreter Adresse letztlich an alle Rechner der Welt versendet würden. Dies würde nicht nur zu einer Überlastung der einzelnen Router führen, sondern zugleich die Gefahr bergen, dass beim Nutzer zwei identische Pakete ankommen.[144] Es könnten natürlich Methoden eingesetzt werden, mit denen der Empfängerkreis eingegrenzt wird. Denkbar ist, dass die Daten nur an Nutzer eines bestimmten Adressraumes wie z.B. „Europa" übermittelt werden, wobei diese Information einfach aus der IP-Adresse gewonnen werden kann.[145] Momentan reicht aber auch diese Eingrenzung noch nicht aus, um die vorgenannte faktische Hürde zu überwinden. Daneben gibt es Protokollvorschläge für Multicast, die diesen Fehler verhindern sollen. Allerdings würde deren Umsetzung eine großflächige Anpassung der Infrastruktur erfordern, da prinzipiell jeder Switch, also jenes Gerät, das eine Anfrage an die richtige Adresse weiterleitet, ausgetauscht werden müsste. Dies wäre schon aus Kostengründen

---

141 S. *Cisco Systems GmbH*, Handbuch Netzwerktechnologien, S. 74, 572 und 711 ff.; und *Kurose/Ross*, Computernetzwerke, S. 446 ff.

142 Für die Zwecke dieser Arbeit ist eine vereinfachte Darstellung ausreichend. Ausführlich zur Funktionsweise von Multicasting *Rieger*, GWDG-Bericht 61 (2003), 53-73. Für die Terminologie, s. *Rimac*, End-to-End Mechanisms for Rate-Adaptive Multicast Streaming over the Internet, S. 14 f.

143 Hierfür wird über eine Multicast-IP-Adresse eine Gruppe von möglichen Empfängern angesprochen. Ausführlich *Lei*, Media Distribution using Overlay Multicast and Peer-to-Peer Technologies, S. 15 f.; *Rieger* a.a.O., S. 56.

144 Zu den Problemen des Multicasting, s. *Blumenfeld*, Broadcast Engineering 43 (2001), Heft 2, 50 f.; *Eberle*, in: *Eberle/Rudolf/Wasserburg*, Mainzer Rechtshandbuch der Neuen Medien, 2003, Kap. 1 Rdnr. 54; *Rieger*, GWDG-Bericht 61 (2003), 53, 64; *Rimac*, End-to-End Mechanisms for Rate-Adaptive Multicast Streaming over the Internet, S. 5-7; *Tanenbaum*, Computernetzwerke, S. 740; *Topic*, Streaming Media Demystified, 2002, S. 23 f., 149-156.

145 S. etwa den Vorschlag von *Dürr/C. Becker/Rothermel*, Efficient Forwarding of Symbolically Addressed Geocast Messages, 17.10.2005, http://www.informatik.uni-stuttgart.de/cgi-bin/NCSTRL/NCSTRL_view.pl?id=INPROC-2005-31&mod=0&engl=0.

unzumutbar. Multicast ist daher nur möglich, wenn die genaue Netzwerkarchitektur bekannt ist, d.h. klar ist, welche Wege die Protokolleinheiten im Einzelfall nehmen. Ein solches System unterstützt die gegenwärtige Struktur des Internets nicht. Entsprechend existieren erst einige wenige Multicast-Inseln, die per Unicast-Tunnel untereinander verbunden sind.

Darüber hinaus begegnet Multicast zwei weiteren Problemen: Erstens ist das für Multicasts verwendete Real-Time Transport Protocol (RTP) – sofern dies überhaupt als Standard-Protokoll bezeichnet werden kann – weniger bekannt als das für Unicast verwendete TCP. Zweitens sind die meisten Firewalls zum Schutz des Local Area Networks (LAN) vor unerwünschten Besuchern derart konfiguriert, dass nur bekannte Ports wie für das Simple Mail Transfer Protocol (SMTP), das Domain Name System (DNS) und das Hypertext Transfer Protocol (HTTP) freigegeben sind und alles andere einschließlich RTP blockiert wird. Haupteinsatzbereich bleiben daher vorerst die lokalen Netzwerke wie das Kabelnetz.[146]

In der Theorie scheint Multicasting daher zwar hervorragend für Echtzeitstreaming geeignet.[147] Da diese Übertragungsstrategie derzeit aber nicht unterstützt wird, wird es im öffentlichen Internet in der Praxis kaum eingesetzt. Es wird daher kontinuierlich an anderen Lösungsansätzen gearbeitet, die keine Veränderung der existierenden Strukturen erfordern, wie z.B. Application Level Multicasting[148] oder die Verwendung der nachfolgend dargestellten Peer-to-Peer (P2P)-Technologie.

4. Peer-to-Peer

Bekannt geworden ist die P2P-Technologie durch Filesharing-Netzwerke wie *Napster* und *Grokster*, in denen Musikdateien per Download zwischen den Nutzern getauscht werden. Im Zuge der voranschreitenden technischen Entwicklung wird die P2P-Technologie heute aber auch für Streaming-Anwendungen, insbesondere im Bereich des Internetfernsehens („P2P IPTV") sei es als Live-Stream oder als on-demand Angebot, eingesetzt.[149] Die Europäische Union fördert beispielsweise ein Forschungsprojekt unter dem Namen „P2P-Next" zur Entwicklung eines europaweiten Next-Generation-Distributionsystems für Internet-TV, welches sowohl Streaming- als auch Downloadangebote enthält und über ein

---

146 S. die Literaturhinweise in Fn. 144.

147 Genau zu diesem Trugschluss kommt aber *Bullinger*, in: *Wandtke/Bullinger*, UrhR, § 19 a UrhG Rdnr. 34.

148 Vgl. *Lei*, Media Distribution using Overlay Multicast and Peer-to-Peer Technologies, S. 15-27.

149 S. z.B. *Livestation* (http://www.livestation.com). Für weitere Beispiele s. *P2P-Next Consortium*, Deliverable number 2.1.1a, S. 54; und Deliverable number 2.1.1b, S. 12-14, beide abrufbar unter: http://www.p2p-next.org.

hohes Maß an Interaktivität verfügen soll.[150] Daneben wird die Technologie für die Distribution von Radio über das Internet verwendet.[151]

Die Grundlage von P2P ist, dass die gewünschten Daten anstelle von einem zentralen Server, der die Anfragen aller Clients beantwortet, von Rechnern anderer Internetnutzer bezogen werden. Meist haben diese dieselben Daten zuvor von einem anderen Nutzer angefordert. Ein Nutzer ist folglich nicht nur Empfänger von Daten, d.h. nicht nur Client, sondern gleichzeitig Server bzw. Sender. Die Nutzer agieren direkt miteinander.[152]

Die technische Ausgestaltung eines P2P-Systems kann im Einzelnen unterschiedlich ausfallen.[153] Grundsätzlich ist innerhalb der Vielzahl der existierenden Systeme zwischen zentralen und dezentralen Netzen zu unterscheiden. In zentralen Netzen hält ein zentraler Koordinationsserver Informationen über die von den einzelnen Teilnehmern bereitgehaltenen Dateien vor, die permanent aktualisiert werden. Er nimmt die Suchanfragen der Clients entgegen und gibt die Adresse derjenigen Nutzer aus, die über die gewünschte Datei verfügen. Zusätzlich speichert er die Adresse des anfragenden Nutzers und gibt sie an andere Nutzer auf Anfrage weiter. Anschließend baut der Rechner des anfragenden Nutzers zu dem des anbietenden Nutzers bzw. zu denen der anbietenden Nutzer eine Verbindung auf, und die angefragten Daten werden geladen.[154] Die Infrastruktur dezentraler Netze kommt ohne einen solchen zentralen Server aus, indem jede einzelne Suchanfragen zu einer Abfrage des gesamten Netzwerkes hinsichtlich der genannten Suchkriterien führt, sodass Suchanfragen mittels einer Art Schneeballsystem von Peer zu Peer weitergeleitet werden. Findet sich eine entsprechende Datei, werden die zur Herstellung der Verbindung notwendigen Daten an den anfragenden Rechner zurückgeleitet. Allerdings verbindet sich der Nutzer auch bei einem dezentralen P2P-Netzwerk zunächst mit einem festen Eintrittspunkt, d.h. einem Nutzer mit einer festen IP-Adresse.[155] Dazwischen existieren Mischformen, welche die Vorteile der beiden Systeme miteinander zu verbinden versuchen.

---

150 S. *P2P-Next Consortium*, The Project, http://www.p2p-next.org.

151 S. die Radiosoftware *Streamer P2P,* Wie funktioniert peer-to-peer (P2P) streaming, http://streamerp2p.de/cms/beschreibung.html.

152 S. die Erläuterungen bei *Brinkel*, Filesharing, S. 14-16; *Freiwald*, Die private Vervielfältigung, S. 24; und *Kurose/Ross*, Computernetzwerke, S. 175 ff.

153 Für eine Bestandsaufnahme hinsichtlich der Technologie hinter P2P, s. *P2P-Next Consortium*, Deliverable D2.1.1, abrufbar unter: http://www.p2p-next.org.

154 Zur Struktur zentraler Netze aus rechtlicher Perspektive *Brinkel*, Filesharing, S. 21-23, 27-37; *Freiwald*, Die private Vervielfältigung, S. 26-31; und *Solmecke/Bärenfänger*, MMR 2001, 567 (567 f.), jeweils m.w.N.

155 Zur Struktur dezentraler Netze aus rechtlicher Perspektive, s. *Brinkel* a.a.O., S. 55-69; und *Solmecke/Bärenfänger* a.a.O., S. 568.

Die P2P-Technologie setzt damit ein virtuelles Netzwerk von miteinander verbundenen Servern auf ein existierendes physikalisches Telekommunikationsnetzwerk, hier das Internet, auf und kreiert ein sog. „Overlay-Netzwerk". Knotenpunkte des Overlay-Netzwerkes, die „Nodes", sind über virtuelle oder logische Verbindungen verknüpft und stellen eine Vielzahl von physikalischen bidirektionalen Verbindungen im darunterliegenden Netzwerk dar.[156]

Der Vorteil dieser Technologie ist ganz offensichtlich, dass sie zwar auf Unicast basiert und damit die Struktur des Internets mitsamt ihren Einschränkungen – die den Einsatz von Multicast-Technologien verhindern – nutzt, gleichzeitig aber die Anfragen und die damit erforderliche Bandbreite auf viele Peers verteilt und damit die Kosten beim Anbieter gering und von der Anzahl der tatsächlichen Nutzer unabhängig hält. Typischerweise können sich jedoch Zeitverzögerungen bei den ankommenden Streams ergeben. Außerdem kann die Datenübertragungsrate je nach Nutzer und Hardware stark variieren bzw. können Daten zum Anforderungszeitpunkt ggf. gar nicht zur Verfügung stehen, wenn der Client, der diese Daten vorhält, offline ist. Des Weiteren hat ein Anbieter mangels direkter Verbindung zum einzelnen Nutzer generell weniger Kontrolle über die Verbreitung seiner Inhalte. Nur in zentralen Systemen erlaubt der zentrale Server gewisse Einflussmöglichkeiten auf die einzelnen Nutzer, wie z.B. regional angepasste Werbung oder regionale Beschränkung der Abrufbarkeit des Angebotes.[157] Dies hat Konsequenzen etwa für die Möglichkeiten des Einsatzes von technischen Zugangsbeschränkungen.[158]

D. Aufzeichnung von Streaming-Audio („Streamripping")

Obwohl die Übertragungsstrategie Streaming die Aufzeichnung der gestreamten Inhalte vermeiden soll, haben sich im Laufe der Zeit Mittel und Wege gefunden, Inhalte mitzuschneiden, d.h. den Stream zu „rippen", die Inhalte zu speichern und zu einem späteren Zeitpunkt (offline) wiederzugeben. Die unterschiedlichen Aufnahmelösungen werden nachfolgend vorgestellt.

I. Mittels Computerprogramm

Wie traditionelle, analoge Stereoanlagen erlauben einige Webradio-Empfänger den Mitschnitt der gerade gehörten Sendung auf ein extern angeschlossenes

156 S. *Kurose/Ross*, Computernetzwerke, S. 184 ff.; *Tanenbaum*, Computernetzwerke, S. 768-772.

157 S. *Kurose/Ross* a.a.O., S. 183 f.

158 S. dazu sogleich in diesem Teil, Kapitel 3.

Gerät, wie z.B. eine externe Festplatte.[159] In diesem Fall startet der Nutzer die Aufnahme unmittelbar selbst. Komfortabler ist die Aufnahme von Internetradiosendungen über spezielle, auf dem Computer zu installierende teils kostenpflichtige, teils kostenfreie Aufnahmesoftware. Diese verbindet sich durch Mausklick oder per Timer mit dem streamenden Server und speichert die Daten zunächst im Puffer. Sobald das Musikstück wechselt, setzt die Software die Pakete zusammen, dekodiert die Daten, trennt und betitelt die unterschiedlichen Musikstücke anhand der mitgesendeten Metadaten und speichert sie im gewünschten Dateiformat auf der Festplatte.[160] Parallel kann die Aufnahmesoftware den empfangenen Stream wiedergeben, bzw. leitet den Stream an einen streamingfähigen Audio-Player weiter, sodass sowohl zum Speichern als auch zur Wiedergabe nur eine Verbindung notwendig ist und Bandbreite gespart wird.[161]

Der Grad der Automatisierung des Aufnahmeprozesses kann dabei ganz unterschiedlich ausfallen. Er reicht vom manuellen Mitschnitt eines vom Nutzer selbst ausgewählten Radiosenders über programmierte Mitschnitte bestimmter Radiosendungen, Möglichkeiten wie sie der *phonostar-Player*[162] bietet, bis hin zur automatisierten titelgenauen Aufzeichnungen aus einer Reihe vorausgewählter Sender z.B. bei *radiofx* und *clipinc*,[163] *chilirec*[164] und *Radiotracker*[165].[166] Die titelgenaue Aufnahme ist dabei aufgrund der mitgesendeten Metadaten möglich, die den Titel, den Interpreten und die Dauer des gespielten Liedes enthalten. Zusätzlich geben einige Software-Anbieter an, eine Art virtuelle Programmzeitschrift der Webradiosender anzulegen, indem sie sämtliche Informationen zu den Programmabläufen der Webradiosender sammeln und u.a. solche Musikstücke vermerken, die immer wieder zur gleichen Zeit auf den gleichen Webradiosendern gespielt werden. Viele Formen von Aufnahmesoftware ermöglichen sogar das

159 Zum Beispiel die *IPmicro Musikanlage* von *DNT*, Produktinformationen abrufbar unter: http://www.dnt.de/data/download/item/20304/IP-micro.pdf.

160 S. *Malcher*, Personalisierte Webradios, S. 23.

161 Zur technischen Funktionsweise am Beispiel der *Streamripper*-Software, s. *SourceForge, Inc*, How it works, http://streamripper.sourceforge.net/howitworks.php. Die Bedienung der *Magix Webradio* Software aus Sicht der Nutzer beschreibt *Riegler*, Webradio und Web-TV, 2008, S. 92-99.

162 *phonostar GmbH*, Was kann der phonostar-Player 3.0, http://www.phonostar.de/phonostar_player/features, wobei aber auch diese Aufnahmesoftware weitere Funktionen enthält.

163 Beide erhältlich über http://www.tobit.com.

164 http://www.chilirec.com.

165 http://audials.com/de/radiotracker/index.html.

166 Ähnliche Aufnahmelösungen gibt es selbstverständlich auch für Videoplattformen wie *YouTube*, vgl. die Übersicht in der Chip v. Dezember 2011, S. 144 f.; sowie die Zusammenfassung bei *Härting/Thiess*, WRP 2012, 1068.

gleichzeitige Durchsuchen und Speichern aus mehreren Quellen.[167] Der *Radiotracker*, zum Beispiel, wird mit dem Durchsuchen von mittlerweile 60.000 Radio-Sendern beworben.[168]

II. Mittels Web-Anwendung

Neben Aufnahmesoftware, welche auf dem Computer des Nutzers installiert wird, gibt es Web-Anwendungen, die den Nutzern nach Anmeldung für den Dienst einen eigenen virtuellen Ordner in Form von Speicherplatz gewähren, worin die vom Nutzer gewünschten Inhalte gespeichert werden und auf die der Nutzer über das Internet von überall zugreifen und auf seine lokale Festplatte kopieren kann.[169] Diese Web-Anwendungen funktionieren grundsätzlich ähnlich der Computersoftware. Ihr Vorteil ist jedoch, dass der Nutzer nicht online sein muss, während die Aufzeichnung erfolgt, wodurch die Wahrscheinlichkeit, den gewünschten Titel zu erhalten, immens erhöht wird. Bekannte Vertreter solcher „Rundum-Sorglos-Pakete" sind etwa *Musicmonster*[170], *flatster*[171] oder *Zeezee*[172].

Die „Programmierung" dieser Dienste kann auf unterschiedliche Art und Weise erfolgen. Denkbar ist, dass der Nutzer aus einer vom Anbieter vorgegebenen Auswahl von Sendern, ähnlich wie bei Online-Videorekordern[173] auswählt, an welchen Tagen und zu welchen Uhrzeiten das Programm des jeweiligen Senders mitgeschnitten werden soll.[174] Da in diesem Fall allerdings nur einzelne Sendungen, d.h. Programmblöcke, komfortabel zeitgesteuert mitgeschnitten werden können, ist die Verfügbarkeit auf Ebene eines einzelnen Musiktitels eher

---

167 S. die Beschreibung von *Tobit.Software*, Leistungsübersicht, http://www.tobit.com/radiofx/index.asp?tabpage=features.

168 *RapidSolution Software AG*, Audials Radiotracker, http://audials.com/de/radiotracker/index.html.

169 Dieser Prozess kann nachvollzogen werden anhand des Angebots von *flatster*, s. *Tunehits GmbH*, flatster – so geht's, http://www2.flatster.com/flatsterSoGehts.aspx.

170 http://www.musicmonster.fm.

171 http://www.flatster.com.

172 http://www.zeezee.de.

173 Auch als „Online-Video-Recorder", „Internet-Videorecorder", „Online-TV-Rekorder", „virtuelle Videorekorder" oder „(internetbasierte) Personal/Persönliche Video Recorder (iPVR)" bezeichnet.

174 Online-Videorekorder sind beispielsweise *shift.tv* (www.shift.tv), *OnlineTVRecorder* (www.onlinetvrecorder.com), oder *Save.TV* (www.save.tv). Eine gute Beschreibung der Funktionsweise von Online-Video-Rekordern geben *Finguelli/Nink*, CR 2008, 791 (792); *Hofmann*, MMR 2006, 793 (793 f.); und *Wiebe*, CR 2007, 28. Online-Video-Rekorder sind dabei die Fortentwicklung von den sog. „Personal Video Recordern (PVR)", d.h. externe, an das TV-Gerät angeschlossene Geräte mit Festplatte, welche ähnlich wie ein Videorekorder Sendungen – allerdings in einem digitalen Format – aufzeichnen. Vgl. auch die Beschreibung der Funktionsweise des Online-TV-Rekorders im Verfahren vor dem LG Köln, MMR 2007, 610.

gering. Eine andere Variante ist, dass der Anbieter nach den vom Nutzer eingegebenen Kriterien wie Künstlern oder Titeln vollautomatisiert gleich diverse Webradiosender anhand der Metadaten durchsucht, bei Beginn des Musikstückes auf einem der durchsuchten Webradio-Sender die Aufnahme startet, und den Titel im Online-Speicher des Nutzers als MP3-Datei ablegt.[175] Diese Aufnahmemethode unterscheidet sich hinsichtlich des Komforts kaum noch von Download-Angeboten.

Wie nachfolgend noch zu sehen sein wird, ist für die rechtliche Analyse dieser Dienste ausschlaggebend, wie der Aufzeichnungsprozess ausgestaltet ist. Denkbar ist, dass der Anbieter den Mitschnitt ausschließlich für den Nutzer speichert, der eine entsprechende Programmierung vorgenommen hat. In diesem Fall wird für jeden Nutzer auf dessen Veranlassung vollständig automatisiert eine individuelle Kopie angefertigt. Oder aber es wird eine Masterkopie erstellt, die anschließend an die entsprechenden Nutzer weitergeleitet wird.[176] Zudem ist denkbar, dass ein solcher Dienst ein Archiv über sämtliche von Nutzern jemals gewünschte Musikstücke anlegt, welche andere Nutzer dann später noch herunterladen können.[177] Im letzteren Fall könnte ein Nutzer anders als bei den vorgenannten Methoden auf einen Titel selbst dann noch zugreifen, wenn er die Sendung verpasst hat und demzufolge die Aufnahmesoftware nicht entsprechend instruiert hat.[178]

III. Bewertung des Potentials intelligenter Aufnahmesoftware

Die vorangehende Übersicht über die unterschiedlichen Aufnahmelösungen hat gezeigt, dass es verhältnismäßig einfach ist, mithilfe der entsprechenden Software aus einer scheinbar nicht zu speichernden Übertragung von Tonaufnahmen einzelne oder mehrere Musikstücke gezielt herauszulösen und permanent zu speichern. Die weiterentwickelten Formen von Aufnahmesoftware, welche Webradio-Angebote nach Vorgaben des Nutzers automatisch durchsuchen, greifen dabei auf diverse Webradio-Sender und damit ein großes Musikrepertoire zu. Darüber hinaus sollen sie von personalisierten Webradios wie *Last.fm* aufnehmen, und technische Schutzmaßnahmen, welche die Anfertigung von Kopien

175 Vgl. etwa die Leistungsbeschreibungen der Anbieter *DEMEKON Entertainment AG*, musicmonster.fm http://www.musicmonster.fm; und *Tunehits GmbH*, Was ist flatster, http://www.flatster.com/de/about.php.

176 So im Fall vor dem *LG Köln*, MMR 2007, 610, und in einem Fall vor dem *LG München I*, ZUM 2012, 1003; GRUR-Prax 2013, 47, in Bezug auf Online-Video-Rekorder. Die Berufung ist anhängig beim OLG München unter Az. 29 U 3989/12.

177 Zum Beispiel beim *OMR*, http://www.onlinemusicrecorder.com.

178 S.a. *v. Zimmermann*, MMR 2007, 553 (554).

verhindern sollen, umgehen können.[179] Die Web-Anwendungen erhöhen aufgrund ihrer Unabhängigkeit von einer ununterbrochenen Internet-Verbindung des Nutzers die Verfügbarkeit von Musiktiteln noch zusätzlich. Es ist daher nachvollziehbar, dass derart „intelligente" Aufnahmesoftware eine große Konkurrenz zu kostenpflichtigen Download-Angeboten darstellt. Legalen Geschäftsmodellen – sei es als Download oder als Streaming – wird durch sie jedenfalls ein weiterer Stein in den Weg gelegt.

Kapitel 3: Geographische Beschränkung der Abrufbarkeit durch „Geo-Sperren"

Ein zentraler Punkt der nachfolgenden Untersuchung wird die Frage sein, ob ein Webradio-Angebot in Deutschland empfangen werden darf bzw. ob der Zugriff z.B. aufgrund einer fehlenden Lizenzierung für dieses Gebiet verhindert werden muss. Weitere Motive für eine geographische Beschränkung des Zugangs zu Online-Angeboten finden sich zudem außerhalb des Urheberrechts, z.B. in Form von zielgerichtetem Marketing durch landesbezogene Bannerwerbung oder der Vorgaben des Glücksspielrechts, welche ebenfalls eine Begrenzung des Zugangs erforderlich machen.[180]

Es wird daher in jüngerer Zeit vermehrt auf sog. „Geo-Sperren"[181] zurückgegriffen, die mit technischen Mitteln die virtuelle Überschreitung realer Gren-

---

179 *Bortloff*, GRUR Int 2003, 669 (671). S.a. die Funktionsbeschreibung des *Radiotrackers*, *RapidSolution Software AG*, Radiotracker, http://radiotracker.com/de/internetradio_rekorder_mp3/index.html.

180 Eine Übersicht über mögliche Anwendungsgebiete von Geo-Sperren geben *Backu*, ITRB 2009, 88; *Hoeren*, MMR 2007, 3 f.; *Kühn*, DuD 2009, 747; und *Svantesson,* Alb. L.J.Sci & Tech. 16 (2006), 343 (345 f., 353). Mit Geo-Sperren haben sich außerdem schon einige Gerichte beschäftigt, s. etwa *BayVGH*, GewA 2007, 338 = ZfWG 2007, 300; *HessVGH*, ZfWG 2007, 430; *OVG Thüringen*, ZfWG 2008, 75; und *VGH Bad.-Württ.*, ZfWG 2007, 432; *BayVGH*, ZfWG 2008, 455 = NVwZ-RR 2009, 202; und *OVG Lüneburg*, ZfWG 2009, 184 = NVwZ 2009, 1241. Die Rechtsprechung in Deutschland fassen zusammen *Winkelmüller/Kessler*, GewA 2009, 181 f. Vgl. auch die Beurteilung durch die französischen Gerichte, s. *Tribunal de Grande Instance de Paris (TGI)*, K&R 2000, 365 (367); bestätigt durch *TGI*, MMR 2001, 309 f. = K&R 2001, 63 m. Anm. *Hartmann*. Instruktiv auch *Svantesson,* Alb. L.J.Sci & Tech. 16 (2006), 343 (357).

181 Die Terminologie ist uneinheitlich und insbesondere der Begriff „Geolocation" wird wie „Geo-Targeting" oder „Geolokalisation" undifferenziert für alle Formen der Geo-Sperren verwendet. „Geolocation" i.e.S. bezeichnet jedoch nur den Standort des Nutzers, der über verschiedene Methoden basierend auf der Auswertung netzinterner Informationen wie der IP-Adresse ermittelt werden kann. Nachfolgend wird als Oberbegriff für alle Erscheinungsformen daher der Begriff „Geo-Sperre" verwendet.

zen verhindern sollen.[182] Unter „Sperrung" ist begrifflich die Verhinderung der Erreichbarkeit einer Internetseite bzw. des Zugangs zu einer Information zu verstehen.[183] *Limelight Networks*, beispielsweise, ein Experte im Bereich der Bereitstellung von Streaming-Media, stellt bereits die Option „Geo Compliance" zur Verfügung, um den Zugriff auf die gestreamten Inhalte geographisch zu beschränken.[184]

Eine solche „Reterritorialisierung des Internets"[185] erfordert, dass ein Internetnutzer auf technischem Wege lokalisiert werden kann. Dies stellt sich als ein nichttriviales Problem dar, da im Rahmen der zugrundeliegenden Netztechnologie keine Ortsinformationen verarbeitet werden oder anfallen. Die Methoden zur geographischen Beschränkung des Zugriffs und ihre Effektivität werden nachfolgend untersucht. Dabei ist abhängig von ihrem Anknüpfungspunkt zwischen netzinternen Methoden (Abschnitt A) und netzexternen Faktoren wie der Nutzung von Zusatzinformationen (Abschnitt B) zu unterscheiden.[186]

A. Netzinterne Kontrollmechanismen

Zwei Arten von netzinternen Kontrollmechanismen werden in den letzten Jahren ausführlicher diskutiert: die Lokalisierung anhand der vom Nutzer übermittelten IP-Adresse einerseits und die Lokalisierung mittels netztopologischer Informationen andererseits. Beide sind in der Regel auf dem HTTP-Server verankert, auf welchem die Webseite hinterlegt ist, sodass beim ersten „Betreten" der Webseite eine Lokalisierungsanfrage gesendet wird. Bevor ihre Funktionsweise und ihre Effektivität beschrieben werden, soll kurz erläutert werden, warum es nicht so

---

182 Greift man beispielsweise auf das US-amerikanische Webradio *Pandora* zu, das in seiner Anfangsphase auch von Deutschland aus zugänglich war, ist es nach diversen Streitigkeiten mit Rechteinhabern nur noch aus den USA abrufbar. Gleiches gilt mittlerweile für *Grooveshark*. S. *Heise Zeitschriften Verlag*, US-Webradio Pandora will internationale Hörer aussperren, 3.5.2007, http://www.heise.de/newsticker/meldung/US-Webradio-Pandora-will-internatio nale-Hoerer-aussperren-174319.html; sowie http://grooveshark.com.

183 Hiervon zu unterscheiden sind Inhaltssperren auf Ebene des Service-Providers, indem dieser bestimmte Webseiten (bzw. ihre IP-Adressen) für den Zugang durch Nutzer in einer bestimmten Region sperrt, s. *Frey/Rudolph/Oster*, MMR-Beil. 2012, 1-26; und *Winkelmüller/Kessler*, GewA 2009, 181.

184 *Limelight Networks*, Limelight Video Platform, http://www.limelightvideoplatform.com/ support/live-streaming.

185 *Hoeren*, MMR 2007, 3.

186 Damit orientiert sich diese Arbeit an der von *Pichler* formulierten Aufteilung, s. *Pichler*, in: *Hoeren/Sieber*, Handbuch Multimedia Recht, Teil 25 A. I. 1.

einfach ist wie vielfach vermutet,[187] eine Lokalisierungsanfrage per „Deep-Linking", d.h. durch direkten Zugriff auf die gewünschten Inhalte ohne Verbindungsaufbau mit der Webseite, zu umgehen, bzw. ein solcher Versuch relativ einfach verhindert werden kann.

I. (Keine) Gefahr durch Deep-Links

Jede über eine Webseite abrufbare Datei hat einen individuellen Dateinamen, d.h. ihre eigene individuelle Adresse im Internet. Kennt ein Nutzer diesen sog. „Deep-Link", kann er die Datei unter Umgehung der Startseite unmittelbar laden.[188] Ist diese Datei nicht auf dem gleichen Server wie die Webseite gespeichert, dem Webserver, was bei großen Mediendateien wie Musik häufig der Fall ist, wird beim Abruf der Datei folglich auch keine Verbindung zum Webserver aufgebaut und damit keine Lokalisierungsanfrage angestoßen, wenn die Geo-Sperre auf dem Webserver integriert ist. Die Verbindung erfolgt vielmehr direkt mit dem Streamingserver.[189] Es muss also nur der Deep-Link einer Datei, z.B. eines On-Demand-Streams, ausfindig gemacht und anschließend in einer Linkliste o.Ä. veröffentlicht werden, sodann können sämtliche Nutzer ungeachtet ihres Aufenthaltsortes unmittelbar auf die Datei zugreifen.

Zum einen ist dieses Vorgehen als solches jedoch rechtlich bedenklich, da die Veröffentlichung eines Links den Tatbestand einer öffentlichen Zugänglichmachung i.S.d. § 19a UrhG verwirklichen kann und daher der Zustimmung der Rechteinhaber bedarf.[190] Zum anderen ist es für den Anbieter von Inhalten ebenso einfach, Deep-Links zu verhindern. Indem einer Datei ein nur für den jeweiligen Abruf gültiger, individueller Dateiname zugewiesen wird, ist die Datei unter dem alten Namen für darauf folgende Abrufe nicht mehr auffindbar. Alternativ

---

187 S. *Edelman*, Shortcomings and Challenges in the Restriction of Internet Retransmissions of Over-the-air Television Content to Canadian Internet Users, http://cyber.law.harvard.edu/archived_content/people/edelman/pubs/jump-091701.pdf; *Svantesson*, Journal of Internet Law 10 (9) 2007, 1 (18).

188 S. *Wikimedia Foundation Inc.*, Surface Links und Deep Links, http://de.wikipedia.org/wiki/Surface_Links_und_Deep_Links.

189 S. die Darstellung bei *Kurose/Ross*, Computernetzwerke, S. 643 f.

190 S. *BGH*, GRUR 2003, 958 = AfP 2003, 545 = BB 2003, 2093 (Paperboy); und *BGH*, NJW 2011, 769-772 = MMR 2011, 47-49 = ZUM 2011, 49-52 (Session-ID). Die Frage ob das Setzen eines Links als öffentliche Wiedergabe i.S.d. Urheberrechts aufzufassen ist, liegt im Zeitpunkt der Veröffentlichung dieser Arbeit zudem dem EuGH unter dem Aktenzeichen C-466/12 zur Vorabentscheidung vor. Die BGH-Urteile stehen wegen der faktischen Bindungswirkung der Entscheidungen des EuGH daher auf dem Prüfstand. Zudem können Deep-Links aus wettbewerbsrechtlicher Sicht unzulässig sein, s. dazu *Wolff*, in: *Hoeren/Sieber*, Handbuch Multimedia Recht, Teil 11 Rdnrn. 71 f.

kann bei jedem Zugriff eine Session-ID („session identifier") mitgesendet werden, welche die Anfrage einer konkreten Sitzung zuordnet und den Zugriff verweigert, wenn dieser nicht im Rahmen der vermerkten Sitzung erfolgt.[191] Möchte ein anderer Nutzer zu einem späteren Zeitpunkt ebenfalls auf diese Datei zugreifen, muss er folglich erneut auf bzw. über die Webseite des Anbieters gehen, um den für seinen Zugriff gültigen Dateinamen zu erhalten, womit er die dort implementierte Zugangskontrolle passieren muss. Die Möglichkeit des Setzens von Deep-Links macht Geo-Sperren folglich nicht *per se* nutzlos.

II. Lokalisierung mittels IP-Adresse

1. Die IP-Adresse

Die IP-Adresse ist eine einmalige und für die Dauer der Verbindung unveränderbare Zahlenfolge, über welche ein Rechner im Internet eindeutig identifiziert werden kann. Sie bildet die Grundlage der Kommunikation zweier Rechner im Internet, denn dadurch, dass jede im Internet verschickte Protokolleinheit sowohl die IP-Adresse des Absenders als auch die des Empfängers enthält, kann jedem Paket jederzeit seine Ursprungsadresse und seine Bestimmungsadresse zugeordnet werden.[192] In der gegenwärtigen Version IPv4 (Internet Protocol Version 4) besteht diese aus einer Zahl mit 32 Binärstellen (Bits), sodass ca. 4,3 Milliarden Kombinationen zur Verfügung stehen.[193]

Die Vergabe der IP-Adressen erfolgt zentralisiert durch ein hierarchisch organisiertes Netzwerk von Institutionen. Die *Internet Assigned Numbers Authority (IANA)*, eine Unterorganisation der *Internet Coporation of Assigned Names and Numbers (ICANN)*, steht an der Spitze dieses Netzwerkes und hat die IP-Adressräume den fünf *Regional Internet Registries (RIR)*[194] zugeteilt, welche die IP-Adressen in ihren jeweiligen Regionen wiederum an *Internet Service Provider*

191 *Wikimedia Foundation Inc.*, Session-ID, http://de.wikipedia.org/wiki/Session-ID.

192 Dies kann natürlich nur eine vereinfachte Darstellung sein. Für eine ausführliche Erläuterung des Hintergrunds, s. statt vieler *Kurose/Ross,* Computernetzwerke, S. 371 ff.; *Tanenbaum*, Computernetzwerke, S. 479-483. S.a. die Darstellung aus einem juristischen Blickwinkel bei *Freund/Schnabel*, MMR 2011, 495; und *Krüger/Maucher*, MMR 2011, 433.

193 S. die anschauliche Erläuterung bei *Freund/Schnabel* a.a.O., S. 495.

194 Dies sind gegenwärtig das für Europa, den nahen Osten und Zentralasien zuständige *Réseaux IP Européens Network Coordination Centre (RIPE NCC)*, das für die USA, Kanada, Bermuda, die Bahamas und Teile der Karibik zuständige *American Registry for Internet Numbers (ARIN)*, das für die Region Asien und den Pazifik zuständige *Asia-Pacific Network Information Centre (APNIC)*, das für Lateinamerika und die Karibik zuständige *Latin American and Carribean Internet Addresses Registry (LACNIC)* sowie das für Afrika zuständige *African Network Information Centre (AfriNIC)*. S. hierzu *Internet Corporation For Assigned Names and Numbers,* Welche Aufgaben erfüllt ICANN?, http://www.icann.org/de/about/participate/what.

(ISP), die sog. *Local Internet Registries (LIR)*, verteilen, und dabei offen legen, welche Stellen welche IP-Adressräume erhalten.[195] Durch diese Bindung einer IP-Adresse an einen Anbieter ist es über eine Abfrage der Registrierungsinformation, eine sog. whois-Abfrage,[196] in einem gewissen Rahmen möglich, der IP-Adresse – und damit ihrem Nutzer – einen geografischen Ort zuzuweisen.[197] Da die Internet Service Provider ihre IP-Adressen zusätzlich meist in Blöcken einzelnen Einwahlknoten zuteilen, ist oftmals sogar eine sehr genaue Zuordnung möglich.[198]

Die Mehrzahl der Internetnutzer in Deutschland wählt sich über eine dynamische IP-Adresse ein, d.h. ein Nutzer erhält von seinem Access-Provider erst bei seiner Einwahl ins Internet eine IP-Nummer aus dem Adressbereich seines Access-Providers, sodass die IP-Adresse von Einwahl zu Einwahl variiert. Dies ist u.a. der Adressknappheit unter IPv4 geschuldet. Dementsprechend ist allein dem Access-Provider bekannt, welche seiner IP-Adressen welchem Internetnutzer zu einem bestimmten Zeitpunkt zugewiesen wurde.[199] Es wird gegenwärtig allerdings ergänzend ein neues Internet Protocol, das IPv6 (Internet Protocol Version 6) eingeführt, welches IP-Adressen mit 128 Binärstellen verwendet, sodass weitaus mehr IP-Adressen zur Verfügung stehen werden. Es wird damit grundsätzlich möglich, allen Endgeräten eine eigene IP-Adresse statisch zuzuordnen.[200]

2. *IP-Address Geolocation*

a) Funktionsweise

IP-Geolocation wird von einer Reihe von Dienstleistern als Webservice oder zur lokalen Nutzung teils kostenfrei teils kostenpflichtig angeboten.[201] Die Ortsbestimmung erfolgt in der Regel nach folgendem Schema: Gibt der Nutzer den

195 S. *Internet Assigned Numbers Authority (IANA)*, Number Resources, http://www.iana.org/numbers.

196 Über einen Whois-Proxy-Dienst wie z.B. den whois-Server der *DENIC (Deutsches Network Information Center)*. Eine whois-Abfrage liefert u.a. Informationen über Name, Sitz, Land und Kontaktadresse des ISP, der die IP-Adresse verwaltet, s. *DENIC Domain Verwaltungs- und Betriebsgesellschaft eG*, Der DENIC whois-Service, http://www.denic.de/de/whois/index.jsp.

197 S. *Kühn*, DuD 2009, 747.

198 S. *Hoeren*, MMR 2007, 3 (4); *ders.*, ZfWG 2008, 229 (230); *Mitsdörfer/Gutfleisch*, MMR 2009, 731.

199 Detailliert *Backu*, ITRB 2009, 88 f.; *Hoeren*, ZfWG 2008, 229; *Kühn*, DuD 2009, 747 (748).

200 S. *Freund/Schnabel*, MMR 2011, 495 f.

201 S. z.B. *IP2Location.com*, http://www.ip2location.com; und *GeoBytes*, IP Address Locator Tool, http://www.geobytes.com/ipLocator.htm.

URL einer Webseite in seinem Browser ein oder wählt einen entsprechenden Hyperlink aus, wird ein „Access-Request“ an den Anbieter der Webseite geschickt. Dieser sendet nach Erhalt der Anfrage einen „Location-Request“ an den Geolocation-Anbieter, in dem er die IP-Adresse des Nutzers weiterleitet. Der Geolocation-Anbieter gleicht die IP-Adresse mit den Geo-Informationen in seiner Datenbank ab, in der Adressbereiche geografischen Orten tabellarisch zugeordnet sind, sodass zu einer bestimmten IP-Adresse lediglich der entsprechende Adressbereich in der Tabelle aufgefunden werden muss. Danach antwortet er dem Anbieter der Webseite seine Vermutung hinsichtlich des Standortes des Nutzers. Ausgestattet mit dieser Information kann der Anbieter der Webseite dem Nutzer Zugang gewähren oder verbieten.[202]

In die Erstellung der Datenbanken fließen Informationen aus einer Vielfalt von Quellen ein, etwa DNS LOC-RRs[203] und vorgenannte whois-Abfragen, sowie, wenn es auf die Lokalisierung einer Webseite ankommt, Untersuchungen der mit einem Domain Namen verbundenen Webseite und ggf. deren country-code Top Level Domain (ccTLD).[204] Um eine möglichst hohe Genauigkeit zu erreichen, müssen die Datenbanken regelmäßig aktualisiert werden. Außerdem hängt die Trefferquote davon ab, wie exakt und regelmäßig ISPs ihre IP-Nummern einem bestimmten lokalen Gebiet zuweisen und welche Kenntnisse der Geolocation-Abieter von dieser Zuweisung hat.[205] Als Hürde erweist sich hierbei die Tatsache, dass keine allgemeingültige Liste über die Zuordnung von IP-Adressen zu bestimmten Orten existiert. Jedes RIR hat nur eine Liste über die den LIRs zugeteilten Adressbereichen und die LIRs können nur nachvollziehen, welche Adressbereiche

202 Zur Funktionsweise von IP-Adress-Geolocation, s. *Edelman*, Shortcomings and Challenges in the Restriction of Internet Retransmissions of Over-the-air Television Content to Canadian Internet Users, http://cyber.law.harvard.edu/archived_content/people/edelman/pubs/jump-091701.pdf; und *Svantesson*, Journal of Internet Law 10 (9) 2007, 1 (18).

203 Im Domain Name System ist das LOC Resource Record (LOC-RR) eine Möglichkeit, einem Domain Namen eine präzise Positionsangabe zuzuordnen, s. *Wikimedia Foundation Inc.*, LOC record, http://en.wikipedia.org/wiki/LOC_record.

204 S. *Edelman*, Shortcomings and Challenges in the Restriction of Internet Retransmissions of Over-the-air Television Content to Canadian Internet Users, http://cyber.law.harvard.edu/archived_content/people/edelman/pubs/jump-091701.pdf; *Svantesson*, John Marshall Journal of Computer & Information Law 23 (2004), 101 (113); *ders.*, Geo-Identification. Now They Know Where You Live, 2005, http://epublications.bond.edu.au/cgi/viewcontent.cgi?article=1011&context=law_pubs.

205 Die Genauigkeit dieser Datenbanken kritisieren daher *Katz-Bassett/John/Krishnamurthy et al.*, Towards IP Geolocation Using Delay and Topology Measurements, 2006, http://www.cs.washington.edu/homes/arvind/papers/geoloc.pdf; und *Laki/Mátray/Hága* et al., A Detailed Path-latency Model for Router Geolocation, 2009, http://www.etomic.org/publications/geoloc.pdf.

ihre ISPs haben. Erst auf der Ebene eines ISP kann eine Adresse einem speziellen Ort zugeordnet werden.[206]

Nichtsdestotrotz wird davon ausgegangen, dass eine IP-Adresse in über 99 % der Fälle dem richtigen Staat zugeordnet wird.[207] Dies bedeutet, dass es auf hundert Personen nur einen falsch positiven Treffer gibt, d.h. nur einer wird als in einem bestimmten Land befindlich identifiziert, obwohl er sich dort nicht aufhält. Auf Städteebene weltweit versprechen einige Anbieter eine Genauigkeit von 95 %[208], andere meinen eine Trefferquote von 78 % für einen Radius von ca. 40 km innerhalb Deutschlands zu erreichen[209]. Es gilt freilich zu bedenken, dass die Trefferquote als Mittelwert bezogen auf die getesteten Regionen nichts über die Genauigkeit in Bezug auf ein spezielles Land oder gar eine spezielle Stadt aussagen kann. Gerade bei eng beieinander liegenden Ländern wie den USA und Kanada kann die Trefferquote niedriger ausfallen.[210]

b) Konsequenzen aus der datenschutzrechtliche Diskussion um IP-Adressen

Die Frage der Zulässigkeit der Speicherung von IP-Adressen in den Datenbanken der Geolocation-Anbieter oder in einer Webserver-Logdatei[211] des Webradio-Anbieters soll im Rahmen dieser Arbeit nur kurz umrissen werden.

Im Kern geht es um die Qualifikation der IP-Adresse als personenbezogenes Datum i.S.d. § 1 Abs. 1 BDSG bzw. § 12 Abs. 1 TMG oder § 47 RStV.[212] In Bezug auf die für private Nutzer unter IPv4 meistens verwendeten dynamischen IP-Adressen ist diese Frage seit geraumer Zeit umstritten. Eine Ansicht, insbesondere

---

206 S. *Edelman*, Shortcomings and Challenges in the Restriction of Internet Retransmissions of Over-the-air Television Content to Canadian Internet Users, http://cyber.law.harvard.edu/archived_content/people/edelman/pubs/jump-091701.pdf.

207 *Backu*, ITRB 2009, 88 (89); und *Hoeren*, ZfWG 2008, 311 (312). Selbst bei einer Verkürzung der IP-Adresse zu Zwecken der Anonymisierung soll diese Trefferquote noch erreicht werden, s. *Kühn*, DuD 2009, 747 (750).

208 S. das Angebot der Firma *Digital Envoy*, Our Technology, http://www.digital-element.com/ip_intelligence/ip_intelligence.html.

209 S. *MaxMind, Inc.*, GeoIP City Accuracy for Selected Countries, 19.11.2008, http://www.maxmind.com/app/city_accuracy.

210 Das Problem erläutert *Edelman*, Shortcomings and Challenges in the Restriction of Internet Retransmissions of Over-the-air Television Content to Canadian Internet Users, http://cyber.law.harvard.edu/archived_content/people/edelman/pubs/jump-091701.pdf, S. 6.

211 Diese enthält u.a. die IP-Adresse des abfragenden Anschlusses, den Zeitpunkt der Abfrage und den abgefragten Inhalt, s. *Wikimedia Foundation Inc.*, Logdatei, http://de.wikipedia.org/wiki/Logdatei.

212 Abhängig davon, ob ein Webradio-Angebot als Telemedium oder als Rundfunk einzuordnen ist, können die Bestimmungen des TMG bzw. des RStV *lex specialis* zu den datenschutzrechtlichen Bestimmungen sein.

vertreten durch die Datenschutzbehörden, versteht den Begriff der „Bestimmbarkeit“ absolut und lässt es mit Verweis auf den Grundsrechtsschutz der Nutzer ausreichen, dass objektiv die Möglichkeit besteht, die IP-Adresse über die beim Access-Provider gespeicherten Informationen mit der sie verwendenden natürlichen Person in Verbindung zu bringen.[213] Folgte man dieser Ansicht, ist gem. § 4 Abs. 1 BDSG für die Erhebung, Verarbeitung und Nutzung der IP-Adresse die Einwilligung des Nutzers erforderlich, sofern dies nicht durch Gesetz oder eine andere Rechtsvorschrift gestattet ist. Bleibt diese aus, ist die Nutzung des Datums unzulässig. Die Gegenauffassung geht von einem relativen Begriff der Bestimmbarkeit aus und stellt auf die Kenntnisse, Mittel und Möglichkeiten allein desjenigen ab, der die Daten verarbeitet. Danach ist nur der Access-Provider in der Lage, einen Personenbezug herzustellen, sodass die IP-Adresse nur für ihn ein personenbezogenes Datum ist.[214] Eine Tendenz ist in Rechtsprechung und Literatur nicht zu erkennen.[215]

---

213 *AG Berlin-Mitte*, ZUM 2008, 83 = K&R 2007, 600; *Artikel-29-Datenschutzgruppe*, Stellungnahme 4/2007 (WP 136) zum Begriff „personenbezogene Daten“ v. 20.6.2007, http://ec.europa.eu/justice/policies/privacy/docs/wpdocs/2007/wp136_de.pdf, S. 19 f.; *Düsseldorfer Kreis*, Beschluss der obersten Aufsichtsbehörden für den Datenschutz im nicht-öffentlichen Bereich. Datenschutzkonforme Ausgestaltung von Analyseverfahren zur Reichweitenmessung bei Internet-Angeboten, 26./27.11.2009, http://www.bfdi.bund.de/SharedDocs/Publikationen/Entschliessungssammlung/DuesseldorferKreis/Nov09Reichweitenmessung.pdf?__blob=publicationFile, S. 2; *Unabhängiges Landeszentrum für Datenschutz Schleswig-Holstein*, FAQ IP-Adressen und andere Nutzungsdaten, 28.1.2011, https://www.datenschutzzentrum.de/ip-adressen; ebenso auch *Landesbeauftragter für den Datenschutz Niedersachsen,* Sind IP-Adressen personenbeziehbare Daten?, http://www.lfd.niedersachsen.de/portal/live.php?navigation_id=13025&article_id=55991&_psmand=48. S.a. *Bohne*, in: *Wandtke/Bullinger*, UrhR, § 101 UrhG Rdnr. 34 jedoch ohne Begründung; und *Pahlen-Brandt*, DuD 2008, 34 ff.

214 *OLG Hamburg*, MMR 2011, 281 (282) = K&R 2011, 54 = CR 2011, 126; *LG Wuppertal*, MMR 2011, 65 (66) = K&R 2010, 838; *AG München*, ZUM-RD 2009, 413 (414) = K&R 2008, 767 = CR 2009, 59. Für Literaturstimmen, s. *Dammann*, in: *Simitis*, BDSG, § 3 Rdnr. 33; *Gola/Schomerus*, in: *Gola/Schomerus*, BDSG, § 3 Rdnr. 10; *Krüger/Maucher*, MMR 2011, 433 (436-438 m.w.N.); *Meyerdierks*, MMR 2009, 8 (13); *Schmitz*, in: *Hoeren/Sieber*, Handbuch Multimedia Recht, Teil 16.2 Rdnrn. 82 f.; *Spindler/Nink*, in: *Spindler/Schuster*, § 11 TMG Rdnr. 5b m.w.N.; *Stieß*, Anknüpfungen im int. UrhR, S. 255 f.

215 Zum aktuellen Stand der Diskussion, s. *Krüger/Maucher*, MMR 2011, 433 ff. S.a. *Svantesson,* Geo-Identification. Now They Know Where You Live, 2005, http://epublications.bond.edu.au/cgi/viewcontent.cgi?article=1011&context=law_pubs mit einem Vergleich der europäischen und der US-amerikanischen Rechtslage. Der EuGH hat in der Entscheidung „Scarlet Extended“ in einem Nebensatz zwar erwähnt, dass es sich bei einer IP-Adresse um ein personenbezogenes Datum handelt, s. *EuGH*, GRUR 2012, 265 (268, Tz. 51) = MMR 2012, 174 – Scarlet Extended. Gegenstand des Verfahrens war jedoch eine Auseinandersetzung zwischen einer Verwertungsgesellschaft und einem Access-Provider, für den die IP-Adresse auch bei Anwendung der Theorie des relativen Begriffs ein personenbezogenes Datum darstellt. Aus dieser

Ebenso wenig ist die Situation im Hinblick auf statische IP-Adressen geklärt. Einleuchtend ist insofern nur, dass ein Anbieter durch Speicherung der IP-Adresse in Kombination mit weiteren Daten bedeutend schneller herausfinden kann, wer sich hinter der IP-Adresse verbirgt, was für eine Einstufung als personenbezogenes Datum spricht.[216] Dies kann bei Umstellung auf IPv6 und die Nutzung statischer IP-Adressen durch Privatpersonen bedeutende Konsequenzen haben.

Um das Risiko einer Diskussion beim Einsatz von Geolocation mittels IP-Adresse zu reduzieren, ist daher anzuraten, den Nutzer vor Zugriff auf sein Webradio-Angebot über die für die Nutzung erforderlichen Schritte zu unterrichten und eine wirksame Einwilligung in die Nutzung seiner Daten im Rahmen der Lokalisierung des Aufenthaltsortes zu erfragen. Sollte der Nutzer die Einwilligung verweigern, sollte ihm der Zugriff verweigert werden.[217] Alternativ ist daran zu denken, die IP-Adresse sowohl unter IPv4 als auch unter IPv6 derart zu anonymisieren, dass kein Konflikt mit dem Datenschutzrecht entsteht.[218]

3. *Mechanismen zur Verschleierung der IP-Adresse*

Wird eine IP-Adresse einem bestimmten Land korrekt zugeordnet, bedeutet dies dennoch nicht, dass sich der Nutzer tatsächlich in diesem Land aufhält. Diverse Mechanismen ermöglichen eine Verschleierung der wahren IP-Adresse. Die drei naheliegendsten sind die Einwahl über einen Anonymisierungsdienst, über einen Proxy-Server oder über ein Virtual Private Network.

a) Anonymisierungsdienste

Anonymisierungsdienste (auch „Anonymizer" bzw. „Anonymisierer" genannt), wie *TOR*[219] oder *JAP*[220], gibt es als leicht zu bedienende Online-Anwendungen

---

Äußerung kann daher keine Entscheidung für oder gegen den absoluten oder relativen Begriff des Personenbezugs gezogen werden.

216 Von einem personenbezogenen Datum gehen aus *Freund/Schnabel*, MMR 2011, 495 (498 m.w.N.); und *Krüger/Maucher*, MMR 2011, 433 (434). Gegen eine Personenbeziehbarkeit argumentieren *Spindler/Nink*, in: *Spindler/Schuster*, § 11 TMG Rdnr. 8; und auch *Schmitz*, in: *Hoeren/Sieber*, Handbuch Multimedia Recht, Teil 16.2 Rdnr. 81.

217 Vgl. den Vorschlag des *VG Düsseldorf*, Beschl. v. 18.5.2009 – 27 L 1139/08 (erhältlich in juris) Tz. 112-114 zur Einholung der Einwilligung in die Erhebung personenbezogener Daten mit dem Ziel der Lokalisierung des Teilnehmers an Online-Glücksspielen.

218 Zu den Möglichkeiten der Anonymisierung, s. *Freund/Schnabel*, MMR 2011, 495 (498); und *Kühn*, DuD 2009, 747 (748-751). Kritisch *Krüger/Maucher*, MMR 2011, 433 (438 f.).

219 http://www.torproject.org.

220 http://anon.inf.tu-dresden.de. Für weitere Beispiele von Anonymisierungsdiensten, s. *Electronic Privacy Information Center*, EPIC Online Guide to Practical Privacy Tools, http://epic.org/privacy/tools.html.

oder als auf dem Rechner zu installierende Programme. Sie verhindern den sonst üblichen Aufbau einer direkten Kommunikationsverbindung zwischen dem Nutzer und dem Webserver und damit eine Übermittlung der IP-Adresse des Nutzers, indem sie eine Verbindung über verschiedene aufeinander folgende Zwischenstationen herstellen.[221] In diesem System werden die einzelnen Protokolleinheiten nicht nur von unterschiedlichen Rechnern geladen, sondern auch über mehrere Stationen an den Nutzer gesendet. Jede Zwischenstation kennt nur die vorherige und nachfolgende Station, nicht aber die gesamte Kette. Infolgedessen erhält der Webserver nur die IP-Adresse der letzten Station der Kette, welche in direkte Verbindung mit ihm tritt, nicht aber die des anfragenden Nutzers. Gleichzeitig kann die Kommunikationsverbindung nur enttarnt werden, wenn alle Zwischenstationen zusammenarbeiten.[222]

Der Einsatz eines Anonymisierungsdienstes ist daher grundsätzlich ein sehr effektives Mittel zur Verschleierung der eigenen IP-Adresse und einhergehend des eigenen Standortes. Möchte man auf Inhalte zugreifen, deren Abruf geographisch beschränkt ist, bedeutet dies zugleich, dass die letzte Station der Kette eine IP-Adresse aus dem zugelassenen Adressbereich besitzen muss, was für einen Nutzer ohne vertiefte Computerkenntnisse im Vorhinein u.U. nur schwer festzustellen ist. Aus der Perspektive des Nutzers gibt es daher keine absolute Verlässlichkeit, bei der Webseite mit einer IP-Adresse aus dem zugelassenen Adress-Raum „anzuklopfen“. Zudem sind in Anonymisierungsdiensten oftmals gerade die für den Abruf von Mediendateien erforderliche Browser Plug-Ins geblockt.[223]

b) Proxy-Server

Wie der Einsatz eines Anonymisierungsdienstes führt die Einwahl über einen Proxy-Server dazu, dass der Nutzer gegenüber anderen Teilnehmern mit einer anderen als seiner eigenen IP-Adresse in Erscheinung tritt. Der Proxy-Server nimmt die Webanfrage des Nutzers entgegen, leitet sie unter seiner eigenen, ggf. statischen, IP-Adresse an den Webserver weiter, empfängt dessen Antwort und schickt diese an den Nutzer zurück.[224] Die Einrichtung eines Proxy-Servers ist

---

221 Zu den Methoden der Netzwerkkommunikation, s. in diesem Teil Kapitel 2, Abschnitt C II.

222 Zur Funktionsweise von Anonymisierungsdiensten *Rau/Behrens*, K&R 2009, 766 f. mit Blick auf deren Haftung; *Svantesson*, Journal of Internet Law 10 (9) 2007, 1 (18); und *Wigoutschnigg*, DuD 2012, 515 (517).

223 Das Programm Flash läuft bei TOR beispielsweise nicht, s. *TOR*, https://www.torproject.org/torbutton/torbutton-faq.html.en#noflash.

224 Die eigentliche Zielsetzung von Proxy-Servern ist dies freilich nicht. Vielmehr bezwecken sie zunächst die Entlastung der Internet-Anbindung, indem Proxy-Server häufig aufgerufene Seiten

nicht sonderlich aufwendig. Entsprechende Einstellungen können bei Vorliegen von Adresse und Port Nummer des Proxy-Servers leicht im Browser vorgenommen werden bzw. kann der Zugang über eine Online-Anwendung wie *the cloak*[225] erfolgen.[226]

Theoretisch ist es also durchaus möglich, eine Geo-Sperre mithilfe eines Proxy-Servers zu überwinden, solange der Nutzer nur einen Proxy-Server mit einer IP-Adresse eines Landes wählt, von dem aus auf die Inhalte zugegriffen werden darf. Viele Proxy-Server, wie jene von Universitäten oder Firmen, sind allerdings zweckgebunden und ihre Nutzung kann nur mit einer entsprechenden Berechtigung erfolgen.[227] Dass ein deutscher Nutzer eine Nutzungsberechtigung eines Proxy-Servers mit z.B. englischer IP-Adresse hat, wird daher die Ausnahme bleiben. Zwar gibt es „offene Proxy-Server", die keine besonderen Anforderungen an die Person des Nutzers stellen und grundsätzlich von jedem Nutzer verwendet werden können.[228] Es existieren jedoch schwarze Listen von solchen weniger vertrauenswürdigen Proxy-Servern, bzw. können solche Listen nach und nach erstellt werden, sodass der Zugriff auf die Inhalte versagt werden kann, wenn ein Abgleich der IP-Adresse, von der aus eine Webanfrage gesendet wird, mit der schwarzen Liste eine Übereinstimmung ergibt. Beispielsweise blockiert die Internet-Enzyklopädie *Wikipedia* die Bearbeitung von Beiträgen durch Nutzer, die sich über einen offenen Proxy einwählen.[229]

c) Virtual Private Network

Ein Nutzer tritt im Internet außerdem dann mit einer anderen IP-Adresse in Erscheinung, wenn er sich aus einem anderen als seinem ursprünglichen Netzwerk heraus mit dem Internet verbindet. Dies kommt beispielsweise vor, wenn sich ein

---

im Cache speichern und entsprechende Anfragen selbst beantworten. Heute werden sie vor allem eingesetzt, um die abgerufenen Inhalte zu filtern und den Zugriff auf bestimmte Dateiformate oder Webseiten zu verhindern. Außerdem kann mit ihrer Hilfe eine Mehrzahl von Endgeräten mit privaten IP-Adressen über eine öffentliche Adresse auf das WWW zugreifen, um die Engpässe an öffentlichen IP-Adressen z.B. in Universitäts- oder Firmennetzwerken auszugleichen, s. *Wikimedia Foundation Inc.*, Proxy (Rechnernetz), http://de.wikipedia.org/wiki/Proxy_(Rechnernetz).

225 http://www.the-cloak.com/anonymous-surfing-home.html.

226 S.a. die Beschreibung von Proxy-Servern bei *Svantesson*, Journal of Internet Law 10 (9) 2007, 1 (18 f.). Beispielweise war die Ortsbestimmung von Kunden von *AOL* schwierig, da *AOL* in Europa einen zentralen Proxy-Server benutzte, s. *Hoeren*, MMR 2007, 3 (5 f.).

227 S. die Nutzungsbedingungen der *Gesellschaft für wissenschaftliche Datenverarbeitung mbH Göttingen (GWDG)*, s. *GWDG*, Nutzungsbedingungen für Zugänge zum Internet über Anschlüsse der GWDG, http://www.gwdg.de/index.php?id=1627&L=0%5D.

228 Bspw. der entgeltpflichtige Proxy-Server „proxy.lc" mit Proxy-Servern in den USA, dem UK, Frankreich und Deutschland, s. http://proxy.lc.

229 *Wikimedia Foundation Inc.*, Proxy blocking, http://meta.wikimedia.org/wiki/Proxy_blocking.

Mitarbeiter zunächst über ein Virtual Private Network (VPN) mit dem lokalen Netzwerk seiner Firma verbindet. Hierbei handelt es sich um ein Overlay-Netz, das meist direkt auf dem Internet aufsetzt. Ein gängiges Design ist, jeden Standort eines Unternehmens mit einer Firewall auszustatten und Tunnel durch das Internet zwischen allen Niederlassungen zu erstellen. Sendet der Nutzer eine Webanfrage an einen Webserver, empfängt der Webserver nur die IP-Adresse des Firmenrouters, der die Internetverbindung aufbaut, bzw. die IP-Adresse des VPN-Gateways.[230]

Allerdings muss der Router, mit dem letztlich aus dem Netzwerk heraus eine Verbindung ins Internet aufgebaut wird, auch in diesem Fall eine IP-Adresse aus dem zugriffsberechtigten Adressbereich aufweisen. Zudem benötigt ein Nutzer ähnlich wie bei Proxy-Servern eine Berechtigung, sich per VPN überhaupt an dieses andere Netzwerk „anzuhängen". Die Zahl der Nutzer, die durch das Anwählen eines anderen Netzwerkes die Übermittlung ihrer tatsächlichen IP-Adresse umgehen können, ist daher ebenfalls eher gering.

III. Lokalisierung von Rechnern mithilfe von netztopologischen Informationen

Neben der Lokalisierung des Aufenthaltsortes eines Nutzers anhand seiner IP-Adresse sind verschiedene IP-Lokalisierungstechniken entwickelt worden, die auf netztopologische Gegebenheiten aufbauen und ohne manuelle Dateneingabe in eine zu aktualisierende zentrale Datenbank auskommen. Ausgangspunkt dieser Techniken ist die Annahme, dass eine Protokolleinheit, die auf dem Weg zum Ziel nur wenige Zwischenstationen passiert, d.h. „Hops"[231] braucht, von einem Rechner gesendet wurde, der geografisch in der Nähe des Ziels liegt, bzw. dass zwei Rechner, die sich in unmittelbarer Nähe zueinander befinden, die gleiche „Antwortzeit"[232] zu anderen Rechnern aufweisen.

230 S. *Tanenbaum*, Computernetzwerke, S. 840 f.; sowie aus juristischer Perspektive *Mitsdörfer/ Gutfleisch*, MMR 2009, 731 (732).

231 Dies ist der Weg von einer Zwischenstation, d.h. einem Netzwerkknoten, zur nächsten, s. *Wikimedia Foundation Inc.*, Hop (Netzwerktechnologie), http://de.wikipedia.org/wiki/Hop_ (Netzwerktechnologie).

232 Dies ist die Zeit, die eine Protokolleinheit braucht, um über das Internet von einem Rechner zu einem anderen Rechner zu gelangen, s. *Wikimedia Foundation Inc.*, Antwortzeit, http://de.wiki pedia.org/wiki/Antwortzeit.

1. Zählung der Hops

Mit dem Programm „Traceroute" kann ermittelt werden, welche und wie viele Router eine Protokolleinheit bis zu ihrem Ziel passiert, d.h. wie viele Hops sie zurücklegt. Hierfür macht sich das Programm die Time-to-live (TTL) einer Protokolleinheit zunutze.[233] Mit der TTL wird sichergestellt, dass unzustellbare Pakete nicht endlos lang von Router zu Router weitergeleitet werden. Jeder Router, der die Protokolleinheit auf ihrem Weg empfängt, zählt den Wert der TTL um eins herunter, und die Protokolleinheit wird gelöscht, wenn die TTL=O ist.[234] Traceroute nutzt diesen Mechanismus, indem das Programm mehrfach Pakete mit einer veränderten und jeweils um 1 erhöhten TTL beginnend mit 1 an den Ziel-Server sendet. Empfängt ein Router ein IP-Paket mit einer TTL=1 und müsste es weiterleiten, verwirft er es und sendet die Antwort an Traceroute, dass die TTL des Pakets während der Übermittlung abgelaufen ist. Der Zielhost hingegen bestätigt den Empfang des Paketes. Der Sender erfährt daher, dass bspw. eine TTL von 10 noch nicht ausgereicht hat, um eine Protokolleinheit an ihr Ziel zu senden.[235] Wenn er zugleich weiß, dass innerhalb des Gebietes, welches er bedienen möchte, nur 5 Hops erforderlich sind, um das Ziel zu erreichen, muss ein Empfänger, der 10 Hops entfernt ist, außerhalb seines Gebietes liegen. Die Genauigkeit hängt folglich von Referenzwerten ab.

Da bei Anonymisierungsdiensten die letzte Station in der Kette bzw. bei Einsatz eines VPNs oder Proxy-Servers der Proxy-Server als Zielhost ausgewiesen wird, erhält jedoch auch Traceroute nur von diesem eine Empfangsbestätigung. Bis zum Nutzer dringt das Programm nicht vor. Durch gezielten Einsatz eines VPNs etc. wäre folglich eine Umgehung einer auf Traceroute basierenden Geo-Sperre möglich. Zudem sind die für Traceroute erforderlichen Protokolle, wie z.B. das Internet Control Message Protocol (IMCP), in Firewalls meist nur eingeschränkt freigeschaltet, da sie für Denial of Service Attacken missbraucht werden können.[236] Aus praktischer Sicht ist Traceroute für sich genommen daher

---

233 S. *Katz-Bassett/John/Krishnamurthy* et al., Towards IP Geolocation Using Delay and Topology Measurements, 2006, http://www.cs.washington.edu/homes/ethan/papers/geoloc-imc06.pdf, S. 7 f.; *Laki/Mátray/Hága* et al., A Detailed Path-latency Model for Router Geolocation, 2009, http://www.etomic.org/publications/geoloc.pdf. S.a. *Hoeren*, ZfWG 2008, 229 (230) aus juristischer Perspektive.

234 S. *Wikimedia Foundation Inc.*, Time to Live, http://de.wikipedia.org/wiki/Time_to_Live. Damit eine Protokolleinheit ihr Ziel erreicht, muss der anfängliche Wert der TTL größer sein als die maximal mögliche Anzahl an Hops, wobei ein Wert von 30 für das Internet als TTL in der Regel ausreicht.

235 S. *Wikimedia Foundation Inc.*, Traceroute, http://de.wikipedia.org/wiki/Traceroute.

236 S. *Wikimedia Foundation Inc.*, Firewall Regelwerk, http://de.wikipedia.org/wiki/Firewall-Regelwerk#ICMP_Regeln.

wenig geeignet, den geographischen Standort eines Nutzers verlässlich zu bestimmen.

2. *Messung der Antwortzeiten*

a) Ping-Befehl

Mit einem Ping-Befehl kann in IP-Netzen die Antwortzeit zwischen zwei Rechnern gemessen werden. Hierzu wird eine Protokolleinheit, das „Ping", an die Zieladresse des zu überprüfenden Rechners gesendet. Dieser sendet eine weitere Protokolleinheit als Antwort zurück, das „Pong".[237] Wie bei Traceroute baut dieser Befehl auf der TTL auf, wobei die TTL in diesem Fall aber so großzügig bemessen ist, dass die Protokolleinheit in jedem Fall beim Zielserver ankommt. Dem Problem, dass Protokolleinheiten im Internet nicht immer denselben Weg nehmen und Router eine Anfrage nicht immer gleich schnell bearbeiten mit der Folge, dass die Antwortzeiten eines einzigen Rechners durchaus variieren können, wird entgegengetreten, indem durch mehrmaliges Senden des „pings" das Antwortzeit-Minimum des Rechners bestimmt wird.[238]

Anhand von Referenzwerten zu Antwortzeit/Entfernung, welche mithilfe von als fixe Landmarken mit bestimmter geografischer Position agierenden Rechnern ermittelt wurden, kann ein Ziel z.B. derjenigen Landmarke zugeordnet werden, die eine ähnliche Antwortzeit aufweist. Die Genauigkeit dieser Verfahren hängt demnach von der Anzahl der Landmarken ab: Je mehr Landmarken definiert sind, desto genauer ist das Lokalisationsergebnis.[239]

Wie bei Traceroute besteht jedoch das Problem, dass einige Rechner bzw. DSL-Router so eingestellt sind, dass sie die für eine Anfrage aus dem Wide Area Network (WAN) verwendeten Protokolle ignorieren und verwerfen, sprich blocken, sodass das „Pong" ausbleibt.[240]

---

237 S. *Hoeren*, ZfWG 2008, 229 (230 f.).

238 Die einzelnen Gründe für die variierenden Antwortzeiten erläutern *Laki/Mátray/Hága* et al., A Detailed Path-latency Model for Router Geolocation, 2009, http://www.etomic.org/publications/geoloc.pdf, S. 2.

239 So funktioniert das sog. *Shortest Ping*-Verfahren. Dazu und zu anderen Verfahren wie *Geo-Ping*, *Constriant-Based Geolocation* und *Speed of Internet (SOI) Geolocation* im Einzelnen *Katz-Bassett/John/Krishnamurthy* et al., Towards IP Geolocation Using Delay and Topology Measurements, 2006, http://www.cs.washington.edu/homes/ethan/papers/geoloc-imc06.pdf, S. 2 f.; *Laki/Mátray/Hága* et al., A Detailed Path-latency Model for Router Geolocation, 2009, http://www.etomic.org/publications/geoloc.pdf. Zusammenfassend *Hoeren*, ZfWG 2008, 229 (231 f.) m.w.N.

240 S. *Hoeren*, ZfWG 2008, 229 (230 f.); und *Wikimedia Foundation Inc.*, Ping (Datenübertragung), http://de.wikipedia.org/wiki/Ping_(Datenübertragung).

b) Aktualisierungsbefehl

Denkbar ist zudem die Verwendung von Befehlen wie „Meta Refresh“, welche eine Aktualisierungsanfrage der aufgerufenen Informationen seitens des Nutzers einleiten können.[241] Anhand der Zeitdifferenz zwischen dem Aufruf der ersten Seite und dem Eingang der Aktualisierungsanfrage kann dann die räumliche Distanz bestimmt werden, sofern Vergleichswerte zu Refresh-Zeiten vorliegen.[242]

Das Ergebnis zur räumlichen Distanz wird allerdings verfälscht, wenn ein Nutzer einen Anonymisierungsdienst, Proxy oder VPN einsetzt. Die Protokolleinheiten haben dann einen längeren Weg zurückzulegen, d.h. die Refresh-Zeit ist länger. Dies könnte für die Lokalisierung in der Form genutzt werden, dass der Zugriff verweigert wird, wenn die Refresh-Zeit länger ist als der Referenzwert. Allerdings sind Rechner aus Sicherheits- oder Performancegründen meist so konfiguriert, dass sie solche Aktualisierungsbefehle nicht ausführen. Die praktische Nutzbarkeit dieser Methode ist daher eher gering.

IV. Identifizierung der Internetverbindung

Um zu verhindern, dass ein Nutzer seinen wahren Standort mithilfe eines Proxy-Servers, eines Anonymisierungsdienstes oder einer VPN-Verbindung verschleiert, ist zudem in Erwägung zu ziehen, die Art der Internetverbindung auslesen zu lassen und im Falle einer nicht direkten Verbindung zwischen Nutzer und Anbieter den Zugriff auf die Dienste einzuschränken oder vollständig zu verweigern. Denkbar ist zum Beispiel, dass die Webseite ein Script, welches im Webbrowser auf dem Rechner des Nutzers ausgeführt wird, wie etwa *Java* oder *Flash*, auffordert festzustellen, ob der Nutzer z.B. einen Proxy einsetzt, etwa durch Auslesen der Einstellungen des Webbrowser oder durch Abgleich der MAC-Adresse vom Rechner des Nutzers und der beim Server anfragenden MAC-Adresse. Ist dies der Fall, kann ihm der Zugang verweigert werden.

B. Kontrolle anhand von netzexternen Faktoren

Sobald ein Nutzer auf eine Webseite zugreift, übermittelt sein Browser der Webseite bzw. dem Server, der die Webseite speichert, eine Reihe von Informationen, welche ebenfalls für die Ortsbestimmung verwendet werden können.

Beispielsweise geben die Spracheinstellungen eines Rechners zumindest auf Länderebene Aufschluss über den Aufenthaltsort eines Nutzers. Dabei ist eine

241 S. *Wikimedia Foundation Inc.*, Meta refresh, http://en.wikipedia.org/wiki/Meta_refresh.

242 Hier muss erneut eine Mindestantwortzeit ermittelt werden, s. *Hoeren*, ZfWG 2008, 311 (312).

Zuordnung selbst bei weit verbreiteten Sprachen wie Englisch nicht ausgeschlossen, da einige Programme wie z.B. *Microsoft Word* den Nutzer zwischen Landesversionen wählen lassen.[243] Ähnliche Hinweise liefert die ausgewählte Zeitzone.[244] Da ein Nutzer diese Einstellungen in seinem Rechner aber verhältnismäßig einfach ändern kann, kann sich ein Anbieter auf die Genauigkeit ausschließlich dieser Informationen allerdings nicht verlassen, sondern sie allenfalls ergänzend in die Bewertung aufnehmen.

Daneben kann eine Geo-Sperre auf die vom Nutzer z.B. im Rahmen einer Registrierung freiwillig übermittelten Informationen zurückgreifen, wie z.B. eine Lieferadresse oder die Telefon- oder Kreditkartennummer.[245] Angesichts der hohen abschreckenden Wirkung der Notwendigkeit einer Registrierung werden diesem Weg der Informationsgewinnung zumindest dann wirtschaftliche Gesichtspunkte entgegenstehen, wenn das Angebot – wie der Empfang von Webradio – grundsätzlich ohne die Übermittlung dieser Daten in Anspruch genommen werden kann. Ohnehin kann nicht davon ausgegangen werden, dass die vom Nutzer gemachten Angaben der Wahrheit entsprechen. Deren Verifizierung ist wiederum sehr kostenintensiv.

Disclaimer oder Nutzungsbedingungen können natürlich ebenfalls eingesetzt werden, um Nutzer darüber zu informieren, dass sie die gewünschten Inhalte nicht abrufen dürfen.[246] Ihre Nichtbefolgung kann aber allenfalls vertragsrechtliche Konsequenzen haben.

C. Bewertung der Effektivität von Geo-Sperren

Vor dem Hintergrund, dass die Datenbanken der Geolocation-Abieter aktualisiert werden müssen und dass diverse Möglichkeiten der Verschleierung der nutzereigenen IP-Adresse zur Verfügung stehen, ist verständlich, dass bei der IP-Adress-Geolocation eine Trefferquote von 100 % nicht zu erreichen ist. Problematisch ist außerdem, dass diese Form der Lokalisierung keine Aussagen über die sog. falsch negativen Treffer liefert, d.h. über die Anzahl der Nutzer, die sich in einem bestimmten Land befinden, fälschlicherweise aber aussortiert wurden. Nichtsdestotrotz ist die Feststellung und räumliche Zuordnung einer IP-Adresse

243 Bei Englisch kann der Nutzer zwischen Englisch (UK), Englisch (US) und Englisch (AUS) wählen; Französisch wird als Französisch und Französisch Kanada angeboten; und neben Portugiesisch steht außerdem Portugiesisch (Brasilien) zur Verfügung.

244 S. *Svantesson,* John Marshall Journal of Computer & Information Law 23 (2004), 101 (120 f.).

245 S. *Svantesson* a.a.O., S. 123 und 128 f.

246 Detailliert *Svantesson* a.a.O., S. 123-126.

angesichts der bereits verfügbaren Informationen und Lokalisierungsangebote auf diesem Gebiet der erste und einfachste Schritt bei der Bestimmung des Aufenthaltsortes eines Nutzers.

Eine Eingrenzung des Aufenthaltsortes mittels einer Zählung der Hops bzw. einer Messung der Antwortzeiten scheint dabei eine gute Ergänzung zu sein. Nichtsdestotrotz sollte bedacht werden, dass die Antwortzeiten aus den verschiedensten Gründen verfälscht werden können, z.B. wenn sich ein Nutzer über sein Mobilfunknetz einwählt oder ein Router ausfällt. Berechtigte Nutzer können dann als falsch negative Treffer aussortiert werden, was zumindest aus wirtschaftlicher Sicht gegen den Einsatz dieser Mechanismen spricht.

Es gibt folglich, jedenfalls zu diesem Zeitpunkt, keine absolut sichere Methode, den Zugriff von Nutzern geographisch einzugrenzen. Mit einer Kombination aus verschiedenen netzinternen Mechanismen und der Nutzung von Zusatzinformationen lassen sich die Fälle, in denen ein Nichtberechtigter Zugriff erhält, jedoch erheblich reduzieren. Eine effektive Kombination erscheint vorbehaltlich der fortschreitenden Technik, in einem ersten Schritt das Deep-Linking durch eine zufällige und einzelfallabhängige Bennennung der Mediendateien auszuschließen. Bei Abruf einer Webseite empfiehlt es sich dann, die übermittelte IP-Adresse einem geographischen Bereich zuzuordnen und solche Nutzer auszuschließen, deren IP-Adresse einem Land zugeordnet wird, von dem aus keine Zugriffsberechtigung besteht, oder die sich über einen offenen Proxy einwählen. Angesichts der zahlreichen Verschleierungsmöglichkeiten sollte sodann der Aufenthaltsort durch eine Bestimmung der Antwortzeit überprüft werden. Kann der vorgegebene Aufenthaltsort angesichts einer zu langen Antwortzeit nicht stimmen, ist zu überlegen, dem Nutzer den Zugriff zu verweigern. In nicht eindeutigen Fällen, z.B. wenn der Aufenthaltsort als in einem Grenzgebiet befindlich bestimmt wird, können die Spracheinstellungen des Browsers überprüft und der Nutzer dem Land zugeordnet werden, dessen Landessprache die Spracheinstellungen entsprechen.

Wird einem Nutzer aufgrund des Ergebnisses der vorgenannten Prüfschritte der Zugang verweigert, kann der Anbieter Tipps geben, woran dies liegen mag. Handelt es sich tatsächlich um einen falsch negativen Treffer, kann der Nutzer die Ursache hierfür in der Regel beheben. Einstellungen, die falsch negative Treffer hervorrufen können, sind etwa die Einwahl über einen Proxy, über VPN oder einen Anonymisierungsdienst, oder schlicht eine langsame Verbindung. Handelt es sich um einen richtig negativen Treffer, wird der Nutzer blockiert. Alternativ oder ergänzend besteht als weiterer Schritt selbstverständlich die Möglichkeit, den Aufenthaltsort über außerhalb des Internets liegende, ggf. manuelle Methoden zu überprüfen, wie bspw. die Ortung eines Nutzers anhand seiner Handy- oder Festnetznummer, wenngleich dies in nur wenigen Fällen praktikabel erscheint.

Zweiter Teil: Einordnung von Webradio in das System der Verwertungsrechte

Bei der verwertungsrechtlichen Einordnung von Webradio-Angeboten ist eine vielschichtige Betrachtung erforderlich. Es ist nicht nur zwischen den einzelnen Verwertungsschritten der Vorbereitung eines Webradio-Programms, der Übertragung, der Wahrnehmung und der Aufnahme zu unterscheiden. Es müssen zusätzlich Abgrenzungen zwischen den unterschiedlichen Webradio-Varianten vorgenommen werden.

Im Hinblick auf die Musikverwertung im Webradio sind die relevanten und im Folgenden näher zu untersuchenden Rechte das Vervielfältigungsrecht i.S.d. § 16 UrhG, das Recht der öffentlichen Zugänglichmachung i.S.d. § 19a UrhG und das Senderecht der §§ 20-20b UrhG. Die korrespondierenden Normen für ausübende Künstler und Tonträgerhersteller sind die §§ 77 f. und 85 f. UrhG. Diese Normen beruhen zum einen auf konventionsrechtlichen Vorgaben aus der Revidierten Berner Übereinkunft (RBÜ)[247], dem Rom-Abkommen[248], dem TRIPs-Übereinkommen[249] und den WIPO-Verträgen WIPO Copyright Treaty (WCT)[250] und WIPO Performances and Phonograms Treaty (WPPT)[251]. Zum anderen haben sie einen europäischen Hintergrund aufgrund diverser eine Harmonisierung bestrebender EG-Richtlinien, den sog. „Urheberrechts-Richtlinien", welche selbst wiederum der Umsetzung der internationalen Staatsverträge dienen.[252] Eine

---

247 Berner Übereinkunft zum Schutz von Werken der Literatur und Kunst (Pariser Fassung) v. 9.11.1886, BGBl II 1973, 1071, BGBl II 1985, 81.

248 Internationales Abkommen über den Schutz der ausübenden Künstler, der Hersteller von Tonträgern und der Sendeunternehmen v. 26.10.1961, BGBl II 1965, 1245.

249 Übereinkommen über handelsbezogene Aspekte der Rechte geistigen Eigentums v. 15.4.1994, BGBl II 1994, 1730.

250 WIPO-Urheberrechtsvertrag v. 20.12.2003, BGBl II 2003, 755.

251 WIPO-Vertrag über Darbietungen und Tonträger v. 20.12.2003, BGBl II 2003, 770.

252 So insbesondere die RL 92/100/EWG vom 19.11.1992 zum Vermietrecht und Verleihrecht sowie zu bestimmten dem Urheberrecht verwandten Schutzrechten im Bereich des geistigen Eigentums (ABlEG Nr. L 346 v. 27.11.1992, S. 61) in der kodifizierten Fassung v. 27.12.2006, ABlEU Nr. L 376 v. 27.12.2005, S. 28 („Vermiet- und Verleih-RL"); RL 93/83/EWG v. 27.9.1993 zur Koordinierung bestimmter urheber- und leistungsschutzrechtlicher Vorschriften betreffend Satellitenrundfunk und Kabelweiterverbreitung, ABlEG Nr. L 248 v. 6.10.1993, S. 15 („Satelliten- und Kabel-RL"); RL 2001/29/EG v. 22.5.2001 zur Harmonisierung bestimmter Aspekte

Untersuchung der nationalen Vorschriften muss daher mit Blick auf ihre internationale Herkunft erfolgen. Umgekehrt können die auf nationaler Ebene aufgeworfenen Fragen über eine Auslegung des europäischen Rechtsrahmens durch den EuGH nach Vorlage des nationalen Gerichts Bedeutung für die anderen Mitgliedsstaaten der EU entfalten.

Im Folgenden wird zunächst auf die für alle Webradio-Varianten gleichen Vorbereitungshandlungen für die Produktion der Programminhalte eingegangen (Kapitel 1). Im Anschluss erfolgt eine rechtliche Bewertung der Übertragung der Programminhalte an den Nutzer (Kapitel 2), sowie der Wahrnehmung/Wahrnehmbarmachung des Werkes beim Nutzer (Kapitel 3). Anschließend ist zu untersuchen, welche Verwertungsrechte bei der Aufnahme, d.h. beim Streamripping, angesprochen werden (Kapitel 4). In die Untersuchung sind Überlegungen einzubeziehen, ob gegen das Verbot der Umgehung etwaiger technischer Schutzmaßnahmen verstoßen wird, wenn diese für Wahrnehmung und/oder Aufnahme umgangen werden. Es folgt eine Bewertung grenzüberschreitender Sachverhalte (Kapitel 5) sowie eine Zusammenfassung der Ergebnisse der verwertungsrechtlichen Einordnung (Kapitel 6).

Kapitel 1: Einordnung der Vorbereitungshandlungen

Die technische Realisierung von Webradio hängt neben der Verfügbarkeit von Breitbandanschlüssen von den Möglichkeiten im Bereich der Digitalisierung und Kompression von Musikstücken als notwendige Vorbereitungshandlungen vor der eigentlichen Übertragung ab. Es stellt sich insofern die Frage, ob und inwieweit Aspekte dieser Vorbereitungshandlungen in die Rechtsposition des Urhebers eingreifen. Schließlich wird im Zweifel nicht nur der Übertragungsvorgang die rechtliche Grundlage eines Vorgehens gegen den Anbieter eines Webradios liefern, insbesondere dann nicht, wenn dessen rechtliche Einordnung aufgrund der Vielschichtigkeit der Übertragung zweifelhaft ist.

A. Vervielfältigungen zur Vorbereitung

Das Vervielfältigungsrecht für Urheber ist in §§ 15 Abs. 1 und 16 Abs. 2 UrhG verankert und gewährt ihnen das ausschließliche Recht, Vervielfältigungsstücke

---

des Urheberrechts und der verwandten Schutzrechte in der Informationsgesellschaft, ABlEG Nr. L 167 v. 22.6.2001, S. 10 („InfoSoc-RL", häufig auch als „Multimedia-RL" bezeichnet); RL 2004/48/EG v. 29.4.2004 zur Durchsetzung der Rechte des geistigen Eigentums, ABlEU Nr. L 157 v. 30.04.2004, S. 45 („Durchsetzung-RL", häufig auch als „Enforcement-RL" bezeichnet).

des Werkes herzustellen.[253] Eine Vervielfältigung ist unabhängig von der verwendeten Technik jede körperliche Fixierung des Werkes, die es ermöglicht, das Werk den menschlichen Sinnen wahrnehmbar zu machen. Die Körperlichkeit der Vervielfältigung bestimmt sich dabei nach der Physis des Trägers der Vervielfältigung. Das Recht erstreckt sich auf nicht identische Vervielfältigungen, wie sie z.B. bei einer Formatänderung entstehen.[254] Es werden sowohl vorübergehende als auch dauerhafte Vervielfältigungen vom Vervielfältigungsrecht erfasst.[255]

In Bezug auf Digitalisierungen ist allgemein anerkannt, dass sie das Vervielfältigungsrecht des Rechteinhabers berühren, sofern damit eine körperliche Festlegung einhergeht.[256] Sofern also die Digitalisierung für die Nutzung von Schutzgütern in Webradio-Programmen erforderlich ist und die digitalisierte Datei gespeichert wird, liegt eine Vervielfältigung des Werkes vor. Einzuräumen ist allerdings, dass diese in der Praxis an Bedeutung verloren hat, da der kommerzielle Vertrieb von Musik heute im Regelfall ohnehin auf digitalen Trägermedien erfolgt.

Diesem Vorgang ganz ähnlich wird bei der Kompression einer Audio-Datei in ein streamingfähiges Format eine neue Datei mit der Kopie von einem Werk

---

253 Vgl. Art. 9 Abs. 1 RBÜ, Art. 9 Abs. 1 TRIPs und Art. 1 Abs. 1 WCT; sowie Art. 2 InfoSoc-RL. Das Recht der Tonträgerhersteller deckt sich inhaltlich mit dem Vervielfältigungsrecht des Urhebers, s. § 85 Abs. 1 S. 1 UrhG und international Art. 10 Rom-Abkommen, Art. 2 des Übereinkommens zum Schutz der Hersteller von Tonträgern gegen die unerlaubte Vervielfältigung ihrer Tonträger v. 29.10.1971, BGBl II 1973, 1670 (Genfer Tonträger-Abkommen); Art. 14 Abs. 2 TRIPS und Art. 11 WPPT; sowie Art. 7 Abs. 1 Spiegelstrich 2 Vermiet- und Verleih-RL; und Art. 2 lit. c) InfoSoc-RL.

254 S. *Loewenheim,* in: *Schricker*, UrhR, § 16 UrhG Rdnrn. 9 und 18. Für eine rechtsvergleichende Bewertung *Sterling,* World Copyright Law, Rdnr. 9.02.

255 Art. 2 InfoSoc-RL versteht unter einer Vervielfältigung jede „unmittelbare oder mittelbare, vorübergehende oder dauerhafte Vervielfältigung auf jede Art und Weise". Gleiches ergibt sich aus der Qualifizierung des Art. 5 Abs. 1 InfoSoc-RL als Schranke, der die temporäre Vervielfältigung gestattet. S.a. Erwägungsgrund 33 InfoSoc-RL. Hingegen wurde auf internationaler Ebene noch offen gelassen, ob lediglich dauerhafte oder auch vorübergehende Vervielfältigungen vom Vervielfältigungsrecht geschützt sind. Allerdings ist die Definition des Vervielfältigungsrechts in Art. 9 Abs. 1 RBÜ so weit, dass grundsätzlich auch Vervielfältigungen von nur kurzer Lebensdauer erfasst sein können. Ausführlich *Loewenheim*, in: *Schricker*, UrhR, § 16 UrhG Rdnrn. 6 und 20 f. und § 44a UrhG Rdnr. 1; *Ricketson/Ginsburg*, International Copyright and Neighbouring Rights, Bd.1, Rdnrn. 11.70-11.75; *Sterling,* World Copyright Law, Rdnr. 26F.09.

256 Statt vieler BGHZ 140, 183 (190) = NJW 1999, 1964 (Elektronische Pressearchive); *Heerma*, in: *Wandtke/Bullinger*, UrhR, § 16 UrhG Rdnr. 13; *Schulze*, in: *Dreier/Schulze*, UrhG, § 16 UrhG Rdnr. 7; *Werner*, in: *Ensthaler/Weidert* (Hrsg.), Handbuch UrhR und Internet, Kap. 3 Rdnrn. 27-30. Vgl. auch das ausführliche Urteil des österreichischen Obergerichtshofes in Wien zur Digitalisierung von CDs und LPs durch Rundfunkunternehmen zu Sendezwecken, *ÖOGH*, MMR 1999, 352 m. Anm. *Haller.*

als Ganzem erstellt und z.B. auf der Festplatte oder einem entsprechenden Speichermedium hinterlegt. Zwar ermöglicht diese Festlegung nicht den unmittelbaren Werkgenuss. Der Streaming-Client kann die Datei jedoch wieder wahrnehmbar machen. Die Tatsache, dass bei der Kompression die digitalisierten Informationen durch die Entfernung bestimmter Frequenzbereiche verändert werden und damit nicht identisch mit der Quelldatei sind, schließt die Annahme einer Vervielfältigung nicht aus.[257]

Zusätzlich ist jede weitere Kopie einer Datei, z.B. zu Zwecken der Speicherung des digitalisierten und komprimierten Musikstücks auf dem Webserver oder in einer Musik-Datenbank, eine Vervielfältigung i.S.d. § 16 Abs. 1 UrhG.[258]

B. Bearbeitungen

Darüber hinaus können die Vorbereitungshandlungen der Digitalisierung und der Kompression das Bearbeitungsrecht berühren, welches dem Rechteinhaber die ausschließliche Kontrolle über Herstellung und Auswertung von Bearbeitungen und anderen Umgestaltungen des Werkes einräumt.[259]

Eine Ansicht entnimmt dieses Recht § 23 Satz 1 UrhG unmittelbar und sieht in ihm ein selbständiges Verwertungsrecht.[260] Nach anderer Ansicht ergibt sich dieses Recht schon aus § 16 Abs. 1 UrhG; § 23 Satz 1 UrhG regele insofern nur den Schutzumfang, indem die Vorschrift verdeutliche, dass das Recht zur Ver-

---

257 *Brinkel*, Filesharing, 173; *Freiwald*, Die private Vervielfältigung, S. 126; *Dreyer*, in: *Dreyer/Kotthoff/Meckel*, UrhR, § 16 UrhG Rdnr. 26; *Heerma*, in: *Wandtke/Bullinger*, UrhR, § 16 UrhG Rdnr. 8; *Klickermann*, MMR 2007, 7; *Kreutzer*, GRUR 2001, 193 (198); *Mönkemöller*, GRUR 2000, 663 (667).

258 Für eine Vervielfältigung auf einem Server hat dies der BGH zu § 69c Nr. 1 Satz 2 UrhG ausdrücklich bejaht, s. *BGH*, GRUR 2011, 418 (9, Tz. 11) m. Anm. *Scholz* = MMR 2011, 305 = ZUM 2011, 397 (UsedSoft). S.a. *Werner*, in: *Ensthaler/Weidert* (Hrsg.), Handbuch UrhR und Internet, Kap. 3 Rdnr. 34.

259 Abzugrenzen ist dieses vom Bearbeiterurheberrecht, das dem Bearbeiter eigene Urheberrechte gewährt, sofern die Bearbeitung urheberrechtlich geschützt ist, vgl. § 3 UrhG.

260 So *A. Nordemann*, in: *Fromm/Nordemann*, UrhR, § 23 UrhG Rdnr. 2; *Schack*, Urheber- und Urhebervertragsrecht, Rdnr. 468; *Schulze*, in: *Dreier/Schulze*, UrhG, § 23 UrhG Rdnr. 9 m.w.N. Zum Vergleich: Im UK und den USA ist das Bearbeitungsrecht ein vom Vervielfältigungsrecht unabhängiges Recht. Für das UK, s. sec. 21 CDPA wobei das separate Bearbeitungsrecht sehr eng gefasst ist und sich bei Musikwerken nur auf Arrangements und Transnotationen bezieht (sec. 21 Abs. 3 lit. b), und anderen Veränderungen als ein Eingriff in das Vervielfältigungsrecht (sec. 17 Abs. 1) gewertet werden, vgl. *Garnett/Davies/Harbottle* (Hrsg.), Copinger & Skone James on Copyright, Kap. 7 Rdnr. 53. Für die USA, s. 17 U.S.C. § 106 Abs. 2, wobei das Bearbeitungsrecht in den USA wie im UK sehr eng formuliert ist und ausschließlich selbständig schutzfähige Bearbeitungen, nämlich „*derivative works*“, zu umfassen scheint.

wertung des Werkes das Recht umfasse, die Verwertung bzw. Veröffentlichung in umgestalteter Form zu bewilligen oder zu untersagen.[261] Interessant ist, dass dieses Recht auf internationaler Ebene nur den Urhebern zugesprochen wird.[262] Für Tonträgerhersteller und ausübende Künstler ist kein Äquivalent vorgesehen, vielmehr wird das Vervielfältigungsrecht aufgrund seines weiten Anwendungsbereiches als ausreichend Schutz gewährend erachtet. Umstritten ist außerdem, ob die Vorschrift jegliche Veränderungen des Originalwerkes erfasst oder nur solche, die selbst Werkcharakter aufweisen und urheberrechtlichen Schutz genießen.[263] Ausgehend von Letzterem läge bei einer Digitalisierung und einer Kompression schon mangels der erforderlichen Schöpfungshöhe der Umwandlung kein Verstoß gegen das Bearbeitungsrecht vor.

Die RBÜ gibt hierzu keine Auskunft, sondern lässt in Art. 12 nur erkennen, welche Arten der Veränderung des Originalwerks gemeint sind.[264] In Deutschland sind nach herrschender Lehre Abwandlungen des Originalwerkes mit und ohne eigenen Werkcharakter von § 23 Satz 1 UrhG erfasst.[265] Hierfür gibt es drei

---

261 *Ahlberg*, in: *Möhring/Nicolini*, UrhG, § 23 UrhG Rdnr. 10; *Bullinger*, in: *Wandtke/Bullinger*, UrhR, § 23 UrhG Rdnr. 1; *Loewenheim*, in: *Schricker*, UrhR, § 23 UrhG Rdnr. 1. Zum Vergleich: Diese Mechanik wurde im französischen Recht kodifiziert, s. Art. L 122-3 des Französischen *Code de la propriété intelectuelle*; *Lucas/Kamina/Plaisant*, in: *Geller*, International Copyright Law and Practice, § 8[1][b][i]: Die Definition des Vervielfältigungsrechts in Art. L 122-3 des Französischen *Code de la propriété intelectuelle* ist so offen formuliert, dass sie Bearbeitungen umfasst, ohne diese explizit zu nennen.

262 S. Artikel 12 RBÜ, sowie Art. 8 RBÜ für Übersetzungen und Art. 14 (1) Nr. 1 RBÜ für die filmische Bearbeitung.

263 Siehe hierzu sogleich die Nachweise in Fn. 265 und 269.

264 So verweist der Begriff „Bearbeitungen" auf die Übertragung des Werkes in andere Werkgattungen; mit „Arrangements" sind angesichts der Terminologie des Art. 2 Abs. 3 RBÜ und aufgrund der vorangegangenen Versionen des Art. 12 RBÜ musikalische Arrangements wie z.B. die Orchestrierung gemeint; „andere Umgestaltungen" sollen sonstige Handlungen erfassen, bei denen das Werk in abgeänderter Form genutzt wird. S.a. *Ricketson/Ginsburg*, International Copyright Neighbouring Rights, Rdnr. 11.34. Angesichts der verschiedenen und doch miteinander zu vereinbarenden Urheberrechtsphilosophien der Mitgliedsstaaten der RBÜ war dies unvermeidbar. Allen Mitgliedsstaaten gleich wird hierbei beispielsweise die Motivation gewesen sein, die Urheber in ihren finanziellen Interessen bei der Auswertung ihrer Werke zu schützen. Daneben wird in einigen Ländern auch der Schutz der ideellen Interessen, nämlich bestimmen zu können, in welcher Form ein Werk in der Öffentlichkeit wahrgenommen wird, eine Rolle gespielt haben. Ausführlich zur Entstehungsgeschichte und Interpretation des Art. 12 RBÜ *Ricketson/Ginsburg*, International Copyright Neighbouring Rights, Rdnrn. 11.28-11.37.

265 S. *Bullinger*, in: *Wandtke/Bullinger*, UrhR, § 23 UrhG Rdnrn. 3-5; *Dreyer*, in: *Dreyer/Kotthoff/Meckel*, UrhR, § 23 UrhG Rdnr. 5; *Hoeren*, in: *Loewenheim*, Handbuch UrhR, § 9 Rdnr. 209; *Loewenheim*, in: *Schricker*, UrhR, § 23 UrhG Rdnrn. 3-5; *A. Nordemann*, in: *Fromm/Nordemann*, UrhR, § 23 UrhG Rdnrn. 8-10; *Schack*, Urheber- und Urhebervertragsrecht, Rdnrn. 468-473; *Schulze*, in: *Dreier/Schulze*, UrhG, § 23 UrhG Rdnrn. 5-7.

unterschiedliche Begründungsansätze. Eine Ansicht versteht unter dem Begriff „Bearbeitungen“ i.S.d. § 23 Satz 1 UrhG Veränderungen des Originalwerks, durch die eine selbständige geistige Schöpfung entstehe, an welcher der Bearbeiter ein eigenes Bearbeiterurheberrecht gemäß § 3 Satz 1 UrhG erlange. Im Gegensatz dazu seien Umgestaltungen alle Veränderungen ohne eigenschöpferischen Gehalt, d.h. ohne Werkeigenschaft i.S.d. § 3 Satz 1 UrhG. Dem Begriff „Umgestaltung“ wird somit ein eigener Anwendungsbereich zugesprochen.[266] Eine andere Ansicht nimmt an, dass es für die Definition von Bearbeitung und Umgestaltung nicht auf das Erreichen selbständiger Werkhöhe, sondern allein auf die Zielsetzung der Bearbeitung ankomme. Dem Originalwerk dienende, es z.B. für einen veränderten Zweck anpassende Abwandlungen seien Bearbeitungen. Veränderungen, die dem Werk nicht dienen, es aber dennoch verwenden, z.B. ein Plagiat, seien Umgestaltungen. Der Begriff Umgestaltung bezeichne danach Fälle, bei denen der Versuch gescheitert sei, das Ausgangswerk i.S.d. § 24 Abs. 1 UrhG „frei“ und somit zustimmungsfrei zu nutzen.[267] Wiederum eine a.A. qualifiziert die Umgestaltung als Oberbegriff, der die Bearbeitung einschließt.[268]

Die Mindermeinung hingegen hält § 23 Satz 1 UrhG nur für qualifizierte Werkänderungen, d.h. Werkabwandlungen mit eigenem Werkcharakter, anwendbar.[269] Die Unterscheidung zwischen Bearbeitung und anderer Umgestaltung werde anhand der Zielsetzung des Nachschaffenden getroffen. Solle das Original anderen Verhältnissen angepasst werden, handele es sich um eine Bearbeitung, wolle die Werkabwandlung die Identität des vorbestehenden Werkes aufheben, sei es eine Umgestaltung.[270]

Wie dargestellt, werden bei der Digitalisierung und der Umwandlung einer Audio-Datei in ein komprimiertes Format aus technischer Sicht umfangreiche Änderungen vorgenommen. Informationen der Quelldatei werden absichtlich gelöscht, sodass Größe, Form und Datenstruktur mit dem Ausgangswerk nur noch wenig oder gar nichts mehr gemein haben. Diese Veränderungen werden allerdings von der Software automatisiert vorgenommen. Abgesehen von der

---

266 Vertreter dieser Auffassung sind *Bullinger*, in: *Wandtke/Bullinger*, UrhR, § 23 UrhG Rdnrn. 3 f.; *A. Nordemann*, in: *Fromm/Nordemann*, UrhR, § 23 UrhG Rdnr. 1.

267 Dafür *Loewenheim,* in: *Schricker*, UrhR, § 23 UrhG Rdnr. 4; *Schulze*, in: *Dreier/Schulze*, UrhG, § 23 UrhG Rdnrn. 6 f.

268 So *Dreyer*, in: *Dreyer/Kotthoff/Meckel*, UrhR, § 23 UrhG Rdnr. 5; *Hoeren,* in: *Loewenheim*, Handbuch UrhR, § 9 Rdnr. 208; *Schack*, Urheber- und Urhebervertragsrecht, Rdnr. 468.

269 S. *BGH*, GRUR 1988, 533 (535); *Ahlberg*, in: *Möhring/Nicolini*, UrhG, § 23 UrhG Rdnr. 12. In Bezug auf die RBÜ im Ergebnis ebenso *Ricketson/Ginsburg*, International Copyright Neighbouring Rights, Rdnrn. 11.35-11.37, die meinen der das Vervielfältigungsrecht begründende Art. 9 RBÜ sei in der aktuellen Fassung der RBÜ so weit formuliert, dass er vom Ausgangswerk abweichende Vervielfältigungen einschließe.

270 S. *Ahlberg*, in: *Möhring/Nicolini*, UrhG, § 23 UrhG Rdnr. 12.

Initiierung des jeweiligen Vorgangs sowie der Festlegung des gewünschten Qualitätslevels oder Formats hat der Nutzer keinen Einfluss auf das Ergebnis bzw. den Umwandlungsvorgang als solchen. Darüber hinaus ändert sich der Gesamteindruck des zugrunde liegenden Werkes nicht, da das Ziel der Umwandlung gerade eine möglichst gleichwertige Kopie des Originalwerkes ist.[271] Die digitalisierte und komprimierte Datei weist demnach keine Werkhöhe auf. Sollte man diese mit der Mindermeinung für die Anwendbarkeit des Bearbeitungsrechts voraussetzen, ist das Bearbeitungsrecht schon deshalb nicht berührt.

Doch auch bei Befürwortung der herrschenden Lehre liegt keine für das Bearbeitungsrecht relevante Handlung vor. Denn das Musikwerk als solches, d.h. die musikalischen Elemente, die seine urheberrechtliche Schutzfähigkeit ausmachen, bleiben unverändert. Melodie, Rhythmik, Dynamik oder Instrumentierung werden weder durch Digitalisierung noch Kompression angetastet. Die Veränderungen beziehen sich vielmehr auf die Festlegung des Werkes, d.h. es handelt sich um eine rein technische Veränderung mit dem Zweck der Erschließung eines anderen Vertriebsweges. Sie betreffen den urheberrechtlich nicht geschützten Bereich.[272] Ebenso wenig sind die mit der Kompression einhergehenden Klangeinbußen eine Veränderung des Originalwerks. Denn diese sind nicht nur minimal und vom menschlichen Ohr kaum wahrnehmbar. Eine solche Argumentation müsste vielmehr zu dem absurden Ergebnis führen, dass selbst schlechter Radioempfang oder die Wiedergabe von Musik durch qualitativ schlechte Lautsprecher in das Bearbeitungsrecht des Urhebers eingriffen.

Digitalisierung und Kompression berühren das Bearbeitungsrecht selbst bei Zugrundelegung eines weiten Bearbeitungsbegriffs folglich nicht.[273]

Kapitel 2: Einordnung des Übertragungsvorgangs

Zu klären ist sodann die urheberrechtliche Einordnung des Übertragungsvorgangs. Neben dem Recht zur Verwertung eines Werkes in körperlicher Form, wozu das vorgenannte Vervielfältigungsrecht gehört, kommt eine Verletzung des Rechts der Verwertung in unkörperlicher Form als öffentliche Wiedergabe in Betracht.

---

271 S. dazu im ersten Teil Kapitel 2, Abschnitt A.

272 Ebenso *Freiwald*, Die private Vervielfältigung, 128 f.; *Kreutzer*, GRUR 2001, 193 (197 f.); *Loewenheim*, in: *Schricker*, UrhR, § 23 UrhG Rdnr. 6; *Mönkemöller*, GRUR 2000, 663 (667); a.A. *Klickermann*, MMR 2007, 7 (8).

273 A.A. aber ohne nähere Begründung *Koch*, GRUR 2010, 574 (576).

A. Vervielfältigungen während des Übertragungsvorgangs

Die digitale Kommunikation basiert auf der wiederholten, technisch bedingten Anfertigung von Kopien der zu übermittelnden Information an verschiedenen Stellen. Bei der Übertragung von Webradio-Programmen finden diese zum einen auf diversen Routern von Providern, z.B. bei Access- und Cache-Providern, und zum anderen auf Nutzer-Ebene im Zwischenspeicher des Rechners des Nutzers statt. Die Kopien werden aus technischer Sicht nur für einen kurzen Zeitraum benötigt, d.h. sind grundsätzlich nicht auf Dauer angelegt. Dass dies für sich genommen nicht gegen einen Eingriff in das Vervielfältigungsrecht i.S.d. § 16 Abs. 1 UrhG spricht, wurde zuvor erläutert.[274]

Allerdings wird, betrachtet man den Inhalt eines Routers oder des Zwischenspeichers zu einem bestimmten Zeitpunkt, in der Regel nur ein kleiner Teil, nicht aber das gesamte Musikwerk abgebildet. Dies könnte gegen einen Eingriff in das Vervielfältigungsrecht sprechen, denn für das Vorliegen einer Verletzungshandlung muss überhaupt erst einmal ein wesentlicher Teil des Schutzgegenstandes vervielfältigt werden – unabhängig davon, ob dieser nur vorübergehend oder dauerhaft gespeichert wird.[275]

Ob beim Übermittlungsvorgang ein aus urheber- bzw. leistungsschutzrechtlicher Sicht relevanter Teil des Schutzgutes vervielfältigt wird, ist nachfolgend getrennt nach den Vervielfältigungen auf den Servern der unterschiedlichen Provider, die am Übermittlungsprozess beteiligt sind, sowie auf dem Rechner des Nutzers zu prüfen.

I. Vervielfältigungen bei Internet Service Providern

Auf Ebene der unterschiedlichen Internet Service Provider werden die Daten nicht als Ganzes, sondern als Protokolleinheiten verschickt und während der Übermittlung mehrfach, wenngleich oft nur kurz, gespeichert.[276] Trotz der nur vorübergehenden Speicherung bleibt die Körperlichkeit der Reproduktion allerdings insofern gewahrt, als die Erzeugung und Aufrechterhaltung von elektrischen Spannungszuständen in einem physischen Umfeld erfolgt, nämlich den

274 Siehe in diesem Teil Kapitel 1, Abschnitt A.

275 Die Schlussfolgerung, Kopien im Zwischenspeicher seien urheberrechtlich relevante Vervielfältigungen, nur weil vorübergehende Vervielfältigungen urheberrechtlich relevante Vervielfältigungen sein können, ist daher überstürzt. So aber *Heerma*, in: *Wandtke/Bullinger*, UrhR, § 16 UrhG Rdnr. 16; und *Radmann,* ZUM 2010, 387 (389).

276 Zu den Methoden der Netzwerkkommunikation, s. im ersten Teil Kapitel 2, Abschnitt C, Punkt II.

Servern, die zweifellos eine körperliche Architektur aufweisen. Daran scheitert das Vorliegen einer Vervielfältigung folglich nicht.

Die Aufteilung eines Werkes in Werkteile schließt einen Eingriff in das Vervielfältigungsrecht ebenfalls nicht aus. Der EuGH hat in der „Infopaq"-Entscheidung grundsätzlich bestätigt, dass gem. Art. 2 lit. a) InfoSoc-RL selbst Werkteile gegen eine unberechtigte Vervielfältigung geschützt sind. Sie müssen im Fall eines urheberrechtlich geschützten Werkes nur bestimmte Elemente enthalten, welche die eigene geistige Schöpfung ihres Urhebers zum Ausdruck bringen.[277] Dies entspricht der Rechtsprechung des BGH, wonach der vervielfältigte Teil selbst urheberrechtlich geschützt sein muss.[278] Die Protokolleinheiten sind bezogen auf die Datenmenge jedoch äußerst klein bzw. bezogen auf den darin verkörperten Inhalt sehr kurz. Es ist daher nicht davon auszugehen, dass sie für sich genommen urheberrechtlichen Schutz genießen. Hinzu kommt, dass die einzelnen Protokolleinheiten nicht zwingend denselben Weg nehmen, sondern jeweils über die schnellstmögliche Route verschickt werden. Selbst eine Ansammlung mehrerer zu einer Datei gehörender Protokolleinheiten auf einem Router stellt daher nicht notwendigerweise eine Vervielfältigung i.S.d. § 16 Abs. 1 UrhG dar.[279]

Anders ist die Situation im Hinblick auf die das Werk verkörpernde Aufnahme zu beurteilen. Im Hinblick auf Tonträger hat der BGH entschieden, dass bereits die Entnahme kleinster Tonfetzen ein Eingriff in das Recht des Tonträgerherstellers aus § 81 Abs. 1 Satz 1 UrhG sei, da dieser seine unternehmerische Leistung für den gesamten Tonträger erbringe und es keinen Teil des Tonträgers gebe, auf den nicht ein Teil seines Aufwands entfiele und der daher nicht geschützt sei. Nicht erforderlich sei, dass der entnommene Teil einen mindestens substantiellen, wettbewerbsrechtlich relevanten Bestandteil der betroffenen Leistung des Tonträgerherstellers verkörpere oder eine gewisse Quantität oder Qualität

277 *EuGH*, Slg. 2009, I-6569 (Tz. 39) = GRUR 2009, 1041 – Infopaq; und *EuGH*, GRUR 2012, 166 (168, Tz. 88) = K&R 2012, 44 – Painer/Standard. S. die Besprechung des zweiten Urteils bei *Handig*, GRUR Int 2012, 9 (11 f.); und *Metzger*, GRUR 2012, 118 (120).

278 *BGH*, GRUR 1988, 533 (534) = ZUM 1988, 245 (Vorentwurf II); *OLG Köln*, GRUR 2001, 831 = MMR 2001, 533; *Heerma*, in: *Wandtke/Bullinger*, UrhR, § 16 UrhG Rdnr. 4; *Loewenheim*, in: *Schricker*, UrhR, § 16 UrhG Rdnr. 14; *Röhl*, K&R 2009, 172 (173); *Schulze*, in: *Dreier/Schulze*, UrhG, § 16 UrhG Rdnr. 9.

279 In diesem Sinne auch *Heerma*, in: *Wandtke/Bullinger*, UrhR, § 16 UrhG Rdnr. 18; *Koch*, GRUR 1997, 417 (425); *Loewenheim*, in: *Schricker*, UrhR, § 16 UrhG Rdnr. 22; *Werner*, in: *Ensthaler/Weidert* (Hrsg.), Handbuch UrhR und Internet, Kap. 3 Rdnrn. 81 f.; und *Zscherpe*, MMR 1998, 404 (408 f.). Es ist jedoch nicht auszuschließen, dass in einem anderen Netzwerk als dem auf dem TCP/IP basierenden Internet eine Paketgröße eingeführt wird, mit der die Schwelle zu einem urheberrechtlich relevanten Werkteil überschritten wird, s. *Poeppel*, Die Neuordnung der urheberrechtlichen Schranken im digitalen Umfeld, S. 464.

aufweise.[280] Dass der Tonträgerhersteller auf diese Weise u.U. weitergehende Rechte erhält als der Urheber des zugrunde liegenden musikalischen Werkes, versteht der BGH ausdrücklich nicht als Wertungswiderspruch, da es sich um unterschiedliche Schutzgüter handele.[281] Fraglich bleibt aber, ob es dennoch eine gewisse durch den Gesetzesweck bestimmte, nicht zu niedrige Untergrenze gibt, sodass das Schutzrecht nicht schon allein deshalb greift, weil ein einzelner Ton oder gar Tonteil übernommen wird.[282] Immerhin spricht der BGH von kleinsten Teilen von Tonaufnahmen, die einen eigenen „wirtschaftlichen Wert" haben, bzw. will die Vorschrift letztlich verhindern, dass dem Tonträgerhersteller eine Verwertungsmöglichkeit entzogen wird.[283]

Verlangt man demnach eine gewisse Untergrenze wie einen bestimmten wirtschaftlichen Wert des Tonfetzens, ist im Einzelfall zu prüfen, ob der in der Protokolleinheit enthaltene Tonfetzen diese Untergrenze erreicht. Macht man dies nicht zur Voraussetzung, kann ein Eingriff in § 85 Abs. 1 Satz 1 UrhG schon eher gegeben sein, da insofern nur verlangt wird, dass die gespeicherte Protokolleinheit zumindest Tonfetzen enthält. Die Diskussion verliert jedenfalls auf der Ebene des Übermittlungsvorgangs aber an Brisanz, wenn man berücksichtigt, dass mit § 44a Nr. 1 UrhG gerade für solche technisch bedingten Vervielfältigungen in Netzen zwischen Dritten eine Schrankenbestimmung eingeführt wurde.[284] Sie bedarf daher an dieser Stelle keiner Vertiefung.

Im Gegensatz dazu sind Kopien auf sämtlichen Cache-Servern durchaus urheberrechtlich und leistungsschutzrechtlich relevante Vervielfältigungen, wenn die Daten dort für einen schnellen Zugriff vollständig gespeichert werden.[285] In

---

280 *BGH*, NJW 2009, 770 (770 f., Tz. 11-14) = GRUR 2009, 403 (Metall auf Metall). S.a. die Besprechung bei *Röhl*, K&R 2009, 172. Im wiedereröffneten Berufungsverfahren hat das *Berufungsgericht* die Verurteilung der Beklagten erneut bestätigt, und der BGH hat die Revision der Beklagten zurückgewiesen. Insbesondere hat der BGH die Anwendbarkeit der Schranke der freien Benutzung i.S.d. § 24 UrhG im konkreten Fall abgelehnt. S. *BGH*, Urt. v. 13.12.2012 – I ZR 182/11, veröffentlicht in BeckRS 2013, 07703 (Metall auf Metall II); und *OLG Hamburg*, MMR 2011, 755-758 = ZUM 2011, 748-754 (Metall auf Metall II).

281 *BGH* a.a.O., S. 772, Tz. 16.

282 Dafür *v. Ungern-Sternberg*, GRUR 2010, 386 (387). A.A. *Röhl*, K&R 2009, 172 (174); *Schulze*, in: *Dreier/Schulze*, UrhG, § 85 Rdnr. 25; *Vogel*, in: *Schricker*, UrhR, § 85 UrhG Rdnrn. 43 f., der allein auf die Beweisbarkeit der Entnahme eines Tonpartikels abstellt.

283 S. *BGH*, NJW 2009, 770 (771, Tz. 15) = GRUR 2009, 403 (Metall auf Metall). Der BGH hat den Fall an das OLG Hamburg zurückverwiesen, da dieses nicht hinreichend geprüft habe, ob sich die Beklagten auf das Recht zur freien Benutzung des § 24 UrhG berufen konnten. Dies hat das OLG verneint, s. *OLG Hamburg*, GRUR-RR 2011, 396-401 = MMR 2011, 755-758 (Metall auf Metall II).

284 S. dazu im dritten Teil Kapitel 2, Abschnitt B.

285 Ausdrücklich die amtl. Begr. der Bundesregierung zum Entwurf eines Gesetzes zur Regelung des Urheberrechts in der Informationsgesellschaft, BT-Drs. 15/38, S. 18. Zustimmend *Loewenheim*,

diesem Fall aber wird die Verantwortlichkeit von Informationsmittlern durch die in Art. 12 und 13 der E-Commerce-RL[286] eingeführten, bzw. in §§ 8 und 9 TMG umgesetzten, Haftungsprivilegierungen für Access- und Cache-Provider begrenzt, sodass eine Inanspruchnahme häufig ausscheidet.[287]

II. Vervielfältigungen beim Nutzer

1. Rechtliche Beurteilung der Kopien im Zwischenspeicher

Auf Ebene des Nutzers wird im Zwischenspeicher, ähnlich dem Routing, ebenfalls nicht zwingend das gesamte Musikstück gespeichert und dies auch nur, solange der elektronische Spannungszustand am Arbeitsspeicher gewahrt bleibt. Wie zuvor erläutert, spricht jedenfalls Letzteres nicht gegen das Vorliegen einer Vervielfältigung. In Bezug auf Ersteres kann hingegen mit den vorstehenden Überlegungen argumentiert werden, dass der Akt des Zwischenspeicherns das Vervielfältigungsrecht wegen des geringen Umfangs des gespeicherten Teils des Musikstücks nicht berührt.[288] Im Gegensatz zu den Routern der Vermittler, auf welchen lediglich einzelne und nicht zwingend aufeinander folgende Protokolleinheiten gespeichert werden, befindet sich im Zwischenspeicher des Rechners des Nutzers zu einem bestimmten Zeitpunkt jedoch eine Mehrzahl entpackter und zumindest in einem gewissen Umfang chronologisch richtig aneinandergereihter Daten. Dies spricht grundsätzlich für das Vorliegen einer Vervielfältigung i.S.d. § 16 Abs. 1 UrhG.[289] *Busch* fügt ergänzend hinzu, dass jedenfalls auf einen größeren Zeitraum bezogen das ganze Musikstück vervielfältigt werde.[290]

---

in: *Schricker*, UrhR, § 16 UrhG Rdnr. 22; *Heerma*, in: *Wandtke/Bullinger*, UrhR, § 16 UrhG Rdnr. 17; *Poeppel*, Die Neuordnung der urheberrechtlichen Schranken im digitalen Umfeld, S. 464 f.; und *Zscherpe*, MMR 1998, 404 (408).

286 RL 2000/31/EG des Europäischen Parlaments und des Rates v. 8.6.2000 über bestimmte rechtliche Aspekte der Dienste der Informationsgesellschaft, insbesondere des elektronischen Geschäftsverkehrs, im Binnenmarkt , ABlEG Nr. L 178 v. 17.7.2000, S. 1 („E-Commerce-RL).

287 Grundlegend zur Providerhaftung *Hoffmann*, in: *Spindler/Schuster*, §§ 8 f. TMG; *Sieber/ Höfinger*, in: *Hoeren/Sieber*, Handbuch Multimedia Recht, Teil 18.1, jeweils m.w.N.; und *Wiebe*, WRP 2012, 1182 ff. und 1335 ff.

288 In diesem Sinne *Borghi*, IIC 2011, 316 (342).

289 Vgl. Erwägungsgrund Nr. 33 InfoSoc-RL: einer Schranke für vorübergehende Vervielfältigungen hätte es sonst nicht gebraucht. Für diese Auffassung *Loewenheim*, in: *Schricker*, UrhR, § 16 UrhG Rdnr. 23; und *Schulze*, in: *Dreier/Schulze*, UrhG, § 16 UrhG Rdnr. 13; sowie ausdrücklich bezogen auf das Streaming *Radmann*, ZUM 2010, 387 (389); und *Stieper*, MMR 2012, 12 (13). A.A. aber *Büscher/Müller*, GRUR 2009, 558 (559 f.). Instruktiv ist auch die Übersicht, wie Vervielfältigungen im Zwischenspeicher in anderen Ländern behandelt werden, bei *Borghi*, IIC 2011, 316 ff. Zum Vergleich: Auch die US-amerikanischen Gerichte, die meist eine Vorreiterrolle in der Beurteilung neuer urheberrechtlicher Konstellationen einnehmen, sehen in solchen Kopien

Letzteres Argument besticht unzweifelhaft mit einer gewissen Praktikabilität, da hierdurch der Manipulation der Weg abgeschnitten wird, indem der Nutzer durch entsprechende Einstellungen der Größe des Zwischenspeichers verhindert, dass auf seinem Rechner eine urheberrechtlich relevante Vervielfältigung hinterlegt wird. Gleichwohl bestehen Zweifel, da die Anzahl von Daten je nach Hardware, der Übertragungsgeschwindigkeit und den Einstellungen des Client Puffers variieren kann.[291]

Im Fall „FAPL/Murphy" hat der EuGH das Vorliegen einer Vervielfältigung i.S.d Art. 2 lit. a) InfoSoc-RL davon abhängig gemacht, dass „das zusammengesetzte Ganze der gleichzeitig wiedergegebenen – also zu einem bestimmten Zeitpunkt vorhandenen – Fragmente" schutzfähige Elemente i.S.e. eigenen geistigen Schöpfung enthält.[292] Vor dem Hintergrund, dass das vorlegende Gericht wissen wollte, ob es „sämtliche Teile" des Werks „in ihrer Gesamtheit oder lediglich die begrenzte Zahl von Teilen in Betracht ziehen [müsse], die zu einem bestimmten Zeitpunkt vorhanden sind"[293], kann demzufolge nicht das gesamte Werk gemeint sein, sondern die Einheit der im jeweiligen Speichermedium zeitgleich gespeicherten sequenziellen Fragmente. Dass die einzelnen Fragmente in ihrer zeitlichen Abfolge das gesamte Werk wahrnehmbar machen, ist gerade nicht entscheidend und eine Gesamtbetrachtung abzulehnen. Die jeweils im Zwischenspeicher gespeicherten Fragmente des Werkes sind vielmehr nur dann Vervielfältigungen, wenn sie für sich betrachtet Werkqualität aufweisen.[294] Von dieser Vorgabe können die deutschen Gerichte nicht abweichen und einen über das Verständnis des EuGH hinausgehenden Schutz gewähren, da es sich bei den Vorgaben der InfoSoc-RL hinsichtlich der Verwertungsrechte nach Auffassung des BGH um verbindliche Regelungen i.S.e. Maximalschutzes handelt.[295]

Die Werkqualität bestimmt sich am Werkbegriff des § 2 UrhG und hängt von den Voraussetzungen des Einzelfalls ab. Anerkannt ist für Fragemente, dass „die Formgebung zumindest so weit fortgeschritten sein [muss], dass der geistige Gehalt bereits Gestalt gewonnen hat und die erforderliche Individualität zum

rechtlich erhebliche „copies", s. *Twentieth Century Fox Film Corp. v. Cablevision Sys. Corp.* 478 F.Supp.2d 607 (S.D.N.Y. 2007) (621 f.); und schon *MAI Sys. Corp. v. Peak Computer, Inc.* 991 f. 2d 511 (9th Cir. 1993) (518 f.).

290 *Busch*, GRUR 2011, 496 (498).

291 Zum technischen Hintergrund siehe im ersten Teil, Kapitel 2.

292 *EuGH*, GRUR Int 2011, 1063 (1073, Tz. 157) = MMR 2011, 817 m. Anm. *Stieper* – FAPL/Murphy.

293 Vierte Frage in der Rs. C-403/08, s. *EuGH*, GRUR Int 2011, 1063 (1066, Tz. 54) = MMR 2011, 817 m. Anm. *Stieper* – FAPL/Murphy.

294 So auch *Leistner*, JZ 2011, 1140 (1144); und *Stieper*, MMR 2012, 12 (13 f.).

295 *BGH*, NJW 2009, 2960 (2961, Tz. 19) = GRUR 2009, 840 = WRP 2009, 1127 (Le-Corbusier-Möbel II).

Ausdruck bringt"[296]. Dies heißt zum einen, dass das konkrete Fragment als solches abgespielt werden können muss.[297] Zum anderen muss das Fragment im Fall von Musiktiteln einen gewissen, wenngleich niedrigen Grad der Schöpfungshöhe – für Musik gilt die sog. „kleine Münze" – erreichen. Dies ist jedenfalls dann der Fall, wenn die Melodie oder zumindest die Tonfolge erkennbar ist.[298] Das ist bei Musiktiteln durchaus fraglich. Wird ein normales Musikstück von ca. drei Minuten Länge in nur 100 Segmente aufgeteilt, ist jedes Segment keine zwei Sekunden lang.[299] Es müssen offensichtlich mehrere Segmente hintereinander und in der richtigen Reihenfolge vorliegen, um von einer Schutzfähigkeit auszugehen. Da die für das Streaming eingesetzten Übertragungsarten gleichermaßen mit Client-Puffern arbeiten, um ein flüssiges Abspielen des Streams zu ermöglichen,[300] ist die Wahrscheinlichkeit allerdings hoch, dass die im Client-Puffer gespeicherten Fragmente in ihrer Summe Werkqualität aufweisen und eine urheberrechtlich relevante Vervielfältigung vorliegt.[301]

Ebenso berührt eine Vervielfältigung eines Musiktitels die Leistungsschutzrechte. Da angesichts des Schutzes der organisatorisch-wirtschaftlichen Leistung – im Gegesatz zu der individuell-schöpferischen Leistung – bereits kleinste Tonfetzen eine rechtlich relevante Vervielfältigung darstellen,[302] ist die Wahrscheinlichkeit, dass eine Verletzung von Leistungsschutzrechten der Tonträgerhersteller vorliegt, in der Praxis sogar noch höher.

Folglich wird beim Streaming in der Regel eine urheber- und leistungsschutzrechtlich relevante Vervielfältigung hergestellt. Auf progressive Downloads trifft diese Feststellung in jedem Fall zu, da das gestreamte Werk hierbei einmal vollständig kopiert wird, selbst wenn die Datei unmittelbar nach Wiedergabe des Werkes aus dem Zwischenspeicher gelöscht wird.

2. Hersteller der Kopie im Zwischenspeicher

Daran anschließend stellt sich die Frage, wer für die Vervielfältigungen im Zwischenspeicher auf dem Rechner des Nutzers verantwortlich gemacht werden muss. Interessant ist diesbezüglich die Ansicht des KG, dass der Nutzer die Ver-

---

296 *Loewenheim*, in: *Schricker*, UrhR, § 2 UrhG Rdnr. 22.

297 S. *Bullinger*, in: *Wandtke/Bullinger*, UrhR, § 2 UrhG Rdnr. 19; und *Solmecke/Bärenfänger*, MMR 2001, 567 (569).

298 Statt vieler *Bullinger*, in: *Wandtke/Bullinger*, UrhR, § 2 UrhG Rdnr. 71; *Schulze*, in: *Dreier/Schulze*, UrhG, § 2 UrhG Rdnr. 139; *Loewenheim*, in: *Schricker*, UrhR, § 2 UrhG Rdnrn. 23 ff., 39.

299 S. das Beispiel bei *Solmecke/Bärenfänger*, MMR 2001, 567 (569).

300 Zum technischen Hintergrund s. im ersten Teil Kapitel 2, Abschnitte B und C.

301 A.A. *Koch*, GRUR 2010, 574 (575) allerdings ohne überzeugende Begründung.

302 Siehe hierzu bereits in diesem Teil, Kapitel 2, Abschnitt A I.

vielfältigungshandlung selbst nicht vornehme. Schließlich beruhe die Speicherung nicht auf seiner freien Entscheidung, sondern erfolge systemgebunden und automatisch auf Grundlage einer Übertragungsstrategie, für die sich der Anbieter entschieden habe.[303] Diesem Argument wird hinzugefügt, dass es wie bei der klassischen Sendung nur um den bloßen Empfang bzw. reinen Werkgenuss und nicht um eine Vervielfältigung gehe. Der Nutzer wisse angesichts der Komplexität der technischen Vorgänge oft gar nicht, dass beim Hören von Webradio eine Kopie der Daten im Zwischenspeicher seines Rechners erstellt werde.[304]

Beide Argumente stützen sich jedoch auf rein subjektive Aspekte, welche für § 97 UrhG unerheblich sind. Nach § 97 UrhG ist derjenige passivlegitimiert, der unmittelbar handelnd in ein geschütztes Recht eingreift oder die Nutzungshandlung veranlasst, unabhängig davon, ob sich der Verletzer bewusst ist, dass er Urheberrechte verletzt. Relevant wird letzteres erst bei der Feststellung eines Schadenersatzanspruchs.[305] Dies bedeutet für das Vervielfältigungsrecht, dass derjenige Verletzer ist, der nach rein technischer Betrachtung die Kopie herstellt.[306] In Bezug auf Vervielfältigungen, die dem Übertragungsvorgang immanent sind, befindet sich aber nicht nur das Speichermedium unter der Sachherrschaft des Nutzers, sondern er initiiert durch Starten des Webradios zugleich die Übermittlung des Streams und damit die Anfertigung der temporären Vervielfältigung. Vergleichbar ist dies mit dem Beschreiben einer Leer-CD: wie genau dieser Prozess abläuft, werden nur wenige wissen, und trotzdem ist ihnen die Vervielfältigung zuzurechnen. Diese Tatsache ist eben nicht zu vernachlässigen.[307] Es ist daher der Nutzer, der das Vervielfältigungsrecht verletzt, wenn durch den Vorgang der Wahrnehmbarmachung des Werkes eine urheberrechtlich relevante Vervielfältigung hergestellt wird.[308] Daneben rechnet *Schwarz* dem Anbieter von Internetangeboten die Verletzungen als Mittäter zu. Schließlich könne dieser regelmäßig feststellen, wer auf die angebotenen Werke zugreifen möchte.[309] Der

303 *KG*, GRUR-RR 2004, 228 (231) im Hinblick auf die Übermittlung von urheberrechtlich geschütztem Material per E-Mail, trotz der Tatsache, dass die E-Mail-Versendung auf einer Anfrage durch den Nutzer beruhte. Ebenso *Ullrich*, ZUM 2010, 311 (313).

304 *Cichon*, K&R 1999, 547 (549); und *M. Schwarz*, GRUR 1996, 836 (839 f.).

305 *Lütje*, in: *Möhring/Nicolini*, UrhG, § 97 UrhG Rdnr. 18; *J.B. Nordemann*, in: *Fromm/Nordemann*, UrhR, § 97 UrhG Rdnrn. 145, 149.

306 *BGH*, GRUR 2009, 845 (Internet-Videorecorder) (846, Tz. 16) mit Verweis auf *OLG München*, GRUR-RR 2003, 365 (366) = MMR 2003, 535 (CD-Kopierautomaten); und *Dreier*, in: *Dreier/Schulze*, UrhG, § 53 UrhG Rdnr. 14.

307 So aber *Cichon*, K&R 1999, 547 (549).

308 Zu dem gleichen Ergebnis kommt *Freiwald* in Bezug auf die Vervielfältigung auf Abnehmerseite beim Filesharing, s. *Freiwald*, Die private Vervielfältigung im digitalen Kontext, S. 143-145.

309 *M. Schwarz*, GRUR 1996, 836 (840). Ähnlich wird in den USA für eine Verantwortlichkeit des Anbieters, sei es als Täter oder mittelbarer Verletzer, argumentiert, s. *Foged*, Ent LR 13 (2002), 142 (150) m.w.N.

Anbieter wird sich in der Regel jedoch schon für das Anbieten der Inhalte zu verantworten haben.

III. Ergebnis

Indem der Nutzer die Übertragung initiiert, wird durch die Anfertigung von Vervielfältigungen in seinem Zwischenspeicher in aller Regel in das Vervielfältigungsrecht der Rechteinhaber eingegriffen. Auf Vermittler-Ebene ist zu differenzieren. Kopien in Edge-Caches und auf Proxy-Servern berühren ebenfalls das Vervielfältigungsrecht. Die Anbieter dieser Dienste sind aufgrund der Haftungsprivilegien für Cache-Provider aber zumeist privilegiert. In Bezug auf Kopien während des Routing-Vorgangs ist hingegen davon auszugehen, dass sie das Vervielfältigungsrecht nicht verletzten. Wenn doch, sind sie – ohne vorgreifen zu wollen – regelmäßig gem. § 44a UrhG privilegiert oder der Provider kann sich auf die Haftungsprivilegien i.S.d. TMG berufen.

B. Das Anbieten von Webradio als öffentliche Wiedergabe

Das Recht der öffentlichen Wiedergabe ist weder auf internationaler noch auf nationaler Ebene abschließend definiert, sondern umfasst verschiedene Einzelverwertungsrechte. Traditionell sind dies aus Sicht der RBÜ die öffentliche Aufführung, die drahtlose Rundfunksendung (dazu zählen Hörfunk, Fernsehen und Videotextsendungen) sowie die kabelgebundene Rundfunksendung (einschl. Kabelfernsehen, Rundfunkvermittlungs- und Verteileranlagen). Mittlerweile sind aufgrund der fortschreitenden Technik weitere Formen hinzugekommen, insbesondere das im Bereich der Online-Übertragung ausdrücklich relevante Recht der öffentlichen Zugänglichmachung des Art. 8 WCT und der Art. 10 und 14 WPPT, welches in Deutschland in § 19a bzw. in §§ 78 Abs. 1 Nr. 1 und 85 Abs. 1 Satz 1 3. Fall UrhG implementiert wurde.[310]

Trotz oder gerade wegen dieser Wahlmöglichkeiten fällt eine Zuordnung internetbasierter Verwertungsmodelle unter die Verwertungsrechte aber oft

310 Durch das Gesetz zur Regelung des Urheberrechts in der Informationsgesellschaft v. 10.9.2003, BGBl I 2003, 1774 in Umsetzung von Art. 3 Abs. 1 und 2 InfoSoc-RL. Der Begriff „öffentliche Zugänglichmachung" ist die Wortwahl des deutschen Gesetzgebers in § 19a UrhG. Die Bezeichnung in der Literatur ist uneinheitlich und es wird in Anlehnung an die englische Fassung der WIPO-Verträge auch als „Making-Available-Right" bezeichnet, oder als „Recht der Zurverfügungstellung online", als „Online-Recht" oder das „Recht der öffentlichen Wahrnehmbarmachung," vgl. zur Terminologie *Bullinger*, in: *Wandtke/Bullinger*, UrhR, § 19a UrhG Rdnr. 3. Nachfolgend wird der Wortwahl des deutschen Gesetzgebers gefolgt, da sie die Verwertungshandlung am präzisesten beschreibt.

schwer. Probleme bereitet zum einen, dass sowohl § 19a UrhG als auch das Senderecht der §§ 20-20b UrhG als ihren Inhalt definieren, ein Werk „der Öffentlichkeit ... zugänglich zu machen". Zum anderen ist problematisch, dass neuere Verwertungsformen, wie z.B. die zeitlich gestaffelte Übertragung eines Werkes an einzelne Mitglieder der Öffentlichkeit, in ihrer technischen Ausgestaltung erheblich vom bisher Dagewesenen abweichen. Eine Anwendbarkeit der beiden vorgenannten Rechte der öffentlichen Wiedergabe erschließt sich daher nicht auf den ersten Blick. Weder rechtfertigt dies aber eine pauschale Ablehnung der Ausdehnung des Senderechts auf neue Übertragungsformen.[311] Noch ist es erforderlich, auf ein unbenanntes Recht der öffentlichen Wiedergabe i.S.d. § 15 Abs. 2 UrhG, *Poll* nennt es „Onlineübertragungsrecht", zurückzugreifen.[312] Nach dem „Le Corbusier"-Urteil des EuGH ist ohnehin fraglich, ob der offene Katalog der Verwertungsrechte, wie er in § 15 Abs. 1 und 2 UrhG normiert ist („insbesondere") überhaupt noch haltbar ist. Der EuGH brachte darin zum Ausdruck, dass im Wege der Rechtsfortbildung keine neuen Verwertungsrechte geschaffen werden können.[313] Es ist daher eine genaue Abgrenzung zwischen den beiden benannten Verwertungsrechten vorzunehmen, bevor anschließend eine Zuordnung der verschiedenen Erscheinungsformen von Webradio zu dem einen oder anderen Recht der öffentlichen Wiedergabe erfolgt.

I. Historische Entwicklung und Abgrenzung zwischen §§ 19a und 20 UrhG

1. Vom Senderecht zum Recht der öffentlichen Zugänglichmachung

Wie das Vervielfältigungsrecht ist das Senderecht eines der ältesten Verwertungsrechte. Als Reaktion auf die Besonderheiten des Rundfunks erfasst es sämtliche an die Öffentlichkeit gerichtete Übertragungen von Werken durch elektromagnetische Wellen, d.h. eine Form der Werkverwertung, bei der sich die Endnutzer nicht am selben Ort befinden.[314]

---

311 Dies forderten bisher die Interessenvertreter der Tonträgerhersteller *Bundesverband der Phonographischen Wirtschaft e.V./Deutsche Landesgruppe der IFPI e.V.*, Stellungnahme zum Entwurf eines Zweiten Gesetzes zur Regelung des Urheberrechts in der Informationsgesellschaft, 20.2.2006, http://www.musikindustrie.de/uploads/media/pp_gesetz_nat_stellungn_20060220_ifpi_korb2.pdf, S. 4 f.

312 So aber *Poll*, MMR 2011, 226.

313 *EuGH*, GRUR 2008, 604 (605, Tz. 38 f.) = ZUM 2008, 508 (Le-Corbusier-Möbel).

314 Zur Entstehungsgeschichte des Senderechts unter der RBÜ und den WIPO-Verträgen *Ricketson/Ginsburg*, International Copyright Neighbouring Rights, Bd. 1, Rdnrn. 12.18-12.30; und *Reinbothe/v. Lewinski*, The WIPO Treaties 1996, S. 100 ff.

Urhebern wird das exklusive Recht der drahtlosen Rundunksendung auf internationaler Ebene durch Art. 11bis Abs. 1 Nr. 1 RBÜ gewährt, wobei es über Art. 9 Abs. 1 TRIPs mittlerweile für alle Mitgliedstaaten der Welthandelsorganisation verbindlich ist.[315] In Deutschland ist das Senderecht in § 20 UrhG dementsprechend als umfassendes Einwilligungsrecht ausgestaltet, das allerdings nicht nur die drahtlose, sondern explizit auch die drahtgebundene Sendung erfasst.

Im Gegensatz dazu sieht Art. 12 Rom-Abkommen für Tonträgerhersteller und ausübende Künstler für die Benutzung eines Tonträgers und der darauf enthaltenen Aufnahme zur Sendung lediglich einen Vergütungsanspruch vor, welcher gem. Art. 16 Abs. 1 lit. a) Rom-Abkommen noch nicht einmal verbindlich ist.[316] Das TRIPs geht auf das Senderecht der Tonträgerhersteller überhaupt nicht und auf das der ausübenden Künstler nur sehr limitiert ein.[317] Im WPPT, der die im Rom-Abkommen enthaltenen Bestimmungen grundsätzlich weiterentwickelt, bleibt es gem. Art. 15 WPPT ebenfalls bei dem Vergütungsanspruch unter der Klarstellung, dass dieser sowohl die direkte als auch die indirekte Verwendung von Tonträgern erfasst (Abs. 1) und zudem solche Tonträger berücksichtigt, die online veröffentlicht wurden (Abs. 4).[318] Ebenso gesteht das deutsche Urheberrecht Tonträgerherstellern und ausübenden Künstlern gem. § 78 Abs. 1 Nr. 2 UrhG kein Verbotsrecht im Hinblick auf die Sendung erschienener[319] Tonträger bzw. darauf enthaltener Darbietungen, sondern lediglich einen Vergütungsanspruch zu (sog. „Sendeprivileg"). § 86 UrhG gewährt dem Tonträgerhersteller sogar nur ein Teilhaberecht an den Vergütungsansprüchen der

315 Detailliert *Katzenberger*, GRUR Int 1995, 447-468.

316 S. *Sterling,* World Copyright Law, Rdnr. 20.09.

317 Art. 14 Abs. 1 TRIPs sieht für Künstler lediglich die Möglichkeit vor, ungenehmigte Funksendungen auf drahtlosem Weg und die öffentliche Wiedergabe ihrer live-Darbietung zu verbieten. S. *Katzenberger*, GRUR Int 1995, 447 (467 f.); und *Sterling,* World Copyright Law, Rdnr. 22.09.

318 Vgl. Art. 12 Rom-Abkommen; Art. 15 I WPPT; Art. 8 II Vermiet- und Verleih-RL; und Art. 4 (1) Satelliten- und Kabel-RL. Der Vollständigkeit halber sei auch die in vom Europarat ausgearbeitete, jedoch erst von zwei Staaten ratifizierte Europäische Konvention v. 11.5.1994 über urheber- und leistungsschutzrechtliche Fragen im Bereich des grenzüberschreitenden Satellitenrundfunks erwähnt, abrufbar unter: http://conventions.coe.int/Treaty/ger/Treaties/Html/153.htm, die in Art. 5 (5) ebenfalls einen Vergütungsanspruch für Tonträgerhersteller vorsieht. Die USA haben sich aufgrund von Art. 15 Abs. 3 WPPT sogar vorbehalten dürfen, für traditionelle Sendeformen kein Senderecht zu gewähren, und sehen einen Schutz nur im digitalen Bereich bei einer „digital audio transmission" vor, s. 17 U.S.C. §§ 106 Abs. 6, 114(j) Abs. 5, 101. S.a. *Egloff,* sic! 2005, 96 (101); *Schaefer*, in: *Wandtke/Bullinger*, UrhR, § 85 UrhG Rdnrn. 19 f.; und *Sterling*, World Copyright Law, Rdnrn. 31B.25-31B.35 und 90.11-90.15.

319 Für den Begriff des Erscheinens in § 86 gilt § 6 Abs. 2 UrhG analog, s. *Vogel*, in: *Schricker*, UrhR, § 86 UrhG Rdnr. 9 m.w.N.

Interpreten aus § 78 Abs. 2 UrhG, welches in der Praxis gemeinsam mit den Rechten der ausübenden Künstler von der Verwertungsgesellschaft *GVL* wahrgenommen wird.[320]

Dieses Sendeprivileg ist das Ergebnis einer Abwägung zwischen dem Interesse des öffentlichen Rundfunks, ein kulturelles Angebot zur Verfügung zu stellen und damit die kulturelle Vielfalt zu sichern, und den Interessen der Rechteinhaber, an der wirtschaftlichen Verwertung ihrer Schutzgüter teilzuhaben. Es ist auch darin begründet, dass es sich bei der Sendung zu der damaligen Zeit um einen klassischen Fall der nachgelagerten Verwertung handelte. Der erste Markt der Tonträgerhersteller war der Verkauf von Schallplatten. Das Radio fungierte hauptsächlich als Werbeplattform. Außerdem lohnte sich ein Mitschnitt für Radiohörer nur bedingt, da die Qualitätseinbußen erheblich waren und der Sprachanteil der damaligen Radioprogramme entscheidend höher war als heute. Das Radio konnte den Kauf einer Schallplatte daher nicht substituieren. Zudem wurde befürchtet, dass ausübende Künstler und Tonträgerhersteller die Funksendungen zur Erhaltung der Nachfrage nach lebenden Darbietungen blockieren könnten.[321] Vor diesem Hintergrund wurde der Vergütungsanspruch als ausreichend erachtet, sodass Tonträgerhersteller heute zum einen keine unmittelbare gesetzliche Rechtsmacht gegenüber den sendenden Verwertern besitzen, und zum anderen nur schuldrechtlich an dem gesetzlich geregelten Vergütungsanspruch des § 78 Abs. 2 UrhG partizipieren.

Nachdem das Internet neue Nutzungsmöglichkeiten hervorbrachte, wurden diese – und diese Bestrebung war in vielen Ländern gleich – zunächst unter die herkömmlichen Tatbestände des Urheberrechts subsumiert oder durch übergreifende Generalklauseln gedeckt.[322] In Deutschland wurde einerseits der Ansatz vertreten, die Übertragung per Internet sei *per se* eine Sendung i.S.d. § 20 UrhG. Alternativ wurde argumentiert, dass die Situation angesichts der Vervielfältigung auf einem physischen Tonträger mit einer Lieferung frei Haus vergleichbar und

---

320 S. *Schaefer*, in: *Wandtke/Bullinger*, UrhR, § 86 UrhG Rdnrn. 1 f. Zur rechtsgeschichtlichen Entwicklung des Leistungsschutzrechts sei verwiesen auf *Bäcker,* Die Rechtsstellung der Leistungsschutzberechtigten, S. 155-164; und *Malcher*, Personalisierte Webradios, S. 85-105.

321 Ausführlich und m.w.N. zur Einführung des Sendeprivilegs *Bäcker,* Die Rechtsstellung der Leistungsschutzberechtigten, S. 161-164; *Krüger*, in: *Schricker*, UrhR, § 78 UrhG Rdnrn. 6 f.; *Malcher*, Personalisierte Webradios, S. 96 f. und 101-105; und *Schwenzer*, GRUR Int 2001, 722 (725 f.).

322 Im UK wurde die Übertragung per Internet beispielsweise als drahtgebundene Rundfunksendung qualifiziert, s. *Shetland Times v Wills and Anor*, F.S.R.1997, 604 (Scotland Court of Session 1997). In den USA wurden das Ausstellungsrecht, das Vervielfältigungsrecht und das Verbreitungsrecht herangezogen, vgl. *Playboy Enterprises Inc. v Frena,* 839 F.Supp. 1552 (M.D. Fla. 1993); *Religious Technology Center v Netcom On-Line Communication Services, Inc.*, 907 F.Supp. 1361 (N.D. Cal. 1995).

daher dem Vervielfältigungsrecht zu unterstellen sei. Wiederum andere gründeten das Recht zur Bereithaltung und Abrufübertragung im Internet auf eine entsprechende Anwendung des § 15 Abs. 2 UrhG a.F. als unbenanntes Verwertungsrecht.[323]

Diese allgemeine Unsicherheit sowie die globale, grenzüberschreitende Natur des Internets führten zu einer Definition der rechtlichen Rahmenbedingungen für internetbasierte Nutzungen urheberrechtlich geschützter Werke und Leistungen auf internationaler Ebene in den WIPO Verträgen von 1996, dort Art. 8 WCT und Art. 10 und 14 WPPT.[324] Hierbei bestand Einigkeit darüber, dass die Übertragung von Werken und anderen Schutzgegenständen im Internet einem Ausschließlichkeitsrecht der jeweiligen Rechteinhaber, also auch der Tonträgerhersteller, unterliegen und bereits die Bereitstellung, d.h. die Zurverfügungstellung, erfasst werden sollte. Umstritten war insofern nur, durch welches Recht die Kontrolle des Urhebers über diesen Nutzungsvorgang sicherzustellen war.[325] Letztlich einigte man sich darauf, das Recht der Zugänglichmachung („making available right"), d.h. das Recht zur Bereitstellung eines Werkes oder eines anderen Schutzgegenstandes zum Abruf durch die Öffentlichkeit an Orten und zu Zeiten ihrer Wahl, einzuführen.[326]

Im WCT wird dieses Recht als Teilrecht eines umfassenderen Rechts auf öffentliche Wiedergabe („right of communication to the public") verstanden, wie es sich aus verschiedenen Einzelbestimmungen der RBÜ ergibt. Im Gegensatz dazu ist das Recht der Zugänglichmachung für Tonträgerhersteller und ausübende Künstler trotz der strikten Parallelität zum Wortlaut des WCT ein selbständiges Ausschließlichkeitsrecht. Zwar ist die in Art. 2 lit. g) WPPT enthaltene Definition der öffentlichen Wiedergabe verhältnismäßig weit, indem sie u.a. die „öffentliche Übertragung ... der auf einem Tonträger festgelegten Töne ... auf einem anderen Wege als durch Sendung" erfasst, und so auch die Zugänglich-

---

323 Zur damaligen Diskussion *Schwenzer*, GRUR Int 2001, 722 (727) m.w.N.; und diese aus heutiger Sicht zusammenfassend *Dreier*, in: *Dreier/Schulze*, UrhG, § 19a UrhG Rdnr. 3; und *v. Ungern-Sternberg*, in: *Schricker*, UrhR, § 19a UrhG Rdnrn. 36-41. Zur Wesensnähe digitaler Übermittlungsvorgänge zur analogen Verbreitung s.a. *Malcher*, Personalisierte Webradios, S. 55-57.

324 Dem Grundcharakter nach, wie er in Art. 1 Abs. 1 WCT zum Ausdruck kommt, ist der WCT eine Ergänzungsvereinbarung zur RBÜ. Im Gegensatz dazu lässt der WPPT das Rom-Abkommen unberührt.

325 S. *Ficsor*, The Law of Copyright and the Internet, Rdnrn. 3.49-3.64; und *Reinbothe/v. Lewinski*, The WIPO Treaties 1996, S. 100 f. Rdnr. 2. Zur Rechtslage vor Einführung des § 19a UrhG statt aller *Gey*, Das Recht der öffentlichen Zugänglichmachung, S. 39-57.

326 Zum langwierigen Verhandlungsprozess vor Einführung dieses Rechts *Ficsor*, The Law of Copyright and the Internet, Rdnrn. 4.01-4.153; und *Reinbothe/v. Lewinski*, The WIPO Treaties 1996, S. 100-104 Rdnrn. 1-8. Verkürzt fasst diesen zusammen *Malcher*, Personalisierte Webradios, S. 57-63.

machung abdecken könnte. Aus dem systematischen Zusammenhang der Art. 10 und 14 WPPT einerseits, die von einem „Recht“ sprechen, und des Art. 15 WPPT andererseits, der einen Vergütungsanspruch für die Sendung und öffentliche Zugänglichmachung vorsieht, ergibt sich jedoch, dass der im WPPT verwendete Begriff der „öffentlichen Wiedergabe“ die Zugänglichmachung nicht umfassen kann.[327]

Die Umsetzung dieses neuen Ausschließlichkeitsrechts in das nationale Recht erforderte keine explizite gesetzliche Verankerung, sondern konnte durch ggf. analoge Anwendung eines anderen Teilrechts oder über eine Generalklausel verwirklicht werden.[328] Auf europäischer Ebene hat Art. 3 InfoSoc-RL dieses Recht nahezu wortgleich übernommen und dem allgemeinen Recht der öffentlichen Wiedergabe zugeordnet. Nach allgemeiner Ansicht bezieht es sich im WCT und WPPT wie auch in der InfoSoc-RL sowohl auf die Bereitstellung zum Abruf als auch auf den Abruf selbst.[329] In Deutschland wurde Art. 3 InfoSoc-RL durch das Gesetz zur Regelung des Urheberrechts in der Informationsgesellschaft vom 10.9.2003[330] zu Gunsten der Urheber in § 19a UrhG als Unterfall der öffentlichen Wiedergabe, zugunsten der ausübenden Künstler in § 78 Abs. 1 Nr. 1 UrhG und zugunsten der Tonträgerhersteller in § 85 Abs. 1 S. 1 3. Fall UrhG in das Urheberrecht übernommen.

2. *Notwendigkeit und Konsequenzen einer Abgrenzung*

Die Einordnung unter § 19a UrhG oder unter § 20 UrhG kann schon für die Frage von Bedeutung sein, in welchem Land bzw. in welchen Ländern urheberrechtlich relevante Nutzungshandlungen zu lokalisieren sind. Denn die Lokalisierung von Sendung und öffentlicher Zugänglichmachung ist durchaus umstritten.[331]

327 *Reinbothe/v. Lewinski*, The WIPO Treaties 1996, S. 337 Rdnr. 7 und S. 385 Rdnr. 22. S.a. *Egloff*, sic! 2005, 96 (97 f., 101).

328 *Reinbothe/v. Lewinski* a.a.O., S. 108 Rdnr. 16. Die Gründe, warum es allerdings nicht unter das Verbreitungs- oder Vermietungsrecht subsumiert werden kann, untersucht u.a. *Egloff* a.a.O., S. 99.

329 S. Erwägungsgrund 24 InfoSoc-RL, der ausdrücklich alle für die Zugänglichmachung erforderlichen Handlungen in den Regelungsbereich der Richtlinie aufnimmt. S. bzgl. der Regelung im WCT *Ficsor*, The Law of Copyright and the Internet, S. 508 Rdnr. C8.23; und *Reinbothe/v. Lewinski*, The WIPO Treaties 1996, S. 108 Rdnr. 17. Zu den Vorgaben auf internationaler Ebene im Allgemeinen ausführlich *Gey,* Das Recht der öffentlichen Zugänglichmachung, S. 63-73 m.w.N.; *Poll*, GRUR 2007, 476 (477 f.); und *v. Ungern-Sternberg*, in: *Schricker*, UrhR, § 19a UrhG Rdnrn. 12-15, 25-29. A.A. *Rüberg*, Vom Rundfunk- zum Digitalzeitalter, S. 266-268; *Peukert*, in: *Hilty/Peukert* (Hrsg.), Interessenausgleich im Urheberrecht, S. 11 (30 f.).

330 BGBl I 2003, 1774.

331 S. *Bortloff*, GRUR Int 2003, 669 (674); *Handig*, GRUR Int 2007, 206 (210 f.); *Schack,* GRUR 2007, 639 (640 f.). S. dazu näher in diesem Teil in Kapitel 5.

Ein zweiter Aspekt, der die Abgrenzung zwischen den Anwendungsbereichen der §§ 19a und 20 UrhG erforderlich macht, sind die Unterschiede bei der Anwendbarkeit der Schrankenregelungen. So befreien einzelne Bestimmungen explizit entweder nur die durch § 19a UrhG oder durch §§ 20 ff. UrhG erfassten Akte oder knüpfen an die dortige Qualifikation einer Handlung als Sendung oder öffentlicher Zugänglichmachung an. Zu nennen ist beispielsweise § 46 UrhG, der im Hinblick auf Sammlungen für Kirchen-, Schul- oder Unterrichtsgebrauch zwar das Recht, diese öffentlich zugänglich zu machen, nicht aber sonstige Rechte der öffentlichen Wiedergabe erfasst. Gleiches gilt gem. § 52a UrhG in Bezug auf das Zurverfügungstellen einzelner Werkausschnitte für Unterricht und Forschung. Ebenso einseitig, wenngleich genau umgekehrt, verläuft die Zuordnung für die Schranke des § 55 UrhG, welche unter bestimmten Voraussetzungen die Vervielfältigung von Schutzgütern im Vorfeld zu einer Sendung, nicht aber zu einer öffentlichen Zugänglichmachung nach § 19a UrhG erlaubt.[332]

Neben diesen für alle Rechteinhaber gleichsam relevanten Überlegungen ist eine Abgrenzung speziell für Leistungsschutzberechtigte entscheidend, da sich der deutsche Gesetzgeber, wie zuvor erläutert, der im Konventions- und Europarecht vorgesehenen Möglichkeit bedient hat, Tonträgerherstellern und ausübenden Künstlern in Bezug auf Sendungen lediglich einen Anspruch auf eine angemessene Vergütung zuzuerkennen. Sollte ein Webradio-Angebot also als Sendung zu qualifizieren sein, befinden sich Tonträgerhersteller angesichts des Fehlens eines Ausschließlichkeitsrechts in einer schwächeren Verhandlungsposition gegenüber den Webradio-Anbietern.[333] Außerdem können sie aufgrund der kollektiven Wahrnehmung keine neuen, möglicherweise besseren, weil individualisierten, Lizenzierungsmodelle ausprobieren und keine Verwertungskaskaden bilden, indem bestimmten Anbietern ein Recht zur erstmaligen Verwertung eingeräumt, danach eine weitere Verwertung durch andere Sender individuell gestattet und letztlich eine Katalogverwertung mit verschiedenen Preismodellen ermöglicht wird.[334] Die Tonträgerhersteller fordern deshalb schon seit Längerem die Aufhebung des Sendeprivilegs und die Rückführung in ein Exklusivrecht zumindest bei Internet-Nutzungen.[335]

---

332 Übersichtlich dazu *Rüberg*, Vom Rundfunk- zum Digitalzeitalter, S. 295-298.

333 Anschaulich *Rüberg* a.a.O., S. 298 f.

334 S. *Castendyk*, in: FS Loewenheim, S. 31 (34 f.); *Malcher*, Personalisierte Webradios, S. 118-128.

335 *Bundesverband der Phonographischen Wirtschaft e.V./Deutsche Landesgruppe der IFPI e.V.*, Positionspapier zum so genannten „Zweiten Korb" einer Urheberrechtsnovelle, 29.10.2003, http://www.musikindustrie.de/uploads/media/pp_gesetz_nat_stellungn_20031029_ifpi_korb2.pdf, S. 5-7; *Bundesverband der Phonographischen Wirtschaft e.V./Deutsche Landesgruppe der IFPI e.V.*, Stellungnahme zum Referentenentwurf für ein Zweites Gesetz zur Regelung des Urheberrechts in der Informationsgesellschaft, 1.11.2004, http://www.musikindustrie.de/uploads/media/pp_gesetz_nat_stellungn_20041101_ifpi_korb2.pdf, S. 5.

Ferner ist die Abgrenzung für die Zuständigkeit bei der Rechtevergabe ausschlaggebend. Selbst die exklusiven Senderechte der Urheber werden in Deutschland aus praktischen Erwägungen meist, bzw. die Weitersenderechte gem. § 20b Abs. 1 Satz 1 UrhG zwingend, kollektiv von Verwertungsgesellschaften wahrgenommen, wodurch Rechteinhaber an die Tarife der Verwertungsgesellschaft gebunden und in der Realisierung des Wertes ihres Schutzgegenstandes eingeschränkt sind.[336] Hingegen verwalten Künstler und Tonträgerhersteller das Recht der öffentlichen Zugänglichmachung in der Regel selbst, soweit eine individuelle Lizenzierung möglich ist. Und auch bei den Musikurhebern, die dieses Recht der *GEMA* nach § 1h Abs. 3 GEMA-Berechtigungsvertrag zunächst übertragen haben, sind Tendenzen erkennbar, den Wahrnehmungsvertrag möglichst restriktiv auszulegen oder den Verwertungsgesellschaften das Recht ganz oder teilweise wieder zu entziehen.[337] Alternativ wird versucht, Kombinationen zwischen kollektiver und individueller Rechtewahrnehmung im Online-Bereich zu schaffen.[338] Die Interessen liegen auf der Hand: Während Werknutzer es am liebsten sehen würden, dass möglichst viele Angebote unter das Senderecht fallen, profitieren die Tonträgerhersteller von einer Einordnung als öffentliche Zugänglichmachung.[339]

3. Umfang des § 19a UrhG

Umstritten ist trotz der überwiegenden Einigkeit auf internationaler Ebene,[340] ob § 19a UrhG beide Komponenten, also neben dem Recht der Bereitstellung des Werkes zum Abruf das Recht zu dessen Übermittlung, enthält.[341] Bejahte man

---

336 Die *GEMA* nimmt das Senderecht für Hörfunk und Fernsehen für Simulcasting und Webcasting in Bezug auf musikalische Werke wahr, allerdings mit Ausnahme von musikdramatischen Werken, wobei ein gesondertes Mandat zur Wahrnehmung auch dieser „großen Rechte" möglich ist. S. *Melichar*, in: *Loewenheim*, Handbuch UrhR, § 46 Rdnrn. 4 f.; und *Staudt*, in: *Kreile/Becker/Riesenhuber*, Recht und Praxis der GEMA, Kap. 10 Rdnrn. 73 ff., 81, 89 f.

337 So haben die Major-Publishers die Vervielfältigungs- und Verbreitungsrechte am wichtigen angloamerikanischen Repertoire aus der kollektiven Verwaltung bereits wieder herausgenommen. Zu den Entwicklungen, s. *Klatt*, CR 2009, 517 (517 f.); *Müller*, ZUM 2009, 121 ff.; *ders.*, ZUM 2011, 13 (15 f.); *Poll*, ZUM 2008, 500 ff.; und *ders.*, MMR 2011, 226 (228). Ähnliche Tendenzen sind im Bereich der Auswertung von TV-Sendungen zu erkennen, s. *Neurauter*, GRUR 2011, 691 ff.

338 Bereits geschehen im Bereich der Klingeltonauswertung vgl. *BGH*, GRUR 2009, 395 m. Anm. *Schulze* = CR 2009, 233 m. Anm. *Prill*.

339 Vgl. hierzu die frühen Beiträge von Vertretern der Musikwirtschaft, s. *Bortloff*, GRUR Int 2003, 669-686; *Schaefer*, in: *Wandtke/Bullinger*, UrhR, § 86 UrhG Rdnrn. 5-8; *Schwenzer*, GRUR Int 2001, 722-732; sowie aktuell *Poll*, MMR 2011, 226 (228).

340 S. die Nachweise in Fn. 329.

341 Dafür die in Fn. 348 genannten Vertreter; a.A. die in Fn. 345 und 347 genannten Vertreter. Ohne Stellungnahme bleiben *Bullinger*, in: *Wandtke/Bullinger*, UrhR, § 19a UrhG Rdnrn. 10-12; und *Dustmann*, in: *Fromm/Nordemann*, UrhR, § 19a UrhG Rdnrn. 7-9.

dies, ist die Folge, dass der Übertragungsakt unabhängig von der gewählten Übertragungsstrategie, nicht mit dinglicher Wirkung aufgespalten werden kann. Man könnte nicht einer Person das Recht zur „Bereithaltung“ des Schutzgutes und einer das Recht zur „Übertragung“ des bereit gehaltenen Schutzgutes einräumen.[342]

Im Wortlaut des § 19a UrhG findet die Übermittlung keine Erwähnung. Dies könnte bedeuten, dass die Abrufübertragung nicht tatbestandliche Voraussetzung der Anwendung der Vorschrift und das Recht der öffentlichen Zugänglichmachung daher nicht auf den Übermittlungsvorgang zu erstrecken ist.[343] Hierfür spricht zudem, dass im Rechtsausschuss der Antrag der *FDP* abgelehnt wurde, die Online-Übermittlung auf Abruf dem Ausschließlichkeitsrecht ausdrücklich zu unterstellen.[344] Vor diesem Hintergrund ordnet *Dreyer* den Übermittlungsvorgang dem Senderecht zu.[345] Sie bezieht sich dabei jedoch ausschließlich auf das Tatbestandsmerkmal der Öffentlichkeit in § 20 UrhG und argumentiert, dass dieses nicht gegen das Vorliegen einer Sendung spreche. Das entscheidende Tatbestandsmerkmal ist aber nicht der Öffentlichkeitsbegriff, sondern die Möglichkeit der Bestimmung von Ort und Zeit des Zugriffs auf den Inhalt, und eben dieses verhindert die Qualifizierung bestimmter Übermittlungsformen im Internet als Sendung.[346] Ihre Ansicht ist daher abzulehnen.

Ebenfalls unter Verweis auf die bewusste Nichtnennung der zweiten Komponente im Wortlaut der Bestimmung sieht *v. Ungern-Sternberg* das Recht zur Abrufübermittlung als unbenanntes Recht in § 15 Abs. 2 UrhG enthalten.[347] Dieser Auffassung ist jedoch zu entgegnen, dass die öffentliche Zugänglichmachung im

342 S. *Poll*, GRUR 2007, 476 (479). Zur Notwendigkeit des Abrufübertragungsrechts neben dem Recht zur Bereithaltung *Gey,* Das Recht der öffentlichen Zugänglichmachung, S. 60-62. Vgl. auch die Diskussion um die getrennte Vergabe von Teilnutzungsrechten bei einer einheitlichen Nutzungsart wie dem On-Demand-Streaming, wobei es dort um die Lizenzierung von Vervielfältigungsrecht und Recht der öffentlichen Zugänglichmachung geht. So haben das LG München I und das OLG München die Aufspaltung in ein Vervielfältigungsrecht und ein Bereithaltungsrecht verneint, s. *LG München I*„ ZUM 2009, 788 (792 f.); und *OLG München*, GRUR-RR 2011, 1 (3 f.) = MMR 2010, 704 = ZUM 2010, 709 (myvideo). Die Frage liegt mittlerweile dem BGH zur Entscheidung vor (Az. I ZR 116/10). Ebenso *Poll,* GRUR 2007, 476 (479); *Schaefer,* ZUM 2010, 150 (152); *Schulze,* ZUM 2011, 2 (9); *Ullrich*, ZUM 2010, 311 (317 f.). A.A. *Jani*, ZUM 2009, 722 ff.; *Melichar*, ZUM 2010, 713 (714); und *Müller*, ZUM 2011, 13 (21 f.).

343 So *Peukert*, in: *Hilty/Peukert* (Hrsg.), Interessenausgleich im Urheberrecht, S. 11 (34); und *Rüberg*, Vom Rundfunk- zum Digitalzeitalter, S. 264 f. und 268-270.

344 S. BT-Drs. 15/837, S. 29, 33.

345 *Dreyer*, in: *Dreyer/Kotthoff/Meckel*, UrhR, § 19a UrhG Rdnr. 26.

346 Dazu näher in diesem Kapitel unter Abschnitt B, Punkt I 4.

347 *v. Ungern-Sternberg*, in: *Schricker*, UrhR, § 19a UrhG Rdnrn. 1, 33 und 42; *ders.*, in: FS Loschelder, S. 415 (418 f.); *ders*, in: *Stern/Peifer/Hain* (Hrsg.), Werkvermittlung und Rechtemanagement im Zeitalter von Google und YouTube, S. 51 ff. Ebenso *Koch*, GRUR 2010, 574 (576 f.).

engeren Sinne nur eine notwendige Vorbereitungshandlung für die wirtschaftlich relevante Übermittlung an den Nutzer ist. § 19a UrhG hätte ohne das Abrufübertragungsrecht nicht nur eine geringere Bedeutung. Systematisch betrachtet würde diese Auffassung zu einer sachlichen Trennung des § 19a UrhG von den übrigen Unterfällen der öffentlichen Widergabe führen, denn das Wesen der unkörperlichen Verwertung i.S.d. § 15 Abs. 2 UrhG besteht gerade darin, dass das Werk für den Betrachter wahrnhembar gemacht wird. Die Bereitstellung als solche beinhaltet allerdings noch keine Wahrnehmung des Werkes. Darüber hinaus spricht für das Einbeziehen des Übertragungsaktes in den Begriff des Zugänglichmachens der Umstand, dass der Begriff der Zugänglichmachung i.S.d. § 20 UrhG und der des § 19a UrhG gleich interpretiert werden sollte, § 20 UrhG aber eindeutig die Übertragung erfasst. Zu guter Letzt findet sich eine ähnliche, zweistufige Konstruktion beim Verbreitungsrecht des § 17 Abs. 1 UrhG, welches eine Vorbereitungshandlung, nämlich das Anbieten, zu einem selbständigen Verwertungstatbestand erhebt. Sofern man das Vorliegen einer Zweistufigkeit des Rechts der öffentlichen Wiedergabe in WCT und WPPT sowie der InfoSoc-RL mit der vorherrschenden Auffassung bejaht, kann § 19a UrhG für eine mit den internationalen und europäischen Vorgaben konforme Auslegung nur zwei getrennte Nutzungshandlungen erfassen, welche aufeinander folgen können, aber nicht müssen.[348]

4. *Charakteristika von Sendung und öffentlicher Zugänglichmachung*

Die sich anschließende Frage ist, worin sich §§ 19a und 20 UrhG unterscheiden, da sich beide Vorschriften zunächst auf Nutzungshandlungen beziehen, die ein Werk der Öffentlichkeit zugänglich machen. Ebenso sprechen die internationalen Abkommen von der „communication to the public“, ohne eine erkennbare Demarkationslinie zu ziehen.[349] Für die Ende der 90er Jahre existierenden Nutzungsformen, aufgrund derer die Einführung des Rechts der öffentlichen Zugänglichmachung erforderlich wurde, reichte eine grobe Grenzziehung vermutlich aus. Bei der traditionellen Sendung erfolgte die Übermittlung klassischerweise einseitig durch das Sendeunternehmen, und bei der damals typischen

348 In diesem Sinne auch *LG München I*, ZUM 2006, 583 (585); *Bäcker,* Die Rechtsstellung der Leistungsschutzberechtigten, S. 172-175; *Castendyk*, in: FS Loewenheim, S. 31 (38); *Dreier*, in: *Dreier/Schulze*, UrhG, § 19a UrhG Rdnr. 6a; *Gey,* Das Recht der öffentlichen Zugänglichmachung, S. 73-80); *Hoeren*, in: *Loewenheim*, Handbuch UrhR, § 21 Rdnr. 52; *Malcher*, Personalisierte Webradios, S. 67-73; *Poll*, GRUR 2007, 476 (478 f.); *Reinbothe*, GRUR Int 2001, 733 (736); und *Schack*, GRUR 2007, 639 (640 f.).

349 Vgl. die Darstellung der Problematik, auf internationaler Ebene überhaupt eine Einigung hinsichtlich der Einführung eines neuen Verwertungsrechtes zu erzielen, bei *Ficsor*, The Law of Copyright and the Internet, S. 493-501 Rdnrn. C8.01-8.11.

Übermittlungsform im Internet, dem Download auf Abruf, zweiseitig durch das Zusammenwirken von Anbieter und Endnutzer auf Initiative des Nutzers. Im Fall des Webradios sind die Grenzen angesichts der unterschiedlichen Möglichkeiten der Ausprägung der Interaktivität jedoch nicht mehr so eindeutig.

So wollen einige Stimmen der Literatur § 19a UrhG pauschal auf all jene Fälle anwenden, die eine interaktive Verhaltensweise fordern.[350] Mithin wäre jedes Streaming-basierte Angebot ein Fall von § 19a UrhG, da die Übermittlung erst vom Nutzer aktiviert werden muss. Andere wiederum stellen auf den Eindruck ab, der während der Nutzung entsteht, und ordnen Streaming-Angebote dem Senderecht zu, da der Streaming-Empfänger in einer Weise mit den urheberrechtlichen Schutzgütern versorgt werde, in der er kaum aktiver sei als der Empfänger einer herkömmlichen Rundfunksendung.[351]

Angesichts dieser vollkommen gegenteiligen Einordnung ein und desselben Nutzungsvorgangs ist es unentbehrlich, sich näher mit den einzelnen Tatbestandsmerkmalen auseinanderzusetzen, um letztlich neben den zahlreichen Übereinstimmungen in tatbestandsmäßiger Hinsicht das entscheidende Abgrenzungskriterium zur Erfassung der genannten Graubereiche herauszuarbeiten. Die europäischen Begrifflichkeiten sind hierbei so auszulegen, dass sie mit den völkerrechtlichen Vorgaben vereinbar bleiben, wobei Kontext und Zielsetzung der Bestimmungen zu berücksichtigen sind.[352]

a) Verwendete technische Infrastruktur

Das Recht der Zugänglichmachung aus § 19a UrhG erfasst Übermittlungsvorgänge, die „drahtgebunden oder drahtlos" sind. Die verwendete Technik ist demnach irrelevant, und nicht nur das Zugänglichmachen im Internet, sondern auch in lokalen Netzwerken oder in Intranets berührt das Recht aus § 19a UrhG.[353] Dies entspricht den internationalen Vorgaben.[354]

Für das Vorliegen einer Sendung stellt § 20 UrhG genauere Anforderungen auf. So muss das Werk „durch Funk" zugänglich gemacht werden. Mit der amtlichen Begründung ist unter Funk jede Übertragung durch elektromagnetische Wellen zu verstehen, die von einer Sendestelle ausgesandt werden und an anderen

---

350 *Bortloff*, GRUR Int 2003, 669 (675); und *Dreier*, in: *Dreier/Schulze*, UrhG, § 19a UrhG Rdnr. 10 und § 20 UrhG Rdnr. 16.

351 *M. Schwarz*, ZUM 2000, 816 (823 f.); *ders./Reber*, in: *Loewenheim*, Handbuch UrhR, § 21 Rdnr. 76.

352 *EuGH*, GRUR 2012, 593 (594, Tz. 37-51) – SCF.

353 *Bullinger*, in: *Wandtke/Bullinger*, UrhR, § 19a UrhG Rdnr. 5; *Dustmann*, in: *Fromm/Nordemann*, UrhR, § 19a UrhG Rdnr. 10; *Malcher*, Personalisierte Webradios, S. 75.

354 S. zu den WIPO-Verträgen *Reinbothe/v. Lewinski*, The WIPO Treaties 1996, S. 108 Rdnr. 19.

Orten von Empfangsanlagen aufgefangen und in wahrnehmbare Zeichen, Töne oder Bilder zurückverwandelt werden können.[355] Beispielhaft nennt § 20 UrhG Ton- und Fernsehrundfunk, Satellitenrundfunk und Kabelfunk. Erfasst sind angesichts des Verweises auf „ähnliche technische Mittel" nach allgemeiner Auffassung aber auch andere technische Verfahren wie die Übermittlung via Internet.[356]

Eine Abgrenzung zwischen Sendung und öffentlicher Zugänglichmachung anhand der verwendeten Übertragungstechnik ist angesichts dieser technologieneutralen Formulierung des Übermittlungsvorgangs beider Vorschriften folglich nicht zielführend, wenngleich sich der Wortlaut im Einzelnen unterscheidet.[357] Aus diesem Grund ist der Ansicht *Dreiers* nicht zu folgen, dass bei einer Initiierung des Abrufvorgangs durch den Nutzer automatisch ein Fall von § 19a UrhG vorliege.[358] Nach seiner Auffassung handele es sich nur dann um eine Sendung i.S.d. § 20 UrhG, wenn bei allen potentiellen Empfängern ein einheitliches Sendesignal anliege. Erfolge die Übertragung mittels individualisierter Datenpakete, liege hingegen eine Nutzung i.S.d. § 19a UrhG vor.[359] *Dreier* begrenzt dadurch die Anwendbarkeit des § 20 UrhG auf die traditionellen Fälle der Funk- bzw. Kabelsendung, und ordnet alle Übermittlungen über das Internet dem Recht der öffentlichen Zugänglichmachung zu. Doch zum einen können schon im Rahmen des herkömmlichen Rundfunks Verstärkung, Modulation und Verteilung des Signals mitunter dessen strikte, technisch definierte Einheitlichkeit verhindern.[360] Zum anderen empfängt der Nutzer das Programm nicht anders als eine herkömmliche Rundfunksendung. Für ihn ist der feine technische Unterschied nicht spürbar.[361]

Gleichermaßen kann das von *Bortloff* aufgegriffene Kriterium der Verantwortlichkeit für die Initiierung des Übermittlungsprozesses nicht entscheidend sein.[362] Danach läge diese im Hinblick auf das Senderecht beim Sender und beim

---

355 BT-Drs. IV/270, S. 50.

356 *Dreier*, in: *Dreier/Schulze*, UrhG, § 20 UrhG Rdnr. 7; *Malcher*, Personalisierte Webradios, S. 78 f.; *Poll*, GRUR 2007, 476 (479); *v. Ungern-Sternberg*, in: *Schricker*, UrhR, § 20 UrhG Rdnrn. 6 und 45.

357 Ebenso *Kleinke*, AfP 2008, 460 (462); *Poll*, GRUR 2007, 476 (479) m.w.N.

358 S. *Dreier*, in: *Dreier/Schulze*, UrhG, § 19a UrhG Rdnr. 10.

359 Ebda. Zustimmend *Handig*, ecolex 2005, 921 (922). Dieses Argument wurde auch von den Vertretern der Tonträgerhersteller herangezogen, s. *Bundesverband der Phonographischen Wirtschaft e. V./Deutsche Landesgruppe der IFPI e. V.*, Stellungnahme zum Entwurf eines Zweiten Gesetzes zur Regelung des Urheberrechts in der Informationsgesellschaft, 20.2.2006, http://www.musikindustrie.de/uploads/media/pp_gesetz_nat_stellungn_20060220_ifpi_korb2.pdf, S. 4.

360 Zutreffend *Rüberg*, Vom Rundfunk- zum Digitalzeitalter, S. 305 f.

361 Zutreffend *v. Ungern-Sternberg*, in: *Schricker*, UrhR, § 20 UrhG Rdnr. 10.

362 *Bortloff*, GRUR Int 2003, 669 (675).

Recht der öffentlichen Zugänglichmachung nach § 19a UrhG beim Nutzer. Bei einer Übertragung im Internet ist es jedoch *immer* der Nutzer, der durch seine Anfrage eine Verbindung zum Server des Anbieters aufbaut, und damit die Übertragung „initiiert". In der Tat findet keine Sendung statt, wenn kein einziger Empfänger den Streaming-Prozess aktiviert, während bei der traditionellen Rundfunksendung die Signale trotz fehlenden Empfangs emittiert werden. Dies ist jedoch ein technischer Aspekt, der angesichts der Technologieneutralität der Vorschrift hinter den tatsächlichen Nutzungsvorgang zurücktreten muss.[363] Für eine Abgrenzung zwischen den §§ 19a und 20 UrhG eignet sich dieser Aspekt jedenfalls nicht.

Die technische Ausgestaltung eines Webradio-Angebotes ist für eine Zuordnung unter eines der beiden entscheidenden Verwertungsrechte der öffentlichen Wiedergabe folglich nicht ausschlaggebend. Sie wird allenfalls dann relevant, wenn beurteilt werden muss, ob es sich um den Sonderfall der Sendung, d.h. eine Kabelweitersendung i.S.d. § 20b UrhG, handelt.

b) Begriff der „Öffentlichkeit"

Sowohl § 19a als auch § 20 UrhG setzen zudem voraus, dass das Werk einer „Öffentlichkeit" zugänglich gemacht wird. Zu diesem Begriff machen weder die internationalen Abkommen zum Urheberrecht noch die europäischen Richtlinien Vorgaben.[364] Im deutschen Recht findet sich allerdings eine für alle Verwertungsrechte gleichsam gültige Legaldefinition in § 15 Abs. 3 UrhG. Zudem hat sich aufgrund verschiedener Vorabentscheidungsersuchen in jüngerer Zeit auch der EuGH mit dem Begriff der öffentlichen Wiedergabe beschäftigt. Vor diesem Hintergrund werden die verschiedenen Facetten der „Öffentlichkeit" nachfolgend untersucht.

aa) Qualitative und quantitative Zusammensetzung

Nach der Legaldefinition des § 15 Abs. 3 UrhG gehört zur Öffentlichkeit „jeder, der nicht mit demjenigen, der das Werk verwertet, oder mit anderen Personen, denen das Werk in unkörperlicher Form wahrnehmbar oder zugänglich gemacht wird, durch persönliche Beziehungen verbunden ist." Eine technische Verbindung, wie

363 So auch *v. Ungern-Sternberg,* in: *Schricker*, UrhR, § 20 UrhG Rdnr. 3; *Rüberg*, Vom Rundfunk- zum Digitalzeitalter, S. 307 f.; *Kleinke*, AfP 2008, 460 (462).

364 Zu den WIPO-Verträgen, s. *Reinbothe/v. Lewinski*, The WIPO Treaties 1996, S. 111 Tz. 21. Allerdings lassen sich einigen Urteilen des EuGH Leitlinien entnehmen, insbesondere aus *EuGH*, Slg. 2006, I-11519 = GRUR 2007, 225 – SGAE/Rafael, vgl. *v. Ungern-Sternberg*, in: *Schricker*, UrhR, § 15 UrhG Rdnrn. 62 f.

sie im Internet etwa im Rahmen von File-Sharing-Systemen zu finden ist, die Erforderlichkeit einer Registrierung oder eine Passworteingabe reichen für die Schaffung einer persönlichen Verbundenheit nicht aus. Ebenso wenig ist entscheidend, dass der Kreis der angesprochenen Personen bestimmt abgrenzbar ist oder dass das Werk tatsächlich empfangen oder abgerufen wird. Ob sich das Angebot an ein breites Publikum oder an eine kleine Gruppe wendet, spielt grundsätzlich ebenfalls keine Rolle.[365]

Die Kriterien, anhand derer der EuGH das Vorliegen einer „Öffentlichkeit" bestimmt, sind wiederum folgende: Als erstes komme es auf die Intention des Werknutzers an, d.h., ob er sich in Kenntnis der Folgen seines Verhaltens Zugang zu dem Werk verschaffe.[366] Zweitens müsse die Öffentlichkeit aus „recht vielen Personen"[367] bestehen, d.h. es müsse eine „bestimmte Mindestschwelle"[368] überschritten sein. Kumulative Wirkungen durch zeitversetzten Zugang seien zu berücksichtigen.[369] Drittens seien etwaige Erwerbszwecke, denen die Wiedergabe dient, nicht unerheblich.[370] Er scheint durch Einführung dieser Tatbestandsmerkmale, wodurch Umstände maßgeblich werden, die in der Person des Nutzers liegen, einen Perspektivenwechsel vom Urheber zum Nutzer zu vollziehen.[371]

Ein ähnliches subjektives Element findet sich mit dem Wort „bestimmt" nach e.A. auch im deutschen Gesetzestext.[372] Sofern seine Existenz bejaht wird, scheint es in Deutschland jedenfalls bislang aber noch restriktiver als seitens des

365 Eingehend zum deutschen Öffentlichkeitsbegriff und den vorgenannten Kriterien *v. Ungern-Sternberg*, in: *Schricker*, UrhR, § 15 UrhG Rdnrn. 66-77. S.a. *Bullinger*, in: *Wandtke/Bullinger*, UrhR, § 19a UrhG Rdnr. 6; *Dreier*, in: *Dreier/Schulze*, UrhG, § 19a UrhG Rdnrn. 7 f.; *Kleinke*, AfP 2008, 460 (462 f.); *Poll*, GRUR 2007, 476 (479).

366 *EuGH*, Slg. 2006, I-11519 = MMR 2007, 164 (165, Tz. 42) m. Anm. *Ricke/Simon* – SGAE; *EuGH*, GRUR Int 2011, 1063 (1076, Tz. 195) = MMR 2011, 817-827 m. Anm. *Stieper* – FAPL/Murphy. Bestätigt in *EuGH*, GRUR 2012, 593 (596, Tz. 82) – SCF; und *EuGH*, ZUM 2012, 393 (396, Tz. 31) – Phonographic Performance.

367 *EuGH*, GRUR 2012, 593 (596, Tz. 84) – SCF mit Verweis auf *EuGH*, Slg. 2005, I-07199 = GRUR 2006, 50 (52, Tz. 31) – Lagardère/SPRE und GVL; und *EuGH*, Slg. 2006, I-11519 = MMR 2007, 164 (165, Tz. 37 f.) m. Anm. *Ricke/Simon* – SGAE. Bestätigt in *EuGH*, ZUM 2012, 393 (396, Tz. 32-35) – Phonographic Performance.

368 *EuGH*, GRUR 2012, 593 (596, Tz. 86) – SCF.

369 *EuGH* a.a.O., Tz. 87 – SCF; bestätigt in *EuGH*, GRUR-Int 2013, 380 (382, Tz. 33) – ITV.

370 *EuGH*, Slg. 2006, I-11519 = MMR 2007, 164 (166, Tz. 44) m. Anm. *Ricke/Simon* – SGAE; bestätigt in *EuGH*, GRUR 2012, 593 (596, Tz. 88) – SCF; und *EuGH*, ZUM 2012, 393 (396, Tz. 36) – Phonographic Performance. Mit diesem Merkmal setzt sich *Handig*, ZUM 2013 273 (277 f.), kritisch auseinander.

371 Diesen Wechsel beschreibt anschaulich *v. Ungern-Sternberg*, GRUR 2012, 1198 (1199 f.).

372 *v. Ungern-Sternberg*, in: *Schricker*, UrhR, § 15 UrhG Rdnr. 68. A.A. aber *ders.*, GRUR 2012, 1198 (1199); und *Schulze*, in: *Dreier/Schulze*, UrhG, § 15 UrhG Rdnr. 46, der allein die objektive Bestimmung für ausschlaggebend hält.

EuGH verstanden zu werden. So hat der EuGH im Urteil „SCF" die öffentliche Wiedergabe durch einen Zahnarzt verneint, weil dessen Patienten weder mit dem Ziel des Musikhörens in die Praxis kämen, noch der Arzt hierdurch seinen Patientenkreis erweitere oder er deswegen höhere Preise verlangen könne.[373] In Deutschland hingegen wurde entschieden, dass bei Wiedergabe von Musik im Wartezimmer einer Zahnarztpraxis eine öffentlichen Wiedergabe vorliege.[374] Es ist daher interessant zu sehen, wo EuGH und BGH die Grenze der Öffentlichkeit ziehen werden, insbesondere wie sie das Kriterium „Erwerbszweck" anwenden werden.[375] In seinem Urteil „ITV" scheint der EuGH jedenfalls etwas „zurückzurudern", wenn er betont, dass der Erwerbszweck – wenngleich ein nicht unerhebliches Kriterium – jedenfalls keine zwingende Voraussetzung für das Vorliegen einer öffentlichen Wiedergabe sei.[376]

Im Hinblick auf Webradios, welche grundsätzlich an sämtliche Internet-Nutzer gerichtet sind, ist die Frage nach den Anforderungen an die qualitative und quantitative Zusammensetzung des angesprochenen Personenkreises allerdings weniger von Bedeutung. Erstens besteht zwischen den Hörern in aller Regel keine persönliche Verbindung. Zweitens ist davon auszugehen, dass ein Erwerbszweck verfolgt wird, sei es über direkte oder indirekte Einnahmen, und dass der Anbieter das Webradio bewusst mit dem Ziel anbietet, eine Öffentlichkeit zu erreichen.

bb) Sukzessiver Zugriff und sukzessives Anbieten

Neben der Frage nach der qualitativen und quantitativen Zusammensetzung des angesprochenen Personenkreises ist weiter fraglich, ob der Begriff der Öffentlichkeit des § 15 Abs. 3 UrhG die Gleichzeitigkeit der Nutzung durch mehrere, nichtverbundene Personen verlangt, oder ob auch sukzessive Nutzungen und – insofern aus dem entgegen gesetzten Blickwinkel betrachtet – sukzessive Sendungen und Zugänglichmachungen an je eine Person die Voraussetzungen des Öffentlichkeitsbegriffs erfüllen.

---

373 *EuGH*, GRUR 2012, 593 (596 f., Tz. 94-98) – SCF.

374 *AG Konstanz*, GRUR-RR 2007, 384.

375 Zu den offenen Fragen im Anschluss an die Urteile des EuGH, s. *Leistner*, JZ 2011, 1140 (1147). *Handig* geht sogar davon aus, dass sich das Konzept des EuGH von „privaten bzw. familiären Kreisen" substanziell von jenem des § 15 Abs. 3 UrhG unterscheide, das auf die persönlichen Beziehungen unter den Empfängern abstelle, s. *Handig*, ZUM 2013 273 (274 f.). Die Konsequenzen für die Auslegung der Tatbestandsmerkmale des § 15 Abs. 2 UrhG im Lichte des unterschiedlichen systematischen Ansatzes des EuGH beschreibt *v. Ungern-Sternberg*, GRUR 2012, 1198 (1200 f.).

376 *EuGH*, GRUR-Int 2013, 380 (382, Tz. 41) – ITV.

Dass eine Wiedergabe öffentlich i.S.d. § 15 Abs. 3 UrhG ist, wenn eine Mehrzahl von Personen das Werk nacheinander *abruft*, ist unstreitig. Schließlich sieht § 19a UrhG – ein Unterfall der in § 15 Abs. 3 UrhG geregelten öffentlichen Wiedergabe – ausdrücklich vor, dass Nutzer „zu Zeiten ihrer Wahl" auf ein Werk zugreifen. Es wäre systemwidrig, wenn § 19a UrhG einen weiteren Anwendungsbereich hätte als § 15 Abs. 3 UrhG.[377] Dieser Verweis auf das Kriterium „zu Zeiten ihrer Wahl" des § 19a UrhG ist jedoch wenig hilfreich, wenn es die Frage zu beantworten gilt, ob eine sukzessive Öffentlichkeit durch sukzessive *Bereithaltung* für einzelne Personen den Öffentlichkeitsbegriff des § 15 Abs. 3 UrhG erfüllt. Rechtstechnisch liegt bei § 19a UrhG nämlich gar keine „sukzessive" Öffentlichkeit vor; selbst wenn eine Mehrzahl von Personen nacheinander auf das Werk zugreift, ist das Werk doch zu einem bestimmten Zeitpunkt für eine Mehrzahl von Personen *gleichzeitig abrufbar*.[378]

Dem Wortlaut des § 15 Abs. 3 Satz 1 UrhG oder den entsprechenden internationalen Vorschriften lässt sich zu sukzessivem Senden/öffentlichem Zugänglichmachen nichts entnehmen.

So wie § 15 Abs. 3 Satz 1 UrhG schon keine Einschränkung hinsichtlich des Ortes der öffentlichen Wiedergabe vornimmt, d.h. keine Gemeinsamkeit der Werknutzung verlangt, schreibt er keine Gleichzeitigkeit der Nutzung vor. Für eine Mehrzahl von Mitgliedern der Öffentlichkeit „bestimmt" kann eine Werkwiedergabe dem Wortlaut nach jedenfalls auch dann sein, wenn sie an einzelne Personen der Öffentlichkeit nacheinander erfolgt. Ebenso steht einer Erweiterung des Öffentlichkeitsbegriffs auch aus historischer Sicht nichts entgegen. Schließlich hat dieser bei neuen technischen Gegebenheiten immer wieder Modifikationen erfahren.

Der Sinn und Zweck des Urheberrechtsgesetzes ist es wiederum, den Urheber möglichst an jeder wirtschaftlichen Verwertung teilhaben zu lassen. Wirtschaftlich und funktional betrachtet macht es jedoch keinen Unterschied, ob die Bereitstellung individuell oder zeitgleich erfolgt, solange sich das Angebot nur an eine Öffentlichkeit richtet.[379] Ebenso wenig Relevanz hat es für den Nutzer, ob für die

---

377 Amtl. Begr., BT-Drs. 15/38, S. 17. S.a. *Heerma*, in: *Wandtke/Bullinger*, UrhR, § 15 UrhG Rdnr. 16.

378 Darauf weist zu recht hin *Schulze*, in: *Dreier/Schulze*, UrhG, § 15 UrhG Rdnr. 41; *ders.*, ZUM 2011, 2 (6).

379 Zur Notwendigkeit einer Analyse des Nutzungsvorgangs, s. *BGH*, NJW 2002, 964 (965) = GRUR 2002, 246 (Scanner): „Geht es darum, wie ein bei Schaffung des Gesetzes noch nicht bekannter technischer Vorgang urheberrechtlich zu beurteilen ist, kann die Antwort häufig nicht allein anhand der Begriffe gefunden werden. Vielmehr ist zu fragen, ob der in Rede stehende Vorgang funktional dem entspricht, was der Gesetzgeber als regelungsbedürftig angesehen hat." Ebenso *Schulze*, ZUM 2011, 2 (5); *v. Ungern-Sternberg*, in: *Schricker*, UrhR, § 15 UrhG Rdnrn. 7f.

Bereitstellung dieselbe Vorlage verwendet wird oder ob unterschiedliche Werk*exemplare* bereitgestellt werden. Schließlich bleibt das Angebot, ein ganz konkretes *Werk* jedem Mitglied der Öffentlichkeit – wenn auch individuell – bereitzustellen, unverändert. Insofern besteht eine gewisse Parallele zur Einzelverbreitung, die unfraglich als öffentlich angesehen wird.[380]

Zudem haben sich sowohl der EuGH in seinem Urteil „SGAE/Rafael" betreffend die Wiedergabe von Werken in Hotelzimmern[381] als auch der BGH in seinem Urteil „Autobahnmaut" betreffend die Wiedergabe einer Datenbank[382] ausdrücklich für eine weite Auslegung des Begriffs der Öffentlichkeit ausgesprochen. Es ist daher davon auszugehen, dass eine Wiedergabe auch dann öffentlich i.S.d. § 15 Abs. 3 UrhG ist, wenn die Personen, welche die Öffentlichkeit bilden, technisch nur nacheinander erreicht werden.[383]

Die Tatbestandsmerkmale der einzelnen Verwertungsrechte können freilich weitere Anforderungen an die Erreichbarkeit der Personenmenge stellen und dadurch – wie schon hinsichtlich der Voraussetzung der Gemeinsamkeit der Werknutzung – den Öffentlichkeitsbegriff des § 15 Abs. 3 UrhG für das einzelne Verwertungsrecht einschränken. So hat auch der EuGH festgestellt, dass die Begriffe der öffentlichen Wiedergabe i.S.d. Art. 3 Abs. 1 InfoSoc-RL und Art. 8 Abs. 2 Vermiet- und Verleih-RL nicht identisch sind, da die Vorschriften unterschiedliche Zielsetzungen verfolgen. Das eine ist ein Verbotsrecht, das andere eines mit Entschädigungscharakter.[384] Welche Prägung der Öffentlichkeitsbegriff in §§ 19a bzw. 20 UrhG erhält, muss demnach anhand der weiteren Tatbestandsmerkmale ermittelt werden.

c) Begriff der „Zugänglichmachung"

§ 20 UrhG spricht ohne weitere Konkretisierung von „zugänglichmachen". § 19a UrhG hingegen verlangt eine qualifizierte Zugänglichmachung in der Weise, dass das Werk „Mitgliedern der Öffentlichkeit von Orten und zu Zeiten ihrer Wahl zugänglich" sein muss. Dieser geringe Unterschied in der Formulierung mag zunächst ausgereicht haben, um eine rechtliche Eingliederung eines Downloads und einer traditionellen Rundfunksendung – den beiden Erscheinungsformen am jeweiligen Ende der Skala – vorzunehmen. Für eine verwertungsrechtliche Einordnung der unterschiedlichen Varianten des Webradios, welche ob

380 In diesem Sinne auch *Schulze* ZUM 2008, 836 (841 f.); *ders.*, ZUM 2011, 2 (7).

381 *EuGH*, Slg. 2006, I-11519, Tz. 36 und 39 = GRUR 2007, 225 – SGAE/Rafael.

382 *BGH*, NJW-RR 2010, 1633 (1635 f., Tz. 35-38) = GRUR 2010, 1004 (Autobahnmaut).

383 Wie hier *Schulze* ZUM 2008, 836 (841 f.); *ders.*, ZUM 2011, 2 (7); *v. Ungern-Sternberg*, in: *Schricker*, UrhR, § 15 UrhG Rdnr. 71.

384 *EuGH*, GRUR 2012, 593 (595 f., Tz. 74-78) – SCF.

ihrer differenzierten Interaktivitäts-Stufen eher als Mischformen zwischen Rundfunksendung und Download gelten müssen, müssen indes die Feinheiten des Begriffs der „Zugänglichmachung" im jeweiligen Kontext des Nutzungsvorgangs aufgedeckt werden.

aa) Ort des Empfangs oder Abrufs

Die Bestimmung des § 19a UrhG setzt als Tatbestandsmerkmal voraus, dass der Werknutzer über den Ort des Abrufs selbst bestimmen kann. Diese Anforderung ist allerdings nicht so weit auszulegen, dass die Möglichkeit gegeben sein muss, dass das Werk von jedem erdenklichen Ort aus abrufbar ist. Sie spiegelt vielmehr die Gegebenheiten des Internets in Abgrenzung zu den Rechten der Wahrnehmbarmachung (§§ 19, 21 und 22 UrhG) wider, bei denen, wie z.B. an einem Computerleseplatz in einer Bibliothek, der Ort der Bereithaltung und der Wahrnehmbarmachung zusammenfallen. Eine gewisse Wahlmöglichkeit reicht für § 19a UrhG daher grundsätzlich aus.[385]

Ebenso können aber Sendungen i.S.d. § 20 UrhG von Nutzern an Orten ihrer Wahl, z.B. zu Hause, im Auto unterwegs oder bei der Arbeit, empfangen werden, sofern ein geeignetes Empfangsgerät zur Hand ist.[386] Darüber darf auch die Tatsache nicht hinwegtäuschen, dass das Empfangsgebiet der klassischen terrestrischen Radiosendung verhältnismäßig eingeschränkt ist, denn innerhalb desselben hat der Empfänger noch immer die Wahlmöglichkeit.

Über den Ort der Zugänglichmachung kann demnach keine Differenzierung zwischen dem Senderecht und dem Recht der öffentlichen Zugänglichmachung erfolgen.[387] Er kann lediglich der Abgrenzung zu jenen unkörperlichen Nutzungsformen dienen, bei denen der Ort der Bereithaltung mit dem der Wahrnehmbarmachung zusammenfällt.

bb) Wahrnehmungs- und Nutzungsmöglichkeiten auf Empfängerseite

Gelegentlich mag man versucht sein, auf die Wahrnehmungs- und Nutzungsmöglichkeiten auf Empfängerseite verweisen zu wollen. So weist *Dreier* auf die gesteigerten Nutzungsmöglichkeiten im Online-Bereich aufgrund des digitalen Formats und der Übertragung von Zusatzinformationen hin, wie z.B. im Abspielprogramm angezeigte Informationen zum Interpreten oder Genre, zu Konzerten, Webseiten

385 *Bullinger*, in: *Wandtke/Bullinger*, UrhR, § 19a UrhG Rdnrn. 7 f.; *Dreier*, in: *Dreier/Schulze*, UrhG, § 19a UrhG Rdnr. 9; *v. Ungern-Sternberg*, in: *Schricker*, UrhR, § 19a UrhG Rdnr. 52 m.w.N.

386 Zutreffend *Poll*, GRUR 2007, 476 (480).

387 S.a. *Klatt*, CR 2009, 517 (520); und *Poll* a.a.O., S. 479.

oder Online-Shops, welche CDs etc. des Künstlers anbieten. Schon dies rechtfertige nach seiner Ansicht, dass dem Senderecht nach § 20 UrhG nur traditionelle, auf ein sequentielles Programm ausgerichtete Sendungen zuzuordnen seien.[388]

Dem ist jedoch zum einen zu entgegnen, dass sich die gleichen Nutzungsmöglichkeiten mittlerweile auch bei der digitalen Ausstrahlung des terrestrischen Rundfunks ergeben. Man denke nur an die Diskussion in den USA in Bezug auf die „Gefahren" des Satellitenradios für die Musikindustrie.[389] Zum anderen ist weder für § 19a UrhG noch für § 20 UrhG entscheidend, ob das Werk auf Nutzerseite tatsächlich wahrgenommen wird, ob die Wahrnehmung durch Aufzeichnung zu einem späteren Zeitpunkt geschieht, ob beim Nutzer eine dauerhafte Kopie verbleibt, wie viele Nutzer die Sendung tatsächlich wahrnehmen oder ob sie bewusst oder unbewusst darauf zugreifen.[390] Für das Zugänglichmachen gem. § 19a UrhG reicht die bloße Möglichkeit des Abrufs. Nicht zuletzt entspricht dies der allgemeinen Interpretation der WIPO-Verträge.[391] Gleiches gilt für § 20 UrhG, der den Empfang gesendeter Signale urheberrechtsfrei lässt.[392] Urheberrechtsrelevant sind demnach in beiden Fällen die Handlungen, die einen Empfang bzw. Abruf ermöglichen; die Möglichkeiten der Wahrnehmung und etwaige Anschlussnutzungen sind für die Abgrenzung unerheblich.[393] Die Heranziehung dieses Kriteriums würde daher eine zu weitgehende und unnötige Einschränkung des § 20 UrhG bedeuten.[394]

---

388 *Dreier*, in: *Dreier/Schulze*, UrhG, § 20 UrhG Rdnr. 16. Ebenso *Bortloff*, GRUR Int 2003, 669 (675).

389 Ausführlich zu diesem Thema *Auerbach*, Cardozo L. Rev. 29 (2007), 331-369; und *Dious*, J. Intell. Prop. L. 14 (2007), 269-304.

390 *OLG Hamburg*, MMR 2006, 173 (174) (staytuned); *OLG Stuttgart*, NJW 2008, 1605 (1607) = GRUR-RR 2008, 289 = MMR 2008, 474 (music-on-demand-Dienst); *OLG Hamburg*, MMR 2009, 560 (561) = ZUM 2009, 414 (Staytuned III). S.a. *Bullinger*, in: *Wandtke/Bullinger*, UrhR, § 19a UrhG Rdnr. 10; *Deyer*, in: *Dreyer/Kotthoff/Meckel*, UrhR, § 20 UrhG Rdnrn. 10-12; *Dustmann*. in: *Fromm/Nordemann*, UrhR, § 19a UrhG Rdnr. 8; *v. Ungern-Sternberg*, in: *Schricker*, UrhR, § 19a UrhG Rdnr. 2.

391 S. *Reinbothe/v. Lewinski*, The WIPO Treaties 1996, S. 108 Rdnr. 20.

392 BGHZ 123, 149 (152) (Verteileranlagen); *BGH*, GRUR 1996, 875 (876) (Zweibettzimmer im Krankenhaus). S.a. *Dreier*, in: *Dreier/Schulze*, UrhG, § 20 UrhG Rdnrn. 11 f.; *Ensthaler*, in: *Wandtke/Bullinger*, UrhR, § 20 UrhG Rdnr. 10; *Kleinke*, AfP 2008, 460 (462); *v. Ungern-Sternberg*, in: *Schricker*, UrhR, § 20 UrhG Rdnr. 10.

393 S.a. *Malcher*, Personalisierte Webradios, S. 73-75; *Rüberg*, Vom Rundfunk- zum Digitalzeitalter, S. 305.

394 In diesem Sinne auch *Castendyk*, in: FS Loewenheim, S. 31 (43).

cc) Zeitliche Dimension

Anders als § 20 UrhG fordert § 19a UrhG explizit, dass der Nutzer eine Wahlfreiheit hinsichtlich des Zeitpunkts des Zugangs hat. Bei genauerer Betrachtung offenbaren sich dann auch verschiedene Aspekte der zeitlichen Dimension, die für die Abgrenzung der genannten Rechte der öffentlichen Wiedergabe nutzbar gemacht werden können.

1) Sukzessive Nutzungsvorgänge

Dass eine Öffentlichkeit grundsätzlich angesprochen werden kann, obwohl die Bereithaltung oder Sendung sukzessiv erfolgt, wurde bereits erläutert.[395] Fraglich ist, ob die Vorschriften der §§ 19a und/oder 20 UrhG die sukzessive Bereithaltung zum Abruf bzw. die sukzessive Sendung erfassen.

Jedenfalls für das Senderecht wird von der herrschenden Lehre verneint, dass dieses eine sukzessive „Sendung" erfasse, sondern die Möglichkeit des gleichzeitigen Empfangs verlangt.[396] Hinsichtlich des § 19a UrhG fallen die Meinungen auseinander.[397] Das Gesetz liefert keine eindeutigen Anhaltspunkte.[398] Allerdings hatte der Gesetzgeber bei Einführung des § 19a UrhG ein eindeutiges Ziel, nämlich Downloads in das System der Verwertungsrechte einzugliedern. Die historische Betrachtung führt daher zu dem Ergebnis, dass für § 19a UrhG wie

395 Siehe in diesem Kapitel Abschnitt B, Punkt I 4 b) bb).

396 *Dreier*, in: *Dreier/Schulze*, UrhG, § 20 UrhG Rdnr. 9; *Dustmann*, in: *Fromm/Nordemann*, UrhR, § 20 UrhG Rdnr. 13; *Ehrhardt*, in: *Wandtke/Bullinger*, UrhR, §§ 20-20b UrhG Rdnr. 9; *Kleinke*, AfP 2008, 460 (462); *M. Schwarz/Reber*, in: *Loewenheim*, Handbuch UrhR, § 21 Rdnr. 79; *v. Ungern-Sternberg*, in: *Schricker*, UrhR, § 15 UrhG Rdnr. 71 und § 20 Rdnr. 9. A.A. *Malcher*, Personalisierte Webradios, S. 81-84; *Poll*, GRUR 2007, 476 (479).

397 Ablehnend *Dreier*, in: *Dreier/Schulze*, UrhG, § 19a UrhG Rdnr. 10; *Loewenheim*, in: *Schricker*, UrhR, § 19a UrhG Rdnr. 54; *Poll*, MMR 2011, 226 (229-231). Dafür *Schulze*, ZUM 2011, 2 (6 f.). Ohne Stellungnahme *Bullinger*, in: *Wandtke/Bullinger*, UrhR, § 19a UrhG Rdnr. 6; *Dustmann*, in: *Fromm/Nordemann*, UrhR, § 19a UrhG Rdnrn. 12 f.; *Hoeren*, in: *Loewenheim*, Handbuch UrhR, § 21 Rdnrn. 62-68.

398 Zwar hat er die Schranken des §§ 52b und 53a Abs. 1 S. 2 UrhG eingeführt, die bei erster Betrachtung § 19a UrhG einschränken und deswegen Rückschlüsse auf den Umfang des § 19a UrhG zuzulassen scheinen. Bei genauererem Hinsehen erkennt man jedoch, dass die in § 52b UrhG geregelte sog. On-the-Spot-Consultation etwa in öffentlichen Bibliotheken zwar von einer Zugänglichmachung spricht, das Recht des § 19a UrhG mangels der Wahlfreiheit hinsichtlich des Ortes des Abrufs aber überhaupt nicht betrifft. Ebensowenig bezweckt § 53a Abs. 1 Satz 2 UrhG, der unter gewissen Voraussetzungen den elektronischen Kopienversand auf Bestellung erlaubt, eine Einschränkung des § 19a UrhG, da dem Nutzer nicht die Möglichkeit eröffnet wird, den Abrufzeitpunkt frei zu bestimmen. Zu diesen Schrankenbestimmung, s. *Dreier*, in: *Dreier/Schulze*, UrhG, § 52b UrhG Rdnr. 1 und § 53a UrhG Rdnr. 5; und *Jani*, in: *Wandtke/Bullinger*, UrhR, § 52b UrhG Rdnr. 16 und § 53a UrhG Rdnrn. 23 f.

schon für § 20 UrhG von der Voraussetzung der Gleichzeitigkeit der Bereitstellung auszugehen ist.

Als Abgrenzungskriterium der Verwertungsrechte in §§ 19a und 20 UrhG ist dieser Aspekt daher ungeeignet, ist für die rechtliche Beurteilung der Webradio-Varianten aber auch deshalb nicht ausschlaggebend, weil – ohne zu sehr vorgreifen zu wollen – eine Mehrzahl von Personen auf einmal und nicht erst durch eine gleichförmige Wiederholung einer bestimmten Nutzungshandlung erreicht wird.

Um zu verhindern, dass eine solche Werknutzung durch das Raster der in § 15 UrhG genannten Verwertungsrechte fällt, was durch die dort nur beispielhafte Aufzählung der Verwertungsrechte gerade verhindert werden soll, ist dennoch zu überlegen, einen solchen Nutzungsvorgang als Fall eines unbenannten Verwertungsrechts i.S.d. § 15 Abs. 2 Satz 1 UrhG zu behandeln.[399]

2) Zeitpunkt des Abrufs

Als ungeschriebene Voraussetzung fordert § 20 UrhG, dass der Anbieter die zeitliche Abfolge der Sendung festlegen muss, d.h. ihren Start- und Endzeitpunkt, sodass dieser für alle Mitglieder der Öffentlichkeit gleich ist.[400] Dieses Verständnis entspricht auch der Definition von Rundfunk im öffentlichen Medienrecht.[401]

Im Gegensatz dazu zeigt sich das zeitliche Moment bei § 19a UrhG dergestalt, dass ein Nutzer aufgrund des Bereithaltens des Anbieters individuell entscheiden kann, zu welchem Zeitpunkt er auf das Werk zugreift. Der Zugriff muss ohne die Notwendigkeit des weiteren Zutuns des Anbieters erfolgen können, wobei das vom Anbieter vorgegebene Zeitfenster für den Abruf im Einzelfall durchaus kurz gehalten sein darf. Unschädlich ist nach allgemeiner Auffassung außerdem, dass der Abruf an die Erfüllung gewisser Konditionen, wie z.B. die Zahlung einer Abonnementgebühr, geknüpft ist. Technisch verursachte Verzöge-

399 Dies befürworten *Dreier*, in: *Dreier/Schulze*, UrhG, § 19a UrhG Rdnr. 10; *Poll*, MMR 2011, 226 (231); *Schulze*, ZUM 2011, 2 (7).

400 Ganz h.M., s. u.a. *OLG Stuttgart*, NJW 2008, 1605 (1606); *Bullinger*, in: *Wandtke/Bullinger*, UrhR, § 19a UrhG Rdnr. 16; *Castendyk*, in: FS Loewenheim, S. 31 (42); *Dreier*, in: *Dreier/Schulze*, UrhG, § 20 UrhG Rdnr. 13; *Dustmann*, in: *Fromm/Nordemann*, UrhR, § 20 UrhG Rdnr. 2 und 13; *Ensthaler*, in: *Wandtke/Bullinger*, UrhR, §§ 20-20b UrhG Rdnr. 10; *Poll*, GRUR 2007, 476 (479).

401 In Umsetzung europäischer Vorgaben ist § 2 Abs. 1 S. 1 RStV durch den 12. RÄndStV neu gefasst. Gemäß der Definition ist Rundfunk „die für die Allgemeinheit und zum zeitgleichen Empfang bestimmte Veranstaltung und Verbreitung von Angeboten aller Art [...] entlang eines Sendeplans unter Benutzung elektronischer Kommunikationsnetze." S. die RL 2007/65/EG des Europäischen Parlaments und des Rates vom 11.12.2007 zur Änderung der Richtlinie 89/522/EWG des Rates zur Koordinierung bestimmter Rechts- und Verwaltungsvorschriften der Mitgliedsstaaten über die Ausübung der Fernsehtätigkeit, ABlEU Nr. L 332 v. 18.12.2007, S. 27.

rungen in der Übertragung schließen die Anwendbarkeit des § 19a UrhG ebenfalls nicht aus.[402]

Bei den dem Senderecht zuzuordnenden Nutzungsvorgängen hat der Nutzer also keine Wahlmöglichkeit, sondern muss sich den Vorgaben des Anbieters unterwerfen. Kann der Nutzer hingegen – im Rahmen gewisser unschädlicher Einschränkungen – frei entscheiden, wann er das Werk abruft, liegt eine öffentliche Zugänglichmachung vor.

3) Grad der zeitlichen Wahlmöglichkeit

Welcher Grad an freier Wahlmöglichkeit letztlich allerdings erreicht werden muss, damit es sich um einen Fall des § 19a UrhG handelt, wird weder in der Rechtsprechung noch in der Literatur problematisiert, obwohl das Abgrenzungskriterium gerade in diesem Punkt Schwierigkeiten bereitet. Denn eine absolute zeitliche Freiheit des Zugangs zu den einzelnen urheberrechtlichen Schutzgütern ist z.B. dann nicht gegeben, wenn ein Nutzer wie bei personalisierten Webradios oder On-Demand-Streams ein vorgefertigtes Programm zwar individuell anstößt, aber nicht weiß, wann oder ob überhaupt das von ihm gewünschte Werk gespielt wird.

Die knappe Formulierung des § 19a UrhG („zu Zeiten ihrer Wahl“) scheint auf den ersten Blick nur wenig Raum für die Annahme einer anderen als einer absoluten Wahlfreiheit zu lassen. Mit gleichem Ergebnis erweitert daher das OLG Stuttgart den Aspekt der zeitlichen Wahlmöglichkeit um eine Wahlmöglichkeit hinsichtlich der Reihenfolge der Programmbestandteile und des Umfangs der angeforderten Daten.[403]

Allerdings würde eine solche Interpretation große Teile der elektronischen Übermittlung insgesamt aus dem Anwendungsbereich der Vorschrift ausnehmen. Selbst ein Download einer von einem anderen Nutzer zusammengestellten Playlist wie bei *8tracks*[404], bei welcher der zugreifende Nutzer weder Einfluss auf die im Einzelnen verwendeten Werke noch den Umfang der Datei hat, wäre vom Anwendungsbereich des § 19a UrhG ausgeschlossen. Dies würde eine Einschränkung des Schutzumfangs der Vorschrift bedeuten, wie sie vom Gesetzgeber gerade nicht gewollt war. Es bliebe allenfalls die Annahme eines Falls

402 *OLG Stuttgart*, NJW 2008, 1605 (1606); *Bullinger*, in: *Wandtke/Bullinger*, UrhR, § 19a UrhG Rdnr. 9; *Deyer*, in: *Dreyer/Kotthoff/Meckel*, UrhR, § 20b UrhG Rdnrn. 17-20.

403 *OLG Stuttgart* a.a.O., S. 1606. Die vom OLG Stuttgart zur Unterstützung dieser Ansicht zusätzlich angeführte Literatur spricht allerdings weder von „Reihenfolge“ noch von „Umfang“ sondern nur von der zeitlichen Wahlmöglichkeit.

404 S. zur Funktionsweise dieses Dienstes bereits oben im ersten Teil, Kapitel 1, Abschnitt B, Punkt I.

eines ungeschriebenen Rechts der öffentlichen Wiedergabe i.S.d. § 15 Abs. 2 UrhG.

Um dieses Ergebnis zu verhindern, vergleicht *Rüberg* die Situation mit einem Download, dem Werbung vorgeschaltet ist, bei dem man eine Anwendung von § 19a UrhG ohne Weiteres bejahen würde. Sofern die zeitliche Abfolge des Programms und damit der Zeitpunkt der Übertragung eines bestimmten Werkes von vornherein feststünden und sich der Nutzer die Wartezeit ausrechnen könne, bestehe zumindest eine für § 19a UrhG ausreichende relative Wahlfreiheit.[405]

Man muss aber sogar noch einen Schritt weiter gehen: Für das Vorliegen einer Zugänglichmachung an die Öffentlichkeit ist nach allgemeiner Ansicht eine objektive Betrachtung erforderlich, d.h. angesichts der Art der Bereitstellung und der dabei eingesetzten Technik muss lediglich anzunehmen sein, dass eine Öffentlichkeit das Werk zur Kenntnis nimmt. Der tatsächliche Abruf, sowie das Wissen des Nutzers um den Abruf sind unerheblich.[406] Das Merkmal „zu Zeiten ihrer Wahl" bringt damit nicht das Erfordernis einer tatsächlichen Wahlfreiheit des Nutzers zum Ausdruck, sondern verkörpert in Abgrenzung zum Senderecht die Intention des Gesetzgebers, solche Nutzungshandlungen urheberrechtlich zu erfassen, bei denen die Tätigkeit des Anbieters lediglich in der Bereithaltung zum Abruf liegt, d.h. ein Abruf ohne weiteres Zutun des Anbieters erfolgt. Die Möglichkeit des Abrufs auf Initiative des Nutzers – sei es bewusst oder unbewusst – ist aber auch dann gegeben, wenn das Werk, möglicherweise versteckt, in ein größeres Programm eingebettet ist, dessen Programmbestandteile dem Nutzer vorher nicht mitgeteilt werden. Für § 19a UrhG kann daher nur die Möglichkeit der Wahrnehmbarmachung des Werkes durch Aktivwerden einer anderen Person als der des Anbieters relevant sein. Eine Wahlmöglichkeit hinsichtlich der inhaltlichen Abfolge verlangt § 19a UrhG nicht. Die o.g. Auffassung von *Dreier* ist abzulehnen.

Die Vorschrift erfasst dem Wortlaut nach daher gleichermaßen den Abruf einzelner Werke und interaktiv zusammengestellter Programme, sowie vorgefertigter Programme unbekannten Inhalts, sofern sie nur individuell angestoßen werden. § 20 UrhG hingegen setzt eine vollständige Verantwortlichkeit auf Seiten des Anbieters hinsichtlich der Bestimmung des Zeitpunkts des Empfangs voraus.

dd) Verantwortlichkeit für die Gestaltung des Webradio-Programms

Neben der Festlegung der zeitlichen Abfolge durch den Sendenden fordert ein weiteres ungeschriebenes Merkmal des § 20 UrhG die inhaltliche Vorgabe des

---

405 *Rüberg*, Vom Rundfunk- zum Digitalzeitalter, S. 310 f.

406 S. die Nachweise in diesem Kapitel unter Abschnitt B, Punkt I 4 c) bb).

Programms durch den Anbieter.[407] Dies bedeutet grundsätzlich, dass § 20 UrhG nur lineare, nicht interaktive Übermittlungen erfasst. Kaum problematisiert wird jedoch die Frage, ob ein „gestaltetes Programm" erforderlich ist, d.h. die Verantwortlichkeit für die Auswahl der Inhalte und verwendeten Schutzgüter tatsächlich beim Anbieter liegen muss,[408] und darin ein weiteres Abgrenzungskriterium zu § 19a UrhG zu sehen ist. Dies war jedenfalls der Vorschlag des *Bundesministeriums der Justiz* im „Diskussionsentwurf eines Fünften Gesetzes zur Änderung des Urheberrechtsgesetzes".[409] Im Folgenden wurde der Begriff wegen seiner Unbestimmtheit jedoch kritisiert,[410] sodass in der endgültigen Fassung des Gesetzes von seiner Einbeziehung abgesehen wurde. Da die Digitaltechnik die zuvor technisch bedingte Einseitigkeit der Übermittlung allerdings aufhebt und dem Nutzer Einflussmöglichkeiten auf das gesendete Programm eröffnet, wird dieser Aspekt in Literatur und Rechtsprechung gelegentlich wieder aufgegriffen.[411]

Zunächst ist festzuhalten, dass dieses Merkmal als Kriterium für eine Abgrenzung zum Recht der öffentlichen Zugänglichmachung nur geeignet wäre, wenn allein das Senderecht gestaltete Programme nach seinem Sinn und Zweck erfasste. Ein Blick auf die Tatbestandsebene hilft hierbei nicht weiter. Weder das Senderecht noch das Recht der öffentlichen Zugänglichmachung stellen, wie schon erläutert, irgendwelche Anforderungen an die zu übermittelnden Inhalte, also an die Auswahl und Zusammenstellung der Schutzgüter. Fraglich ist, ob die Unterschiede auf der Rechtsfolgenseite in Form der Anwendbarkeit unterschiedlicher Schrankenbestimmungen und des Sendeprivilegs i.S.d. § 78 Abs. 1 Nr. 2 UrhG eine Differenzierung anhand dieses Kriteriums rechtfertigen.

---

407 Ganz h.M., s. u.a. *OLG Stuttgart*, NJW 2008, 1605 (1606); *Bullinger*, in: *Wandtke/Bullinger*, UrhR, § 19a UrhG Rdnr. 16; *Ensthaler*, in: *Wandtke/Bullinger*, UrhR, §§ 20-20b UrhG Rdnr. 10; *Dreier*, in: *Dreier/Schulze*, UrhG, § 20 UrhG Rdnr. 13; *Dustmann*, in: *Fromm/Nordemann*, UrhR, § 20 UrhG Rdnrn. 2, 13; *Poll*, GRUR 2007, 476 (479); *Castendyk*, in: FS Loewenheim, S. 31 (42).

408 So das Verständnis des OLG Stuttgart hinsichtlich des Begriffs des „gestalteten Programms", s. *OLG Stuttgart*, NJW 2008, 1605 (1606).

409 Der Wortlaut des als „Übertragungsrecht" bezeichneten § 19a UrhG lautete: „Das Übertragungsrecht ist das Recht, das Werk durch Funk oder durch ähnliche technische Mittel aufgrund eines Angebots an die Öffentlichkeit einem einzelnen Angehörigen der Öffentlichkeit zugänglich zu machen sowie das Recht, das Werk durch Funk oder ähnliche technische Mittel *außerhalb eines gestalteten Programms* öffentlich zugänglich zu machen." Entsprechend sollte § 20 UrhG geändert werden in: „Das Senderecht ist das Recht, das Werk durch Funk oder durch ähnliche technische Mittel innerhalb eines *gestalteten Programms* öffentlich zugänglich zu machen." S. *Bundesministerium der Justiz*, Diskussionsentwurf eines Fünften Gesetzes zur Änderung des Urheberrechtsgesetzes v. 7.7.1998 [mit Hervorhebung durch die Verfasserin].

410 *Gloy/Loschelder*, GRUR 1999, 320 (321); *Bullinger*, in: *Wandtke/Bullinger*, UrhR, § 19a UrhG Rdnr. 17.

411 S. insbesondere *OLG Stuttgart*, NJW 2008, 1605 (1606); und *Castendyk*, in: FS Loewenheim, S. 31 (45).

Der Grund dafür, dass sich beispielsweise §§ 46 und 52a UrhG ausschließlich auf das Recht der öffentlichen Zugänglichmachung beziehen, liegt jedoch nicht in der Gestaltung und Zusammenstellung der Inhalte, auf die zugegriffen wird, also im *Was*, sondern in der Art und Weise, *wie* üblicherweise auf sie zugegriffen wird. Es liegt in der Natur der Sache, dass Archive und Sammlungen (§ 46 UrhG) von Nutzern individuell erschlossen werden. Eine Sendung kommt also gar nicht in Frage. Gleichermaßen hat die Nichtberücksichtigung des § 19a UrhG in § 55 UrhG, der Schranke für die zulässige Anfertigung von ephemeren Vervielfältigungen durch Sendeunternehmen, einen praktischen Hintergrund. Denn für die Bereithaltung von Werken im Internet muss ohnehin eine dauerhafte Kopie hinterlegt werden, sodass eine Nutzungsrechtseinräumung bezüglich der öffentlichen Zugänglichmachung gem. § 31 Abs. 5 UrhG die Anfertigung einer Kopie beinhalten wird.[412] Die Anwendbarkeit unterschiedlicher Schranken ist folglich durch die Nutzungsform praktisch bedingt. Ob ein „gestaltetes Programm" vorliegt, ist unerheblich.

Ebenso wenig beruhen die Rechtfertigungsgründe für das Sendeprivileg i.S.d. § 78 Abs. 1 Nr. 2 UrhG auf der Zusammenstellung der Inhalte der Sendung. Bei dessen Einführung war vielmehr ausschlaggebend, ob die Sendung den Verkauf von Tonträgern substituierte.[413] Dies hängt wiederum davon ab, welche Nutzungsmöglichkeiten dem Hörer gewährt werden, die sowohl beim gestalteten Programm als auch bei einer per Zufall erstellten Reihenfolge gleich sein können.

Es spricht daher weder etwas dafür, dass § 20 UrhG ein gestaltetes Programm zwingend voraussetzt, noch etwas dafür, dass nur § 20 nicht aber § 19a UrhG gestaltete Programme erfasst. Im Gegenteil: Fielen gestaltete aber auf individuellen Abruf übermittelte Programme nicht unter § 19a UrhG, entstünde eine erhebliche Schutzlücke, da das Senderecht keine Wahlmöglichkeit hinsichtlich des Empfangszeitpunktes zulässt. Umgekehrt genauso: Ein Programm, welches durch Zufall, also ohne bewusste Entscheidung des Sendenden, zusammengestellt und anschließend zu einem festgelegten Zeitpunkt einmalig gesendet wird, wäre urheberrechtlich nicht erfasst, da § 19a UrhG die Wahlmöglichkeit des Nutzers hinsichtlich des Abrufzeitpunktes fordert.

Aufgrund dieser Schutzlücken muss der Aspekt der „Gestaltung des Programms" unbeachtlich bleiben. Die ungeschriebene Forderung des § 20 UrhG, dass der Anbieter den Inhalt des Programms vorgibt, kann daher nur so verstanden werden, dass über den Inhalt einer Sendung i.S.d. § 20 UrhG eben nicht der Nutzer bestimmt. Dies schließt aber nicht aus, dass solche (nicht vom Nutzer

---

412 *Dreier*, in: *Dreier/Schulze*, UrhG, § 55 UrhG Rdnr. 1; *Lüft*, in: *Wandtke/Bullinger*, UrhR, § 55 UrhG Rdnrn. 1, 4.

413 Siehe in diesem Kapitel Abschnitt B, Punkt 1.

bestimmten) Programme unter § 19a UrhG fallen können, wenn dieser über den Zeitpunkt des Abrufs entscheidet.

5. *Zwischenergebnis*

Die Übertragungstechnik ist für eine Zuordnung unter § 19a oder unter § 20 UrhG nicht ausschlaggebend, weil sowohl § 19a UrhG als auch § 20 UrhG technologieneutral formuliert sind. Aus dem gleichen Grund ist die Frage nach der Einheitlichkeit des Sendesignals und dem Akt der Initiierung des Übertragungsvorgangs unerheblich. Eine Abgrenzung über das gleichzeitig angesprochene Publikum, die Öffentlichkeit, scheitert an derselben zugrunde liegenden Definition, und der Ort des Abrufs bzw. des Empfangs ist nach beiden Verwertungsrechten frei wählbar. Die tatsächliche Wahrnehmung sowie etwaige sich der Übermittlung anschließende Nutzungsmöglichkeiten sind von beiden Verwertungsrechten gleichermaßen nicht erfasst. Ferner erfassen beide Rechte gestaltete Programme. Für die Abgrenzung des Senderechts zum Recht der öffentlichen Zugänglichmachung ist daher ausschließlich auf die Möglichkeit eines individuellen Abrufs durch den Nutzer abzustellen, welche sich hinter dem Tatbestandsmerkmal „zu Zeiten ihrer Wahl“ in § 19a UrhG verbirgt, bzw. durch das ungeschriebene Merkmal der Bestimmung der zeitlichen Abfolge i.S.d. § 20 UrhG ausgeschlossen wird.

II. Verwertungsrechtliche Bewertung der unterschiedlichen Webradio-Varianten

Aufbauend auf dieser Erläuterung der Gemeinsamkeiten und Unterschiede des Senderechts und des Rechts der öffentlichen Zugänglichmachung werden nachfolgend die beschriebenen Webradio-Varianten verwertungsrechtlich bewertet.

1. *Live-Streaming*

a) Simulcasts

Aufgrund eines Vorabentscheidungsersuchens des Englischen High Court of Justice (Chancery Division) hatte sich kürzlich der EuGH im Fall „ITV“ mit der rechtlichen Bewertung von Simulcasts zu beschäftigen. Er begnügte sich allerdings mit der Feststellung, dass der Begriff der öffentlichen Wiedergabe i.S. von Art. 1 Abs. 1 InfoSoc-RL auch eine solche Weiterverbreitung von Werken erfasse, ohne das betroffene Verwertungsrecht explizit zu benennen.[414] Allerdings stand auch nicht in Frage, unter welches Recht der öffentlichen Wiedergabe die Weiterleitung

414 *EuGH*, GRUR-Int 2013, 380 (382, Tz. 40) – ITV.

einer Fernsehsendung per Internet zu fassen war, sondern ob es sich überhaupt um einen verwertungsrechtlich relevanten eigenständigen Vorgang handelte.

Simulcasts sind wie die terrestrischen Radioprogramme allerdings an eine Vielzahl von unterschiedlichen Hörern gerichtet, die mit dem Programm gleichzeitig erreicht werden sollen.[415] Das Erfordernis der Zugänglichmachung an eine „Öffentlichkeit" ist damit erfüllt. Ferner sind Nutzer frei in der Wahl des Ortes, von dem aus sie auf einen Simulcast zugreifen möchten. Voraussetzung ist wie beim terrestrischen Radio nur das Vorhandensein eines Empfangsgerätes. Den Zeitpunkt des Zugriffs auf das Programm kann der Nutzer hingegen nicht frei bestimmen: Der Empfangszeitpunkt sowie die anschließende Programmabfolge werden vom Sender in Form eines Sendeplans festgelegt. Nach allgemeiner und richtiger Auffassung sind Simulcasts daher dem Senderecht zuzuordnen.[416] Die Tatsache, dass das Signal nur auf Abruf des Nutzers übermittelt wird, also ein kleiner Moment der Interaktivität vorhanden ist, steht diesem Schluss angesichts der Technologieneutralität der Vorschrift nicht entgegen.[417]

b) Webcasts

Der einzige Unterschied zum Simulcasting liegt beim Webcasting darin, dass parallel keine klassische Verbreitung über Funk oder Satellit erfolgt.[418] Urheberrechtlich ist dies indes nicht relevant. Auch hier sind die konkret geschützten

---

415 Auf die Erläuterung der Erscheinungsform Simulcast wird verwiesen, s.o. im ersten Teil Kapitel 1, Abschnitt A.

416 *LG Köln*, ZUM 2005, 574 (575); *Bäcker,* Die Rechtsstellung der Leistungsschutzberechtigten, S. 243; *Bullinger*, in: *Wandtke/Bullinger*, UrhR, § 19a UrhG Rdnr. 34 und *Ensthaler*, in: *Wandtke/Bullinger*, UrhR, §§ 20-20b UrhG Rdnrn. 11 und 14; *Büscher/Müller*, GRUR 2009, 558; *Castendyk*, in: FS Loewenheim, S. 31 (42); *Dierking,* Internet zum Hören, S. 132; *Dustmann*, in: *Fromm/Nordemann*, UrhR, § 20 UrhG Rdnrn. 24 f.; *Gey,* Das Recht der öffentlichen Zugänglichmachung, S. 145-150; *Handig*, GRUR Int 2007, 206 (219); *Klatt*, CR 2009, 517 (518); *Kleinke*, AfP 2008, 460 (462 f.); *Müller*, ZUM 2009, 121 (121 f.); *Poll*, GRUR 2007, 476 (480); *ders.*, MMR 2011, 226 (229); *Rüberg*, Vom Rundfunk- zum Digitalzeitalter, S. 309; *Sasse/Waldhausen*, ZUM 2000, 837 (842); *Schack*, GRUR 2007, 639 (641); *Schulze*, ZUM 2011, 2 (4); *M. Schwarz*, ZUM 2000, 816 (822 f.); *v. Ungern-Sternberg*, in: *Schricker*, UrhR, Vor §§ 20 ff. UrhG Rdnr. 7 und § 20 UrhG Rdnrn. 10 und 45 m.w.N.; *ders.*, in: FS Loschelder, S. 415 (416); *Weber,* ZUM 2009, 460 (461); *Werner*, in: *Ensthaler/Weidert* (Hrsg.), Handbuch UrhR und Internet, Kap. 3 Rdnrn. 48 f. A.A. nur *Bortloff*, GRUR Int 2003, 669 (675), der es mit Verweis auf die Initiierung des Abrufs durch den Nutzer ablehnt; und *Dreier*, in: *Dreier/Schulze*, UrhG, § 19a UrhG Rdnr. 10 und § 20 UrhG Rdnr. 16 u.a. mit Verweis auf die Uneinheitlichkeit des Sendesignals.

417 Siehe in diesem Teil Kapitel 2, Abschnitt B, Punkt I 4 a).

418 Auf die Erläuterung der Erscheinungsform Webcasting wird verwiesen, s. im ersten Teil, Kapitel 1, Abschnitt A.

Inhalte nicht zu Zeiten der Wahl der Nutzer zugänglich, sondern durch die konkrete Programmabfolge des Sendenden bestimmt. Die h.M. ordnet diese Form des Webradios daher ganz richtig ebenfalls dem Senderecht i.S.d. § 20 UrhG zu.[419]

c) Spartenkanäle

In Bezug auf Spartenkanäle, die beispielsweise nur Werke einer bestimmten Musikrichtung senden, meint *Dreier*, dass diese aufgrund der hohen Wahrscheinlichkeit, dass das vom Nutzer gewünschte Musikstück in einem relativ kurzen Zeitraum gespielt wird, eher dem Recht der öffentlichen Zugänglichmachung nach § 19a UrhG zuzuordnen seien.[420]

Eine hohe Wahrscheinlichkeit, dass ein gewünschtes Stück kommt, ändert aber nichts an der faktischen Herrschaft des Sendenden über Programmstart und -ende. Im Übrigen gibt es auch im terrestrischen Rundfunk Spartenkanäle bzw. ist die Wahrscheinlichkeit, dass ein vom Nutzer gewünschtes top-aktuelles Lied in den Sonntagscharts gespielt wird, ebenfalls hoch, ohne dass es hier zu einer Andersbewertung des Nutzungsvorgangs käme. Die Diskussion um die wirtschaftliche Bedeutung von Spartenkanälen als Substitut für den Kauf von Musik bzw. die Angemessenheit der zugrunde zu legenden Tarife, die *Dreier* mit seiner Argumentation aufgreift, darf jedenfalls nicht im Rahmen der Zuordnung zu den Verwertungsrechten geführt werden, wenn der Nutzungsvorgang *de lege lata* doch klar erfasst ist. Folgerichtig ordnet auch der BGH Spartenkanäle dem Senderecht zu.[421]

2. Programmpakete

Die rechtliche Bewertung der unterschiedlichen Arten von Programmpaketen, d.h. Loop-Streams, On-Demand-Streams und Podcasts, birgt größere Schwierigkeiten, da sich die Verwertungshandlung der jeweiligen Nutzungsform einem der Verwertungsrechte weniger eindeutig zuteilen lässt. Hinzu kommt, dass man angesichts der neuen Interaktionsmöglichkeiten ähnlich wie bei den Spartenkanälen eher versucht ist, diese Aspekte Einfluss auf die Bewertung nehmen zu lassen.

---

419 S. die Verweise bei Fn. 416. A.A. wieder nur *Dreier* und *Bortloff* aus genannten Gründen, s. Fn. 416.

420 *Dreier*, in: *Dreier/Schulze*, UrhG, § 20 UrhG Rdnr. 14. Mit dieser Begründung ebenso schon *Schwenzer*, GRUR Int 2001, 722 (729).

421 *BGH*, GRUR 2004, 669 (Musikmehrkanaldienst).

a) Podcasts

Schon bei den Podcasts ergeben sich trotz der Tatsache, dass eine permanente Kopie auf dem Rechner des Nutzers angelegt wird,[422] Zuordnungsschwierigkeiten. Zunächst ist festzuhalten, dass sich ein Podcast-Angebot in der Regel an alle Internetnutzer wendet. Jeder, der die entsprechenden Einstellungen an seinem Podcast-Client vornimmt, kann den Podcast empfangen. Die Voraussetzung der Öffentlichkeit ist daher in der Regel erfüllt.[423] Da nicht der Nutzer selbst den Akt der Zugänglichmachung steuert, sondern lediglich seinen Podcast-Client auf einen entsprechenden Empfang einstellt, sobald der Anbieter den Podcast bereitstellt, ist aber fraglich, ob die für § 19a UrhG erforderliche freie Wählbarkeit des Zugriffzeitpunkts gegeben ist.

Hoeren verneint eine Anwendbarkeit des § 19a UrhG mit der Begründung, dass die Entscheidung über den Übermittlungszeitpunkt ausschließlich beim Anbieter liege. Er sieht das Senderecht berührt.[424] Dem ist zu entgegnen, dass die Übermittlung an den Einzelnutzer erst dann erfolgt, wenn dieser (wieder) online ist, ein Zeitpunkt, den zu bestimmen dem Nutzer überlassen bleibt. Anders als bei der Sendung „verfällt" die Möglichkeit auf den Zugriff der übermittelten Inhalte nicht. Der einzige Unterschied zum klassischen Download besteht darin, dass der Nutzer durch entsprechende Einstellung des Podcast-Clients den Anbieter anweist, ihm die geschützten Inhalte dann zu übermitteln, wenn er wieder online ist.

Poll und *v. Ungern-Sternberg* wiederum verneinen die Anwendbarkeit sowohl von § 19a UrhG als auch von § 20 UrhG mit dem Argument, dass Podcasts an eine Mehrzahl von Empfängern *nacheinander* übertragen werden, d.h. das für die benannten Verwertungsrechte erforderliche Kriterium der Gleichzeitigkeit nicht erfüllt sei. Gleichwohl sei das Schutzbedürfnis des Urhebers auch für diese Nutzungsart anzuerkennen, da sie in der Intensität der Werknutzung den Nutzungshandlungen entspreche, die von den benannten Verwertungsrechten erfasst werden. Dementsprechend seien derartige Push-Dienste unter eines der unbenannten Rechte des § 15 Abs. 2 UrhG, das sog. „Online-Verbereitungsrecht", zu fassen.[425] Gegen diese dogmatische Verortung spricht aber, dass die Übermittlung

---

422 Siehe zum technischen Hintergrund der Podcasts im ersten Teil Kapitel 1, Abschnitt B, Punkt III.

423 A.A. soweit ersichtlich nur *Schack*, der meint, dass der Anbieter die Kopie auf dem Rechner des Nutzers anfertige, daher die Wiedergabe nicht öffentlich und folglich nur das Vervielfältigungsrecht des § 16 UrhG betroffen sei, *Schack*, GRUR 2007, 639 (643).

424 *Hoeren*, in: *Loewenheim*, Handbuch UrhR, § 21 Rdnr. 63.

425 *Poll*, MMR 2011, 226 (230); und *v. Ungern-Sternberg*, in: FS Loschelder, S. 415 (418, 421-424 mit ausführlicher Begründung); und *ders.*, in: *Schricker*, UrhR, § 20 UrhG Rdnr. 46. Ähnlich *M. Schwarz*, ZUM 2000, 816 (827), wobei sich sein Beitrag jedoch auf die Rechtslage vor Einführung des § 19a UrhG bezieht.

an die Einzelnutzer nur deswegen zeitlich verzögert erfolgt, weil sich diese zu unterschiedlichen Zeiten mit dem Internet verbinden oder die Abruffunktion ihrer Podcast-Clients unterschiedlich eingestellt haben. Die rechtlich relevante Bereitstellung zum Abruf erfolgt hingegen wie beim klassischen Download gleichzeitig für eine Mehrzahl von Nutzern. Es besteht folglich keine Notwendigkeit, auf § 15 Abs. 2 UrhG zurückzugreifen, und es ist der vorherrschenden Ansicht zu folgen, Podcasts dem Recht der öffentlichen Zugänglichmachung zuzuordnen.[426]

b) Loop-Streams / Near-on-Demand

Die Einordnung von Loop-Streams in das System der Verwertungsrechte wirft ebenfalls einige Fragen auf. Da sie in ihrer Funktionsweise allerdings dem bereits seit längerem diskutierten Near-Video-on-Demand (NVoD) ähneln,[427] ist zu überprüfen, inwiefern sich die in Bezug auf NVoD gefundenen, teils umstrittenen Ergebnisse auf Loop-Streams übertragen lassen.

Auf internationaler Ebene wurde die Frage einer Einordnung von NoD-Diensten unter das Senderecht auf der einen oder das Recht der öffentlichen Zugänglichmachung auf der anderen Seite schon im Rahmen der WIPO-Verträge diskutiert, letztlich aber unbeantwortet gelassen, da kein Konsens erzielt werden konnte.[428] Das gleiche Schicksal traf die Problematik des NoD auf europäischer Ebene,[429] wobei der EuGH in einer Entscheidung im Jahr 2005 zur Interpretation der medienrechtlichen Richtlinie 98/34/EG[430] NVoD-Dienste „Fernsehsendungen“ und nicht den „Kommunikationsdienste[n] … auf individuellen Abruf“ zugeordnet hat.[431]

---

426 S. *Bullinger*, in: *Wandtke/Bullinger*, UrhR, § 19a Rdnr. 23 und *Ensthaler*, in: *Wandtke/Bullinger*, UrhR, §§ 20-20b UrhG Rdnr. 14; *Castendyk*, in: FS Loewenheim, S. 31 (44 f.); *Dierking*, Internet zum Hören, S. 132; *Dreier*, in: *Dreier/Schulze*, UrhG, § 19a UrhG Rdnr. 6 und § 20 UrhG Rdnr. 16; *Dreyer*, in: *Dreyer/Kotthoff/Meckel*, UrhR, § 19a UrhG Rdnr. 22; *Dustmann*, in: *Fromm/Nordemann*, UrhR, § 19a UrhG Rdnr. 21; *Gey*, Das Recht der öffentlichen Zugänglichmachung, S. 150; *Poll*, GRUR 2007, 476 (480); *Schulze*, ZUM 2011, 2 (4).

427 Auf die vorangehende Erläuterung der technischen Aspekte wird verwiesen, s. im ersten Teil Kapitel 1, Abschnitt B, Punkt II.

428 S. *Ficsor*, The Law of Copyright and the Internet, S. 247 Rdnrn. 150 f.; und *Rüberg*, Vom Rundfunk- zum Digitalzeitalter, S. 317 f.

429 *v. Lewinski*, in: *Walter*, Europäisches Urheberrecht, Info-RL, Rdnr. 25; und *Rüberg*, a.a.O., S. 318.

430 RL 98/34/EWG v. 22.6.1998 über ein Informationsverfahren auf dem Gebiet der Normen und technischen Vorschriften, ABlEG Nr. L 204 v. 21.7.1998, S. 37.

431 *EuGH*, Slg. 2005, I-4891 = MMR 2005, 517 – Mediakabel.

aa) Begründungsansätze in Literatur und Rechtsprechung

In Deutschland werden NoD-Dienste überwiegend als Sendung qualifiziert, da Programmabfolge, d.h. die sich wiederholenden Programmschleifen bzw. die Anzahl der Kanäle und der Startzeitpunkt der Programme, sowie die Inhalte des Programms vom Anbieter bestimmt werden.[432] Die zeitlichen Abstände zwischen den Startzeiten der gleichen Programme können theoretisch allerdings so kurz bemessen sein, dass der Nutzer die Hoheit des Anbieters über den Zeitpunkt der Übermittlung nicht oder nur kaum wahrnimmt. Der Nutzer kann vielmehr den Eindruck gewinnen, er könne das Werk jederzeit abrufen. Das Angebot wirkt auf den Nutzer dann nicht wie eine klassische Sendung sondern gleicht den Möglichkeiten im Rahmen einer öffentlichen Zugänglichmachung. Eine andere Ansicht verlangt daher eine differenzierte Betrachtungsweise und hält abhängig vom Einzelfall eine Anwendung des § 19a UrhG oder des § 20 UrhG für möglich.[433] Dies scheint der Wortlaut des § 19a UrhG auf den ersten Blick auch zu stützen, da die Vorschrift lediglich vom „Zugänglichmachen" spricht und damit jede technische Umsetzung – also auch ein hochfrequentes, zeitversetztes Wiederholen eines Programms – zu erfassen scheint.[434]

bb) Bewertung

Das Tatbestandsmerkmal „zu Zeiten ihrer Wahl" beinhaltet, dass der Übermittlungsvorgang durch Tätigwerden des Nutzers in Gang gesetzt wird, also ohne Zutun des bereitstellenden Anbieters.[435] Dies ist bei NoD nicht der Fall; technisch betrachtet, sind die Voraussetzungen des Senderechts erfüllt.[436]

432 *Castendyk*, in: FS Loewenheim, S. 31 (41 f.); *Dreyer*, in: *Dreyer/Kotthoff/Meckel*, UrhR, § 20 UrhG Rdnr. 12; *Dustmann*, in: *Fromm/Nordemann*, UrhR, § 20 UrhG Rdnrn. 24 f.; *Gey*, Das Recht der öffentlichen Zugänglichmachung, S. 141-145; *Kleinke*, AfP 2008, 460 (464); *Müller*, ZUM 2009, 121 (121 f.); *Poll*, GRUR 2007, 476 (481); *Schack*, GRUR 2007, 639 (641 f.); *M. Schwarz/Reber*, in: *Loewenheim*, Handbuch UrhR, § 21 Rdnr. 63; *Spindler*, GRUR 2002, 105 (108); *Staudt*, in: *Kreile/Becker/Riesenhuber*, Recht und Praxis der GEMA, Kap. 10 Rdnr. 81; *v. Ungern-Sternberg*, in: *Schricker*, UrhR, § 19a UrhG Rdnr. 54 und § 20 UrhG Rdnrn. 9 und 45.

433 *Bäcker*, Die Rechtsstellung der Leistungsschutzberechtigten, S. 252 f.; *Bullinger*, in: *Wandtke/Bullinger*, UrhR, § 19a Rdnrn. 19 f. und 26; *Ensthaler*, in: *Wandtke/Bullinger*, UrhR, §§ 20-20b UrhG Rdnrn. 12 f.; *Rüberg*, Vom Rundfunk- zum Digitalzeitalter, S. 318-323; *Schulze*, ZUM 2011, 2 (8). Für ausschließlich § 19a UrhG spricht sich aus *Dreier*, in: *Dreier/Schulze*, UrhG, § 19a UrhG Rdnr. 10 und § 20 UrhG Rdnr. 15, der Streaming-Media im Allgemeinen schon wegen der Uneinheitlichkeit des Sendesignals und der gesteigerten Nutzungsmöglichkeiten dem § 19a UrhG zuordnet, siehe dazu in diesem Kapitel Abschnitt B, Punkt I 4 a).

434 *Rüberg*, Vom Rundfunk- zum Digitalzeitalter, S. 320.

435 Siehe in diesem Kapitel Abschnitt B, Punkt I 4 c) cc) 1).

436 S.a. *Castendyk*, in: FS Loewenheim, S. 31 (41 f. m.w.N.). Auch der EuGH ließ subjektive Eindrücke bei seiner Einordnung der NVoD-Dienste unberücksichtigt, s. *EuGH*, Slg. 2005, I-4891 = MMR 2005, 517 – Mediakabel.

Das Argument, NoD-Dienste ähnelten in funktioneller Hinsicht eher einer öffentlichen Zugänglichmachung lässt sich aber nicht von der Hand weisen. Bei der traditionellen Sendung ist der Nutzen, den ein Hörer aus dem Wahrnehmen eines Musikstücks zieht, verhältnismäßig begrenzt und kann jedenfalls nicht als Ersatz des Erwerbs von Tonträgern dienen. Der Gesetzgeber hat es daher für gerechtfertigt erachtet, diese Nutzungshandlung unter das Sendeprivileg der §§ 86, 78 Abs. 2 UrhG zu stellen.[437] Im Gegensatz dazu haben NoD-Dienste wegen der erhöhten Ausstrahlungsfrequenz der geschützten Werke und der Vorhersehbarkeit des übertragenden Inhalts ein höheres Potential, den Kauf eines Tonträgers zu substituieren. Die wirtschaftlichen Auswirkungen für die Rechteinhaber können also wesentlich einschneidender sein als bei der klassischen Sendung.[438]

Dem Sinn und Zweck des Senderechts, wie er im Sendeprivileg zum Ausdruck kommt, wird eine pauschale Bewertung von NoD-Dienste als Sendung jedenfalls nicht gerecht. Vorzugswürdiger erscheint daher, NoD-Dienste nur dann unter das Senderecht zu fassen, wenn sie nicht die Gefahr in sich tragen, die Nachfrage nach Kopien des Schutzgutes zu ersetzen. Dies hängt wiederum davon ab, welcher Eindruck dem Nutzer hinsichtlich der individuellen Verfügbarkeit des Angebotes vermittelt wird.

Rüberg und *Bortloff* weisen zusätzlich darauf hin, dass das Sendeprivileg in erster Linie zum Schutz des öffentlichen Rundfunks vor Monopolmissbrauch durch die Rechteinhaber eingeführt wurde. Davon sollen ihrer Ansicht nach kleine private Veranstalter, die die Mehrheit der NoD-Anbieter ausmachen, nicht profitieren.[439] Dieses Argument überzeugt allerdings nicht. Zum einen macht mittlerweile auch der öffentlich-rechtliche Rundfunk von der NoD-Technik Gebrauch. Zum anderen können zweifelsohne auch private Sender zur kulturellen Vielfalt – welche das Sendeprivileg schützen will – beitragen wie traditionelle Hörfunkunternehmen.

Nichtsdestotrotz sprechen angesichts der Konsequenzen einer Zuordnung dieser Nutzungsart auf Rechtsfolgenseite gute Gründe für die Notwendigkeit, den Geltungsbereich des § 20 UrhG in diesem Punkt einzuschränken. Zwar mag dies im Ergebnis eine Abwägung im Einzelfall erfordern, sodass einige NoD-

---

437 Siehe dazu schon in diesem Kapitel Abschnitt B, Punkt I 1 1.

438 S. *Schwenzer*, GRUR Int 2001, 722 (725-728, 732), der zu dem Ergebnis kommt, dass aufgrund der fortgeschrittenen Technik in vielen Bereichen ein Substitutionseffekt besteht, der ein exklusives Gestattungsrecht rechtfertigt, und daher eine Neubewertung des Sendeprivilegs fordert. Ebenso *Bortloff*, GRUR Int 2003, 669 (671 f.); *Rüberg*, Vom Rundfunk- zum Digitalzeitalter, S. 318; und *Knies,* Die Rechte der Tonträgerhersteller in internationaler und rechtsvergleichender Sicht, S. 175-177.

439 *Bortloff*, GRUR Int 2003, 669 (672); *Rüberg*, Vom Rundfunk- zum Digitalzeitalter, S. 318.

Dienste unter § 20 UrhG, andere unter § 15 Abs. 2 UrhG fallen. Durch Richterrecht entwickelte Leitlinien könnten die Zuordnung eines NoD-Dienstes dann aber erleichtern. Ausschlaggebend sollten die Länge des zugrunde liegenden Werkes und die erforderliche Wartezeit bis Neubeginn sein. *Rüberg* schlägt beispielsweise eine Wartezeit von 10% der Abspieldauer vor. Darunter sei eine Einordnung als Sendung i.S.d. § 20 UrhG nicht gerechtfertigt.[440] Die einschneidenden rechtlichen und wirtschaftlichen Konsequenzen einer Restriktion des § 20 UrhG machen die Diskussion jedoch zu einer rechtspolitischen Frage. Eine Ergänzung *de lege ferenda*, etwa in Form eines Ausnahmetatbestandes ähnlich dem § 20b UrhG, erscheint geboten.

Für die hier untersuchten Loop-Streams ist die geschilderte Problematik angesichts der Charakteristiken des Schutzgutes aus praktischer Sicht allerdings weniger entscheidend als für NVoD-Dienste. Eine zeitversetzte Wiedergabe eines einzelnen Musikstücks lohnt sich aufgrund der für ein gewisses Repertoire erforderlichen Serverkapazitäten nicht. Sind Musikstücke wiederum in einen Ausschnitt aus einem Radioprogramm eingebettet, erreicht die Verfügbarkeit des einzelnen Titels kein kritisches Level. Die typischen Webradio-Loop-Streams sind daher in der Regel dem Senderecht zuzuordnen.

c) On-Demand-Streams

Bei den On-Demand-Streams wird ein vorgefertigtes Programm zeitlich individuell angestoßen. Der Nutzer bestimmt damit zwar grundsätzlich die zeitliche Dimension der Übermittlung. Eine absolute zeitliche Freiheit des Zugangs zu einzelnen Musiktitel ist aber nicht gegeben. Wollte der Nutzer etwa ein spezielles Musikstück hören, das im Gesamtprogramm verwendet wird, muss er warten, bis der vorherige Teil des Programms durchgelaufen ist.[441] Wie zuvor erläutert wurde, verlangt § 19a UrhG aber auch keine absolute zeitliche Wahlfreiheit bezogen auf die einzelnen verwendeten Schutzgüter. Es reicht aus, wenn die Möglichkeit besteht, dass ein Schutzgut auf individuellen Abruf des Nutzers übermittelt wird.[442] On-Demand-Streams sind daher grundsätzlich dem Recht der öffentlichen Zugänglichmachung nach § 19a UrhG zuzuordnen.[443]

---

440 *Rüberg*, Vom Rundfunk- zum Digitalzeitalter, S. 321, allerdings in Bezug auf die Einordnung unter das Recht der öffentlichen Zugänglichmachung. Ähnlich *Bullinger*, in: *Wandtke/Bullinger*, UrhR, § 19a UrhG Rdnr. 20.

441 Zum technischen Hintergrund s.o. im ersten Teil, Kapitel 1, Abschnitt B, Punkt I.

442 Siehe dazu in diesem Kapitel Abschnitt B, Punkt I 4 c) cc).

443 So auch die allgemeine Auffassung, s. etwa *LG München I*, ZUM 2001, 260, das zwar On-Demand-Streams zu meinen scheint, aber als „Webcast“ bezeichnet; *Bäcker,* Die Rechtsstellung der Leistungsschutzberechtigten, S. 254 f.; *Bullinger*, in: *Wandtke/Bullinger*, UrhR, § 19a

Allerdings ist die Überlegung von *Weber* nicht von der Hand zu weisen, dass ein auf sieben Tage begrenztes Abrufangebot eines Sendeunternehmens wirtschaftlich eine gewisse Ähnlichkeit zu einer Sendung hat. Er möchte ein solches Angebot daher als Annex zum Senderecht behandeln.[444] Dieser Ansatz beseitigt natürlich das aus lizenzrechtlicher Sicht unvorteilhafte Auseinanderfallen dieser Sendeform zur traditionellen Sendung und fördert das System des One-Stop-Shops für den Lizenzerwerb.[445] Einen ganz ähnlichen Ansatz verfolgt daher auch der US-amerikanische Musikdienst *8tracks*. Dieser sieht sich als Radiosender i.S.d. US-amerikanischen Urheberrechts und entrichtet dementsprechend zwar Lizenzzahlungen an die urheberrechtlichen Verwertungsgesellschaften, zahlt an die Leistungsschutzberechtigten, die in den USA über kein Senderecht verfügen,[446] hingegen nichts.

Der Wortlaut des deutschen Urheberrechtsgesetzes ist in dieser Hinsicht jedoch eindeutig. Mit einer Restriktion des § 19a UrhG wäre zudem eine erhebliche Rechtsunsicherheit bei zugleich erheblichen wirtschaftlichen Konsequenzen verbunden, sodass auch in Bezug auf diesen Aspekt allenfalls eine Klarstellung durch den Gesetzgeber möglich ist. On-Demand-Streams sind daher dem § 19a UrhG zuzuordnen.

3. *Personalisiertes Webradio*

Personalisierte Webradios wie *last.fm* und *simfy* bergen ebenfalls einige neue Facetten in der Verwertung von geschütztem Material und damit Fragen der Einordnung unter die Verwertungsrechte in sich.[447] Bei einem Webradio wie *last.fm* kann der Nutzer weder die zu spielenden Künstler festlegen noch die Reihenfolge, in der die Musikstücke gespielt werden. Er hat jedoch Einfluss auf

---

Rdnrn. 23 und 34 f.; *Dustmann*, in: *Fromm/Nordemann*, UrhR, § 19a UrhG Rdnrn. 17 und 20; *Ensthaler*, in: *Wandtke/Bullinger*, UrhR, §§ 20-20b UrhG Rdnr. 14; *Fusbahn,* IPRB 2011, 42; *Gey,* Das Recht der öffentlichen Zugänglichmachung, S. 139 f.; *Kleinke*, AfP 2008, 460 (462 und 464); *Müller*, ZUM 2009, 121 (122); *Rüberg*, Vom Rundfunk- zum Digitalzeitalter, S. 310 f. mit der Einschränkung, dass der Nutzer Kenntnis vom Programminhalt haben muss; *Schack*, GRUR 2007, 639 (641); *Schulze*, ZUM 2011, 2 (4); *Werner*, in: *Ensthaler/Weidert* (Hrsg.), Handbuch UrhR und Internet, Kap. 3 Rdnrn. 44 f. Ebenso schon *Sasse/Waldhausen*, ZUM 2000, 837, die zu dem Zeitpunkt jedoch nur § 20 UrhG ausschließen konnten. A.A. *v. Ungern-Sternberg*, in: *Schricker*, UrhR, § 20 UrhG Rdnr. 46, der die Übermittlungshandlung jedoch dem Innominatfall des § 15 Abs. 2 UrhG zuordnet.

444 *Weber*, ZUM 2009, 460 (463).

445 S. *Weber*, in: *Stern/Peifer/Hain* (Hrsg.), Werkvermittlung und Rechtemanagement im Zeitalter von Google und YouTube, S. 37 (38, 45 ff.).

446 S. dazu schon oben Fn. 82.

447 Für die Einzelheiten siehe im ersten Teil, Kapitel 1, Abschnitt C.

das Genre oder andere Gemeinsamkeiten zwischen den gespielten Musikstücken. Jede Übermittlung erfolgt und jedes Programm startet erst mit individuellem Abruf durch den Nutzer. Selbst wenn zwei Nutzer, sei es gleichzeitig oder zeitversetzt, den gleichen Künstler oder das gleiche Genre auswählen, ist das Programm, was durch den Algorithmus zusammengestellt wird, nicht unbedingt identisch. Es empfängt folglich jeweils nur ein Nutzer das auf ihn abgestimmte Programm. Ebenso kann das Programm bei erneuter Eingabe des Künstlers beim zweiten oder dritten Abruf andere Musikstücke enthalten als noch beim ersten Mal. Von der klassischen Sendung unterscheiden sich personalisierte Webradios also grundsätzlich anhand des fehlenden gleichzeitigen Empfangs des jeweiligen Programms; vom klassischen Download anhand der Unbeeinflussbarkeit und Unvorhersehbarkeit des abzurufenden Inhalts.

a) Lösungsansätze in der Literatur

Um diese vermeintlichen Schwierigkeiten bei der Einordnung dieser Webradio-Art unter eines der Verwertungsrechte zu überbrücken, wird in der Literatur der Vorschlag unterbreitet, darauf abzustellen, wo der Schwerpunkt der Nutzung liegt.

In diesem Sinne argumentiert *Klatt*, dass ein Dienst dem Recht der öffentlichen Zugänglichmachung i.S.d. § 19a UrhG zuzuordnen sei, wenn die Verfügbarkeit bestimmter Werke den Nutzungsmöglichkeiten einer CD sehr nahe komme. Ließe der Dienst eine nur beschränkte interaktive Beeinflussung derart zu, dass die „redaktionelle Hoheit" nach wie vor beim Anbieter liege, sei eine Sendung gegeben.[448] Diesen Ansatz vertieft *Malcher* und argumentiert unter Anwendung der Typenlehre[449], dass das Gesamtgepräge eines personalisierten Webradios, bestimmt durch die Kombination einzelner Funktionen, über die Zuordnung entscheide. Leitkriterium sei das Potenzial des jeweiligen Dienstes, „aufgrund einer funktionellen und wirtschaftlichen Nähe die Verbreitung herkömmlicher Tonträger abzulösen."[450] Merkmale, anhand derer das Maß an Rezeptionskontrolle bestimmt werden könne, seien die Beeinflussungsmöglichkeiten der laufenden Darbietung z.B. durch Skip-Funktion, verschiedene Funktionalitäten wie Playlist-Anzeige, sowie der Grad der Personalisierung der Darbietung.[451] Er kommt dabei zu dem Ergebnis, dass eine öffentliche Zugänglichmachung i.S.d. § 19a UrhG gegeben sei, wenn die Funktionaliäten eine hohe Rezeptionskontrolle ermöglichten, etwa wenn der Nutzer aufgrund einer Skip-Funktion mit einer

448 *Klatt*, CR 2009, 517 (522).

449 S. *Larenz/Canaris*, Methodenlehre, S. 113 f. und 290-302.

450 *Malcher*, Personalisierte Webradios, S. 157 f.

451 *Malcher* a.a.O., S. 159-164.

Playlist-Anzeige wisse, wie viele Titel er überspringen müsse, um den Song seiner Wahl zu hören. Werde der Nutzer hingegen allein von einem linearen Programm „beschallt", ohne Einfluss darauf nehmen zu können, sei dieses, selbst wenn es für ihn personalisiert worden sei, eine Sendung i.S.d. § 20 UrhG.[452]

Mit dieser wertenden Abgrenzung geht freilich ein Verlust an Rechtssicherheit einher. Darüber hinaus könnte diese Vorgehensweise nur in Betracht gezogen werden, wenn ein Nutzungsvorgang die Tatbestände beider Verwertungsrechte erfüllen würde.[453] Dies ist jedoch nicht der Fall.

Ganz ähnlich wie *Malcher* kommt *Castendyk*, leider ohne nähere Begründung, zu dem Ergebnis, aufgrund der Linearität liege eine Sendung vor.[454] Er erläutert insofern nur, dass eine Zuordnung unter § 19a UrhG schon am Fehlen einer „Wiedergabe an die Öffentlichkeit" scheitere. Die in § 15 Abs. 3 UrhG genannte Wiedergabe müsse sich auf die Wiedergabe des jeweiligen urheberrechtlich geschützten Werks beziehen, also nicht auf das Gesamtangebot des Anbieters, das sich an eine Vielzahl von Kunden richte. Der Akt der Wiedergabe – und damit der Verwertungsakt – beginne aber erst mit der Bereitstellung oder Sendung eines konkreten Werks in der konkreten Programmfolge. Es gebe daher keinen linearen, für eine Mehrzahl von Personen bestimmten Stream. Infolgedessen erfolge die Wiedergabe nicht an eine Öffentlichkeit.[455] Diese Auffassung überzeugt ebenfalls nicht, da *Castendyk* von einem zu engen Verständnis des Begriffs der „Öffentlichkeit" ausgeht.

v. Ungern-Sternberg schlägt hingegen die Einführung eines neuen Verwertungsrechtes, des Online-Verbreitungsrechtes, vor.[456] Dieses zeichne sich aus durch eine Einzelkommunikation zwischen zwei Personen, der ein entsprechendes Angebot an die Öffentlichkeit zur Durchführung dieser Einzelkommunikation vorausgehe mit dem Inhalt, dass der Anbieter Musiktitel aus seiner Datenbank in gleicher Weise übertragen werde wie bei einem öffentlichen Rundfunkprogramm.[457] Damit möchte er das vermeintliche Problem umgehen, dass der Öffentlichkeitsbegriff i.S.d. § 19a UrhG nicht erfüllt sei. Entsprechend formuliert er den Tatbestand dieses Rechts wie folgt:

---

452 *Malcher* a.a.O., S. 165-170.

453 S.a. die Kritik von *v. Ungern-Sternberg*, in: *Stern/Peifer/Hain* (Hrsg.), Werkvermittlung und Rechtemanagement im Zeitalter von Google und YouTube, S. 51 (65).

454 *Castendyk*, in: FS Loewenheim, S. 31 (45).

455 *Castendyk* a.a.O., S. 36.

456 *v. Ungern-Sternberg*, in: FS Loschelder, S. 415 (420 ff.); und *ders.*, in: *Stern/Peifer/Hain* (Hrsg.), Werkvermittlung und Rechtemanagement im Zeitalter von Google und YouTube, S. 51 (64 ff.).

457 *v. Ungern-Sternberg* a.a.O., S. 66.

> „Das Recht der öffentlichen Online-Verbreitung ist das Recht, das in elektronischer Form bereitgehaltene Werk entsprechend einem öffentlichen Angebot durch Senden mit funktechnischen oder ähnlichen Mitteln einzelnen Mitgliedern der Öffentlichkeit zugänglich zu machen."[458]

Mit dieser Definition fasst *v. Ungern-Sternberg* auch Push-Dienste wie Podcasts unter das Online-Verbreitungsrecht.[459]

b) Eigene Wertung

Die Einführung eines neuen Verwertungsrechts ist nicht, zumindest nicht in Bezug auf personalisierte Webradios, notwendig, um diese unter eines der bestehenden Verwertungsrechte zu fassen – auch ohne dass die Verwertungsrechte „gedehnt und verformt" werden, wie *v. Ungern-Sternberg* befürchtet.[460]

Die vorgenannten Lösungsansätze gründen vornehmlich in der Annahme, dass bei personalisierten Webradios das Kriterium der Öffentlichkeit i.S.d. § 19a UrhG nicht erfüllt sei. Ob das Kriterium der Öffentlichkeit erfüllt ist, kann jedoch erst beurteilt werden, wenn klar ist, welches Verwertungsrecht grundsätzlich angesprochen wird, da der Zeitpunkt der Durchführung des Verwertungsaktes und damit der Beurteilungszeitpunkt für das Vorliegen einer Öffentlichkeit von Verwertungsrecht zu Verwertungsrecht unterschiedlich sein kann. Der für § 20 UrhG ausschlaggebende Verwertungsakt ist das Emittieren des Sendesignals. Bei § 19a UrhG setzt die Verwertungshandlung früher an, nämlich im Moment der Bereithaltung zum Abruf. Der anschließende Übermittlungsvorgang ist dann je nach Auffassung Teil dieses Rechts oder nicht.[461] Es ist daher zunächst zu bestimmen, ob eine Zugänglichmachung i.S.d. § 19a UrhG oder eine Sendung i.S.d. § 20 UrhG vorliegt.

Wie zuvor erläutert fordert § 20 UrhG, dass Start- und Endzeitpunkt der Sendung für alle Mitglieder der Öffentlichkeit gleich sind. Bei personalisierten Webradios wie *last.fm* fallen aber nicht nur Start- und Endzeitpunkt eines Programms für die unterschiedlichen Nutzer auseinander. Es gibt zudem kein für alle gleich ablaufendes Programm – unabhängig davon, wie es im Einzelnen zusammengestellt wird. § 20 UrhG erfasst den Sachverhalt daher – schon unabhängig vom Vorhandensein einer Öffentlichkeit – nicht.[462]

Gegen das Vorliegen einer Bereithaltung zum Abruf i.S.d. § 19a UrhG scheint zu sprechen, dass der Nutzer keinen Einfluss auf den Inhalt oder die zeitliche Dimension der Übermittlung urheberrechtlicher Schutzgüter hat. Aus

---

458 *v. Ungern-Sternberg* a.a.O., S. 68.
459 *v. Ungern-Sternberg* a.a.O., S. 69.
460 *v. Ungern-Sternberg* a.a.O., S. 70.
461 Zum Umfang des § 19a UrhG, siehe zuvor in diesem Kapitel Abschnitt B, Punkt I 1 3.
462 So zutreffend *v. Ungern-Sternberg*, in: *Schricker*, UrhR, § 20 UrhG Rdnr. 8.

diesem Grund weist *v. Ungern-Sternberg* diese Form der Werknutzung wie schon die Podcasts einem unbenannten Verwertungsrecht zu.[463] Nach der hier vertretenen Auffassung ist allerdings nicht eine tatsächliche Wahlfreiheit des Hörers ausschlaggebend. Vielmehr reicht es aus, wenn ein von einem Anbieter bereitgestelltes Angebot auf Tätigwerden des Hörers ohne weiteres Zutun des Anbieters abgerufen werden kann.[464] Vor diesem Hintergrund ändert die Tatsache, dass das einzelne Werk in ein durch einen Algorithmus bestimmtes Programm eingebettet ist, nichts an der Einschätzung, dass der Anbieter bereitstellt und der Hörer individuell, wenngleich unbewusst, abruft. Das Recht der öffentlichen Zugänglichmachung ist daher ohne weiteres geeignet, diese Nutzungsart zu erfassen.

Zur Beurteilung, ob eine Öffentlichkeit angesprochen wird, ist bei personalisierten Webradios daher auf den Moment abzustellen, in dem die Nutzer auf die Datenbank des Anbieters zugreifen können. Das Aussondern des Musikstücks in eine konkrete Programmfolge wird gerade nicht gefordert.[465] In diesem Moment des Bereithaltens richten sich personalisierte Webradios an einen Kreis nicht durch persönliche Beziehungen miteinander verbundener Personen. Jedes Stück, das in der Datenbank bereitgehalten wird, kann von mehreren Nutzern – wenn auch zufällig – gleichzeitig eingebettet in ihr individuelles Programm gehört werden. Ein Nacheinander-Hören ist gerade nicht im Interesse des Anbieters, da die Zahl der Nutzer, die gleichzeitig mit einem Stream bedient werden könnten, erheblich reduziert würde. Daher überzeugt die Auffassung von *Poll* nicht, dass das Kriterium der Gleichzeitigkeit der Bereitstellung nicht erfüllt sei.[466] Richtig ist, dass die Inhalte der Datenbank für einen Abruf durch eine Mehrzahl von Nutzern jederzeit bereit stehen. Dass die Übermittlung anschließend individuell erfolgt, ist on-demand-Nutzungen immanent.

Dieses Ergebnis wird bestätigt durch eine Überprüfung anhand teleologischer Erwägungen wie *Malcher* und *Klatt* sie vornehmen, wenngleich eine Zuordnung unter die Verwertungsrechte nicht allein darauf gestützt werden kann. Da der Nutzer den Themenbereich seines personalisierten Webradios innerhalb ein und desselben Dienstes selbst aussuchen und bei Nichtgefallen wechseln kann, ist der Eindruck, individuell über die Inhalte verfügen zu können, höher als bei Simulcasts, Webcasts oder Spartenkanälen. Er ist sogar ähnlich hoch wie beim Anhören eines

---

463 *v. Ungern-Sternberg*, in: *Schricker*, UrhR, § 20 UrhG Rdnr. 9; *ders.*, in: FS Loschelder, S. 415 (420).

464 S. in diesem Kapitel Abschnitt B, Punkt I 4 c) cc) 2).

465 Ebensowenig verlangt § 20 UrhG eine vorherige Auswahl. Ein anderes Ergebnis wäre absurd, da traditionelle Radiosendungen, in denen die Stücke per „Shuffle"-Funktion ausgewählt werden oder die Live-Konzerte zeigen, nicht mehr unter das Senderecht fielen, da keine bzw. nicht unbedingt eine konkrete Programmabfolge feststeht.

466 *Poll*, MMR 2011, 226 (230).

Musik-Samplers zu einem bestimmten Genre oder beim Anhören des Ergebnisses der zufälligen Wiedergabe von Musiktiteln aus der eigenen digitalen Musiksammlung, welche durch Einlesen der eigenen CDs etc. und/oder durch den Download einzelner Titel bzw. ganzer Alben gewachsen ist. Es besteht die Gefahr, dass die Nachfrage nach genau ebendiesen Formen der Erstverwertung (CDs und Downloads) ersetzt wird. Personalisierte Webradio-Angebote fallen demnach unter das Recht der öffentlichen Zugänglichmachung i.S.d. § 19a UrhG.[467]

Hiervon zu unterscheiden sind etwaige, neben dem eigentlichen personalisierten Webradio vorhandene Playlist-Funktionen. Diese haben, wie schon im ersten Teil dieser Untersuchung erläutert,[468] im eigentlichen Sinne nichts mit „Radio" zu tun, sondern teilen sich mit Simulcasts und Webcasts allenfalls die Übertragungstechnik und die Ansprache einer Öffentlichkeit. Der Übertragungsvorgang wird bei den Playlists – wie auch bei den On-Demand-Streams – zeitlich allein vom Nutzer bestimmt. Hinzu kommt, dass der Nutzer völlig frei über die konkrete Zusammenstellung der angebotenen Musiktitel entscheiden kann. Mithin liegt die Entscheidung über beide Aspekte der zeitlichen Dimension beim Nutzer und es handelt sich um einen Fall der öffentlichen Zugänglichmachung i.S.d. § 19a UrhG.

4. *Interaktive Elemente, Speichermöglichkeiten und Zusatzinformationen*

Gelegentlich wird argumentiert, dass die einer Übermittlung über das Internet immanenten gesteigerten Nutzungsmöglichkeiten einer Einordnung unter das Senderecht widersprächen.[469] Angesichts der Vielschichtigkeit dieser Nutzungsmöglichkeiten, wie die Wiedergabe zu pausieren, einzelne Programmelemente zu überspringen oder zusätzliche Informationen zum Künstler zu erhalten, ist eine differenzierte Betrachtung erforderlich.

a) „Stop and Play"-Funktion

Selbst bei Simulcasts oder Webcasts kann der Nutzer bei Vorliegen einer „Stop and Play"- bzw. „Pause"-Funktion zumindest in geringem Umfang Einfluss auf den vorgegebenen Programmablauf nehmen. Ähnliche Nutzungsmöglichkeiten ergeben sich im Bereich des digitalen Radios. Hierdurch wird aber nicht die

---

467 Dieses Ergebnis widerspricht nicht der richtigen Feststellung von *Castendyk*, dass lediglich ein Angebot, das jedem sich anmeldenden Nutzer verspricht, ihm ein personalisiertes Radioprogramm zusammenzustellen, selbst noch keine Wiedergabe ist. Denn bei personalisierten Webradios besteht die tatsächliche Möglichkeit des Abrufs; es handelt sich nicht nur um ein Versprechen. S. *Castendyk*, in: FS Loewenheim, S. 31 (36).

468 S. erster Teil, Kapitel 1, Abschnitt C.

469 *Dreier*, in: *Dreier/Schulze*, UrhG, § 20 UrhG Rdnr. 16.

Übertragung, sondern lediglich die Wiedergabe angehalten. Die Daten gehen weiterhin auf dem Rechner des Nutzers ein und werden im Zwischenspeicher abgelegt, bis die Wiedergabe erneut gestartet wird. Start- und Endzeitpunkt der Sendung sowie die Programmabfolge sind insofern nicht beeinflussbar. Es handelt sich vielmehr um eine Frage der Möglichkeiten des Wiedergabegeräts und der Kapazitäten des Rechners, mithin um Fragen der Wahrnehmungs- und Nutzungsmöglichkeiten auf Seiten des Nutzers, welche für die rechtliche Beurteilung des Übermittlungsvorgangs ohne Konsequenzen sind.[470]

b) „Skip"-Funktion

Anders stellt sich die Situation bei solchen Abspielfunktionen dar, welche das Überspringen einzelner Titel ermöglichen. Hierbei nimmt der Nutzer aktiv Einfluss auf das übermittelte Programm. Fraglich ist, ob eine solche „Skip"-Funktion eine Einordnung der Übermittlung unter das Recht der öffentlichen Zugänglichmachung nach § 19a UrhG erfordert.

Im Hinblick auf personalisierte Webradios und On-Demand-Streams ist diese Frage von keiner großen Bedeutung, da diese nach der hier vertretenen Ansicht ohnehin als öffentliche Zugänglichmachung zu qualifizieren sind.[471] Denkbar ist allenfalls, dass ein für alle Nutzer festgelegter und zu einer bestimmten Zeit beginnender Loop-Stream diese Funktion enthält. Überspringt der Nutzer ein oder mehrere Elemente des Programms, würde sich die Sendezeit entsprechend verkürzen.

Für das Vorliegen einer Sendung muss der Anbieter aber Hoheit über den Start- und Endzeitpunkt des Programms bzw. die Programmabfolge haben. Bei „Skip"-Funktionen ist zumindest Letzteres zu verneinen, wenngleich der Anbieter noch den Startzeitpunkt und den grundsätzlichen Inhalt des Programms festlegen mag. Der Nutzer erhält vielmehr eine gewisse Wahlfreiheit: Aus den im Programm bereitgestellten Musikstücken kann er – wenngleich unbewusst, da er nicht notwendigerweise weiß, welche Titel das Programm enthält – frei und ohne Zutun des Anbieters wählen.[472] Enthält ein Webradio-Angebot eine „Skip"-Funktion, ist es danach als öffentliche Zugänglichmachung i.S.d. § 19a UrhG zu qualifizieren.[473]

---

470 Dazu bereits ausführlich in diesem Kapitel in Abschnitt B, Punkt I 4 c) bb). Wie hier *Malcher*, Personalisierte Webradios, S. 151. A.A. *Schwenzer*, GRUR Int 2001, 722 (728), der meint, dass auch „Stop and Play"-Funktionen dem Nutzer eine Wahlmöglichkeit hinsichtlich des Zeitpunkts des Abruf einräumen.

471 Siehe in diesem Kapitel Abschnitt B, Punkt II 3.

472 S.a. die Überlegungen bei *Schwenzer*, GRUR Int 2001, 722 (728).

473 Ebenso *Wolff*, ITRB 2009, 177 (178). A.A. *Malcher*, Personalisierte Webradios, S. 151 und 168 f., mit dem Argument, der Nutzer wisse ohne weitere Funktionen wie eine Playlist nicht, welches Lied als nächstes komme.

c) „Never Play Again"-Funktion

Bei personalisierten Webradios hat der Nutzer ferner häufig die Option, einen Song oder Künstler aus dem Programm für die Zukunft auszuschließen. Indirekt beeinflusst er damit natürlich die Programmgestaltung. Solche sog. „Never Play Again"- oder „Bannen"-Funktionen können aber schon technisch bedingt nur in Zusammenhang mit individuell zusammengestellten Programmen auftreten, welche ohnehin als öffentliche Zugänglichmachung i.S.d. § 19a UrhG zu qualifizieren sind. Diese Funktion ändert an der obigen Einschätzung demzufolge nichts.

d) Speichermöglichkeiten

Schließlich verbleibt noch die Einschätzung der im Vergleich zum analogen Rundfunk verbesserten Speichermöglichkeiten, nämlich dem nahezu verlustfreien Abspeichern von Musik in besserer Qualität und der vereinfachten Vervielfältigung der Schutzgüter.

Es handelt sich hierbei jedoch um sachlich getrennte Nutzungsvorgänge, zumal der Nutzer für die Speicherung meist eine zusätzliche Software benötigt. So hat der BGH bereits entschieden, dass Rundfunk seine urheberrechtliche Qualität als Sendung nicht allein deswegen einbüßt, weil im Anschluss analoge oder mittlerweile auch digitale Aufzeichnungen angefertigt werden können, die zu einer permanenten Verfügbarkeit einzelner Schutzgüter beim Rundfunkempfänger führen.[474] Nichts anderes kann für die Beurteilung von Übermittlungsvorgängen über das Internet gelten.[475] Die Speichermöglichkeiten auf Nutzerseite haben somit keinen Einfluss auf die rechtliche Beurteilung des Übermittlungsvorgangs.

III. Ergebnis

Bei allen Erscheinungsformen von Webradio werden die Schutzgüter i.S.d. § 15 Abs. 2 Satz 1 UrhG öffentlich wiedergegeben, da eine nicht körperliche Werkverwertung erfolgt, die an einen Kreis nicht durch persönliche Beziehungen miteinander verbundener Personen gerichtet ist. Abhängig von der konkreten Ausgestaltung ist diese öffentliche Wiedergabe eine Sendung i.S.d. § 20 UrhG oder eine öffentliche Zugänglichmachung i.S.d. § 19a UrhG. Die entscheidenden Kriterien sind die Verantwortung für die Programmabfolge bzw. die freie Abrufmöglichkeit durch den Nutzer. Nachfolgend ist die Zuordnung der verschiedenen Webradio-Arten tabellarisch zusammengefasst.

---

474 *BGH*, GRUR 2004, 669 (670) (Musikmehrkanaldienst).

475 Wie hier *Rüberg*, Vom Rundfunk- zum Digitalzeitalter, S. 305. A.A. *Bortloff*, GRUR Int 2003, 669 (675).

Erscheinungsform	Zuordnung	Beispiele
Simulcasts (einschl. Spartenkanäle)	Senderecht	*NDR, Radio21*
Webcasts (einschl. Spartenkanäle)	Senderecht	*ESC-Radio, NME-Radio, byte.fm*
Podcasts	Recht der öffentlichen Zugänglichmachung	*Podcasts der ARD*
Loop-Streams	Senderecht	*Radio Fritz (RBB)*
On-Demand-Streams	Recht der öffentlichen Zugänglichmachung	*8tracks*
Personalisierte Webradios	Recht der öffentlichen Zugänglichmachung	*Last.fm, Pandora, aupeo*
Playlists	Recht der öffentlichen Zugänglichmachung	*Deezer, Napster, Simfy, juke*

Integrierte „Stop and Play"-Funktionen sowie Speichermöglichkeiten und Zusatzinformationen ändern an der urheberrechtlichen Qualifikation einer Erscheinungsform nichts. Lediglich die Integration einer „Skip"-Funktion vermag eine grundsätzlich als Sendung zu qualifizierende Übermittlung in eine öffentliche Zugänglichmachung nach § 19a UrhG zu verwandeln.

Kapitel 3: Einordnung des Webradiohörens

A. Technisch bedingte Vervielfältigungen

Die reine Benutzung eines Werkes ist urheberrechtlich nicht erfasst.[476] Zwar handelt es sich um eine Nutzung i.S.d. § 11 Satz 1 UrhG. Mit § 15 UrhG gewährt der Gesetzgeber dem Urheber jedoch nur ausgewählte Rechte, worunter die unkörperliche, nicht öffentliche Nutzung seines Werkes wie das stumme Lesen, Betrachten oder Anhören nicht fällt.[477] Dementsprechend ist das reine Hören urheberrechtlich geschützter Güter über ein Webradio – ungeachtet damit einhergehender technisch bedingter Vervielfältigungen – grundsätzlich keine urheberrechtlich relevante Handlung.

Das Abspielen des Werkes eines über das Internet übermittelten Werkes verlangt jedoch aus technischen Gründen die Anfertigung einer Vervielfältigung im Zwischenspeicher des Rechners des Nutzers. Anders als beim klassischen

476 BGHZ 112, 264 (278) = NJW 1991, 1231 = GRUR 1991, 449 (Betriebssystem); *BGH*, NJW 1994, 1216 (1217) = GRUR 1994, 363 (364 f.) (Holzhandelsprogramm).

477 *Schulze*, in: *Dreier/Schulze*, UrhG, § 15 UrhG Rdnr. 20; *v. Ungern-Sternberg*, in: *Schricker*, UrhR, § 15 UrhG Rdnr. 11.

terrestrischen Radioempfang oder bei der Wiedergabe einer CD liegt daher in jedem Fall eine urheberrechtlich relevante Verwertungshandlung in Form einer Vervielfältigung i.S.d. § 16 Abs. 1 UrhG vor, wenngleich diese gegebenenfalls nach §§ 44a ff. UrhG zulässig ist.[478]

B. Umgehung technischer Schutzmaßnahmen

Verwendet der Webradio-Anbieter zur räumlichen Einschränkung der Empfangsmöglichkeiten eine Geo-Sperre und umgeht der Nutzer diese z.B. durch Verwendung eines Anonymisierungsdienstes, eines Proxy-Servers oder eines VPN-Clients, durch Nutzung eines Deep-Links oder durch Änderung der Spracheinstellungen/der Zeitzone oder durch Falschangaben hinsichtlich seines Wohnortes, kann darin zudem eine Umgehung einer technischen Schutzmaßnahme i.S.d. § 95a UrhG und damit eine eigenständige Rechtsverletzung liegen.[479]

Das ergänzende Schutzinstrument des § 95a UrhG greift mit Ausnahme von Computerprogrammen zum Schutz aller Werkarten und Leistungsschutzgegenstände.[480] Ein Verstoß setzt voraus, dass eine wirksame technische Maßnahme, welche die urheberrechtliche Nutzung eines geschützten Werkes einschränkt, ohne Zustimmung des Rechteinhabers umgangen wird und dem Handelnden bekannt ist oder den Umständen nach bekannt sein muss, dass die Umgehung erfolgt, um Zugang zu diesem Werk oder seine Nutzung zu ermöglichen.

I. Qualifikation als technische Maßnahme

Nach der Legaldefinition des § 95a Abs. 2 Satz 1 UrhG sind technische Maßnahmen „Technologien, Vorrichtungen und Bestandteile, die im normalen Betrieb dazu bestimmt sind, geschützte Werke [...] betreffende Handlungen, die vom Rechteinhaber nicht genehmigt sind, zu verhindern oder einzuschränken."

---

478 Für eine Vervielfältigung im Arbeitsspeicher bejaht dies zu § 69c Nr. 1 Satz 2 UrhG ausdrücklich auch *BGH*, GRUR 2011, 418 (9, Tz. 13) m. Anm. *Scholz* = MMR 2011, 305 = ZUM 2011, 397 (UsedSoft). Zur Einschlägigkeit der Schrankenregelungen s.u. im dritten Teil.

479 Auf die Erläuterungen zur Funktionsweise von Geo-Sperren wird verwiesen, s.o. im ersten Teil, Kapitel 3.

480 § 95a-d UrhG fanden in Umsetzung der Art. 6 und 7 InfoSoc-RL im Jahr 2001 Eingang in das Gesetz, welche wiederum die Forderung nach einem angemessenen Rechtsschutz gegen die Umgehung technischer Schutzmaßnahmen auf internationaler Ebene, wie sie in Art. 11 WCT und Art. 18 WPPT zum Ausdruck kommt, umsetzt. Neben technischen Maßnahmen können auch Informationen dem Schutzgegenstand z.B. als Anhang oder z.B. als digitales Wasserzeichen zum Zweck der Rechtewahrnehmung beigegeben werden. Gem. § 95c UrhG dürfen solche Informationen nicht wissentlich unbefugt entfernt oder verändert werden.

Es sind demnach sowohl Zugangs- als auch Nutzungskontrollen wie z.B. Kopiersperren, welche die Art und Weise der Nutzung nach Zugang regeln, vom Anwendungsbereich des § 95a Abs. 1 UrhG erfasst.[481]

Das Tatbestandsmerkmal der technischen Maßnahme beinhaltet dabei sowohl ein auf die technische Umsetzung als auch ein auf das Objekt des Schutzes, nämlich eine relevante Nutzungshandlung, abzielendes Element. Hinzu kommt das Erfordernis einer mit den Zielen des § 95a UrhG übereinstimmenden Zweckbestimmung im „normalen Betrieb".

1. Technische Lösung

§ 95a Abs. 2 Satz 1 UrhG nennt „Technologien, Vorrichtungen und Bestandteile" als Beispiele für eine technische Maßnahme. Letztlich ist die Art und Weise der technischen Lösung aber nicht entscheidend, sondern nur, dass mit der jeweiligen Lösung der Zugang kontrolliert oder bestimmte Werknutzungen eingeschränkt werden. Es kann sich demnach sowohl um Hardware- als auch Software-basierte Lösungen handeln.[482] Der Begriff „technisch" stellt insofern klar, dass vertragliche Verbote nicht erfasst sind.[483]

Netzinterne Methoden, sowohl die IP-basierten als auch die auf netztopologischen Informationen beruhenden Geo-Sperren, und netzexterne Methoden wie die Erkennung der Spracheinstellung sind Software-Lösungen, die der Beschränkung des Zugangs dienen.[484] Ähnlich einer Passwortabfrage erhält der Nutzer nur Zugriff, wenn von seiner Seite aus die richtigen Informationen, hier der sich aus der IP-Adresse, der Antwortzeit oder der Spracheinstellung ergebende Aufenthaltsort, übermittelt werden. Sie sind daher von § 95a Abs. 1 UrhG erfasste Lösungen.[485] Disclaimer und Nutzungsbedingungen mit ihren rein vertragsrechtlichen Konsequenzen profitieren hingegen nicht vom Schutz als technische Maßnahme.

---

481 Integritätskontrollen wie insbesondere digitale Wasserzeichen, die eine Beeinträchtigung des urheberpersönlichkeitsrechtlichen Interesses auf Anerkennung der Urheberschaft verhindern sollen, fallen in der Regel nicht unter § 95a UrhG, sondern unter § 95c UrhG als Informationen zur Rechtewahrnehmung, s. *Wandtke/Ohst*, in: *Wandtke/Bullinger*, UrhR, § 95a UrhG Rdnrn. 14-17 und 24-26.

482 Amtl. Begr., BT-Drs. 15/38, S. 26. S.a. die Aufzählung möglicher Maßnahmen bei *Ernst*, CR 2004, 39 (40).

483 Amtl. Begr. der Bundesregierung zum Entwurf eines Gesetzes zur Regelung des Urheberrechts in der Informationsgesellschaft, BT-Drs. 15/38, S. 27. S.a. *Wandtke/Ohst*, in: *Wandtke/Bullinger*, UrhR, § 95a UrhG Rdnrn. 12 f.

484 Zu den einzelnen Geo-Sperren im ersten Teil Kapitel 3, Abschnitte A und B.

485 Wie hier *Mitsdörfer/Gutfleisch*, MMR 2009, 731 (734).

2. *Schutz urheberrechtlicher Befugnisse*

Das Verbot des § 95a UrhG statuiert einen Schutz technischer Schutzmaßnahmen nur für geschützte Werke. Das heißt zum einen, dass gemeinfreie Werke und nicht schutzfähiges Material vom Anwendungsbereich des § 95a UrhG ausgenommen sind.[486] Zum anderen bedeutet es, dass Handlungen, die nach den Schrankenregelungen zulässig sind, nichtsdestotrotz § 95a Abs. 1 UrhG unterliegen, mit dem Ergebnis, dass den technischen Schutzmaßnahmen ein „relativer Vorrang vor den Schranken des Urheberrechts"[487] eingeräumt wird.[488] Fraglich ist jedoch, ob zudem solche Nutzungsvorgänge erfasst sind, die – wie das Hören von Webradio – den reinen Werkgenuss zum Ziel haben, daher ein geschütztes Werk nutzen und so unter § 11 Satz 1 UrhG fallen, nicht aber ein Verwertungsrecht i.S.d. § 15 UrhG berühren.

Weder § 95a noch § 95b UrhG regeln diesen Punkt ausdrücklich. § 95a Abs. 1 und Abs. 2 Satz 2 UrhG sprechen bezogen auf den Schutzgegenstand des UrhG nur von „nach diesem Gesetz geschützten Werken". § 95a Abs. 2 UrhG nennt in Bezug auf die erfassten Nutzungshandlungen – auf den ersten Blick einschränkend – nur solche, „die vom Rechteinhaber nicht genehmigt sind", und § 95b UrhG spricht, ebenfalls in Bezug auf die Nutzungshandlungen, vom „rechtmäßigen Zugang zu dem Werk" gemäß den „nachfolgend genannten Bestimmungen", d.h. gewissen Schrankenbestimmungen. Bevor eine Nutzungshandlung von einem Rechteinhaber aber „genehmigt" werden kann, muss sie überhaupt erst einmal genehmigungspflichtig, also urheberrechtlich relevant, sein. § 95a Abs. 2 UrhG ist daher dahingehend zu deuten, dass der Anwendungsbereichs der Vorschriften zu den technischen Schutzmaßnahmen auf urheberrechtlich relevante Nutzungshandlungen i.S.d. § 15 Abs. 1 und 2 UrhG beschränkt ist.

Für diese Interpretation spricht auch Art. 1 Abs. 1 InfoSoc-RL, deren Umsetzung die §§ 95a-d UrhG dienen, der als Gegenstand der Richtlinie, und damit einhergehend der technischen Schutzmaßnahmen, den „rechtliche[n] Schutz des Urheberrechts" nennt.[489] Damit sind nur solche technischen Schutzmaßnahmen erfasst, die auf der technischen Ebene die urheberrechtlichen Befugnisse abbil-

---

486 Amtl. Begr. der Bundesregierung zum Entwurf eines Gesetzes zur Regelung des Urheberrechts in der Informationsgesellschaft, BT-Drs. 15/38, S. 26. Zur Diskussion um die Beurteilung von Schutzmaßnahmen, die teils urheberrechtlich geschützte, teils nicht geschützte und gemeinfreie Werke umfassen, vgl. die Zusammenfassung bei *Dreier*, in: *Dreier/Schulze*, UrhG, § 95a UrhG Rdnr. 9; und *Peukert*, in: *Loewenheim*, Handbuch UrhR, § 34 Rdnr. 6 jeweils mit m.w.N.

487 *Peukert*, in: *Loewenheim*, Handbuch UrhR, § 34 Rdnr. 4.

488 Nur § 95b UrhG bietet insofern ein Korrektiv, als er dem Rechteinhaber die Verpflichtung auferlegt, dem Begünstigten die zur Durchsetzung von Schrankenbestimmungen notwendigen Mittel zur Verfügung zu stellen.

489 Vgl. auch Erwägungsgrund 13 InfoSoc-RL.

den.[490] Aus diesem Grund verstößt beispielsweise die Umgehung einer allgemeinen Zugangskontrolle für den Empfang einer Sendung, welche lediglich die Wahrnehmbarmachung verhindert, nicht gegen § 95a Abs. 1 UrhG. Gleiches gilt für die Umgehung von DVD-Ländercodes, da diese zwar verhindern, dass DVDs auf bestimmten Wiedergabegeräten abgespielt, nicht aber, dass sie kopiert werden. Wird mit der technischen Maßnahme jedoch zusätzlich die Kontrolle eines urheberrechtlich relevanten Nutzungsvorgangs erreicht, genießt sie den Schutz des § 95a UrhG.[491]

Geo-Sperren verhindern aber nicht nur den zulässigen Genuss eines geschützten Werkes beim Nutzer. Sie unterbinden zugleich die Anfertigung von Vervielfältigungen im Zwischenspeicher auf dem Rechner des Nutzers, mithin eine urheberrechtlich relevante Handlung.[492] Dass diese gem. § 44a UrhG zulässig sein mögen, ist angesichts des Vorrangs des Schutzes technischer Schutzmaßnahmen unerheblich. Darüber hinaus wird die Übermittlung des Schutzgutes durch den Webradio-Anbieter verhindert, d.h. eine verwertungsrechtlich erhebliche Sendung i.S.d. § 20 UrhG bzw. öffentliche Zugänglichmachung i.S.d. § 19a UrhG. Eine Geo-Sperre schützt folglich urheberrechtliche Befugnisse.

3. Bestimmung im normalen Betrieb

§ 95a Abs. 1 UrhG verlangt ergänzend, dass die Maßnahme im „normalen Betrieb" dazu bestimmt ist, unerlaubte Nutzungshandlungen zu verhindern oder einzuschränken. Maßgebend ist ihre objektive Zweckbestimmung, welche sich nach dem aktuellen, konkreten Gebrauch der Schutzmaßnahme richtet. Doch das bedeutet nicht, dass die Verhinderung von unerlaubten Nutzungshandlungen der alleinige Zweck der Maßnahme sein muss. Sie kann auch Teil eines Gesamtsystems sein.[493] In jedem Fall soll aber verhindert werden, dass durch künstliche Marktzutrittsschranken eine Kontrolle der Märkte ermöglicht wird.[494]

---

490 *Götting*, in: *Schricker*, UrhR, § 95a UrhG Rdnr. 3; *Peukert*, in: *Loewenheim*, Handbuch UrhR, § 34 Rdnrn. 3 und 5 m.w.N.

491 *Dreier*, in: *Dreier/Schulze*, UrhG, § 95a UrhG Rdnr. 14; *Mitsdörfer/Gutfleisch*, MMR 2009, 731 (735); *Peukert*, in: *Loewenheim*, Handbuch UrhR, § 34 Rdnrn. 3 und 5; *Wandtke/Ohst*, in: *Wandtke/Bullinger*, UrhR, § 95a UrhG Rdnr. 35.

492 Ebenso *Mitsdörfer/Gutfleisch*, MMR 2009, 731 (735).

493 *Czychowski*, in: *Fromm/Nordemann*, UrhR, § 23 UrhG Rdnr. 13; *Peukert*, in: *Loewenheim*, Handbuch UrhR, § 34 Rdnr. 10; *Strömer/Gaspers*, K&R 2004, 14 (16); *Wandtke/Ohst*, in: *Wandtke/Bullinger*, UrhR, § 95a UrhG Rdnr. 43. Dabei sind *Wandtke/Ohst* und *Götting* der Ansicht, dieses Erfordernis ergebe sich bereits aus dem Merkmal der „Bestimmung".

494 Amtl. Begr., BT-Drs. 15/38, S. 26. S.a. *Spindler*, GRUR 2002, 105 (115); sowie *Arlt*, GRUR 2005, 1003 (1004 m.w.N.), der jedoch der Ansicht ist, dass § 95a UrhG diesen Zweck verfehlt.

Vor diesem Hintergrund meinen *Mitsdörfer/Gutfleisch*, dass es sich bei der Verwendung von Geo-Sperren zur länderspezifischen Kontrolle der Nutzung urheberrechtlich geschützten Materials in Einzelfällen um eine solche unzulässige Marktzugangsbeschränkung handeln könne. Der Schutz von Geo-Sperre als technische Maßnahme scheide dementsprechend aus.[495] Dabei verkennen sie jedoch, dass die Motivation für die Aufnahme dieses Merkmals in der Befürchtung des Richtliniengebers gründete, die Geräteindustrie könne durch Kompatibilitätsprobleme De-facto-Standards setzen, welche letztlich zu einer Monopolstellung eines Geräteherstellers und damit einem geschwächten Wettbewerb führen. Nach Erwägungsgrund 48 der InfoSoc-RL sollen technische Maßnahmen nämlich nicht „den normalen Betrieb *elektronischer Geräte* und deren technische Entwicklung“[496] behindern. Dieses Risiko stellt sich bei einem Einsatz von Geo-Sperren aber nicht. Geo-Sperren lassen den Einsatz und die Entwicklung von elektronischen Geräten völlig unberührt, da sie unabhängig vom eingesetzten Gerät wirken.

Überhaupt dient eine Geo-Sperre als Schutzmaßnahme der möglichst effektiven, länderabhängigen Auswertung der Verwertungsrechte, wie sie das Urheberrecht mit seinem Territorialitätsprinzip gerade unterstützt. Die Zulässigkeit einer solch territorial beschränkten Vergabe von Lizenzen innerhalb der EU nach mitgliedsstaatlichen Grenzen erkennt auch der EuGH an.[497] Hiervon zu trennen ist die Frage, inwiefern eine über die dingliche Reichweite einer Lizenz hinausgehende schuldrechtliche Beschränkung kartellrechtlich zulässig ist. Dies hat der EuGH in Bezug auf Satellitensendungen verneint.[498] Daran anknüpfend wird die Zulässigkeit sämtlicher vertraglicher Vereinbarungen, die auf die Durchsetzung territorialer Rechte abzielen, einschließlich Geo-Sperren, in Frage gestellt.[499] Die Sachlage ist bei Satellitensendungen und öffentlichen Wiedergaben im Internet jedoch grundlegend verschieden. Bei Satellitensendungen wird die Vergütung für die nur in einem Mitgliedstaat stattfindende Nutzungshandlung zwingend für ein europaweites Empfangsgebiet entrichtet. Durch eine schuldrechtliche Eingrenzung des Empfangsgebietes würden daher Personen ausgeschlossen, deren Werkgenuss von Gesetzes wegen zulässig ist und für deren Nutzung bereits eine Vergütung gezahlt wurde. Im Internet hingegen wird die Vergütung nur für das

495 *Mitsdörfer/Gutfleisch*, MMR 2009, 731 (734).

496 Erwägungsgrund 48 InfoSoc-RL [mit Hervorhebung der Verfasserin].

497 *EuGH*, GRUR Int 2011, 1063 (1071 f., Tz. 118, 120, 137 ff.) = MMR 2011, 817 m. Anm. *Stieper* – FAPL/Murphy.

498 *EuGH* a.a.O., Tz. 141-144 – FAPL/Murphy.

499 Siehe *J. Kreile*, ZUM 2012, 177 (185 f.) in Bezug auf die Rechtvergabe im Bereich Film; sowie Anm. *Stieper*, MMR 2012, 826.

vereinbarte Lizenzgebiet gezahlt. Geo-Sperren schützen daher gerade die Werthaltigkeit der schuldrechtlichen Lizenz.[500]

Bei Geo-Sperren – netzintern und netzextern – handelt es sich daher um zulässige technische Schutzmaßnahmen i.S.d. § 95a Abs. 2 Satz 1 UrhG.

II. Voraussetzung der Wirksamkeit

Als Schutzvoraussetzung müssen Geo-Sperren zudem das Kriterium der „Wirksamkeit" erfüllen.

1. Wirksamkeit des Kontrollmechanismus

Wirksam ist nach der Legaldefinition des § 95a Abs. 2 Satz 2 UrhG eine Maßnahme, „soweit durch sie die Nutzung eines geschützten Werkes [...] von dem Rechteinhaber durch eine Zugangskontrolle [...], die die Erreichung des Schutzziels sicherstell[t], unter Kontrolle gehalten wird". Festzuhalten ist, dass dies nicht bedeutet, dass die Maßnahme unüberwindlich sein muss; andernfalls bestünde kein Schutzbedürfnis.[501] Die Definition ist vielmehr so zu verstehen, dass eine Maßnahme *unwirksam* ist, wenn es einem durchschnittlichen Benutzer keine sonderliche Mühe bereitet, sie zu überwinden, weil sie keinen ernsthaften Widerstand bietet und ihr Einsatz nur auf ein Verbot des Rechteinhabers hinausläuft. Es kommt daher auf den Grad der Wirksamkeit der Maßnahme im Einzelfall an, wobei auf eine *ex ante* Betrachtung abzustellen ist, da *ex-post* alle technischen Maßnahmen unwirksam sind.[502]

a) Netzinterne Mechanismen

Fraglich ist, ob auf netzinternen Mechanismen basierende Geo-Sperren den erforderlichen Grad der Wirksamkeit erreichen, da sie erstens schon von sich aus nicht absolut fehlerfrei funktionieren und zweitens ihre Umgehung durch den Einsatz von Anonymisierungsdiensten, Proxy-Servern und VPNs grundsätzlich möglich ist. Eine Identifizierung auf Basis der IP-Adresse, zum Beispiel, verspricht gegenwärtig eine Lokalisierung nicht in 100% sondern in ca. 99% der Fälle. Maßnahmen zur Messung der Antwortzeiten hängen wiederum von der

---

500 Zutreffend *v. Albrecht/Mutschler-Siebert/Bosch*, ZUM 2012, 93 (100); *Ratjen/Langer*, ZUM 2012, 299 (305 f.). A.A. *Ranke/Roßnagel*, MMR 2012, 152 (156).

501 Amtl. Begr., BT-Drs. 15/38, S. 26.

502 So die allgemeine Auffassung, s. *Dreier*, in: *Dreier/Schulze*, UrhG, § 95a UrhG Rdnr. 15; *Götting*, in: *Schricker*, UrhR, § 95a UrhG Rdnrn. 20-22; *Schack*, Urheber- und Urhebervertragsrecht, Rdnrn. 732d und 732e; *Spindler*, GRUR 2002, 105 (116); *Wandtke/Ohst*, in: *Wandtke/Bullinger*, UrhR, § 95a UrhG Rdnr. 50.

Genauigkeit der Referenzwerte ab, sofern die entsprechenden Befehle vom Rechner des Nutzers überhaupt „durchgelassen“ werden.[503]

Allerdings sollte jedenfalls eine Quote falsch positiver Treffer von gerade mal 1% nicht dazu führen, einer technischen Maßnahme ihre Fähigkeit zur Erreichung des Schutzziels abzusprechen. Diese Auffassung bekräftigen nicht zuletzt die Entscheidungen verschiedener Verwaltungsgerichte in glücksspielrechtlichen Verfahren, welche sich – soweit ersichtlich – als erste mit der Wirksamkeit von Geo-Sperren beschäftigt haben. So gehen die Richter davon aus, dass die IP-basierte Geolocation zumindest auf Bundesebene genau genug ist, um einem Werbeverbot für Deutschland bzw. einem räumlichen Ausschluss von Spielinteressenten, mithin behördlichen Unterlassungsgeboten, nachzukommen.[504]

Zudem ist die Benutzung von Anonymisierungsdiensten, Proxys und VPN-Clients auch gar nicht so einfach, wie sie sich theoretisch darstellt. Der Nutzer muss, erstens, überhaupt über einen solchen Verschleierungsmechanismus verfügen, der, zweitens, die benötigten Browser-Plug-Ins nicht blockiert, und, drittens, eine IP-Adresse aus dem zugriffsberechtigten Adressbereich übermittelt.[505] Die Zahl der tatsächlich verfügbaren Umgehungsmittel ist daher begrenzt bzw. stehen sie nur einem Kreis von versierteren Internetnutzern zur Verfügung. Zudem ist sich der durchschnittliche Internetnutzer vermutlich nicht einmal bewusst, dass es diese Umgehungsmittel gibt.[506] Nicht zuletzt aber sind Möglichkeiten denkbar, ergänzend Informationen zur Internetverbindung auszulesen, und auf diese Weise einen Zugriff über VPN etc. zu unterbinden. Jedenfalls bei einer Kombination verschiedener Mechanismen ist der Grad der Kontrolle, die ein Diensteanbieter über die von ihm verbreiteten Inhalte durch den Einsatz einer Geo-Sperre erhält, daher so hoch, dass sie als wirksam bezeichnet werden kann. Eine isolierte Betrachtung der einzelnen Mechanismen bietet sich nicht an. Insofern ist die Ansicht von *Mitsdörfer/Gutfleisch* abzulehnen, die die Wirksamkeit von Geo-Sperren mit der Überlegung verneinen, dass die Zielsetzung von Geo-Sperren keine wirksame Zugangskontrolle sei, da Geo-Sperren lediglich bezweckten, die

503 S.o im ersten Teil Kapitel 3, Abschnitt A, Punkt III.

504 S. *BayVGH*, ZfWG 2008, 455 (461 f., Tz. 50) = NVwZ-RR 2009, 202; *OVG Lüneburg*, ZfWG 2009, 184 (187 f.) = NVwZ 2009, 1241. Selbst die niedrigere Treffergenauigkeit auf Länderebene halten für ausreichend *VG Düsseldorf*, Beschl. v. 18.5.2009 – 27 L 1139/08 (erhältlich in juris) Tz. 95; bestätigt durch *OVG Nordrhein-Westfalen*, Beschl. v. 8.12.2009 – 13 B 958/09 (erhältlich in juris) Tz. 56; *Hoeren*, ZfWG 2008, 311 (314). A.A. zuvor noch *ders.*, MMR 2007, 3 (6). Ohne Stellungnahme *OVG Berlin-Brandenburg*, Beschl. v. 16.3.2009 – S 224.08 (erhältlich in juris) Tz. 19: Methode der Geolokalisation ist nicht schlechterdings ungeeignet, sondern weist nur eine gewisse, möglicherweise zu vernachlässigende Fehlerquote auf.

505 S.o. im ersten Teil Kapitel 3, Abschnitt C, Punkt III.

506 Zur Relevanz der Bekanntheit des Umgehungsmittels *Dreier*, in: *Dreier/Schulze*, UrhG, § 95a UrhG Rdnr. 16.

IP-Adresse, von der die Anfrage stammt, nicht aber die tatsächliche IP-Adresse des Nutzeres zu ermitteln.[507] Die Wirksamkeit einer Geo-Sperre ist unter normalen Bedingungen zu prüfen. Im Normalfall entspricht die IP-Adresse aber der Anfrage der tatsächlichen IP-Adresse des Nutzers, sodass die Geo-Sperre unter diesen Bedingungen durchaus eine Kontrolle des Zugriffs ermöglicht.

Die Annahme der Wirksamkeit netzinterner Geo-Sperren ist jedoch in einem Punkt einzuschränken, nämlich bezogen auf Nutzungshandlungen, die unter Ausnutzung von Deep Links vorgenommen werden. Ein Deep Link ermöglicht den Zugriff auf die dazugehörige Datei, ohne dass eine Verbindung zwischen dem Rechner des Nutzers und dem HTTP-Server aufgebaut wird.[508] Eine Geo-Sperre verhindert jedoch nur die Vervielfältigung der Inhalte bei Zugriff über den HTTP-Server. Der Sachverhalt liegt demnach ähnlich zu dem Fall, dass eine Software nur vor digitalen Vervielfältigungen schützt, nicht aber analoge Vervielfältigungen verhindert. In Bezug auf letztere, die durch die Ausnutzung der sog. „analogen Lücke" entstehen, ist der Kopierschutz nicht wirksam.[509] Gleichermaßen ist eine Geo-Sperre in Bezug auf mittels Deep Linking gefertigte Vervielfältigungen nicht wirksam, da sie nicht bezweckt, diese zu verhindern.[510] Wird hingegen unmittelbar der Zugriff über Deep Links, etwa durch eine zufällige und einzelfallabhängige Bennennung der Mediendateien, ausgeschlossen, kann eine Durchbrechung dieser Zugriffskontrolle eine Umgehung einer technischen Schutzmaßnahme i.S.d. § 95a Abs. 1 UrhG darstellen.

b) Netzexterne Faktoren

Anders als bei den netzinternen Kontrollmechanismen ist die Situation im Hinblick auf Geo-Sperren zu beurteilen, die auf netzexternen Faktoren beruhen, wie das Auslesen der Sprach- oder Zeiteinstellungen am Computer oder die Auswertung von Liefer- oder Kreditkartenangaben. Zum einen wird das Schutzziel, das Wissen um den Standort des Nutzers, schon nicht erreicht, da diese Informationen auch ohne Umgehung nicht hinreichend gesichert sind. So kann ein Nutzer beispielsweise ein Konto im Ausland führen oder die Spracheinstellungen seines

---

507 *Mitsdörfer/Gutfleisch*, MMR 2009, 731 (735).

508 S.o. im ersten Teil Kapitel 3, Abschnitt A, Punkt I und Abschnitt C.

509 *LG Frankfurt/Main*, MMR 2006, 766 (767) = ZUM 2006, 881 = CR 2006, 816. S.a. *Götting*, in: *Schricker*, UrhR, § 95a UrhG Rdnr. 22; *Wandtke/Ohst*, in: *Wandtke/Bullinger*, UrhR, § 95a UrhG Rdnr. 51 m.w.N.

510 In diesem Sinne auch *OLG Hamburg*, CR 2010, 125 (128), das die „Wirksamkeit" von Session-IDs in Bezug auf Deep Links verneinte. Im weiteren Verfahrensverlauf brauchte der BGH hierzu dann nicht weiter Stellung nehmen, s. *BGH*, NJW 2011, 769 (771 f., Tz. 30-33) = MMR 2011, 47 = ZUM 2011, 49 (Session-ID). A.A. aber ohne Begründung *Peukert*, in: *Loewenheim*, Handbuch UrhR, § 34 Rdnr. 15.

Heimatlandes beibehalten, während er sich selbst im Ausland aufhält. Zum anderen kann der Nutzer diese Informationen ohne große Mühe durch einfache Befehle am Rechner verändern. Darauf basierende Geo-Sperren sind folglich keine wirksamen technischen Schutzmaßnahmen i.S.d. Urheberrechtsgesetzes.

2. *Einsatz durch den Rechteinhaber*

Nach einer Ansicht soll § 95a Abs. 1 UrhG wegen § 95a Abs. 2 Satz 2 UrhG allerdings nur eingreifen, wenn derjenige, der die Geo-Sperre verwendet, Inhaber der Nutzungsrechte ist, die nach einer Umgehung der technischen Maßnahme betroffen sind.[511] Übertragen auf Webradio-Angebote bedeutete dies, dass Geo-Sperren vor einer Umgehung nur geschützt wären, wenn der Webradio-Anbieter selbst Inhaber der für die Sendung bzw. öffentliche Zugänglichmachung via Internet im Empfangsgebiet erforderlichen Nutzungsrechte wäre. Bei rein inländischen Nutzungsvorgängen durch lizenzierte Anbieter stellt dies kein Problem dar. Bei grenzüberschreitenden Sachverhalten muss die Person des in- und ausländischen Rechteinhabers jedoch nicht ident sein. Gleiches gilt für rechtswidrige Angebote. Auch sie können durch eine Geo-Sperre geschützt sein. Folgte man dieser Auffassung, verstieße eine Umgehung einer Geo-Sperre eines Anbieters, der die notwendigen Rechte für die öffentliche Wiedergabe in Deutschland nicht besitzt, nicht gegen das Verbot des § 95a Abs. 1 UrhG.

Die zentrale Figur des § 95a UrhG ist der „Rechtsinhaber“. Dies sind zum einen diejenigen Personen, denen unmittelbar Rechte an den geschützten Inhalten zustehen wie z.B. Urheber. Zum anderen gehören dazu jene Personen, denen aufgrund von Verträgen oder kraft Gesetz abgeleitete Rechte eingeräumt wurden.[512] Jedenfalls nichtberechtigte Dritte können nicht unter diesen Begriff subsumiert werden. In Bezug auf Rechteinhaber, die zwar nicht in Deutschland, dafür aber in anderen Territorien über Nutzungsrechte verfügen, ist die Situation weniger eindeutig.[513] § 95a Abs. 2 Satz 1 UrhG enthält allerdings eine entscheidende Einschränkung: Danach sollen technische Maßnahmen vor Handlungen schützen, die vom Rechteinhaber nicht genehmigt sind. Die Genehmigung zu einer Nutzung

---

511 *Mitsdörfer/Gutfleisch*, MMR 2009, 731 (735).

512 *OLG München*, MMR 2005, 768 (769) = ZUM 2005, 896 = GRUR-RR 2005, 408; s.a. *Götting*, in: *Schricker*, UrhR, § 95a UrhG Rdnr. 7; *Peukert*, in: *Loewenheim*, Handbuch UrhR, § 34 Rdnr. 14; *Wandtke/Ohst*, in: *Wandtke/Bullinger*, UrhR, § 95a UrhG Rdnr. 59.

513 Für eine Subsumtion unter den Begriff der Rechteinhaber *Bundesverband der Phonographischen Wirtschaft e. V./Deutsche Landesgruppe der IFPI e. V.*, Positionspapier zum so genannten „Zweiten Korb“ einer Urheberrechtsnovelle, 29.10.2003, http://www.musikindustrie.de/uploads/media/pp_gesetz_nat_stellungn_20031029_ifpi_korb2.pdf, S. 10.

kann freilich nur der Inhaber der jeweiligen nationalen Nutzungsrechte erteilen.[514] Eine Ausdehnung des Begriffs „Rechtsinhaber“ in § 95a Abs. 2 Satz 2 UrhG auf „irgendeinen“ Rechteinhaber wäre daher systemwidrig. Dem Wortlaut nach muss eine technische Schutzmaßnahme wie eine Geo-Sperre daher durch den Inhaber nationaler Nutzungsrechte angebracht worden sein.

Gleichwohl entspricht dieses enge Verständnis nicht den Realitäten der internationalen Lizenzvergabe und der Interessenlage im Internetzeitalter. Urheber bzw. Leistungsschutzberechtigte können Nutzungsrechte an ihrem Werk bzw. an ihrem Schutzgegenstand räumlich beschränkt vergeben. Die Befolgung dieser territorialen Aufspaltung liegt im Interesse aller Rechteinhaber: Urheber und Leistungsschutzberechtigte erreichen eine wirtschaftlich möglichst effiziente Auswertung, der Verwender der Geo-Sperre hält die Bestimmungen seines Lizenzvertrages ein bzw. ein Nichtberechtigter die Verletzungen in einem möglichst geringen Umfang, und nationale Verwerter werden in der Auswertung nicht gestört. Bei Sachverhalten mit Internetbezug lässt sich die Aufspaltung aufgrund der Ubiquität des Internets überhaupt nur dann effektiv durchsetzen, wenn Geo-Sperren eingesetzt werden. Zudem wird der Rechteinhaber die Schutzmaßnahme in vielen Fällen ohnehin nicht selbst anbringen, sondern durch einen Dritten anbringen lassen. Für den Nutzer ist freilich nicht ersichtlich, ob der Rechteinhaber, ein von ihm beauftragter Dritter oder ein nichtberechtigter Dritter die Schutzmaßnahmen angebracht hat. Entsprechend wird für einen Verstoß gegen § 95a UrhG auch kein Wissen um die Rechtswidrigkeit des Handelns vorausgesetzt, sondern lediglich eine auf Werknutzung gerichtete Umgehungsabsicht.[515]

Einer Schutzmaßnahme die Schutzwürdigkeit abzusprechen, weil dem sie Einsetzenden die Nutzungsrechte im Aufenthaltsland des Handelnden nicht zustehen, wird dem Sinn und Zweck des § 95a UrhG, der gerade zum Schutz der jeweiligen nationalen Rechteinhaber die ungewollte Überwindung technischer Schutzmaßnahmen verhindern will, folglich nicht gerecht. Die aufgezeigte Lücke ist durch eine analoge Anwendung des § 95a Abs. 2 Satz 2 UrhG auf Sachverhalte, in denen Dritte die technische Schutzmaßnahme mit oder ohne Wissen des Rechteinhabers anbringen, zu schließen. Dies bedeutet indes nicht, dass ein solcher Dritter aktivlegitimiert ist.[516]

---

514 S.a. *Dreyer*, in: *Dreyer/Kotthoff/Meckel*, UrhR, § 95a UrhG Rdnr. 29.

515 Dazu sogleich in diesem Teil Kapitel 3, Abschnitt B, Punkt III.

516 Dies ist umstritten, s. *Götting*, in: *Schricker*, UrhR, § 95a UrhG Rdnr. 41. Gegen eine Aktivlegitimatoin Dritter *Dreyer*, in: *Dreyer/Kotthoff/Meckel*, UrhR, § 95a UrhG Rdnr. 45; und *Wandtke/Ohst*, in: *Wandtke/Bullinger*, UrhR, § 95a UrhG Rdnr. 92.

III. Umgehungshandlung

Eine Umgehung ist die Ausschaltung oder Manipulation von wirksamen technischen Schutzmaßnahmen. Dementsprechend ist eine Umgehungshandlung jedes Verhalten, dass objektiv darauf gerichtet ist, eine wirksame technische Maßnahme außer Kraft zu setzen oder abzuschwächen, und infolgedessen zu einer Verwertung im Sinne des Urheberrechts führt. Auf welche Weise die Umgehung geschieht, ist unerheblich.[517] Ergänzend verlangt der Tatbestand der Umgehung gem. § 95a Abs. 1 2. Hs. UrhG in subjektiver Hinsicht eine auf Werkzugang oder Werknutzung gerichtete Umgehungsabsicht.[518] Diese muss sich auf die Umgehungshandlung beziehen; nicht erforderlich ist ein Wissen um das Unerlaubtsein der Handlung.[519] Verlangt wird positive Kenntnis oder ein Kennenmüssen, wobei umstritten ist, ob sich dies auf grobe oder einfache Fahrlässigkeit bezieht.[520]

Die erfolgreiche Verwendung eines Anonymisierungsdienstes, eines Proxy-Servers oder eines VPN-Clients bewirkt objektiv eine Umgehung einer auf IP-Erkennung basierenden Geo-Sperre. Setzt ein Nutzer einen Proxy-Server oder einen VPN-Client aber aus anderen Gründen als der Umgehung technischer Schutzmaßnahmen ein, z.B. um aus dem Ausland auf sein Universitätsnetzwerk zuzugreifen, fehlt die Umgehungsabsicht. Ein Webradio-Anbieter kann jedoch positive Kenntnis des Nutzers vom Einsatz der Geo-Sperre herbeiführen, indem er den Nutzer auf seiner Webseite darüber informiert, dass die abrufbaren Inhalte nur für Nutzer mit Aufenthaltsort in einem bestimmten Land zur Verfügung stehen, dass ihm die Benutzung von VPN-Clients oder Proxy-Servern falsche Informationen hinsichtlich der Zugangsberechtigung liefert und der Nutzer, sofern er diese verwendet und sich nicht im jeweiligen Land aufhält, deaktivieren muss. Allerdings ist eine Umgehungsabsicht jedenfalls dann zu bejahen, wenn Anonymsierungsdienste eingesetzt werden, da diese in aller Regel gerade dafür verwendet werden, um im Internet unter einer anderen IP-Adresse zu erscheinen. Der subjektive Tatbestand ist hier verwirklicht.[521]

---

517 *Götting*, in: *Schricker*, UrhR, § 95a UrhG Rdnr. 10; *Peukert*, in: *Loewenheim*, Handbuch UrhR, § 34 Rdnr. 15; *Wandtke/Ohst*, in: *Wandtke/Bullinger*, UrhR, § 95a UrhG Rdnr. 53.

518 Amtl. Begr., BT-Drs. 15/38, S. 26

519 *Götting*, in: *Schricker*, UrhR, § 95a UrhG Rdnr. 12; *Schulze*, in: *Dreier/Schulze*, UrhG, § 95a UrhG Rdnrn. 10, 12; *Wandtke/Ohst*, in: *Wandtke/Bullinger*, UrhR, § 95a UrhG Rdnrn. 62 f.

520 Für eine Beschränkung auf grobe Fahrlässigkeit *Spindler*, GRUR 2002, 105 (116); und *Wandtke/Ohst*, in: *Wandtke/Bullinger*, UrhR, § 95a UrhG Rdnr. 63. A.A. *Ernst*, CR 2004, 39 (41); *Götting*, in: *Schricker*, UrhR, § 95a UrhG Rdnr. 12; *v. Lewinski*, in: *Walter*, Europäisches Urheberrecht, Info-RL, Rdnr. 161; *Peukert*, in: *Loewenheim*, Handbuch UrhR, § 34 Rdnr. 16 Fn. 40 m.w.N. Ohne Stellungnahme *Dreier*, in: *Dreier/Schulze*, UrhG, § 95a UrhG Rdnr. 12.

521 Im Ergebnis wie hier *v. Albrecht/Mutschler-Siebert/Bosch*, ZUM 2012, 93 (97).

Abschließend bleibt darauf hinzuweisen, dass bei der Nutzung von Deep Links – sofern man eine Geo-Sperre entgegen der hier vertretenen Ansicht[522] in Bezug auf mit Deep Links hergestellte Vervielfältigungen für wirksam erachtet und darin eine Umgehungshandlung erkennt[523] – Zweifel an der Verwirklichung des für den Verstoß gegen § 95a Abs. 1 UrhG erforderlichen subjektiven Elements bestehen. Denn ein Nutzer, der den Deep-Link nicht selbst ermittelt hat, wird in der Regel nicht wissen, dass der Inhalt mit einer Zugangskontrolle gesichert ist. Gleichzeitig wird man ihm nicht die Pflicht auferlegen können, jeden Deep-Link zunächst dahingehend zu prüfen, ob mit seiner Hilfe eine Zugangskontrolle umgangen wird. Die Nutzung eines Deep-Links stellt daher keinen Verstoß gegen § 95a Abs. 1 UrhG dar.

IV. Ergebnis

Disclaimer und Nutzungsbedingungen sind keine technischen Lösungen der Zugangs- oder Nutzungskontrolle und daher von vornherein nicht vom Anwendungsbereich der §§ 95a ff. UrhG erfasst. Einige auf netzexterne Faktoren basierende Geo-Sperren können zwar technische Lösungen sein, weisen jedoch nicht die von § 95a Abs. 2 UrhG geforderte Wirksamkeit auf. Ihre Manipulation verstößt daher nicht gegen § 95a Abs. 1 UrhG.

Im Gegensatz dazu sind auf netzinternen Methoden basierende Geo-Sperren wirksame technische Maßnahmen i.S.d. § 95a Abs. 2 UrhG, deren Aushebelung bei Wissen um ihre Existenz abhängig vom verwendeten Umgehungsmittel eine unzulässige Umgehung i.S.v § 95a Abs. 1 UrhG darstellt. Webradio-Anbieter, die Geo-Sperren einsetzen, sollten daher über ihre allgemeinen Nutzungsbedingungen den Zugriff auf ihr Angebot mittels VPN, Proxy oder Anonymisierungsdienst jedenfalls vertraglich ausschließen, um das Wissen um das Unerlaubtsein der Nutzung solcher Schnittstellen zu begründen.

Kapitel 4: Einordnung des Streamripping

Unabhängig von der Übertragung des Webradio-Programms ermöglicht Aufnahmesoftware das Streamripping, d.h. sie eröffnet Nutzern die Möglichkeit, die empfangene Musik – sei es als einzelnen Titel oder als ganze Sendung – aufzuzeichnen und zu einem späteren Zeitpunkt wiederzugeben. Dafür werden die Protokolleinheiten, nachdem sie entpackt und dekodiert wurden, zusammen-

---

522 Siehe in diesem Kapitel Abschnitt B, Punkt II a).

523 So *Götting*, in: *Schricker*, UrhR, § 95a UrhG Rdnr. 10; und *Peukert*, in: *Loewenheim*, Handbuch UrhR, § 34 Rdnr. 15.

gesetzt, ggf. mithilfe ihrer Metadaten betitelt und anschließend im gewünschten Dateiformat gespeichert.[524]

Dieser Vorgang beinhaltet naturgemäß die Anfertigung einer dauerhaften Kopie und berührt somit das Vervielfältigungsrecht. Unterschiede zwischen den einzelnen Aufnahmemethoden können sich angesichts der unterschiedlichen Speicherorte aber in Bezug auf die Verantwortlichkeit für die Vervielfältigungshandlung ergeben, was wiederum Auswirkungen auf die Anwendbarkeit der Schranke zur Anfertigungen von Kopien für den privaten Gebrauch i.S.d. § 53 Abs. 1 UrhG haben kann. Zudem ist zu untersuchen, inwiefern bei Web-Anwendungen neben der Vervielfältigungshandlung der Übermittlungsvorgang aus dem Internet zum Rechner des Nutzers von urheberrechtlicher Bedeutung ist, und ob und unter welchen Bedingungen Streamripping gegen das Verbot der Umgehung technischer Schutzmaßnahmen verstößt.

A. Streamripping per Computerprogramm

I. Vervielfältigung auf der Festplatte

Beim Einsatz eines Computerprogramms, das dem Nutzer die Möglichkeit einer Speicherung auf einer internen Festplatte oder einem externen Speichermedium einräumt, nimmt der Nutzer die Vervielfältigungshandlung i.S.d. § 16 UrhG durch Aktivieren der Aufnahmefunktion unabhängig vom Grad der Automatisierung der Software selbst vor. Er ist Hersteller der Kopie. Der BGH hat insofern keine Zweifel daran gelassen, dass eine normative Betrachtungsweise bei der Feststellung, wer Hersteller einer Kopie ist, keinen Platz hat.[525] Argumente derart, dass der Anbieter der Aufnahmesoftware die zu durchsuchenden Quellen vorgebe bzw. durch Zurverfügungstellung der jeweiligen Links überhaupt erst die Verbindung zum Webradio ermögliche, verfangen daher nicht. Eine Verantwortlichkeit des Anbieters der Aufnahmesoftware kommt demnach nur als Teilnehmer oder Störer in Betracht.[526]

II. Aufzeichnung durch Umgehung technischer Schutzmaßnahmen

Eine Vervielfältigung kann die vorherige Umgehung von technischen Maßnahmen erfordern, falls der Webradio-Anbieter ebensolche, ggf. in Ergänzung zu

524 S. dazu im ersten Teil Kapitel 2, Abschnitt B.

525 *BGH*, NJW 2009, 3511 (3513, Tz. 16, 18) m. Anm. *Rössel* = GRUR 2009, 845 (Internet-Videorecorder).

526 So ausdrücklich *LG Berlin*, K&R 2011, 427.

einer Geo-Sperre, zur Regulierung der Nutzung der gesendeten Programme eingerichtet hat. So ist in Bezug auf Webradio-Angebote zum einen zu prüfen, ob schon die Aufzeichnung eines ansonsten unverschlüsselten Streams gegen § 95a Abs. 1 UrhG verstößt. Die technische Maßname ist in diesem Fall in der verwendeten Übertragungstechnologie als solcher zu sehen. Zum anderen kann der Webradio-Anbieter zusätzliche Maßnahmen ergreifen, z.B. den Stream so verschlüsseln, dass Empfang und Wiedergabe nur mit proprietärer Software möglich sind, die eine Aufzeichnung ausschließt.

1. Vorliegen einer wirksamen technischen Maßnahme

Wie zuvor erläutert wurde, schützt § 95a Abs. 1 UrhG nur wirksame technische Maßnahmen vor Umgehung, die im normalen Betrieb dazu bestimmt sind, unerlaubte Nutzungshandlungen zu verhindern oder einzuschränken.[527]

a) Qualifikation als technische Lösung

aa) Verschlüsselungstechniken und Passwortsperren

Verschlüsselungstechniken und Passwortsperren, die den Zugang bereits an der Daten-Quelle, während der Übermittlung oder eben bei einem bereits erworbenen Werk kontrollieren, sind technische Maßnahmen i.S.d. § 95a Abs. 2 Satz 1 UrhG. Es handelt sich um technische Lösungen, die die Wahrnehmung des ausschließlichen Vervielfältigungsrechts schützen und gerade dadurch im normalen Betrieb die Anfertigung von Kopien verhindern sollen. Entsprechend fällt eine zusätzlich zum Streaming-Verfahren eingesetzte Maßnahme wie proprietäre Abspiel-Software, die eine Entschlüsselung eines Streams ermöglicht, in den Anwendungsbereich der Vorschrift.

Es ist jedoch eine Einschränkung zu machen in Bezug auf analoge oder digitale Kopien, die durch das Abgreifen der Daten am Ausgang der Soundkarte angefertigt werden, z.B. indem der Nutzer – vereinfacht gesprochen – ein Aufnahmegerät neben den Lautsprecher seines Computers hält. Die technischen Maßnahmen sind nämlich nicht darauf ausgerichtet, diese Methode der Anfertigung von Kopien zu verhindern.[528]

---

527 Siehe in diesem Teil Kapitel 3, Abschnitt B.

528 *LG Frankfurt a.M.*, MMR 2006, 766 (767) m. Anm. *Arlt*; *Dreyer*, in: *Dreyer/Kotthoff/Meckel*, UrhR, § 95a UrhG Rdnr. 24; *Ernst*, CR 2004, 39 (40); *Götting*, in: *Schricker*, UrhR, § 95a UrhG Rdnr. 22; *Janisch/Lachenmann*, MMR 2013, 213 (215); *Strömer/Gaspers*, K&R 2004, 14 (17); *Wandtke/Ohst*, in: *Wandtke/Bullinger*, UrhR, § 95a UrhG Rdnr. 51.

bb) Übermittlungsverfahren „Streaming“

Aber auch das eingesetzte Übermittlungsverfahren, die Streaming-Technologie, verhindert die Anfertigung permanenter Kopien und damit einen Eingriff in § 16 Abs. 1 UrhG auf technischem Wege, d.h. sie schränkt die Nutzungsmöglichkeiten ein, sodass sie möglicherweise als technische Maßnahme i.S. der Vorschrift zu qualifizieren ist. Ihre Zweckbestimmung ist jedoch weniger eindeutig.

Die Streaming-Technologie wird vornehmlich aufgrund Ihrer entscheidenden Vorteile gegenüber dem Download bei der Übermittlung von großen Datenmengen eingesetzt. Die Technik ermöglicht schließlich den Zugriff auf die übertragenen Inhalte in Echtzeit, es wird die Wartezeit bis zum Zugriff verringert und es werden die Speicherkapazitäten des Computers des Nutzers geschont.[529] Darüber hinaus sind Simulcast- und Webcast-Angebote sowie personalisierte Webradios überhaupt nur mit dieser Übermittlungsstrategie realisierbar. Die der Streaming-Technologie immanente Eigenschaft, grundsätzlich keine permanente Vervielfältigung auf dem Rechner des Nutzers anzulegen, ist also lediglich ein Nebeneffekt, sei dieser nun gewollt oder ungewollt, der ohne das Zutun des Rechteinhabers erreicht wird, aber keine Maßnahme, die im normalen Betrieb dazu bestimmt ist, unerlaubte Nutzungshandlungen zu verhindern oder einzuschränken.

Einzig im Hinblick auf On-Demand-Streams kann argumentiert werden, dass ein Download bei kleineren, individuell abzurufenden Programmpaketen den gleichen Nutzen brächte und die Entscheidung für den Einsatz der Streaming-Technologie daher vor dem Hintergrund der Verhinderung der Anfertigung von Vervielfältigungen getroffen werde. Die heutigen Rechnerkapazitäten erlauben schließlich eine dauerhafte Speicherung selbst von größeren Datenmengen und die Wartezeiten sind angesichts der schnellen Internetzugänge gering. Allerdings ist die für einen Ersatz von Streaming durch Download erforderliche technische Ausstattung der Nutzer noch lange nicht flächendeckend gegeben. Darüber hinaus behält das Streaming-Verfahren eine eigenständige Berechtigung, da der Nutzer seinen Rechner nicht manuell von alten Downloads säubern muss. Bei On-Demand-Streams tritt der Schutz von Inhalten daher allenfalls neben die Nutzung der technischen Vorzüge, ist nach dem aktuellen, konkreten Gebrauch aber nicht dessen objektive Zweckbestimmung.

Im Ergebnis ist die Streaming-Technologie als solche, anders als Verschlüsselungstechniken oder Passwortsperren, angesichts der fehlenden Zweckbestimmung daher nicht als technische Maßnahme i.S.d. § 95a Abs. 1 UrhG zu qualifizie-

529 S.o. im ersten Teil Kapitel 2, Abschnitt C, Punkt I.

ren.[530] Ihre „Umgehung“ mithilfe von Aufnahmesoftware, welche die Daten aus dem Zwischenspeicher auf die Festplatte verschiebt, verstößt nicht gegen § 95a Abs. 1 UrhG.

b) Bewertung der Wirksamkeit

Technische Maßnahmen i.S.d. § 95a Abs. 1 UrhG wie Verschlüsselungstechniken und Passwortsperren müssen zudem wirksam sein, damit ihre Umgehung einen Verstoß gegen das Gesetz begründet. Die Wirksamkeitsvoraussetzungen sind dabei anhand der konkreten Ausgestaltung der jeweiligen Maßnahme zu prüfen, obwohl die Verschlüsselung in § 95a Abs. 2 Satz 2 UrhG ausdrücklich genannt ist.[531]

Programme, welche Verschlüsselungen umgehen oder Passwortsperren knacken, wird es immer geben. Daher hat bereits der Gesetzgeber betont, dass allein die Möglichkeit der Verwendung von Umgehungsprogrammen, die für den durchschnittlichen Benutzer durchaus leicht zu bedienen sein können, eine Maßnahme noch nicht wirkungslos macht.[532] *Dreier* möchte daher das Ausmaß der Verbreitung eines Umgehungsmittels in die Betrachtung einbeziehen, d.h. die Frage, ob ein Umgehungsmittel nur in relativ kleinen Internetkreisen zirkuliert oder ob es von einem nicht unerheblichen Teil der Nutzer eingesetzt wird.[533] Folgte man dieser Auffassung, wäre die Umgehung einer Verschlüsselung zwecks Aufnahme dann erlaubt, wenn eine Vielzahl von Nutzern die Aufnahmesoftware bereits nutzten, da schon die Verschlüsselung als solche angesichts des Ausmaßes der Verbreitung des Umgehungsmittels nicht wirksam wäre.

Diese Ansicht überzeugt jedoch nicht. Eine ansonsten unerlaubte Handlung wäre zulässig, weil eine Vielzahl von anderen Nutzern sie bereits ausführt. Zudem wäre eine Umgehung ohne das Programm für den Benutzer nicht möglich, und die Bestimmung würde ins Leere laufen.[534] Verschlüsselungsmethoden sind daher wirksame technische Maßnahmen i.S.d. § 95a Abs. 1 UrhG trotz der Existenz von Software, die eine Umgehung ermöglicht.

---

530 Im Ergebnis wie hier *Koch*, GRUR 2010, 574 (578); *Härting/Thiess*, WRP 2012, 1068; und *Janisch/Lachenmann*, MMR 2013, 213 (214 f.).

531 *Spindler*, GRUR 2002, 105 (115). Zur Definition dieses Merkmals, siehe in diesem Teil Kapitel 3, Abschnitt B, Punkt II.

532 Amtl. Begr., BT-Drs. 15/38, S. 26.

533 *Dreier*, in: *Dreier/Schulze*, UrhG, § 95a UrhG Rdnr. 16. Ähnlich *Stickelbrock,* GRUR 2004, 736 (739): Wirksamkeit nur dann gegeben, wenn die zur Umgehung geeignete Software nicht mehr verfügbar ist.

534 Wie hier *Wandtke/Ohst*, in: *Wandtke/Bullinger*, UrhR, § 95a UrhG Rdnr. 50; *Peukert*, in: *Loewenheim*, Handbuch UrhR, § 34 Rdnr. 12: abstellend auf ein aktives Handeln allein, ohne Differenzierung nach der Verfügbarkeit des Umgehungsmittels.

2. Umgehungshandlung

Die Voraussetzungen an eine Umgehungshandlung wurden bereits erläutert.[535] Ist der eingehende Datenstrom bei einem Webradio so verschlüsselt, dass eine Aufzeichnung grundsätzlich nicht möglich ist, und wird diese Maßnahme durch die Verwendung von Aufnahmesoftware ausgeschaltet, liegt eine Umgehung vor. Ob dem Nutzer damit allerdings bewusst ist oder hätte bewusst sein sollen, dass er einen ansonsten nicht kopierbaren Stream vervielfältigt, kommt auf den Einzelfall an. Zumindest scheint eine derartige Verschlüsselung von Streams gegenwärtig nicht Standard zu sein, sodass ein Kennenmüssen nicht anzunehmen ist. Anders ist die Situation zu beurteilen sein, wenn ein Anbieter von Aufnahmesoftware ausdrücklich damit wirbt, dass seine Software verschlüsselte Streams aufzeichnen kann. In diesem Fall ist von einem Kennenmüssen des Nutzers auszugehen und seine subjektive Umgehungsabsicht zu bejahen.

III. Ergebnis

Wird mithilfe von Aufnahmesoftware eine Kopie von gestreamten Inhalten erstellt, werden die Schutzgüter durch den Nutzer vervielfältigt i.S.d. § 16 UrhG, und zwar unabhängig davon, ob die Kopie analog oder digital ist. War der Stream durch zusätzliche Maßnahmen vor einer Aufzeichnung geschützt, z.B. durch Verschlüsselung, bedeutet eine digitale Vervielfältigung gleichzeitig – die fehlende Zustimmung des Rechteinhabers vorausgesetzt – eine unzulässige Umgehung wirksamer technischer Schutzmaßnahmen i.S.d. § 95a Abs. 1 UrhG, sofern der Nutzer im Einzelfall weiß oder hätte wissen müssen, dass er durch ihren Einsatz diese Maßnahmen umgeht.[536]

Dieses Ergebnis hat große Bedeutung für den Nutzer, wenn er sich auf die Anwendbarkeit möglicher Schrankenregelungen berufen möchte, da sich diese grundsätzlich nicht gegen den Schutz wirksamer technischer Maßnahmen durchsetzen. Lediglich in Bezug auf im Einzelnen ausdrücklich benannte Schrankenregelungen ist der Rechteinhaber gem. § 95b Abs. 1 Satz 1 UrhG verpflichtet, Maßnahmen zu ergreifen, dass die von den Schrankenregelungen Begünstigten das Werk entsprechend nutzen können. Digitale Kopien für den privaten Gebrauch fallen jedoch nicht darunter.[537] Eine digitale Vervielfältigung nach § 16 UrhG, die gem.

---

535 Siehe in diesem Teil Kapitel 3, Abschnitt B, Punkt III.

536 Im Ergebnis wie hier *Handig*, ecolex 2005, 921 (924) in Zusammenhang mit einer Bewertung dieser Frage nach österreichischem Recht.

537 § 95b Abs. 1 Satz 1 Ziffer 6 lit. a) UrhG nennt insofern nur „Vervielfältigungen auf Papier oder einem ähnlichen Träger mittels beliebiger photomechanischer Verfahren oder anderer Verfahren mit ähnlicher Wirkung“.

§ 53 Abs. 1 UrhG grundsätzlich zulässig ist, verstößt daher trotzdem gegen § 95a Abs. 1 UrhG, wenn durch die Aufzeichnung eine wirksame technische Schutzmaßnahme umgangen wird.

B. Streamripping über Web-Anwendungen

Bei Aufnahmesoftware in Form von Web-Anwendungen hält der Anbieter auf seinen Servern sowohl eine Software zur Aufzeichnung als auch Speicherplatz bereit. Der Mitschnitt erfolgt nach Programmierung der Web-Anwendung automatisch und der Nutzer kann auf die Aufnahme zu einem späteren Zeitpunkt im Wege des Streaming oder per Download zugreifen.[538]

Die rechtliche Beurteilung von Online-Rekordern hat bereits in der Vergangenheit in Zusammenhang mit der Aufzeichnung von Fernsehsendungen zu vielen Diskussionen in Literatur[539] und Rechtsprechung[540] geführt. Streitig sind insbesondere die Fragen, wer bei der Nutzung solcher Online-Rekorder Hersteller der Aufzeichnung ist, die im Online-Rekorder abgelegt wird, und welche Verwertungsrechte hierdurch betroffen sind. Der BGH hat diese Punkte in seinem Urteil „Internet-Videorecorder" im Jahr 2009 hinsichtlich der Streitfrage der Person des Herstellers beantwortet,[541] und im Jahr 2013 um Überlegungen zur verwertungsrechtlichen Einordnung ergänzt.[542]

---

538 Zur Funktionsweise s. im ersten Teil Kapitel 2, Abschnitt D, Punkt II.

539 Vgl. insbesondere *M. Becker,* AfP 2007, 5; *Finguelli/Nink,* CR 2008, 791; *Hofmann,* MMR 2006, 793; *Kamps/Koops*, CR 2007, 581; und *Wiebe*, CR 2007, 28.

540 Zwar kamen alle Gerichte letztlich zu dem Ergebnis, dass das Angebot von OVR urheberrechtlich unzulässig sei. Die jeweiligen Begründungen weisen jedoch Unterschiede hinsichtlich der urheberrechtlichen Einordnung der Nutzungsvorgänge auf. So haben das OLG Köln, das LG München und das LG Leipzig einen Eingriff in das Recht der öffentlichen Zugänglichmachung nach § 19a UrhG angenommen; das LG Braunschweig hat diese Frage offen gelassen und sein Urteil auf das Vorliegen einer Vervielfältigung i.S.d. § 16 UrhG gestützt; und das OLG Dresden hat eine unzlässige Weitersendung i.S.d. § 20 UrhG erkannt. S. *OLG Dresden*, GRUR-RR 2011, 413 = MMR 2011, 610; *OLG Köln*, GRUR-RR 2006, 5; *LG München*, ZUM 2006, 583; *LG Leipzig,* ZUM 2006, 763; *LG Braunschweig*, AfP 2006, 489. S.a. *Hofmann,* MMR 2006, 793 (794 f.) für eine Zusammenfassung der älteren Urteile.

541 *BGH*, NJW 2009, 3511-3518 m. Anm. *Rössel* = GRUR 2009, 845-850 (Internet-Videorecorder). Das Urteil ist die Leitentscheidung der drei Verfahren zur Rechtmäßigkeit von OVR. Die beiden leitsatzlosen Entscheidungen (I ZR 215/06 und I ZR 175/07) sind veröffentlicht in BeckRS 2009, 17250, sowie BeckRS 2009, 17249 und abrufbar unter: http://www.bundesgerichtshof.de. Siehe anschließend das Urteil der Berufungsinstanz *OLG Dresden*, GRUR-RR 2011, 413 = MMR 2011, 610 .

542 *BGH*, Urt. v. 11.4.2013 – I ZR 152/11, veröffentlicht in BeckRS 2013, 07557 (Internet-Videorecorder II); Urt. v. 11.4.2013 – I ZR 151/11 und I ZR 153/11, abrufbar unter: http://www.bundesgerichtshof.de.

In Bezug auf Webradio-Angebote könnten sich angesichts der unterschiedlichen Schutzgüter – Fernsehsendung einerseits, Musikstück andererseits – jedoch Besonderheiten ergeben bzw. ist die Argumentation des BGH an einigen Punkten kritisch zu hinterfragen, sodass die unterschiedlichen Nutzungsvorgänge, die solche Web-Anwendungen ausmachen, im Folgenden mit Fokus auf Aufnahmen aus dem Webradio detailliert beleuchtet werden müssen.

I. Speicherung online

Ausgangspunkt der Untersuchung ist die offensichtlichste, und für anschließende Nutzungshandlungen ausschlaggebende Nutzungshandlung: die Speicherung online. Das Speichermedium, d.h. der Server, der die wiederholbare Wiedergabe von Bild- oder Tonfolgen ermöglicht, ist ein Bild- oder Tonträger i.S.d. Legaldefinition des § 16 Abs. 2 UrhG. Die Kopie ist daher – insofern unstreitig – eine Vervielfältigung i.S.d. § 16 Abs. 1 UrhG.[543]

Aufgrund der physischen Distanz des Nutzers zum Vervielfältigungsgerät bzw. Speichermedium erschließt es sich jedoch nicht sofort, wer Hersteller dieser Vervielfältigung ist, was wiederum von entscheidender Bedeutung für eine mögliche Privilegierung dieser Verwertungsform ist und Konsequenzen für die Einordnung des sich der Speicherung anschließenden Übermittlungsvorgangs vom Online-Speicher zum Nutzer hat.[544]

Der 1. Senat des BGH hat zur Herstellereigenschaft im vorgenannten Urteil ausdrücklich und entgegen der vorinstanzlichen Rechtsprechung festgestellt,[545] dass diese Frage nicht normativ zu bewerten sei, sondern es auf eine rein technische Betrachtung ankomme und Hersteller der Vervielfältigung einer Funksendung durch Aufnahme auf Bild- oder Tonträger allein derjenige sei, der die körperliche Festlegung der Funksendung technisch bewerkstellige, selbst wenn er sich dabei technischer Hilfsmittel bediene, die Dritte zur Verfügung gestellt

---

543 *BGH*, NJW 2009, 3511 (3513, Tz. 14) m. Anm. *Rössel* = GRUR 2009, 845 (Internet-Videorecorder).

544 In jedem Fall scheidet eine Privilegierung nach § 44a UrhG aus, da die Vervielfältigung nicht nur vorübergehend ist, s. *M. Becker,* AfP 2007, 5 (7); *Hofmann,* MMR 2006, 793 (796); *Kamps/Koops*, CR 2007, 581 (582); *Wiebe*, CR 2007, 28.

545 Die Instanzgerichte trennten nicht zwischen der Bestimmung der Herstellereigenschaft nach objektiven Kriterien und dem Erfordernis der Zurechnung der Vervielfältigungshandlung aufgrund einer normativen Bewertung aufgrund des Schutzzwecks der Privilegierung des § 53 Abs. 1 Satz 1 UrhG, s. *OLG Dresden*, ZUM 2007, 203 = CR 2007, 662; *LG Leipzig,* ZUM 2006, 763 (766). Mit fast identischer Argumentation kamen auch andere Instanzgerichte zum gleichen Ergebnis, s. *OLG Dresden,* ZUM-RD 2008, 6 f. = MMR 2007, 664; *OLG Köln,* GRUR-RR 2006, 5 (6) = MMR 2006, 35-37; *LG Braunschweig*, ZUM-RD 2006, 396 (297 f.) = AfP 2006, 489.

haben.[546] Was genau unter „technisch bewerkstelligen" zu verstehen ist, erläutert der BGH dahingehend, dass es darauf ankomme, welche Partei den technischen Vorgang der Werknutzung, hier also der Vervielfältigung, auslöse, und zwar unabhängig davon, wo, wann und mit welchen technischen Mitteln diese Werknutzung stattfinde und ob der Anbieter der technischen Mittel noch weitere Leistungen anbiete.[547] Die Feststellung des BGH, dass bei Online-Videorekordern der Kunde bzw. Nutzer Hersteller i.S.d. § 16 UrhG sein kann,[548] lässt zudem den Schluss zu, dass nicht erforderlich ist, dass der Nutzer die absolute Kontrolle über den Vervielfältigungsvorgang haben muss, sondern dass es ausreicht, dass der Anbieter, der dem Nutzer den Zugriff zur Web-Anwendung zweifelsohne jederzeit entziehen kann, vertraglich verpflichtet ist, Zugriff zu gewähren und sich daraus für den Nutzer gewisse Kontroll-, Steuerungs- und Einflussmöglichkeiten ergeben.[549] Ebenso wenig ist es erforderlich, dass der Nutzer die Funktionsweise des technischen Hilfsmittels kennt.[550]

Daran anknüpfend kommt das OLG Dresden als Berufungsgericht in diesem Verfahren nach weiteren Sachverhaltsfeststellungen zu dem Ergebnis, dass Hersteller der Aufzeichnung im streitgegenständlichen Internet-Videorekorder, bei dem die Programmierung der Aufzeichnung im Normalbetrieb einen rein technischen Vorgang auslöst, der vollständig automatisiert ohne menschlichen Eingriff von außen abläuft, der Kunde ist.[551] Dass der Nutzer auf die aufgezeichnete Sendung dabei erst nach Ende der Aufzeichnung zugreifen kann, ändert an dieser Einschätzung nichts, sondern liegt in der Natur der Sache.[552] Dieses Ergebnis muss selbstverständlich für sämtliche Online-Rekorder gelten, d.h. auch Web-Anwendungen zur Aufzeichnung von Musik.[553]

---

546 *BGH*, NJW 2009, 3511 (3513, Tz. 16 f.) m. Anm. Rössel = GRUR 2009, 845 (Internet-Videorecorder). Er bestätigt damit BGHZ 141, 13 (18 f.) = NJW 1999, 1953 (Kopienversanddienst). So auch der überwiegende Meinungsstand in der Literatur *Dreier*, in: *Dreier/Schulze*, UrhG, § 53 UrhG Rdnr. 14; *Dreyer*, in: *Dreyer/Kotthoff/Meckel*, UrhR, § 53 UrhG Rdnr. 36; *Hofmann*, MMR 2006, 793 (797); *Kamps/Koops*, CR 2007, 581 (583); *Lüft*, in: *Wandtke/Bullinger*, UrhR, § 53 UrhG Rdnrn. 17 f. A.A. noch *Finguelli/Nink*, CR 2008, 791 (795 f.); und *Wiebe*, CR 2007, 28 (30 f.), die es von der Nutzungsintensität seitens des Nutzers bzw. von Zusatzleistungen seitens des Herstellers abhängig machen.

547 *BGH*, a.a.O., Tz. 23 (Internet-Videorecorder).

548 Ebda.

549 In diesem Sinne auch *M. Becker*, AfP 2007, 5 (8); *Finguelli/Nink*, CR 2008, 791 (795); *Kamps/Koops*, CR 2007, 581 (583); sowie ausführlich *Wiebe*, CR 2007, 28 (29). A.A. *LG Braunschweig*, ZUM-RD 2006, 396 (399 f.) = AfP 2006, 489; *Schack*, GRUR 2007, 639 (642).

550 Dies fordert hingegen *M. Becker*, AfP 2007, 5 (8), allerdings ohne nähere Begründung seiner Position.

551 *OLG Dresden*, GRUR-RR 2011, 413 (414 f.) = MMR 2011, 610.

552 S.a. *Dreier*, in: FS Ullmann, S. 37 (46).

553 Wie hier *Niemann*, CR 2009, 661 (664).

Dagegen mag man vorbringen, dass die Distanz des Nutzers zum Aufzeichnungsprozess bei Musikrekordern aufgrund der Besonderheiten des Schutzgutes „Musikwerk" um ein Vielfaches größer bzw. die Rolle des Werkzeuges weitaus weniger passiv sein kann als bei Online-Videorekordern. So laufen Fernsehsendungen zu einem bestimmten Zeitpunkt auf einem bestimmten Sender, der die Rechte an der Sendung meist auf exklusiver Basis erworben hat mit der Konsequenz, dass die Sendungen selten zeitnah oder überhaupt wiederholt werden. Musiktitel hingegen, besonders aktuelle, werden häufig in kurzen zeitlichen Abständen gespielt und dies auf den unterschiedlichsten Sendern. Bezieht man zusätzlich die über das Internet verfügbaren ausländischen Sender in die Betrachtung ein, ergibt sich anders als bei Fernsehsendungen eine nahezu ständige Verfügbarkeit der gewünschten Musiktitel. Darüber hinaus ist der Nutzer jedenfalls bei Aufzeichnung auf Titelebene viel stärker auf die Suchfunktionen angewiesen.

Nichtsdestotrotz ist die Definition des BGH in diesem Punkt eindeutig: Die Richter stellen einzig und allein darauf ab, dass die Nutzer des Online-Rekorders die Aufzeichnung unmittelbar auslösen und die Aufnahme anschließend vollständig automatisiert erfolgt. Einschränkungen etwa derart, dass der Nutzer die Aufzeichnung jederzeit stoppen können bzw. die Einflussmöglichkeit des Anbieters zumindest vertraglich ausgeschlossen sein müsse, hat der BGH in seinen Urteilsgründen nicht formuliert, obwohl sie in der mündlichen Verhandlung zu den „Internet-Videorekorder"-Fällen diskutiert wurden.[554] Sofern also feststeht, dass der Online-Rekorder auf einem vollständig automatisierten Aufnahmeprozess basiert, der kein aktives Zutun des Anbieters fordert, ist der Nutzer selbst bei Web-Anwendungen, die wie *flatster* eine gezielte Suche nach einzelnen Titeln und nicht nur wie beim *phonostar-Player* den Mitschnitt ganzer Programmblöcke oder die manuelle Aufnahme ermöglichen, Hersteller der Vervielfältigung.[555] Etwas anderes gilt dann, wenn der Anbieter Musiktitel „auf Vorrat" aufzeichnet. In diesem Fall ist er Hersteller der Kopie für eigene Zwecke.[556]

Grundsätzlich denkbar ist jedoch, dass der Anbieter zwar als Hersteller zu qualifizieren ist, weil der Aufnahmeprozess eben nicht vollautomatisiert abläuft, er die Kopie aber grundsätzlich für den Nutzer herstellt, d.h. der Anbieter nur als Werkzeug des Nutzers in Erscheinung tritt. Diese „Mischform" ist für die Anwendbarkeit der Schranke der Privatkopie von Bedeutung und wird daher in diesem Zusammenhang untersucht.[557]

---

554 *Niemann*, CR 2009, 661 (662).

555 Ausdrücklich in Bezug auf Aufnahmesoftware für Live-Streams von Webradios *LG Berlin*, K&R 2011, 427 (428).

556 *OLG Dresden*, GRUR-RR 2011, 413 (417) = MMR 2011, 610. Siehe im Bereich der Aufzeichnung von Fernsehsendungen auch *LG München I*, ZUM 2012, 1003; GRUR-Prax 2013, 47. Die Berufung ist anhängig beim OLG München unter Az. 29 U 3989/12.

557 S. im dritten Teil, Kapitel 3, Abschnitt C.

II. Übermittlung der Aufnahme an den Nutzer

Der Aufnahme schließt sich der Abruf der Aufnahme durch den Nutzer an. Da auf dem Rechner des Nutzers eine weitere, sei es vorübergehende[558] oder dauerhafte[559], Kopie angelegt wird, ist in jedem Fall das Vervielfältigungsrecht berührt. Zusätzlich kann in der Übermittlung der Aufzeichnung an den Nutzer eine urheberrechtsrelevante Nutzungshandlung liegen. Hierfür ist abhängig von der Verantwortlichkeit für die Herstellung der Kopie eine differenzierte Betrachtung vorzunehmen.[560]

Greifen die Nutzer allesamt auf ein und dieselbe Vervielfältigung zu, um den Titel per Download oder als Stream zu erhalten, d.h. hat der Anbieter, wie z.B. im Falle des *Online Music Recorders*,[561] eine Vorlage – eine Masterkopie – für alle hergestellt (Fall a)), liegt darin ein klarer Fall der öffentlichen Zugänglichmachung i.S.d. § 19a UrhG, da verschiedene Kunden die Aufzeichnung von jedem Ort und zu jeder Zeit abrufen können.[562]

Der Fall ist hingegen nicht so eindeutig, wenn der Anbieter der Web-Anwendung (nicht der Nutzer) für jeden Nutzer eine individuelle Kopie im virtuellen Speicher des Nutzers herstellt (Fall b)). Diesbezüglich kommt der BGH zu dem Ergebnis, dass es aufgrund der nutzerindividuellen Übermittlung an einem Zugänglichmachen gegenüber einer Öffentlichkeit fehle, wenngleich die einzelnen Personen in ihrer Gesamtheit eine Öffentlichkeit bildeten. Dementsprechend seien bei dieser Konstellation durch den Übermittlungsvorgang keine Urheberrechte berührt.[563] Diese Auffassung ignoriert freilich die funktionelle und wirtschaftliche Reichweite des Angebotes einer derartigen Aufnahmesoftware. Ist Hersteller der Vervielfältigung der Anbieter der Web-Anwendung, kann es schlicht nicht darauf ankommen, ob jedem Nutzer eine *eigene* Kopier*vorlage* zugewiesen wird. Das Angebot als solches richtet sich an die gesamte

558 Falls die gespeicherten Inhalte an den Nutzer per Streaming übertragen werden.

559 Wenn die gespeicherten Inhalte heruntergeladen werden.

560 Dies erkennt auch der *BGH*, NJW 2009, 3511 (3514, Tz. 26) m. Anm. Rössel = GRUR 2009, 845 (Internet-Videorecorder).

561 http://www.onlinemusicrecorder.com.

562 S. *OLG Dresden*, GRUR-RR 2011, 413 (417) = MMR 2011, 610. So schon *Dreier*, in: FS Ullmann, S. 37 (49).

563 *BGH*, NJW 2009, 3511 (2514, Tz. 26 und 29 f.) m. Anm. Rössel = GRUR 2009, 845 (Internet-Videorecorder). In diesem Sinne schon die Berufungsinstanz *OLG Dresden*, ZUM 2007, 203 (204); bzw. *OLG Dresden*, GRUR-RR 2011, 413 (417) = MMR 2011, 610; sowie *LG Braunschweig*, AfP 2006, 489 (491); *M. Becker*, AfP 2007, 5 (5 f. und 12); *Bullinger*, in: *Wandtke/Bullinger*, UrhR, § 19a UrhG Rdnr. 36; *Dreier*, in: *Dreier/Schulze*, UrhG, § 19a UrhG Rdnr. 10; *Dreier*, in: FS Ullmann, S. 37 (44); *Hofmann*, MMR 2006, 793 (796); *Poll*, GRUR 2007, 476 (481); und *Schack*, GRUR 2007, 639 (642).

Öffentlichkeit. Wer eine Fernsehsendung oder ein Musikstück individuell zum Abruf bereitgestellt wissen will, kann es erhalten und zum Zeitpunkt seiner Wahl abrufen. Funktional und wirtschaftlich betrachtet macht es also keinen Unterschied, ob der Nutzer auf eine ausschließlich für ihn oder für eine Mehrzahl von Personen hergestellte Werkvorlage zugreift, um davon seine eigene Privatkopie anzufertigen.[564] Zudem spricht § 19a UrhG ausschließlich von der Zugänglichmachung des Werkes, nicht aber von der Zugänglichmachung einer konkreten Werkvorlage. Das Werk wiederum wird allen gleichermaßen zugänglich gemacht. Es kann daher nicht darauf ankommen, ob jedem Nutzer eine eigene Kopiervorlage zugewiesen wird. Sowohl bei der Verwendung nutzerindividueller Kopien als auch von Master-Kopien ist von einer öffentlichen Zugänglichmachung i.S.d. § 19a UrhG auszugehen.[565]

Davon zu unterscheiden ist die Konstellation, in welcher der Nutzer Hersteller der Kopie ist (Fall c)). In diesem Fall ist der Speicherplatz dem Nutzer zuzuordnen – ähnlich einer externen Festplatte. Entsprechend fehlt es bei der Übermittlung der Aufnahme an das Endgerät des Nutzers an der Öffentlichkeit. Damit ist diese Übermittlung ein rein interner Vorgang in der Sphäre des Nutzers und folglich urheberrechtsfrei.[566] Lediglich der Ort der Speicherung wurde ausgelagert. Nichts anderes darf für den Fall gelten, dass Hersteller der Kopie zwar der Anbieter ist, die Kopie aber dem Nutzer i.S.d. § 53 Abs. 1 Satz 2 UrhG zuzurechnen ist (Fall d)).

Somit berührt die Übermittlung der Aufnahme an den Nutzer neben dem Vervielfältigungsrecht das Recht der öffentlichen Zugänglichmachung nur, wenn Hersteller der Kopie im Online-Speicher der Anbieter der Web-Anwendung ist. Wie nachfolgend noch zu zeigen ist, bedeutet dies indessen nicht, dass der Anbieter der Web-Anwendung jegliche Lizenzierung vermeiden kann, indem er die Web-Anwendung vollständig automatisiert und jedem Nutzer einen nutzerindividuellen Speicherplatz zuweist.

III. Abgriff des Webradio-Programms und Weiterleitung an den Online-Speicher

Der Speicherung und anschließenden Weiterleitung des Musiktitels ist ein weiterer Akt vorgelagert, der auf den ersten Blick weniger offensichtlich ist: das Abgreifen und das Weiterleiten des Webradio-Programms an den virtuellen Speicher. Das

564 So schon *Wiebe*, CR 2007, 28 (33). Ebenso *Czychowski/J. Nordemann*, NJW 2010, 735 (737); und *Schulze*, ZUM 2011, 2 (6).

565 Ähnlich *Neurauter*, GRUR 2011, 691 (694).

566 Ebenso schon *Wiebe*, CR 2007, 28 (32).

Abgreifen eines Signals an sich ist allerdings keine urheberrechtlich relevante Verwertungshandlung. Der Empfang von Werken ist frei.[567] Einzig die Weiterleitung kann Urheberrechte verletzen und auch in dieser Hinsicht kommt es wieder darauf an, wer Hersteller der Kopie ist.

Wird die Kopie durch den Anbieter hergestellt (Fall a) und Fall b)), ist der Vorgang der Weiterleitung an den dem Nutzer zugewiesenen Speicherplatz vollständig der Sphäre des Anbieters zuzurechnen. Diese Weiterleitung vollzieht sich im ausschließlich nichtöffentlichen Bereich und ist damit keine urheberrechtlich relevante Nutzungshandlung.[568] Ist hingegen der Nutzer selbst Hersteller der Kopie im Online-Speicher (Fall c)) oder ist sie ihm zumindest zuzurechnen (Fall d)), ist zu prüfen, inwiefern der Schritt der Weiterleitung als eine Form der öffentlichen Wiedergabe zu sehen ist.

1. Rechtsprechung zu Online-Videorekordern

In Bezug auf Online-Videorekorder hat der BGH entschieden, dass in dem Abgreifen des Signals einer Sendung an einer Satelliten-Antenne und dessen Weiterleitung zum Online-Videorekorder als „Empfangsgerät" grundsätzlich eine Sendung gesehen werden kann.[569] So ist die Übertragung per Internet „Funk" i.S.d. § 20 UrhG und in den nutzerindividuellen Online-Rekordern trifft das Signal auch zeitgleich in einer vorgegebenen Programmabfolge ein. Dass die Sendungen vom Kunden nicht sofort sondern erst nach erfolgter Aufzeichnung und deren Übermittlung wahrgenommen werden, ist dabei unerheblich, ebenso wie die Tatsache, dass die Nutzer das Werk tatsächlich zu unterschiedlichen Zeitpunkten abrufen und wahrnehmbar machen.[570]

Nach diesen Feststellungen meint der BGH dann aber, dass für die Bestimmung der Wiedergabe an eine Öffentlichkeit zudem zu klären sei, wie viele Kunden die Aufzeichnung einer bestimmten Sendung im Einzelfall bestellt und erhalten haben.[571] Dem ist zu widersprechen. Das Angebot eines Online-Videorekorders richtet sich in jedem Fall an eine Öffentlichkeit, da sämtliche Nutzer, die ihren Online-Videorekorder „einschalten", auch ein Signal erhalten. Auf den

---

567 Statt aller BGHZ 123, 149 (152) (Verteileranlagen); *BGH*, GRUR 1996, 875 (876) (Zweibettzimmer im Krankenhaus). S. außerdem die Hinweise in Fn. 392.

568 Ebenso *M. Becker*, AfP 2007, 5 (7); und *Wiebe*, CR 2007, 28 (32).

569 *BGH*, NJW 2009, 3511 (3514 f., Tz. 30 f.) m. Anm. Rössel = GRUR 2009, 845 (Internet-Videorecorder).

570 *BGH* a.a.O., Tz. 32-35 (Internet-Videorecorder). So dann auch *OLG Dresden*, GRUR-RR 2011, 413 (418) = MMR 2011, 610; sowie *v. Ungern-Sternberg*, in: FS Loschelder, S. 415 (417); bzw. zuvor schon *Wiebe*, CR 2007, 28 (32); a.A. *Becker*, AfP 2007, 5 (7).

571 *BGH*, NJW 2009, 3511 (3515 und 3517, Tz. 34 f. und 57) m. Anm. Rössel = GRUR 2009, 845 (Internet-Videorecorder).

tatsächlichen Empfang kommt es wie bei jeder anderen Sendung nicht an. Zudem würde die Ansicht des BGH zu großer Rechtsunsicherheit führen, da es dem Rechteinhaber aufgrund fehlender Informationen zu Nutzerzahlen praktisch unmöglich wäre zu beurteilen, ob seine Rechte verletzt werden. Vor diesem Hintergrund ist die Klarstellung des OLG Dresden zu begrüßen, dass bereits wenige Personen eine Mehrzahl von Mitgliedern der Öffentlichkeit begründen.[572] Ist der Nutzer Hersteller der Kopie in seinem Online-Videorekorder oder ist diese ihm zumindest zuzurechnen, wird das Signal des Webradios durch den Anbieter an ihn weitergeleitet.[573]

2. *Stellungnahme*

Fraglich ist, inwiefern sich dieses Ergebnis auf die hier diskutierten Web-Anwendungen für die Aufnahme von Musik übertragen lässt. Immerhin nutzen solche Web-Anwendungen anders als die typischen Online-Videorekorder nicht nur Sendungen i.S.d. § 20 UrhG als Vorlage, sondern scheinen auch auf On-Demand-Streams und personalisierte Webradios zugreifen zu können, die unter § 19a UrhG zu fassen sind.

Bei näherem Vergleich der Handlungen der Anbieter stellt man allerdings fest, dass diese sich trotz des Medienwechsels und der größeren Anzahl von Quellen funktional und wirtschaftlich betrachtet nicht unterscheiden. Dies mag zunächst befremdlich wirken, da für den Medienwechsel von einer Rundfunksendung in ein internetfähiges Format mehr Zwischenschritte (Empfangen, Digitalisieren und Komprimieren) und mehr Hardware erforderlich sind als für die Anfertigung einer Webradio-Aufnahme. Letztlich sind aber beide Prozesse ähnlich automatisiert: Die Web-Anwendung zur Aufnahme von Musik greift wie ein Online-Videorekorder ein Signal an einem bestimmten Punkt ab – nämlich dem Server des Webradio-Anbieters anstelle der Satelliten-Antenne – und überträgt es an den nutzerindividuellen Speicher. Desgleichen richtet sich diese Sendung an eine Öffentlichkeit, da grundsätzlich mehrere Nutzer das abgegriffene Signal erhalten, wenn sie den gesendeten und abgegriffenen Titel angefordert haben.

572 *OLG Dresden*, GRUR-RR 2011, 413 (418) = MMR 2011, 610. Kritisch zur Entscheidung des BGH aus diesem Grund auch *Czychowski/J. Nordemann*, NJW 2010, 735 (737). Der BGH hat die Auffassung des OLG Dresden inzwischen bestätigt, *BGH*, Urt. v. 11.4.2013 – I ZR 152/11 (Internet-Videorecorder II) Tz. 43, veröffentlicht in BeckRS 2013, 07557 und abrufbar unter: http://www.bundesgerichtshof.de.

573 Die Frage, ob und unter welchen Bedingungen auch Sendeunternehmen ein Recht zur drahtgebundenen Weitersendung eines durch Rundfunk gesendeten Werkes zusteht, hat der BGH dem EuGH zur Vorabentscheidung vorgelegt, s. BGH, ZUM 2012, 889 ff. (Breitbandkabel), möchte sie aber grundsätzlich bejahen.

Dies ist selbst dann der Fall, wenn die Web-Anwendung als Vorlage eine öffentliche Zugänglichmachung i.S.d. § 19a UrhG verwendet, z.B. weil sie auf Anfrage eines bestimmten Titels einen On-Demand-Stream anstößt und diesen weiterleitet. Auch hierbei macht der Anbieter das Werk durch ein ähnliches technisches Mittel i.S.d. § 20 UrhG einer Öffentlichkeit zugänglich, da grundsätzlich eine Mehrzahl von Nutzern, die sich eine Kopie des konkreten Titels gewünscht hat, mit dieser Vorlage zum vom Anbieter bestimmten Zeitpunkt bedient werden kann. Der Fall ist vergleichbar mit der Wiedergabe von Funksendungen und von öffentlichen Zugänglichmachungen durch Lautsprecher i.S.d. § 22 Satz 1 UrhG. Das Ausgangssignal mag verwertungsrechtlich unterschiedlich zu bewerten sein, die Anschlussnutzung in Form der öffentlichen Wiedergabe fällt jedoch unter das gleiche Verwertungsrecht.

IV. Ergebnis

Die Ausführungen des BGH im Urteil „Internet-Videorecorder" und deren anschließende Interpretation durch das OLG Dresden haben zweifelsohne wichtige Anhaltspunkte für die zukünftige Auslegung des Herstellerbegriffs im Urheberrechtsgesetz geliefert. Hinsichtlich der Bewertung des Begriffs der Öffentlichkeit i.S.d. § 19a UrhG kann den Richtern jedoch nicht vorbehaltslos zugestimmt werden. Nach der hier vertretenen Auffassung berühren alle möglichen technischen Ausgestaltungen einer Web-Anwendung zur Aufnahme von Webradio-Programmen entweder das Vervielfältigungsrecht oder ein Recht der öffentlichen Wiedergabe – sei es § 19a UrhG, wenn Hersteller der Aufnahme der Anbieter ist (Fall a) und Fall b)), oder §§ 20 ff. UrhG, wenn der Nutzer die Speicherung vollautomatisch durchführt (Fall c)), bzw. der Anbieter dies für ihn übernimmt (Fall d)). Nur so kann verhindert werden, dass durch geschickte technische Gestaltung der Aufnahme- und Übermittlungs-Funktion der Web-Anwendung ein letztlich in wirtschaftlicher und funktioneller Hinsicht gleich zu beurteilender Sachverhalt rechtlich unterschiedlich behandelt wird.

Abhängig von der Verantwortlichkeit für die Kopie sind die einzelnen Verwertungsschritte und die dadurch betroffenen Verwertungsrechte in der folgenden Tabelle übersichtsartig zusammengefasst.

Dementsprechend ist zu erwarten, dass sich die Diskussion nach diesen Feststellungen, wie schon bei den Online-Videorekordern nach den Urteilen des BGH und des OLG Dresden geschehen, auf die Frage der Einräumung der erforderlichen Nutzungsrechte konzentrieren wird.[574]

574 Der BGH hat die Sachen erneut an das Berufungsgericht zurückverwiesen zwecks Prüfung, ob die Klägerinnen der Beklagten das Recht zur Weitersendung der Funksendungen einräumen müssen,

	Abgriff Signal	Weiterleitung zum virt. Speicher	Vervielfältigung im virt. Speicher	Übermittlung zum Nutzer	Vervielfältigung beim Nutzer
Fall a)	frei	frei	§ 16 Abs. 1 UrhG	§ 19a UrhG	§ 16 Abs. 1 UrhG ggf. privilegiert*
Fall b)	frei	frei	§ 16 Abs. 1 UrhG	§ 19a UrhG	§ 16 Abs. 1 UrhG ggf. privilegiert*
Fall c)	frei	§ 20 UrhG	§ 16 Abs. 1 UrhG ggf. privilegiert*	frei	§ 16 Abs. 1 UrhG ggf. privilegiert*
Fall d)/1 Kostenloser Dienst	frei	§ 20 UrhG	§ 16 Abs. 1 UrhG, ggf. privilegiert*	frei	§ 16 Abs. 1 UrhG ggf. privilegiert*
Fall d)/2 Kostenpflichtiger Dienst	frei	§ 20 UrhG	§ 16 Abs. 1 UrhG	frei	§ 16 Abs. 1 UrhG ggf. privilegiert*

* Gem. §§ 44a und/oder 53 Abs. 1 Satz 1 UrhG.

Kapitel 5: Bewertung grenzüberschreitender Sachverhalte

Selbstverständlich gibt es nicht nur inländische Webradio-Anbieter mit Server-Standort in Deutschland, die ihr Angebot ausschließlich innerhalb Deutschlands zugänglich machen bzw. senden. Oftmals handelt es sich um ein grenzüberschreitendes, oft sogar weltweit abrufbares Musikangebot aus dem Ausland. Nachfolgend ist daher aufbauend auf und in Ergänzung zu den vorangehenden Kapiteln zu prüfen, in welchen Fällen der Webradio-Nutzung mit Auslandsbezug eine nach deutschem Recht relevante Verwertungshandlung vorliegt und infolgedessen Lizenzen für Deutschland erworben werden müssen, oder eben bei

sofern diese die erforderlichen Lizenzgebühren gezahlt oder hinterlegt haben (sog. „Zwangslizenzeinwand“). In diesem Fall müsste das Berufungsgericht den Rechtsstreit aussetzen und die Beklagten müssten sich zunächst an die Schiedsstelle beim Deutschen Patent- und Markenamt wenden. Siehe *BGH*, Urt. v. 11.4.2013 – I ZR 152/11 (Internet-Videorecorder II) Tz. 46 ff., veröffentlicht in BeckRS 2013, 07557 und abrufbar unter: http://www.bundesgerichtshof.de. Zusammenfassend zur Entwicklung im Bereich Online-Videorekorder *Kianfar,* GRUR-RR 2011, 393-396. In einem vorangehenden Fall hat die *Schiedsstelle* jedenfalls entschieden, dass die Weiterleitung von Sendeprogrammen (hier: Filmen) im Rahmen eines Online-Videorekorders eine eigenständige (neue) Nutzungsart darstelle und jedenfalls Sendeunternehmen die hierfür erforderlichen Nutzungsrechte der Verwertungsgesellschaft nicht zur Wahrnehmung übertragen haben, s. *Schiedsstelle,* ZUM 2012, 1009 (1011-1013).

Ausbleiben der Lizenzierung von einem nach deutschem Recht rechtswidrigen Webradio-Angebot auszugehen ist. Spiegelbildlich zu den betroffenen Verwertungsrechten sind die Eingriffe in das Vervielfältigungsrecht und in das Senderecht bzw. das Recht der öffentlichen Zugänglichmachung sowie der Ort der Rechtsverletzung bei einer etwaigen Umgehung technischer Schutzmaßnahmen zu lokalisieren.

Ausgangspunkt der Untersuchung eines jeden Multistate-Sachverhaltes ist die kollisionsrechtliche Frage nach dem anwendbaren Recht (Abschnitt A). Denn auch wenn das Sachrecht jedenfalls innerhalb der Europäischen Union bereits durch diverse Urheberrechtsrichtlinien weitgehend harmonisiert ist, bleibt es eine „Patchwork-Regelung“ und nationale Standards, die über das Vorliegen einer inländischen Verletzungshandlung entscheiden, können selbst innerhalb der EU – nicht aber zuletzt im Verhältnis zu Drittstaaten – von Land zu Land unterschiedlich sein.[575] Vor allem bei Internet-Sachverhalten kann dabei die Anwendbarkeit einer kaum überschaubaren Zahl von Rechtsordnungen drohen. Daher werden nachfolgend ergänzend zum Status quo alternative Vorschläge zur Gestaltung von Anküpfungsregeln bei Multistate-Verwertungshandlungen untersucht. Daran anschließend werden die unterschiedlichen Eingriffe auf sachrechtlicher Ebene lokalisiert (Abschnitt B).

A. Zur Anwendbarkeit des deutschen Urheberrechts

Im Bereich des Urheberkollisionsrechts wird das anzuwendende Recht traditionell über die Anknüpfungsregel des *lex loci protectionis* bestimmt, d.h. nach dem materiellen Recht desjenigen Staates, *für* dessen Gebiet der Immaterialgüterschutz in Anspruch genommen wird, daher „Schutzlandprinzip“ genannt.[576]

575 S. zu den unterschiedlichen Rechtsfolgen trotz gewisser Harmonisierungen *Ahrens*, WRP 2011, 945 (947).

576 Statt vieler BVerfGE 81, 208 (222) = NJW 1990, 2189; BGHZ 126, 252 (255) = NJW 1994, 2888 (Folgerecht bei Auslandsbezug); BGHZ 136, 380 (387) = NJW 1998, 1395 (Spielbankaffaire); *Buchner*, GRUR Int 2005, 1004 (1005); *Dreier*, in: *Dreier/Schulze*, UrhG, Vor 120 ff. UrhG Rdnr. 28; *Drexl*, in: MünchKomm-BGB, Bd. 11, Int. Immaterialgüterrecht Rdnrn. 6, 10; *Katzenberger*, in: *Schricker*, UrhR, Vor §§ 120ff. UrhG Rdnr. 124; *Stieß*, Anknüpfungen im int. UrhR, S. 133; *Walter*, in: *Loewenheim*, Handbuch UrhR, § 58 Rdnrn. 24 und 78; *v. Welser*, in: *Wandtke/Bullinger*, UrhR, Vor §§ 120 ff. UrhG Rdnr. 15. Dies gilt auch für die ergänzenden Schutzbestimmungen der §§ 95a-d UrhG, s. dazu *Peukert*, in: *Loewenheim*, Handbuch UrhR, § 33 Rdnr. 18 m.w.N. Andere Anknüpfungsregeln sind das Herkunftslandprinzip und das Marktortprinzip.

Abzugrenzen ist dies vom *lex fori*, d.h. dem Recht, anhand dessen das zuständige Gericht zu bestimmen ist.[577]

I. Das Schutzlandprinzip

Für die Begründung des Schutzlandprinzips im Bereich des Immaterialgüterrechts wird auf den Territorialitätsgrundsatz verwiesen, wonach die Wirkung der Gesetze eines Staates auf das Territorium des Staates begrenzt ist bzw. – mit Blick auf das Urheberrecht etwas anders formuliert – ein durch die Gesetzgebung gewährtes Urheberrecht seine Wirkung nur innerhalb der Grenzen dieses Staates entfaltet.[578] Aus dieser territorialen Begrenztheit der Schutzrechte soll sich die Anwendung des Rechts des Schutzlandes ergeben.[579] Gegen diese Erklärung wird vorgebracht, dass der Territorialitätsgrundsatz ausschließlich sachrechtlich zu verstehen sei, d.h. eine Schutzlandanknüpfung damit nicht begründet werden könne.[580] Zudem finde sich im Völkerrecht keine Vorschrift, die das Schutzlandprinzip vorschreibe.[581] Letztlich braucht die Diskussion an dieser Stelle aber nicht vertieft und entschieden zu werden. Denn selbst wenn dem Territorialitätsgrundsatz ein kollisionsrechtlicher Gehalt abgesprochen wird, lässt sich jedenfalls von der sachrechtlichen Konzeption des nationalen Urheberrechts auf die Geltung der Schutzlandanknüpfung als allseitige Kollisionsnorm schließen.[582] Zudem regelt mittlerweile die Rom II-VO[583] das auf außervertragliche Schuldverhältnisse und damit auf das Sonderdeliktsrecht bei einer Verletzung von Schutzrechten des geistigen Eigentums anzuwendende Recht, der gem. Erwägungsgrund 26 ebenfalls das Schutzlandprinzip zugrunde liegt. Zwar ist weiterhin

---

577 Die Bestimmung des *lex fori* soll an dieser Stelle nicht weiter untersucht werden. S. dazu *Drexl*, in: MünchKomm-BGB, Bd. 11, Int. Immaterialgüterrecht Rdnr. 11; und *Katzenberger*, in: *Schricker*, UrhR, Vor §§ 120ff. UrhG Rdnrn. 170-172.

578 BGHZ 126, 252 (255 f.) = NJW 1994, 2888 (Folgerecht bei Auslandsbezug); BGHZ 152, 317 (326 f.) (Sender Felsberg) = GRUR 2003, 328; *BGH*, GRUR 2007, 691 (692, Tz. 31) = ZUM 2007, 644 = WRP 2007, 996 (Staatsgeschenk); BGHZ 177, 319 (328, Tz. 29) = NJW 2009, 765 (Sammlung Ahlers).

579 BGHZ 126, 252 (255) = NJW 1994, 2888 (Folgerecht bei Auslandsbezug). S.a. *Hoeren*, in: *Hoeren/Sieber*, Handbuch Multimedia Recht, Teil 7.8 Rdnr. 10; *Walter*, in: *Loewenheim*, Handbuch UrhR, § 58 Rdnr. 24.

580 *Drexl*, in: MünchKomm-BGB, Bd. 11, Int. Immaterialgüterrecht Rdnr. 14. Zustimmend *Klass*, GRUR Int 2007, 373 (379); und *Stieß*, Anknüpfungen im int. UrhR, S. 136-139.

581 *Beckstein*, Einschränkungen des Schutzlandprinzips, S. 120-125 und 152; und *Drexl*, in: MünchKomm-BGB, Bd. 11, Int. Immaterialgüterrecht Rdnrn. 6 und 66. A.A. *Stieß*, Anknüpfungen im int. UrhR, S. 157-164.

582 S. *Katzenberger*, in: *Schricker*, UrhR, Vor §§ 120ff. UrhG Rdnr. 124.

583 VO 864/2007/EG v. 11.7.2007 über das auf außervertragliche Schuldverhältnisse anzuwendende Recht, ABlEG Nr. L 99 v. 31.7.2007, S. 40 („Rom II“).

umstritten, welches Recht auf die Entstehung des Urheberrechts und dessen Inhaberschaft anzuwenden ist. Insofern ist problematisch, dass Art. 15 lit a) und b) der Rom II-VO lediglich beispielhaft („insbesondere“) Rechtsfragen nennt, welche von der nach Art. 8 Rom II-VO ermittelten Rechtsordnung erfasst werden.[584] Jedenfalls für die im Rahmen dieser Untersuchung relevanten Fragen des Schutzumfangs und einer möglichen Verletzung sowie deren Rechtsfolgen ist gem. Art. 8 Abs. 1 und Art. 15 Rom II-VO aber das Schutzlandprinzip maßgeblich. Dies gilt selbst dann, wenn dadurch das Recht eines Drittstaates außerhalb der EU berufen ist.[585] In diesem Zusammenhang ist Art. 3 Abs. 3 nebst Anhang zur E-Commerce-RL zu sehen, wonach das für die rechtliche Beurteilung von Telemedien ausschließlich relevante Herkunftslandprinzip für Immaterialgüterrechte ausdrücklich nicht gilt.[586]

Somit ist weiterhin grundsätzlich vom Schutzlandprinzip als Anknüpfungsregel auszugehen, auch im Zusammenhang mit Internet-Sachverhalten.[587] Nichtsdestotrotz ist die andere Auffassung insofern interessant, als dass sie zeigt, dass das Schutzlandprinzip kein unumstößlicher Grundsatz ist bzw. ihm nicht alle Bereiche des Urheberrechts unterliegen müssen.[588]

II. Zur Geeignetheit des Schutzlandprinzips bei Multistate-Verwertungshandlungen

Vor dem Hintergrund der Geltung des Schutzlandprinzips kommt es bei Multistate-Verwertungshandlungen freilich zu einer Anwendbarkeit eines Bündels nationaler Rechte auf ein und denselben Sachverhalt, woraus sich sowohl für den Rechteinhaber als auch den Anbieter eines grenzübergreifenden Dienstes Schwierigkeiten unter materiell-rechtlichen Gesichtspunkten ergeben.[589] Es besteht

584 Zum Diskussionsstand *Drexl*, in: MünchKomm-BGB, Bd. 11, Int. Immaterialgüterrecht Rdnrn. 20-23 und 171 ff.; sowie insbesondere zum alternativen Vorschlag des Ursprungslandprinzips (*lex originis*) *Stieß*, Anknüpfungen im int. UrhR, S. 147-154 und 224-236.

585 *Drexl*, in: MünchKomm-BGB, Bd. 11, Int. Immaterialgüterrecht Rdnrn. 155 f., 164. Viele Vertreter der Literatur aber auch der BGH legen das Schutzlandprinzip sogar für alle Anknüpfungsgegenstände zu Grunde, also von Entstehungsfragen über Inhalt einschließlich Übertragbarkeit und Bestand bis hin zu Umfang des Urheberrechts, s. BGHZ 136, 380 (387 f.) = NJW 1998, 1395 (Spielbankaffaire); *Drexl*, in: MünchKomm-BGB, Bd. 11, Int. Immaterialgüterrecht Rdnrn. 178 und 203; *Katzenberger*, in: *Schricker*, UrhR, Vor §§ 120 ff. UrhG Rdnr. 129; *Sack*, WRP 2008, 1405 (1409 f.).

586 S. *Sack*, a.a.O., S. 1418; *v. Welser*, in: *Wandtke/Bullinger*, UrhR, Vor §§ 120 ff. UrhG Rdnr. 19.

587 S. *Beckstein*, Einschränkungen des Schutzlandprinzips, S. 127-129.

588 S.a. *Beckstein* a.a.O., S. 139.

589 Zu den materiell-rechtlichen Auswirkungen eingehend *Drexl*, in: MünchKomm-BGB, Bd. 11, Int. Immaterialgüterrecht Rdnrn. 231 und 234; und *Stieß*, Anknüpfungen im int. UrhR, S. 212 f.

insbesondere die Gefahr, dass sich die Rechtsfolgen eines Unterlassungsverbots im Ausland bemerkbar machen und sich somit das strengste Recht durchsetzt.[590] Ferner ist das angerufene Gericht gehalten, einen Fall nach den u.U. sehr unterschiedlichen Regeln einer kaum mehr überschaubaren Anzahl von Schutzländern zu prüfen bzw. sieht sich ein Anbieter von urheberrechtlich geschützten Inhalten der Notwendigkeit einer Überprüfung sämtlicher Rechtsordnungen ausgesetzt.[591]

Die Forderung nach der Notwendigkeit einer medienadäquaten Begrenzung der Maßgeblichkeit sämtlicher Orte hat sich daher sowohl in der Rechtsprechung[592] als auch in der Literatur[593] durchgesetzt, wenngleich die Verortung dieser Begrenzung im Kollisionsrecht oder im Sachrecht umstritten ist. Art. 8 Abs. 1 Rom II-VO hat für diese Multistate-Sachverhalte leider keine Regelung getroffen und nennt keine weiteren Voraussetzungen der Anknüpfung. Anders ist dies bei dem für gemeinschaftsweit einheitlich geltende Rechte einschlägigen Art. 8 Abs. 2 Rom II-VO, wonach das Recht des Staates anzuwenden ist, „in dem die Verletzung begangen wurde“.

III. Lösungsansätze zur Schaffung eines erhöhten Inlandsbezugs

Die Möglichkeit der Auslegung der jeweiligen Tatbestandsmerkmale zur Schaffung eines stärkeren Inlandsbezugs besteht jedenfalls sowohl im Rahmen der Voraussetzungen der Anwendbarkeit eines konkreten Schutzlandrechts als auch im Rahmen der sachrechtlichen Verletzungsvoraussetzungen.[594] Nachfolgend wird daher untersucht, zu welcher Lösung in Bezug auf Multistate-Verwertungshandlungen Rechtsprechung und Literatur tendieren, welche Vorschläge für alternative Anknüpfungsregeln gegenwärtig diskutiert werden und welchem Ansatz der Vorzug zu geben ist.

---

590 Hiervor warnt im Anschluss an das Schrifttum ausdrücklich auch der BGH wenngleich im Rahmen einer markenrechtlichen Auseinandersetzung, s. *BGH*, NJW 2005, 1435 (1436) = GRUR 2005, 431 = CR 2005, 360 (HOTEL MARITIME).

591 Darauf weisen hin *Beckstein*, Einschränkungen des Schutzlandprinzips, S. 143; und *Schack*, MMR 2000, 59 (64).

592 S. die nachfolgend unter Kapitel 5, Abschnitt A, Punkt III.1 dargestellten Urteile sowie die Zusammenfassung bei *Beckstein*, Einschränkungen des Schutzlandprinzips, S. 147-151.

593 S. etwa *Beckstein*, Einschränkungen des Schutzlandprinzips, S. 151 f. m.w.N.; *Dreier*, in: *Dreier/Schulze*, UrhG, Vor 120 ff. UrhG Rdnr. 42; *Drexl*, in: MünchKomm-BGB, Bd. 11, Int. Immaterialgüterrecht Rdnr. 234; *Kur*, WRP 2000, 935 (938 m.w.N. in Fn. 20); *Peukert*, in: *Loewenheim*, Handbuch UrhR, § 33 Rdnr. 20; *Schønning*, ZUM 1997, 34 (38); *Spindler*, in: *Leible* (Hrsg.), Die Bedeutung des Internationalen Privatrechts im Zeitalter der neuen Medien, S. 155 (161). A.A. *Katzenberger*, in: *Schricker*, UrhR, Vor §§ 120 ff. UrhG Rdnr. 135; und *Sack*, WRP 2008, 1405 (1417).

594 Zum Verhältnis von Kollisionsnormen und Sachnormen eingehend *Stieß*, Anknüpfungen im int. UrhR, S. 155 f.

1. Dogmatische Einordnung eines erhöhten Inlandsbezugs

Bei Aufkommen der ersten Fälle bezüglich der Verletzung von Immaterialgüterrechten im Internet haben sich die Gerichte zunächst vermehrt und über verschiedene Schutzrechte hinweg für eine Verortung im Kollisionsrecht ausgesprochen.[595] In einer kennzeichenrechtlichen Auseinandersetzung bezüglich einer Domain begründete beispielsweise das KG die Anwendbarkeit deutschen Rechts in Anlehnung an die h.A. im Wettbewerbsrecht mit Verweis auf die „bestimmungsgemäße Abrufbarkeit" der Internetseite in Deutschland.[596] Als Kriterien zur Bestimmung sollen Sprache, Verfügbarkeit der Ware, die gewählte Top-Level-Domain (TLD), und die Zahlungsmodalitäten dienen.[597] Ganz ähnlich entschieden das OLG Karlsruhe ebenfalls in Bezug auf eine Domainstreitigkeit,[598] sowie das OLG München hinsichtlich einer Markenrechtsverletzung.[599] Eine andere Ansicht verlangte, dass mehr oder minder qualifizierte Benutzungshandlungen oder Teilakte von Benutzungshandlungen in dem Staat stattgefunden haben oder drohen müssen, für den Schutz beansprucht wird. Das Schutzland sollte sachnormspezifisch festgestellt werden.[600] Dagegen wurde eingewendet, dass die sachnormspezifische Anknüpfung der dem heutigen internationalen Privatrecht entsprechenden Trennung von Kollisions- und Sachrecht widerspreche.[601] Als weitere Anknüpfungspunkte wurden Handlungs- und Erfolgsort (also Einlieferungsort

595 Einige brachten die Diskussion alternativ oder zusätzlich beim Gerichtsstand der unerlaubten Handlung unter. Dies ist jedoch umstritten. S. etwa *KG*, NJW 1997, 3321 = CR 1997, 685 = K&R 1998, 36; *LG Düsseldorf*, NJW-RR 1998, 979 (980) = GRUR 1998, 159 = CR 1998, 165; *LG München I*, K&R 2000, 360 = CR 2000, 464; *OLG Köln*, NJW-RR 2008, 359 = GRUR-RR 2008, 71 = MMR 2008, 342. Ausdrücklich ohne Stellungnahme *BGH*, NJW 2005, 1435 (1435) = GRUR 2005, 431 = CR 2005, 360 (HOTEL MARITIME). Für eine Untersuchung des dogmatischen Fundaments der kollisionsrechtlichen Lösung ausführlich *Beckstein*, Einschränkungen des Schutzlandprinzips, S. 177-206.

596 *KG*, NJW 1997, 3321 = CR 1997, 685 = K&R 1998, 36. Ähnlich *Kur*, WRP 2000, 935 (937) mit Verweis auf den Vorschlag der *WIPO*, Joint Recommendation Concerning Provisions on the Protection of Marks, and Other Industrial Property Rights in Signs, on the Internet (with Explanatory Notes), Oktober 2001, www.wipo.int/about-ip/en/development_iplaw/pdf/pub845.pdf.

597 S. die Zusammenfassung dieses Vorschlags bei *Stieß*, Anknüpfungen im int. UrhR, S. 252-254 m.w.N., die sich zu den Kriterien jedoch kritisch äußert, da ihnen nicht mehr als Indizwirkung beigemessen werden könne.

598 *OLG Karlruhe*, MMR 1999, 604 (605) = ZUM-RD 2000, 71 = K&R 1999, 423.

599 *OLG München*, MMR 2004, 173 = GRUR-RR 2004, 252.

600 BGHZ 126, 252 (Folgerecht bei Auslandsbezug) (258, Tz. 24) = NJW 1994, 2888; aus dem Schrifttum *Katzenberger*, GRUR Int 1992, 567 (573 f.). Für diese Auffassung auch heute noch in Bezug auf das Senderecht *M. Schwarz/Reber*, in: *Loewenheim*, Handbuch UrhR, § 21 Rdnr. 99. S.a. die Darstellung dieses Ansatzes bei *Sack*, WRP 2008, 1405 (1411-1413).

601 *Sack*, WRP 2008, 1405 (1410-1414 m.w.N.). Ebenso *Drexl*, in: MünchKomm-BGB, Bd. 11, Internationales Immaterialgüterrecht Rdnr. 150; und *Spindler*, IPRax 2003, 412 (415).

und der Ort des Schadenseintritts) und der gewöhnliche Aufenthalt, Wohnsitz oder Sitz des Verletzen genannt, teilweise mit dem Hinweis, dass diese Orte in einer Reihe nacheinander zur Anwendung kommen sollten.[602]

Ende der 90er Jahre nahm die Zahl der Gerichte zu, die das Erfordernis des Inlandsbezugs wiederum auf sachrechtlicher Ebene diskutierten. So verlangten etwa das LG Hamburg[603] sowie das OLG Karlsruhe[604] eine normative Einschränkung des Markenschutzes bzw. des Schutzes von Unternehmenskennzeichen, und das OLG Hamm[605] nahm wiederum eine zu einer Einschränkung führende Interessenabwägung vor. Für eine Verortung im Sachrecht sprach sich dann schließlich auch der BGH im Fall „Hotel Maritime" aus.[606] Die Beklagte betrieb in Dänemark ein Hotel unter dem dort eingetragenen Kennzeichen „Hotel Maritime" über das Internet und die Klägerin sah dadurch ihre Marke „Maritim" verletzt. Der BGH brachte zunächst deutsches Recht als das Recht des Schutzlandes zur Anwendung. Anschließend nahm er innerhalb des den Tatbestand der Verwechslungsgefahr regelnden Art. 14 Abs. 2 Nr. 2 MarkenG[607] eine Gesamtabwägung vor mit dem Ergebnis, dass die Internetseite zwar auch auf Deutschland ausgerichtet war, die Interessen der Klägerin aber wegen der geringen wirtschaftlichen Auswirkungen der Werbung und des Angebots der Beklagten zurückstehen mussten. Diese Linie griffen die meisten, nach diesem Urteil ergangenen Entscheidungen der Instanzgerichte auf,[608] und viele Stimmen im Schrifttum haben sich dem Ansatz der Einschränkung auf sachrechtlicher Ebene angeschlossen.[609]

Grundsätzlich ist daher eine Tendenz für eine Verortung der Frage des Inlandsbezuges im Sachrecht erkennbar. Insbesondere in jüngerer Zeit werden gleichwohl weitere Vorschläge für alternative Anknüpfungsregeln entworfen. Zudem hat sich der EuGH in einem aktuellen Urteil zum Recht der Datenbanken

---

602 Vgl. die Übersicht bei *Stieß*, Anknüpfungen im int. UrhR, S. 140-145 und 198-208; und *Walter*, in: *Loewenheim*, Handbuch UrhR, § 58 Rdnrn. 74-76 m.w.N.

603 *LG Hamburg*, MMR 1999, 612 (613) = CR 1999, 785.

604 *OLG Karlsruhe*, MMR 2002, 814 (816) = CR 2003, 375 unter Verweis auf das Schrifttum.

605 *OLG Hamm*, MMR 2004, 177.

606 *BGH*, NJW 2005, 1435 (1436) = GRUR 2005, 431 = CR 2005, 360 (HOTEL MARITIME).

607 Gesetz über den Schutz von Marken und sonstigen Kennzeichen v. 25.10.1994, BGBl I 1994, 3082.

608 S. *OLG München*, MMR 2005, 608 (609) = CR 2006, 347 = GRUR-RR 2005, 375; *OLG München*, GRUR-RR 2006, 130 (130 f.); *LG Köln*, NJOZ 2006, 1506 (1507 f.). S. aber auch *OLG München*, MMR 2005, 768 = GRUR-RR 2005, 372 = K&R 2005, 467, welches für die Anwendbarkeit deutschen Rechts weiterhin einen ausreichenden Inlandsbezug voraussetzt.

609 S. *Drexl*, in: MünchKomm-BGB, Bd. 11, Internationales Immaterialgüterrecht Rdnr. 235; *Fezer/Koos*, in: *Staudinger*, BGB, IntWirtschR Rdnr. 885; *Hoeren*, in: *Hoeren/Sieber*, Handbuch Multimedia Recht, Teil 7.8 Rdnr. 15; *Kur*, WRP 2000, 935 (938); *Spindler*, in: *Leible* (Hrsg.), Die Bedeutung des Internationalen Privatrechts im Zeitalter der neuen Medien, S. 155 (161).

für ein Korrektur über das Kollisionsrecht ausgesprochen, indem er prüft, auf welches Gebiet das Angebot abzielt.[610] Es gilt nachfolgend daher, die Möglichkeiten der Anknüpfung zu prüfen.

2. *Vorschläge für alternative Anknüpfungsregeln*

a) Völkerrechtskonforme Anwendung des Rechts des Schutzlandes

Drexl schlägt eine völkerrechtskonforme Anwendung des Rechts des Schutzlandes vor. Die Anwendung des nationalen Rechts des Schutzlandes solle durch das völkerrechtliche Gebot der Rücksichtnahme beschränkt sein. Rücksicht sei zu nehmen auf die souveräne Regelung des Wirtschaftsrechts anderer Staaten für deren Staatsgebiet. Entsprechend erfordere es eine echte Verknüpfung zum eigenen Staat.[611] Dieser Ansatz beseitigt freilich nicht das Problem, dass verschiedene Rechtsordnungen zur Anwendung kommen, sobald der geforderte Inlandsbezug hergestellt ist.

b) Ersetzen des Territorialitätsprinzips durch das Universalitätsprinzip

Daneben wird in Anlehung an das Universalitätsprinzip, welches im direkten Gegensatz zum Territorialitätsprinzip eine weltweite Geltung des im Ursprungsland eines Werkes begründeten Urheberrechts verlangt,[612] die Anwendung nur einer Rechtsordnung bei Rechtsverletzungen im Internet diskutiert.[613] Bedenkt man, dass das Internet die territoriale Begrenzung der Verletzungshandlung gerade aufhebt, scheint dieser Ansatz zunächst überzeugend. Allerdings offenbaren sich Schwierigkeiten bei der Bestimmung des richtigen Anknüpfungspunktes.

Ist Anknüpfungspunkt das Ursprungsland (*lex originis*), also bei veröffentlichten Werken das Land, in dem die Veröffentlichung stattgefunden hat, wäre in Fällen der Internet-Veröffentlichung theoretisch jedes Land Ursprungsland. Bei Offline-Veröffentlichungen wiederum würde eine Verfolgung dieses Ansatzes den Erstverwertern erlauben, das für sie günstigste Recht insbesondere im Hinblick

---

610 *EuGH*, GRUR 2012, 1245 (1247, Tz. 35-41) = MMR 2013, 108 = ZUM 2013, 119 (Football Dataco/Sportradar).

611 *Drexl*, in: MünchKomm-BGB, Bd. 11, Internationales Immaterialgüterrecht Rdnr. 261. Dies aufgreifend auch *Beckstein*, Einschränkungen des Schutzlandprinzips, S. 143 f.

612 Statt vieler *Katzenberger*, in: *Schricker*, UrhR, Vor §§ 120ff. UrhG Rdnr. 122; und *Stieß*, Anknüpfungen im int. UrhR, S. 147-150 m.w.N. Dieses wird zwar nach wie vor insbesondere im Zusammenhang mit der Frage der Entstehung des Urheberrechts und der Inhaberschaft diskutiert, hat sich aber nicht durchgesetzt.

613 S. die zusammenfassenden Darstellungen bei *Drexl*, in: MünchKomm-BGB, Bd. 11, Internationales Immaterialgüterrecht Rdnrn. 292 ff.; und *Stieß*, Anknüpfungen im int. UrhR, S. 147 ff.

auf den Umfang des Rechtsschutzes und die Rechtsfolgen durch geschickte Wahl des Ortes der Erstveröffentlichung zu wählen.[614] Alternativ könnte bei Internet-Sachverhalten das Recht des Ortes der Eingabe der rechtsverletzenden Inhalte bzw. des Serverstandortes herangezogen werden.

Beides eröffnet der Umgehung von Urheberrechten durch Wahl eines Staates mit niedrigem Schutzniveau aber gleichermaßen Tür und Tor.[615] Als Ausweg bliebe die Anknüpfung an das Personalstatut des Urhebers. Zum einen hängt aber schon die Bestimmung der Person des Rechteinhabers vom anwendbaren Recht ab. Zum anderen fehlt in Fällen der Miturheberschaft bei Miturhebern unterschiedlicher Nationalität eine eindeutige Anknüpfung.[616] Nicht zuletzt aber könnten mit dem Universalitätsprinzip gegebenenfalls Auffassungen des anglo-amerikanischen Copyright importiert werden, die den urheberpersönlichkeitsrechtlichen Vorstellungen in Kontinentaleuropa fremd sind.[617] Dieser Ansatz ist daher keine Alternative zur Mosaikbetrachtung.

c) ALI-Principles

Das *American Law Institute (ALI)* spricht sich ebenfalls für die Schaffung von Kollisionsregeln aus, welche von der traditionellen Schutzlandanknüpfung abweichen und eine Einschränkung nicht nur auf sachrechtlicher Ebene vornehmen.[618] So gehen die vom *ALI* entworfenen „Principles Governing Jurisdiction, Choice of Law, and Judgments in Transnational Disputes"[619] hinsichtlich Entstehung, Wirksamkeit, Dauer, Schutzumfang, Verletzung und Rechtsfolgen einer Verletzung zunächst vom Schutzlandprinzip aus.[620] Bei „ubiquitous infringements" allerdings, also bei allgegenwärtigen Verletzungshandlungen, soll der Richter gem. § 321 ALI-Principles die Befugnis haben, von der Mosaikbetrachtung auf Grundlage des Schutzlandprinzips zugunsten der Anwendung nur einer Rechtsordnung abzuweichen, nämlich derjenigen, zu der die Nutzungshandlung die engste Verbindung aufweist. Diese Verbindung kann dargelegt werden unter

---

614 S. *Drexl*, in: MünchKomm-BGB, Bd. 11, Internationales Immaterialgüterrecht Rdnr. 294; und *Stieß*, Anknüpfungen im int. UrhR, S. 150-152.

615 Ablehnend daher *Schack*, MMR 2000, 59 (63).

616 S. *Drexl*, in: MünchKomm-BGB, Bd. 11, Internationales Immaterialgüterrecht Rdnr. 295.

617 S. die von *Ahrens*, WRP 2011, 945 (949) geäußerten Bedenken.

618 Zum Hintergrund des Projektes des *ALI*, s. *Dreyfuss*, in: *Leible/Ohly* (Hrsg.), Intellectual Property and Private International Law, S. 15 f.

619 *American Law Institute (ALI)*, Intellectual Property: Principles Governing Jurisdiction, Choice of Law, and Judgments in Transnational Disputes, 2008, abrufbar über: http://www.wipo.int/wipolex/en/details.jsp?id=7687.

620 S. § 301 Abs. 1 ALI-Principles. S.a. die Introductory Note zu Part III Applicable Law der ALI-Principles.

Verweis auf (a) den Aufenthaltsort der Parteien, (b) den Ort, an dem das Rechtsverhältnis zwischen den Parteien seinen Schwerpunkt hat, (c) das Ausmaß der Aktivitäten und Investitionen der Parteien, und (d) den wichtigsten Markt, auf den die Aktivitäten der Partien ausgerichtet sind. Allerdings kann von diesem Grundsatz abgewichen werden, wenn eine Partei darlegt, dass das nach vorgenannter Regel anzuwendende Recht von dem Recht der Rechtsordnung abweicht, welche zwischen den Parteien zur Regelung ihrer vertraglichen Beziehung vereinbart wurde.[621] Darüber hinaus hat das Gericht gem. § 323 ALI-Principles die Möglichkeit, verbindliche Regelungen eines jeden Staates anzuwenden, zu dem der Sachverhalt eine enge Verbindung aufweist. Dies ist etwa dann relevant, wenn die Parteien ihre vertragliche Beziehung einer bestimmten Rechtsordnung unterworfen haben.

Problematisch an diesem Ansatz ist, dass der Anknüpfungspunkt aufgrund der Faktoren (c) und (d) in vielen Fällen die größeren Märkte sein werden, und somit das Recht dieser Länder bevorzugt wird. Eine Anknüpfung nach Faktor (a) oder (b) ist eher unwahrscheinlich.[622] Darüber hinaus führt die Regelung des § 321 ALI-Principles aufgrund der Wahlfreiheit des Richters zwar zu mehr Flexibilität[623], nicht aber unbedingt zu mehr Rechtssicherheit[624].

d) CLIP-Principles

Ein weiteres Beispiel für alternative Anknüpfungsregeln (nicht nur) bei Internet-Sachverhalten sind die von der *European Max Planck Group on Conflict of Laws in Intellectual Property (CLIP)* entwickelten „Principles of Conflict of Laws in

---

621 § 321 ALI-Principles lautet: „(1) When the alleged infringing activity is ubiquitous and the laws of multiple States are pleaded, the court may choose to apply to the issues of existence, validity, duration, attributes, and infringement of intellectual property rights and remedies for their infringement, the law or laws of the State or States with close connections to the dispute, as evidenced, for example, by: (a) where the parties reside; (b) where the parties' relationship, if any, is centered; (c) the extent of the activities and the investment of the parties; and (d) the principal markets toward which the parties directed their activities. (2) Notwithstanding the State or States designated pursuant to subsection (1), a party may prove that, with respect to particular States covered by the action, the solution provided by any of those States' laws differs from that obtained under the law(s) chosen to apply to the case as a whole. The court shall take into account such differences in determining the scope of liability and remedies." S.a. die Erläuterungen von *Dreyfuss*, in: *Leible/Ohly* (Hrsg.), Intellectual Property and Private International Law, S. 15 (24).

622 S.a. die Kritik von *Drexl*, in: MünchKomm-BGB, Bd. 11, Internationales Immaterialgüterrecht Rdnr. 308.

623 Die begrüßt *Dreyfuss* a.a.O., S. 29.

624 Kritisch daher *Kur*, in: *Leible/Ohly* (Hrsg.), Intellectual Property and Private International Law, S. 1 (13).

Intellectual Property", welche eine Quelle der Inspiration zur Fortentwicklung des Rechts, eine Grundlage für Gesetzgeber zur Reform des nationalen Kollisionsrechts oder eben eine Grundlage für internationale Ankommen sein sollen.[625]

Ausgehend vom Schutzlandprinzip (Art. 3:102 CLIP-Principles[626]) stellen die CLIP-Principles ähnlich den ALI-Principles für Multistate-Verstöße gewisse Sonderregeln unter Nennung gewisser Faktoren zur Bestimmung des Anknüpfungspunktes auf. Allerdings gelten diese nicht für ubiquitäre *Verletzungen* wie beim Vorschlag des *ALI*, sondern für ubiquitären *Medien*. Zudem wird dem zuständigen Gericht kein so weit reichender Abwägungsspielraum bei der Bestimmung des anwendbaren Rechts eingeräumt, und die Faktoren sind weniger wirtschaftlich geprägt.

So soll gem. Art. 3:603 Abs. 1 CLIP-Principles von der Mosaikbetrachtung abgewichen werden, wenn die Verletzung theoretisch in jedem Staat stattfände, in dem das Signal empfangbar ist. Stattdessen soll das Recht des Staates Anwendung finden, mit dem die Nutzungshandlung die engste Verbindung aufweist. Bei der Feststellung einer derartigen Verbindung soll das Gericht alle relevanten Faktoren berücksichtigen, wobei sich die zuvor erläuterten Ansätze zur Begründung eines Inlandsbezuges wie Spürbarkeit und qualifizierte Benutzungshandlung wiederfinden. So sollen insbesondere (a) der gewöhnliche Aufenthalt des Verletzers, (b) der Ort, von dem aus der Verletzer hauptsächlich seine Geschäfte tätigt, (c) der Ort, an dem die wesentlichen Aktivitäten entwickelt wurden, die zur Verletzung geführt haben, und schließlich (d) der Ort, an dem im Verhältnis zur gesamten Verletzung substanzieller Schaden entstanden ist, berücksichtigt werden.[627]

---

625 *European Max Planck Group on Conflict of Laws in Intellectual Property (CLIP)*, Principles on Conflict of Laws in Intellectual Property, 1.12.2011, http://www.cl-ip.eu/files/pdf2/Final_Text_1_December_2011.pdf. Zum Hintergrund des Projekts, s. *Kur*, in: *Leible/Ohly* (Hrsg.), Intellectual Property and Private International Law, S. 1 (9).

626 Das Schutzlandprinzip soll grundsätzlich für sämtliche Aspekte der Entstehung, des Umfangs, der Schutzdauer etc. gelten, s. insbesondere 3:601 Abs. 1 und 3:701 Abs. 1 CLIP-Principles.

627 Article 3:603 Abs. 1 und 2 CLIP-Principles lauten: „(1) In disputes concerned with infringement carried out through ubiquitous media such as the Internet, the court may apply the law of the State having the closest connection with the infringement, if the infringement arguably takes place in every State in which the signals can be received. This rule also applies to existence, duration, limitations and scope to the extent that these questions arise as incidental question in infringement proceedings. (2) In determining which State has the closest connection with the infringement, the court shall take all the relevant factors into account, in particular the following: (a) the infringer's habitual residence; (b) the infringer's principal place of business; (c) the place where substantial activities in furthering of the infringement in its entirety have been carried out; (d) the place where the harm caused by the infringement is substantial in relation to the infringement in its entirety." S.a. *Kur*, in: *Leible/Ohly* (Hrsg.), Intellectual Property and Private International Law, S. 1 (11).

Darüber hinaus findet sich in den CLIP-Principles eine weitere Vorschrift zur Behandlung von *de minimis*-Verletzungen. Gemäß Art. 3:602 Abs. 1 CLIP-Principles soll nur dann eine Verletzung festgestellt werden, wenn (a) der Beklagte die Verletzung in dem Staat verursacht oder vorangetrieben hat oder (b) die Nutzungshandlung einen wesentlichen Einfluss in dem Land hat oder auf das Land gerichtet ist, für das Schutz beansprucht wird. Abweichungen von dieser generellen Regel sind möglich. Diese Vorschrift kann allerdings nicht als kollisionsrechtliche Anknüpfungsregel sondern muss als sachrechtliche Auslegungsregel verstanden werden, da die Anwendung einer bestimmten Rechtsordnung bereits Voraussetzung für das Eingreifen der *de minimis*-Regel ist.[628]

Soweit ersichtlich enthalten die CLIP-Principles mit Art. 3:604 als einzige zusätzlich einen Vorschlag zur Haftung Dritter, wie z.B. der Störerhaftung. Danach ist grundsätzlich das Recht des Landes anwendbar, welches für die primäre Verletzung gilt. Hingegen gilt allein das Recht des Staates, in dem der für die betreffende Tätigkeit relevante Schwerpunkt der Aktivitäten liegt, wenn es sich um einen Dienst handelt, der von einer Vielzahl von Personen genutzt wird, er für nicht-verletzende Zwecke verwendet und der Dienst ohne aktive Beteilung des Anbieters genutzt werden kann. Zudem sind weitere Ausnahmen vorgesehen, um Missbräuche durch Flucht in Länder mit unzureichender Gesetzgebung zu verhindern.[629]

3. Stellungnahme

Obwohl die Idee der Verortung eines erhöhten Inlandsbezugs bereits auf Ebene des Kollisionsrechts in jüngerer Zeit vermehrt diskutiert wird, ist davon auszugehen, dass die Gerichte – ohne entsprechende gesetzliche Vorgaben – vorerst weiterhin das Schutzlandprinzip in seiner ursprünglichen Form anwenden und notwendige Einschränkungen über das Sachrecht vornehmen.[630] Zum einen ist schon fraglich, ob eine Beschränkung des Art. 8 Rom II-VO durch eine kollisionsrechtliche Spürbarkeitsregel überhaupt möglich ist.[631] Zum anderen ist dieses Vorgehen nur konsistent zu den bisherigen Lösungsansätzen des europäischen und – ihm folgend –

---

628 Die Formulierung in Article 3:602 CLIP-Principles lautet: „A court applying the law or the laws determined by Article 3:601 shall only find for infringement if (a) the defendant has acted to initiate or further the infringement in the State or the States for which protection is sought, or (b) the activity by which the right is claimed to be infringed has substantial effect within, or is directed to the State or the States for which protection is sought." S.a. *Kur*, in: *Leible/Ohly* (Hrsg.), Intellectual Property and Private International Law, S. 1 (11).

629 S.a. die Erläuterungen bei *Kur*, WRP 2011, 971 (980-982).

630 So ausdrücklich in Bezug auf das Simulcasting *LG Hamburg*, ZUM 2013, 226.

631 Diese Möglichkeit ablehnend *Sack*, WRP 2008, 1405 (1415). A.A. *Buchner*, GRUR Int 2005, 1004 (1007).

des deutschen Gesetzgebers. So hat der Gesetzgeber z.B. bei europäischen Satellitensendungen das Ausstrahlen als allein maßgeblichen Verwertungstatbestand festgeschrieben.[632] Ferner wurde in Art. 5 Abs. 1 der InfoSoc-RL, umgesetzt in § 44a UrhG, eine sachrechtliche Schrankenbestimmung eingeführt, welche technisch bedingte, vorübergehende Vervielfältigungshandlungen freistellt, um die grenzüberschreitende Übertragung von Inhalten über das Internet zu ermöglichen. Insofern ist fraglich, ob internationale Urheberrechtskonflikte im Internet ohne gesetzgeberische Intervention allein durch Auslegung bereits bestehender Vorschriften überhaupt gelöst werden können, zumal das Risiko besteht, dass eine Bevorzugung der inländischen Rechteinhaber eintritt.

Bei diesem Vorgehen bleiben zwar alle Rechtsordnungen grundsätzlich anwendbar und ein Gericht hätte u.U. eine Vielfalt von (unbekannten) Anspruchsgrundlagen zu prüfen.[633] Aus praktischer Sicht wird sich die Prüfung jedoch auf wenige Länder beschränken, nämlich jene, nach deren Rechtsordnung sich der Kläger Erfolg verspricht und auf die er – nicht zuletzt aus prozessökonomischen Gründen – seinen Vortrag beschränkt. Dies ändert natürlich nichts an der für den Werknutzer ungünstigen Situation, dass er von vornherein die Rechtslage in allen Staaten ermitteln muss, um die Folgen seines Handelns umfassend abschätzen zu können. Entsprechend bestehen Bedenken, dass Anbieter mit kleiner wirtschaftlicher Potenz von einer Nutzung ausgeschlossen werden bzw. sich die strengste Rechtsordnung als weltweit maßgeblich durchsetzt, wodurch letztlich andere Rechtsordnungen ihre Bedeutung verlören, die gerade durch das Territorialitäts- und Schutzlandprinzip geschützt werden sollen. Zudem sei nur schwer zu bestimmen, welcher Staat die strengsten Anforderungen stellt.[634] Aufgrund der Verfügbarkeit von Geo-Sperren, die, wie das Beispiel des räumlich begrenzt verfügbaren Webradios *Pandora* zeigt, schon sehr erfolgreich eingesetzt werden, ist allerdings kein Einwand ersichtlich, warum der Anbieter von diesem Risiko entbunden werden sollte. Verspricht er sich von einem konkreten Markt einen erheblichen wirtschaftlichen Vorteil, muss er eben in das Rechte-Clearing investieren. Verspricht er sich diesen nicht, kann er den Zugriff aus diesem Raum mittels Geo-Sperre verhindern.

Sofern trotz der vorgenannten Bedenken eine Lösung durch die Judikatur angestrebt wird, wäre daran zu denken, eine sachrechtliche Korrektur über das Merkmal der „Öffentlichkeit" i.S.d. §§ 19a und 20 UrhG vorzunehmen. Möglich erscheint auch, die aus dem Fall „Hotel Maritime" bekannte Interessenabwägung

632 S. Art. 2 Satelliten- und Kabel-RL bzw. § 20a UrhG.

633 Aus diesem Grund kritisch zur Verortung allein auf sachrechtlicher Ebene *Beckstein*, Einschränkungen des Schutzlandprinzips, S. 164 f.

634 Zu den Schwierigkeiten *Beckstein*, Einschränkungen des Schutzlandprinzips, S. 165-168.

auf das Urheberrecht zu übertragen. Dieser Grundsatz ist immerhin verfassungsrechtlich verankert und kann letztlich im Rahmen der Prüfung, ob eine Verletzung widerrechtlich erfolgt ist, Berücksichtigung finden.[635] Alternativ kommt, wenn der Wortlaut zu weit gefasst ist, eine Restriktion in Frage, sodass beispielsweise hinsichtlich § 19a UrhG neben der bloßen Abrufbarkeit des Werks ein weiterer Inlandsbezug erforderlich wird.[636] Dabei könnte für die Entwicklung von Kriterien die *de minimis*-Regel der CLIP-Principles herangezogen werden, wodurch die Zahl der Staaten, in denen eine Verletzung zu bejahen wäre, erheblich reduziert würde. Sachrechtlich geprägte Überlegungen wie die Relevanz des Standortes des Servers, des Einspeisungsortes oder der Abrufstaaten in die kollisionsrechtliche Betrachtung einfließen zu lassen, sind jedenfalls abzulehnen.[637]

Selbstverständlich muss sich die Einschränkung aber auch auf der Rechtsfolgenseite fortsetzen. Es kann nicht die Abrufbarkeit einer Internetseite allein untersagt werden, sondern nur ihre bestimmungsgemäße Ausrichtung/Empfangbarkeit mit spürbarer Auswirkung auf die Interessen des Rechteinhabers – abhängig vom jeweiligen das Sachrecht einschränkenden Kriterium.[638] Geo-Sperren ermöglichen die Befolgung eines entsprechenden Unterlassungstitels. Eine faktische Überwirkung eines Unterlassungsgebotes, welche die Internettätigkeit insgesamt und zwangsläufig beeinträchtigt, ist daher nicht zu befürchten.[639]

Für die vorliegende Fragestellung ist davon auszugehen, dass selbst bei Zugrundelegung eines erhöhten Inlandsbezugs i.S.d. ALI- oder CLIP-Principles bei nicht durch Geo-Sperren beschränkten Webradio-Angeboten ein ausreichender Inlandsbezug in aller Regel gegeben ist. Anders als TV-Sendungen ist Musik zumeist nicht landesspezifisch sondern allen Menschen gleichermaßen zugänglich. Die Zielgruppe ist demnach nicht allein schon aufgrund der Sprachbarriere beschränkt. Ebenso wenig kann die Zielgruppe, wie z.B. bei markenrechtlichen Sachverhalten oder bei Fragen bezüglich der Verletzung des urheberrechtlichen Verbreitungsrechtes, durch eine Beschränkung des Lieferortes eingegrenzt werden. Entsprechend sind die Auswirkungen schnell in sämtlichen Staaten der Welt spürbar. Hinzu kommt, dass aufgrund der Größe Deutschlands und der Kaufkraft der deutschen Bevölkerung bei Verletzung von Verwertungsrechten ohne weiteres ein im Verhältnis zur gesamten Verletzung substanzieller Schaden begründet werden kann. Vor diesem Hintergrund ist im Falle von sämtlichen Verwertungshandlungen

635 So *Wild*, in: *Schricker*, UrhR, § 97 UrhG Rdnrn. 35 f.

636 S.a. *Beckstein*, Einschränkungen des Schutzlandprinzips, S. 157-159 zum Kennzeichenrecht und S. 160 f. zum Urheber- und Patentrecht.

637 Überzeugend *Sack*, WRP 2008, 1405 (1417).

638 S.a. *Beckstein*, Einschränkungen des Schutzlandprinzips, S. 353.

639 Wie hier *Beckstein* a.a.O., S. 146.

im Rahmen von in Deutschland abrufbaren Webradio-Angeboten in der Regel (auch) deutsches Sachrecht als *lex loci protectioni* einschlägig.

B. Lokalisierung der Verwertungshandlungen

Daran anknüpfend ist zu prüfen, wo die unterschiedlichen Verwertungshandlungen im Falle der Webradio-Nutzung stattfinden. Ausgangspunkt ist das bereits dargestellte Territorialitätsprinzip. Entsprechend ist deutsches Urheberrecht nur durch eine im Inland begangene Handlung oder jedenfalls durch im Inland ausgeführte Teilakte einer grenzüberschreitenden Verwertungshandlung verletzt.[640] Die Bestimmung des Ortes der jeweiligen Handlung ist insbesondere wegen der juristisch schwer zu fassenden Begriffe des Sendeortes bzw. des Ortes der öffentlichen Zugänglichmachung für die Handlungen von Diensteanbietern im Allgemeinen und folglich auch denen eines Webradio-Anbieters allerdings schwierig.

I. Lokalisierung einer Vervielfältigung i.S.d. § 16 UrhG

Nach deutschem Sachrecht wird in das Vervielfältigungsrecht eingegriffen, wenn die Vervielfältigungshandlung auf deutschem Boden stattfindet.[641] Entscheidend ist damit der Standort des Bild- oder Tonträgers. Entsprechend sind Vervielfältigungsvorgänge bei der Übermittlung von Inhalten über das Internet jedenfalls dann eine nach deutschem Recht relevante urheberrechtliche Nutzung, wenn sich der Standort des jeweiligen, beteiligten Rechners geographisch in Deutschland befindet.[642] Dies gilt für Vervielfältigungen vorübergehender oder dauerhafter Speicherfunktion auf Seiten des Nutzers, des Webradio-Anbieters und der beteiligten Intermediäre gleichermaßen.

Unklar ist, ob das Auslösen des Kopiervorgangs auf einem Server mit Standort im Ausland durch Befehlseingabe an einem PC von Deutschland aus als relevanter Teilakt angesehen werden kann, oder ob nur ein Eingriff in das ausländische

640 Statt aller *Katzenberger*, in: *Schricker*, UrhR, Vor §§ 120 ff. UrhG Rdnr. 135 m.w.N.

641 Statt vieler BGHSt 49, 93 (97) = GRUR 2004, 421 (Tonträgerpiraterie durch CD-Export). S.a. *Schulze*, in: *Dreier/Schulze*, UrhG, § 16 UrhG Rdnr. 25.

642 Bezogen auf thumbnails *LG Hamburg*, GRUR-RR 2004, 313 (thumbnails) (315) = MMR 2004, 558. S.a. *Dreier*, in: *Dreier/Schulze*, UrhG, Vor 120 ff. UrhG Rdnr. 33; *Hoeren*, in: *Hoeren/Sieber*, Handbuch Multimedia Recht, Teil 7.8 Rdnrn. 16 f.; *Katzenberger*, in: *Schricker*, UrhR, Vor §§ 120 ff. UrhG Rdnr. 145; *Spindler*, IPRax 2003, 412 (416).

Vervielfältigungsrecht in Frage kommt.[643] Durch Annahme einer solchen Mehraktigkeit der Vervielfältigungshandlung könnten Missbräuche durch Umgehung des Rechts des Handlungsortes, indem gezielt ein Einspeisungsort mit niedrigerem Schutzniveau gewählt wird, ausgeschlossen werden. Dieser Aspekt wäre jedenfalls dann von Bedeutung, wenn man hinsichtlich des weiteren Verwertungsvorgangs der öffentlichen Zugänglichmachung als Ausgangspunkt ebenfalls auf den allzu leicht manipulierbaren Serverstandort abstellt.[644] Dagegen spricht indes, dass eine Vervielfältigung ihren wirtschaftlichen Nutzen, wenn überhaupt, erst an dem Ort entfaltet, an dem das Vervielfältigungsstück seine Verkörperung findet, also auf dem Server, nicht am Einspeisungsort.[645] Alternativ wird daher erwogen, nicht (nur) auf den Serverstandort, sondern (ergänzend) auf den Sitz des Betreibers des Servers abzustellen.[646] Befinden sich die Server des Webradio-Anbieters im Ausland, hat er seinen Sitz jedoch in Deutschland, läge nach dieser Auffassung ebenfalls ein Eingriff in § 16 Abs. 1 UrhG vor.

II. Lokalisierung einer öffentlichen Wiedergabe i.S.d. §§ 19a und 20 UrhG

Im Zusammenhang mit terrestrischen Funksendungen und Satellitenübertragungen haben sich in Rechtsprechung und Literatur verschiedene Theorien zur Bestimmung des sachrechtlich relevanten Eingriffs bei grenzüberschreitenden Sachverhalten herausgebildet. Aufgrund der Vergleichbarkeit dieser „analogen" Multistate-Verwertungshandlungen mit Internet-Sachverhalten werden die Ansätze zunächst dargestellt, bevor untersucht wird, inwiefern sie auf Internet-Sachverhalte im Allgemeinen und den Bereich „Webradio" im Besonderen übertragen werden können.

1. Theorien zur Lokalisierung von Eingriffen in das Senderecht

a) Sendelandprinzip

Nach dem Sendelandprinzip findet eine urheberrechtlich relevante Nutzungshandlung in jenem Staat statt, von dessen Gebiet die Ausstrahlung erfolgt, selbst

643 Für beides *Dieselhorst,* ZUM 1998, 293 (300); *Fezer/Koos*, in: *Staudinger*, BGB, IntWirtschR Rdnr. 1059. Eine Mehraktigkeit schließen jedenfalls nicht aus *Katzenberger*, in: *Schricker*, UrhR, Vor §§ 120 ff. UrhG Rdnr. 145; und *Spindler*, in: *Leible* (Hrsg.), Die Bedeutung des Internationalen Privatrechts im Zeitalter der neuen Medien, S. 155 (165).

644 Dazu sogleich in diesem Kapitel in Abschnitt B, Punkt II 2.

645 Kritisch daher *Spindler,* IPRax 2003, 412 (416).

646 *Spindler* a.a.O., S. 416.

wenn die Werknutzung dort keine spürbaren Auswirkungen hat, d.h. das Programm nur eine ausländische Öffentlichkeit erreicht.[647] Unter Zugrundelegung dieser Theorie ist das Senderecht bei terrestrischen Sendungen nach der herrschenden Auffassung zumindest in dem Land betroffen, in dessen Territorium sich der Sendemast befindet. Einigkeit besteht zudem dahingehend, dass der „Spill-Over", das technisch unvermeidbare „Überschwappen" der nicht exakt begrenzbaren Sendewellen aus einem angrenzenden Land nach Deutschland, das in Deutschland bestehende Senderecht nicht berührt.[648]

Umstritten ist dagegen, wie von einem Sendemast im Ausland gezielt nach Deutschland hinein ausgestrahlte Sendungen zu beurteilen sind. Die traditionelle Ansicht sieht darin keine nach deutschem Recht relevante Nutzungshandlung, denn das Territorialitätsprinzip fordere eine zumindest teilweise inländische Handlung, welche bei einer Sendung nun einmal nur das Empfangbarmachen, nicht aber der Empfang sei.[649] Allenfalls in Sonderfällen, wenn rechtsmissbräuchlich gezielte Ausstrahlungen für das Inland allein deshalb ins Ausland verlegt werden, um die Anwendung der inländischen Rechtsordnung zu vermeiden, möchte ein Großteil der Vertreter der Sendelandtheorie vom Grundsatz der Maßgeblichkeit des Eingriffs allein im Ausstrahlungsland abweichen und zusätzlich einen nach inländischem Recht erheblichen Eingriff annehmen.[650]

In Bestätigung der „unverfälschten" Sendelandtheorie hat aber z.B. das Schweizer Bundesgericht das Recht des Sendelandes auch dann für ausschließlich anwendbar erklärt, wenn die Sendung offensichtlich an Schweizer Publikum gerichtet ist, d.h. im konkreten Fall Werbeblöcke mit Schweizer Inhalten enthielt.[651]

---

647 Statt vieler *Drexl*, in: MünchKomm-BGB, Bd. 11, Internationales Immaterialgüterrecht Rdnr. 241; *Katzenberger*, in: *Schricker*, UrhR, Vor §§ 120 ff. UrhG Rdnr. 107; *Nicolini/Ahlberg*, in: *Möhring/Nicolini*, UrhG, Vor §§ 120 ff. UrhG Rdnr. 26 m.w.N.

648 BGHZ 152, 317 (322) = GRUR 2003, 328 (Sender Felsberg); *Dreier*, in: *Dreier/Schulze*, UrhG, Vor 120 ff. UrhG Rdnr. 38; *Nicolini/Ahlberg*, in: *Möhring/Nicolini*, UrhG, Vor §§ 120 ff. UrhG Rdnrn. 26 f.; *v. Ungern-Sternberg*, in: *Schricker*, UrhR, Vor §§ 20 ff. UrhG Rdnr. 52; *v. Welser*, in: *Wandtke/Bullinger*, UrhR, Vor §§ 120 ff. UrhG Rdnr. 17. Vgl. auch *Österreichischer Oberster Gerichtshof*, GRUR Int 1991, 920 (TELE-UNO II) (923).

649 BGHZ 152, 317 (325) (Sender Felsberg) = GRUR 2003, 328. S.a. *Fezer/Koos*, in: *Staudinger*, BGB, IntWirtschR Rdnr. 1043; *Katzenberger*, in: *Schricker*, UrhR, Vor §§ 120 ff. UrhG Rdnr. 141; *v. Ungern-Sternberg*, in: *Schricker*, UrhR, Vor §§ 20ff. Rdnr. 52.

650 *OLG München*, ZUM 1995, 328 (332 f.); *LG Stuttgart*, GRUR Int 1995, 412-413 = ZUM 1995, 58. Außerdem *Nicolini/Ahlberg*, in: *Möhring/Nicolini*, UrhG, Vor §§ 120 ff. UrhG Rdnr. 26 m.w.N.; *Rüberg*, Vom Rundfunk- zum Digitalzeitalter, S. 109 ff.; *Spindler*, IPRax 2003, 412 (417 und 421); *M. Schwarz/Reber*, in: *Loewenheim*, Handbuch UrhR, § 21 Rdnr. 99; *v. Ungern-Sternberg*, in: *Schricker*, UrhR, Vor §§ 20 ff. UrhG Rdnr. 55; *v. Welser*, in: *Wandtke/Bullinger*, UrhR, Vor §§ 120 ff. UrhG Rdnr. 17.

651 *Schweizerisches Bundesgericht*, Urt. v. 12.1.2010 – 4A 203/2009, Textziffer 6, abrufbar unter: http://relevancy.bger.ch/php/aza/http/index.php?lang=de&type=highlight_simple_similar_docu

Allerdings ist anzumerken, dass das Sendeland im vorgenannten Fall, nämlich Frankreich, immerhin ein ähnliches Schutzniveau bereithielt wie die Schweiz, sodass die wesentlichen Schutzfunktionen des Urheberrechts weder umgangen noch das Recht wirtschaftlich entwertet wurden.[652] Ob das Schweizer Bundesgericht die Sendelandtheorie auch dann noch vertritt, wenn die Sendung aus einer Urheberrechtsoase heraus in die Schweiz übertragen wird, mag bezweifelt werden.

Die Sendelandtheorie wird darüber hinaus in § 20a Abs. 1 UrhG für europäische Satellitensendungen gesetzlich normiert, wobei der Ort entscheidet, an dem die ununterbrochene Übertragungskette beginnt, d.h. von dem aus die Satellitensendung eingeleitet wird.[653] Allerdings ist in diesem Bereich durch entsprechende Harmonisierungen ein einheitliches Schutzniveau gesichert. Bei nichteuropäischen Satellitensendungen aus einem Staat heraus, in dem es an dem von der Satelliten- und Kabel-RL vorgeschriebenen Mindestschutz fehlt, liegt nach den subsidiären Anknüpfungspunkten des § 20a Abs. 2 Nr. 1 und 2 UrhG ein Eingriff in das deutsche Senderecht außerdem vor, und insofern wird das Sendeland fingiert, wenn die Signale von sich auf deutschem Boden befindenden Erdfunkstation zum Satelliten gesandt werden oder das Sendeunternehmen seine Niederlassung in Deutschland hat.[654]

Der Vorteil des Sendelandprinzips ist die Rechtssicherheit, da aus deutscher Perspektive in nur einer Rechtsordnung eine urheberrechtlich relevante Handlung stattfindet. Nachteilig wirkt sich aus, dass – sofern die Wahl des Sendeortes nicht schon durch die technischen Gegebenheiten eingeschränkt ist – ein Land als Sendeland gewählt werden kann, in welchem Rechteinhabern nur ein niedriges Schutzniveau gewährt wird, um durch dieses „race to the bottom" die Kosten für Lizenzen zu minimieren.[655]

---

ments&page=1&from_date=&to_date=&sort=relevance&insertion_date=&top_subcollection_aza=all&docid=aza%3A%2F%2F08-03-2005-2A-614-2003&rank=4&azaclir=aza&highlight_docid=aza%3A%2F%2F12-01-2010-4A_203-2009&number_of_ranks=1846. Das Urteil ist in französischer Sprache abgefasst. Eine Zusammenfassung in deutscher Sprache bietet *Neumaier*, ZUM 2011, 36.

652 Jedenfalls in einem solchen Fall für eine Anwendbarkeit des Sendelandprinzips *Neumaier*, ZUM 2011, 36 (41 f.).

653 In Umsetzung von Art. 1 Abs. 2 Satelliten- und Kabel-RL. Dies ist nach richtiger Auffassung eine Harmonisierung des Sachrechts, nicht des Kollisionsrechts, s. *Dreier*, in: *Dreier/Schulze*, UrhG, Vor 120 ff. UrhG Rdnr. 36; *Katzenberger*, in: *Schricker*, UrhR, Vor §§ 120 ff. UrhG Rdnr. 142; *Nicolini/Ahlberg*, in: *Möhring/Nicolini*, UrhG, Vor §§ 120 ff. UrhG Rdnr. 3.

654 S. *Dreier*, in: *Dreier/Schulze*, UrhG, Vor 120 ff. UrhG Rdnr. 37; *Katzenberger*, in: *Schricker*, UrhR, Vor §§ 120 ff. UrhG Rdnr. 142.

655 Die Bedenken fassen treffend zusammen *Handig*, GRUR Int 2007, 206 (212 f.); *Schønning*, ZUM 1997, 34 (38); und *Spindler*, IPRax 2003, 412 (419 f.).

b) Empfangsland-Theorie

Angesichts der Gefahr, dass der Schutz der Rechteinhaber durch Verlagerung des Sendemastes bzw. des Ortes der Einspeisung des Satellitensignals in ein Land mit geringerem Schutzniveau unterlaufen werden kann, wurde die Empfangsland-Theorie bzw. „Bogsch-Theorie“[656] entwickelt. Nach diesem Ansatz, der den gesamten Sendevorgang bis zum Empfang berücksichtigt, findet eine sachrechtlich relevante Nutzungshandlung neben dem Ausstrahlungsland in all jenen Staaten statt, in welchen die Inhalte empfangen werden können, den Spill-Over ausgenommen.[657] Diese Theorie und nicht das Sendelandprinzip soll nach neuerer Ansicht auch auf grenzüberschreitende terrestrische Sendungen angewendet werden.[658] Ferner wird die Lokalisierung des Eingriffs bei Kabelsendungen sowohl nach der traditionellen Auffassung, die bei terrestrischen Sendungen noch das Sendelandprinzip vertritt, als auch nach neuerer Ansicht anhand der Empfangsland-Theorie vorgenommen. Eine Nutzungshandlung erfolgt danach nicht nur im Ausstrahlungsland sondern auch in allen Empfangsländern, d.h. in Ländern, auf deren Boden das Kabel verläuft und wo die Signale der Öffentlichkeit zugänglich gemacht werden.[659]

Diese Einigkeit verwundert aus dogmatischer Sicht, da die traditionelle Ansicht als Argument für die Maßgeblichkeit des Rechts nur des Ausstrahlungslandes anführt, dass die urheberrechtlich relevante Handlung allein die Zugänglichmachung an die Öffentlichkeit sei. Doch auch diese findet bei einer Kabelsendung nur in dem Land statt, in dem das Signal in das Kabelnetz eingespeist wird. Aus praktischer Sicht ist die Begründung mit der Empfangsland-Theorie

---

656 Benannt nach dem zwischen 1973 und 1997 amtierenden Generaldirektor der WIPO *Arpad Bogsch*.

657 Statt aller *Drexl*, in: MünchKomm-BGB, Bd. 11, Internationales Immaterialgüterrecht Rdnrn. 157 ff. und 164; und *Katzenberger*, in: *Schricker*, UrhR, Vor §§ 120 ff. UrhG Rdnr. 141 m.w.N.

658 S. als Vertreter dieser Lehre etwa *Dreier*, in: *Dreier/Schulze*, UrhG, Vor 120 ff. UrhG Rdnr. 38; *Drexl*, in: MünchKomm-BGB, Bd. 11, Internationales Immaterialgüterrecht Rdnrn. 163 f. und 245 f.; *Fezer/Koos*, in: *Staudinger*, BGB, IntWirtschR Rdnr. 1046; *Katzenberger*, in: *Schricker*, UrhR, Vor §§ 120 ff. UrhG Rdnr. 141 m.w.N.; *Nicolini/Ahlberg*, in: *Möhring/Nicolini*, UrhG, Vor §§ 120 ff. UrhG Rdnr. 27; *Sack*, WRP 2008, 1405 (1415); *Schack*, Urheber- und Urhebervertragsrecht, Rdnrn. 1059 f. *Walter*, in: *Loewenheim*, Handbuch UrhR, § 58 Rdnr. 72; *v. Welser*, in: *Wandtke/Bullinger*, UrhR, Vor §§ 120 ff. UrhG Rdnr. 18. So insbesondere auch der *Österreichischer Oberster Gerichtshof*, GRUR Int 1991, 920 (TELE-UNO II) (423).

659 *Dreier*, in: *Dreier/Schulze*, UrhG, Vor 120 ff. UrhG Rdnr. 39; *Fezer/Koos*, in: *Staudinger*, BGB, IntWirtschR Rdnr. 1048; *Katzenberger*, in: *Schricker*, UrhR, Vor §§ 120 ff. UrhG Rdnr. 144. A. A. soweit ersichtlich nur *M. Schwarz/Reber*, in: *Loewenheim*, Handbuch UrhR, § 21 Rdnr. 104 jedoch ohne Begründung.

jedoch nachvollziehbar. Denn anders als bei kabellosen Funksendungen gibt es hier objektive, weil greifbare technische Gegebenheiten, anhand derer eine Zuordnung erfolgen kann.

Umstritten ist ferner, ob Satellitensendungen außerhalb des Anwendungsbereiches des § 20a UrhG, d.h. insbesondere solche, deren Uplink außerhalb des Europäischen Wirtschaftsraumes erfolgt und weder Erdfunkstation noch Niederlassung des Sendeunternehmens im EWR liegen, nach diesem Ansatz zu beurteilen sind.[660] In diesem Zusammenhang wird die Empfangsland-Theorie von einigen ihrer Vertreter dahingehend einschränkend konkretisiert, dass eine Nutzungshandlung im Empfangsland nur gegeben sei, wenn das Recht des Sendestaates keinen hinreichenden oder einen niedrigeren Schutzstandard als das deutsche Recht aufweise,[661] wenn die Sendung gezielt in das Empfangsland abgestrahlt werde, dort also *bestimmungsgemäß* empfangen werde,[662] oder wenn ein hinreichender Marktbezug zum Empfangsland bestehe.[663] Der BGH hat eine klare Stellungnahme zur Anwendbarkeit der Empfangslandtheorie bislang jedenfalls vermieden.[664] Ebenso sind die Äußerungen des EuGH nicht eindeutig, sondern beziehen sich bisher nur auf eine u.U. bestehende zweifache Vergütungspflicht.[665]

---

660 Dafür: *OLG München*, GRUR 1994, 746 = ZUM 1995, 328; *LG Stuttgart*, GRUR Int 1995, 412 (413) = ZUM 1995, 58; *Dreier*, in: *Dreier/Schulze*, UrhG, Vor 120 ff. UrhG Rdnr. 38; *Katzenberger*, in: *Schricker*, UrhR, Vor §§ 120 ff. UrhG Rdnr. 143; wohl auch *v. Welser*, in: *Wandtke/Bullinger*, UrhR, Vor §§ 120 ff. UrhG Rdnr. 18. Dagegen: *Nicolini/Ahlberg*, in: *Möhring/Nicolini*, UrhG, Vor §§ 120 ff. UrhG Rdnr. 30; *M. Schwarz/Reber*, in: *Loewenheim*, Handbuch UrhR, § 21 Rdnr. 105; *v. Ungern-Sternberg*, in: *Schricker*, UrhR, Vor §§ 20 ff. UrhG Rdnr. 63.

661 S. die Darstellung bei *Dreier*, in: *Dreier/Schulze*, UrhG, Vor 120 ff. UrhG Rdnr. 38; *v. Ungern-Sternberg*, in: *Schricker*, UrhR, Vor §§ 20 ff. UrhG Rdnr. 63 m.w.N.

662 So der *Österreichischer Oberster Gerichtshof*, GRUR Int 1991, 920 (TELE-UNO II) (924); *Österreichischer Oberster Gerichtshof*, GRUR Int 1992, 933 (Direktsatellitensendung III) (934). S. die Darstellung bei *Handig*, GRUR Int 2007, 206 (216).

663 *Fezer/Koos*, in: *Staudinger*, BGB, IntWirtschR Rdnr. 1046; *Walter*, in: *Loewenheim*, Handbuch UrhR, § 58 Rdnr. 72. Kritisch *Handig*, GRUR Int 2007, 206 (216). Indizien für eine Verwertungshandlung in Deutschland sind etwa die Sprache des Radioangebotes oder der Zuschnitt von Werbung auf ein bestimmtes nationales Publikum.

664 S. BGHZ 152, 317 (326 f.) (Sender Felsberg) = GRUR 2003, 328.

665 S. *EuGH*, Slg. 2005, I-07199 = GRUR 2006, 50-53 – Lagardère/SPRE und GVL. Die Richter stellen in Tz. 47 lediglich fest, dass, „soweit die Sendeakte auf dem Gebiet beider Mitgliedstaaten vorgenommen werden, [...] Vergütungen für die fraglichen Rechte auf der Grundlage zweier nationaler Rechtsordnungen geschuldet“ werden, definieren jedoch nicht, welche Handlungen unter den Begriff „Sendeakt“ zu fassen sind.

2. *Prüfung der Übertragbarkeit der Theorien auf Internet-Sachverhalte*

Bei grenzüberschreitenden Internet-Sendungen und öffentlichen Zugänglichmachungen im Internet stellen sich ähnliche Fragen wie im Zusammenhang mit der terrestrischen Sendung, der Kabelsendung und der Satellitensendung. Doch ist weder in den völkerrechtlichen Verträgen wie der RBÜ, den WIPO-Verträgen WCT und WPPT noch in der InfoSoc-RL präjudiziert, wo bei Internet-Sachverhalten der Eingriff stattfindet. Interessant ist außerdem, dass viele Stimmen in der Literatur Internet-Sendungen entweder gar nicht ansprechen oder aber ohne weitere Begründung und Diskussion von einer der beiden Theorien ausgehen.[666] Die Übertragbarkeit vorgenannter Theorien auf Internet-Sachverhalte ist daher zu überprüfen.

a) Sendelandprinzip versus Empfangsland-Theorie

Mit Verweis auf die Rechtssicherheit und ein vereinfachtes Rechte-Clearing beim Inhaber der Rechte im jeweiligen Staat spricht sich eine Ansicht in Fortführung des Sendelandprinzips – ohne Differenzierung zwischen dem Recht aus § 19a UrhG und dem aus § 20 UrhG – für eine Anknüpfung an nur einen Ort aus. Dies soll a) der Standort des die Inhalte speichernden Servers,[667] b) der Ort der Eingabe der Informationen,[668] und/oder c) der Ort, an dem die Kontrolle, die Leitung und die Verantwortung über die Programme ausgeübt wird,[669] sein.[670]

---

666 Ausdrücklich bezogen auf Internet-Sendungen sowie ersichtlich nur *Drexl*, in: MünchKomm-BGB, Bd. 11, Internationales Immaterialgüterrecht Rdnr. 243; *v. Welser*, in: *Wandtke/Bullinger*, UrhR, Vor §§ 120 ff. UrhG Rdnr. 19; und *v. Zimmermann*, MMR 2007, 553 (556).

667 *Dieselhorst,* ZUM 1998, 293 (299).

668 *Spindler,* IPRax 2003, 412 (420). Dies fordert auch die *European Broadcasting Union (EBU)* in ihrem Weißbuch zum Urheberrecht, s. *EBU*, Modern Copyright for Digital Media, http://www.ebu.ch/registration/policy2010/images/EBU%20Copyright%20WHITE%20Paper_EN_FINAL.pdf, S. 34 allerdings nur bezogen auf Inhalte, die aus dem Gebiet einem Mitgliedsstaates der europäischen Gemeinschaft eingegeben werden (ähnlich der Regelung in der Satelliten- und Kabel-RL), und die gleichzeitig die Definition eines audiovisuellen Mediendienstes i.S.d. RL 2010/13/EU v. 10.3.2010 zur Koordinierung bestimmter Rechts- und Verwaltungsvorschriften der Mitgliedstaaten über die Bereitstellung audiovisueller Mediendienste, ABlEG Nr. L 95 v. 15.4.2010, S. 1 („AVMD-RL“) erfüllen, also „fernsehähnlich“ sind. Zustimmend *Weber*, in: *Stern/Peifer/Hain* (Hrsg.), Werkvermittlung und Rechtemanagement im Zeitalter von Google und YouTube, S. 37 (40-42). Ablehnend mit Verweis auf die Manipulierbarkeit aber *Walter*, in: *Loewenheim*, Handbuch UrhR, § 58 Rdnr. 76.

669 Mit der Begründung, dass sich der Sitz der Verwaltung einer Gesellschaft nicht oder nur mit hohen Kosten verlegen lässt, bzw. dass eine Flucht in eine Urheberrechts-Oase mit abschreckenden infrastrukturellen Einbußen verbunden sein kann *Spindler,* IPRax 2003, 412 (420); und zustimmend *Handig*, GRUR Int 2007, 206 (213, 218).

Als finanziellen Ausgleich für die größere Öffentlichkeit aufgrund des grenzüberschreitenden Angebots schlägt *Handig* hierbei vor, die Vergütung anhand der Zahl der bestimmungsgemäß erreichten Länder zu bemessen.[671]

Diesem Ansatz ist insofern zuzustimmen, als dass das Urheberrecht grundsätzlich bei der Vermittlung des Werkes und nicht beim Werkkonsum ansetzt. Deshalb hat der Werkvermittler mit dem Upload (bei § 19a UrhG) bzw. mit Empfangbarmachen (bei § 20 UrhG) grundsätzlich alles Notwendige geleistet, einen Zugriff zu ermöglichen. Daraus lässt sich jedoch nicht schließen, dass die für §§ 19a und 20 UrhG relevanten Handlungen mit dem Upload beendet sind und infolgedessen nur das Recht des Einspeisungsortes ausschlaggebend ist.[672]

Die öffentliche Zugänglichmachung i.S.d. § 19a UrhG besteht nach der hier vertretenen Ansicht nicht nur aus der Bereitstellung des Werkes zum Abruf durch Upload. Sie enthält zudem die Übermittlung des Werkes an den Endnutzer.[673] Diese findet technisch bedingt freilich auch in den Empfangsländern statt.[674] Im Gegensatz dazu ist das Senderecht i.S.d. § 20 UrhG als einstufiger Verwertungsakt konzipiert. Nichtsdestotrotz bildet der Sendevorgang eine Einheit, die vom Ausstrahlungsort bis zu den Empfangsorten reicht.[675] Darüber hinaus entfaltet die Nutzung gerade in den Empfangsländern ihren wirtschaftlichen Nutzen, d.h. der Kern der das jeweilige Recht berührenden Nutzung kommt eben dort zum Ausdruck.[676] Schließlich wirkt eine Sendung in den Empfangsländern wie eine dort emittierte Sendung und erfüllt aus wirtschaftlicher Sicht all deren Kriterien: Die Nachfrage für den Empfang von gesendeten Inhalten wird bedient bzw. sogar jene für fixierte Inhalte (z.B. auf einem Medium wie der CD) substituiert. Auch dies spricht für eine Lokalisierung der Nutzungshandlung im Empfangsland und stellt eine möglichst interessengerechte Anknüpfung sicher.

Eine ausschließliche Anknüpfung an den Server-Standort oder den Ort der Eingabe der Informationen ist darüber hinaus nicht praktikabel, weil dieser mit

---

670 Für die Notwendigkeit einer Einschränkung jedoch ohne Erläuterungen zum möglichen Anknüpfungspunkt *Dieselhorst*, ZUM 1998, 293 (299f.); *Kotthoff*, in: *Dreyer/Kotthoff/Meckel*, UrhR, § 120 UrhG Rdnr. 19; *M. Schwarz/Reber*, in: *Loewenheim*, Handbuch UrhR, § 21 Rdnr. 103.

671 *Handig*, GRUR Int 2007, 206 (216).

672 So aber *Handig* a.a.O., S. 218.

673 Siehe in diesem Teil, Kapitel 2, Abschnitt B, Punkt I 1 3.

674 In diesem Sinne auch *LG Hamburg*, GRUR-RR 2004, 313 (thumbnails) (315) = MMR 2004, 558.

675 *Sack*, WRP 2008, 1405 (1416).

676 *Spindler*, IPRax 2003, 412 (420), der unter der Annahme, dass die Verwertungshandlung bereits mit Zurverfügungstellung vollendet sei, trotzdem nicht die Empfangsländer berücksichtigen möchte.

wenig Aufwand in eine „Urheberrechts-Oase" verlegt werden kann.[677] Setzt der Anbieter eines Webradio-Angebotes als Alternative zum eigenen Server auf Cloud Computing, welches Serverkapazitäten und Speicherplatz ggf. weltweit verteilter Server und Serverfarmen von ganz unterschiedlichen Anbietern nutzt,[678] ist zudem nicht sicher, wo die Daten tatsächlich gespeichert werden. Ohnehin setzt das Abstellen auf nur einen Ort – selbst wenn man wie beim Verwaltungssitz einer Firma davon ausgeht, dass dieser nicht so einfach verlegt werden kann – einen wechselseitigen Vollzug des Rechts sowie einen wenigstens auf ein bestimmtes Mindestniveau angesiedelten und harmonisierten Schutz voraus, was selbst innerhalb der Europäischen Union insbesondere im Hinblick auf die nicht abschließend harmonisierten Schrankenregelungen nicht der Fall ist.

Es sprechen daher die besseren Argumente für eine Beurteilung von Internet-Sachverhalten – sowohl von Sendungen als auch von öffentlichen Zugänglichmachungen – anhand der Empfangslandtheorie ungeachtet des unterschiedlichen dogmatischen Aufbaus der beiden Verwertungsrechte.[679] Entsprechend ist von einem Eingriff in das Recht der öffentlichen Zugänglichmachung bzw. der Sendung auszugehen, wenn das Angebot in Deutschland abgerufen bzw. empfangen werden kann.[680] Die Frage, welche Qualität das Empfangssignal aufweisen muss, damit die Sendung noch als in dem Land empfangen bezeichnet werden kann, und welche für den terrestrischen Rundfunk relevant sein mag,[681] stellt sich bei Webradio nicht.

---

677 Ebenso in Bezug auf den Server-Standort *Dieselhorst,* ZUM 1998, 293 (300); und *Spindler,* IPRax 2003, 412 (420).

678 Für eine Beschreibung der Funktionsweise und der rechtlichen Fragestellungen des Cloud Computing, s. etwa *Nägele/Jacobs,* ZUM 2010, 281-292; *Söbbing*, MMR 2008, XII-XIV.

679 In diesem Sinne auch *Dreier*, in: *Dreier/Schulze*, UrhG, Vor 120 ff. UrhG Rdnr. 41; *Drexl*, in: MünchKomm-BGB, Bd. 11, Int. Immaterialgüterrecht Rdnrn. 243 und 251; *Hoeren*, in: *Hoeren/Sieber*, Teil 7.8 Rdnr. 23; *Katzenberger*, in: *Schricker*, UrhR, Vor §§ 120 ff. UrhG Rdnr. 145; *Nicolini/Ahlberg*, in: *Möhring/Nicolini*, UrhG, Vor §§ 120 ff. UrhG Rdnrn. 35 f.; *Reinbothe*, GRUR Int 2001, 733 (736); *v. Welser*, in: *Wandtke/Bullinger*, UrhR, Vor §§ 120 ff. UrhG Rdnrn. 16 und 19; *v. Zimmermann*, MMR 2007, 553 (556). Dagegen nur für die Anwendung des Rechts des Staates des Uploads *Handig*, GRUR Int 2007, 206 (217 f.). Dabei ist anzumerken, dass die Trennung zwischen kollisionsrechtlicher und sachrechtlicher Ebene nicht immer eingehalten wird. Jedenfalls für die öffentliche Zugänglichmachung wohl auch *Spindler*, GRUR 2002, 105 (109).

680 Ebenso *LG Hamburg*, ZUM 2013, 226.

681 Diese Frage werfen auf *M. Schwarz/Reber*, in: *Loewenheim*, Handbuch UrhR, § 21 Rdnrn. 101-103.

b) Zur Notwendigkeit der Einschränkung der Empfangsland-Theorie

Um eine nicht praktikable Kumulation von Rechtsverletzungen nach unterschiedlichen Rechtsordnungen zu vermeiden, möchte eine Auffassung die Empfangsland-Theorie allerdings einschränken und nur das intendierte Abrufgebiet bzw. das Abrufgebiet, in dem Auswirkungen spürbar sind, berücksichtigen.[682] Zur Begründung wird – ähnlich der Argumente zur Bestimmung der kollisionsrechtlichen Anknüpfung – ein Vergleich zum internationalen Wettbewerbsrecht herangezogen, wonach entscheidend ist, auf welche Märkte mit der Verletzungshandlung eingewirkt werden soll.[683] Die Zielrichtung wird dabei unter Berücksichtigung von Kriterien wie Sprache, Lieferungsbedingungen und Währung bestimmt.[684] Mittlerweile kann zusätzlich die Einstellung einer Geo-Sperre zur Bestimmung des intendierten Abrufgebietes herangezogen werden. Letztlich soll also nicht der Ort des Ursprungs des wettbewerbsrechtlich entscheidenden Verhaltens ausschlaggebend sein, sondern der Marktort. Möglichkeiten der Verortung einer solchen Einschränkung – etwa in der Tatbestandsvoraussetzung der Ansprache einer Öffentlichkeit – wurden bereits dargestellt.

Der Vergleich zwischen Wettbewerbs- und Urheberrecht ist jedoch kritisch zu betrachten: Bei einer Urheberrechtsverletzung handelt es sich nicht um einen auf bestimmte Verhaltensformen oder den Schutz von Marktformen ausgerichteten Unrechtstatbestand, sondern es wird ein absolutes bzw. eigentumsähnlich geschütztes Rechtsgut beeinträchtigt. Entsprechend müssen Urheber grundsätzlich auch vor einer nichtkommerziellen Verwendung ihrer Werke geschützt werden.[685] Dies wäre ihnen versagt, wenn man lediglich auf das vom Anbieter – sei es subjektiv oder objektiv – intendierte Abrufgebiet abstellte. Aus ähnlichen Gründen ist ein Vergleich mit dem im Markenrecht geforderten „hinreichenden wirtschaftlich relevanten Inlandsbezug“[686] abzulehnen. Die Gefahr der weltweiten gegenseitigen Blockierung nationaler Markenrechte verschiedener Unternehmen bei der Internetwerbung besteht im Urheberrecht nicht.[687]

---

682 *Dreier*, in: *Dreier/Schulze*, UrhG, Vor 120 ff. UrhG Rdnr. 42; *Hoeren*, NJW 1998, 2849 (2851); *Kotthoff*, in: *Dreyer/Kotthoff/Meckel*, UrhR, § 120 UrhG Rdnr. 19; *Mitsdörfer/Gutfleisch*, MMR 2009, 731 (732); *Stieß*, Anknüpfungen im int. UrhR, S. 251. Zu den Markmalen des intendierten Abrufgebiets und der Spürbarkeit *Beckstein*, Einschränkungen des Schutzlandprinzips, S. 209-216.

683 *Hoeren*, NJW 1998, 2849 (2851). S.a. die Darstellung bei *Stieß*, Anknüpfungen im int. UrhR, S. 252-254.

684 Etwa BGHZ 167, 91 (100, Tz. 25) = GRUR 2006, 513 (Arzneimittelwerbung im Internet).

685 Zutreffend *Spindler*, IPRax 2003, 412 (419).

686 *BGH*, NJW 2005, 1435 (1436) = GRUR 2005, 431 = CR 2005, 360 (HOTEL MARITIME).

687 S. *Sack*, WRP 2008, 1405 (1418).

Diese praktisch motivierte, einschränkende autonome Anknüpfung erscheint jedoch gar nicht mehr erforderlich. Denn die Zahl der anwendbaren Rechtsordnungen, nach denen ein Eingriff in urheberrechtliche Befugnisse vorliegen kann, muss angesichts der mittlerweile verfügbaren, wirksamen Mechanismen der räumlichen Begrenzung des Zugriffs, sprich der Geo-Sperren, nicht mehr unüberschaubar sein. Dies wird gegenwärtig großteils (noch) verkannt.

Ausgehend von der Annahme, dass eine Geo-Sperre wirksam ist, besteht das Abrufgebiet nur aus jenen Staaten, welche durch die Geo-Sperre zugelassen werden. Die Tatsache, dass eine Geo-Sperre überwunden werden kann oder dass es eine gewisse Anzahl falsch positiver Treffer gibt, führt dabei nicht notwendigerweise zu einer Ausdehnung des Empfangsgebietes.[688] Zum einen ist die Überwindung von Sicherheitsvorkehrungen eine nicht vermeidbare Tatsache sowohl des realen Lebens als auch des Internets. Jedenfalls wird ein Staat hinsichtlich einer Satellitensendung nicht deshalb zum Empfangsland, weil ein Nutzer eine ansonsten in diesem Land unzugängliche Satellitensendung durch Einsatz eines Dekoders empfangbar macht.[689] Zum anderen sind falsch positive Treffer in gewissem Maße aus den gleichen Gründen wie der ebenfalls unbeabsichtigte Spill-Over zu vernachlässigen.[690]

Für diese Auffassung spricht ferner ein Vergleich mit gewissen glücksspielrechtlichen Fragestellungen, im Rahmen derer die Wirksamkeit von Geo-Sperren bereits gerichtlich auf den Prüfstand gestellt wurde. Im Glücksspielrecht ist eine Lokalisierung auf der Ebene eines Bundeslandes erforderlich, da sich seine Regeln nicht nur auf Bundes- sondern auch Landesrecht verteilen. Provider-basierte Lokalisierungsverfahren erreichen auf dieser Ebene allerdings eine Trefferquote von etwa nur 76 % im Umkreis von 40 km.[691] Die Bedenken, die hinsichtlich der Tauglichkeit von Geo-Sperren für ordnungspolitische Zwecke bestehen, sind daher grundsätzlich berechtigt.[692] Doch schon in diesem Zusammenhang hält vor allem das Nordrhein-Westfälische Oberverwaltungsgericht „Begleitmaßnahmen“[693] wie eine ergänzende Ortung des Nutzers mittels seines Mobiltelefons oder seines Festnetzanschlusses wenn überhaupt nur für nötig, wenn die Angabe

---

688 S. *OVG Nordrhein-Westfalen*, Beschl. v. 8.12.2009 – 13 B 958/09 (erhältlich in juris) Tz. 38. Ähnlich *Hoge Raad*, Urt. v. 18.2.2005 – C03/306HR, besprochen bei *Hoeren*, ZfWG 2008, 311 (314): Effektivität der IP-Erkennung trotz Umgehungsmöglichkeiten gegeben. A.A. *Winkelmüller/Kessler*, GewA 2009, 181 (182 f.).

689 Ebenso *Mitsdörfer/Gutfleisch*, MMR 2009, 731 (732).

690 Ebda.

691 S. etwa *MaxMind, Inc.*, GeoIP City Accuracy for Selected Countries, 19.11.2008, http://www.maxmind.com/app/city_accuracy.

692 *Winkelmüller/Kessler*, GewA 2009, 181 (182).

693 *OVG Nordrhein-Westfalen*, Beschl. v. 8.12.2009 – 13 B 958/09 (erhältlich in juris) Tz. 56.

des Nutzers hinsichtlich seines Aufenthaltsortes und der Standort gemäß IP-Geolocation nach dem Stand der Technik auseinanderfallen. Die Treffergenauigkeit der gegenwärtig am Markt verfügbaren Methoden der IP-Geolocation selbst auf Ebene der Bundesländer scheint einigen Gerichten auszureichen.[694] Dagegen sehen sich andere Verwaltungsgerichte nicht in der Lage, die Frage der Genauigkeit auf Landesebene zu beantworten. Sie halten aber immerhin die Treffergenauigkeit auf Bundesebene trotz der Verfügbarkeit von Umgehungsmöglichkeiten für ausreichend.[695]

Da eine Fehllokalisierung oder eine Umgehung in urheberrechtlichen Fragestellungen lediglich zivilrechtliche Konsequenzen hat und mit den zugelassenen IP-Adressbereichen zudem ein objektiver Anhaltspunkt existiert, anhand dessen die tatsächlichen Empfangsländer bestimmt werden können, sollte ein ähnliches Verständnis hinsichtlich der Bestimmung des Grades der Genauigkeit der Geo-Sperren existieren und die Einschätzung zur Wirksamkeit auf das Urheberrecht übertragen werden.[696] Die Existenz von falsch negativen Treffern, also fälschlicherweise ausgeschlossenen Nutzern, ändert an dieser Beurteilung nichts, sondern ist allenfalls von wirtschaftlicher Bedeutung.[697]

Eine Einschränkung der Empfangslandtheorie auf das intendierte Empfangs- bzw. Abrufgebiet auf der Grundlage der abstrakten Bestimmung des Marktortes ist daher grundsätzlich nicht mehr erforderlich. Vielmehr kann das tatsächliche Empfangs-/Abrufgebiet mithilfe von Geo-Sperren eingegrenzt und damit gleichzeitig bestimmt werden. Ist ein Angebot in einem Staat ohne Umgehung einer Geo-Sperre empfangbar/abrufbar (Ausnahme natürlich falsch positive Treffer),

---

694 *VG Düsseldorf*, Beschl. v. 18.5.2009 – 27 L 1139/08 (erhältlich in juris) Tz. 95; bestätigt durch *OVG Nordrhein-Westfalen*, Beschl. v. 8.12.2009 – 13 B 958/09 (erhältlich in juris) Tz. 56, jedoch ohne Konkretisierung, was „technische Methoden nach dem Stand der Technik" sind. Ebenso *OVG Nordrhein-Westfalen*, Beschl. v. 30.10.2009 – 13 B 736/09, (erhältlich in juris) (Tz. 18); *OVG Nordrhein-Westfalen*, MMR 2010, 350 (351 f.); *OVG Nordrhein-Westfalen*, Beschl. v. 12.01.2010 – 13 B 939/09 (erhältlich in juris) (Tz. 49). In der Literatur für eine ausreichende Treffergenauigkeit auf Landesebene *Hoeren*, ZfWG 2008, 311 (314); aber a.A. noch *ders.*, MMR 2007, 3 (6). Ohne Stellungnahme blieben *OVG Berlin-Brandenburg*, Beschl. v. 16.3.2009 – 1 S 224.08 (erhältlich in juris) Tz. 19: Methode der Geolokalisation ist nicht schlechterdings ungeeignet, sondern weist nur eine gewisse, möglicherweise zu vernachlässigende Fehlerquote auf.

695 *BayVGH*, ZfWG 2008, 455 (461 f., Tz. 48-50) = NVwZ-RR 2009, 202; *OVG Lüneburg*, ZfWG 2009, 184 (187 f.) = NVwZ 2009, 1241.

696 Im Ergebnis so schon das *Tribunal de Grande Instance de Paris (TGI)*, K&R 2000, 365-368; bestätigt durch *Tribunal de Grande Instance de Paris (TGI)*, MMR 2001, 309-310 = K&R 2001, 63, das in seinem grundlegenden Urteil aus dem Jahr 2000 eine Treffergenauigkeit von nur 70% bereits als ausreichend erachtete.

697 Wie hier *Svantesson*, John Marshall Journal of Computer & Information Law 23 (2004), 101 (115).

so soll es dort grundsätzlich empfangbar/abrufbar sein. Dieser Ansatz stellt freilich hohe Anforderungen an die Sicherung von Internet-Angeboten mit urheberrechtlich geschützten Inhalten bzw. mag dem größten Vorzug des Internets, der in einer grenzenlosen, weltweiten Verbreitung von Daten zu sehen ist, diametral entgegenstehen, da er den freien Datenfluss in einem internationalen Kommunikationsnetz begrenzt. Um den Schutz geistiger Schöpfungen bei grenzüberschreitenden Verwertungshandlungen nicht aufzugeben bzw. seine Durchsetzung handhabbar zu machen, scheint es aber der einzig gangbare Weg.

Gleichzeitig sollte aber zur Vermeidung von Ungerechtigkeiten im Einzelfall, z.B. wenn es sich um ein offensichtlich regional begrenztes Angebot handelt, welches nicht durch eine Geo-Sperre geschützt ist, ergänzend die Idee einer *de minimis*-Regel, wie in den CLIP-Principles beschrieben, herangezogen werden. Das heißt, dass in diesem Staat keine urheberrechtlich relevante Nutzungshandlung vorliegt, wenn der Anbieter eine Verletzung in diesem Staat weder bezweckt oder vorangetrieben hat noch die Nutzungshandlung einen wesentlichen Einfluss in dem Staat hat oder auf ihn ausgerichtet ist, wobei diese Regel angesichts ihres Ausnahmecharakters eng auszulegen ist.

c) Bedeutung der Vorgaben der AVMD-RL

Die *European Broadcasting Union* weist in Verfechtung des Sendelandprinzips ergänzend auf die Richtlinie über audiovisuelle Medien[698] hin. Vor dem Hintergrund der Annahme, dass die Erreichung der Ziele der Richtlinie bei Annahme eines Eingriffs in verschiedenen Ländern in Gefahr sei, fordert die *EBU* die Ausdehnung des Sendelandprinzips (unter Bezug auf den Sitz der Hauptverwaltung) auf urheberrechtliche Fragestellungen zumindest in Zusammenhang mit audiovisuellen Mediendiensten, welche aus der europäischen Gemeinschaft stammen.[699]

Die AVMD-RL stipuliert auf europäischer Ebene verschiedene wirtschafts- und inhaltsbezogene Anforderungen an audiovisuelle Mediendienste,[700] worunter sowohl lineare Angebote wie Simulcasts oder Webcasts als auch nicht-lineare Angebote wie On-Demand-Streams zu fassen sind, sofern sie dem Zweck der Bereitstellung von Sendungen zur Information, Unterhaltung oder Bildung der

---

698 RL 2010/13/EU v. 10.3.2010 zur Koordinierung bestimmter Rechts- und Verwaltungsvorschriften der Mitgliedstaaten über die Bereitstellung audiovisueller Mediendienste, ABlEG Nr. L 95 v. 15.4.2010, S. 1 („AVMD-RL“).

699 *EBU*, Modern Copyright for Digital Media, http://www.ebu.ch/registration/policy2010/images/EBU%20Copyright%20WHITE%20Paper_EN_FINAL.pdf, S. 19-28.

700 Beispielsweise mit Blick auf die Schaltung von Werbung (Art. 19-26), Produkt Placement (Art. 11) und das Sponsoring von Veranstaltungen (Art. 10), die Programmgestaltung (Art. 16-18), den Schutz von Minderjährigen (Art. 27), und das Recht auf Gegendarstellung (Art. 28).

allgemeinen Öffentlichkeit dienen und unter redaktioneller Verantwortung zusammengestellt wurden.[701] Insbesondere bestimmt sie, dass audiovisuelle Mediendienste nur dem Recht ihres Herkunftslandes unterliegen, d.h. des Landes, in dem die Hauptverwaltung des Diensteanbieters liegt.[702] Durch diese Harmonisierung sollen Hindernisse für die Herstellung und Verbreitung von diesen Angeboten beseitigt, faire Wettbewerbsbedingungen und Rechtssicherheit gewährleistet und der freien Informationsfluss und Meinungsaustausch in der Gemeinschaft gesichert werden.[703] Die Festlegung des Herkunftslandsprinzips im Rahmen der AVMD-RL stellt sich demnach als eine Reaktion auf die Tatsache dar, dass es schlicht unmöglich ist, im Einklang mit den Rechtsvorschriften aller Empfangsländer zu senden. Denn selbst wenn ein Großteil nationalen Rechts durch die Richtlinie harmonisiert wird,[704] bleibt die Gestaltung einiger Bereiche der Souveränität der Staaten überlassen,[705] was durchaus zu nationalen Abweichungen in der Beurteilung der Rechtmäßigkeit von audiovisuellen Mediendiensten führen kann. Diese Unterschiede lassen sich nicht durch eine vertragliche Lösung nivellieren. Um ein gewisses Maß an Rechtssicherheit bei grenzüberschreitenden Tätigkeiten zu erreichen, ist die Anwendung des Herkunftslandsprinzips in diesem Bereich daher unumgänglich.[706]

Anders im Urheberrecht: Hier ist es grundsätzlich möglich, eine Lizenz für jedes Empfangsland zu erwerben, wenngleich sich dies aus praktischer Sicht als schwierig erweisen mag. Dem Ziel des freien Flusses von Fernsehsendungen steht die Anwendung der Empfangslandtheorie im Urheberrecht jedenfalls nicht entgegen, obgleich die gegenwärtige Lizenzierungspraxis vor diesem Hintergrund sicherlich zu überdenken ist. Zudem ist es dem Urheberrecht fremd, bei der Beurteilung der Zulässigkeit einer Verwertungshandlung auf den geschützten Inhalt abzustellen. Das Urheberrecht schützt die Beziehung eines Urhebers zu seinem Werk in der Form, in der seine Idee Ausdruck gefunden hat, sowohl in materieller als auch ideeller Hinsicht, bzw. die zum Kulturschaffen beitragende

---

701 Erwägungsgründe 21 f. und 25 sowie Art. 1 Abs. 1 lit. a)-c) AVMD-RL.

702 Erwägungsgrund 33 AVMD-RL und Art. 2 AVMD-RL, wobei das Herkunftsland ähnlich wie in Art. 1 Abs. 2 lit. d) Satelliten- und Kabel-RL unter gewissen Umständen fingiert wird.

703 Erwägungsgründe 8-12 AVMD-RL.

704 Zum Beispiel die Einführung des Rechts auf Kurzberichterstattung gem. Art. 15 Abs. 3 AVMD-RL oder die Regelungen zur Kennzeichnung von Werbung und Teleshopping gem. Art. 19 Abs. 1 AVMD-RL.

705 U.a. in Bezug auf Produktplatzierungen, s. Art. 11 Abs. 3 AVMD-RL, wobei sich Deutschland für einen strengeren Maßstab für Produktplatzierungen im öffentlich-rechtlichen Rundfunk entschieden hat. Vgl. § 15 und § 44 RStV.

706 Eine abschließende Harmonisierung sämtlicher inhaltsbezogener Anforderungen an audiovisuelle Medien ist schon aus praktischen Gesichtspunkten keine Alternative, noch würde sie bei den Mitgliedsstaaten Akzeptanz finden.

Leistung eines Dritten. Bezogen auf das Allgemeininteresse steht die Vielfalt an Werken und Leistungen im Vordergrund.[707] Eine auf den Inhalt bezogene, lenkende Aufgabe hat das Urheberrechtsgesetz im Gegensatz zur AVMD-RL nicht.

Nicht zuletzt aber bringt der Vorschlag der *EBU* nicht die gewünschte Rechtssicherheit mit sich. Unklar bliebe, ob personalisierte Webradios „fernsehähnlich" sind und wie von außerhalb der EU stammende Radiosendungen zu behandeln sind, wenn man denn wie die *EBU* zwischen innerhalb und außerhalb der EU hochgeladenen Inhalten unterscheidet. Der Vorschlag der *EBU*, gewisse Internet-Sachverhalte dem Sendelandprinzip zu unterstellen, ist daher abzulehnen.

3. Ergebnis

Im Ergebnis liegt unabhängig vom Ursprungsland des Signals und unabhängig von subjektiven oder objektiven Intentionen des Webradio-Anbieters eine Nutzungshandlung in allen Ländern vor, in denen das Angebot tatsächlich empfangen bzw. abgerufen werden kann. Umgehungshandlungen auf Nutzerseite und vereinzelte falsch positive Treffer sind zu ignorieren. Ferner ist das Abrufgebiet in Einzelfällen anhand der *de minimis*-Regel zu korrigieren.

Neben den tatsächlichen Empfangsländern findet eine Nutzungshandlung in Bezug auf den ersten Teilakt des Verwertungsrechts, den Upload, zusätzlich am Ort der Einstellung ins Netz statt. Aber auch am Serverstandort, dem Ort, an dem das Werk bei öffentlichen Zugänglichmachungen bereitgehalten wird, liegt eine urheberrechtlich relevante Nutzungshandlung vor, selbst wenn dieser willkürlich verlegt werden kann.

Ein ähnlich weites Verständnis scheinen im Übrigen der deutsche Gesetzgeber und die Europäische Kommission zu teilen. § 53 Abs. 1 Satz 1 UrhG stellt Vervielfältigungen zum privaten Gebrauch von öffentlich zugänglich gemachten, nicht offensichtlich rechtswidrigen Inhalten frei, und zwar unabhängig vom Land, aus dem die öffentliche Zugänglichmachung stammt. Läge in Deutschland kein rechtlich erheblicher Eingriff vor, bedürfte es keiner Freistellung durch eine Schrankenregelung. Darüber hinaus hat die Europäische Kommission die Erforderlichkeit einer Lizenz für alle Empfangsländer ebenfalls nicht in Frage gestellt, sondern macht in ihrer Mitteilung aus April 2004[708] sowie in einer Empfehlung vom 18.10.2005[709] Vorschläge für eine europaweite Lizenzierung für Musikur-

---

707 S. etwa *Dreier*, in: *Dreier/Schulze*, UrhG, Einleitung UrhG, Rdnr. 1; und *Wandtke*, in: *Wandtke/Bullinger*, UrhR, Einleitung UrhG, Rdnr. 16.

708 Mitteilung der Kommission an den Rat, das Europäische Parlament und den Europäischen Wirtschafts- und Sozialausschuss, Die Wahrnehmung von Urheberrechten und verwandten Schutzrechten im Binnenmarkt, KOM 2004 (261) endg., dort ausdrücklich unter Ziffer 1.2.3.

709 Empfehlung der Kommission v. 18. Mai 2005 für die länderübergreifende kollektive Wahrnehmung von Urheberrechten und verwandten Schutzrechten, die für legale Online-

heberrechte,[710] und hat im Jahr 2012 sogar einen Vorschlag für eine Richtlinie über die kollektive Wahrnehmung von Urheber- und verwandten Schutzrechten und die Vergabe von Mehrgebietslizenzen für die Online-Nutzung vorgelegt.[711]

III. Lokalisierung einer Umgehung einer technischen Schutzmaßnahme

Wie auch bei den Urheber- und Leistungsschutzrechten liegt ein Verstoß gegen das Verbot der Umgehung von technischen Schutzmaßnahmen i.S.d. § 95a UrhG nur vor, wenn die Umgehungshandlung vollständig oder zumindest teilweise im Inland stattfindet. Wo dies bei der Umgehung technischer Schutzmaßnahmen der Fall ist, ist bei Sachverhalten mit Auslandsbezug fraglich.

Zu unterscheiden ist zwischen der Umgehung einer Kopierschutzmaßnahme in Form einer Verschlüsselung oder Passwortsperre und der Umgehung einer zugangsbeschränkenden Geo-Sperre. Bei ersterer lässt sich der Handlungsort klar lokalisieren. Die Daten werden zunächst an den Rechner des Nutzers geliefert und die dort ausgeführte Umgehungssoftware speichert die Inhalte auf dem Rechner des Nutzers. Entscheidend ist folglich der Standort des Rechners und eine gegen deutsches Recht verstoßende Umgehungshandlung liegt vor, wenn sich dieser im Inland befindet.

Weniger eindeutig ist es bei der Umgehung von Geo-Sperren. Diese sind auf dem Server des Webradio-Anbieters installiert und werden dort durch Vorspiegelung einer falschen IP-Adresse umgangen. Dies spricht dafür, dass die Umgehungshandlung allein am Standort des Webservers des Anbieters erfolgt und, sofern sich dieser nicht im Inland befindet, keine Umgehung nach deutschem Recht vorliegt. Der Befehl zur Umgehung einer Geo-Sperre wird allerdings am Rechner des Nutzers eingegeben. Lässt man dies bereits ausreichen, eine Teilhandlung im Inland anzunehmen, wie in Zusammenhang mit Upload-Vorgängen häufig vertreten,[712] läge demnach eine nach § 95a UrhG relevante Umgehungshandlung vor. Aber selbst wenn man diese Ansicht nicht teilt, spricht für die

---

Musikdienste benötigt werden, ABlEU Nr. L 276 v. 21.10.2005, S. 54, dort in Erwägungsgrund 7.

710 Zu der Online-Empfehlung der Europäischen Kommission und den ihr folgenden Reaktionen auf seiten der Rechteinhaber ausführlich *Alich,* GRUR Int 2008, 996-1007; *v. Einem*, MMR 2006, 647 (647-650); *Lüder*, GRUR Int 2007, 649 (655 f.); *Müller,* ZUM 2009, 121 (125 f.); *Poll,* ZUM 2008, 500 (501-506).

711 Vorschlag für eine Richtlinie des europäischen Parlaments und des Rates über kollektive Wahrnehmung von Urheber- und verwandten Schutzrechten und die Vergabe von Mehrgebietslizenzen für die Online-Nutzung von Rechten an Musikwerken im Binnenmarkt v. 11. Juli 2012, COM 2012 (372) final.

712 Siehe in diesem Kapitel Abschnitt B, Punkt I.

Annahme einer Umgehung am Ort des Rechners des Nutzers, dass der Rechtsschutz technischer Schutzmaßnahmen dem Schutz urheberrechtlicher Befugnisse dient und folgt.[713] In diese wird freilich auch am Standort des Nutzers eingegriffen, wenn der Nutzer eine Geo-Sperre umgeht. Denn hier werden jedenfalls neben der eigentlichen Sendung oder der Zugänglichmachung auch vorübergehende oder dauerhafte Vervielfältigungen angelegt.[714] Die Umgehung sowohl einer Kopiersperre als auch einer Geo-Sperre durch einen sich in Deutschland befindenden Nutzer verstößt daher gegen deutsches Urheberrecht.

Kapitel 6: Zusammenfassung der Ergebnisse des zweiten Teils

Vor Eintritt des digitalen Zeitalters erreichte Musik die Ohren der Öffentlichkeit durch zwei unabhängige Vertriebskanäle: durch Tonträger wie CDs und durch die öffentliche Wiedergabe in Form einer öffentlichen Aufführung oder einer Radiosendung. Für Ersteres war die Einräumung des Vervielfältigungs- und Verbreitungsrechts, der sog. „mechanischen Rechte", erforderlich; für Letzteres eines der Rechte der öffentlichen Wiedergabe.[715] Internetbasierte Verwertungsmodelle stellen diese Aufteilung der Verwertungsrechte selbst bei Berücksichtigung des relativ neuen Rechts der öffentlichen Zugänglichmachung grundsätzlich in Frage.[716] Jeder Übermittlungsvorgang im Internet, selbst wenn er den Anschein einer klassischen Radiosendung erweckt, beinhaltet Vervielfältigungen auf Vermittlerebene bei der Weiterleitung der Daten, auf Nutzerebene im Rahmen der Speicherung, sowie selbst bei der Wiedergabe der Inhalte. Zusätzlich bereiten die Definitionen der Rechte der öffentlichen Wiedergabe gewisse Schwierigkeiten, weil sie jeweils mit einer konkreten Verwertungshandlung vor Augen formuliert wurden und daher oft nicht recht zu „passen" scheinen.

Die Untersuchung hat jedoch ergeben, dass das Senderecht i.S.d. § 20 UrhG und das Recht der öffentlichen Zugänglichmachung i.S.d. § 19a UrhG technikneutral formuliert sind, sodass sie jedenfalls die unterschiedlichen Erscheinungs-

---

713 *OLG München*, MMR 2005, 768 (771) = CR 2005, 821; *OLG München*, MMR 2009, 118 (119) (AnyDVD II) = CR 2009, 33. S.a. *Peukert*, in: *Loewenheim*, Handbuch UrhR, § 33 Rdnrn. 18 und 25.

714 Siehe im in diesem Teil Kapitel 3, Abschnitt A.

715 Wobei natürlich aus praktischen Gründen regelmäßig auch für Radio- oder Fernsehsendungen eine Vervielfältigung im Vorfeld angefertigt wurde.

716 Darauf machte schon früh aufmerksam *Ficsor*, The Law of Copyright and the Internet, S. 498 Rdnr. C8.08.

formen von Webradio teils als Sendung, teils als öffentliche Zugänglichmachung durchaus in ihren Anwendungsbereich aufnehmen.

Dies bedeutet, dass Tonträgerhersteller und Verwerter in Bezug auf als Sendung zu qualifizierende Angebote – nämlich Simulcasts, Webcasts und Loop-Streams – lediglich einen Anspruch auf Teilhabe an den aus dem Vergütungsanspruch der ausübenden Künstler fließenden Einnahmen haben, während ihnen im Hinblick auf die anderen Webradio-Formen ein Verbotsrecht zusteht. Urheber hingegen profitieren in jedem Fall ungeachtet des angesprochenen Verwertungsrechts von einem Verbotsrecht. Ob diese Ungleichbehandlung im digitalen Bereich zwischen den Anspruchsberechtigten einerseits und zwischen den Nutzungsarten andererseits politisch wünschenswert ist, steht auf einem anderen Blatt. Für einen Nutzer macht es vermutlich keinen Unterschied, ob er einen höchst Genre- oder Künstler-spezialisierten Webcast oder ein personalisiertes Webradio hört, nicht zuletzt wenn er mit intelligenter Aufnahmesoftware von beiden Varianten des Webradios aufnehmen kann. Die Auswirkungen auf dem Primärmarkt sind also ähnlich, der Unterschied zwischen einem Verbotsrecht und einem Vergütungsanspruch jedoch erheblich.

De lege lata können im Rahmen der Nutzung von Webradio jedenfalls diverse Urheberrechte betroffen sein sowohl auf Seiten der Webradio-Anbieter als auch auf Seiten der Nutzer. Diese Schlussfolgerung gilt sowohl für nationale als auch für grenzüberschreitende Webradio-Angebote, da vorerst nicht damit zu rechnen ist, dass die für ubiquitäre Verletzungen bzw. Medien entwickelten Kollisionsregeln Anerkennung finden und daher weiterhin das Schutzlandprinzip zugrunde zu legen ist.

Digitalisierung, Kompression und Speicherung im Rahmen der Vorbereitung eines Webradio-Programms berühren das Vervielfältigungsrecht i.S.d. § 16 Abs. 1 UrhG, jedenfalls wenn diese Vorbereitungshandlungen auf in Deutschland gelegenen Servern stattfinden. Zudem greifen Webradio-Anbieter in das Senderecht bzw. das Recht der öffentlichen Zugänglichmachung ein, wenn sie das Angebot in Deutschland einspeisen und/oder wenn das Angebot von Webradio-Nutzern in Deutschland ohne Umgehung einer wirksamen Geo-Sperre abgerufen bzw. empfangen werden kann. So sind Simulcasts und Webcasts ebenso wie – nach der hier vertretenen Auffassung – Loop-Streams dem Senderecht zuzuordnen. On-Demand-Streams und personalisierte Webradios unterfallen hingegen dem Recht der öffentlichen Zugänglichmachung. Dabei wird der Verweis auf das Argument einer Verletzung *de minimis* angesichts des allgemein verständlichen Schutzgutes „Musik“ nur in seltensten Einzelfällen überzeugen können. Entsprechend sind diese Rechte zu lizenzieren, damit Webradio zulässigerweise gesendet bzw. zugänglich gemacht werden kann.[717] Gleichzeitig ist Webradio-Anbietern dringend zu raten, bei Webradio-Angeboten Geo-Sperren einzusetzen, wenn keine Lizenzierung für sämtliche erreichte Gebiete eingeholt werden kann oder soll.[718]

Webradio-Nutzer in Deutschland nehmen eine Vervielfältigung i.S.d. § 16 Abs. 1 UrhG vor, wenn sie das Webradio-Angebot aufrufen, und natürlich auch dann, wenn sie aus dem Webradio aufnehmen. Sollte dieses Streamripping nicht durch die Schranke der Privatkopie gedeckt sein, was im nächsten Teil zu untersuchen ist, handelt es sich bei Ausbleiben einer entsprechenden Lizenzierung, wovon auszugehen sein wird, in der Tat um eine neue Form von Musikpiraterie. Umgeht der Nutzer dabei eine Kopier- oder Geo-Sperre, kann zudem ein Verstoß gegen § 95a Abs. 1 UrhG vorliegen.

Abschließend ist natürlich noch auf die Vervielfältigungen hinzuweisen, die auf den Servern der Vermittler hergestellt werden und ebenfalls deutsches Recht berühren, wenn sich die Server in Deutschland befinden.

---

717 Die Diskussion, inwiefern Teil-Nutzungsrechte vergeben werden können, kann an dieser Stelle nicht vertieft werden, ist jedoch in vollem Gange. Siehe hierzu die Verweise in Fn. 342.

718 Vgl. für eine Beurteilung der Zulässigkeit von Geo-Sperren aus kartellrechtlicher Sicht *v. Albrecht/Mutschler-Siebert/Bosch,* ZUM 2012, 93 (99 f.), die allerdings zu dem Ergebnis kommen, dass eine solche Gebietssicherung als dinglich beschränkte Lizenz nicht gegen kartellrechtliche Vorgaben verstößt.

Dritter Teil: Bedeutung der Schranken des Urheberrechts für die Zulässigkeit von Webradio und Streamripping

Im vorangehenden Teil wurden die Verwertungsrechte untersucht, welche durch die Bereitstellung und Nutzung von Webradio angesprochen werden. Spiegelbildlich muss grundsätzlich die Zustimmung der Rechteinhaber für die Nutzung ihres Schutzgutes im Wege einer Lizenz eingeholt werden. Von diesem Grundsatz können sich jedoch Ausnahmen ergeben, denn das Gesetz lässt gewisse Nutzungen aus unterschiedlichen Erwägungen erlaubnisfrei zu, d.h. beschränkt mit „gesetzlichen Lizenzen“[719] das jeweilige Ausschließlichkeitsrecht des Rechteinhabers.

Im Folgenden ist zu untersuchen, inwieweit die unterschiedlichen Verwertungshandlungen bei der Nutzung von Webradio, insbesondere das Streamripping, in den Anwendungsbereich der Schrankenbestimmungen des Urheberrechtsgesetzes fallen. Hierfür werden vor die Klammer gezogen zunächst die auf nationaler und internationaler Ebene bestehenden rechtlichen Rahmenbedingungen für die Auslegung und Anwendung von Schrankenbestimmungen analysiert. Interessant ist insbesondere die Bedeutung des urheberrechtlichen Dreistufentests, obgleich die Gerichte vor dessen Anwendung noch immer zurückschrecken (Kapitel 1). Sodann wird die Zulässigkeit der technisch bedingten Vervielfältigungen bei der Vorbereitung sowie während der Übermittlung des Webradio-Angebots nach §§ 44a und 55 UrhG untersucht (Kapitel 2). Anschließend wird die zentrale Frage geprüft, ob Webradio-Aufnahmen als Kopien für den privaten Gebrauch

---

719 Hiervon zu unterscheiden sind gesetzlich geregelte Zwangslizenzen und die Verwertungsgesellschaftspflichtigkeit. Bei Zwangslizenzen wie etwa in § 42a UrhG ist die Nutzung nicht erlaubnisfrei möglich, sondern es bedarf einer Lizenz. Der Rechteinhaber ist jedoch einem Kontrahierungszwang unterworfen, der ihm die Abschlussfreiheit nimmt, nicht aber das Verbotsrecht. Im Falle einer Verwertungsgesellschaftspflichtigkeit behält der Rechteinhaber ebenfalls sein Verbotsrecht, dieses ist jedoch der individuellen Wahrnehmung entzogen, s. etwa § 20b Abs. 1 Satz 1 UrhG. Die Regelungen zur Kompensation der erlaubnisfreien Nutzung können demnach durchaus unterschiedlich ausfallen. Zu den Arten von Schrankenbestimmungen und ihrer Rechtsnatur *Geiger,* in: *Hilty/Peukert*, Interessenausgleich im Urheberrecht, S.143 ff.; *Hilty*, GRUR 2005, 819 (821); und *Schack*, Urheber- und Urhebervertragsrecht, Rdnrn. 480-482.

qualifiziert werden können. Dies beinhaltet zum einen eine Subsumtion der Anfertigung von Webradio-Aufnahmen unter den Tatbestand des § 53 Abs. 1 UrhG (Kapitel 3). Zum anderen ist eine Überprüfung erforderlich, ob das gefundene Ergebnis die verfassungsrechtlichen Anforderungen wahrt sowie den Vorgaben des urheberrechtlichen Dreistufentests entspricht, einschließlich der Überlegung, welche Möglichkeiten für eine Anpassung des § 53 Abs. 1 UrhG bestehen (Kapitel 4).

Vorab sei jedoch auf einen interessanten Aspekt der gegenwärtigen Diskussion über die Zustimmungsfreiheit von Nutzungshandlungen im Internet hingewiesen. In Bezug auf die Bildersuche von *Google* kam das Argument auf, dass ein Rechteinhaber bei Veröffentlichung seines Werkes im Internet der Vervielfältigung desselben im Rahmen der Bildersuche konkludent zustimme. In diesem Zusammenhang wird diskutiert, ob die Schranke für Privatkopien und die einhergehende Vergütungspflicht, sofern man denn eine Zustimmung bejaht, auf anschließende Vervielfältigungen noch Anwendung findet.[720] Im Zeitpunkt des Abschlusses der Arbeit liegt die Frage auch dem EuGH zur Vorabentscheidung vor.[721] *Generalanwältin Sharpston* vertritt die Auffassung, dass das Recht in dem Umfang, in dem es von einer Schrankenbestimmung eingeschränkt werde, auch nicht ausgeübt werden könne. Entsprechend sei eine *prima facie* erteilte Genehmigung über-

---

720 Ausgangspunkt der Diskussion bildete das Urteil BGHZ 185, 291-310 = NJW 2010, 2731-2737 (Vorschaubilder) mit Verweis auf BGHZ 174, 359-370 = NJW 2008, 751-754 (Drucker und Plotter), in dem der BGH eine (konkludente) Zustimmung zur Zugänglichmachung von Werken in Form von Vorschaubildern in Suchmaschinen jedenfalls dann bejaht, wenn der Urheber Texte selbst und ohne technische Schutzmaßnahmen im Internet zugänglich macht. Einen Einblick in die sich diesem Urteil anschließende durchaus kritische Diskussion bieten *Bullinger/Garbers-von Boehm*, GRUR-Prax 2010, 257; *Müller*, GRUR 2011, 26; *Spindler*, GRUR 2010, 785; und *Wiebe*, GRUR 2011, 888. Anschließend hatte sich der BGH erneut mit der Frage der Zulässigkeit von Vorschaubildern zu beschäftigen, diesmal mit Vorschaubildern von einer Webseite, für die der Urheber die Nutzung nicht (dafür aber für andere) gestattet hatte. Auch in diesem Fall hat der BGH das Vorliegen einer Einwilligung bejaht, s. *BGH*, GRUR 2012, 602 = MMR 2012, 383 m. Anm. *Spindler* = ZUM 2012, 477 (Vorschaubilder II).

721 S. die Vorlage des *BGH*, GRUR Int 2011, 955-959 = MMR 2011, 751-755 = CR 2011, 713-718 (Drucker und Plotter II); und *BGH*, GRUR 2011, 1012-1018 m. Anm. *Peifer* = ZUM 2011, 724-729 (PC II). Die Verfahren sind anhängig als verb. Rs. C-457/11, C-458/11, C-459/11 und C-460/11 – VG Wort. Eine Übersicht zu den diesen Entscheidungen vorangegangenen Verfahren vor dem BGH und dem BVerfG bietet *Niemann*, CR 2011, 69, der einer Entscheidung zur Vorlage kritisch gegenübersteht, da es nach seiner Auffassung keine vorlagebedürftige Zweifelsfragen gebe. Der BGH vertritt in einem weiteren Urteil jedenfalls in Bezug auf den Aspekt des Verhältnisses einer Zustimmung zur Privatkopie die Auffassung, dass die Schrankenbestimmungen gegenüber einer ausdrücklichen oder konkludenten Genehmigung einer Vervielfältigung vorrangig seien, da die Schranke dem Rechteinhaber durch die Einschränkung des Vervielfältigungsrechts schon *a priori* das Recht nehme, über die Vervielfältigung zu entscheiden, s. *BGH*, GRUR 2011, 1012 (1017, Tz. 53 f.) m. Anm. *Peifer* = ZUM 2011, 724 (PC II).

flüssig und habe keine Rechtswirkung. Allerdings sei eine Zustimmung zu einer grundsätzlich von einer Schrankenbestimmung erfassten Vervielfältigung als Verzicht auf den gerechten Ausgleich zu werten.[722]

Die vorliegend untersuchte Fallkonstellation weicht jedoch in vielen Punkten von der vorgenannten ab. Selbst wenn es sich um ein zulässiges Webradio-Angebot handelt, sind keine Anhaltspunkte ersichtlich, dass in der Zustimmung zur öffentlichen Wiedergabe eines Musiktitels im Rahmen dieses Webradio-Programms eine Zustimmung zur Anfertigung von Privatkopien liegt. Gerade weil das Übertragungsformat Streaming grundsätzlich nicht die Anfertigung von Vervielfältigungen ermöglicht, muss der Rechteinhaber mit einer solchen Nutzung zum einen nicht rechnen. Zum anderen wird gerade das Senderecht vornehmlich durch Verwertungsgesellschaften wahrgenommen, d.h. Sendungen werden durch sie auf Basis von Tarifen lizenziert, die genau aufführen, welche Rechte eingeräumt werden. Dies sind zum Beispiel gem. des Tarifs Radio der *GEMA* „[d]as Recht zur Sendung von Werken des GEMA-Repertoires im Rahmen des eigenen Sendebetriebes" und „[d]as Vervielfältigungsrecht von Werken des GEMA-Repertoires für eigene Sendezwecke".[723] Von weiterreichenden Vervielfältigungen ist keine Rede. Hinzu kommt, dass der Rechteinhaber selbst nichts dazu beigetragen hat, damit das Werk ins Internet gelangt.[724] Die folgende Untersuchung konzentriert sich daher auf die Anwendbarkeit der Schrankenbestimmungen, und kann die Frage der Zustimmungsfreiheit aufgrund einer konkludenten Zustimmung außen vor lassen.

Kapitel 1: Zur Anwendung von Schrankenbestimmungen

Nachfolgend werden die Grundlagen skizziert, welche die Auslegung und Anwendbarkeit der Schranken des Urheberrechtes bestimmen.[725] Zunächst wird aus

722 *Generalanwältin Sharpston*, Schlussanträge v. 24.1.2013 – Verb. Rs. C-457/11, C-458/11, C-459/11 und C-460/11 – VG Wort, Tz. 110 f. und 120 f., abrufbar über die Webseite http://curia.europa.eu.

723 *GEMA*, Tarif Radio (S-VR/Hf-Pr) für die Nutzung von Werken des GEMA-Repertoires durch private Veranstalter von Hörfunk (alle Sendearten ohne Premium-Radio), abrufbar unter: https://www.gema.de/fileadmin/user_upload/Musiknutzer/Tarife/Tarife_sonstige/gema_tarif_radio.pdf, Ziffer II. 2.

724 Dafür, dass in diesen Fällen die Konstruktion der schlichten Einwilligung ausscheidet, *Bullinger/Garbers-von Boehm*, GRUR-Prax 2010, 257.

725 Für eine Darstellung der historischen Entwicklung und der geistesgeschichtlichen Wurzeln des Urheberrechts kann auf die einschlägigen Publikationen verwiesen werden, siehe etwa *Ann*, GRUR Int 2004, 597-603; *Dreier*, in: *Dreier/Schulze*, UrhG, Einleitung Rdnrn. 54 f.;

nationaler und europäischer Perspektive die Gültigkeit des vielfach wiederholten Grundsatzes der engen Auslegung von Schrankenbestimmungen überprüft (Abschnitt A) und anschließend die Interessenlage im Urheberrecht beleuchtet (Abschnitt B). Dem folgt eine Analyse des völkerrechtlich verankerten urheberrechtlichen Dreistufentests (Abschnitt C) sowie eine Untersuchung der Bedeutung der Argumente der ökonomischen Analyse des Rechts (Abschnitt D).

A. Der Grundsatz der engen Auslegung

In den meisten europäischen Ländern mit kontinentaler „Droit d'auteur"-Tradition sind Schrankenbestimmungen nach der herkömmlichen Auffassung eng auszulegen.[726] Ebenso verfolgte der EuGH eine eher restriktive Linie.[727] Gestützt wird dieser Grundsatz der engen Auslegung von Schrankenbestimmungen auf die naturrechtlich geprägte Überlegung, dass dem Schöpfer eines Werkes eine ganz besondere Rolle innerhalb des Systems gewährt werden müsse, da ihm die Früchte seiner geistigen Arbeit zukommen sollen (i.S. der Eigentumstheorie von *John Locke*) bzw. sich seine Persönlichkeit in dem Werk widerfinde (persönlichkeitsrechtliche Theorie nach *Otto v. Gierke*).[728] Entsprechend seien die Schrankenbestimmungen, welche ob der Sozialbindung des Eigentums Eingang in das Gesetz gefunden haben, lediglich Ausnahmen zum allgemeinen Grundsatz des Urheberrechtsschutzes – eine Tatsache, die sich nicht zuletzt in der Rege-

---

Loewenheim, in: *Schricker*, UrhR, Einleitung Rdnrn. 8-10; *Vogel*, in: *Loewenheim*, Handbuch UrhR, § 2 (jeweils m.w.N.).

726 Statt aller *BGH*, GRUR 2012, 1062 (1063, Tz. 21) = MMR 2012, 755 = ZUM 2012, 807 (Elektronischer Programmführer); *BGH*, 2012, 819 (822, Tz. 819) = ZUM 2012, 681 = WRP 2012, 1418 (Blühende Landschaften); BGHZ 11, 135 (143) (Schallplatten-Lautsprecherübertragung); *BGH*, GRUR 1983, 28 (29) (Presseberichterstattung und Kunstwerkwiedergabe II); *BGH*, GRUR 1985, 874 (875 f.) (Schulfunksendung); BGHZ 114, 368 (371) = GRUR 1991, 903 (Liedersammlung); *BGH*, NJW 1993, 1468 (1469, Tz. 23) = GRUR 1993, 822 (Katalogbild); BGHZ 134, 250 (264) = NJW 1997, 1363 (CB-infobank I). Ebenso *Nicolini*, in: *Möhring/Nicolini*, UrhG, § 45 UrhG Rdnr. 2 und § 46 UrhG Rdnr. 3. Vgl. auch die Darstellung bei *Hoeren*, in: *Hilty/Geiger*, Impulse für eine europäische Harmonisierung des Urheberrechts, S. 265 f.

727 S. *EuGH*, Slg. 2009, I-6569 (Tz. 56) = GRUR 2009, 1041 – Infopaq. Bestätigt durch *EuGH*, GRUR Int 2012, 336 (339, Tz. 27) – Infopaq II.

728 Zu den naturrechtlichen Begründungen des Urheberrechts und zur Diskussion um deren Schwächen, s. etwa *Ann*, GRUR Int 2004, 597 (598 f.); *Geiger*, IIC 2006, 371 (378-381); grundlegend *Kreutzer*, Das Modell des deutschen Urheberrechts, S. 30-104; *Leistner/Hansen*, GRUR 2008, 479 ff.; *Metzger*, in: *Leistner* (Hrsg.), Europäische Perspektiven des Geistigen Eigentums, S. 101 (106 f.); und *Stieper*, Rechtfertigung, Rechtsnatur und Disponibilität der Schranken des Urheberrechts, S. 14-21.

lungsstruktur des Urheberrechtsgesetzes widerspiegele.[729] Als Konsequenz dieses Regel-Ausnahme-Verhältnisses wird den Schrankenvorschriften die Analogiefähigkeit abgesprochen, es werden die gesetzlichen Begriffe auf ihren Begriffskern reduziert, und es wird eine subjektiv-historische Auslegung befürwortet, nach der Schranken nur nach Sinn und Zweck, wie er im Zeitpunkt des Erlasses der Bestimmung bestand, ausgelegt werden.[730]

Für digitale Medien, die bei der Einführung einer Schranke noch nicht existierten, wie dem in diesem Kontext relevanten und die Privatkopie regelnden § 53 Abs. 1 UrhG, hätte eine strenge Befolgung dieses Dogmas die Konsequenz, dass ihre Anwendbarkeit auf digitale Nutzungen womöglich leicht zu verneinen wäre.[731] Die Gültigkeit dieses Grundsatzes ist daher zu prüfen.

I. Zur Gültigkeit des Grundsatzes

Sind die Überlegungen zur naturrechtlichen Begründung des Urheberrechts im Grundsatz zwar richtig, ist es dennoch falsch, daraus eine zwingend enge Auslegung der Schrankenbestimmungen ableiten zu wollen und dabei andere Aspekte komplett zu vernachlässigen. Das Naturrecht ist die Summe der für die Gestaltung der sozialen Ordnung bestehenden Grundsätze, ohne dabei Rechtsnormen zu enthalten, die der unmittelbaren Anwendung fähig wären. Diese Grundsätze sind als Leitgedanken richtigen Rechts vielmehr erst vom Gesetzgeber und den Gerichten in anwendbare Normen und in Entscheidungen umzusetzen.[732]

In das geschriebene Recht hat der Grundsatz der engen Auslegung nun aber keinen Eingang gefunden und eine dahingehende allgemeine Auslegungsregel gibt es ebenfalls nicht.[733] Ebenso wenig gebietet der in diesem Zusammenhang oft als Argument herangezogene, u.a. in der RBÜ, im TRIPs und in der InfoSoc-RL

---

729 BGHZ 17, 266 (282) = GRUR 1955, 492 (Grundig-Reporter). Diese Fokussierung auf den Schutz des Urhebers spiegele sich u.a. auch in der Tatsache wider, dass infolge technischer Innovationen zwar neue Verwertungsrechte in das Urheberrechtsgesetz aufgenommen wurden, auf eine symmetrische Anpassung der Schrankenbestimmungen oftmals aber verzichtet wurde. Mit Beispielen zu dieser Asymmetrie *Hilty,* in: FS Schricker, S. 325 (328).

730 Wie bspw. in BGHZ 17, 266 (274 f.) = GRUR 1955, 492 (Grundig-Reporter); oder BGHZ 144, 232 (235 f.) = NJW 2000, 3783 (Parfum-Flakon).

731 S. etwa BGHZ 140, 183 (191 f.) = NJW 1999, 1964 (Elektronische Pressearchive); *OLG Köln*, NJW-RR 2000, 1151 (1152 f.) = GRUR 2000, 417 = MMR 2000, 365 m. Anm. *Will*; *OLG Hamburg*, NRW-RR, 552 (553) = K&R 2000, 510.

732 *Stieper,* Rechtfertigung, Rechtsnatur und Disponibilität der Schranken des Urheberrechts, S. 21 f.

733 S. *Larenz/Canaris*, Methodenlehre, S. 174 f. Ebenso *Dreier*, in: *Dreier/Schulze*, Vor § 44a UrhG Rdnr. 7; *Poeppel*, Die Neuordnung der urheberrechtlichen Schranken im digitalen Umfeld, S. 43; und *Stieper,* Rechtfertigung, Rechtsnatur und Disponibilität der Schranken des Urheberrechts, S. 66-69.

verankerte Dreistufentest, auf den nachfolgend noch einzugehen sein wird,[734] eine enge Auslegung, sondern macht lediglich gewisse Vorgaben, an denen sich die Schranken messen lassen müssen.

Darüber hinaus verfolgt das Urheberrecht nicht ausschließlich ein individualistisches, dem Urheber die Früchte seiner Arbeit sicherndes Ziel. Schon die Begründer des Urheberrechts hatten daneben das soziale Ideal, die Ideen der Aufklärung ohne die Gefahr der Zensur (in Form einer schlichten Verweigerung von Druckprivilegien) zu verbreiten.[735] Dieser Grundsatz der Informations- und Meinungsfreiheit sowie weitere Grundwerte sind inzwischen in nationalen Verfassungen und internationalen Texten verankert, die den Gesetzgeber binden und bei der Ausgestaltung und Auslegung von Gesetzen berücksichtigt werden müssen. Diese Funktion der Grundrechte hat auch das BVerfG beispielsweise in der Entscheidung „Germania III" in Bezug auf die Grenzen des Zitatrechts ausdrücklich anerkannt:

> „Dabei ist grundlegend zu beachten, dass mit der Veröffentlichung ein Werk nicht mehr allein seinem Inhaber zur Verfügung steht. Vielmehr tritt es bestimmungsgemäß in den gesellschaftlichen Raum [...]. Es löst sich mit der Zeit von der privatrechtlichen Verfügbarkeit und wird geistiges und kulturelles Allgemeingut [...]. Diese gesellschaftliche Einbindung der Kunst ist damit gleichzeitig Wirkungsvoraussetzung für sie und Ursache dafür, dass die Künstler in gewissem Maß Eingriffe in ihre Urheberrechte durch andere Künstler als Teil der sich mit dem Kunstwerk auseinander setzenden Gesellschaft hinzunehmen haben. Zur Bestimmung des zulässigen Umfangs dieser Eingriffe dienen die Schrankenbestimmungen des Urheberrechts [...], die ihrerseits aber wieder im Lichte der Kunstfreiheit auszulegen sind und einen Ausgleich zwischen den verschiedenen – auch verfassungsrechtlich – geschützten Interessen schaffen müssen."[736]

Zudem existieren utilitaristische Überlegungen, nach denen das Urheberrecht funktional damit gerechtfertigt wird, dass der Urheber für die Gesellschaft etwas Nützliches leiste. Verfolgt werden Gemeinschaftsziele, sodass Ausgangspunkt einer Analyse die Teilhabe der Allgemeinheit an kulturellen Inhalten und Technologien ist.[737] Ebenfalls aus utilitaristischer Perspektive – aus der Sicht der

---

734 Siehe in diesem Teil Kapitel 1, Abschnitt C.

735 Zusammenfassend und m.w.N. *Geiger*, in: *Hilty/Peukert*, Interessenausgleich im Urheberrecht, S. 143 (144 f.).

736 *BVerfG*, NJW 2001, 598 (599) = GRUR 2001, 149 (Germania III).

737 Zum utilitaristischen Begründungsmuster ausführlich *Kreutzer,* Das Modell des deutschen Urheberrechts, S. 35-37; *Leistner/Hansen*, GRUR 2008, 479 (481-485); *Metzger*, in: *Leistner* (Hrsg.), Europäische Perspektiven des Geistigen Eigentums, S. 101 (105 f.); *Senftleben*, in: *Hilty/Peukert*, Interessenausgleich im Urheberrecht, S. 159 (159-161); *Stieper,* Rechtfertigung, Rechtsnatur und Disponibilität der Schranken des Urheberrechts, S. 28-40. Beispielsweise in den USA, wo ausgehend von Informationen als „common heritage of mankind" das Recht des Urhebers die Ausnahmeerscheinung ist, führt der Utilitarismus zu einer großzügigen Auslegung der Schranken. S. *Förster,* Fair Use, S. 142-145; *Hoeren,* in: *Hilty/Geiger,* Impulse für eine europäische Harmonisierung des Urheberrechts, S. 265 (266 f.); und *Schack*, in: FS Schricker, S. 511 f.

ökonomischen Analyse des Rechts – wird argumentiert, dass richtig ausgestaltete Schrankenbestimmungen helfen, Wohlfahrtsverluste zu vermeiden. Zum einen schwächten sie den unerwünschten Nebeneffekt ab, dass bestimmte Nutzer den u.U. hohen Monopolpreis nicht zahlen könnten. Zum anderen korrigierten sie Marktversagen in Folge von prohibitiv wirkenden Transaktionskosten.[738] Die utilitaristischen Begründungsansätze können schon deswegen nicht vernachlässigt werden, weil sie mit den Erwägungsgründen 4 und 10 InfoSoc-RL Eingang in die europäische Gesetzgebung gefunden haben, und das nationale Gesetz wiederum richtlinienkonform auszulegen ist.[739]

Ohnehin wird der bestmögliche Schutz des Urhebers nicht unbedingt durch eine restriktive Auslegung der Schranken erreicht. Gesetzliche Vergütungsansprüche können den wirtschaftlichen Interessen der Urheber gelegentlich viel eher entsprechen als von Primärnutzern verwaltete Exklusivrechte, wie der BGH in seiner Entscheidung „Elektronischer Pressespiegel" in Bezug auf die Privilegierung des § 49 Abs. 1 UrhG betont hat.[740] Denn sofern es bei einem Ausschließlichkeitsrecht für die Verwendung geschützter Werke im Rahmen z.B. eines Pressespiegels bleibt, fließt diese Vergütung üblicherweise den Zeitungsverlegern zu, welche sich von den Autoren zuvor umfassende Nutzungsrechte haben einräumen lassen. Die Schrankenbestimmung hingegen führt über den damit verknüpften Vergütungsanspruch zu einer direkten Beteiligung der Autoren an den Ausschüttungen der Verwertungsgesellschaft.

II. Die Bedeutung der Zielsetzung einer Ausnahmevorschrift und der Interessenlage

Vor diesem Hintergrund hat der Grundsatz der engen Auslegung von Schrankenbestimmungen in der Lehre und deutschen Rechtsprechung gewisse Anpassungen erfahren bzw. finden sich Stimmen in der Literatur, die sich von ihm distanzieren.

Letztere wollen Schrankenbestimmungen allein zeitgemäß nach Sinn und Zweck der gesamten Regelung auslegen und falls nötig analog anwenden. Nach *Hilty* handele es sich zwar weiterhin um Ausnahmebestimmungen, nur seien die

738 Dazu sogleich näher in diesem Kapitel in Abschnitt D.

739 Für eine stärkere Berücksichtigung utilitaristischer Aspekte auch *Hilty*, in: *Ohly/Klippel*, Geistiges Eigentum und Gemeinfreiheit, S. 107 (111); bzw. für eine Synthese aus individualistischen und utilitaristischen Begründungsansätzen in einem integrativen Rechtfertigungsmodell *Leistner/Hansen*, GRUR 2008, 479 (486-489). Die Weiterentwicklung des deutschen Urheberrechts vom Urheber- zum Investitionsschutz stellt außerdem dar *Förster*, Fair Use, S. 151-58. Zur richtlinienkonformen Auslegung statt vieler *v. Ungern-Sternberg*, in: *Schricker*, UrhR, § 15 UrhG Rdnrn. 40 ff.

740 BGHZ 151, 300 (311 f.) = NJW 2002, 3393 (Elektronischer Pressespiegel).

gegenwärtigen Interessen des Urhebers und die der Allgemeinheit im Einzelnen eben sorgfältig herauszuarbeiten und abzuwägen.[741] *Geiger* geht einen Schritt weiter und wertet Schrankenbestimmungen dogmatisch nicht als Ausnahmen sondern als Rechtstechniken, die den Inhalt und die Grenzen des Rechts bestimmen.[742]

Selbst ein Großteil der Befürworter einer grundsätzlich engen Auslegung sieht in begründeten Einzelfällen Bedarf für eine erweiternde Auslegung, z.B. wenn der Urheber wie im vorgenannten Beispiel mit einem Vergütungsanspruch besser gestellt wäre als mit einem Ausschließlichkeitsrecht, oder wenn die technische Entwicklung neue Sachverhalte hervorbringt, die nach Abwägung der Interessen unter die bestehenden Schrankenbestimmungen zu subsumieren sind.[743]

Eine Tendenz, die Interessenlage stärker zu berücksichtigen, findet sich auch in der neueren Rechtsprechung des BGH. Zwar betonen die Richter im Fall „Vorschaubilder" zunächst die Notwendigkeit einer engen Auslegung und stellen fest, dass für eine „allgemeine Güter- und Interessenabwägung außerhalb der urheberrechtlichen Verwertungsbefugnisse sowie der Schrankenbestimmungen der §§ 45 ff. UrhG [...] grundsätzlich kein Raum" sei.[744] Dennoch nehmen sie im Anschluss daran genau eine solche Interessenabwägung vor, wenngleich nicht im Rahmen der Auslegung der Schrankenbestimmung sondern in Bezug auf die Frage, ob eine konkludente Einwilligung in die Nutzung von geschützten Werken als Vorschaubilder in einer Suchmaschine vorliege.[745] Zuzugeben ist jedoch,

---

741 *Hilty,* in: FS Schricker, S. 325 (327 f.); *ders.*, GRUR 2005, 819 (823 f.). S.a. *Kröger*, MMR 2002, 18-21; *Stieper,* Rechtfertigung, Rechtsnatur und Disponibilität der Schranken des Urheberrechts, S. 72 f. In diesem Sinne auf internationaler Ebene auch das *Max-Planck-Institut für Geistiges Eigentum, Wettbewerbs- und Steuerrecht*, Declaration, EIPR 2008, 489 (494).

742 *Geiger*, in: Festschrift Hilty, S. 77 (82 f., 85); *ders.*, in: *Hilty/Geiger,* Impulse für eine europäische Harmonisierung des Urheberrechts, 361; *ders.,* in: *Hilty/Peukert,* Interessenausgleich im Urheberrecht, S. 143 (150-153).

743 BGHZ 151, 300 (311-313) = NJW 2002, 3393 (Elektronischer Pressespiegel): „weitergehende Auslegung", „ausnahmsweise extensive Auslegung"; ebenso *BGH*, NJW 2004, 594 (595) = GRUR 2003, 1035 (Hundertwasser-Haus); *BGH,* NJW 2005, 2698 (2700 f., Tz. 20 f.) = GRUR 2005, 670 (WirtschaftsWoche). In der Literatur, s. *Götting*, in: *Loewenheim*, Handbuch UrhR, § 30 Rdnr. 13; *Grzeszick*, ZUM 2007, 344; *Lüft*, in: *Wandtke/Bullinger*, UrhR, Vor §§ 44a ff. UrhG Rdnr. 2; *Melichar,* in: *Schricker*, UrhR, Vor §§ 44a ff. UrhG Rdnr. 20; *Schack*, in: FS Schricker, S. 511 (514 f.). Ein Verweis auf das Urteil „Kopienversanddienst", welches oft als Beispiel für die weite Auslegung einer Schranke im Interesse der Allgemeinheit genannt wird (so z.B. bei *Götting*, in: *Loewenheim*, Handbuch UrhR, § 30 Rdnr. 12), geht indes fehl. Der streitgegenständliche Gebrauch war von der Schranke des § 53 UrhG gedeckt. Der BGH verzichtete unter analoger Anwendung der den Vergütungsanspruch regelnden § 54a Abs. 2 i.V.m. § 54h Abs. 1 UrhG lediglich auf eine Reduktion des § 53 UrhG nach Maßgabe des Dreistufentests. Vgl. BGHZ 141, 13 (35 f.) = NJW 1999, 1953 (Kopienversanddienst).

744 BGHZ 185, 291 (300, Tz. 27) = NJW 2010, 2731 (Vorschaubilder).

745 *BGH* a.a.O., Tz. 33-39.

dass die streitgegenständliche Werknutzung unter keine der Schrankenbestimmungen „passen" mochte – selbst nicht in analoger Anwendung. Da sich das Gericht somit ohnehin einen alternativen Weg für eine interessengerechte Lösung suchen musste, konnte es den Grundsatz der engen Auslegung wiederholen.[746]

Desweiteren deutet ein Beschluss des BVerfG darauf hin, dass der BGH die restriktive Auslegung von Schrankenbestimmungen zu überdenken hat. Darin führt das BVerfG aus:

> „Eine tatsächliche oder rechtliche Entwicklung kann eine bis dahin eindeutige und vollständige Regelung lückenhaft, ergänzungsbedürftig und zugleich ergänzungsfähig werden lassen. Die verfassungsrechtliche Zulässigkeit der Lückensuche und -schließung findet ihre Rechtfertigung unter anderem darin, dass Gesetze einem Alterungsprozess unterworfen sind. Die Gerichte sind daher befugt und verpflichtet zu prüfen, wie das Gesetzesrecht auf neue Zeitumstände anzuwenden ist."[747]

Für eine Lockerung des Grundsatzes der engen Auslegung sprechen zudem die jüngeren Entscheidung des EuGH in Sachen „FAPL/Murphy"[748] und „Painer/Standard"[749]. Darin bestätigt der Gerichtshof, ähnlich wie der BGH im vorgenannten Urteil, zunächst den Grundsatz, dass die Tatbestandsvoraussetzungen der Schrankenbestimmungen eng auszulegen seien, im Fall „FAPL/Murphy" mit Verweis auf die „Infopaq"-Entscheidung. Im gleichen Atemzug führen die Richter jedoch aus, dass es die Auslegung erlauben müsse, „die praktische Wirksamkeit der so umrissenen Ausnahme zu wahren und ihre Zielsetzung zu beachten"[750]. In Bezug auf Art. 5 Abs. 2 InfoSoc-RL (bzw. entsprechend § 44a UrhG) bedeutet dies etwa, dass die Ausnahme „die Entwicklung und den Einsatz neuer Technologien [...] sowie einen angemessenen Rechts- und Interessenausgleich zwischen den Rechteinhabern auf der einen Seite und den Nutzern der geschützten Werke, die in den Genuss dieser neuen Technologien kommen wollen, auf der anderen Seite" ermöglichen und gewährleisten muss.[751]

Diese ausgewogene Sichtweise ist zu begrüßen,[752] und es ist bei der Auslegung der Schrankenbestimmungen dem vorgenannten Mittelweg der Vorzug zu geben, sprich es sind die Zielsetzung der Ausnahmevorschrift und damit die

---

746 Kritisch zum gefundenen Weg auch *Spindler,* GRUR 2010, 785 (789 ff.). Ebenso *Leistner*, IIC 2011, 417 (428-432, 434 m.w.N.); und *Wiebe,* GRUR 2011, 888 (893).

747 *BVerfG*, GRUR 2011, 223 (225, Tz. 22) (Drucker und Plotter).

748 *EuGH*, GRUR Int 2011, 1063 (1074, Tz. 162 f.) = MMR 2011, 817 m. Anm. *Stieper* – FAPL/Murphy.

749 *EuGH*, GRUR 2012, 166 (171, Tz. 133) = EuZW 2012, 182 m. Anm. *Roth* – Painer/Standard.

750 *EuGH* a.a.O., Tz. 162 f. – FAPL/Murphy.

751 *EuGH* a.a.O., Tz. 164 – FAPL/Murphy.

752 Zustimmend auch *Leistner*, JZ 2011, 1140 (1145).

Interessen der an der Verwertung beteiligten Parteien zu berücksichtigen.[753] Dies muss selbst dann gelten, wenn sich aus praktischer Sicht gegenwärtig als problematisch erweist, dass die weite Auslegung von Schranken oft noch das Privileg der höheren Instanzen ist und den Landgerichten damit (zunächst) die Hände gebunden sind.[754] Vor diesem Hintergrund werden nachfolgend die Interessen der verschiedenen, durch eine Werkverwertung betroffenen Personengruppen skizziert und ihre verfassungsrechtliche Absicherung erläutert, die dem Gesetzgeber bei der Ausgestaltung des Urheberrechts einen verbindlichen Rahmen vorgibt und aufgrund ihrer mittelbaren Drittwirkung bei der Auslegung des einfachen Rechts sowie bei der Ausfüllung von Generalklauseln zu beachten sind.[755]

B. Die Interessenlage im Urheberrecht

Urheber und Werknutzer bilden die äußersten Glieder der Wertschöpfungskette. Dazwischen steht die Verwertungsindustrie, sodass häufig von einer „Tripolarität" der Interessengegensätze gesprochen wird.[756] Aber auch das Allgemeininteresse als eine vierte Interessengruppe muss berücksichtigt werden.[757] Die „fünfte Gruppe" der Geräte- und Leermedienhersteller wird an dieser Stelle ausgeklammert, da sich diese Untersuchung auf die Reichweite der Schranke der Privatkopie i.S.d. § 53 Abs. 1 UrhG, nicht aber auf das dahinter stehende Pauschalvergütungssystem i.S.d. §§ 54 ff. UrhG konzentriert, ihre Interessen aber

---

753 In diesem Sinne stellt auch die Internet-Enquete fest, „dass eine engere Auslegung von Schranken ebenso verfassungsgemäß wäre wie eine weiter reichende.", s. Dritter Zwischenbericht der Enquete-Kommission „Internet und digitale Gesellschaft", BT-Drs. 17/7899, S. 16.

754 S. dazu etwa die Entscheidung des LG Hamburg zur *Google*-Bildersuche, in der die Richter darauf verweisen, es sei nicht Sache der Gerichte, im Wege der Rechtsfortbildung für einen angemessenen Ausgleich der widerstreitenden Interessen zu sorgen, wenn die Beklagte keinen der eng auszulegenden Ausnahmetatbestände der §§ 44a UrhG erfülle. *LG Hamburg*, MMR 2009, 55 (61) mit kritischer Anm. *Hoeren* = ZUM 2009, 315.

755 S. BVerfGE 31, 270 (273) = NJW 1971, 2169. Für eine Darstellung der Rolle der Grundrechte im Kontext des urheberrechtlichen Schrankenkatalogs ausführlich *Förster,* Fair Use, S. 165-168 m.w.N.

756 Nach *Hilty*, s. etwa *Hilty*, GRUR 2005, 819 (820); *dens.,* in: *Ohly/Klippel,* Geistiges Eigentum und Gemeinfreiheit, S. 107 (113 f.); *dens.,* in: FS Schricker, S. 325. S.a. *Kreutzer,* Das Modell des deutschen Urheberrechts, S. 109-112; *Senftleben*, in: *Hilty/Peukert*, Interessenausgleich im Urheberrecht, S. 159 (163), der anstelle der Nutzer die Allgemeinheit als dritte Interessengruppe nennt. Die Notwendigkeit einer Trennung der Urheber- und der Verwerterinteressen betont auch *Geiger,* in: *Hilty/Geiger,* Impulse für eine europäische Harmonisierung des Urheberrechts, S. 361.

757 Zutreffend *Loewenheim,* in: *Schricker*, UrhR, Einleitung Rdnr. 17.

erst bei der Ausgestaltung des Vergütungssystems nicht aber bei der Bestimmung des Inhaltes einer Schrankenbestimmung zum Zuge kommen.[758]

I. Grundrechtlich geschützte Interessen des Urhebers

Der Urheber steht dem Prozess der Werkschöpfung am nähesten, denn er bringt das Werk hervor. Ihn leiten sowohl wirtschaftliche Interessen an einer finanziellen Beteiligung an der Auswertung seines Werkes als auch aus der persönlichen Bindung zu seinem Werk abgeleitete Interessen, wie die Werkintegrität oder die Zuordnung des Werkes zu seiner Person.[759] Vordergründiger Zweck des Urheberrechts ist daher der Schutz der schöpferischen Leistung. Sekundär ist ein Urheber aber auch Nutzer, der auf den Leistungen anderer aufbaut, von diesen lernt und sich inspirieren lässt.[760]

Aus deutscher Sicht bildet den verfassungsrechtlichen Rahmen die in Art. 14 GG verankerte Eigentumsgarantie, welche das BVerfG in seinen Entscheidungen zu den Schranken der Verwertungsrechte meist vorrangig prüft und welches in der Argumentation von Nutzern und Urhebern gleichermaßen ins Feld geführt wird.[761] Aber auch andere Grundrechte, in dem hier untersuchten Zusammenhang insbesondere das allgemeine Persönlichkeitsrecht basierend auf der allgemeinen Handlungsfreiheit des Art. 2 Abs. 1 GG beeinflusst durch das Grundrecht der Menschenwürde nach Art. 1 Abs. 1 GG, sowie die in Art. 5 Abs. 3 Satz 1 Alt. 1 GG garantierte Kunst- und Wissenschaftsfreiheit können heranzuziehen sein. In einigen Fällen kann zudem die Berufsfreiheit des Urhebers, geschützt durch Art. 12 Abs. 1 GG, beeinträchtigt sein, wenn eine Schrankenbestimmung die schöpferische Tätigkeit einschränkt. Da im Fokus dieser Untersuchung jedoch nicht der Schöpfungsprozess sondern der Verwertungsprozess steht, wird auf Letztere nicht weiter eingegangen.[762]

---

758 Für eine Untersuchung der Grundrechte der Geräte- und Leermedienhersteller und die Verfassungsmäßigkeit des Pauschalvergütungssystems im Lichte dieser Rechte s. *Lauber-Rönsberg*, Urheberrecht und Privatgebrauch, S. 138 f.; und *Schenk*, Die digitale Privatkopie, S. 13-20 bzw. 27-28 mit dem Ergebnis, dass beide Rechte nicht verletzt seien bzw. der Eingriff jedenfalls verhältnismäßig sei.

759 Siehe zu den naturrechtlichen Begründungsmustern die Ausführungen in diesem Teil, Kapitel 1, Abschnitt A.

760 Die Erzielung optimaler Rahmenbedingungen für das geistige Schaffen ist dabei ausgewiesenes Ziel der Bundesregierung und des europäischen Gesetzgebers, s. Erwägungsgrund 4 Info-Soc-RL. Für eine eingehende Untersuchung des Schaffens- und des Verwertungsbereichs des Urhebers s.a. *Kreutzer,* Das Modell des deutschen Urheberrechts, S. 112-121.

761 S. etwa BVerfGE 31, 229 (238 ff.) = NJW 1971, 2163 (Kirchen- und Schulgebrauch); BVerfGE 31, 270 (272 ff.) = NJW 1971, 2169; BVerfGE 79, 29 (40 f.) = NJW 1992, 1307 (Strafvollzug).

762 S. zu der Bedeutung der Berufsfreiheit für Urheber *Reschke*, Verfassungs- und dreistufentestkonforme Auslegung, S. 37 m.w.N.

1. Vermögensrecht

Der in einem urheberrechtlich geschützten Werk verkörperte Vermögenswert ist nach allgemeiner Auffassung Eigentum i.S.d. Art. 14 Abs. 1 GG.[763] Dementsprechend ist ein vom Gesetzgeber gewährtes konkretes vermögenswertes Recht, das durch die Entfaltung des Leistungswillens entstanden ist, also auch die Verwertungsrechte des Urheberrechts, eine eigentumsfähige Position, und gesetzliche Regelungen, die sich auf die wirtschaftliche Verwertung des Werkes beziehen, sind an der Eigentumsgarantie des Art. 14 GG zu messen. Doch ist nicht jede nur denkbare Verwertungsmöglichkeit verfassungsrechtlich durch Art. 14 GG gesichert. Inhalt und Schranken dieses – hier geistigen – Eigentums sind gem. Art. 14 Abs. 1 Satz 2 GG durch den Gesetzgeber zu bestimmen.[764] Eigentum ist demnach keine vorgegebene Größe, sondern muss vom Gesetzgeber aufgrund der Sozialbindung des Eigentums unter Berücksichtigung der Interessen des Allgemeinwohls erst inhaltlich ausgeformt werden (Art. 14 Abs. 2 GG).[765] Hat dieser hierbei grundsätzlich einen weiten Entscheidungsspielraum,[766] sind doch folgende Vorgaben zu beachten.[767]

a) Sozialpflichtigkeit

Gemäß Art. 14 Abs. 2 Satz 1 GG steht dem Individualinteresse des Inhabers des Eigentums, hier des Urhebers, das Wohl der Allgemeinheit gegenüber. Damit wird zum einen klargestellt, dass das Individualinteresse des Urhebers keinen unbedingten Vorrang vor den Interessen der Gemeinschaft beanspruchen darf, d.h. dem Gesetzgeber ein prinzipiell weiter Gestaltungsspielraum bei der Beschränkung des Eigentums zuerkannt wird. Gleichzeitig ist es aber Grenze für

---

763 Statt aller BVerfGE 31, 229 (238) = NJW 1971, 2163 (Kirchen- und Schulgebrauch); BVerfGE 49, 382 (392) = NJW 1979, 2029 (Kirchenmusik); BVerfGE 79, 29 (40 f.) = NJW 1992, 1307 (Strafvollzug). S.a. *Hohagen*, Die Freiheit der Vervielfältigung zum eigenen Gebrauch, S. 29 f. und 272 f.; *Loewenheim*, in: *Schricker*, UrhR, Einleitung Rdnr. 10; *Schack*, Urheber- und Urhebervertragsrecht, S. 45 Rdnr. 91; *Schenk*, Die digitale Privatkopie, S. 8 f. Ausführlich zum Eigentumsbegriff und der funktionalen Vergleichbarkeit des Geistigen Eigentums mit dem Sacheigentum *Grzeszick*, ZUM 2007, 344 (347).

764 Folglich begrenzt kollidierendes Verfassungsrecht auch nicht den Schutzbereich des Grundrechts, sondern ist im Rahmen der verfassungsrechtlichen Rechtfertigung des Eingriffs zu berücksichtigen, s. *Jarass*, in: *Jarass/Pieroth*, GG, Vorb. Vor Art. 1 GG Rdnr. 48.

765 BVerfGE 31, 229 (240 f.) = NJW 1971, 2163 (Kirchen- und Schulgebrauch); BVerfGE 31, 270 (272) = NJW 1971, 2169.

766 S. BVerfGE 79, 29 (40) = NJW 1992, 1307 (Strafvollzug).

767 Bei der Ausgestaltung von Eigentumsrechten kann in Einzelfällen zudem der Gleichheitsgrundsatz des Art. 3 Abs. 1 GG zu beachten sein.

eine Beschränkung des Eigentums.[768] Inhaltsbeschränkende Eigentumsregelungen müssen demnach einem Zweck dienen, der dem Gemeinwohl zugeordnet werden kann, und dürfen nicht weiter gehen, als es der betreffende Allgemeinwohlbelang gebietet.[769] Der Begriff des Gemeinwohls ist hierbei weit zu verstehen und erfasst sämtliche Verfassungsgüter wie z.B. Grundrechte oder Staatszielbestimmungen.[770]

Übertragen auf das Urheberrecht bedeutet dies, dass eine Beschränkung der Ausschließlichkeitsrechte möglich ist, eine Schranke aber nur dann verfassungsgemäß ist, wenn sie durch Gründe des Gemeinwohls gerechtfertigt ist.[771] Infolgedessen können Schranken, die nur einen begrenzten Kreis von Personen privilegieren, nicht mit den Partikularinteressen dieser Personen begründet werden, und sind nur insofern zulässig, als die Privilegierung Einzelner gleichzeitig einem übergeordneten, von der Allgemeinheit verfolgten Interesse dient.[772] Zu beachten ist dabei freilich, dass das Urheberrecht nicht dazu bestimmt ist, andere von der Benutzung des Werkes auszuschließen. Vielmehr soll es dem Urheber die rechtliche Grundlage geben, durch Verwertung seines Werkes Einnahmen zu erzielen.[773]

b) Bestands- und Institutsgarantie

Art. 14 GG enthält als Ausfluss der Normgeprägtheit der Eigentumsgewährleistung zudem die Bestands- und Institutsgarantie.

Die Bestandsgarantie stellt einerseits sicher, dass das Privateigentum als Rechtsinstitut durch den einfachen Gesetzgeber tatsächlich geschaffen wird und erhalten bleibt. Dementsprechend darf der Gesetzgeber bereits entstandene Rechte wie z.B. die Verwertungsrechte nachträglich nur beschneiden, wenn es dafür sachliche Gründe gibt, die einer Verhältnismäßigkeitsprüfung standhalten.[774] Andererseits begrenzt die Institutsgarantie die legislative Gestaltungsfreiheit, indem sie dem Gesetzgeber verwehrt, solche Sachbereiche der Privatrechtsordnung vorzuenthalten oder zu entziehen, die zum elementaren Bestand einer Betätigung im

768 BVerfGE 100, 226 (240 f.) = NJW 1999, 2877 (Denkmalschutz).

769 BVerfGE 31, 229 (241 f.) = NJW 1971, 2163 (Kirchen- und Schulgebrauch); BVerfGE 79, 29 (40 f.) = NJW 1992, 1307 (Strafvollzug); BGHZ 141, 13 (21 f.) = NJW 1999, 1953 (Kopienversanddienst).

770 S. *Poeppel*, Die Neuordnung der urheberrechtlichen Schranken im digitalen Umfeld, S. 138 f.

771 Zur Diskussion um eine besondere bzw. stärkere Sozialbindung des Urheberrechts s. *Perwitz,* Die Privilegierung privater Nutzung, S. 92.

772 S. *Poeppel*, Die Neuordnung der urheberrechtlichen Schranken im digitalen Umfeld, S. 139.

773 S. zur amtlichen Begründung zum UrhG *Perwitz,* Die Privilegierung privater Nutzung, S. 93. S.a. BVerfGE 49, 382 (394) = NJW 1979, 2029 (Kirchenmusik); BVerfGE 79, 229 (242) = GRUR 1989, 193 (Vollzugsanstalten).

774 BVerfGE 31, 275 (285-289) = NJW 1972, 145 (148) (Bearbeiter-Urheberrechte). S.a. Dreier, in: *Dreier/Schulze*, UrhG, Einleitung Rdnr. 40; und *Papier*, in: *Maunz/Dürig*, Art. 14 GG Rdnrn. 9 f.

vermögensrechtlichen Bereich gehören und ohne die vom Eigentum im Rechtssinn nicht mehr gesprochen werden könnte.[775] Maßstab für den zu schützenden Grundgehalt bildet die Funktion von Art. 14 GG, nämlich jedem Einzelnen für den privaten Bereich und für die wirtschaftliche Betätigung einen Freiheitsraum in den vermögensrechtlichen Beziehungen zu gewährleisten. Nur wenn eine gesetzliche Regelung diese Funktion untergräbt, indem sie die wesentlichen vermögenswerten Rechte an einer verfassungsrechtlichen Eigentümerposition aufhebt, wird die Institutsgarantie als Grenze der Gestaltungsfreiheit des Gesetzgebers verletzt.[776]

Zu dem von der Institutsgarantie erfassten Kernbestand an eigentumsrechtlichen Normen gehören auch die urheberrechtlichen Ausschließlichkeitsrechte. Entsprechend dürfen die Schrankenbestimmungen des Urheberrechts jedenfalls nicht dessen grundgesetzlich geschützten Kern beeinträchtigen.[777] Das BVerfG hat diesen als aus zwei Teilaspekten bestehend formuliert, nämlich einerseits der grundsätzlichen Zuordnung des vermögenswerten Ergebnisses der schöpferischen Leistung an den Urheber im Wege privatrechtlicher Normierung (Verwertungsrecht) und andererseits seiner Freiheit, in eigener Verantwortung darüber verfügen, eine Nutzung Dritter letztlich verbieten zu können (Verfügungsrecht).[778]

Um „eine der Natur und sozialen Bedeutung des Rechts entsprechende Nutzung und angemessene Verwertung“[779] sicherzustellen, kann im Einzelfall jedoch von diesem Grundsatz abgewichen werden. Dabei wird eine gewisse Abstufung erkennbar: Im Zweifel ist dem Urheber zwar ein Ausschließlichkeitsrecht vor einem nur gesetzlichen Vergütungsanspruch zuzugestehen. Der Vergütungsanspruch kann jedoch auch ohne Rückgriff auf ein Ausschließlichkeitsrecht, z.B. durch die Einschaltung von Verwertungsgesellschaften, erfüllt werden. Für ihn ist daher von einem stärkeren Schutz auszugehen, der nur unter besonderen Umständen überwunden werden kann.[780]

---

775 St. Rspr. seit BVerfGE 24, 367 (389) = NJW 1969, 309-316 (Hamburgisches Deichordnungsgesetz). S.a. BVerfGE 58, 300 (339) = NJW 1982, 745 (Nassauskiesung).

776 Allgemein zur Institutsgarantie *Papier*, in: *Maunz/Dürig*, Art. 14 GG Rdnrn. 11-17.

777 Statt aller *Förster,* Fair Use, S. 162 f.; und *Poeppel,* Die Neuordnung der urheberrechtlichen Schranken im digitalen Umfeld, S. 136 f., beide m.w.N.

778 BVerfGE 31, 229 (240-243) = NJW 1971, 2163 (Kirchen- und Schulgebrauch); BVerfGE 49, 382 (392) = NJW 1979, 2029 (Kirchenmusik); BVerfGE 79, 29 (41) = NJW 1992, 1307 (Strafvollzug).

779 BVerfGE 31, 229 (241) = NJW 1971, 2163 (Kirchen- und Schulgebrauch).

780 BVerfGE 79, 29 (41) = NJW 1992, 1307 (Strafvollzug). S.a. *Geiger*, in: FS Hilty, S. 77 (92 f.); *Grzeszick*, ZUM 2007, 344; *Kreutzer,* Das Modell des deutschen Urheberrechts, S. 143-146; *Poeppel*, Die Neuordnung der urheberrechtlichen Schranken im digitalen Umfeld, S. 137; *Schack*, Urheber- und Urhebervertragsrecht, S. 46 f. Rdnrn. 93 f.; *Westkamp*, J. Copyright Soc'y U.S.A. 56 (2008), 1 (53).

Damit bleiben als Beispiele für gesetzgeberische Maßnahmen, die gegen die Vorgabe der Institutsgarantie verstoßen würden, nur wenige Fälle, etwa wenn der Gesetzgeber die heute geltenden Ausschließlichkeitsrechte komplett abschaffen und lediglich Vergütungsansprüche gewähren würde. Sofern aber der Charakter des Urheberrechts als Ausschließlichkeitsrecht durch eine Regelung nicht aufgehoben wird, ist kein Eingriff in die Institutsgarantie anzunehmen.[781]

c) Verhältnismäßigkeitsprüfung

Drittens hat der Gesetzgeber den verfassungsrechtlichen Grundsatz der Verhältnismäßigkeit zu beachten, wonach eine gesetzliche Regelung, die das Eigentum beschränkt, geeignet und erforderlich sein muss, den angestrebten legitimen Zweck zu erreichen, und zudem angemessen ist.[782] Geeignet ist eine Regelung, wenn sie den mit ihr verfolgten Zweck tatsächlich fördert. Sie ist erforderlich, wenn der Zweck nicht durch eine gleich wirksame, die Eigentumsposition aber weniger belastende Regelung erreicht werden kann. Das Kriterium der Verhältnismäßigkeit im engeren Sinne ist erfüllt, wenn sie den Betroffenen nicht übermäßig oder unzumutbar belastet.[783]

Im Rahmen der Eigentumsgarantie wird diese Verhältnismäßigkeitsprüfung von der Sozialpflichtigkeit des Eigentums durchsetzt, d.h. an diesem Prüfungspunkt werden die Gründe des Gemeinwohls für eine Beschränkung des Urheberrechts und das Interesse des Urhebers an einer ungestörten Eigentumsposition gegenübergestellt und gewichtet. So muss bei einer Regelung, die nicht nur die zustimmungsfreie, sondern auch unentgeltliche Verwertung erlaubt, angesichts der Intensität der Beschränkung des urheberrechtlichen Verwertungsrechts ein gesteigertes öffentliches Interesse gerade an der Unentgeltlichkeit der Verwertung gegeben sein.[784] Zusätzlich ist das Ergebnis der Gewichtung von Eingriffsschwere und Eingriffsnutzen maßgeblich dafür, welche der verschiedenen Schrankenarten verfassungsrechtlich zulässig eingesetzt werden darf.[785] In Frage kommen eine vergütungsfreie Nutzungserlaubnis in Kombination mit einem Verbotsrecht bei Nichteinhaltung der Anwendungsvoraussetzungen (z.B. §§ 44a und 51 UrhG), eine vergütungsfreie Nutzungserlaubnis in Kombination mit einem

781 Im Einzelnen *Förster,* Fair Use, S. 169 f.; und *Lauber-Rönsberg,* Urheberrecht und Privatgebrauch, S. 106-115.

782 BVerfGE 49, 382 (400) = NJW 1979, 2029 (Kirchenmusik); BVerfGE 70, 278 (286) = NJW 1986, 1603.

783 Zum Verhältnismäßigkeitsgrundsatz statt aller *Papier,* in: *Maunz/Dürig,* Art. 14 Rdnrn. 315 ff.

784 BVerfGE 31, 229 (243) = NJW 1971, 2163 (Kirchen- und Schulgebrauch); BVerfGE 49, 382 (400) = NJW 1979, 2029 (Kirchenmusik).

785 S. *Förster,* Fair Use, S. 173-175 *Grzeszick,* ZUM 2007, 344 (350 f.); *Poeppel,* Die Neuordnung der urheberrechtlichen Schranken im digitalen Umfeld, S. 140.

Vergütungsanspruch bei Nichteinhaltung der Voraussetzungen (z.B. §§ 45a und 52 Abs. 1 UrhG), und die vergütungspflichtigen Schranken bzw. Schranken als „gesetzliche Lizenz" (z.B. §§ 46, 49 oder 53 UrhG).[786]

d) Vertrauensschutzprinzip

Zudem wird das Vertrauen der Bürger in Bestand und Wert bestehender Rechtspositionen geschützt. Danach sind Eingriffe mit echter Rückwirkung, bei denen ein Gesetz nachträglich ändernd in bereits abgewickelte, der Vergangenheit angehörende Tatbestände eingreift, grundsätzlich unzulässig. Eingriffe mit unechter Rückwirkung, d.h. bezogen auf noch nicht abgeschlossene Sachverhalte mit Wirkung für die Zukunft, sind grundsätzlich zulässig.[787]

Allerdings ist der Bestandsschutz von Eigentum besonders ausgeprägt. Allgemein gilt, dass die Abwägung zwischen der Bedeutung des gesetzgeberischen Anliegens für das Gemeinwohl und dem Interesse des von der Änderung betroffenen Personenkreises an einem Fortbestand der bisherigen Regelung unter Berücksichtigung des Grundsatzes der Verhältnismäßigkeit zugunsten einer Gesetzesänderung ausfallen muss. Darüber hinaus und insofern restriktiver als die allgemeinen Regeln des rechtsstaatlichen Vertrauensschutzes darf im Bereich des Art. 14 GG zudem das grundsätzliche Zuordnungsverhältnis der Urhebererträge an den Urheber nicht angegriffen werden.[788]

e) Abgrenzung zu Enteignungen

Der Vollständigkeit halber sei hervorzuheben, dass die Schrankenbestimmungen des Urheberrechtsgesetzes keine Enteignungen i.S.d. Art. 14 Abs. 3 GG darstellen und daher nicht den strengeren Voraussetzungen des Art. 14 Abs. 3 GG, insbesondere der Gewährung einer Entschädigung, unterliegen. Während Inhalts- und Schrankenbestimmungen Rechte und Pflichten generell und abstrakt festlegen, sind Enteignungen auf die vollständige oder teilweise Entziehung konkreter subjektiver Rechtspositionen gerichtet, die durch Art. 14 GG geschützt sind.

---

786 Zu den unterschiedlichen Schrankengruppen *Hilty*, GRUR 2005, 819 (821); sowie die Nachweise in Fn. 719.

787 Im Einzelnen und m.w.N. *Papier*, in: *Maunz/Dürig*, Art. 14 Rdnrn. 76-92.

788 St. Rspr. BVerfGE 31, 275 (289-293) = NJW 1972, 145 (Bearbeiter-Urheberrechte); BVerfGE 79, 29 (41) = NJW 1992, 1307 (Strafvollzug); *BVerfG*, GRUR 2010, 332 (335, Tz. 71) = MMR 2010, 188. S.a. *Papier*, in: *Maunz/Dürig*, Art. 14 Rdnr. 92. *Grzeszick* will in der Rechtsprechung hingegen eine Tendenz der Abkehr von diesem besonderen Bestandsschutz hin zur Anwendung der allgemeinen Regeln des rechtsstaatlichen Vertrauensschutzes erkennen, was zu einem schwächeren Schutz des Eigentums führte, s. *Grzeszick*, ZUM 2007, 344 (349) m.w.N.

Inhalts- und Schrankenbestimmungen einerseits und Enteignungen andererseits sind daher von unterschiedlicher Typologie, sodass selbst stark belastende und daher ggf. gegen die Verfassung verstoßende Inhalts- und Schrankenbestimmungen nicht in eine Enteignung umschlagen.[789] Die Schrankenbestimmungen des Urheberrechtsgesetzes zielen nicht auf den Entzug einer konkreten Eigentumsposition ab, sondern sollen den Umfang eigentumsrechtlicher Befugnisse zunächst definieren. Sie sind daher als Inhalts- und Schrankenbestimmungen i.S.d. Art. 14 Abs. 1 Satz 2 GG zu qualifizieren.[790]

2. *Persönlichkeitsrecht*

Das aus der Gesamtschau der Art. 2 Abs. 1, Art. 1 Abs. 1 GG hergeleitete allgemeine Persönlichkeitsrecht schützt „die engere persönliche Lebenssphäre und die Erhaltung der Grundbedingungen"[791] und sichert „jedem einzelnen einen autonomen Bereich privater Lebensgestaltung, in dem er seine Individualität entwickeln und wahren kann"[792].

Eine Garantie des allgemeinen Persönlichkeitsrechts ist der Schutz der Selbstdarstellung.[793] Auf diesem Schutz der Menschenwürde und der freien Entfaltung der Persönlichkeit gründet der Schutz der ideellen Interessen des Urhebers an seinem Werk, welchen vornehmlich die §§ 12-14 und 23 UrhG einfachgesetzlich konkretisieren.[794] Doch auch die Verwertungsrechte nach §§ 15 ff. UrhG und die daraus resultierende Notwendigkeit einer vertraglichen Lizenzierung können – zumindest nach der in Deutschland vertretenen monistischen Theorie des Urheberrechts – bei einer ausreichend starken Verhandlungsposition des Urhebers dessen ideelle Interessen durch entsprechende vertragliche Konditionen schützen.[795]

Selbst die eigentlich die Verwertungsrechte betreffenden Schranken können folglich in das Persönlichkeitsrecht des Urhebers eingreifen. Sie bedürfen daher

---

789 St. Rspr., s. etwa BVerfGE 52, 1 (27) = NJW 1980, 985; BVerfGE 58, 300 (330) = NJW 1982, 745 (Nassauskiesung); BVerfGE 83, 201 (211 f.) = NJW 1991, 1807 (Vorkaufsrecht); BVerfGE 102, 1 (15 f.) = NJW 2000, 2573 (Altlasten). Zur Entwicklung des Begriffs der Enteignung *Papier*, in: *Maunz/Dürig*, Art. 14 Rdnrn. 523-530 m.w.N.

790 S. BVerfGE 49, 382 (393-395) = NJW 1979, 2029 (Kirchenmusik) bezogen auf § 52 Abs. 1 UrhG. S.a. *Melichar*, in: *Schricker*, UrhR, Vor §§ 44a ff. UrhG Rdnr. 8; *Schenk*, Die digitale Privatkopie, S. 44.

791 BVerfGE 54, 148 (153) = NJW 1980, 2070 (Eppler).

792 BVerfGE 79, 256 (268) = NJW 1989, 891-893 (Kenntnis der eigenen Abstammung).

793 Hierzu allgemein etwa *Di Fabio*, in: *Maunz/Dürig*, Art. 2 Rdnrn. 166-168.

794 Statt vieler *Götting*, in: *Loewenheim*, Handbuch UrhR, § 3 Rdnr. 2; *Schack*, Urheber- und Urhebervertragsrecht, S. 44 f. Rdnr. 90.

795 Zur monistischen Theorie statt vieler *Loewenheim*, in: *Schricker*, UrhR, § 11 UrhG Rdnr. 3 m.w.N.

einer Rechtfertigung im Lichte des Art. 2 Abs. 1, Art. 1 Abs. 1 GG, d.h. sie sind nur zulässig, wenn dies durch ein Gesetz erfolgt, das einem öffentlichen Interesse oder einem kollidierenden Verfassungswert in den Grenzen der Verhältnismäßigkeit dient. Aus praktischer Sicht wird die zusätzliche Einschlägigkeit des Art. 2 Abs. 1, Art. 1 Abs. 1 GG aber eher selten zu einem abweichenden Ergebnis führen, da die Argumente, die für eine Aufhebung der Ausschließlichkeitsbefugnis sprechen, in der Regel ebenso einen Eingriff in die ideellen Urheberinteressen rechtfertigen.[796]

3. Kunst- und Wissenschaftsfreiheit

Artikel 5 Abs. 3 Satz 1 Alt. 1 GG garantiert die Kunstfreiheit. Ihr Zweck ist es, die „auf der Eigengesetzlichkeit der Kunst beruhenden, von ästhetischen Rücksichten bestimmten Prozesse, Verhaltensweisen und Entscheidungen von jeglicher Ingerenz öffentlicher Gewalt freizuhalten"[797]. Die ebenfalls in Art. 5 Abs. 3 Satz 1 Alt. 2 GG festgelegte Wissenschaftsfreiheit bezieht sich auf „alles, was nach Inhalt und Form als ernsthafter und planmäßiger Versuch zur Ermittlung der Wahrheit"[798] anzusehen ist und schützt damit die „auf wissenschaftlicher Eigengesetzlichkeit beruhenden Prozesse, Verhaltensweise und Entscheidungen beim Auffinden von Erkenntnissen, ihrer Deutung und Weitergabe"[799].

Da Werkbereich und Wirkbereich bzw. die Weitergabe wissenschaftlicher Erkenntnisse geschützt sind,[800] kann sich der Urheber in vielen Fällen[801] zumindest hinsichtlich des „Ob" der Verbreitung seiner Werke auch auf dieses Grundrecht berufen.[802] Da Art. 14 GG nach Auffassung des BVerfG aber als vorrangig einschlägig gesehen wird, scheidet Art. 5 Abs. 3 GG als Prüfungsnorm regelmäßig aus.[803]

---

796 S. *Förster,* Fair Use, S. 162 f.; und *Poeppel,* Die Neuordnung der urheberrechtlichen Schranken im digitalen Umfeld, S. 145.

797 BVerfGE 30, 173 (190) = NJW 1971, 1645 (Mephisto); BVerfGE 31, 229 (238) = NJW 1971, 2163 (Kirchen- und Schulgebrauch).

798 BVerfGE 35, 79 (113) = NJW 1973, 1176.

799 BVerfGE 47, 327 (367) = NJW 1978, 1621.

800 BVerfGE 30, 173 (189) = NJW 1971, 1645 (Mephisto); BVerfGE 35, 79 (113) = NJW 1973, 1176.

801 Nämlich solchen, in denen der urheberrechtliche Werkbegriff deckungsgleich mit dem verfassungsrechtlichen Begriff der Kunst bzw. der Wissenschaft ist. Hierzu im Einzelnen *Wandtke,* ZUM 2005, 769 (771).

802 S. *Poeppel,* Die Neuordnung der urheberrechtlichen Schranken im digitalen Umfeld, S. 144 m.w.N.; *Schack,* Urheber- und Urhebervertragsrecht, S. 48 Rdnr. 87; *Wandtke* a.a.O., S. 772.

803 S. BVerfGE 31, 229 (238) = NJW 1971, 2163 (Kirchen- und Schulgebrauch); BVerfGE 49, 382 (392) = NJW 1979, 2029 (Kirchenmusik). S.a. *Förster,* Fair Use, S. 164.

II. Grundrechtlich geschützte Interessen der Verwerter

Neben den Urhebern sind die Verwerter als eigenständige Interessengruppe zu berücksichtigen, und ihre Interessen sind – wenngleich sie oft nicht als selbständige Akteure wahrgenommen werden – nicht immer deckungsgleich mit denen der Urheber und *vice versa.* Oftmals sind es sogar ihre Interessen und nicht die der Urheber, die mit den widerstreitenden Belangen der Nutzer und der Allgemeinheit kollidieren.[804] So steht zum einen das Anliegen der Verwerter im Raum, möglichst einfach und mit geringem finanziellen Aufwand die Nutzungsrechte an den von Dritten geschaffenen Werken erlangen und auswerten zu können. Zum anderen sind sie an der Amortisierung ihrer Investitionen im Verhältnis zu Konkurrenten und Nutzern interessiert.[805]

Ihre grundsätzlich schützenswerte Rechtsposition ergibt sich aus der Tatsache, dass der Verwerter in der Regel das wirtschaftliche Risiko der Veröffentlichung und Zugänglichmachung eines Werkes trägt, umso mehr wenn es um die (Vor-)Finanzierung und Vermarktung eines wirtschaftlich riskanten Werkes geht. Für ihn geht es daher darum, Investitionen durch Kontrolle von geschützten Inhalten im Wege der Verwertung von Exklusivrechten auszugleichen.[806] Seine Interessen sind dabei primär auf einen möglichst weit gehenden urheberrechtlichen Schutz gerichtet in dem Sinne, dass die urheberrechtlichen Verwertungsrechte so ausgestaltet sind, dass sich durch sie eine möglichst hohe wirtschaftliche Beteiligung an jeder Nutzung eines Werkes erreichen lässt. Die Schutzwürdigkeit dieser Position wurde von der Regierung und dem BVerfG bekräftigt.[807]

Indessen ist zu unterscheiden zwischen Verwertern, die gem. §§ 85, 87, 94 und 95 UrhG über eigene Leistungsschutzrechte verfügen, und solchen, die über abgeleitete Exklusivrechte aus einer Lizenzvereinbarung verfügen.

Die Befugnis des Inhabers des Urheberrechts, frei über die vermögenswerten Ergebnisse seiner Leistung zu verfügen, schließt es ein, das Nutzungsrecht durch vertragliche Vereinbarung einem Dritten einzuräumen. Infolgedessen ist auch die

---

804 Dies betont auch das *Max-Planck-Institut für Geistiges Eigentum, Wettbewerbs- und Steuerrecht*, Declaration. A Balanced Interpretation of the „Three-Step Test" in Copyright Law, http://www.ip.mpg.de/shared/data/pdf/declaration_three_step_test_final_english.pdf, S. 1 f.

805 S. die anschauliche Erläuterung bei *Kreutzer,* Das Modell des deutschen Urheberrechts, S. 121-125.

806 S. *Hohagen*, Die Freiheit der Vervielfältigung zum eigenen Gebrauch, S. 31 f. und 303 f.

807 S. „Berliner Rede zum Urheberrecht" der Bundesministerin der Justiz *Leutheusser-Schnarrenberger* vom 14.6.2010, abrufbar unter: http://www.bmj.de/SharedDocs/Reden/DE/2010/20100614_Berliner_Rede_zum_Urheberrecht.html. S.a. BVerfG, NJW 2011, 3428 (3429, Tz. 58) = GRUR 2012, 53 = ZUM 2011, 825 (Le-Corbusier-Möbel). Äußerst kritisch zur gegenwärtigen Position der Verwerter im Urheberrechtssystem aber *Hilty*, in: *Ohly/Klippel,* Geistiges Eigentum und Gemeinfreiheit, S. 107 (115 f.); und *ders.*, GRUR 2005, 819 (824).

Verfügungsfähigkeit hinsichtlich des Eigentumsobjekts, sprich des jeweiligen Urheberrechts in seiner Nutzungs- und Verwertungsdimension, von Art. 14 Abs. 1 GG geschützt, und Verwerter, die durch Rechtsgeschäft vom Urheber das Recht zur Verwertung erlangt haben, erwerben ihrerseits grundrechtlich geschütztes Eigentum.[808] Dieses kann ebenso wie das originäre Urheberrecht durch die Schrankenregelungen des UrhG berührt sein. Daneben ist ein Verwerter durch eine Schrankenregelung in seiner originären Eigentumsposition betroffen, wenn er gem. §§ 85, 87, 94 und 95 UrhG über eigene Leistungsschutzrechte verfügt.[809]

Hinsichtlich der Gewichtung ihrer Interessen muss allerdings zwischen den beiden Verwertertypen unterschieden werden. Bei Lizenznehmern ergibt sich der eigentumsrechtliche Schutz der wirtschaftlichen Interessen erst aus dem Zahlungsanspruch des originären Rechteinhabers und der Funktion des Lizenznehmers, diesen wahrzunehmen. Dies spricht dafür, die Interessen des Urhebers vorrangig zu behandeln, selbst wenn dieser die Nutzungsrechte einem Dritten eingeräumt hat, der ggf. den Urheberinteressen widersprechende Interessen vertritt,[810] bzw. den Verwertern als nachfolgend Berechtigten aus der verfassungsrechtlichen Eigentumsgarantie keine weitergeheneden Befugnisse als den originären Rechteinhabern zugestehen.[811]

Vergleicht man wiederum die Interessen von Urhebern und Leistungsschutzberechtigten, sollten diese grundsätzlich gleichberechtigt nebeneinander stehen. Da die jeweiligen Schutzgegenstände im gleichen Werkstück verkörpert und infolgedessen unmittelbar miteinander verknüpft sind, kommt man jedoch nicht umhin, bei der Gewichtung der Interessen der einen die Interessen der anderen Gruppe einzubeziehen, selbst wenn nur die eine Seite Ansprüche geltend macht. So könnte etwa ein Musikurheber nicht vom Vergütungsanspruch nach § 54 Abs. 1 UrhG profitieren, wenn es dem Tonträgerhersteller möglich wäre, die Auswertung der das Werk transportierenden Medien zu kontrollieren.

---

808 Dies deuten an BVerfGE 31, 229 (240 f.) = NJW 1971, 2163; BVerfGE 31, 275 (283) = NJW 1972, 145 (Bearbeiter-Urheberrechte); BVerfGE 79, 29 (40) = NJW 1992, 1307 (Strafvollzug). S.a. *Hilty*; in: FS Schricker, S. 325 (330); und *Perwitz,* Die Privilegierung privater Nutzung, S. 90 f.

809 BVerfGE 81, 12 ff. = NJW 1990, 896; BVerfGE 81, 208 = NJW 1990, 2189. S.a. *Berger/ Degenhart*, AfP 2002, 557 (559 m.w.N.); *Loewenheim,* in: *Schricker*, UrhR, Einleitung Rdnr. 15; *Papier*, in: *Maunz/Dürig*, Art. 14 Rdnr. 197; *Senftleben*, in: *Hilty/Peukert*, Interessenausgleich im Urheberrecht, S. 159 (163-165).

810 In diesem Sinne *Lauber-Rönsberg*, Urheberrecht und Privatgebrauch, S. 138; und *Westkamp*, J. Copyright Soc'y U.S.A. 56 (2008), 1 (55-59 m.w.N.). Vgl. auch BVerfGE 81, 12 (19) = NJW 1990 896-898 (Vermietungsvorbehalt); und *Schweizerische Bundesgericht*, ZUM 2009, 84 (88) (ProLitteris).

811 So *Hohagen*, Die Freiheit der Vervielfältigung zum eigenen Gebrauch, S. 304.

III. Grundrechtlich geschützte Interessen der Allgemeinheit und der Werknutzer

Schließlich sind die vielfältigen Belange der Allgemeinheit und der individuellen Werknutzer, sprich der Endnutzer, zu berücksichtigen. So können etwa demokratische, erzieherische oder religiöse Zwecke den Gebrauch urheberrechtlich geschützter Werke fordern, ebenso wie die Sicherstellung eines reibungslosen Funktionierens der staatlichen Institutionen oder der Organe der Rechtspflege.[812]

Auf der Ebene des einzelnen Nutzers sind es eher Gedanken derart, einen möglichst umfassenden und ungehinderten einfachen Zugang zu urheberrechtlich geschützten Kulturgütern und Informationen zu haben und diese zu einem vernünftigen Preis zu erhalten, sowie gewisse Verwertungshandlungen, z.B. einzelne Vervielfältigungen, vornehmen zu können – sei es zum Zwecke des rein konsumtiven bzw. rezeptiven oder des eher produktiven Gebrauchs, bei dem auf Grundlage eines vorbestehenden Werkes ein neues entsteht.[813]

Unterstützt werden die Endnutzer hierbei zunehmend von kommerziellen Angeboten Dritter, die durch ihre Dienste einen gewissen Mehrwert für Endnutzer schaffen, sei es durch die selektive Zusammenstellung von Werken nach gewissen Kriterien (wie z.B. bei Pressespiegeln oder Datenbanken) oder durch die Vereinfachung des Zugriffs auf geschützte Inhalte (wie z.B. im Fall von Aufnahmesoftware).[814] Freilich können diese Nutzungen dabei zugleich im Interesse der Allgemeinheit liegen, z.B. wenn die Schaffung und Vermittlung von Kulturgütern gefördert, die Informationsteilhabe vereinfacht oder der Zugang bestimmter besonders schutzwürdiger Personengruppen zu geschützten Werken ermöglicht wird.

Es darf gleichwohl nicht übersehen werden, dass in überindividueller Hinsicht auch ein Allgemeininteresse an der Schaffung von urheberrechtlich geschützten Werken und, um dies zu erreichen, an einem möglichst uneingeschränkten Urheberrechtsschutz bestehen kann.[815]

Als Grundrechte, auf die sich diese Gruppe bei der Durchsetzung ihrer Interessen berufen kann, kommen im hier besprochenen Kontext vor allem die Meinungs-, Presse-, Kunst- und Wissenschaftsfreiheit nach Art. 5 Abs. 1 und Abs. 3 GG sowie die durch Art. 5 Abs. 1 Satz 1 Hs. 2 GG gewährleistete Informationsfreiheit in Betracht.

---

812 S. *Kreutzer,* Das Modell des deutschen Urheberrechts, S. 125-127; *Loewenheim,* in: *Schricker,* UrhR, Einleitung Rdnr. 17; *Senftleben,* in: *Hilty/Peukert,* Interessenausgleich im Urheberrecht, S. 159 (165 f.).

813 Zutreffend *Hohagen,* Die Freiheit der Vervielfältigung zum eigenen Gebrauch, S. 36 f.

814 Diese Interessengruppe beschreibt *Hilty,* in: *Ohly/Klippel,* Geistiges Eigentum und Gemeinfreiheit, S. 107 (118 f.).

815 Darauf weist zurecht hin *Hohagen,* Die Freiheit der Vervielfältigung zum eigenen Gebrauch, S. 30 f.

Die Informationsfreiheit des Art. 5 Abs. 1 Satz 1 Hs. 2 GG gewährt jedem das Recht „sich aus allgemein zugänglichen Quellen ungehindert zu unterrichten", welches zum einen die individuelle Entfaltung durch Unterrichtung aus verschiedenen Quellen ermöglicht, und zum anderen dem Demokratieprinzip i.S.d. Art. 20 GG dient, das auf einer frei und möglichst gut informierten Öffentlichkeit aufbaut.[816] Die Meinungs- und Medienfreiheiten des Art. 5 Abs. 1 Satz 1 Hs. 1 und Satz 2 GG (Presse-, Rundfunk- und Filmfreiheit) gewährleisten daneben die möglichst freie Äußerung und Verbreitung von Meinungen bzw. Informationen. Der Schutz erstreckt sich auf die Distribution von Inhalten in den verschiedensten Formen der Datenübertragung.[817] Beide Aspekte sind auf europäischer Ebene in Art. 11 Abs. 1 Satz 2 EU-Grundrechte-Charta[818] sowie Art. 10 der Europäischen Menschenrechtskonvention[819] normiert[820] und finden sich zudem in völkerrechtlichen Verträgen wie Art. 19 der Allgemeinen Erklärung der Menschenrechte[821] und Art. 19 Abs. 2 des Internationalen Pakts über bürgerliche und politische Rechte[822].

Diese Kommunikationsgrundrechte stehen jedoch unter dem Schrankenvorbehalt des Art. 5 Abs. 2 GG, welcher eine Beschränkung durch allgemeine Gesetze zulässt, sofern diese „sich nicht gegen die Äußerung einer Meinung als solche richten, die vielmehr dem Schutz eines schlechthin, ohne Rücksicht auf eine bestimmte Meinung, zu schützenden Rechtsguts dienen"[823]. Doch ist bei Beeinträchtigungen dieser Grundrechte eine fallbezogene Güterabwägung zwischen dem beeinträchtigten Kommunikationsgrundrecht und den Interessen, die mit den allgemeinen Gesetzen verfolgt werden, unter Berücksichtigung des Verhältnismäßigkeitsgrundsatzes durchzuführen.[824] Das Urheberrechtsgesetz ist ein allgemeines Gesetz i.S.d. Art. 5 Abs. 2 GG. Eine Kollision jedenfalls mit den

---

816 BVerfGE 27, 71 (81-83) = NJW 1970, 235.

817 Statt aller *Herzog*, in: *Maunz/Dürig*, Art. 5 Rdnrn. 49, 57, 153 f., 194; *Poeppel*, Die Neuordnung der urheberrechtlichen Schranken im digitalen Umfeld, S. 148.

818 Charta der Grundrechte der Europäischen Union, ABlEG Nr. C 364 v. 18.12.2000, S. 1.

819 Konvention zum Schutz der Menschenrechte und Grundfreiheiten v. 4.11.1950 (BGBl II 1952, 685, ber. 953) in der Fassung v. 22.10.2010, BGBl II 2010, 1198.

820 Vgl. die Erläuteurngen der Informationsfreiheit i.S.d. Europäischen Menschenrechtskonvention bei *Hohagen*, Die Freiheit der Vervielfältigung zum eigenen Gebrauch, S. 129-142.

821 G.A. res. 217A (III), Universal Declaration of Human Rights, U.N. GAOR, third Session, U.N. Doc. A/810, S. 71 (1948).

822 Internationaler Pakt über bürgerliche und politische Rechte v. 19.12.1966, BGBl II 1973, 1533.

823 BVerfGE 7, 198 (209 f.) = NJW 1958, 257 (Lüth); BVerfGE 62, 230 (243 f.) = NJW 1983, 1181 (Boykottaufruf).

824 BVerfGE 71, 158 (181) = NJW 1987, 139 (Legende vom toten Soldaten); BVerfGE 77, 65 (75 f.) = NJW 1988, 329.

Meinungs- und Medienfreiheiten scheidet dennoch häufig aus, da nur die Verkörperung, sprich das konkrete Werk, Schutzgegenstand des Urheberrechtsgesetzes ist.[825] Entsprechend dient das Urheberrechtsgesetz dem Schutz der Kontroll- und Partizipationsinteressen des Urhebers in Bezug auf das Werk. Die Meinung selbst kann indes vom Werk gelöst wiedergegeben werden.[826]

Eine Beeinträchtigung der Informationsfreiheit ist hingegen anzunehmen, wenn mithilfe des Urheberrechts der Zugang zu Informationen eingeschränkt wird, zumindest wenn es sich um eine Beschränkung des Zugangs zur Publikation im Primärmedium handelt. Gewisse Aspekte des konsumtiven bzw. rezeptiven Gebrauchs durch Endverbraucher sind daher durchaus von der Informationsfreiheit geschützt.[827] Doch kann freilich nicht jede Forderung der Einschränkung urheberrechtlicher Befugnisse hiermit begründet werden. Ein Anspruch auf eine kostenlose oder möglichst bequeme Form der Vermittlung von Informationen erwächst hieraus jedenfalls nicht.[828] Zweifelsohne wird der Inhalt des Werkes dabei entscheidend für das Bestehen eines legitimen Informations- und Kommunikationsbedürfnisses sein.[829]

2. Persönlichkeitsgrundrecht, insbesondere Schutz der Privatsphäre

Auf Seiten der Nutzer können den Grundrechten der Urheber ebenfalls Aspekte des Persönlichkeitsrechts gegenübergestellt werden. So wird auf europäischer Ebene das Recht auf Privatsphäre in Art. 7 der EU-Grundrechte-Charta sowie Art. 8 der Europäischen Menschenrechtskonvention normiert.[830] Dieses findet sich im deutschen Verfassungsrecht in einer Vielzahl spezieller Grundrechte

---

825 Die Zitierfreiheit in § 51 UrhG ist eine der wenigen Schranken, die auf eine Abwägung mit der Meinungsfreiheit zurückzuführen sind. Zum Zusammenspiel von Meinungsfreiheit und Urheberrecht, s. *Geiger*, in: FS Hilty, S. 77 (84); *dens.*, in: *Hilty/Peukert,* Interessenausgleich im Urheberrecht, S. 143 (145 f.); *Poeppel*, Die Neuordnung der urheberrechtlichen Schranken im digitalen Umfeld, S. 149; *Stieper,* Rechtfertigung, Rechtsnatur und Disponibilität der Schranken des Urheberrechts, S. 47-49.

826 S. die Vorgaben auf internationaler Ebene in Form des Art. 9 Abs. 2 TRIPs und des Art. 2 WCT.

827 Zur Bedeutung der Informationsfreiheit zur Rechtfertigung von Schrankenbestimmungen im Urheberrecht, s. etwa *Berger/Degenhart,* AfP 2002, 557 (561) am Beispiel des § 49 Abs. 1 UrhG.

828 Ausführlich *Hohagen*, Die Freiheit der Vervielfältigung zum eigenen Gebrauch, S. 282-293. S.a. *Hilty,* in: *Ohly/Klippel,* Geistiges Eigentum und Gemeinfreiheit, S. 107 (118 f.); *Poeppel*, Die Neuordnung der urheberrechtlichen Schranken im digitalen Umfeld, S. 147; *Schack*, in: FS Schricker, S. 511 (519); und *Stieper,* Rechtfertigung, Rechtsnatur und Disponibilität der Schranken des Urheberrechts, S. 55-63.

829 S. *Poeppel*, Die Neuordnung der urheberrechtlichen Schranken im digitalen Umfeld, S. 150 f.

830 Für eine Zusammenfassung des Inhalts und der Bedeutung dieser Normen, s. *Hohagen*, Die Freiheit der Vervielfältigung zum eigenen Gebrauch, S. 142-146. Vgl. für die völkerrechtliche Dimension dieses Rechts Art. 17 Abs. 1 des Internationalen Pakts über bürgerliche und politische Rechte v. 19.12.1966, BGBl II 1973, 1533.

wieder.[831] Insbesondere Art. 2 Abs. 1, Art. 1 Abs. 1 GG schützt das allgemeine Persönlichkeitsrecht, indem dem Einzelnen ein Innenbereich freier Persönlichkeitsentfaltung garantiert wird, in welchen er sich frei von jeder staatlichen Kontrolle und sonstiger Beeinträchtigung zurückziehen kann, und der sowohl sachlicher als auch räumlicher Natur ist.[832] Ferner gehört dazu der Schutz der Integrität und Vertraulichkeit informationstechnischer Systeme, wodurch ein Ausforschen der Persönlichkeit verhindert werden soll.[833]

3. *Kunst- und Wissenschaftsfreiheit*

Die bereits erwähnte Kunst- und Wissenschaftsfreiheit i.S.d. Art. 5 Abs. 3 GG kann ebenfalls zur Rechtfertigung von Nutzerinteressen herangezogen werden. Denn sie schützt nicht nur die Verbreitung von Kulturgütern und wissenschaftlichen Ergebnissen. Sie gewährleistet zudem die Benutzung derselben für eine künstlerische oder wissenschaftliche Tätigkeit. Art. 5 Abs. 3 GG vermag daher die Einschränkung urheberrechtlicher Ausschließlichkeitsbefugnisse für künstlerische und wissenschaftliche Zwecke zu rechtfertigen, wenngleich aus ihr kein Anspruch auf möglichst billigen Zugang zu urheberrechtlich geschützten Werken gefolgert werden kann.[834] Es ist daher umso wichtiger, die Gründe für eine Werknutzung dahingehend zu untersuchen, ob es sich um eine rein konsumtive bzw. rezeptive oder doch produktive Nutzung handelt.[835]

---

831 So garantiert z.B. Art. 13 Abs. 1 GG die Integrität der Wohnung, Art. 10 GG das Brief-, Post- und Fernmeldegeheimnis, Art. 6 GG den Schutz von Ehe und Familie, Art. 4 GG den Schutz von Religion und Weltanschauung und Art. 2 Abs. 1, Art. 1 GG das allgemeine Persönlichkeitsrecht.

832 BVerfGE 27, 1 (6 f.) = NJW 1969, 1707 m.w.N. BVerfGE 101, 361 (382-385) = NJW 2000, 1021 (Caroline von Monaco II). S.a. *Herrmann*, Das Grundrecht auf Gewährleistung der Vertraulichkeit und Integrität informationstechnischer Systeme, S. 52 f. Zur Bedeutung dieses Grundrechts im Urheberrecht, s. etwa *Geiger*, in: *Hilty/Peukert*, Interessenausgleich im Urheberrecht, S. 143 (146).

833 BVerfGE 120, 274 (313-318) = NJW 2008, 822 (Online-Durchsuchung). Zu dessen Inhalt und seiner Abgrenzung zum Recht auf informationelle Selbstbestimmung ausführlich *Herrmann*, Das Grundrecht auf Gewährleistung der Vertraulichkeit und Integrität informationstechnischer Systeme, S. 54-65 und 107-127 m.w.N.

834 *BVerfG*, NJW 2001, 598 (600) = GRUR 2001, 149 (Germania III). S.a. *Hilty*, in: *Ohly/Klippel*, Geistiges Eigentum und Gemeinfreiheit, S. 107 (119); *Hohagen*, Die Freiheit der Vervielfältigung zum eigenen Gebrauch, S. 293-296; *Poeppel*, Die Neuordnung der urheberrechtlichen Schranken im digitalen Umfeld, S. 152; *Stieper*, Rechtfertigung, Rechtsnatur und Disponibilität der Schranken des Urheberrechts, S. 50 und 52-54.

835 Dies betonen auch *Geiger*, in: *Hilty/Geiger*, Impulse für eine europäische Harmonisierung des Urheberrechts, S. 361 (362); und *Senftleben*, in: *Hilty/Peukert*, Interessenausgleich im Urheberrecht, S. 159 (168).

IV. Sozial- und Kulturstaatsprinzip

Staatszielbestimmungen sind als objektives Verfassungsrecht bei der Gestaltung und Auslegung von Gesetzen ebenfalls zu beachten.[836] Dies gilt auch für das Urheberrecht.[837] Ein wesentliches Element des in Art. 20 Abs. 1 GG und Art. 28 Abs. 1 GG jedenfalls indirekt verankerten Sozialstaatsprinzips ist die Fürsorge für Hilfsbedürftige, die aufgrund ihrer persönlichen Lebensumstände oder gesellschaftlichen Benachteiligungen an ihrer persönlichen oder sozialen Entfaltung gehindert sind.[838] So sind etwa die Einrichtung von Sozialwerken bei den Verwertungsgesellschaften und das Künstlersozialversicherungsgesetz als Ausdruck dieses Staatsziels zu sehen. Das Sozialstaatsprinzip beinhaltet aber zudem das Ziel der Chancengleichheit bzw. -gerechtigkeit und verlangt daher eine über die in Art. 3 GG vorgesehene rechtliche Gleichbehandlung hinausgehende Angleichung der tatsächlichen Vorraussetzungen zum Erwerb materieller und immaterieller Güter, die zur Ausübung der Freiheitsrechte notwendig sind.[839]

Gemäß des Kulturstaatsprinzips, welches angesichts der föderalen Kompetenzverteilung (noch) nicht im Grundgesetz niedergeschrieben ist, sich aber in den meisten Landesverfassungen wiederfindet, hat der Staat Rahmenbedingungen zu schaffen, in denen sich kulturelle Aktivitäten entfalten können.[840] Diesem Schutz der Teilhabe am kulturellen Leben der Gemeinschaft wird ebenso auf der Ebene der Menschenrechte ein besonderer Wert beigemessen, wie die Formulierung des Art. 27 der Allgemeinen Erklärung der Menschenrechte beweist.[841]

Mit beiden Prinzipien lassen sich demnach Interessen der Allgemeinheit auf möglichst ungehinderten Zugang zu den Kulturgütern rechtfertigen. Gleichzeitig

---

836 BVerfGE 33, 303 (331) = NJW 1972, 1561 (numerus clausus); BVerfGE 75, 348 (360) = NJW 1988, 757.

837 S. *Loewenheim,* in: *Schricker*, UrhR, Einleitung Rdnr. 14 m.w.N.

838 BVerfGE 45, 376 (387 f.) = NJW 1978, 207 (nasciturus); 1 BvR 897/95, BVerfGE 100, 271 (284 f.) = NJW 1999, 3033 (Lohnabstandsklausel).

839 S. *Grzeszik*, in: *Maunz/Dürig*, Art. 20 Rdnrn. 36-40; *Hohagen*, Die Freiheit der Vervielfältigung zum eigenen Gebrauch, S. 34.

840 S. bspw. Art. 36 Abs. 1 der Verfassung des Landes Sachsen-Anhalt vom 16. Juli 1992, zuletzt geändert durch Gesetz vom 27. Januar 2005; oder Art. 6 der Niedersächsische Verfassung vom 19. Mai 1993, zuletzt geändert durch Gesetz vom 21. November 1997. In ihrem Schlussbericht empfiehlt die Enquete-Kommission „Kultur in Deutschland“ zur Verstärkung des Art. 1 Abs. 1 Satz 2 GG sowie zur Normierung eines Kulturauftrages jedoch die Aufnahme der Kultur als Staatsziel auch in das Grundgesetz. BT-Drs. 16/7000, S. 68-83. Bei Abschluss dieser Arbeit war die parlamentarische Debatte noch nicht abgeschlossen.

841 S.a. Art. 15 Abs. 1 lit. a) des Internationalen Pakts über wirtschaftliche, soziale und kulturelle Rechte v. 19.12.1966, BGBl II 1973, 1569. Zur Bedeutung der Erklärung der Menschenrechte für die Schrankenbestimmung der Privatkopie, s. *Hohagen*, Die Freiheit der Vervielfältigung zum eigenen Gebrauch, S. 125-128.

legitimiert das Sozial- in Verbindung mit dem Kulturstaatsprinzip aber auch einen verstärkten Schutz des Urhebers als Schöpfer des Werkes, sodass diese Fundamentalprinzipien weniger für eine Bevorzugung einer Interessenseite als für einen sorgfältigen Interessenausgleich sprechen.[842]

C. Vorgaben des urheberrechtlichen Dreistufentests

Ein weiterer wichtiger Aspekt, der bei der Gestaltung und Auslegung der urheberrechtlichen Schrankenbestimmungen berücksichtigt werden muss, ist der in Art. 9 Abs. 2 RBÜ, Art. 13 TRIPs sowie Art. 10 WCT und Art. 16 Abs. 2 WPPT verankerte sog. Dreistufentest, der u.a. über Art. 5 Abs. 5 InfoSoc-RL Eingang in dass europäische Recht gefunden hat,[843] im deutschen Urheberrechtsgesetz jedoch nicht ausdrücklich erwähnt wird. Danach dürfen urheberrechtliche Schranken – hier wiedergegeben nach dem Wortlaut der InfoSoc-RL[844] – nur in *bestimmten Sonderfällen* vorgesehen werden, durch die weder die *normale Verwertung des Werks beeinträchtigt*, noch die *berechtigten Interessen des Rechteinhabers ungebührlich* verletzt werden. Es wird dabei nach allgemeiner Auffassung davon ausgegangen, dass die drei Teststufen kumulativ erfüllt sein müssen, damit eine Schrankenbestimmung zulässig ist.[845]

Die Interpretationen des Dreistufentests fallen jedoch ganz unterschiedlich aus und er wird gleichermaßen für die Bestätigung des Umfangs einer Schranke

---

842 S. *Hohagen*, Die Freiheit der Vervielfältigung zum eigenen Gebrauch, S. 30 f. und 300-303; *Lauber-Rönsberg*, Urheberrecht und Privatgebrauch, S. 139 f.

843 Den Dreistufentest enthalten daneben Art. 6 Abs. 3 der RL 91/250/EWG über den rechtlichen Schutz von Computerprogrammen; Art. 6 Abs. 3 96/9/EG über Datenbanken; sowie Art. 10 Abs. 3 RL 92/100/EWG Vermiet- und VerleihRL.

844 Der Dreistufentest hat auf dem Weg durch die unterschiedlichen Verträge gewisse Anpassungen im Wortlaut erfahren. Im folgenden wird die Wortwahl der InfoSoc-RL verwendet. Die Begriffe „ungebührlich" und „unzumutbar" werden inhaltsgleich verwendet.

845 WTO-Panelentscheidung v. 15.6.2000, Dok. WT/DS/160/R, http://www.wto.org/english/tratop_e/dispu_e/1234da.pdf, 6.97. Auf europäischer Ebene ebenfalls für eine kumulative Anwendung *Generalanwältin Trstenjak*, Schlussanträge v. 12.2.2009 – Rs. C-5/08 (Infopaq) Tz. 134, abrufbar über die Webseite http://curia.europa.eu des Europäischen Gerichtshofes. In diesem Sinne auch *Cour de Cassation*, IIC 2006, 760 (761) (Mulholland Drive); *Schweizerisches Bundesgericht*, Urt. v. 26.6.2007, ZUM 2009, 84 (88) (ProLitteris). Der BGH hat den Dreistufentest zwar erwähnt, aber nicht Stellung zu dem Zusammenspiel der Teststufen genommen, vgl. BGHZ 141, 13-40 = NJW 1999, 1953-1959 (Kopienversanddienst). In der Literatur grundlegend für eine kumulative Anwendung *Cohen Jehoram,* in: FS Schricker, S. 249 (253); *Dreier*, in: *Dreier/Schulze*, UrhG, Vor §§ 44a ff. UrhG Rdnr. 21; *Reinbothe/ v. Lewinski*, The WIPO Treaties 1996, S. 124 Rdnr. 14; *Ricketson/Ginsburg*, International Copyright and Neighbouring Rights. Bd. 1, S. 763 Rdnr. 13.10.

als auch für ihre Einschränkung herangezogen.[846] Bevor die Zulässigkeit der im Zusammenhang mit Webradio-Angeboten relevanten Schrankenbestimmungen nachfolgend im Lichte des Dreistufentests geprüft werden kann, ist daher in diesem Abschnitt zu untersuchen, welche Bedeutung dem Test heute zukommt. Eine kurze Zusammenfassung seiner Entstehungsgeschichte ist hierbei aufgrund der unterschiedlichsten Anpassungen, die der Test im Laufe der Jahre erfahren hat, ebenso unerlässlich wie eine Darstellung der aktuellen Vorschläge zur Anpassung des Tests für eine vermeintlich bessere Handhabbarkeit.

I. Hintergrund

1. Implementierung des Dreistufentests: Von der RBÜ in die InfoSoc-RL

Der Dreistufentest hat im Jahr 1967 bei einer Revision der Berner Übereinkunft zusammen mit und in Bezug auf das Vervielfältigungsrecht Einzug in die RBÜ gefunden. Das Ziel der Stockholm-Konferenz war die formelle Anerkennung des Vervielfältigungsrechts auf internationaler Ebene, welches in der nationalen Gesetzgebung der Mitglieder bereits eine große Rolle spielte. Viele Verbandsländer hatten ihr Vervielfältigungsrecht allerdings durch verschiedene Schranken begrenzt und waren nicht bereit, hiervon abzuweichen. Die bereits zuvor stillschweigend anerkannte „minor reservations doctrine", welche gewisse Nutzungen im Bereich des öffentlichen Aufführungs- und Wiedergaberechts unter der Bedingung erlaubnisfrei stellte, dass es sich nur um unbedeutende (*de minimis*), nicht-kommerzielle Nutzungen handelte, konnte diese nicht rechtfertigen, zumal ihr Anwendungsbereich ohnehin nicht klar umrissen war.[847] Infolgedessen wurde als Kompromiss zum in Art. 9 Abs. 1 RBÜ vorgesehenen Vervielfältigungsrecht der Dreistufentest in Art. 9 Abs. 2 RBÜ eingeführt, an dem sich die nationalen Schrankenbestimmungen zwar von nun an messen lassen mussten, der aufgrund von unbestimmten Rechtsbegriffen aber so offen formuliert war, dass der Fortbestand sämtlicher schon existierender Schranken zum Vervielfältigungsrecht und damit die Zustimmung der Verbandsländer zur Aufnahme des Vervielfältigungsrechts in die RBÜ gesichert war.[848]

---

846 Übersichtlich *Griffiths,* IPQ 2009, 428 (433-440); und *Kur,* Of Oceans, Islands, and Inland Water, http://papers.ssrn.com/sol3/papers.cfm?abstract_id=1317707, S. 33-35.

847 Zur „minor reservations doctrine" im Einzelnen *Ricketson/Ginsburg,* International Copyright and Neighbouring Rights. Bd. 1, S. 830-835 Rdnrn. 13.78-13.82; *Senftleben,* Copyright Limitations and the Three-Step Test, S. 45-47.

848 Ausführlich zur Entstehung des Dreistufentests in der RBÜ, statt aller *Cohen Jehoram,* in: FS Schricker, S. 249 (252 f.); *Geiger,* EIPR 2007, 486 (487); *Hohagen,* Die Freiheit der Vervielfältigung zum eigenen Gebrauch, S. 80-92. *Senfleben,* Copyright Limitations and the Three-Step Test, S. 47-52; *Sterling,* World Copyright Law, 18.01 und 18.09.

Angesichts seines Potentials, einen Kompromiss zwischen den Vertragsparteien hinsichtlich der Zulässigkeit von Schrankenbestimmungen zu erzielen, wurde der Dreistufentest 1994 in das TRIPs-Abkommen als integraler Bestandteil des WTO-Übereinkommens übernommen und sein Anwendungsbereich dabei erheblich vergrößert. Zum einen sind ab diesem Zeitpunkt sämtliche, d.h. nicht nur die das Vervielfältigungsrecht betreffende, Schranken des Urheberrechts an diesem Test zu messen (Art. 13 TRIPs). Zum anderen wird der Test auf die Gebiete des Markenrechts (Art. 17 TRIPs), des Geschmacksmusterrechts (Art. 26 Abs. 2 TRIPs) und des Patentrechts (Art. 30 TRIPs) ausgedehnt und damit zu einem „horizontalen Kontrollmechanismus"[849] aufgewertet.

Der im TRIPs gewählte Wortlaut des Dreistufentests weicht jedoch in einigen Punkten vom Original in der RBÜ ab und ist zudem selbst innerhalb des Abkommens nicht einheitlich. Erstens spricht das TRIPs-Abkommen, anders als Art. 9 Abs. 2 RBÜ, nicht mehr von den „Urhebern", sondern von den zu berücksichtigenden berechtigten Interessen des „Rechteinhabers". Zweites beinhaltet Art. 13 TRIPs wie schon Art. 9 Abs. 2 RBÜ im Gegensatz zu Art. 17, 26 und 30 TRIPs keinen Hinweis darauf, dass Interessen Dritter zu berücksichtigen wären. Drittens nimmt die zweite Stufe des Art. 13 TRIPs keine Einschränkung auf solche Verwertungen vor, die „unangemessen" in Widerspruch zur normalen Verwertung stehen, d.h. eine Verhältnismäßigkeitsprüfung wie in Art. 26 und 30 TRIPs in Bezug auf Geschmacksmuster- und Patentsachen ist dem Wortlaut nach nicht vorgesehen.[850]

Von besonderer Bedeutung ist, dass Verstöße von Vertragsstaaten gegen das TRIPs-Abkommen, und damit einhergehend gegen die RBÜ,[851] nun sanktioniert werden können, da Art. 64 Abs. 1 TRIPs das allgemeine Streitbeilegungsverfahren des GATT[852] auch im Bereich des geistigen Eigentums für anwendbar erklärt. Diesbezügliche Berichte des jeweiligen WTO-Panels sind für die Parteien des Verfahrens bindend. Ob sie eine darüber hinausgehende rechtliche Bedeutung haben, ist zwar zweifelhaft. Eine gewisse Überzeugungskraft wird man ihnen jedoch nicht absprechen können.[853] Zugleich sind die Mitgliedsstaaten der EU

---

849 *Senftleben*, GRUR Int 2004, 200 (202).

850 Zum Dreistufentest im TRIPs-Abkommen im Einzelnen *Geiger*, EIPR 2007, 486 (487); *Cohen Jehoram*, in: FS Schricker, S. 249 (253-255); *Kur*, Of Oceans, Islands, and Inland Water, http://papers.ssrn.com/sol3/papers.cfm?abstract_id=1317707, S. 18-20; *Senftleben*, GRUR Int 2004, 200 (202); *Sterling*, World Copyright Law, 22.10.

851 Art. 1-21 RBÜ gelten mit Ausnahme des Art. 6bis RBÜ gem. Art. 9 Abs. 1 TRIPs auch für die Mitglieder des TRIPs-Abkommens.

852 General Agreement on Tariffs and Trade (Allgemeines Zoll- und Handelsabkommen), 20.10.1947, 55 U.N.T.S. 194, i.d.F. des GATT 1994, 15.4.1994, 33 ILM 1125.

853 Zur Frage der Verbindlichkeit der Entscheidungen im Streitschlichtungsverfahren, s. *Kur*, Of Oceans, Islands, and Inland Water, http://papers.ssrn.com/sol3/papers.cfm?abstract_id=1317707, S. 32 f.

gemeinschaftsrechtlich verpflichtet, ihr nationales Recht TRIPs-konform auszulegen.[854] So verloren die USA im Jahr 2000 das erste und bisher einzige den Dreistufentest des Art. 13 TRIPs betreffende Verfahren gegen die EU, welches wichtige Anhaltspunkte zur Interpretation des Dreistufentests lieferte, durch die kumulative Anwendung aller drei Teststufen und eine den Interessen der Rechteinhaber zugutekommende weite Auslegung die Anforderungen an die Zulässigkeit einer Schrankenbestimmung aber erheblich verschärfte.[855]

1996 wurde der Dreistufentest in die damals neuen WIPO-Verträge WCT und WPPT aufgenommen, in diesem Fall wieder mit dem spezielleren Verweis auf die Interessen des „Urhebers" (Art. 10 WCT) bzw. der „ausübenden Künstler oder Tonträgerhersteller" (Art. 16 Abs. 2 WPPT), jedoch weiterhin ohne Bezugnahme auf Interessen Dritter. Artikel 10 WCT gibt den Test sogar doppelt wieder: einmal in Bezug auf die neuen Rechte des WCT (Abs. 1) und einmal in Bezug auf die in der RBÜ vorgesehenen Rechte (Abs. 2). Wie die Vereinbarte Erklärung zu Art. 10 betont, bedeutet dies aber nicht, dass die nach der RBÜ erlaubten Beschränkungen und Ausnahmen eingeschränkt oder ausgeweitet werden dürften.[856]

Um der Verpflichtung aus den WIPO-Verträgen nachzukommen, wurde der Test schließlich in die europäischen Richtlinien betreffend das Urheberrecht übernommen. Hierbei stellen die Richtlinien ohne Verweis auf Interessen Dritter wieder den „Rechteinhaber" ins Zentrum der Betrachtung.[857] Der Dreistufentest wurde

---

854 St. Rspr, s. *EuGH,* Slg. 1998, I-03603, Tz. 28 f. = EuZW 1998, 572 – Hermès; *EuGH,* Slg. 2000, I-11307, Tz. 47 = GRUR 2001, 235 – DIOR; *EuGH*, Slg. 2006, I-11519, Tz. 35 = MMR 2007, 164 m. Anm. *Ricke/Simon* – SGAE; *EuGH*, Slg. 2008, I-02731, Tz. 30 = GRUR 2008, 604 – Le-Corbusier-Möbel II.

855 S. WTO-Panelentscheidung v. 15.6.2000, Dok. WT/DS/160/R, abrufbar unter: http://www.wto.org/english/tratop_e/dispu_e/1234da.pdf.

856 Zum Dreistufentest in den WIPO-Verträgen grundlegend *Reinbothe/v. Lewinski*, The WIPO Treaties 1996, S. 118-130 und 387-403. S. außerdem *Geiger*, EIPR 2007, 486 (487 f.); *Senftleben*, GRUR Int 2004, 200 (202); *Sterling,* World Copyright Law, 23.10.

857 Art. 5 Abs. 5 InfoSocRL; Art. 6 Abs. 3 Richtlinie 91/250 EWG vom 14.05.1991 über den Rechtsschutz von Computerprogrammen (ABlEG Nr. L v. 17.5.1991, S. 42) in der kodifizierten Fassung v. 23.04.2009, ABlEU Nr. L 111 v. 5.5.2009, S. 16 („Software-RL"); Art. 6 Abs. 3 RL 96/9/EG vom 11.3.1996 über den rechtlichen Schutz von Datenbanken, ABlEG Nr. L 77 v. 27.3.1996, S. 20 („Datenbank-RL"); Art. 10 Abs. 3 Vermiet- und Verleih-RL. Ratifiziert wurden die WIPO-Verträge durch die EU und u.a. Deutschland erst nach Umsetzung der Richtlinien in allen Mitgliedsstaat der EU mit Wirkung zum 14.3.2010. Änderungen bringt die Ratifizierung jedoch keine mit sich, da die Verpflichtungen aus den WIPO-Verträgen bereits mit der Umsetzung der InfoSoc-RL durch das Gesetz vom 10.9.2003 erfüllt sind, s. *Lewinski,* GRUR-Prax 2010, 49. Der Dreistufentest wurde zudem in anderen Verträgen wie bspw. dem Handelsabkommen zwischen den USA und Australien aufgenommen, dort Art. 17.4 Abs. 10 lit. a) (abrufbar unter: http://www.ustr.gov/trade-agreements/free-trade-agreements/australian-fta).

damit Gemeinschaftsrecht und einer Auslegung durch den EuGH zugänglich.[858] Allerdings hat sich der EuGH dieser Aufgabe bisher noch nicht angenommen. Sofern der Dreistufentest überhaupt erwähnt wird, beschränkt sich der EuGH auf die allgemeine Feststellung, dass die nationale Schrankenbestimmung an den Vorgaben des Dreistufentests zu messen sei,[859] bzw. dass jedenfalls Art. 5 Abs. 1 InfoSoc-RL die Vorgaben *per se* erfülle.[860] Zumindest aus deutscher Perspektive ergibt sich jedenfalls die Situation, dass unmittelbar oder mittelbar sämtliche Verträge zu berücksichtigen sind, wenngleich deren Zusammenspiel im Einzelnen viele Fragen offen lässt.[861]

Von einer ausdrücklichen Aufnahme des Dreistufentests in den positiven Gesetztestext wurde in Deutschland abgesehen.[862]

2. Aktuelle Vorschläge zur Anpassung und Anwendung des Dreistufentests

Die Abweichungen im Wortlaut zwischen den einzelnen Verträgen sowie diverse auslegungsbedürftige Rechtsbegriffe münden freilich in der Gefahr, dass der Test einseitig im Interesse der Rechteinhaber interpretiert und damit zu einer Einbahnstraße zu einem höheren Schutzniveau wird, bei dem selbst solche Schranken dem Dreistufentest zum Opfer fallen können, die positiven Einfluss auf den Prozess der Werkschöpfung ausüben.[863] *Hilty* bezeichnet ihn daher als „Un-

---

858 Zum Dreistufentest im europäischen Recht übersichtlich *Griffiths,* IPQ 2009, 428 (430-432); *Hugenholtz/Okediji*, Conceiving an International Instrument on Limitations and Exceptions to Copyright, http://www.ivir.nl/publicaties/hugenholtz/finalreport2008.pdf, S. 17 f.; *Reschke*, Verfassungs- und dreistufentestkonforme Auslegung, S. 120-131.

859 *EuGH,* Slg. 2006, I-8089, Tz. 79 = EuZW 2006, 662 – Laserdisken.

860 *EuGH*, GRUR Int 2012, 336 (341 Tz. 56 f.) – Infopaq II. Ebenso zurückhaltend ist die häufig mit urheberrechtlichen Fragestellungen betraute *Generalanwältin Trstenjak.* Im Fall „Infopaq“ hat *Generalanwältin Trstenjak* in der Schranke des Art. 5 Abs. 1 InfoSoc-RL einen Verstoß gegen den Dreistufentest gesehen, ohne ihre Auffassung jedoch näher zu begründen, s. *Generalanwältin Trstenjak*, Schlussanträge v. 12.2.2009 – Rs. C-5/08 (Infopaq). Im Fall „Painer/ Standard“ erwähnt sie den Dreistufentest zwar, erläutert die Stufen aber ebenfalls nicht weiter, s. *Generalanwältin Trstenjak*, Schlussanträge v. 12.4.2011 – Rs. C-145/10 (Tz. 148, 199, 213 f.) – Painer/Standard. In „Phonographic Performance“ geht die *Generalanwältin* auf den Dreistufentest trotz Vorbringen der Verfahrensbeteiligten überhaupt nicht ein, s. *Generalanwältin Trstenjak*, Schlussanträge v. 29.6.2011 – Rs. C-162/10 – Phonographic Performance.

861 S. *Kur*, Of Oceans, Islands, and Inland Water, http://papers.ssrn.com/sol3/papers.cfm?abstract_id=1317707, S. 42-47; und *Senftleben,* Copyright Limitations and the Three-Step Test, S. 87-90, 96-98.

862 BT-Drs. 16/1828, S. 21, unter Hinweis auf BGHZ 141, 13 (30 ff.) = NJW 1999, 1953 (Kopienversanddienst), einer Entscheidung, in der der BGH den Dreistufentest unmittelbar herangezogen hat.

863 Dies heben anschaulich hervor *Senftleben*, in: *Hilty/Peukert*, Interessenausgleich im Urheberrecht, S. 159 (174); und *Westkamp*, J. Copyright Soc’y U.S.A. 56 (2008), 1 (5-12).

ding"[864], *Westkamp* hält ihn zumindest im digitalen Bereich für obsolet[865] und *Geiger* meint, dass die Akzeptanz des Urheberrechts von der richtigen Interpretation des Dreistufentests abhinge.[866] Infolgedessen wurden in den letzten Jahren Forderungen nach Leitlinien zur Interpretation des Dreistufentests geäußert bzw. Vorschläge zur Anpassung der Anwendung und Interpretation des Tests vorgestellt. Diese werden nachfolgend skizziert, um die Wege aufzuzeigen, die die richterliche Interpretation des Dreistufentests einschlagen könnte.

Um zu verhindern, dass eine Prüfung bereits an der zweiten Teststufe scheitert, schlägt *Geiger* vor, die Reihenfolge der drei Stufen umzukehren. Nach seiner Lesart sei die Interessenabwägung der dritten Stufe das zentrale Element, und die zweite Stufe diene der Verhinderung schwerwiegendster Eingriffe in die wirtschaftliche Auswertung des Schutzgutes.[867] Eine andere Ansicht, die das *Max-Planck-Institut für Geistiges Eigentum, Wettbewerbs- und Steuerrecht* aufgegriffen und verfeinert hat, möchte die drei Stufen des Tests – ähnlich wie beim US-amerikanischen *fair use test*[868] – nicht kumulativ, sondern als einzelne Faktoren im Rahmen einer globalen Interessenabwägung berücksichtigen.[869]

Wiederum eine andere Ansicht möchte die drei Stufen zwar weiterhin kumulativ und kaskadisch anwenden, dabei aber die zweite Stufe durch eine vom WTO-Panel abweichende enge Interpretation des Merkmals der „normalen Verwertung" häufiger überwinden und den Schwerpunkt auf die dritte Stufe legen, z.B. indem – wie im patentrechtlichen Art. 30 TRIPs – eine Verhältnismäßigkeitsprüfung in die zweite Stufe hineingelesen wird.[870] Dies möchte z.B. *He* unter Zuhilfenahme der vier Stufen des o.g. US-amerikanischen *fair use tests* erreichen, nämlich anhand von 1) „purpose and character of the use", 2) „nature of the copyrighted work", 3) „amount and substantiality of the portion used" und 4) „effect of the use upon the potential market".[871] Allerdings führte eine Ver-

---

864 *Hilty*, in: *Ohly/Klippel*, Geistiges Eigentum und Gemeinfreiheit, S. 107 (125).

865 *Westkamp*, J. Copyright Soc'y U.S.A. 56 (2008), 1 (32).

866 *Geiger*, EIPR 2007, 486 (491).

867 *Geiger*, IIC 2006, 683 (697 f.); *ders.*, IIC 2009, 627 (637-639). In diesem Sinne auch *Gervais*, Marquette Intellectual Property Law Review 9 (2005), 1 (28-30).

868 17 U.S.C. § 107.

869 *Max-Planck-Institut für Geistiges Eigentum, Wettbewerbs- und Steuerrecht*, Declaration, EIPR 2008, 489 (493). Zustimmend *Kur*, Of Oceans, Islands, and Inland Water, http://papers.ssrn.com/sol3/papers.cfm?abstract_id=1317707, S. 41, die das Verhältnismäßigkeitsprinzip als vierten Faktor nennt. A.A. mit Nachdruck *Lucas*, EIPR 2010, 277 (281).

870 Art. 30 TRIPs verlangt, dass eine Verwertung „nicht unangemessen im Widerspruch zur normalen Verwertung des Patents stehen" darf. S. hierzu *Koelman*, EIPR 2006, 407 (419).

871 *He*, IIC 2009, 274 (294-300).

hältnismäßigkeitsprüfung sowohl auf Stufe 2 als auch auf Stufe 3 zu Wiederholungen in der Argumentation.[872]

Neben der Suche nach einer Antwort auf die Frage der Zulässigkeit von Schrankenbestimmungen innerhalb des geltenden Rechtsrahmens ist selbstverständlich über eine Lösung *de lege ferenda* nachzudenken. *Geiger* fordert eine internationale Leitlinie zur Interpretation des Dreistufentests, die im Sinne einer schnelleren Umsetzung als *soft law* formuliert sein sollte.[873] *Hugenholtz/Okediji* sind konkreter und meinen, dass eine globale, multilaterale, im Urheberrecht zu verankernde Lösung erforderlich sei und entsprechende Leitlinien nur durch die WTO und die WIPO formuliert werden könnten, um eine hohe Akzeptanz zu erreichen. Ziele dieses Instruments müssten sein: 1) die Beseitigung von Handelsbarrieren, insbesondere in Bezug auf Dienste der Informationsgesellschaft, 2) die Vereinfachung des Zugangs zu Informationsprodukten, 3) die Förderung von Innovation und Wettbewerb, 4) die Unterstützung von Mechanismen zur Förderung und Durchsetzung der Menschenrechte und 5) die Schaffung von Kontinuität und Stabilität im internationalen Urheberrecht. Gleichzeitig müsse dieses Instrument flexibel und für die Gerichte handhabbar sein.[874] Die Schrankenbestimmungen sollten inhaltlich in verschiedene Untergruppen zusammengefasst werden, wie Schranken zur Förderung von Innovation, zur Förderung der Ausübung der Menschenrechte wie z.B. der Meinungsfreiheit, zur Unterstützung benachteiligter Gesellschaftsgruppen und zur Bereithaltung von gemeinnützigen Einrichtungen wie Büchereien. *Kur/Grosse Ruse-Khan* wiederum nehmen einen anderen Weg und schlagen im Sinne einer Umkehrung des bisherigen Systems vor, nicht das Minimum der zu gewährenden Schutzrechte, sondern ein maximales Schutzniveau und obligatorische Schranken festzulegen.[875]

Welche Richtung der Dreistufentest in den nächsten Jahren nehmen wird, ist nicht sicher. Letztlich bleibt zu hoffen, dass sich der EuGH in naher Zukunft mit dieser Problematik befasst. Bis dahin ist es wahrscheinlich, dass die Gerichte zumindest im Hinblick auf die Reihenfolge, in der die drei Stufen geprüft werden, der traditionellen Ansicht einer aufeinander aufbauenden und kumulativen Anwendung folgen,[876] zumal nur dieses Verständnis dem Wortlaut der Vorschrift

---

872 Kritisch daher *Kur,* Of Oceans, Islands, and Inland Water, http://papers.ssrn.com/sol3/papers.cfm?abstract_id=1317707, S. 41.

873 *Geiger*, IIC 2009, 627 (640 f.).

874 *Hugenholtz/Okediji*, Conceiving an International Instrument on Limitations and Exceptions to Copyright, 6.3.2008, http://www.ivir.nl/publicaties/hugenholtz/finalreport2008.pdf.

875 *Kur/Grosse Ruse-Khan*, Enough is Enough, Dezember 2008, http://papers.ssrn.com/sol3/papers.cfm?abstract_id=1326429.

876 Vertreter dieser Ansicht sind bereits in Fn. 845 genannt. In diesem Sinne auch *Hohagen*, Die Freiheit der Vervielfältigung zum eigenen Gebrauch, S. 96; *Reschke*, Verfassungs- und dreistufentestkonforme Auslegung, S. 86 f.; *Senftleben*, GRUR Int 2004, 200 (205 f. m.w.N.).

und den Begründungen in den Gesetzesmaterialien entspricht,[877] sodass die folgende Untersuchung ebenfalls von diesem Ausgangspunkt startet.

3. *Adressaten des Dreistufentests*

Ob der Dreistufentest als Prinzip des sekundären Gemeinschaftsrechts lediglich an die nationalen Gesetzgeber adressiert ist oder als eine allgemeine Auslegungsregel für nationale Schrankenbestimmungen heranzuziehen ist, lässt Art. 5 Abs. 5 InfoSoc RL ebenfalls offen und auch in den *traveaux préparatoires* finden sich keine Anhaltspunkte für die eine oder andere Richtung.[878] Dies ist bedauerlich, da eine Zuordnung erheblichen Einfluss auf die Bedeutung des Dreistufentestes hat. Bei Ersterem handelte es sich „nur" um eine Vorgabe, die der Gesetzgeber bei der Einführung neuer Schrankenbestimmungen zu beachten hätte. Mithin wäre anzunehmen, dass Schranken, die Eingang in das Gesetz gefunden haben, die Kriterien des Dreistufentests erfüllen, was zu einer bedeutend größeren Rechtssicherheit führte. Als Auslegungsregel könnten hingegen selbst bestehende Schranken zugunsten einer größeren Flexibilität aber zu Lasten der Rechtssicherheit für nicht anwendbar erklärt werden.[879]

Vieles spricht dennoch für Letzteres. Gemäß Art. 5 Abs. 2, Abs. 3 und Abs. 4 InfosSoc-RL können zwar *die Mitgliedstaaten* bestimmte Ausnahmen oder Beschränkungen in Bezug auf das Vervielfältigungsrecht *vorsehen*. Art. 5 Abs. 5 InfosSoc-RL spricht jedoch davon, dass diese vorgesehenen Ausnahmen und Beschränkungen nur in bestimmten Sonderfällen *angewandt* werden dürfen.[880] Zudem fordert Art. 6 Abs. 3 Software-RL, der wie Art. 5 Abs. 5 InfoSoc-RL die

A.A. und jedenfalls für die fehlende Eigenständigkeit der ersten Teststufe weiterhin *Gervais*, Marquette Intellectual Property Law Review 9 (2005), 1 (14-16); und auch *Poeppel*, Die Neuordnung der urheberrechtlichen Schranken im digitalen Umfeld, S. 112-116.

877 S. *Lucas*, EIPR 2010, 277 (281).

878 Abrufbar in englischer Sprache über die Datenbank PreLex (http://ec.europa.eu/prelex) unter der Nummer 1997/0359/COD. Die Entwürfe des Art. 5 Abs. 5 und des Erwägungsgrundes 44 der InfoSoc-RL erläutern nur die Art und Weise der Anwendung der Schrankenbestimmungen und nennen hingegen nicht die anwendende Person: „the exceptions and limitations ... shall only be applied" bzw. „when applying those exceptions, they should be exercised in accordance with international obligations...".

879 S. *Senftleben*, ami 2009, 1 (2-4) für eine Analyse, wie die unterschiedlichen Interpretationen des Dreistufentests in den Niederlanden die Rechtssicherheit schwächen; und *Westkamp*, J. Copyright Soc'y U.S.A. 56 (2008), 1 (24-26) für eine Übersicht über die Konsequenzen der unterschiedlichen Interpretationsweisen.

880 Ebenso verwendet Erwägungsgrund 44 InfoSoc-RL den Begriff „anwenden". Im englischen Text der Richtlinie heißt es in Abs. 2-4 ebenfalls „may provide" und in Abs. 5 hingegen „shall only be applied", bzw. in der französischen Version wird in Abs. 2-4 von „la faculté de prévoir" gesprochen, und in Abs. 5 die Nichtanwendbarkeit, „ne sont applicable", erklärt.

Zulässigkeit der zuvor genannten Ausnahmen und Beschränkungen anhand der Kriterien des Dreistufentests misst, ausdrücklich, dass die Schrankenbestimmungen nicht entgegen diesen Kriterien *ausgelegt* werden dürfen. Angesichts der gleichlaufenden Normzwecke sollte daher auch Art. 5 Abs. 5 InfoSoc-RL als Auslegungsregel verstanden werden.[881] Dieser Auffassung haben sich einige Mitgliedstaaten ausdrücklich angeschlossen, indem sie Art. 5 Abs. 5 InfoSoc-RL in nationales Recht umsetzten.[882] Und selbst in einigen Mitgliedstaaten, die den Test nicht in ihr Urheberrecht implementiert haben,[883] wird er von den Gerichten zur Auslegung herangezogen.[884]

In der Tat ist das Gemeinschaftsrecht in Übereinstimmung mit den aus der RBÜ und dem TRIPs resultierenden Verpflichtungen zu interpretieren, sodass der Dreistufentest als ein auf internationaler Ebene anerkannter Grundsatz auch dann anzuwenden wäre, wenn nur die Gesetzgeber Adressaten des Art. 5 Abs. 5 InfoSoc-RL wären. Vor diesem Hintergrund hat sich der BGH bereits vor Einführung der InfoSoc-RL unter Verweis auf Art. 9 Abs. 2 RBÜ und Art. 13 TRIPs

---

881 In diesem Sinne auch *Cohen Jehoram,* EIPR 2009, 408 (409); *ders.,* in: FS Schricker, S. 249 (258); *Geiger*, IIC 2006, 74 (80); *ders.*, EIPR 2007 486 (489) mit Betonung der daraus resultierenden Risiken; *Hoeren,* in: *Hilty/Geiger,* Impulse für eine europäische Harmonisierung des Urheberrechts, S. 265 (266); *Max-Planck-Institut für Geistiges Eigentum, Wettbewerbs- und Steuerrecht*, Declaration, EIPR 2008, 489 (494); *Walter*, in: *ders.*, Europäisches Urheberrecht, Info-RL, Rdnr. 94. *Generalanwälting Trstenjak* scheint diese Auffassung ebenfalls zu teilen, s. *Generalanwältin Trstenjak*, Schlussanträge v. 12.2.2009 – Rs. C-5/08 (Infopaq), abrufbar über die Webseite *http://curia.europa.eu* des Europäischen Gerichtshofes, Tz. 134-143. A.A. *Koelman*, EIPR 2006, 407; und *Hugenholtz/Okediji*, Conceiving an International Instrument on Limitations and Exceptions to Copyright, http://www.ivir.nl/publicaties/hugenholtz/final report2008.pdf, S. 18.

882 Darunter Frankreich, Griechenland, Italien, Luxemburg, Malta, Polen, Portugal, der Slowakei, Spanien, der Tschechei und Ungarn. Für eine umfassende Analyse, s. *Westkamp*, Study on the Implementation and Effect in Member States' Law of Directive 2001/29/EC. Part II, Februar 2007, http://ec.europa.eu/internal_market/copyright/docs/studies/infosoc-study-annex_en.pdf.

883 Darunter Belgien, Deutschland, Finnland, die Niederlande, Österreich und das Vereinigte Königreich. Siehe *Hugenholtz/Okediji*, Conceiving an International Instrument on Limitations and Exceptions to Copyright, http://www.ivir.nl/publicaties/hugenholtz/finalreport2008.pdf, S. 18; und *Westkamp*, Study on the Implementation and Effect in Member States' Law of Directive 2001/29/EC. Part II, Februar 2007, http://ec.europa.eu/internal_market/copyright/docs/studies/infosoc-study-annex_en.pdf.

884 S. *Rechtbank Den Haag*, Beschl. v. 2.3.2005 – 192880, LJN AS8778, abrufbar unter: http://zoeken.rechtspraak.nl/Default.aspx, besprochen bei *Senftleben*, ami 2009, 1 (2 f.); und *Rechtbank Den Haag*, . v. 25.6.2008 – 246698, LJN BD5690, abrufbar unter: http://zoeken.rechts praak.nl/Default.aspx, zusammengefasst in MMR 2008, XXV und besprochen bei *Senftleben*, ami 2009, 1 (3). In der Schweiz: *Schweizerisches Bundesgericht*, ZUM 2009, 84-88 (ProLitteris). In Belgien: *Tribunal de Premiere Instance de Bruxelles*, Urt. v. 13.2.2007 – n° 06/10.928/C, zusammengefasst in IIC 2007, 848-849 (Copiepresse). S.a. *Geiger,* IIC 2006, 683 (689 f.).

im Fall „Kopienversanddienst“ richtigerweise auf die Kriterien des Tests gestützt.[885] Gegen diese Auffassung spricht auch nicht, dass die Richter selbst nicht in der Lage seien, insbesondere die Behauptung des Rechteinhabers einer Beeinträchtigung der normalen Verwertung zu überprüfen.[886] Es ist vielmehr Aufgabe der anderen Partei des Verfahrens, die Behauptung des Rechteinhabers zu entkräften.

4. *Materieller Anwendungsbereich des Dreistufentests*

Leider wirft trotz der Verankerung in mittlerweile vier internationalen Verträgen (und in nationalen Gesetzen) auch der Anwendungsbereich des Dreistufentests Fragen auf. Insbesondere ist fraglich, ob der Test neben den als solchen ausgewiesenen Schrankenbestimmungen auf andere den Umfang der Verwertungsrechte bestimmende Faktoren angewendet werden kann. Soweit ersichtlich herrscht Einigkeit nur in dem Punkt, dass er nicht zur Bestimmung des Schutzgegenstandes herangezogen werden soll.[887]

So wird die Auffassung vertreten, der Dreistufentest sei nicht nur Maßstab für die Schrankenbestimmungen, sondern könne bereits bei der Feststellung, ob überhaupt eine ein Verwertungsrecht verletzende Nutzungshandlung vorliegt, zu Rate gezogen werden. Danach läge ein rechtsverletzender Eingriff nur vor, wenn die Nutzung die normale Verwertung des Schutzgegenstands beeinträchtige und die berechtigten Interessen des Rechteinhabers ungebührlich verletzt würden.[888] Diese Auffassung ist aufgrund der dargelegten historischen Bedeutung und der systematischen Verankerung des Dreistufentests bei den Schrankenbestimmungen jedoch abzulehnen.[889]

Ergänzend wird überlegt, ob jene Vorschriften dem Dreistufentest unterliegen, a) die die Ausübung der Ausschließlichkeitsrechte betreffen, wie z.B. der eine

885 S. BGHZ 141, 13 (30 ff.) = NJW 1999, 1953 (Kopienversanddienst).

886 Mit diesem Argument lehnt *Geiger* die Bedeutung als Auslegungsregel ab, s. *Geiger*, EIPR 2007, 486 (490).

887 S. *Hugenholtz/Okediji*, Conceiving an International Instrument on Limitations and Exceptions to Copyright, http://www.ivir.nl/publicaties/hugenholtz/finalreport2008.pdf, S. 19.

888 In diesem Sinne *Gervais*, Marquette Intellectual Property Law Review 9 (2005), 1 (27-30). Diese Möglichkeit der Anwendung des Dreistufentests ziehen auch die spanischen Richter im Fall zur Caching-Funktion von *Google* in Erwägung, s. *Audiencia Provincial de Barcelona*, Urt. v. 17.9.2008, abrufbar unter: http://www.interiuris.com/blog/wp-content/uploads/sentencia_google.pdf, besprochen bei *Kur*, Of Oceans, Islands, and Inland Water, http://papers.ssrn.com/sol3/papers.cfm?abstract_id=1317707, S. 34.

889 Wie hier *Griffiths*, IPQ 2009, 428 (446 f.); und *Hugenholtz/Okediji*, Conceiving an International Instrument on Limitations and Exceptions to Copyright, http://www.ivir.nl/publicaties/hugenholtz/finalreport2008.pdf, S. 18.

Verwertungsgesellschaftspflicht festlegende § 20b UrhG, bzw. b) die anstelle eines Ausschließlichkeitsrechts einen Vergütungsanspruch vorsehen, wie § 78 Abs. 2 und 3 UrhG und §§ 86 i.V.m. 78 Abs. 2 UrhG im Hinblick auf das Senderecht von ausübenden Künstlern und Tonträgerherstellern.[890] Gegen eine Überprüfung von Vorschriften erstgenannter Art anhand des Dreistufentests spricht aber, dass sie nicht an der Existenz des Ausschließlichkeitsrechts rütteln, sondern „nur" dessen Ausübung gestalten.[891] Ohnehin bleibt die Art und Weise der Ausübung gewisser Rechte in den internationalen Verträgen ausdrücklich den Verbandsländern überlassen, und zwar ohne die Anforderungen des Dreistufentests zu wiederholen.[892] Wollten sie die Ausgestaltung dieser Rechte dem Dreistufentest unterwerfen, hätten sie die drei Kriterien im Zusammenhang mit den Mindestrechten wiederholen müssen. Diese Überlegung kann auf den zweiten Fall – Vergütungsanspruch anstelle eines Ausschließlichkeitsrechts – übertragen werden, da Art. 15 Abs. 1 WPPT ein Vergütungsrecht ohne jeglichen Verweis auf die Kriterien des Dreistufentests vorsieht. Zudem geht es nicht um die Einschränkung eines existierenden Rechts, sondern um den vorgelagerten Schritt der Gewährung bzw. der Ausgestaltung des Rechts. Wo aber kein Recht ist, kann keines eingeschränkt werden. Der Dreistufentest ist folglich nur auf Schrankenbestimmungen anzuwenden.

Der Vollständigkeit halber sei erwähnt, dass außerdem umstritten ist, ob er sich sowohl auf die unter dem TRIPs-Abkommen (gem. Art. 13 TRIPs) bzw. den WIPO-Verträgen (gem. Art. 10 WCT und Art. 16 WPPT) gewährten Schranken als auch auf die spezielleren Schrankenvorschriften der RBÜ einschließlich der „minor reservations doctrine" (über Art. 9 Abs. 1 und Art. 13 TRIPs) bezieht,[893] oder ob der Dreistufentest Schrankenbestimmungen der RBÜ nur insoweit seiner Kontrolle unterwirft, als ihr Anwendungsbereich dadurch nicht verkleinert wird.[894] Da Art. 2bis Abs. 2, 10, 10bis, 11bis Abs. 2 und 3 sowie 13 Abs. 1 RBÜ, d.h. die speziellen Schrankenbestimmungen der RBÜ, für eine Rechtfertigung

890 Dafür *Hugenholtz/Okediji*, Conceiving an International Instrument on Limitations and Exceptions to Copyright, http://www.ivir.nl/publicaties/hugenholtz/finalreport2008.pdf, S. 19.

891 Ebenso *Geiger,* The Role of the Three-Step Test in the Adaptation of Copyright Law to the Information Society, UNESCO e-Copyright Bulletin, January-March 2007, http://unesdoc.unesco.org/images/0015/001578/157848e.pdf, S. 9-12 m.w.N.

892 Zum Beispiel gem. Art. 11bis Abs. 2 RBÜ und Art. 7 Abs. 2 Nr. 1 Rom-Abkommen für das Senderecht.

893 S. *Cohen Jehoram,* in: FS Schricker, S. 249 (253 f. und 256 f.); *Reinbothe/v. Lewinski*, The WIPO Treaties 1996, S. 130 Rdnrn. 28 f.; *Senftleben,* Copyright Limitations and the Three-Step Test, S. 115-117; *ders.*, GRUR Int 2004, 200 (203 f.).

894 S. *Ricketson/Ginsburg*, International Copyright and Neighbouring Rights. Bd. 1, S. 868-872 Rdnrn. 13.126-13.128 mit Berufung auf die Vereinbarte Erklärung zu Art. 10 WCT.

der im Rahmen dieser Arbeit relevanten Nutzungshandlungen allerdings nicht in Frage kommen, ist eine Darstellung des Streitstandes an dieser Stelle entbehrlich.

II. Analyse der Teststufen

Bedauerlicherweise sind die genauen Anforderungen des Dreistufentests selbst in ihrem jeweiligen rechtlichen Rahmen alles andere als klar. Insbesondere steht der Bericht des WTO-Panels zum US-amerikanischen 17 U.S.C. § 110 Abs. 5 (A) und (B) im Raum, der in seiner Tendenz durch eine restriktive Auslegung der Kriterien des Dreistufentests des Art. 13 TRIPs äußerst rechtsinhaberfreundlich ist und daher teils heftig kritisiert wurde.[895] Dies vorausgeschickt werden nachfolgend unter Berücksichtigung der unterschiedlichen Positionen die bisherigen Interpretationsansätze bezüglich der drei Teststufen untersucht.

1. Erste Stufe: Beschränkung auf bestimmte Sonderfälle

Schrankenbestimmungen dürfen dem Dreistufentest gemäß nur *bestimmte Sonderfälle* betreffen. Nicht abschließend geklärt ist bislang, welche Eigenschaften eine Schranke erfüllen muss, um als bestimmter Sonderfall zu gelten.

a) Erfordernis der Bestimmtheit

Das WTO-Panel brauchte sich in seinem Bericht mit dem Merkmal „Bestimmtheit" nicht eingehender zu beschäftigen, da sich die streitgegenständlichen Schranken bereits auf sehr spezielle Fälle bezogen. Diskutiert wurde zum einen die sog. „homestyle exemption" des 17 U.S.C § 110 Abs. 5 (A), wonach die öffentliche Wiedergabe bestimmter Werkarten, jedoch nicht Unterhaltungsmusik, keine Urheberrechtsverletzung darstellt, wenn hierfür nur ein haushaltsüblicher Apparat verwendet wird und kein Entgelt für die Wahrnehmung der Wiedergabe verlangt wird. Zum anderen ging es um den Umfang der sog. „business exemption" des 17 U.S.C § 110 Abs. 5 (B), welche die öffentliche Wiedergabe von Unterhaltungsmusik in Restaurants, Bars etc. abhängig von komplexen Kriterien wie etwa der Größe des Ladens, dem Anbieten von Speisen und Getränken, und der Anzahl der Lautsprecher vergütungsfrei zulässt.[896] Es erwähnte daher nur am Rande, dass im Interesse der Rechtssicherheit das Adjektiv „bestimmt" im Sinne von „eindeutig definiert"

895 Zur Bedeutung des Berichts des WTO-Panels zu 17 U.S.C. § 110 grundlegend *Senftleben*, Copyright Limitations and the Three-Step Test, S. 99-117.

896 S. die Zusammenfassung bei *Sterling*, World Copyright Law, 10.14.

zu verstehen sei, d.h., dass die durch die Schrankenbestimmung ausgenommenen Fälle ausreichend deutlich erkennbar und spezifiziert sein müssen.[897]

Gegen diese Interpretation spricht allerdings, dass eine Schrankengeneralklausel wie die US-amerikanische *fair use doctrine* des 17 U.S.C. § 107 diese Anforderung nur schwer erfüllen kann,[898] es aber nicht Ziel des Dreistufentests war und ist, die kontinentaleuropäische Haltung vis à vis Schrankenbestimmungen für maßgeblich zu erklären, sondern vielmehr eine Balance zwischen der angloamerikanischen und der kontinentaleuropäischen Urheberrechtstradition herzustellen.[899]

Mit Blick auf die englische Formulierung der ersten Stufe erscheint diese Interpretation ohnehin nicht zwingend. Es wird überzeugend argumentiert, dass „certain special cases" so verstanden werden kann, dass lediglich „gewisse" Sonderfälle erlaubt sein sollen – wie auch die erstmalige Formulierung des Dreistufentests in Art. 9 Abs. 2 RBÜ nicht auf „bestimmte", sondern auf „gewisse" Sonderfälle abstellt.[900]

Vorzugswürdiger scheint daher das Verständnis, wonach von einem „bestimmten" Sonderfall bereits dann auszugehen ist, wenn die betreffende Schranke von anderen Schrankentatbeständen auf nationaler Ebene hinreichend unterschieden werden kann, sei es, dass die Grenzziehung durch den Gesetzgeber oder durch die Rechtsprechung der Gerichte, wie z.B. im Paradebeispiel der Schranke für *fair use* i.S.d. 17 U.S.C. § 107, erfolgt.[901] Nach diesem Ansatz stünde die erste Stufe einer weiten Auslegung und ggf. sogar einer analogen Anwendung

897 WTO-Panelentscheidung v. 15.6.2000, Dok. WT/DS/160/R, abrufbar unter: http://www.wto.org/english/tratop_e/dispu_e/1234da.pdf, 6.108: „[T]his term means that, under the first condition, an exception or limitation in national legislation must be clearly defined." Zustimmend *Ficsor*, The Law of Copyright and the Internet, S. 516; *Lucas*, EIPR 2010, 277 (279 f.); *Reinbothe/v. Lewinski*, The WIPO Treaties 1996, S. 124 Rdnr. 15.

898 Grundlegend zu dieser Schranke und ihrer Vereinbarkeit mit dem Dreistufentest *Förster*, Fair Use, S. 193-201; und *Senftleben*, Copyright Limitations and the Three-Step Test, S. 162-168. S. aber auch *Lucas*, EIPR 2010, 277 (278 f.) mit der Kritik, dass die mögliche Inkompatibilität der *fair use doctrine* mit dem Dreistufentest nicht zu einer ihn legitimierenden Interpretation führen darf.

899 *Geiger*, IIC 2009, 627 (633 f.); *Kur*, Of Oceans, Islands, and Inland Water, http://papers.ssrn.com/sol3/papers.cfm?abstract_id=1317707, S. 23; *Poeppel*, Die Neuordnung der urheberrechtlichen Schranken im digitalen Umfeld, S. 113: *Senftleben*, GRUR Int 2004, 200 (206 f.); *Senftleben*, in: *Hilty/Peukert*, Interessenausgleich im Urheberrecht, S. 159 (177).

900 Dies betont *Senftleben*, GRUR Int 2004, 200 (206).

901 *Senftleben*, Copyright Limitations and the Three-Step Test, S. 133-137; *ders.*, GRUR Int 2004, 200 (207); *ders.*, in: *Hilty/Peukert*, Interessenausgleich im Urheberrecht, S. 159 (177). Zustimmend *Geiger/Griffiths/Hilty*, EIPR 2008, 489 (491). A.A. *Poeppel*, Die Neuordnung der urheberrechtlichen Schranken im digitalen Umfeld, S. 113 f.: folgte man der Auffassung von *Senftleben*, verkomme die Zulassung nur von „bestimmten" Sonderfällen zu einer inhaltsleeren und somit überflüssigen Einschränkung, da die bloße Unterscheidbarkeit der Schrankentatbestände stets gegeben sein wird.

einer Schrankenbestimmung nicht entgegen.[902] Scheitern würde an diesem Kriterium allerdings eine zu vage gehaltene Bestimmung.[903]

b) Vorliegen eines Sonderfalls

Im Zusammenhang des zweiten Kriteriums der ersten Teststufe bedeutet nach Ansicht des WTO-Panels der Begriff „Sonderfall", dass eine Schranke sowohl in quantitativer als auch in qualitativer Hinsicht nur eine begrenzte, von den normalen Fällen der Werkverwertung sich hinreichend abhebende Menge von Verwertungsvorgängen erfasse.[904] Mit qualitativen Kriterien beschäftigte sich der Bericht dann jedoch nicht weiter. Vielmehr scheiterte die „business exemption" des 17 U.S.C. § 110 Abs. 5 (B) an diesem Kriterium bzw. passierte die „homestyle exemption" des 17 U.S.C. § 110 Abs. 5 (A) diese Stufe allein aufgrund ihres quantitativ geringen Ausmaßes.[905]

Gegen ein alleiniges Abstellen auf quantitative Überlegungen sprechen jedoch systematische Bedenken, denn es würde die zweite Teststufe, nach der die Beeinträchtigung der normalen Auswertung unzulässig ist, ihrer Bedeutung beraubt. Wenn nämlich ohnehin nur solche Beschränkungen die erste Teststufe passieren, die eine geringere Zahl von Nutzungshandlungen ermöglichen, wird in aller Regel eine Beeinträchtigung der normalen Ausweitung ausbleiben.[906] Zudem gibt es keinerlei national oder international gültigen Zahlen oder Kriterien, wann eine quantitative Grenze überschritten ist.[907]

Alternativ wird daher vorgeschlagen ausschließlich zu prüfen, ob eine Schrankenbestimmung einem spezifischen Zweck diene und dieser Zweck einen wichtigen Belang bilde. Entsprechend liege kein Sonderfall vor, wenn die Rechtfertigung für eine Beschränkung so schwach sei, dass eine sinnvolle Abwägung gegen berechtigte Interessen des Urhebers ausgeschlossen schiene.[908] Doch auch

902 Zutreffend *Geiger/Griffiths/Hilty*, EIPR 2008, 489 (491 f.).

903 S. *Geiger,* IIC 2009, 627 (633).

904 WTO-Panelentscheidung v. 15.6.2000, Dok. WT/DS/160/R, abrufbar unter: http://www.wto.org/english/tratop_e/dispu_e/1234da.pdf, 6.109: „[A]n exception or limitation should be narrow in quantitative as well as a qualitative sense." Zustimmend *Ginsburg,* RIDA 187 (2001), 2 (39-43).

905 WTO-Panelentscheidung v. 15.6.2000 a.a.O., 6.127-6.133 sowie 6.142 f. und 6.148.

906 Zutreffend *Kur*, Of Oceans, Islands, and Inland Water, http://papers.ssrn.com/sol3/papers.cfm?abstract_id=1317707, S. 24; *Senftleben*, GRUR Int 2004, 200 (207 m.w.N.); *ders.*, in: *Hilty/Peukert*, Interessenausgleich im Urheberrecht, S. 159 (177 f.).

907 Dies heben kritisch hervor *Griffiths,* EIPR 2010, 309 (310); und *Kur*, Of Oceans, Islands, and Inland Water, http://papers.ssrn.com/sol3/papers.cfm?abstract_id=1317707, S. 24.

908 So ursprünglich *Ricketson*, IPQ 1999, 56 (69). Zustimmend *Ficsor*, The Law of Copyright and the Internet, S. 516; *Koelman*, EIPR 2006, 407 (409); *Reinbothe/v. Lewinski*, The WIPO Treaties 1996, S. 124 Rdnr. 15. Grundlegend auch *Senftleben,* Copyright Limitations and the

gegen diesen normativen Interpretationsansatz werden systematische Bedenken vorgebracht, und zwar, dass er die für die dritte Teststufe maßgebliche Interessenabwägung vorwegnehme.[909] Darüber hinaus spreche gegen eine rein qualitative Betrachtung, dass insbesondere in Entwicklungsländern schnell ein Rechtfertigungsgrund für die Einführung einer Schranke gefunden sei, bzw. es umgekehrt oft an einem guten Grund für die Einführung oder Beibehaltung einer Schranke fehle, wenn z.B. andere Wege existierten, mit denen der angestrebte Zweck erreicht werden könne.[910]

Stattdessen wird vorgeschlagen, die erste Stufe von einer Kombination aus quantitativen und qualitativen Erwägungen bestimmen zu lassen, und zwar dergestalt, dass eine erste Schätzung der vorhersehbaren quantitativen Einbußen in der Verwertung des Exklusivrechts aufgrund der Schranke unter Berücksichtigung der Durchsetzbarkeit der Rechte mit qualitativen Überlegungen abgewogen werden müsse.[911] Auch gegen diesen Ansatz wiegen die vorgenannten Bedenken der Berücksichtigung qualitativer Aspekte freilich schwer. Dennoch muss durch ein Abstellen auf qualitative Gesichtspunkte weder die Abwägung der dritten Stufe vorweggenommen, noch durch einen starken qualitativen Rechtfertigungsgrund der urheberrechtliche Schutz zunichte gemacht werden. Es wird lediglich im Sinne eines Vorfilters geprüft, ob die Allgemeinheit bzw. die Nutzer ein *grundsätzlich* legitimes Interesse an der Schrankenbestimmung haben. Ob sich dieses gegen die Interessen des Rechteinhabers durchsetzt, wird damit noch nicht beantwortet, sondern erst auf der dritten Teststufe entschieden. Gleichermaßen passiert eine Schranke die erste Stufe, deren Schutzzweck grundsätzlich über einen alternativen Weg erreicht werden kann. Hauptsache ist nur, dass überhaupt ein Rechtfertigungsgrund gegeben ist. Dieses Verständnis wird nicht zuletzt durch den strukturellen Aufbau des Dreistufentests in den unterschiedlichen Abkommen gestützt. So wird in den sprachlich maßgeblichen englischen und französischen (aber auch der deutschen) Fassungen die Forderung nach einem bestimmen/gewissen Sonderfall durch einen Relativsatz ergänzt, der die beiden anderen Teststufen enthält, („provided that“ bzw. „pourvu que“ in der RBÜ, und „which“ bzw. „qui“ im TRIPs).[912]

Three-Step Test, S. 144-152; *ders.*, GRUR Int 2004, 200 (207 f.); *ders.*, in: *Hilty/Peukert*, Interessenausgleich im Urheberrecht, S. 159 (178 f.). Einer qualitativen Sichtweise stehen auch nahe der BGHZ 141, 13 (31) = NJW 1999, 1953 (Kopienversanddienst); sowie *Generalanwältin Trstenjak*, Schlussanträge v. 12.2.2009 – Rs. C-5/08 (Infopaq) Tz. 135 f., abrufbar über die Webseite http://curia.europa.eu des Europäischen Gerichtshofes.

909 *Poeppel*, Die Neuordnung der urheberrechtlichen Schranken im digitalen Umfeld, S. 115.

910 *He*, IIC 2009, 274 (291 f.).

911 *He* a.a.O., S. 288-290.

912 Im Einzelnen zur sprachlichen Gestaltung *Senftleben,* Copyright Limitations and the Three-Step Test, S. 125-133.

Der Dreistufentest ist demnach zu lesen als bestehend aus einer Grundregel (die erste Stufe) gefolgt von zwei Bedingungen (die zweite und die dritte Stufe), die diese Grundregel ausformen. Dabei ist eine Schranke bestimmt, wenn sie von anderen Schrankentatbeständen auf nationaler Ebene hinreichend unterschieden werden kann. Quantitative und qualitative Aspekte machen sie wiederum zu einem Sonderfall.

2. Zweite Stufe: Keine Beeinträchtigung der normalen Verwertung

Die zweite Stufe des Tests verlangt, dass die von der Schrankenbestimmung erfasste Nutzungshandlung nicht die *normale Verwertung* des Schutzgegenstandes beeinträchtigt.

Der Begriff der *Verwertung* verweist offensichtlich auf jede Nutzung des Schutzgegenstandes, durch die der Rechteinhaber einen wirtschaftlichen Vorteil erlangen kann.[913] Die Frage, wann eine Verwertung *normal* ist, ist hingegen nicht einfach zu beantworten, da weder die internationalen Verträge noch die europäischen Richtlinien eine Definition geben. Die Auslegung dieser zweiten Teststufe ist aber von größter Bedeutung für die Zulässigkeit von Schranken. Denn ein weites Verständnis von dem, was *normal* ist, hat bei einer stufenweisen Anwendung aller drei Voraussetzungen zur Folge, dass die Prüfung die dritte Stufe, im Rahmen derer die unterschiedlichen Interessen gegeneinander abgewogen und Belange sozialer oder kultureller Natur berücksichtigt werden können, häufig nicht erreicht wird und eine Schrankenbestimmung schon an der rein wirtschaftlichen Feststellung der zweiten Teststufe scheitert. Unzweifelhaft ist diesem Begriff daher eine gewisse einschränkende Wirkung beizulegen, damit nicht jede Form der Auswertung urheberrechtlich geschützten Materials erfasst wird.[914]

a) Existenz eines Marktes

Wie das WTO-Panel festgestellt hat – und in diesem Punkt besteht in der Literatur Einigkeit – muss die Beurteilung, ob eine Schrankenbestimmung mit der normalen Verwertung eines Werkes kollidiert, für jedes Verwertungsrecht einzeln erfolgen. Es ist folglich der Markt zu bestimmen, der mit dem jeweiligen Verwertungsrecht erschlossen wird, wobei angesichts der unterschiedlichen Verwertungswirklichkeiten eine nach Werkart und sonstigen Charakteristika differenzierende

---

913 Statt aller *Gervais*, Marquette Intellectual Property Law Review 9 (2005), 1 (16).

914 S. WTO-Panelentscheidung v. 15.6.2000, Dok. WT/DS/160/R, abrufbar unter: http://www.wto.org/english/tratop_e/dispu_e/1234da.pdf, 6.167. S.a. *Hohagen*, Die Freiheit der Vervielfältigung zum eigenen Gebrauch, S. 100.

Betrachtung erforderlich sein kann.[915] Im Sinne einer Negativabgrenzung bedeutet dies, dass allein die Tatsache, dass eine Schranke ein anderes Verwertungsrecht oder sogar dasjenige unangetastet lässt, mit welchem der Rechteinhaber die meisten Gewinne erzielt, nicht ausreicht, um die Zulässigkeit der Schranke anzunehmen.[916]

Mit seiner Äußerung, dass nicht nur die zu einem bestimmten Zeitpunkt üblichen und empirisch bestimmbaren Verwertungsmöglichkeiten geschützt seien, sondern aus einer normativen Betrachtung heraus auch solche, die durch den technischen Fortschritt aller Wahrscheinlichkeit nach zukünftig von Bedeutung sein werden,[917] hat das WTO-Panel jedoch einige Fragen aufgeworfen, die nachfolgend besprochen werden müssen. Als gesichert gilt insofern nur, dass allein aus der Existenz einer gegenwärtigen Lizenzierungspraxis am Markt nicht auf deren Normalität und mit Beeinträchtigung dieser Lizenzierungspraxis auf einen Verstoß gegen die zweite Stufe geschlossen werden kann.[918] Gleichermaßen ist eine blinde Orientierung an der rechtlichen Situation in anderen Ländern der Erde im Sinne eines Festhaltens an dem, was im Großen und Ganzen als „normal" betrachtet wird, abzulehnen, da darin die Gefahr liegt, nationale Praktiken zu kanonisieren, ohne diese einer Kontrolle nach internationalen Standards zu unterziehen.[919]

Nichtsdestotrotz lässt sich aus den Feststellungen des WTO-Panels bereits an diesem Punkt ein Zwischenergebnis ziehen: Die zweite Stufe kann überhaupt nur beeinträchtigt sein, wenn durch die jeweilige Nutzungshandlung ein bestimmter, für den Rechteinhaber offener Markt der Verwertung des Werkes angesprochen wird. Mit anderen Worten heißt das, dass die normale Verwertung nicht beeinträchtigt ist, wenn es z.B. aufgrund des Zwecks der Verwendung des Schutzgegenstandes oder des Umfangs der übernommenen Elemente überhaupt keinen Markt für den Rechtinhaber für die jeweilige Nutzungshandlung gibt.[920] Werknutzungen etwa im Rahmen von Parodien könnten vor diesem Hintergrund be-

---

915 *Ginsburg,* RIDA 187 (2001), 2 (43); *Poeppel*, Die Neuordnung der urheberrechtlichen Schranken im digitalen Umfeld, S. 116; *Reinbothe/v. Lewinski*, The WIPO Treaties 1996, S. 125 Rdnr. 18; *Senftleben*, GRUR Int 2004, 200 (209). S. WTO-Panelentscheidung v. 15.6.2000, Dok. WT/DS/160/R, abrufbar unter: http://www.wto.org/english/tratop_e/dispu_e/1234da.pdf, 6.173.

916 WTO-Panelentscheidung v. 15.6.2000 a.a.O., 6.172 f. So auch *Reinbothe/v. Lewinski*, The WIPO Treaties 1996, S. 125, Rdnr. 18.

917 WTO-Panelentscheidung v. 15.6.2000 a.a.O., 6.166, 6.179 f. und 6.187.

918 WTO-Panelentscheidung v. 15.6.2000 a.a.O., 6.188. Zustimmend *Ginsburg,* RIDA 187 (2001), 2 (23).

919 Zutreffend *Kur*, Of Oceans, Islands, and Inland Water, http://papers.ssrn.com/sol3/papers.cfm?abstract_id=1317707, S. 25.

920 Diese Schlussfolgerung ebenfalls andeutend *Geiger*, IIC 2006, 74 (81); und *Griffiths,* EIPR 2010, 309 (312).

reits an dieser Stelle die zweite Teststufe passieren. So gibt es zwar einen Markt für Parodien, dieser wird vom Urheber selbst aber nicht bedient.[921]

b) Relevanz der Möglichkeit der Kontrolle der Verwertung

Gibt es für die Verwertung grundsätzlich einen Markt, ist sodann fraglich, inwiefern die Kontrollierbarkeit der Verwertung Einfluss auf ihre Schutzwürdigkeit hat.

Nach der viel zitierten Auffassung von *Ricketson* ist es für den Verstoß gegen die zweite Teststufe entscheidend, ob eine realistische Möglichkeit besteht, dass der Rechteinhaber seine Rechte selbst durchsetzen kann.[922] Dies mag zu einer Zeit, als es reprographische Vervielfältigungstechniken waren, die Grund zur Sorge um die Rechte des Urhebers gaben, gleichzeitig aber eine effektive Kontrolle massenhafter Nutzungsvorgänge im Privatbereich kaum möglich war, eine wirtschaftlich sinnvolle und juristisch praktikable Herangehensweise gewesen sein. Die Rahmenbedingungen haben sich seitdem jedoch grundlegend geändert. DRM-Systeme ermöglichen den Abschluss von Lizenzverträgen mit einzelnen Endverbrauchern zu geringen Transaktionskosten, machen damit fast jede Verwertung kontrollierbar und heben letztlich das vorgenannte, gewisse Schrankenbestimmungen rechtfertigende Marktversagen auf. Es wäre daher – immerhin war es bereits das Jahr 2000 – wünschenswert gewesen, wenn das WTO-Panel zu diesem Punkt ausführlicher Stellung genommen und sich nicht darauf beschränkt hätte, eine Verwertung ganz allgemein und scheinbar in Übereinstimmung mit *Ricketson* dann anzunehmen, wenn die Nutzung wirtschaftlich in einen Wettbewerb mit jenen Auswertungen tritt, aus denen Rechteinhaber aufgrund ihrer Nutzungsrechte üblicherweise einen wirtschaftlichen Wert ziehen und ihnen hierdurch wesentliche oder spürbare wirtschaftliche Gewinne vorenthalten werden.[923]

Ließe man heute nun das bloße Faktum, dass die Errichtung eines funktionierenden Marktes in einem von einer Schranke privilegierten Bereich praktisch möglich und zu erwarten ist, ausreichen, um die Schranke aufgrund der zweiten Test-

---

921 Im Ergebnis wie hier *Senftleben,* Copyright Limitations and the Three-Step Test, S. 195.

922 *Ricketson*, IPQ 1999, 56 (70).

923 S. aber WTO-Panelentscheidung v. 15.6.2000, Dok. WT/DS/160/R, abrufbar unter: http://www.wto.org/english/tratop_e/dispu_e/1234da.pdf, 6.180 und 6.183. Im englischen Original heißt es in 6.183: „We believe that an exception or limitation to an exclusive right in domestic legislation rises to the level of a conflict with a normal exploitation of the work (i.e., the copyright or rather the whole bundle of exclusive rights conferred by the ownership of the copyright), if uses, that in principle are covered by that right but exempted under the exception or limitation, enter into economic competition with the ways that right holders normally extract economic value from that right to the work (i.e., the copyright) and thereby deprive them of significant or tangible commercial gains."

stufe für unzulässig zu erklären, könnten Rechteinhaber jedenfalls im Bereich des digitalen Direktvertriebs durch einfachvertragliche Vereinbarungen die durch den Gesetzgeber sorgfältig austarierten Schrankenbestimmungen umgehen. Dies stünde im Gegensatz zu der Zielsetzung des deutschen Gesetzgebers, das Urheberrecht technologieneutral auszugestalten,[924] und es bliebe im Hinblick auf digitale Verwertungen praktisch kein Freiraum für die Einführung von Schranken, bzw. allenfalls dort, wo der Rechteinhaber kein Interesse an einer Verwertung hat. Dieses Ergebnis entpräche nicht dem Sinn und Zweck des Dreistufentests, unter den Verwertungshandlungen nur diejenigen zu identifizieren, die den Urheber übermäßig in seiner eigenverantwortlichen Auswertung behindern.[925] Immerhin stellte das WTO-Panel fest: „not every use of a work, which in principle is covered by the scope of exclusive rights and involves commercial gain, necessarily conflicts with a normal exploitation“[926]. Nicht zuletzt ist aber zweifelhaft, ob technische Schutzmaßnahmen das digitale Kopieren tatsächlich erfolgreich unterbinden. Akzeptanzprobleme in der Bevölkerung, das Erfordernis der stetigen Umsetzung technischer Neuerungen und die Kosten solcher Systeme sprechen dagegen.

Die Attraktivität dieser Argumentation ist dennoch groß und zeigt sich deutlich im französischen Fall *Mulholland Drive*[927]. Das französische Gericht stellte in ganz abstrakter Weise und unabhängig vom konkreten Fall fest, dass die digitale Vervielfältigung einer kopiergeschützten DVD eine Einschränkung der normalen Verwertung darstelle, ohne eine genauere Begründung zu liefern, warum dies so sei.[928] Und auch Rechteinhaber verweisen gern auf diese Stufe, wenn es um die Verhinderung der Ausweitung von Schrankenbestimmungen geht.[929] Die

---

924 S. u.a. die Prüfungsaufträge des Deutschen Bundestages an das Bundesjustizministerium, BT-Dr 16/3539, S. 3 f.

925 Kritisch zu diesem Kriterium daher auch *Geiger,* IIC 2009, 627 (634 f.); *Hilty*, GRUR 2005, 819 (825); *Poeppel*, Die Neuordnung der urheberrechtlichen Schranken im digitalen Umfeld, S. 117; *Senftleben*, GRUR Int 2004, 200 (208); *Westkamp*, J. Copyright Soc'y U.S.A. 56 (2008), 1 (15-19, 27).

926 WTO-Panelentscheidung v. 15.6.2000, Dok. WT/DS/160/R, abrufbar unter: http://www.wto.org/english/tratop_e/dispu_e/1234da.pdf, 6.182.

927 *Cour de Cassation*, IIC 2006, 760.

928 *Cour de Cassation* a.a.O., S. 761. Äußerst kritisch daher *Geiger,* IIC 2006, 683 (691 f.).

929 S. die Situation in England: Im Rahmen der Überarbeitung der Schrankenbestimmungen des englischen CDPA 1988 hat das *UK Intellectual Property Office* verschiedene Interessengruppen um ihre Stellungnahme zu den Änderungsvorschlägen gebeten, s. *United Kingdom Intellectual Property Office*, Taking Forward the Gowers Review I, November 2007, http://www.ipo.gov.uk/consult-copyrightexceptions.pdf. In ihren Antworten betonen die Rechteinhaber, dass die meisten Schranken gegen den Dreistufentest verstießen, da die Lizenzierung der von der Schranke betroffenen Werknutzung grundsätzlich möglich sei, s. die Zusammenfassung der Konsultationen bei *United Kingdom Intellectual Property Office*, Taking Forward the Gowers Review II, Dezember 2009, http://www.ipo.gov.uk/consult-gowers2.pdf; sowie die Darstellung bei

Gefahr, dass andere Gerichte die Frage nach der Beeinträchtigung einer normalen Verwertung ähnlich handhaben, ist groß.

Es sollten daher weitere Kriterien für die Feststellung einer Beeinträchtigung der normalen Verwertung eines Werkes ausschlaggebend sein. Gleichwohl bleibt die Möglichkeit der Kontrolle des Marktes natürlich ein Indiz für die Beeinträchtigung der normalen Verwertung, da kontrollierbare Verwertungen in der Regel direkt von den Rechteinhabern lizenziert werden und im Gegensatz dazu unkontrollierbare Nutzungshandlungen häufig durch Schrankenregelungen freigestellt und die Interessen der Rechteinhaber über einen Beteiligungsanspruch ausgeglichen werden.

c) Kriterien zur sachgerechten Bestimmung einer Beeinträchtigung

In der Panelentscheidung stand eine rein quantitative Betrachtungsweise im Vordergrund, wenngleich das WTO-Panel andere Ansätze ausdrücklich nicht ausschloss.[930] Entsprechend hat auch *Generalanwältin Trstenjak* ihre Beurteilung im Infopaq-Fall auf eine rein quantitative Argumentation gestützt.[931]

Schon an der Panelentscheidung zeigt sich aber, dass dieser einseitige Ansatz weder für Rechteinhaber noch für Nutzer bzw. die Allgemeinheit von Vorteil ist: Das Schiedsgericht hielt einerseits die US-amerikanische „homestyle exemption" u.a. deswegen für zulässig, weil sie sich nur auf die kleine und gleichzeitig im Verhältnis zu anderen Werkarten finanziell weniger bedeutende Gruppe der „dramatic musical works", wie Opern, Operetten oder Musicals, bezog.[932] Es ignorierte hierbei aber zum Nachteil der Rechteinhaber die Tatsache, dass selbst ein absolut kleiner Betrag für den Rechteinhaber eines „dramatic musical work" relativ betrachtet einen erheblichen Beitrag zu seinen Auswertungserlösen leisten kann. Andererseits befand es zum Nachteil der Nutzer/der Allgemeinheit die „business exemption" pauschal für unzulässig, da die Einnahmen für die Lizen-

---

Griffiths, EIPR 2010, 309 (311). Für eine Bewertung aus deutscher Perspektive s. *Poll/Braun*, ZUM 2004, 266 (274-277).

930 WTO-Panelentscheidung v. 15.6.2000, Dok. WT/DS/160/R, abrufbar unter: http://www.wto.org/english/tratop_e/dispu_e/1234da.pdf, 6.180: „Thus it appears that *one way* of measuring the normative connotation of normal exploitation is to consider, in addition to those forms of exploitation that currently generate significant or tangible revenue, those forms of exploitation which, with a certain degree of likelihood and plausibility, could acquire considerable economic or practical importance" [Hervorhebung der Verfasserin].

931 *Generalanwältin Trstenjak*, Schlussanträge v. 12.2.2009 – Rs. C-5/08 (Infopaq), Tz. 138, abrufbar über die Webseite http://curia.europa.eu des Europäischen Gerichtshofes. Der EuGH ist auf diesen Punkt jedoch nicht eingegangen, sodass eine Entscheidung des höchsten europäischen Gerichts hierzu aussteht.

932 WTO-Panelentscheidung v. 15.6.2000, Dok. WT/DS/160/R, abrufbar unter: http://www.wto.org/english/tratop_e/dispu_e/1234da.pdf, 6.216-6.219.

zierung von Radiosendungen einen Großteil der gesamten Lizenzeinnahmen ausmachten, ohne aber Erwägungen außerhalb der quantitativen Argumentation heranzuziehen.[933]

In der Literatur wird daher grundsätzlich zurecht ein normativer Ansatz gefordert.[934] Die mit dem Patent- und Geschmacksmusterrecht befassten Schwestervorschriften in Art. 26 Abs. 2 und Art. 30 TRIPs sehen auf der zweiten Teststufe eine dahingehende Verhältnismäßigkeitsprüfung ebenfalls ausdrücklich vor, indem sie verlangen, „that such exceptions do not *unreasonably* conflict with a/the normal exploitation.“[935] Leider gibt es aber selbst in diesen Rechtsgebieten keine Entscheidung zu ihrer Auslegung.

Ginsburg schlägt beispielsweise vor, zusätzlich nichtökonomische Aspekte wie den Schutz der Privatsphäre in die Untersuchung der zweiten Teststufe einzubeziehen, scheinbar um einer Lähmung gemeinnütziger Schrankenbestimmungen entgegenzutreten.[936] Letztlich wäre dies aber ein radikaler Bruch mit der traditionellen Interpretation des Dreistufentests und ein unnötiger Vorgriff auf die Erwägungen der dritten Stufe. Ferner weist nichts auf eine unbeabsichtigte Lücke bei der Formulierung des Art. 13 TRIPs hin.[937]

Senftleben nimmt eine Beeinträchtigung der normalen Verwertung wiederum dann an, wenn dem Urheber eine aktuelle oder zukünftige typische Haupteinnahmequelle entzogen werde, die innerhalb der Verwertungsmöglichkeiten von besonderer Bedeutung sei.[938] Dies führte allerdings zu dem fragwürdigen Ergebnis, dass „exotischere“ Rechte, wie etwa das Recht der Wiedergabe einer öffentlichen Zugänglichmachung i.S.d. § 22 Satz 1 2. Alternative UrhG, die im Rahmen des Einkünfte-Portfolios eines Rechteinhabers relativ nur einen kleinen Anteil ausmachen, scheinbar weniger wert sind und leichter beschränkt werden können. Eine solche Wertung lässt sich freilich weder im Urheberrechtsgesetz noch in den internationalen Abkommen finden. Gleichzeitig widerspricht *Senftleben* damit der insofern doch eindeutigen und daher durchaus richtungweisen-

933 WTO-Panelentscheidung v. 15.6.2000 a.a.O., 6.206 und 6.208.

934 Schon *Ginsburg,* RIDA 187 (2001), 2 (23). Ebenso *Geiger,* IIC 2006, 683 (693); *Kur*, Of Oceans, Islands, and Inland Water, http://papers.ssrn.com/sol3/papers.cfm?abstract_id=1317707, S. 27; *Ricketson/Ginsburg*, International Copyright and Neighbouring Rights. Bd. 1, S. 771 Rdnr. 13.20.

935 Art. 26 Abs. 2 TRIPs („the“) und Art. 30 TRIPs („a“) [mit Hervorhebung der Verfasserin].

936 *Ginsburg,* RIDA 187 (2001), 2 (51 f.).

937 Ablehnend daher zu recht *Lucas*, EIPR 2010, 277 (279 f.).

938 *Senftleben,* Copyright Limitations and the Three-Step Test, S. 194: „[A] conflict with a normal exploitation arises when authors are divested of an actual or potential, typical major source of royalty revenue that carries weight within the overall commercialisation of works of the relevant category.“

den Analyse des WTO-Panels, dass die Feststellung einer Beeinträchtigung für jedes Verwertungsrecht einzeln zu erfolgen habe.

Vielmehr erscheint ausgehend von der Annahme, dass an dieser Teststufe jene Verwertungshandlungen scheitern müssen, die den Urheber in seinen Auswertungsmöglichkeiten übermäßig beeinträchtigen, nach alledem eine sowohl quantitative als auch qualitative Aspekte berücksichtigende Untersuchung angebracht. Bei der Abwägung ist ein Faktor gewiss die finanzielle Einbuße, die der Rechteinhaber durch die Einführung der Schranke erleidet. Hier sind die durch eine individuelle Lizenzierung zu erzielenden (gegenwärtigen und potentiellen) Einnahmen zu ermitteln. Neben dieser Untersuchung der Konsequenzen für ein einzelnes Verwertungsrecht, ist – insofern die Idee von *Senftleben* aufgreifend – einzubeziehen, inwiefern die durch die Verwertung eines konkreten Werkes zu erzielenden Einnahmen insgesamt, also Verwertungsrechte übergreifend, geschmälert werden. Hier ist von Bedeutung, ob die Schranke eine mit der normalen Werkauswertung konkurrierende Werknutzung ermöglicht oder ob es sich „lediglich" um eine nachranginge bzw. andere Verwertungsform handelt.[939] Ein qualitatives Indiz ist zudem, ob der eigentumsrechtlich geschützte Kern des Urheberrechts angegriffen wird, d.h. der Vergütungsanspruch. Schranken, die lediglich das Ausschließlichkeitsrecht durch einen Vergütungsanspruch ersetzen, können eher die zweite Stufe passieren, obwohl sich eine Unzulässigkeit natürlich nach der dritten Stufe ergeben kann.[940]

Ergänzend erscheint es sinnvoll zu überlegen, welches Mindestmaß an Exklusivität erforderlich ist, um ein Marktversagen zu verhindern.[941] Allerdings darf dieser Aspekt vor dem Hintergrund, dass im Urheberrecht der Urheber im Zentrum der Betrachtung steht, nicht die Untergrenze dessen ausmachen, was als *normal* erachtet wird, da nach dieser Betrachtung nicht ausgeschlossen ist, dass auch ein Weniger als der eigentumsrechtlich geschützte Kern des Urheberrechts ausreicht, um ein Marktversagen zu verhindern.

Darüber hinaus überzeugt ein weiteres, von *Hilty* entwickeltes Argument. Er ist der Auffassung, dass der Schutz der zweiten Teststufe nicht so weitreichend sein solle, dass sämtliche Sachverhalte der Zweitverwertung hieran scheitern. Jedenfalls einige Formen der Zweitverwertung seien nämlich tatsächlich lediglich „nachgelagerte" Gewinnmöglichkeiten, da der Rechteinhaber hierzu selbst

---

939 S.a. *Hohagen*, Die Freiheit der Vervielfältigung zum eigenen Gebrauch, S. 102-109.

940 Zutreffend *Senftleben*, GRUR Int 2004, 200 (209). S.a. *Geiger*, IIC 2006, 74 (81). Zur Bestimmung des urheberrechtlich geschützten Kerns, siehe zuvor in diesem Teil Kapitel 1, Abschnitt B, Punkt I. 1.

941 S. *Kur*, Of Oceans, Islands, and Inland Water, http://papers.ssrn.com/sol3/papers.cfm?abstract_id=1317707, S. 27.

nichts beigetragen habe, und können daher nicht der „normalen Verwertung“ zugerechnet werden.[942]

Die Angemessenheit der Höhe eines möglichen Vergütungsanspruchs ist hingegen erst auf der nächsten Teststufe nach Abwägung sämtlicher berechtigter Interessen zu überprüfen.[943]

Letztlich bleibt aber der genaue Inhalt dieser zweiten Teststufe unscharf. So ist es nicht verwunderlich, dass zum Beispiel das Schweizerische Bundesgericht eine Stellungnahme zu dieser Frage vermied, indem es mit Hinweis auf die Darlegungs- und Beweislast feststellte, dass der Kläger nicht hinreichend substantiiert vorgetragen hätte, um diesen Punkt zu entscheiden.[944] Dennoch, die Literatur hat zweifelsohne mehrere überzeugende Kriterien entwickelt, anhand derer beurteilt werden kann, ob die „normale Verwertung“ beeinträchtigt ist.

d) Darlegungs- und Beweislast

Die Frage nach der Darlegungs- und Beweislast ist nichtsdestotrotz mehr als nur eine Abkürzung in der Begründung der Schweizer Richter. Denn Tatsachen hinsichtlich der Höhe der Einnahmen über individualvertragliche Lizenzerteilungen, über mögliche kollektive Lizenzen sowie über den Anteil der ausgenommenen Verwertung am Einkünfte-Portfolio sind überhaupt erst einmal vorzutragen, sodass dieser Aspekt größte Auswirkungen auf die Handhabbarkeit der zweiten Teststufe hat.

Das WTO-Panel ist davon ausgegangen, dass dasjenige Verbandsland die Konformität einer Schrankenbestimmung mit der zweiten Stufe vortragen müsse, das den Erhalt der Schranke fordere.[945] Übertragen auf einen Fall, in dem ein Gericht die Zulässigkeit einer Schranke anhand des Dreistufentests prüft, bedeutete dies, dass der sich auf die Schranke berufende Werknutzer darlegen und im Zweifel beweisen müsste, dass die Schranke *nicht* gegen die normale Verwertung des Schutzgegenstandes verstoße. Dies wird ihm in der Regel freilich nur schwer möglich sein. Die alternative Herangehensweise des französischen Cour de Cassation, die Beurteilung allein auf Vermutungen zu stützen, ist allerdings ebenfalls abzulehnen.[946]

---

942 *Hilty,* GRUR 2005, 819 (825).

943 Wie hier *Lüghausen,* Die Auslegung von § 53 Abs. 1 S. 1 UrhG anhand des urheberrechtlichen Dreistufentests, S. 164.

944 *Schweizerisches Bundesgericht*, Urt. v. 26.6.2007, ZUM 2009, 84 (88) (ProLitteris).

945 WTO-Panelentscheidung v. 15.6.2000, Dok. WT/DS/160/R, abrufbar unter: http://www.wto.org/english/tratop_e/dispu_e/1234da.pdf, 6.239.

946 S. *Cour de Cassation*, IIC 2006, 760-761 (Mulholland Drive). Wie hier kritisch *Lucas*, EIPR 2010, 277.

Daher ist die Lösung des Schweizerischen Bundesgerichtes sehr zu begrüßen, wonach die Darlegungs- und Beweislast eines Verstoßes gegen die zweite Stufe derjenige trägt, der sich auf den Dreistufentest beruft. Danach hat der Rechteinhaber darzulegen, dass die Nutzung des Werkes der normalen Verwertung schadet und dass zwischen Gebrauch und Schaden ein Kausalzusammenhang besteht.[947] Diese den Dreistufentest als anspruchserhaltende Norm wertende Interpretation hat das Potential, den Test aus Sicht der Nutzer und der Allgemeinheit wesentlich zu entschärfen. Insbesondere wird eine größere Rechtssicherheit erzielt, indem sich der Nutzer zunächst auf die Gesetz gewordenen Schranken verlassen kann.[948]

3. Dritte Stufe: Keine unzumutbare Verletzung berechtigter Interessen

Gemäß der dritten Teststufe dürfen Schrankenbestimmungen die *berechtigten Interessen des Rechteinhabers* nicht *unzumutbar*, bzw. nach dem Wortlaut der InfoSoc-RL *ungebührlich*, verletzen. Die sprachliche Abweichung in der deutschen Fassung der InfoSoc-RL ist der Übersetzung geschuldet und kann vernachlässigt werden, da in der englischen Fassung wie in den übrigen internationalen Verträgen von „unreasonable" gesprochen wird. Es gilt folglich, im Zuge eines sorgfältigen Abwägungsvorgangs einen sachgerechten Ausgleich der involvierten Interessen zu finden. Dies führt zu den bereits diskutierten generellen Grundrechtsfragen zurück,[949] zwingt darüber hinaus aber zu weiteren Überlegungen, insbesondere zu einer Bestimmung der Parteien, deren Interessen auf dieser Ebene Berücksichtigung finden sollen.

a) Vorliegen berechtigter Interessen

Die Frage nach den berechtigten Interessen beinhaltet zwei Aspekte. Zum einen ist aufgrund des unterschiedlichen Wortlautes in der RBÜ und den WIPO-Verträgen einerseits und dem TRIPs-Abkommen und der InfoSoc-RL andererseits unklar, *wessen* Interessen durch die Schrankenbestimmung nicht verletzt werden dürfen. Zum anderen ist herauszuarbeiten, *welche* Interessen nach dem Dreistufentest als berechtigt gelten.

---

947 *Schweizerisches Bundesgericht*, , ZUM 2009, 84 (88) (ProLitteris).

948 Zustimmend daher auch *Geiger*, ZUM 2009, 49 (51).

949 Dazu bereits in diesem Teil unter Kapitel 1, Abschnitt B.

aa) Urheber und Rechteinhaber

Ausgangspunkt der Diskussion soll die insbesondere vom Schweizer Bundesgericht angestellte Überlegung sein, dass sich die Interessen des originären Rechteinhabers, also z.B. des Kreativen/des Urhebers, nicht immer mit den Interessen eines exklusiven Lizenznehmers, also des Verwerters, gleichsetzen lassen.[950] In aller Regel sind es jedoch Letztere, welche die Schrankenregelungen auf den Prüfstand stellen und aus ihrer Sicht eine Beeinträchtigung berechtigter Interessen vortragen. So liegt es meist im Interesse zumindest der großen Unternehmen der Verwerterindustrie, für die maximale finanzielle Ausnutzung ihres Verhandlungsspielraums eine individuelle Rechtswahrnehmung zu betreiben.[951]

Im Gegensatz dazu kann aber gerade eine genehmigungsfreie Nutzung in Verbindung mit einem Vergütungsanspruch u.U. eher die Interessen des originären Rechteinhabers schützen, wenn dieser seine Rechtsposition durch die Übertragung exklusiver Nutzungsrechte aufgegeben hat und für die Nutzung seines Werkes keine Ansprüche mehr geltend machen kann. Grundsätzlich mag er in diesem Fall zwar eine Vergütung auf vertraglicher Ebene verlangen, deren Höhe zudem jedenfalls theoretisch nach § 32 Abs. 2 UrhG einem objektiven Maßstab unterliegt und sogar nach § 32a UrhG *ex post* zu korrigieren sein kann. Praktisch aber treten für den Kreativen nach wie vor Schwierigkeiten auf, seine Rechte geltend zu machen,[952] sodass der gesetzliche Vergütungsanspruch bzw. das System der kollektiven Rechtewahrnehmung für ihn durchaus weiterhin von Bedeutung sind.[953] Die Frage

950 *Schweizerisches Bundesgericht*, ZUM 2009, 84 (88) (ProLitteris). Dazu auch *Perwitz,* Die Privilegierung privater Nutzung, S. 124 f.

951 Siehe zu den unterschiedlichen Verwerterinteressen in diesem Teil Kapitel 1, Abschnitt B, Punkt II.

952 Beispiele für mögliche Hürden liefern die Verfahren „Das Boot" und „Fluch der Karibik" bezüglich der Geltendmachung von Ansprüchen eines Chefkameramanns bzw. eines Synchronsprechers auf weitere angemessene Beteiligung im Falle sehr erfolgreicher Kinofilme, s. *BGH*, GRUR 2012, 496-506 *m. Anm. Jacobs* = ZUM-RD, 192-203 (Das Boot); *BGH*, GRUR 2012, 1248-1253 = ZUM 2013, 39-45 (Fluch der Karibik).

953 Zutreffend *Schweizerisches Bundesgericht*, ZUM 2009, 84 (88) (ProLitteris); *Geiger/Griffiths/Hilty*, EIPR 2008, 489 (490); *Griffiths,* IPQ 2009, 428 (439); *Hilty,* in: *Ohly/Klippel,* Geistiges Eigentum und Gemeinfreiheit, S. 107 (120-123); *ders.*, GRUR 2005, 819 (820 f.). In Zusammenhang mit der Notwendigkeit einer weiten Auslegung einer Schrankenbestimmung weist hierauf auch der BGH hin, s. BGHZ 151, 300 (311 f.) = NJW 2002, 3393 (Elektronischer Pressespiegel). S. dazu auch die Zusammenfassung der Antworten der unterschiedlichen Interessengruppen auf die Konsultation der *Europäischen Kommission* zu den Vergütungsabgaben in Europa und der Frage, ob sie eine kollektive Lizenzierung oder eine individualvertragliche Lizenzierung mittels technischer Schutzmaßnahmen bevorzögen: *Europäische Kommission*, Background Document. Fair Compensation for Acts of Private Copying, 14.2.2008, http://ec.europa.eu/internal_market/copyright/docs/levy_reform/background_en.pdf, S. 19 f.

ist, wessen Interessen für eine Bewertung auf der dritten Teststufe entscheidend sind.

Im Hinblick auf den Dreistufentest im TRIPs-Abkommen wird argumentiert, es seien angesichts des Ziels des Abkommens, *handelsbezogene* Aspekte der Rechte des geistigen Eigentums zu regeln, nur die bei der Auswertung urheberrechtlich geschützten Materials betroffenen und gegenüber Dritten relevanten wirtschaftlichen – und nicht etwa naturrechtlich geprägten – Interessen zu berücksichtigen. Wenn erstere bei einem exklusiven Lizenznehmer lägen, seien Interessen des originären Rechteinhabers zu vernachlässigen.[954]

Die InfoSoc-RL hat allerdings viel allgemeiner die „Förderung der Entwicklung der Informationsgesellschaft"[955] sowie die Förderung der Kultur[956] als Zielsetzung. Zudem versteht sich die Richtlinie ausdrücklich als Mechanismus zur Umsetzungen der aus den WIPO-Verträgen fließenden internationalen Verpflichtungen, welche nun einmal die originären Rechteinhaber im Fokus haben.[957] Ebenso ist in Art. 9 Abs. 2 RBÜ noch ausschließlich von den Interessen des Urhebers die Rede.[958] Die sprachliche Abweichung der InfoSoc-RL zur RBÜ und zu den WIPO-Verträgen muss insofern vor dem Hintergrund betrachtet werden, dass die Richtlinie neben Urheberrechten auch verwandte Schutzrechte regelt und für Art. 5 Abs. 5 InfoSoc-RL eine sowohl Urheber als auch Leistungsschutzberechtigte erfassende Formulierung brauchte.[959]

Für die Auffassung, dass grundsätzlich die Interessen der originären Rechteinhaber ausschlaggebend sind, kann zudem die Systematik der InfoSoc-RL herangezogen werden: Erwägungsgrund 25 InfoSoc-RL stellt klar, dass mit dem Begriff Rechteinhaber „alle durch diese Richtlinie anerkannten Rechteinhaber" gemeint seien. Welche das sind, lassen sodann die Vorschriften zu den Verwertungsrechten erkennen, die von Urhebern, ausübenden Künstlern, Tonträgerherstellern, Filmherstellern und Sendeunternehmen sprechen.[960] Verwerter bzw. Inhaber abgeleiteter Rechte werden nicht ausdrücklich genannt.[961]

954 *Ricketson/Ginsburg*, International Copyright and Neighbouring Rights. Bd. 1, S. 774 Rdnr. 13.24 und S. 852 ff. Rdnr. 13.102.

955 Erwägungsgrund 2 InfoSoc-RL.

956 Erwgäungsgrund 22 InfoSoc-RL.

957 Erwägungsgrund 15 InfoSoc-RL.

958 Aufgrund von Art. 9 Abs. 1 TRIPs, der die Art. 1 bis 21 RBÜ unangetastet fortgelten lässt, kann die Interpretation des Dreistufentests im TRIPs-Abkommen nicht auf den Dreistufentest der RBÜ übertragen werden. Dazu detailliert *Kur*, Of Oceans, Islands, and Inland Water, http://papers.ssrn.com/sol3/papers.cfm?abstract_id=1317707, S. 42-44.

959 Zutreffend *Senftleben*, GRUR Int 2004, 200 (209).

960 S. Art. 2 und 3 InfoSoc-RL.

961 Zum gleichen Ergebnis kommt man bei Betrachtung anderer Sprachfassungen der Richtlinie wie der französischen und englischen, die von „titulaires de droits" bzw. „rightholder" sprechen.

Eine Beschränkung der auf der dritten Teststufe zu berücksichtigenden Interessen auf die eines Verwerters ist daher nicht zu rechtfertigen.[962] Dies widerspräche jedenfalls aus deutscher Perspektive nicht zuletzt auch dem Schutzgedanken der monistischen Theorie, wie er z.B. in den Bemühungen um eine angemessene Vergütung zum Ausdruck kommt.[963]

Ob daneben *auch* die Interessen der Verwerter zu berücksichtigen sind, ist fraglich. *Senftleben* hält es jedenfalls für nicht ausgeschlossen.[964] Hier kommt es darauf an, aus welcher Perspektive man sich diesem Rechtsbereich, dem Urheberrecht oder eben dem Copyright Law, nähert. Im Vereinigten Königreich, wo ein vollständiges Buy-Out, d.h. eine Übertragung (nicht nur ausschließliche Lizenzierung), der Verwertungsrechte, möglich ist und ein Verwerter damit tatsächlich Inhaber der Verwertungsrechte werden kann,[965] ist ein Abstellen auf die Interessen der Verwerter als Inhaber des Copyright nachvollziehbar. In Deutschland, wo das Urheberrecht nicht übertragbar ist und die Schranken zudem als Mechanismen zur Wiederherstellung der Balance zwischen Urhebern und Verwertern zu verstehen sind, ist eine Beschränkung des Inhalts einer Schrankenbestimmung mit Verweis auf die Interessen der Verwerter nicht zu begründen. Allerdings darf nicht übersehen werden, dass der originäre Rechteinhaber ohne den Einsatz von Verwertern in aller Regel überhaupt nichts verdienen würde, da es häufig die Verwerter sind, welche die nötigen Investitionen in die Werkschöpfung tätigen. Vor diesem Hintergrund ist durchaus abzuwägen, ob es nicht auch im Interesse der Urheber liegt, wenn „ihr" Verwerter ein adäquates Anreizsystem erhält.[966] Daher sollte bei jeder Bewertung, ob eine Beeinträchtigung berechtigter Interessen vorliegt, genau geprüft werden, ob die vorgetragene Interessenbeeinträchtigung tatsächlich die originären Rechteinhaber betrifft.

---

962 So im Ergebnis auch *Schweizerisches Bundesgericht*, ZUM 2009, 84 (88) (ProLitteris); *Hilty*, in: FS Schricker, S. 325 (346); und *Senftleben*, GRUR Int 2004, 200 (209). A.A. *Perwitz*, Die Privilegierung privater Nutzung, S. 123 mit der aus vorgenannten Gründen nicht überzeugenden Begründung, dass der Dreistufentest auf die Verwertungs des Werkes Bezug nehme, diese aber in den meisten Fällen von Verwertern übernommen werde.

963 Vgl. insbesondere Gesetz zur Stärkung der vertraglichen Stellung von Urhebern und ausübenden Künstlern v. 22.3.2002, BGBl I 2002, 1155. S.a. *Hilty*, GRUR 2005, 819 (825 f.).

964 *Senftleben*, GRUR Int 2004, 200 (209).

965 S. section 90 (1) Copyright Designs and Patents Act 1988.

966 Zur Notwendigkeit eines Anreizsystems für Verwerter *Hilty*, GRUR 2005, 819 (823); und *Reschke*, Verfassungs- und dreistufentestkonforme Auslegung, S. 95.

bb) Geschützte Interessen

Hinsichtlich der Art der Interessen, die ein Rechteinhaber im Rahmen der dritten Stufe vorbringen kann, hat das WTO-Panel festgestellt, dass nicht nur wirtschaftliche Interessen in Frage kommen:

> „It [*The term interest*] may also refer to a concern about a potential detriment or advantage, and more generally to something that is of some importance to a natural or legal person. Accordingly, the notion of ‚interests' is not necessarily limited to actual or potential economic advantage or detriment."[967]

Entscheidend ist daher allein, ob diese Interessen „berechtigt" sind.

Hier lohnt sich ein Blick auf den Bericht des WTO-Panels zur Interpretation des Dreistufentests im patentrechtlichen Art. 30 TRIPs, der dasselbe Kriterium enthält. Das Panel versteht „berechtigt" nicht im engen Sinne eines rechtlichen Anspruchs („legal"), sondern in einem normativen Sinne, wonach allgemeiner gehalten all solche Interessen als berechtigt gelten, die von öffentlichen Grundsätzen oder sozialen Normen gestützt sind.[968] Ähnlich argumentiert das WTO-Panel in seinem Bericht zu 17 U.S.C. § 110 Abs. 5.[969] Dem ist zuzustimmen, da andernfalls der Weg für eine Interessenabwägung verschlossen wäre.[970]

Aus der bisherigen Praxis des WTO-Panels lässt sich zudem immerhin schließen, dass Interessen zumindest dann als berechtigt eingestuft werden, wenn sie finanzieller Natur sind.[971] Welche nicht-wirtschaftlichen Interessen als berechtigt gelten können, wurde hingegen noch nicht gerichtlich überprüft. *Ginsburg* vermutet aber sicherlich richtig, dass jedenfalls ein auf Zensur gerichtetes Interesse dieses Kriterium nicht erfüllt.[972]

---

967 WTO-Panelentscheidung v. 15.6.2000, Dok. WT/DS/160/R, abrufbar unter: http://www.wto.org/english/tratop_e/dispu_e/1234da.pdf, 6.223 [mit Ergänzung der Verfasserin]. Dies ist bemerkenswert, da die Urheberpersönlichkeitsrechte des Art. 6bis RBÜ nicht in das TRIPs-Abkommen übernommen wurden.

968 WTO-Panelentscheidung v. 17.3.2000 a.a.O., 7.69: „[T]hat term must be defined in the way that it is often used in legal discourse – as a normative claim calling for protection of interests that are ‚justifiable' in the sense that they are supported by relevant public policies or other social norms."

969 WTO-Panelentscheidung v. 15.6.2000 a.a.O., 6.224: „[T]he term relates to lawfulness from a legal positivist perspective, but it has also the connotation of legitimacy from a more normative perspective, in the context of calling for the protection of interests that are justifiable in the light of the objectives that underlie the protection of exclusive rights."

970 Zutreffend *Senftleben,* Copyright Limitations and the Three-Step Test, S. 227-234.

971 S. *Kur*, Of Oceans, Islands, and Inland Water, http://papers.ssrn.com/sol3/papers. cfm?abstract_id=1317707, S. 28-30.

972 *Ginsburg,* RIDA 187 (2001), 2 (27-29).

cc) (Un)zumutbare Verletzungen

In welchem Ausmaß sich der Rechteinhaber eine Beeinträchtigung seiner grundsätzlich berechtigten Interessen gefallen lassen muss, ist eine andere Frage. Hinsichtlich des Begriffs der Verletzungen („prejudice“) stellte das WTO-Panel lediglich fest „that the ordinary meaning of ‚prejudice’ connotes damage, harm, or injury“.[973] Das Vorliegen einer Verletzung reicht für einen Verstoß gegen die dritte Teststufe allein jedoch nicht aus. Es muss sich um eine „unzumutbare/ ungebührliche“ Verletzung handeln, sodass auf diesem Kriterium der Schwerpunkt der Betrachtung liegt. Hierbei ist fraglich, inwiefern Interessen Dritter, insbesondere der Allgemeinheit, in die Betrachtung einfließen, da sie, anders als beispielsweise in Art. 30 TRIPs, nicht ausdrücklich erwähnt werden. Außerdem sind die Kriterien zu untersuchen, anhand derer das Ausmaß der noch hinzunehmenden Verletzungen bestimmt werden kann.

b) Berücksichtigung der Interessen Dritter

Schon die Begriffe „berechtigt“ und „unzumutbar“ deuten aufgrund ihrer normativen Konnotation auf die Notwendigkeit der Berücksichtigung von Interessen Dritter hin.[974] Darüber hinaus verlangen die Schwestervorschriften des Art. 13 TRIPs (Art. 17, 26 Abs. 2 und 30 TRIPs) dies sogar ausdrücklich, sodass eine Ergänzung des urheberrechtlichen Dreistufentests auch aus systematischen Gesichtspunkten gerechtfertigt erscheint. Ferner legt Art. 7 TRIPs fest, dass der Schutz und die Durchsetzung von Rechten des geistigen Eigentums einen Ausgleich zwischen Rechten und Pflichten herstellen soll, bzw. erlaubt es Art. 8 TRIPs, dass Mitgliedstaaten Maßnahmen zur Förderung des öffentlichen Interesses ergreifen.[975]

Das wohl wichtigste rechtliche Instrument, mit dem das Ziel des Ausgleichs der Interessen des Rechteinhabers einerseits mit den individualistischen Interessen des einzelnen Nutzers und den kollektiven Interessen der Allgemeinheit andererseits erreicht werden kann, sind aber nun einmal die Schrankenbestimmungen.[976] Die Berücksichtigung von Interessen Dritter entspricht folglich auch

---

973 WTO-Panelentscheidung v. 15.6.2000, Dok. WT/DS/160/R, abrufbar unter: http://www.wto.org/english/tratop_e/dispu_e/1234da.pdf, 6.225.

974 Zutreffend *Hugenholtz/Okediji*, Conceiving an International Instrument on Limitations and Exceptions to Copyright, 6.3.2008, http://www.ivir.nl/publicaties/hugenholtz/finalreport2008.pdf, S. 25.

975 S. außerdem die Präambel des TRIPs-Abkommens. Anschaulich auch *Geiger*, IIC 2009, 627 (628).

976 Zutreffend *Max-Planck-Institut für Geistiges Eigentum, Wettbewerbs- und Steuerrecht*, Declaration, EIPR 2008, 489 (493).

dem Sinn und Zweck des TRIPs-Abkommens. Gleiches gilt für die WIPO-Verträge, welche in ihren Präambeln ausdrücklich auf die Notwendigkeit eines Interessenausgleichs hinweisen. Bei der Auslassung der Interessen Dritter kann es sich folglich nur um eine „Fehlstelle“[977] handeln. Doch ist fraglich, welche Interessen dem Begehren des Rechteinhabers im Einzelnen entgegengesetzt werden können.

Jedenfalls gegen die Einbeziehung von aus Menschen- und Grundrechten abgeleiteten Interessen bestehen keine Bedenken.[978] Schließlich sind das TRIPs-Abkommen und die WIPO-Verträge in einen internationalen Kontext zu setzen. Es sind daher internationale Regeln des Völkerrechts, wie z.B. Art. 19 (Recht auf Meinungsfreiheit) und Art. 27 Abs. 1 (Recht auf Teilnahme am kulturellen Leben) der Allgemeinen Erklärung der Menschenrechte der Vereinten Nationen von 1948[979], Art. 17 und 19 des UN-Zivilpaktes von 1966[980] oder Art. 15 des UN-Sozialpaktes von 1966[981], zumindest aufgrund ihres politischen Gewichtes bei der Auslegung der Abkommen, einschließlich des Dreistufentests, zu berücksichtigen.[982] Darüber hinaus unterliegt die Auslegung der InfoSoc-RL ohnehin dem Einfluss der Europäischen Menschenrechtskonvention von 1950[983], dort insbesondere dem Art. 10 EMRK (Freiheit der Meinungsäußerung),[984] bzw. ist mit Inkrafttreten des EUV[985] die Charta der Grundrechte der Europäischen Uni-

977 *Hilty,* in: *Ohly/Klippel,* Geistiges Eigentum und Gemeinfreiheit, S. 107 (122).

978 In diesem Sinne auch *Geiger,* IIC 2006, 371 (398); *Hugenholtz/Okediji,* Conceiving an International Instrument on Limitations and Exceptions to Copyright, 6.3.2008, http://www.ivir.nl/publicaties/hugenholtz/finalreport2008.pdf, S. 24 f.; *Lucas,* EIPR 2010, 277 (281), *Max-Planck-Institut für Geistiges Eigentum, Wettbewerbs- und Steuerrecht,* Declaration, EIPR 2008, 489 (495); *Reinbothe/v. Lewinski,* The WIPO Treaties 1996, S. 122 f., Rdnrn. 7-10.

979 G.A. Res. 217A (III), U.N. GAOR, 3rd Sess., pt. 1, 183rd plen. mtg., U.N. Doc A/810 at 71 (1948). Die Erklärung ist kein völkerrechtlicher Vertrag, enthält jedoch allgemeine Regeln, die nach Art. 25 GG in Deutschland unmittelbar gelten, s. *Herdegen,* in: *Maunz/Dürig,* Art. 25 Rdnrn. 15 f., 36 f.

980 International Covenant on Civil and Political Rights, 16.12.1966, 999 U.N.T.S. 171, ratifiziert durch 166 Staaten (Stand: 20.8.2010), in Kraft seit dem 23.3.1976, in Deutschland am 14.6.1976 in Kraft getreten.

981 International Covenant on Economic, Social & Cultural Rights, 16.12.1966, 993 U.N.T.S. 3, ratifiziert durch 160 Staaten (Stand: 20.8.2010), in Kraft seit dem 3.1.1976, in Deutschland am 3.1.1976 in Kraft getreten.

982 Zu der Frage, inwiefern diese Verträge für die Interpretation u.a. des TRIPs-Abkommens bindend sind *Geiger,* IIC 2006, 371 (382-385); *ders.,* IIC 2009, 627 (629-631 m.w.N.).

983 European Convention for the Protection of Human Rights and Fundamental Freedoms, 213 U.N.T.S. 221, in Kraft seit dem 3.9.1953, zuletzt geändert durch Protokoll Nr. 14 v. 13.5.2004, BGBl II 2006, 138.

984 *Geiger,* IIC 2006, 371 (386-388).

985 Vertrag über die Europäische Union, ABlEU Nr. C 115 v. 9.5.2008, S. 13.

on[986], dort Art. 11 (Freiheit der Meinungsäußerung und Informationsfreiheit), verbindlich.[987] In Bezug auf deutsches Recht zeigt sich dasselbe Bild. Hier ist eine Grundrechtskollision mit Urheberrechtsbezug primär auf der Ebene der verfassungskonformen Auslegung und Anwendung der im Urheberrechtsgesetz geregelten Verwertungsbefugnisse und Schrankenbestimmungen aufzulösen.[988]

Im Hinblick auf das öffentliche Interesse an wirtschaftlichem Fortschritt sowie kultureller, sozialer oder wirtschaftlicher Entwicklung aber auch bezüglich kartellrechtlich motivierter Interessen gehen die Meinungen hingegen auseinander.[989] Jedenfalls in Deutschland sprechen aber insbesondere das Sozialstaatsprinzip sowie die Diskussion um das Kulturstaatsprinzip für eine Berücksichtigung kultureller und sozialer Aspekte.

c) Interessenabwägung nach dem Grundsatz der Verhältnismäßigkeit

Das WTO-Panel hat in seinem Bericht sehr allgemein festgestellt, dass der Rechteinhaber zumindest ein gewisses Maß an Verletzungen hinzunehmen habe. Daneben hat es bis auf einen Hinweis auf quantitativ erhebliche Einschränkungen keine Kriterien aufgestellt, anhand derer die Grenze, bei deren Überschreitung eine Beeinträchtigung unzumutbar/ungebührlich wird, ermittelt werden kann.[990]

Als Leitlinie bietet sich gleichwohl der Grundsatz der Verhältnismäßigkeit an, da der für die dritte Teststufe verwendete englische Ausdruck „unreasonable“ durchaus als ein Verweis auf eine Verhältnismäßigkeitsprüfung begriffen werden kann und der Grundsatz im Hinblick auf internationale Konventionen und das europäische Recht anerkannt ist und sich in vielen Rechtsordnungen wiederfin-

986 ABlEU Nr. C 83 v. 30.3.2010, S. 389.

987 Eine direkte Anwendung verfassungsrechtlicher Normen als urheberrechtsexterne Schrankenbestimmungen scheidet unter der InfoSoc-RL aufgrund der abschließenden Aufzählung der Ausnahmen in Art. 5 aber aus.

988 Ausdrücklich BGHZ 154, 260 (265 f.) = NJW 2003, 3633 (Gies-Adler). S.a. *Dreier*, in: *Dreier/Schulze*, UrhG, § 97 UrhG Rdnr. 15; *v. Wolff*, in: *Wandtke/Bullinger*, UrhR, § 97 UrhG Rdnr. 34 m.w.N.; und *Westkamp*, J. Copyright Soc'y U.S.A. 56 (2008), 1 (42 f., 46-49), der die zu Deutschland ähnliche Situation in Großbritannien darstellt.

989 S. *Lucas*, EIPR 2010, 277 (281), der mit Nachdruck eine Berücksichtigung kartellrechtlicher Aspekte ablehnt mit der Begründung, Urheberrecht und Kartellrecht regelten unterschiedliche Rechtsbereiche, sodass das Kartellrecht keine Existenzberechtigung bei der Auslegung des Urheberrechts habe. Für eine Berücksichtigung auch kartellrechtlicher Aspekte, allerdings ohne Begründung, *Max-Planck-Institut für Geistiges Eigentum, Wettbewerbs- und Steuerrecht*, Declaration, EIPR 2008, 489 (495).

990 WTO-Panelentscheidung v. 15.6.2000, Dok. WT/DS/160/R, abrufbar unter: http://www.wto.org/english/tratop_e/dispu_e/1234da.pdf, 6.229: „[U]nder the third condition, a certain amount of ‚prejudice' has to be presumed justified as ‚not unreasonable'."

det.[991] Demzufolge ist zu fordern, dass die in Frage stehende Beschränkung tatsächlich dazu geeignet ist, die Zwecke zu fördern, deretwegen sie eingeführt worden ist, dass die gewählte Schranke das mildeste Mittel zur Erreichung ihrer Ziele ist, und dass eine Abwägung der Interessen unter Berücksichtigung der Schwere des Eingriffs für die Schrankenbestimmung ausfällt. An dieser Stelle werden die nationalen Besonderheiten der Kulturindustrie des jeweiligen Landes zum Tragen kommen. Was Deutschland betrifft, kann diesbezüglich auf die Bemerkungen zur Interessenlage im Urheberrecht und die dort genannten Vorgaben an eine Interessenabwägung verwiesen werden.[992]

Ganz allgemein ist davon auszugehen, dass gewöhnliche Verletzungen ohne Vergütung hinzunehmen sind, sonst wäre die Einschränkung auf die Unzumutbarkeit der Beeinträchtigung überflüssig. Von für die Interessenabwägung vorrangiger Bedeutung ist daher, inwieweit die Aufhebung eines exklusiven Rechts durch einen gesetzlichen Vergütungsanspruch kompensiert und so eine sonst unzumutbare Verletzung berechtigter Interessen auf ein gebührliches Maß reduziert werden kann.[993] Dabei gilt, dass an die Zulässigkeit einer ersatz- also kostenlosen Aufhebung bei nicht nur gewöhnlichen Verletzungen besonders hohe Anforderungen zu stellen sind.[994] Ist eine Schranke wie bspw. im Hinblick auf Zitate oder Parodien besser zur Förderung des geistig-schöpferischen Prozesses oder anderer Interessen der Allgemeinheit geeignet als die Unterwerfung der entsprechenden Nutzungshandlung unter die Kontrolle der Rechteinhaber, spricht Vieles dafür, dass das Interesse des Rechteinhabers, über die Nutzung verfügen zu können, zurückzutreten hat.

---

991 Grundlegend *Geiger*, IIC 2009, 627 (636); *ders.*, ZUM 2009, 49 (52); *Gervais*, Marquette Intellectual Property Law Review 9 (2005), 1 (18 f.); *Kur*, Of Oceans, Islands, and Inland Water, http://papers.ssrn.com/sol3/papers.cfm?abstract_id=1317707, S. 38-40; *Senftleben,* Copyright Limitations and the Three-Step Test, S. 236 f; *ders.*, GRUR Int 2004, 200 (211); *ders.*, in: *Hilty/Peukert*, Interessenausgleich im Urheberrecht, S. 159 (183). Dieser Ansicht war im Übrigen auch das *Schweizerische Bundesgericht*, Urt. v. 26.6.2007, ZUM 2009, 84 (88).

992 Siehe in diesem Teil Kapitel 1, Abschnitt B.

993 Grundsätzlich sich für diese Möglichkeit aussprechend BGHZ 141, 13 (33) = NJW 1999, 1953 (Kopienversanddienst); *Schweizerisches Bundesgericht*, ZUM 2009, 84 (88). In der Literatur: *Senftleben*, GRUR Int 2004, 200 (211); *ders.*, in: *Hilty/Peukert*, Interessenausgleich im Urheberrecht, S. 159 (175, 184); *Geiger*, ZUM 2009, 49 (51 f.); *Hilty,* in: FS Schricker, S. 325 (349 f.) mit dem wichtigen Hinweis, dass dieses Ergebnis selbst für Länder mit dualistischen Systemen, d.h. wo eine translative Übertragung von Vermögensrechten zulässig ist und die kollektive Rechtewahrnehmung nicht so stark wie in Deutschland ausgeprägt ist, gilt, weil auch dort Mechanismen zur Sicherstellung einer angemessenen Beteiligung vorgesehen sind.

994 Zutreffend *Senftleben*, in: *Hilty/Peukert*, Interessenausgleich im Urheberrecht, S. 159 (184).

Die Bemessung der Höhe des Vergütungsanspruches ist jedoch schwierig.[995] Dies beginnt schon bei der rechtlichen Einordnung der Vergütung für die von der Schranke erfasste Nutzung. Während nämlich in der englischen und französischen Fassung der InfoSoc-RL in Erwägungsgrund 35 von „fair compensation" bzw. „compensation équitable" gesprochen wird, was nicht nur „Abfindung" oder „Ausgleich" sondern auch „Entschädigung" bedeutet, was einen Schaden implizieren kann, ist in der deutschen Fassung von einem „gerechten Ausgleich" die Rede. Darüber hinaus ist fraglich, in welchem Verhältnis der „gerechte Ausgleich" zur üblicherweise zahlbaren „angemessenen Vergütung"[996] steht.[997]

Das, was der Rechteinhaber hätte verlangen können, würde die Schranke nicht eingreifen, kann jedenfalls nicht alleiniger Maßstab sein. Dies wäre schon nicht im Interesse des Rechteinhabers. Man denke etwa an Schranken, die dem Ausgleich eines Marktversagens dienen. Hier wäre die zu zahlende Vergütung gleich Null.[998] Eine volle Entschädigung des Rechteinhabers ist im Dreistufentest aber auch nicht angelegt. Es soll lediglich insoweit Ersatz geleistet werden, wie eine Beschränkung der Rechte des Rechteinhabers die Schwelle einer zulässigen Verletzung berechtigter Interessen überschreitet. Bei einer weniger erheblichen Beeinträchtigung ist folglich ein geringerer Vergütungsanspruch vorzusehen.[999]

Daneben ist zu berücksichtigen, welche Kosten der Rechteinhaber z.B. im Vertrieb durch eine kollektive Nutzung spart,[1000] und welche Möglichkeiten ihm zur Verfügung stehen, über technische Schutzmaßnahmen die Nutzungsmöglichkeiten einzuschränken.[1001] Außerdem sollte der Kreis der Personen, die eher von einem Vergütungsanspruch denn einem Ausschließlichkeitsrecht profitieren, genau untersucht werden.[1002]

Ferner sollte berücksichtigt werden, in welchem Ausmaß der durch die Schranke direkt oder indirekt Begünstigte selbst Einnahmen mit seinem auf der Schranke beruhenden Angebot generiert. Dieser Faktor kann insbesondere solche

---

995 Vgl. zum Problem der Festlegung einer angemessenen Vergütungshöhe *Schricker,* GRUR 2002, 737-743.

996 Zum Beispiel in § 32 Abs. 1 S. 2 und § 54 Abs. 1 UrhG.

997 Dazu sogleich näher in diesem Teil in Kapitel 4, Abschnitt E, Punkt II 2. Auf diesen Unterschied weisen auch hin *Geiger*, ZUM 2009, 49 (52 f.); *Hugenholtz/van Eechoud/van Gompel* et al., The Recasting of Copyright, November 2006, http://ec.europa.eu/internal_market/copyright/docs/studies/etd2005imd195recast_report_2006.pdf, S. 70 f.; *Westkamp*, J. Copyright Soc'y U.S.A. 56 (2008), 1 (22 f.).

998 Zutreffend *Senftleben*, GRUR Int 2004, 200 (211).

999 S. *Geiger*, IIC 2008, 943 (950); *Ginsburg,* RIDA 187 (2001), 2 (53); *He*, IIC 2009, 274 (302); *Senftleben*, GRUR Int 2004, 200 (211).

1000 So auch *He*, IIC 2009, 274 (301).

1001 S. Erwägungsgrund 35 InfoSoc-RL. Hierzu ausführlich *He* a.a.O., S. 304.

1002 Dies betont *Senftleben*, GRUR Int 2004, 200 (209).

Fälle erfassen, in denen man zu dem Ergebnis kommt, dass der durch die Schranke bediente Markt kein gegenwärtiger oder potentieller Markt des Rechteinhabers ist, etwa bei neuen Erscheinungsformen im Internet, die in ihrer Auswertungsstruktur über Drittanbieter z.B. eher dem Rundfunk ähneln, gleichwohl aber einen gewissen Einfluss auf die individuell durch den Rechteinhaber vermarkteten Bereiche haben.

III. Zusammenfassung der Vorgaben des Dreistufentests

Trotz der diversen Unstimmigkeiten bei der Anwendung des urheberrechtlichen Dreistufentests ist dessen heutige Bedeutung nicht zu unterschätzen. Wenngleich ihm im analogen Zeitalter nur wenig Beachtung zukam, da die meisten Schranken auf einen bestimmten analogen Sachverhalt zugeschnitten waren und die unterschiedlichen Interessen daher meist als bei der Gestaltung der Schrankenbestimmung bereits berücksichtigt galten, sehen sich die Gerichte heute in Ermangelung einer zügigen Anpassung der Schrankenbestimmungen durch den Gesetzgeber an die sich schnell ändernden Bedürfnisse der Informationsgesellschaft in technischer, wirtschaftlicher und soziologischer Sicht vermehrt der Aufgabe gegenübergestellt, existierende, ursprünglich in Bezug auf analoge Nutzungen entwickelte Schrankenbestimmungen auf digitale Sachverhalte anzuwenden.[1003] Der Test ist dabei der einzige in den internationalen Urheberrechtsverträgen verankerte Maßstab für eine Bewertung der Zulässigkeit einer Schrankenbestimmung.

Anzuwenden ist er von Gesetzgebern und Richtern gleichermaßen, und er wurde vereinzelt bereits zur Auslegung herangezogen.[1004] Dennoch erweist sich

---

1003 Zur Bedeutung für „analoge" Nutzungen *Geiger*, EIPR 2007, 486 (488); und *Philips*, JIPLP 2008, 613.

1004 S. in Deutschland: BGHZ 151, 300 (315 f.) = NJW 2002, 3393 (Elektronischer Pressespiegel), allerdings nur in Form einer kurzen Feststellung, dass § 49 Abs. 1 Satz 2 UrhG die Voraussetzung des Tests erfülle. S. in Frankreich: *Cour de Cassation*, Beschl. v. 28.2.2006 – procedures n° 05/15824 und 05/16.002, IIC 2006, 760-761 (Mulholland Drive). S. in den Niederlanden: *Rechtbank Den Haag*, Beschl. v. 2.3.2005 – 192880, LJN AS8778, abrufbar unter: http://zoeken.rechtspraak.nl/Default.aspx, besprochen bei *Senftleben*, ami 2009, 1 (2 f.); und *Rechtbank Den Haag*, Beschl. v. 25.6.2008 – 246698, LJN BD5690, abrufbar unter: http://zoeken.rechtspraak.nl/Default.aspx, zusammengefasst in MMR 2008, XXV und besprochen bei *Senftleben*, ami 2009, 1 (3). In der Schweiz: *Schweizerisches Bundesgericht*, ZUM 2009, 84-88 (ProLitteris). In Belgien: *Tribunal de Premiere Instance de Bruxelles*, Urt. v. 13.2.2007 – n° 06/10.928/C, abrufbar unter: http://www.copiepresse.be/copiepresse_google.pdf, zusammengefasst in IIC 2007, 848-849 (Copiepresse). In Spanien: *Audiencia Provincial de Barcelona*, Urt. v. 17.9.2008 – 749/2007, abrufbar unter: http://www.interiuris.com/blog/wp-content/uploads/sentencia_google.pdf, besprochen bei *Kur*, Of Oceans, Islands, and Inland Water, http://papers.ssrn.com/sol3/papers.cfm?abstract_id=1317707, S. 34. Der BGH hat sogar schon vor der Aufnahme des Dreistufentests in die InfoSoc-RL die Auslegung der unterschiedlichen Stufen noch immer als problematisch und uneinheitlich. Ausgehend von der vorstehenden Analyse der drei Teststufen wird vorgeschlagen, den urheberrechtlichen Dreistufentest wie folgt anzuwenden.

Die einzelnen Stufen sind trotz der alternativen Vorschläge weiterhin kumulativ und in der Reihenfolge 1 bis 3 anzuwenden. Stufe 1 prüft als Grundregel und im Sinne eines Vorfilters, ob die Schranke hinreichend vorhersehbar formuliert und das Ausschließlichkeitsrecht überhaupt durchsetzbar wäre, und ob grundsätzlich tragfähige Belange für die Einschränkung des Rechts existieren.

Auf Stufe 2 werden die finanziellen Auswirkungen der Schranke untersucht. Nicht entscheidend darf dabei die bisherige Lizenzierungspraxis oder die generelle Kontrollierbarkeit der Verwertung sein. Vielmehr sind unterschiedliche quantitative und qualitative Aspekte abzuwägen. Hierzu zählen aus qualitativer Sicht das Ausmaß der Kommerzialisierung der Nutzung durch den sich auf die Schranke berufenden Dritten, das Ziel der Verhinderung eines Marktversagens und die Reichweite des geschützten Kerns des Urheberrechts. Quantitativ betrachtet ist die finanzielle Einbuße in absoluten Zahlen zu berücksichtigen, aber auch die auf die Schrankenbestimmung zurückzuführende Schmälerung der Einnahmen im Verhältnis zu sämtlichen Einnahmen des Rechteinhabers aus der Verwertung seines Rechteportfolios ist zu beachten. Die Darlegungs- und Beweislast für eine Beeinträchtigung der normalen Verwertung liegt dabei bei demjenigen, der sich auf den Dreistufentest beruft.

Stufe 3 beinhaltet die abschließende Bewertung, ob die grundsätzlich mögliche Einschränkung des Verwertungsrechts überhaupt durch berechtigte Interessen gerechtfertigt ist. Bei dieser Interessenabwägung sind sämtliche von der Verwertung berührte Interessen nach dem Grundsatz der Verhältnismäßigkeit zu berücksichtigen, d.h. die Interessen des Urhebers und der Leistungsschutzberechtigten unmittelbar, mittelbar die Interessen von Inhabern abgeleiteter Rechte, aber auch die Interessen der Nutzer bzw. der Allgemeinheit, sofern diese von öffentlichen Grundsätzen oder sozialen Normen gestützt sind. Dabei lässt der Dreistufentest an dieser Stelle Raum, nationale Besonderheiten in die Bewertung der Zulässigkeit der Schrankenbestimmung einfließen zu lassen.

Bei der vorliegend beschriebenen Auslegung des Dreistufentests kommt er der in Deutschland durchzuführenden Bewertung der Interessenlage sehr nahe. Der Schutz der vermögenswerten Interessen der Urheber und Leistungsschutzberechtigten aus Art. 14 Abs. 1 GG tritt im Dreistufentest sowohl auf der zweiten Teststufe in Form der Bewertung der finanziellen Beeinträchtigung als auch auf

---

auf ihn Bezug genommen, s. BGHZ 141, 13 (30 ff.) = NJW 1999, 1953 (Kopienversanddienst); so auch schon der niederländische Hoge Raad in der Sache „Zienderogen Kunst", s. *Hoge Raad*, Urt. v. 22.6. 1990 – 13933, zitiert bei *Senftleben*, ami 2009, 1 (2).

der dritten Stufe im Rahmen der Interessenabwägung zutage. Die verfassungslegitimen Ziele einer Schrankenbestimmung, d.h. vornehmlich die gemeinwohlorientierten Interessen der Allgemeinheit und der Nutzer, finden ihre Entsprechung im Rahmen der dritten Teststufe sowie auf der ersten Teststufe. Ebenso sollen Eingriffe in das Eigentum durch die Zahlung einer entsprechenden Vergütung sowohl im Dreistufentest als auch bei einer verfassungskonformen Auslegung auf ein hinnehmbares Maß reduziert werden können.[1005]

Zunächst scheint der Dreistufentest daher von größerer Bedeutung für solche Länder zu sein, die eine Interessenabwägung, wie sie das deutsche Recht ohnehin schon vorsieht, nicht kennen. Auf den zweiten Blick offenbart sich jedoch, dass die Färbung des Dreistufentests bei der Auslegung deutscher Schrankenbestimmungen im Lichte der internationalen Vorgaben das Zünglein an der Waage für eine Entscheidung im Interesse des Rechteinhabers sein kann. Zum einen fordert die erste Stufe eine gewisse Vorhersehbarkeit der Schrankenbestimmung, wie sie das deutsche Recht ansonsten nicht kennt, was die Möglichkeiten der Ausgestaltung von Schrankenbestimmungen einschränkt. Zum anderen scheinen die finanziellen Nachteile für den Rechteinhaber trotz der Bemühungen, den Fokus der Betrachtung von der zweiten Stufe zu lenken, etwas schwerer zu wiegen als bei der Bewertung der Interessenlage nach rein deutschem Recht und dies freilich umso mehr, wenn die Frage des Eingriffs in den geschützten Kern des Urheberrechts bereits auf der zweiten Stufe und nicht etwa erst im Rahmen der Interessenabwägung auf der dritten Stufe behandelt wird. Darüber hinaus sind, der Argumentation des Schweizer Bundesgerichts folgend, die Interessen des Urhebers bzw. die Vorteile eines Vergütungsanspruchs genauer zu betrachten, als es das deutsche Recht ohne Berücksichtigung des Dreistufentests vielleicht verlangte.

D. Argumente aus der ökonomischen Analyse des Rechts

Die bisherigen Überlegungen zur Auslegung von Schrankenbestimmungen sollen nachfolgend um Argumente aus der ökonomischen Analyse des Rechts ergänzt werden, welche die Steuerung ökonomischer Ressourcen durch Rechtsnormen betrachtet. Ihr Ziel ist die Beantwortung der Frage, wem welche Rechte zugeordnet werden müssen, damit die Ressourcen einer Volkswirtschaft so effizient wie möglich zur Vermehrung des gesellschaftlichen Wohlstandes eingesetzt werden.[1006] Ihre Argumente sind ebenfalls durchaus geeignet, Inhalt und

1005 S.a. die Gegenüberstellung der Rechtmäßigkeitsvoraussetzungen beider „Tests" bei *Reschke*, Verfassungs- und dreistufentestkonforme Auslegung, S. 134-145.

1006 Statt aller *Dreier*, in: *Dreier/Schulze*, UrhG, Einleitung Rdnr. 14.

Grenzen eines Ausschließlichkeitsrechts zu begründen, können an dieser Stelle allerdings lediglich kurz zusammengefasst werden.

I. Die ökonomische Funktion des Urheberrechts

Die Besonderheit immaterieller Güter, einschließlich urheberrechtlicher Werke, liegt darin, dass sie gewisse Charakteristika „öffentlicher" bzw. „freier" Güter aufweisen, nämlich durch Nicht-Rivalität und Nicht-Exklusivität gekennzeichnet sind.

Sie sind nicht-rivalisierend, weil sie selbst bei intensivster Nutzung nicht aufgezehrt werden können. D.h., sie können von einer Person genutzt werden, ohne dass dadurch der Nutzwert für andere Personen beeinträchtigt wird. Außerdem sind die Grenzkosten[1007], die bei der Produktion einer Werkausgabe, wie sie im Urheberrecht zur Wahrnehmbarmachung des Werkes benötigt wird, aus den Kosten für den Bild- oder Tonträger einerseits und den Kosten der Rekombination von Werk und Trägermedium andererseits bestehen, äußerst niedrig.[1008] Besonders im digitalen Bereich sind sie fast gleich Null, d.h. die Rivalität im Konsum ist auf ein absolutes Minimum reduziert.[1009] Immaterielle Güter sind außerdem nicht-exklusiv, weil Dritte nicht oder nur unter Aufwendung unverhältnismäßiger Kosten von der Nutzung des Gutes ausgeschlossen werden können und es somit schwierig ist, diesen Nutzern etwas für die Nutzung des Gutes zu berechnen.[1010]

1007 Darunter ist der Betrag zu verstehen, um den sich die Gesamtkosten erhöhen, wenn die Ausbringungsmenge um eine Einheit gesteigert wird, oder einfacher, der Betrag, den es Dritte kostet, eine weitere Kopie zu erstellen, s. *Schäfer/Ott*, Lehrbuch der ökonomischen Analyse des Zivilrechts, S. 82 f.

1008 Allgemein zur Nicht-Rivalität öffentlicher Güter *Schäfer/Ott* a.a.O., S. 108. In Bezug speziell auf das Urheberrecht *Hardege,* Ökonomische Analyse zur Ausgestaltung des Urheberrechts, S. 26-31 m.w.N.; *Lévêque/Ménière*, The Economics of Patents and Copyright, S. 4 f.; *Ohly*, in: *Depenheuer/Peifer*, Geistiges Eigentum: Schutzrecht oder Ausbeutungstitel?, S. 141 (144); *Peukert*, in: *Hilty/Peukert*, Interessenausgleich im Urheberrecht, S. 11 (13-15); und *Stieper,* Rechtfertigung, Rechtsnatur und Disponibilität der Schranken des Urheberrechts, S. 75-78, beide m.w.N. auch zu den Grundlagen der ökonomischen Analyse des Urheberrechts in der US-amerikanischen Literatur. Kritisch zu diesen Modellannahmen aber *Leistner/ Hansen*, GRUR 2008, 479 (483-485).

1009 Anschaulich am Beispiel einer aufwendigen Filmproduktion *de Grahl,* Die Durchsetzung von Urheberrechten im digitalen Zeitalter, S. 47. S.a. *Gorski*, Effizienz, Wahlfreiheit und Gleichbehandlung, S. 118 f.

1010 S. die Verweise in Fn. 1008. Dabei ist zwischen dem digitalisierten Werk und dem Trägermedium zu unterscheiden. Das Werk selbst ist ein öffentliches Gut. Das Trägermedium, was das Werk enthält, ist ein rivalisierendes exklusives privates Gut. Je wichtiger das konkrete Werk*stück* für den Konsum und den Vertrieb ist, desto geringer ist die faktische Relevanz der Nicht-Rivalität.

Überließe man die Ressourcenallokation unter diesen Voraussetzungen allein dem Markt, würde das Werk nur noch zu Grenzkostenpreisen kopiert werden, ohne dass eine Entlohnung für die Werkschöpfung gezahlt würde. Entsprechend fehlte jeder Anreiz zur Schaffung neuer Werke, da noch nicht einmal sichergestellt wäre, dass der Werkschöpfer zumindest seine fixen Kosten der Werkschöpfung erhielte. Dies wiederum bedeutete eine nicht im Interesse der Allgemeinheit liegende Unterproduktion.[1011] Alternative Einnahmequellen wie z.B. der Verkauf von Merchandising-Artikeln bzw. die möglichen Gewinne im Zeitraum kurz nach Veröffentlichung, bevor Kopisten auf den Plan treten, werden diese Nachteile in der Regel nicht ausgleichen können.[1012]

In der ökonomischen Analyse soll dieses Marktversagen durch das Urheberrecht verhindert werden, indem durch rechtlich durchsetzbare ausschließliche Rechte zahlungsunwillige Dritte von der Nutzung ausgeschlossen und die Reproduktionskosten künstlich über das technisch notwendige Minimum erhöht werden und Werkschöpfer so einen finanziellen Anreiz zur Schaffung neuer Werke erhalten.[1013]

Freilich erhöht diese künstliche Exklusivität die Kosten der Werknutzung für den Einzelnen, sodass sich Marktteilnehmer schon aus Kostengründen gegen die Nutzung des Werks entscheiden werden oder müssen – selbst dann, wenn es sich um eine im Interesse der Allgemeinheit wünschenswerte Werknutzung handelt, die positive externe Effekte mit sich bringt. Infolgedessen würden Güter, die an und für sich nicht-rivalisierend und damit optimal nutzbar sind, nur suboptimal genutzt.[1014] Ein maximaler Schutz von Werken ist aus ökonomischer Sicht demnach nicht wünschenswert und es ist die Aufgabe des Urheberrechts, beide wohl-

---

1011 S. *Peukert*, in: *Hilty/Peukert*, Interessenausgleich im Urheberrecht, S. 11 (15); *Stieper*, Rechtfertigung, Rechtsnatur und Disponibilität der Schranken des Urheberrechts, S. 77 f. Kritisch zum Wert dieses Begründungsansatzes im Hinblick auf Werkschöpfungen, die eben nicht aufgrund eines finanziellen Anreizes sondern aus intrinsischen Gründen entstehen, *Bechtold*, GRUR Int 2008, 484 (487 f.).

1012 *de Grahl*, Die Durchsetzung von Urheberrechten im digitalen Zeitalter, S. 48 f.; *Reich*, Die ökonomische Analyse des Urheberrechts in der Informationsgesellschaft, S. 99-110; und *Schäfer/Ott*, Lehrbuch der ökonomischen Analyse des Zivilrechts, S. 629.

1013 Im Einzelnen *Hardege*, Ökonomische Analyse zur Ausgestaltung des Urheberrechts, S. 31 ff.; und *Stieper*, Rechtfertigung, Rechtsnatur und Disponibilität der Schranken des Urheberrechts, S. 78-80. Zu den unterschiedlichen Ansätzen zur Begründung des Urheberrechts aus ökonomischer Perspektive *Bechtold*, GRUR Int 2008, 484 (485); *Peukert*, in: *Hilty/Peukert*, Interessenausgleich im Urheberrecht, S. 11 (16 f.); *Reich*, Die ökonomische Analyse des Urheberrechts in der Informationsgesellschaft, S. 94 f.; und kritisch *Leistner/Hansen*, GRUR 2008, 479 (483 f.). Die mangelnden Alternativen zur Gewährung eines Exklusivrechts fassen zusammen *Lévêque/Ménière*, The Economics of Patents and Copyright, S. 7- 9.

1014 S. *Hardege* a.a.O., S. 37 f. S.a. *Bechtold* a.a.O., S. 485 f.; *Reich* a.a.O., S. 95-98. Zu den Nachteilen im Einzelnen *Peukert* a.a.O., S. 17-19.

fahrtsmindernden Wirkungen, nämlich die Unterproduktion einerseits und die suboptimale Nutzung andererseits, so zu einem Ausgleich zu bringen, dass die mit dem Marktmechanismus maximal mögliche Wohlfahrt, d.h. die effizienteste Verwendung der Ressourcen, sichergestellt wird. Beziehungsweise ist der Urheberrechtsschutz angesichts dieses Dilemmas nur insoweit gerechtfertigt, als die Wohlfahrtsgewinne aus der Schaffung von Immaterialgüterrechten die mit diesen Rechten verbundenen Wohlfahrtsgewinne überwiegen.[1015]

II. Die Bedeutung der ökonomischen Betrachtung für die Verwertungsrechte

Die ökonomische Analyse trifft damit nicht nur Aussagen zur ökonomischen Richtigkeit des Urheberrechts, sondern zugleich zu dessen Inhalt und Grenzen.

Ein zu internalisierender Effekt ist der private Mehrwert, d.h. der Wert, der einer Person durch die Werknutzung unmittelbar zugutekommt. Dieser hat wiederum zwei Facetten: Zum einen erfasst er den rezeptiven Werkgenuss durch den Endverbraucher und den Wert, den der Endverbraucher dem Wahrnehmen des Werkes beimisst.[1016] Zum anderen fällt darunter der wirtschaftliche Nutzen eines kommerziellen Verwerters, der diesen aus der gewerblichen Ausbeutung des Werkes durch Weitergabe an einen Endverbraucher zieht.[1017] Zu denken ist hier an Verwerter in den Zugang zu Werken vermittelnden Positionen, wie etwa terrestrische Radiosender und Webradio-Anbieter.

Als zweiter zu internalisierender Effekt kommt der soziale Mehrwert in Frage, der sich dadurch auszeichnet, dass er nicht unmittelbar dem Nutzer, sondern der Gesellschaft allgemein zugutekommt, etwa der soziale Nutzen, der aus der Verwendung von Informationsgütern zu Erziehungszwecken oder der Bildung der öffentlichen Meinung resultiert. Problematisch ist dabei aber, dass der soziale

---

1015 S. *Hardege* a.a.O., S. 43; *Peukert* a.a.O., S. 20; *Stieper,* Rechtfertigung, Rechtsnatur und Disponibilität der Schranken des Urheberrechts, S. 81 f.

1016 S. etwa BGHZ 17, 266 (282) = GRUR 1955, 492 (Grundig-Reporter), worin der Senat festhält, dass der private Werkgenuss bereits mit dem Erwerb des mit einer Urhebergebühr belasteten Vervielfältigungsexemplars abgegolten sei. Von dieser Feststellung des zu internalisierenden Effekts ist die Tatsache zu unterscheiden, dass der Werkgenuss keinem urheberrechtlichen Verbotsrecht unterliegt. S.a. *Reich,* Die ökonomische Analyse des Urheberrechts in der Informationsgesellschaft, S. 112-116. Zur Frage, ob ein Grundsatz der Freiheit der Werkwiedergabe besteht, *Perwitz,* Die Privilegierung privater Nutzung, S. 84-86, was dieser jedoch ablehnt und die Freiheit des Werkgenusses als Folge der Ausgestaltung der gesetzlichen Regelungen sieht.

1017 S. etwa *BGH*, GRUR 1982, 102 (103) (Masterbänder), wonach der Urheber an jedem Verwertungsvorgang teilhaben soll, der „neue Kreise erschließt und dabei eine neue gewerbliche Ausbeutung mit sich bringt." S.a. *Reich* a.a.O., S. 112.

Mehrwert mangels Messbarkeit kaum zu internalisieren ist. Der soziale Mehrwert ist daher vielmehr als externer Effekt als Kriterium einer Beschränkung des Ausschließlichkeitsrechts zwecks Verhinderung eines weiteren Marktversagens heranzuziehen.[1018]

Allerdings erfüllt das Urheberrecht nur dann seine Anreizfunktion, wenn es die Rechtsgüter so zuweist, dass der Nutzen einer Leistung demjenigen zufließt, der für diesen Nutzen verantwortlich ist. Ein Mehrwert, der nicht durch den Urheber verursacht wird, ist diesem aus Sicht einer ökonomischen Betrachtung nicht zuzuweisen, d.h. darf nicht in dessen Urheberrecht internalisiert werden. Bloße technologische Verbesserungen des rezeptiven Werkgenusses können daher nicht internalisiert werden.[1019] Ferner gilt der Grundsatz, dass das Urheberrecht nicht zu einer Doppelvergütung führen, d.h. für einen Mehrwert nicht mehrfach bezahlt werden darf. Denn die Anreizfunktion wird bereits durch die einmalige Vergütung pro Werkgenuss gewährleistet. Eine darüber hinausgehende Vergütung würde die Kosten kreativer Tätigkeit nur unnötig in die Höhe treiben.[1020]

III. Die Bedeutung der ökonomischen Betrachtung für die Schrankenbestimmungen

Da sich der Wert einer Nutzung nur durch die Marktteilnehmer richtig bestimmen lässt, ist aus Sicht der ökonomischen Analyse des Urheberrechts ein ausschließliches Recht einem Vergütungsanspruch grundsätzlich vorzuziehen.[1021] Gleichwohl ist nur diejenige Handlung einem ausschließlichen Recht zu unterwerfen, bei der das Verbot am effektivsten und kostengünstigsten durchzusetzen ist. Nicht immer aber ist allein die Schaffung eines ausschließlichen Rechts bzw. der Verzicht auf dasselbe erforderlich und geeignet, das vorbeschriebene Marktversagen zu beheben, sondern kann selbst zu einem Marktversagen führen. An dieser Stelle müssen die urheberrechtlichen Schrankenbestimmungen eingreifen, indem sie die Ausschließlichkeit der Werknutzung auf seine eigentliche Funktion begrenzen.[1022]

1018 S. *Reich* a.a.O., S. 116-118.

1019 S. *Reich* a.a.O., S. 118-120.

1020 S. *Reich* a.a.O., S. 152-156.

1021 S. *Ohly*, in: Depenheuer/Peifer, Geistiges Eigentum: Schutzrecht oder Ausbeutungstitel?, S. 141 (157); und *Reich* a.a.O., S. 127-147.

1022 Weitere Stellschrauben sind etwa die Schutzdauer, die Abgrenzung von zustimmungspflichtiger Bearbeitung und freier Benutzung oder die Grenzen des Rechtsschutzes technischer Maßnahmen, s. *Hardege*, Ökonomische Analyse zur Ausgestaltung des Urheberrechts, S. 49-51; und *Peukert*, in: *Hilty/Peukert*, Interessenausgleich im Urheberrecht, S. 11 (23).

So ist eine Beschränkung etwa erforderlich, wenn das Verbotsrecht nicht nur den Imitationswettbewerb ausschließt, sondern auch Substitutionswettbewerb verhindert. Im Interesse der Verhinderung der Unterproduktion von Kulturgütern müssen z.B. transformierende Nutzungen möglich sein.[1023] Darüber hinaus liegt die größere Bedeutung von Schranken aber darin, die bereits erwähnten suboptimalen Nutzungen auszugleichen und damit zu verhindern, dass das Ausschließlichkeitsrecht selbst eine effiziente Ressourcenallokation verhindert.[1024] Dies ist etwa der Fall bei Vorliegen von eigennützigen Interessen des Urhebers, z.B. wenn dieser aus nicht rationalen Gründen die Nutzung untersagen will. Der Markt ist in diesem Fall als Leitbild ganz klar nutzlos.[1025] Zu einem Marktversagen kann es außerdem kommen, wenn positive externe Effekte, wie z.B. die Nutzung eines Werkes zu Zwecken des Unterrichts oder der Forschung, durch die Geltendmachung eines Verbotsrechts verhindert werden. Der Markt bietet hier schlicht keine verlässlichen Mechanismen zur Hervorbringung sozial erwünschter Transaktionen.[1026]

Nicht zuletzt aber können die Transaktionskosten für den Erwerb des Nutzungsrechts durch einzelfallabhängige Lizenzierung aufgrund der unüberschaubaren Marktverhältnisse so hoch sein, dass sie den Nutzen übersteigen, und damit eine Nutzung, mag sie sozial auch gewünscht sein, verhindern.[1027] Transaktionskosten sind dabei nicht nur die Verhandlungskosten, wozu etwa die Kosten zählen, um den Geschäftspartner zu identifizieren, das Angebot zu machen, zu verhandeln und den Vertrag aufzusetzen.[1028] Es fallen auch die Ausschlusskosten darunter, die zur Durchsetzung des Verbotsrechts aufgebracht werden

---

1023 S. *Stieper,* Rechtfertigung, Rechtsnatur und Disponibilität der Schranken des Urheberrechts, S. 82-84 m.w.N.

1024 S. *Stieper* a.a.O., S. 84-90 m.w.N.; und *Lévêque/Ménière*, The Economics of Patents and Copyright, S. 73 f.

1025 Denkbar ist ein solches Verhalten zum Beispiel im Falle der Parodie eines Werkes. Ein gutes Beispiel hierfür ist der Fall *SunTrust Bank v Houghton Mifflin Co.*, 268 f.3d 1257 = 60 U.S.P.Q. 2D 1255 (U.S.CA 11th Cir., 2001), bei dem die Urheberin des Buches „Vom Winde verweht" („Gone With the Wind") versuchte, die unter dem Titel „The Wind Done Gone" erschienene Parodie eben desselben zu verhindern, mittels derer der Autor aufzeigen wollte, dass das Buch von Margaret Mitchell den Status und die Lebensumstände der schwarzen Sklaven falsch porträtierte.

1026 S. *Hardege,* Ökonomische Analyse zur Ausgestaltung des Urheberrechts, S. 60-68; *Stieper,* Rechtfertigung, Rechtsnatur und Disponibilität der Schranken des Urheberrechts, S. 88 f. Zum Marktversagen aufgrund von externen Effekten s.a. *Schäfer/Ott*, Lehrbuch der ökonomischen Analyse des Zivilrechts, S. 109 f.

1027 Im Einzelnen *Hardeg* a.a.O., S. 52-59; *Peukert*, in: *Hilty/Peukert*, Interessenausgleich im Urheberrecht, S. 11 (18 f.); *Stieper a.a.O.*, S. 85-88 m.w.N.

1028 S. *Stieper* a.a.O., S. 85.

müssen.[1029] Eine Freistellung von der Vergütung lässt sich damit dennoch nicht begründen, dürfen die Schranken nach ökonomischer Betrachtung doch nicht verhindern, dass der Wert der privaten Werknutzung internalisiert wird.[1030]

IV. Zulässigkeit der Berücksichtigung der Argumente der ökonomischen Analyse

Die Annahmen, welche die ökonomische Analyse des Urheberrechts aufstellt, sind bei der Gesetzesauslegung bzw. -anwendung durchaus heranzuziehen.[1031] Selbstverständlich ist zu berücksichtigen, dass das Urheberrecht im deutschen Recht vornehmlich die Persönlichkeit des Schöpfers, wie sie im Werk ihren Niederschlag gefunden hat, schützen soll. Eine rein ökonomische Sichtweise ist daher sicherlich nicht geeignet, das Urheberrecht in seiner Gesamtheit zu erfassen und zu rechtfertigen. Insofern unterscheidet sich der deutsche Ansatz von Rechtsordnungen wie z.B. den USA, die ihren Urheberrechtsschutz bzw. ihr „copyright" mit utilitaristischen Überlegungen begründen.[1032]

Eine ergänzende ökonomische Betrachtung des Urheberrechts schließt dies dennoch nicht aus. Zum einen sagt die Gründung des Urheberrechts auf ökonomische Gesichtspunkte noch nichts darüber aus, in welchem Ausmaß die Zuordnung zu erfolgen hat. Zum anderen lässt sich die Entwicklung des Urheberrechts, wie *Peukert* es zutreffend formuliert, „in der Praxis kaum mehr mit dem urheberzentrierten Denken der Theorie in Einklang bringen, sind es doch ganz überwiegend die Verwerter, die die tatsächliche Nutzung des Werkes kontrollieren."[1033] Zudem können die Ergebnisse einer ökonomischen Betrachtung insbe-

---

1029 S. *Hardege,* Ökonomische Analyse zur Ausgestaltung des Urheberrechts, S. 59; *Reich,* Die ökonomische Analyse des Urheberrechts in der Informationsgesellschaft, S. 137.

1030 S.a. *Stieper,* Rechtfertigung, Rechtsnatur und Disponibilität der Schranken des Urheberrechts, S. 87.

1031 Zum Umfang der möglichen und gebotenen Berücksichtigung im Gesetzgebungsverfahren, s. *Reich,* Die ökonomische Analyse des Urheberrechts in der Informationsgesellschaft, S. 165-207.

1032 Vgl. etwa *Sony Corp. of America v. Universal City Studios, Inc.*, 104 S.Ct. 774 (U.S. Supreme Court 1984), dort Fn. 40: 17 U.S.C. § 107 erfordere die Berücksichtigung der ökonomischen Folgen des Kopierens. Für eine Gegenüberstellung des deutschen und des US-amerikanischen Rechts, s. *Förster,* Fair Use.

1033 *Peukert*, in: *Hilty/Peukert*, Interessenausgleich im Urheberrecht, S. 11 (21). S.a. *Hilty*, GRUR 2005, 819 (822 f.); und *Ohly*, in: *Depenheuer/Peifer*, Geistiges Eigentum: Schutzrecht oder Ausbeutungstitel?, S. 141 (141). Für eine stärkere Berücksichtigung der rechtsökonomischen Analyse im Immaterialgüterrecht daher *Bechtold*, GRUR Int 2008, 484; und auch *Spindler*, in: FS Loewenheim, S. 287 ff. Etwas differenzierter fordern *Leistner/Hansen*, GRUR 2008, 479 aufgrund der Schwächen einer rein ökonomischen Begründung eine Synthese aus individualistischen und kollektivistischen Begründungsansätzen.

sondere für Schrankenbestimmungen, die aus der Feder des europäischen Gesetzgebers stammen, von besonderem Gewicht sein. Immerhin ist übergeordnetes Ziel der Harmonisierungsbemühungen die Mehrung des wirtschaftlichen Wohlstandes durch freien Warenverkehr, und die Marktwirtschaft ist dabei das Mittel der Zielerreichung.[1034] Nicht zuletzt sind die aus der ökonomischen Analyse abgeleiteten Forderungen dem deutschen Urheberrecht zumindest im Hinblick auf die Verwertungsrechte nicht fremd, sondern scheinen von den Vorgaben der Verfassungsrechtsordnung gestützt zu werden. So gibt das Prinzip der Sozialpflichtigkeit des Eigentums ausdrücklich vor, dass das Spannungsverhältnis zwischen dem Schutz des Rechteinhabers und den Interessen der Allgemeinheit zu einem angemessenen Ausgleich zu bringen ist.[1035]

Ökonomische Aspekte sind daher jedenfalls dann zu berücksichtigen, wenn keine persönlichkeitsrechtlichen Elemente im Vordergrund stehen, sondern der auszulegenden Rechtsnorm ein ökonomisches Programm zugrunde liegt.[1036] Es ist daher zu begrüßen, dass der Bundestag diese Gedanken in seine Analyse des Urheberrechts in der digitalen Wirtschaft bereits aufgenommen hat.[1037] Zu berücksichtigen ist freilich, dass die gefundenen Kosten-Nutzen-Relationen nicht auf ewig zementiert sein müssen. Der technische Fortschritt kann diese durchaus ändern und alternative Allokationsinstrumente nutzbar machen.

Kapitel 2: Zur Privilegierung der technisch bedingten Vervielfältigungen

Bevor die Frage der Zulässigkeit von Webradio-Aufnahmen untersucht wird, welche bei der Diskussion um Streamripping zweifellos im Vordergrund steht, wird vorab geprüft, inwiefern Schrankenregelungen bei der Vorbereitung, der Übertragung und dem Empfang bzw. der Wahrnehmbarmachung von Webradio-Programmen, also den eher technisch geprägten Verwertungsschritten, eingrei-

---

1034 S. die Erwägungsgründe 1 und 4 InfoSoc-RL. Für weitere Beispiele s.a. *Bechtold*, GRUR Int 2008, 484 (487, dort Fn. 43); und *Leistner/Hansen*, GRUR 2008, 479 (489). Ausführlich zum Stellenwert der ökonomischen Analyse bei der Umsetzung europäischer Richtlinien *Reich,* Die ökonomische Analyse des Urheberrechts in der Informationsgesellschaft, S. 207-217.

1035 Siehe dazu die Erläuterungen in diesem Teil in Kapitel 1, Abschnitt B, Punkt I 1 a).

1036 In diesem Sinne auch *Förster,* Fair Use, S. 184-186 m.w.N.; *Leistner/Hansen*, GRUR 2008, 479 (480); und *Poeppel*, Die Neuordnung der urheberrechtlichen Schranken im digitalen Umfeld, S. 158.

1037 Dritter Zwischenbericht der Enquete-Kommission „Internet und digitale Gesellschaft“, BT-Drs. 17/7899, S. 27 ff.

fen. Denn schon mit dem Verbot einer für die Nutzung notwendigen Teilhandlung kann die gesamte Nutzung verhindert werden. Hierfür werden nacheinander die unterschiedlichen Verwertungsschritte auf Seiten der Anbieter, der Vermittler und der Nutzer untersucht. Die herangezogenen Schrankenbestimmungen gelten dabei aufgrund der Verweisung in §§ 83 und 85 Abs. 4 UrhG für die Leistungsschutzrechte der Tonträgerhersteller und Künstler gleichermaßen.

A. Webradio-Anbieter: Vorbereitung und Anbieten des Webradio-Programms

Der Übertragung vorgelagert sind Digitalisierung, Kompression und Speicherung des für die Übertragung vorgesehenen Inhalts, die, wie erläutert,[1038] eine Vervielfältigung desselben beinhalten. Ferner berührt das Anbieten und Übertragen von Webradio das Recht der öffentlichen Zugänglichmachung i.S.d. § 19a UrhG oder das Senderecht i.S.d. § 20 UrhG.[1039]

I. Vervielfältigungen bei der Vorbereitung

Als Vorschriften, welche die vorbereitenden Vervielfältigungen privilegieren können, kommen grundsätzlich § 44a UrhG und angesichts seiner ausdrücklichen Bezugnahme auf Sendeunternehmen § 55 Abs. 1 UrhG in Frage.[1040] Abhängig vom gesendeten Inhalt können weitere Schranken einschlägig sein, insbesondere §§ 50 und 51 UrhG, die Schranken für die Berichterstattung über Tagesereignisse und Zwecke des Zitierens. Letztere sollen an dieser Stelle jedoch nicht weiter untersucht werden, da der Fokus dieser Untersuchung auf der Übertragungsstrategie und nicht dem Inhalt des Programms liegt.[1041]

1038 S.o. im zweiten Teil Kapitel 1, Abschnitt A.

1039 S.o. im zweiten Teil Kapitel 2, Abschnitt B, Punkt II.

1040 § 53 Abs. 1 UrhG scheidet als Privilegierungstatbestand aus, da diese Schranke nur greift, wenn mit der Vervielfältigung ein privater Zweck verfolgt wird. Desgleichen macht § 53 Abs. 2 UrhG, der die Vervielfältigung zu weiteren Zwecken des eigenen Gebrauchs vom Verbotsrecht freistellt, die eigene Verwendung zur Voraussetzung. Eine Weitergabe der Vervielfältigung an Dritte ist ausgeschlossen. Das Angebot eines Webradio-Anbieters, für welches die vorbereitende Vervielfältigung angefertigt wird, richtet sich indes an eine Öffentlichkeit. Denkbar ist natürlich, dass eine Kopie zunächst doch für den eigenen Gebrauch hergestellt wird und sich ihre weitere Bestimmung im Verlauf der Zeit ändert. In diesem Fall verbietet allerdings § 53 Abs. 6 UrhG deren weitere Verwendung.

1041 Insofern sei auf die zusammenfassende Darstellung der Bedeutung dieser Vorschriften für Webradio-Angebote bei *Dierking,* Internet zum Hören, S. 146-153, verwiesen.

§ 44a UrhG, der die verbindliche Beschränkung des ausschließlichen Vervielfältigungsrechts nach Art. 5 Abs. 1 InfoSoc-RL für technische Vervielfältigungshandlungen ins deutsche Recht umsetzt,[1042] privilegiert gewisse vorübergehende, technisch bedingte Vervielfältigungshandlungen mit dem Ziel zu verhindern, dass die Geltendmachung des Vervielfältigungsrechts dem effizienten Funktionieren der modernen, auf Vervielfältigungen basierenden Übertragungssysteme entgegensteht.[1043] Die Voraussetzungen sind, dass die vorübergehende Vervielfältigung nur flüchtig oder begleitend erfolgt, dass sie einen integralen und wesentlichen Teil eines technischen Verfahrens darstellt, dass sie keine eigenständige wirtschaftliche Bedeutung hat und dass ihr alleiniger Zweck es ist, die Übertragung in einem Netz oder eine rechtmäßige Nutzung zu ermöglichen. Diese fünf Voraussetzungen müssen kumulativ erfüllt sein.[1044]

a) Vorübergehend, flüchtig/begleitend, integraler Teil

Vorübergehend ist jede nicht auf Dauer angelegte Vervielfältigung.[1045] Flüchtig sind rasch vergängliche, d.h. besonders kurzlebige, Vervielfältigungen, z.B. weil sie im weiteren Verlauf der Arbeitssitzung automatisch gelöscht werden.[1046] Begleitend sind Vervielfältigungen, wenn sie lediglich beiläufig während eines technischen Verfahrens entstehen.[1047] Die Grenzen zwischen den Merkmalen „flüchtig" und „begleitend" sind allerdings fließend.[1048]

1042 Zum Hintergrund und Zweck sowie zur Rechtsnatur dieser zwingenden Beschränkung *Hohagen*, Die Freiheit der Vervielfältigung zum eigenen Gebrauch, S. 209-211 m.w.N.

1043 Amtliche Begründung BT-Drs. 15/38, S. 18. Eine Verpflichtung auf internationaler Ebene zur Einführung dieser Schranke besteht nicht. Zur Umsetzung dieser Vorschrift in den einzelnen Mitgliedstaaten *Westkamp*, Study on the Implementation and Effect in Member States' Law of Directive 2001/29/EC. Part II, Februar 2007, http://ec.europa.eu/internal_market/copyright/docs/studies/infosoc-study-annex_en.pdf, S. 12.

1044 *EuGH*, GRUR Int 2011, 1063 (1074 Tz. 161) = MMR 2011, 817 m. Anm. *Stieper* – FAPL/Murphy; *EuGH*, GRUR Int 2012, 336 (339 Tz. 26) – Infopaq II. So zuvor schon *Reinbothe*, GRUR Int 2001, 733 (738); und *Spindler*, GRUR 2002, 105 (111).

1045 Statt aller *Dreier*, in: *Dreier/Schulze*, UrhG, § 44a UrhG Rdnr. 4; und *Loewenheim*, in: *Schricker*, UrhR, § 44a UrhG Rdnr. 5.

1046 *EuGH*, Slg. 2009, I-6569 = GRUR 2009, 1041 – Infopaq, Tz. 62. So auch zuvor schon *KG*, GRUR-RR 2004, 228 (231) = MMR 2004, 540 = CR 2004, 688.

1047 *OLG Dresden*, NJOZ 2008, 160 (163) = CR 2007, 458 mit Verweis auf *Loewenheim*, in: *Schricker*, UrhR, § 44a UrhG Rdnr. 5.

1048 S. *Dreier*, in: *Dreier/Schulze*, UrhG, § 44a UrhG Rdnr. 4; *Loewenheim*, in: *Schricker*, UrhR, § 44a UrhG Rdnr. 5 m.w.N.; *v. Welser*, in: *Wandtke/Bullinger*, UrhR, § 44 a UrhG Rdnr. 2; *Wiebe*, in: *Spindler/Schuster*, § 44a UrhG, Rdnr. 3.

Ein integraler und wesentlicher Teil eines technischen Verfahrens ist eine Vervielfältigung nach der bisher vorherrschenden Auffassung dann, wenn sie wesentlich – wenngleich nicht unabdingbar – für das Funktionieren des technischen Verfahrens ist und sie nicht um ihrer selbst Willen erfolgt.[1049] Der EuGH hat dieses Kriterium in der für die Auslegung des Art. 5 Abs. 1 InfoSoc-RL grundlegenden „Infopaq II"-Entscheidung mittlerweile dahingehend konkretisiert, dass „das betreffende technische Verfahren ohne sie nicht ordnungsgemäß und effizient funktionieren könnte."[1050] Dies spricht dafür, dass die Vervielfältigung noch nicht einmal abdingbar sein darf. Wie diese Interpretation von den Gerichten zukünftig angewendet wird, bleibt vorerst abzuwarten.

Darüber hinaus muss die Vervielfältigung, so der EuGH, „vollständig im Rahmen der Durchführung eines technischen Verfahrens vorgenommen werden"[1051], wobei allerdings nicht ausgeschlossen ist, „dass die Handlung das Verfahren einleitet oder abschließt."[1052]

Vervielfältigungen wie jene im Rahmen von Webradio-Programmpaketen oder personalisierten Webradios, die für die wiederholte Wiedergabe angefertigt werden und eine längerfristige Zugänglichmachung bzw. Sendung sicherstellen sollen, sind schon aus ihrer Zweckbestimmung heraus nicht flüchtig oder begleitend. Gleiches gilt für Vervielfältigungen zwecks der Bevorratung von Musiktiteln z.B. in Media-Datenbanken, welche zu einem späteren Zeitpunkt in den Stream integriert werden sollen. Diese Tatbestandsmerkmale erfüllen daher allenfalls Vervielfältigungen, welche für die Sendung eines Live-Streams – sei es als Webcast oder Simulcast – gefertigt werden, z.B. wenn ein analoges in ein digitales Signal umgewandelt wird. Diese sind für die anschließende Verbreitung zwingend erforderlich und erfüllen damit die Voraussetzung, ein integraler und wesentlicher Bestandteil der anschließenden Übermittlung zu sein.

b) Bewertung der wirtschaftlichen Bedeutung

Eine Privilegierung nach § 44a UrhG setzt außerdem voraus, dass die Vervielfältigungshandlung keine eigenständige wirtschaftliche Bedeutung hat.

In der deutschen Literatur wird dies seit Längerem so verstanden, dass die Vervielfältigung keine neue, eigenständige Nutzungsmöglichkeit eröffnen darf bzw. mit Blick auf § 44a Nr. 2 UrhG die Nutzung nicht über das hinausgehen

1049 S. *Dreier*, in: *Dreier/Schulze*, UrhG, § 44a UrhG Rdnr. 6; *Loewenheim*, in: *Schricker*, UrhR, § 44a UrhG Rdnr. 6 m.w.N.; *Wiebe*, in: *Spindler/Schuster*, § 44a UrhG, Rdnr. 3.

1050 *EuGH*, GRUR Int 2012, 336 (339 Tz. 30) – Infopaq II.

1051 Ebda.

1052 *EuGH* a.a.O., Tz. 31 – Infopaq II.

darf, was vertraglich oder gesetzlich erlaubt ist.[1053] Diese Auffassung hat der EuGH mittlerweile bestätigt. Mit Blick auf Vervielfältigungen, welche beim Empfang einer Sendung im Decoder und deren Wiedergabe auf dem Bildschirm hergestellt werden, führt er aus:

> „Um jedoch der Ausnahme des Art. 5 Abs. 1 der Urheberrechtsrichtlinie [*InfoSoc-RL*] nicht ihre praktische Wirksamkeit zu nehmen, muss die wirtschaftliche Bedeutung in dem Sinne eigenständig sein, dass sie über den wirtschaftlichen Vorteil, der durch den bloßen Empfang einer Sendung mit geschützten Werken entsteht, d.h. über den Vorteil, der sich aus der bloßen Erfassung der Sendung und ihrer visuellen Darstellung ergibt, hinausgeht."[1054]

Zu vorübergehenden Vervielfältigungen im Rahmen eines Übertragungsprozesses erläutern die Richter sodann, dass diese

> „untrennbarer und unselbständiger Bestandteil des beim Empfang der Rundfunksendungen, die die fraglichen Werke enthalten, ablaufenden Prozesses [sind]. Auch werden sie ausgeführt, ohne dass die Personen, die damit Zugang zu den geschützten Werken erhalten, auf sie Einfluss nehmen könnten oder sich ihrer auch nur bewusst wären."[1055]

Da Art. 5 Abs. 1 InfoSoc-RL technologieneutral ausgestaltet ist, muss dieses Ergebnis auf andere technische Verfahren, wie etwa Streaming, übertragen werden.[1056] Abstrahiert bedeutet dies, dass die wirtschaftliche Bedeutung der Vervielfältigung über die Ermöglichung des technischen Prozesses als solchem hinausgehen muss, um eine eigenständige wirtschaftliche Bedeutung zu erhalten. Unschädlich ist, dass die vorübergehende Vervielfältigung eine Nutzung von wirtschaftlicher Bedeutung, etwa durch eine Produktivitätssteigerung, überhaupt erst ermöglicht.[1057] Grundsätzlich unerheblich muss vor diesem Hintergrund daher sein, ob dem Rechteinhaber durch die zu privilegierende Vervielfältigung Einnahmemöglichkeiten entgehen.[1058]

Technisch bedingte Vervielfältigungen zur Ermöglichung einer Sendung bzw. öffentlichen Zugänglichmachung eines Webradio-Programms schaffen

---

1053 S. *Dreier*, in: *Dreier/Schulze*, UrhG, § 44a UrhG Rdnr. 9; und *Loewenheim*, in: *Schricker*, UrhR, § 44a UrhG Rdnr. 10 m.w.N.

1054 *EuGH*, GRUR Int 2011, 1063 (1074 Tz. 175) = MMR 2011, 817 m. Anm. *Stieper* – FAPL/Murphy [mit Anmerkung der Verfasserin]. Zustimmend *Peifer,* GRUR-Prax 2011, 435 (436). Das Gericht folgt damit nicht den Schlussanträgen der *Generalanwältin Kokott*, welche jedenfalls den Vervielfältigungen, die auf dem Bildschirm entstehen, eine eigenen wirtschaftliche Bedeutung beimaß, s. *Generalanwältin Juliane Kokott*, Schlussanträge v. 3.2.2011 – verb. Rs. C-403/08 und C-429/08 – FAPL/Murphy, Tz. 95. Ähnlicher Auffassung wie *Generalanwältin Kokott* ist *Radmann*, ZUM 2010, 387 (390 f.).

1055 *EuGH* a.a.O., Tz. 176 – FAPL/Murphy.

1056 In diesem Sinne auch *Peifer,* GRUR-Prax 2011, 435 (436).

1057 S. *EuGH*, GRUR Int 2012, 336 (340 f. Tz. 48-54) – Infopaq II.

1058 Wie hier *Busch*, GRUR 2011, 496 (501 f.). A.A. aber noch *LG München*, MMR 2007, 328 (329) = ZUM 2007, 409 = CR 2007, 356.

ebenfalls keinen zusätzlichen wirtschaftlichen Vorteil, der über den Vorteil hinausgeht, der durch die Sendung bzw. die öffentliche Zugänglichmachung als solcher entsteht. Entsprechend ist diese Voraussetzung erfüllt.

c) Zweck der Vervielfältigung

Vorübergehende Vervielfältigungshandlungen sind zudem nur zu bestimmten Zwecken zulässig. Der Zweck muss entweder die Vervielfältigung bei einem Vermittler zur Übertragung in einem Netz zwischen Dritten sein (lit. a)). Alternativ ist eine vorübergehende Vervielfältigung zulässig, wenn sie eine rechtmäßige Nutzung ermöglicht (lit. b)).

Lit. a) scheidet in Bezug auf einen Stream vorbereitende Vervielfältigungen aus, weil es sich nicht um eine Übertragung in einem Netz zwischen Dritten handelt. Hinsichtlich lit. b) ist zu klären, was unter dem Begriff „rechtmäßige Nutzung“ zu verstehen ist.

Einen Hinweis, was rechtmäßig ist, gibt Erwägungsgrund 33 InfoSoc-RL. Danach gilt eine Nutzung „als rechtmäßig, soweit sie vom Rechteinhaber zugelassen bzw. nicht durch Gesetze beschränkt ist“. Ersteres bezieht sich auf die mindestens konkludente Zustimmung zur Nutzung, welche z.B. dann vorliegen kann, wenn der Rechteinhaber seinen Schutzgegenstand selbst zum Abruf bereit hält und keine Kopierschutzmechanismen verwendet. Letzteres wird als Verweis auf die nationalen Schrankenbestimmungen verstanden.[1059]

Wären dies die einzigen beiden Rechtfertigungsgründe für vorübergehende Vervielfältigungshandlungen, entstünde jedoch eine erhebliche Schutzlücke in den Fällen, in denen weder eine Zustimmung des Rechteinhabers vorliegt noch eine Schankenregelung eingreift. Zudem schiene § 44a UrhG bzw. Art. 5 Abs. 1 InfoSoc-RL inhaltsleer. Denn stimmt der Rechteinhaber einer Nutzungshandlung zu, so beinhaltet dies mindestens konkludent die Zustimmung zu technisch bedingten Vervielfältigungen. Ein solches Einverständnis wirkt tatbestandsausschließend, sodass die Schranke nicht erforderlich wäre.[1060] Genauso überflüssig wäre sie, wenn sich eine Privilegierung aus anderen Schrankenregelungen ergäbe.[1061]

1059 S. *Niemann*, CR 2011, 69 (73); und *v. Welser*, in: *Wandtke/Bullinger*, UrhR, § 44a UrhG Rdnr. 17. Zur Frage, ob die Schrankenbestimmung dann nur deklaratorische Wirkung hat, *Hart*, EIPR 2002, 58 (59).

1060 S. *v. Welser*, in: *Wandtke/Bullinger*, UrhR, § 44a UrhG Rdnr. 17. S.a. *Loewenheim*, in: *Schricker*, UrhR, § 44a UrhG Rdnr. 9 m.w.N.; und *Metzger*, GRUR 2012, 118 (124).

1061 S. *Lauber/Schwipps*, GRUR 2004, 293 (295); *Walter*, in: *ders.* (Hrsg.), Europäisches Urheberrecht, Info-RL, Rdnr. 108; *v. Welser*, in: *Wandtke/Bullinger*, UrhR, § 44a UrhG Rdnr. 20. Dies aufgreifend *KG*, GRUR-RR 2004, 228 (231). Vgl. aber auch *Stieper*, MMR 2012, 12 (15), der § 44a UrhG als „Hilfsschranke“ selbst bei Eingreifen anderer Schrankenbestimmungen für nicht entbehrlich hält.

Es müssen also weitere Tatsachen die Rechtmäßigkeit der Nutzung begründen können. Dafür, dass Art. 5 Abs. 1 InfoSoc-RL und damit einhergehend § 44a UrhG nur eine beispielhafte Aufzählung enthält bzw. ein Minimum an Umständen beschreibt, welche die Nutzung rechtmäßig machen, spricht auch die Verwendung des Wortes „sollte" in Erwägungsgrund 33 InfoSoc-RL („eine Verwendung sollte als rechtmäßig gelten").[1062] Darüber hinaus nennt Erwägungsgrund 33 InfoSoc-RL ausdrücklich das „Browsing" als einen von Art. 5 Abs. 1 InfoSoc-RL erfassten Nutzungsvorgang – dies ungeachtet der Tatsache, dass auch Inhalte „gebrowst" werden können, die ohne Zustimmung des Rechteinhabers im Netz stehen bzw. nicht aufgrund einer Schrankenbestimmung vervielfältigt werden dürfen.[1063] Die Rechtmäßigkeit der Nutzung liegt bei diesem Nutzungsvorgang darin, dass das Betrachten einer Webseite, urheberrechtlich überhaupt nicht relevant ist, sondern eine freie, da nicht von Verwertungsrechten erfasste Nutzungshandlung darstellt.

Entsprechend kann die Aufzählung in § 44a UrhG nicht abschließend sein, sondern sind jedenfalls auch solche Nutzungen von Art. 5 Abs. 1 InfoSoc-RL bzw. § 44a UrhG erfasst, die dem Prinzip der freien Werkrezeption unterliegen.[1064] Diese Auffassung hat der EuGH in den Entscheidungen „Infopaq II" und „FAPL/Murphy" mittlerweile bestätigt.[1065]

Die einen Webradio-Stream vorbereitenden Vervielfältigungen dienen allerdings ausschließlich der anschließenden Sendung. Die Sendung wiederum ist ohne Zustimmung des Rechteinhabers nicht rechtmäßig bzw. es sind keine Schrankenbestimmungen ersichtlich, die die Sendung zustimmungsfrei rechtfer-

---

1062 In der französischen Fassung ist die Formulierung „une utilisation est réputée être ilicite" zwar etwas enger, spricht aber nicht gegen die vorgenannte Interpretation. In der englischen Sprachfassung wird wie in der deutschen von „should" gesprochen.

1063 Zutreffend *Loewenheim*, in: *Schricker*, UrhR, § 44a UrhG Rdnr. 12; und *Mitsdörfer/Gutfleisch*, MMR 2009, 731 (733 m.w.N.)

1064 Zum Grundsatz des freien Werkgenusses statt aller *BGH*, GRUR 1994, 363 (Holzhandelsprogramm) (364 f.); *BGH*, GRUR 1991, 449 (Betriebssystem II) (453); *Schack*, Urheber- und Urhebervertragsrecht, Rdnr. 15; *Lauber/Schwipps*, GRUR 2004, 293 (296).

1065 *EuGH*, GRUR Int 2011, 1063 (1074 Tz. 171 f.) = MMR 2011, 817 m. Anm. *Stieper* – FAPL/Murphy; und *EuGH*, GRUR Int 2012, 336 (340 Tz. 44 f.) – Infopaq II. Zustimmend *Metzger*, GRUR 2012, 118 (124); *Stieper*, MMR 2012, 12 (15). A.A. zuvor noch *Busch*, GRUR 2011, 496 (502), der eine „rechtmäßige Nutzung" neben den ausdrücklich genannten Fällen nur dann annehmen möchte, wenn die Vorlage – ähnlich den Vorgaben des § 53 Abs. 1 UrhG – nicht offensichtlich rechtswidrig hergestellt oder offensichtlich rechtswidrig zugänglich gemacht wurde; und *Vianello*, CR 2010, 728 (730), der Vervielfältigungen im Puffer dann allerdings zumindest bei privaten Nutzungen als Privatkopien i.S.d. § 53 Abs. 1 UrhG für zulässig erachtet.

tigen könnten.[1066] Sie erfolgen somit nicht im Rahmen einer rechtmäßigen Nutzung und sind nicht gem. § 44a UrhG privilegiert.[1067]

2. *Ephemere Vervielfältigung durch Sendeunternehmen, § 55 UrhG*

Ferner ist zu prüfen, ob vorbereitende Vervielfältigungen gem. § 55 Abs. 1 UrhG zulässig sind, welcher den urheberrechtlichen Schutz für gewisse in Verbindung mit einer Sendung stehende Vervielfältigungshandlungen, die sog. ephemeren Vervielfältigungen, aus technischen Gründen aufhebt. Danach ist es Sendeunternehmen, die das Recht zur Sendung eines Werkes i.S.d. § 20 UrhG eingeholt haben, gestattet, das Werk mit eigenen Mitteln zunächst auf einen Datenträger zu übertragen, um es zu einem späteren Zeitpunkt auszustrahlen. Hierdurch soll ein reibungsloser 24-Stunden Sendebetrieb ermöglicht werden, welcher ohne die Vorproduktion von Bild- oder Tonträgern nur schwer möglich wäre.[1068]

a) Berechtigte Sendeunternehmen

Sendeunternehmen ist jedes Unternehmen, das mit Hilfe von Funk oder durch Satellitensendung i.S.d. §§ 20 und 20a Abs. 3 UrhG Sendungen veranstaltet, die zum unmittelbaren zeitgleichen Empfang durch die Öffentlichkeit bestimmt sind.[1069] „Veranstalter" ist zu verstehen als die Person, die den organisatorisch-technischen Aufwand bezüglich des Sendevorgangs betreibt, d.h. das Programm produziert bzw. zusammenstellt.[1070]

Anbieter von Podcasts, On-Demand-Streams und personalisierten Webradios veranstalten keine Sendung i.S.d. §§ 20 f. UrhG, sondern eine öffentliche Zugänglichmachung i.S.d. § 19a UrhG.[1071] Für sie ist § 55 Abs. 1 UrhG also schon

---

1066 Dazu sogleich noch in diesem Teil in Kapitel 2, Abschnitt A, Punkt I 2.

1067 Es ist daher verständlich, dass die öffentlich-rechtlichen Rundfunkanstalten fordern, dass das Recht insofern geändert werden müsse, als dass auch inzidente Vervielfältigungen, die der Vorbereitung einer Sendung oder öffentlichen Zugänglichmachung notwendigerweise vorangehen, freigestellt sind. Zur Position der Rundfunkanstalten *Weber*, in: *Stern/Peifer/Hain* (Hrsg.), Werkvermittlung und Rechtemanagement im Zeitalter von Google und YouTube, S. 37 (45).

1068 Zum Hintergrund der Vorschrift *Poeppel*, Die Neuordnung der urheberrechtlichen Schranken im digitalen Umfeld, S. 373-376. Die Regelung steht in Einklang mit Art. 11bis Abs. 3 Satz 2 und 3 RBÜ. Art. 5 Abs. 2 d) InfoSoc-RL lässt diese Schranke ebenfalls zu.

1069 Zur Herleitung der Definition des Begriffs „Sendeunternehmen" *Lüft*, in: *Wandtke/Bullinger*, UrhR, § 55 UrhG Rdnr. 2; und *v. Ungern-Sternberg*, in: *Schricker*, UrhR, § 87 UrhG Rdnrn. 12-16.

1070 Ebda.

1071 S.o. im zweiten Teil, Kapitel 2, Abschnitt B, Punkt II 2 a), c) und 3.

aus diesem Grund nicht einschlägig.[1072] Eine Ausweitung des Kreises der privilegierten Personen auf Medienanbieter, die Inhalte gem. § 19a UrhG zugänglich machen, ist dabei nicht nur nach dem Wortlaut sondern auch durch den mit § 55 UrhG verfolgten Zweck ausgeschlossen. Denn die Vorschrift soll dem organisatorischen Problem von Sendeunternehmen abhelfen, die einzelnen Sendebeiträge zeitlich zu koordinieren, um ein fortlaufendes Programm zu gewährleisten. Die Probleme der sequentiellen Abstimmung der Beiträge eines Programms und das Risiko einer ungewollten Sendepause bestehen bei anderen Verwertungsformen als der Sendung freilich nicht.[1073]

Bei Simulcasts kommt es wiederum auf den Einzelfall an. Einige Anbieter von Simulcasts leiten lediglich die Sendung eines Dritten unverändert weiter, ohne den anfänglichen organisatorisch-technischen Aufwand zu tragen. Für sie gilt § 55 Abs. 1 UrhG nicht. Für Simulcast-Anbieter, die ein eigenes Programm produzieren, sowie Anbieter von Webcasts sind die weiteren Voraussetzungen des § 55 Abs. 1 UrhG zu prüfen.

b) Vervielfältigungen mit eigenen Mitteln

Die ephemere Vervielfältigung darf nur mit eigenen Mitteln des Sendeunternehmens vorgenommen werden. Fraglich ist, ob hierunter Vervielfältigungen fallen, die zwar für das Sendeunternehmen aber mit den Mitteln eines Dritten vorgenommen werden.

In Deutschland wird die Ansicht vertreten, dass der Vervielfältigungsvorgang selbst mit eigenen technischen Mitteln und eigenem Personal des Sendeunternehmens erfolgen müsse. Wenn sich das Sendeunternehmen zur Herstellung Dritter bediene, sei dies durch § 55 nicht mehr gedeckt.[1074] Erwägungsgrund 41 der InfoSoc-RL scheint hingegen dafür zu sprechen, dass Art. 5 Abs. 2 lit. d) InfoSoc-RL nicht fordert, dass die Aufzeichnung selbst vorgenommen wird. Danach zählen „zu den eigenen Mitteln des Sendeunternehmens auch die Mittel einer Person [...], die im Namen oder unter der Verantwortung des Sendeunternehmens handelt."

Diese Auffassung hat der EuGH in seiner Entscheidung „TV2 Danmark" mittlerweile bestätigt.[1075] Dabei hat er klargestellt, dass die genannten Vorausset-

---

1072 Wie hier *Lüft*, in: *Wandtke/Bullinger*, UrhR, § 55 UrhG Rdnr. 4; und *Melichar*, in: *Schricker*, UrhR, § 55 UrhG Rdnr. 6.

1073 S.a. *Poeppel*, Die Neuordnung der urheberrechtlichen Schranken im digitalen Umfeld, S. 373-376.

1074 In diesen Sinne *Dreier*, in: *Dreier/Schulze*, UrhG, § 55 UrhG Rdnr. 5; *Lüft*, in: *Wandtke/Bullinger*, UrhR, § 55 UrhG Rdnr. 3; *Melichar*, in: *Schricker*, UrhR, § 55 UrhG Rdnr. 5.

1075 *EuGH*, GRUR 2012, 635 (813, Tz. 49) = ZUM 2012, 670 – TV2 Danmark.

zungen an die Beziehung zwischen dem Sendeunternehmen und dem Dritten alternativ aufzufassen sind.[1076] Diesbezüglich bestanden Unklarheiten, da die Sprachfassungen der InfoSoc-RL in diesem Punkt voneinander abweichen. Beispielsweise heißt es in der französischen Sprachfassung, dass die Person im Namen *und* unter der Verantwortung des Sendeunternehmens handeln müsse.[1077] Der erste Fall, in dem der Dritte „im Namen" des Sendeunternehmens handelt, setzt eine direkte und unmittelbare Verbindung voraus, aufgrund derer der Dritte über keinen eigenständigen Handlungsspielraum verfügt.[1078] Im zweiten Fall, in dem der Dritte „unter der Verantwortung" des Sendeunternehmens handelt, besteht eine komplexere, mittelbarere Verbindung zwischen den Parteien, die dem Dritten eine gewisse Freiheit bei der Verwendung seiner Mittel belässt, bei der das Sendeunternehmen aber für die Handlung des Dritten haftet.[1079]

Folglich wird das deutsche Recht zukünftig dahingehend auszulegen sein, dass auch technische Mittel Dritter zum Einsatz kommen dürfen, sofern der Dritte im Namen oder unter Verantwortung des Sendeunternehmens agiert.

c) Vervielfältigungen zur einmaligen Sendung

Privilegiert ist nach § 55 Abs. 1 UrhG nur die einmalige Sendung des Programms und gemäß Satz 2 wird dem Sendeunternehmen die korrespondierende Pflicht zur anschließenden Löschung der ephemeren Aufnahme auferlegt. Die Schrankenbestimmung begünstigt folglich nur jene Vervielfältigungen, die für die Einbindung eines Werkes in ein Programm erforderlich sind, welches anschließend als Ganzes auf einem Datenträger für die spätere Wiedergabe fixiert wird.[1080]

Digitalisierung und Kompression eines urheberrechtlichen Schutzgutes zur anschließenden Verbreitung als Simulcast oder Webcast erfolgen meist und insbesondere bei Musiktiteln aber mit dem Ziel der erstmaligen Herstellung einer digital mehrfach übermittelbaren Version des Werkes. Sie sind folglich nicht nach § 55 Abs. 1 UrhG privilegiert. Nur solche bzw. zusätzliche Vervielfältigungen, die tatsächlich angelegt werden, um ein Werk in ein Programm zur einmaligen Sendung einzubinden, sind zustimmungsfrei.[1081]

1076 *EuGH* a.a.O., Tz. 56 f – TV2 Danmark.

1077 Dort heißt es: „Lors de l'application de l'exception ou de la limitation pour les enregistrements éphémères effectués par des organismes de radiodiffusion, il est entendu que les propres moyens d'un organisme de radiodiffusion comprennent les moyens d'une personne qui agit au nom et sous la responsabilité de celui-ci."

1078 *EuGH*, GRUR 2012, 635 (813, Tz. 53 und 61) = ZUM 2012, 670 – TV2 Danmark.

1079 *EuGH* a.a.O., Tz. 54 und 62-66 – TV2 Danmark.

1080 S. *Lüft*, in: *Wandtke/Bullinger*, UrhR, § 55 UrhG Rdnrn. 4 f.; und *Melichar*, in: *Schricker*, UrhR, § 55 UrhG Rdnrn. 1, 5 und 10.

1081 A.A., jedoch ohne Begründung, *Bortloff*, GRUR Int 2003, 669 (674).

Ein Webradio-Anbieter kann sich hinsichtlich der dauerhaft gespeicherten Vervielfältigungen z.B. in seiner Musik-Datenbank auch nicht auf § 55 Abs. 2 UrhG berufen. Dieser gestattet zwar die Archivierung von Aufnahmen, beschränkt dies aber auf die Fälle, dass die Aufnahme einen außergewöhnlichen dokumentarischen Wert hat und es sich um ein amtliches Archiv handelt.[1082] Davon ist bei Webradio-Angeboten, ohne dass besondere Anhaltspunkte vorliegen, nicht auszugehen.

3. Zwischenergebnis

Die vorbereitenden Vervielfältigungen im Rahmen von Digitalisierung, Kompression und Speicherung für die zukünftige Wiedergabe durch Webradio-Anbieter sind in der Regel nicht privilegiert. Eine Privilegierung nach § 44a UrhG scheitert spätestens am Zweck der Vervielfältigung. § 55 Abs. 1 UrhG wiederum stellt nur solche Vervielfältigungen zustimmungsfrei, die tatsächlich angelegt werden, um ein Werk in ein Programm zur einmaligen Sendung als Simulcast oder Webcast einzubinden. In den meisten Fällen sind vorbereitende Vervielfältigungen daher mitzulizenzieren.

Überhaupt ist die praktische Bedeutung des § 55 Abs. 1 UrhG als eher gering zu bewerten. Zum einen lassen sich vorbereitende Vervielfältigungen mitlizenzieren, wenn die Nutzungsrechte zur Sendung oder öffentlichen Zugänglichmachung eingeholt werden.[1083] Zum anderen lassen sich Sendeunternehmen das Senderecht in der Regel nicht mehr nur für eine einmalige Sendung einräumen. Eigenständige Bedeutung kommt § 55 Abs. 1 UrhG daher allenfalls noch bei Sendungen zu, die selbst auf Grundlage einer Schrankenbestimmung zulässig sind, nämlich §§ 48 Abs. 1 Nr. 1 und 49 Abs. 1 UrhG, und selbst dann ist frag-

1082 S. *Lüft*, in: *Wandtke/Bullinger*, UrhR, § 55 UrhG Rdnrn. 6 f.; *Melichar*, in: *Schricker*, UrhR, § 55 UrhG Rdnrn. 12 f.; und *Poeppel*, Die Neuordnung der urheberrechtlichen Schranken im digitalen Umfeld, S. 377-379.

1083 S. etwa *GEMA*, Tarif Radio (S-VR/Hf-Pr) für die Nutzung von Werken des GEMA-Repertoires durch private Veranstalter von Hörfunk (alle Sendearten ohne Premium-Radio), abrufbar unter: https://www.gema.de/fileadmin/user_upload/Musiknutzer/Tarife/Tarife_sonstige/gema_tarif_radio.pdf, Ziffer I. 2 1. Spiegelstrich; und *GEMA*, Vergütungssätze VR-OD 8 für die Nutzung von Werken des GEMA-Repertoires im Rahmen von entgeltlichen Streaming-Angeboten (sogenannte „unlimitierte Abonnements“), abrufbar unter: https://www.gema.de/fileadmin/user_upload/Musiknutzer/Tarife/Tarife_vra/tarif_vr_od8.pdf; sowie *GEMA*, Vergütungssätze VR-OD 9 für die Nutzung von Werken des GEMA-Repertoires im Rahmen von Ad-funded-Streaming-Angeboten, BAnz v. 23.12.2011, dort jeweils Ziffer III. 1 1. Spiegelstrich.

lich, ob die Nutzung des geschützten Werkes aufgrund gesetzlicher Schranken nicht ohnehin privilegiert ist.[1084]

II. Bereithalten des Webradio-Programms

Wie schon erläutert, berührt das Bereithalten zum Abruf bzw. die Sendung eines Webradio-Programms das Recht der öffentlichen Zugänglichmachung i.S.d. § 19a UrhG bzw. das Senderecht i.S.d. § 20 UrhG.

Als eine die Nutzung zustimmungsfrei stellende Schrankenbestimmung kommt § 52 UrhG in Betracht, der einige Formen der öffentlichen Wiedergabe eines veröffentlichten Tonträgers jedenfalls für nicht kommerzielle Zwecke für zulässig erklärt. Vor Novellierung des Urheberrechtsgesetzes im Jahr 2003 waren von dieser Schrankenbestimmung ausdrücklich nur Funksendungen gemäß § 52 Abs. 3 UrhG ausgenommen, sodass die Überlegung bestand, ob sich die öffentliche Zugänglichmachung, damals ein noch unbenanntes Verwertungsrecht, hierüber rechtfertigen lasse.[1085] Durch Ergänzung des § 52 Abs. 3 UrhG um den Tatbestand der „öffentlichen Zugänglichmachung" hat der Gesetzgeber jedoch klargestellt, dass sowohl öffentliche Zugänglichmachungen als auch Sendungen nur mit Einwilligung des Berechtigten zulässig sind. § 52 UrhG rechtfertigt eine öffentliche Wiedergabe per Webradio folglich nicht.

Vorgelesene Nachrichten, die im Rahmen eines Webradio-Programms wiedergegeben werden, können überdies im Einzelfall der Privilegierung des § 49 UrhG unterfallen. Danach ist die „Vervielfältigung und Verbreitung einzelner Rundfunkkommentare und einzelner Artikel [...] sowie die öffentliche Wiedergabe solcher Kommentare, Artikel und Abbildungen, wenn sie politische, wirtschaftliche oder religiöse Tagesfragen betreffen und nicht mit einem Vorbehalt der Rechte versehen sind," zustimmungsfrei zulässig, wenngleich vergütungspflichtig. Jedenfalls hinsichtlich des Umfangs der Nutzung („einzelne Artikel") sowie des Inhalts („politische, wirtschaftliche oder religiöse Tagesfragen") können diese Voraussetzungen auch im Fall von Webradio erfüllt sein. Es sind jedoch nur Sendungen von der Privilegierung erfasst, wenngleich der Wortlaut sämtliche Formen der öffentlichen Wiedergabe gem. § 15 Abs. 2 UrhG zuzulassen scheint. Die öffentliche Zugänglichmachung gem. § 19a UrhG ist indes nur in dem für elektronische Pressespiegel geltenden Rahmen zulässig, d.h. wenn das

---

1084 S.a. *Poeppel*, Die Neuordnung der urheberrechtlichen Schranken im digitalen Umfeld, S. 373 ff.

1085 Die Diskussion Ende der 90er fasst zusammen *Freiwald*, Die private Vervielfältigung im digitalen Kontext, S. 141 f. m.w.N. Vgl. für eine Einschätzung aus damaliger Perspektive *Cichon*, K&R 1999, 547 (549).

Angebot betriebs- oder behördenintern zugänglich ist.[1086] Da von Letzterem nicht auszugehen ist, ohne dass besondere Anhaltspunkte vorliegen, sind nur Webradio-Nachrichtenprogramme in Form einer Sendung i.S.d. § 20 UrhG durch die Pressespiegelregelung des § 49 UrhG privilegiert. Im Regelfall ist daher die Zustimmung der Rechteinhaber zur Vervielfältigung und zur Sendung oder öffentlichen Zugänglichmachung des Werkes einzuholen.

B. Vermittler: Vervielfältigungen während der Übermittlung

Die Vervielfältigungen, die während des Übermittlungsvorgangs auf Ebene der unterschiedlichen Vermittler entstehen, können nach § 44a UrhG zustimmungsfrei zulässig sein. Die Voraussetzungen wurden bereits erläutert.[1087]

Nach allgemeiner Ansicht sind von § 44a Nr. 1 UrhG die ständigen, flüchtigen Speichervorgänge auf den Datenspeichern der Access-Provider, die Zugang zum Netz vermitteln, und der Service Provider, über deren Server die Datenpakete im Internet transportiert werden, erfasst.[1088]

Erfasst wird von der Regelung nach Erwägungsgrund 33 InfoSoc-RL, und dies aufgreifend der amtlichen Begründung, außerdem das sog. „Caching", also die zeitlich begrenzte Zwischenspeicherung eines zuvor bereits aufgerufenen Netzinhaltes auf zwischengeschalteten Servern, wodurch ein schnellerer Zugriff der Nutzer auf diesen Inhalt bei erneutem Abruf gewährleistet und das Internet entlastet werden soll.[1089] Diese Auffassung hat sich jedenfalls für das sog. „Proxy Caching", bei dem bereits aufgerufene Webseiten oder Teile davon für einen gewissen Zeitraum zum besseren Funktionieren des Internets zwischengespeichert werden, durchgesetzt.[1090]

1086 S. *Dreier*, in: *Dreier/Schulze*, UrhG, § 49 UrhG Rdnrn. 19 f.; *Melichar*, in: *Schricker*, UrhR, § 49 UrhG Rdnrn. 18 und 43 m.w.N. Zustimmend *Kleinke*, AfP 2008, 460 (466 f.). Vgl. BGHZ 151, 300 (309-311) = NJW 2002, 3393 (Elektronischer Pressespiegel).

1087 Siehe oben in diesem Teil Kapitel 2, Abschnitt A, Punkt I 1.

1088 Statt aller *Dreier*, in: *Dreier/Schulze*, UrhG, § 44a UrhG Rdnr. 4; *Loewenheim*, in: *Schricker*, UrhR, § 44a UrhG Rdnr. 11; *Poeppel*, Die Neuordnung der urheberrechtlichen Schranken im digitalen Umfeld, S. 469-471; *v. Welser*, in: *Wandtke/Bullinger*, UrhR, § 44 a UrhG Rdnr. 1.

1089 Entwurf eines Gesetzes zur Regelung des Urheberrechts in der Informationsgesellschaft, BT-Drs. 15/38, S. 18, Zu Nummer 8 (§ 44a) Abs. 1. Unabhängig davon ist der Anbieter eines Cache-Dienstes aufgrund des in nationales Recht umgesetzten Art. 13 E-Commerce-RL für rechtsverletzende Kopien nicht haftbar zu machen.

1090 S. *Dreier*, in: *Dreier/Schulze*, UrhG, § 44a UrhG Rdnr. 4; *Götting/Loewenheim*, in: *Loewenheim*, Handbuch UrhR, § 31 Rdnr. 207; *Lauber/Schwipps*, GRUR 2004, 293 (295); *Loewen-*

In Bezug auf andere Arten von Cache-Kopien ist die Rechtslage weniger eindeutig. Diesbzüglich vertritt *Dreier* die Ansicht, dass beim „Content Caching", bei dem Inhalte vollständig dupliziert werden, um die Zugriffsintensität auf beliebte Webseiten zu verringern, § 44a Nr. 1 UrhG nicht eingreife, da die Vervielfältigung nicht nur vorübergehend sei.[1091] *Hohagen* meint, insofern allgemeingültiger formuliert, dass eine Cache-Kopie dann nicht mehr von § 44a Nr. 1 UrhG erfasst sei, wenn dadurch die vom Rechteinhaber eingesetzten Technologien zur Bestimmung des Nutzungsumfangs durch den Endnutzer beeinträchtigt werden, da die Kopie in diesem Fall eine eigenständige wirtschaftliche Bedeutung besäße.[1092] Folgte man diesen Auffassungen, könnte dies für die Cache-Kopien in den Edge Caches eines Content Delivery Networks[1093] bedeuten, dass sie dem ausschließlichen Vervielfältigungsrecht unterfielen.

Die Auffassung von *Dreier*, dass „Content Cache"-Kopien nicht vorübergehend seien, überzeugt jedoch nicht, wenn die Kopien nach Erfüllen ihrer Aufgabe zu einem gewissen Zeitpunkt automatisch wieder gelöscht werden. In diesem Fall gewährleisten sie ein reibungsfreieres Funktionieren des Internets und erfüllen damit das Kriterium, ein integraler und wesentlicher Teil eines technischen Verfahrens zu sein. Und auch *Hohagens* Argumentation, dass solche Kopien einen eigenständigen wirtschaftlichen Wert besäßen, ist mit Verweis auf die Entscheidung „Murphy/FAPL" abzulehnen.[1094] Die wirtschaftliche Bedeutung einer „Content Cache"-Kopie geht gerade nicht über ihre Rolle im technischen Prozess hinaus, d.h. sie kreiert keinen weiteren Vorteil als denjenigen, der im Grund zur Veranlassung der Übertragung steckt.

Sofern überhaupt Vervielfältigungen i.S.d. § 16 Abs. 1 UrhG auf den Servern der an der Übermittlung von Webradio beteiligten Vermittlern hergestellt werden, sind diese Vervielfältigungen zumindest nach § 44a Nr. 1 UrhG zustimmungs- und vergütungsfrei.

---

heim, in: *Schricker*, UrhR, § 44a UrhG Rdnr. 13; *Spindler,* GRUR 2002, 105 (111 f.); und *v. Welser*, in: *Wandtke/Bullinger*, UrhR, § 44a Rdnr. 2 und 6. A.A. soweit ersichtlich nur *Hohagen*, Die Freiheit der Vervielfältigung zum eigenen Gebrauch, S. 215-217.

1091 *Dreier*, in: *Dreier/Schulze*, UrhG, § 44a UrhG Rdnr. 4.

1092 *Hohagen*, Die Freiheit der Vervielfältigung zum eigenen Gebrauch, S. 215-217.

1093 Für eine Übersicht über die Funktionsweise eines CDNs sei auf die Darstellungen im ersten Teil Kapitel 2, Abschnitt C Punkt II 2 verwiesen.

1094 Siehe zu dem Urteil in diesem Teil Kapitel 2, Abschnitt A, Punkt I 1 b).

C. Nutzer: Empfang und Wahrnehmbarmachung von Webradio

Abschließend verbleibt das Ende der Übermittlungskette zu untersuchen: die Seite des Nutzers. Zu prüfen ist, ob die im Rahmen des Streaming-Verfahrens erzeugten Vervielfältigungen auf dem Rechner des Nutzers zustimmungsfrei zulässig sind. In Frage kommt ebenfalls eine Privilegierung nach § 44a UrhG.[1095]

I. Vorübergehend, flüchtig/begleitend, integraler Teil

Die erste Voraussetzung ist im Hinblick auf die für das Abspielen von Webradio erforderlichen Kopien im Arbeitsspeicher des Nutzers jedenfalls dann erfüllt, wenn das Webradio-Programm mittels Streaming i.e.S. übertragen wird. Die Kopien sind in diesem Fall nur vorübergehend und aufgrund ihrer Löschung nach Wiedergabe und/oder mit Abruf neuer Daten und/oder mit Abschalten des Rechners flüchtig. Ferner dienen sie dazu, Schwankungen der Übertragungsrate auszugleichen und Abspielmodalitäten wie Pausieren und Spulen zu ermöglichen. Sie sind damit ein integraler und wesentlicher Teil des technischen Verfahrens des Streaming.[1096]

Werden die Daten hingegen im Wege des progressiven Downloads geladen und nach Beenden des Abspielprogramms auf der Festplatte gespeichert, ist die Vervielfältigung nicht mehr nur vorübergehend und schon aus diesem Grund nicht von § 44a UrhG erfasst.[1097]

II. Bewertung der wirtschaftlichen Bedeutung

Vorübergehende Vervielfältigungen im Arbeitsspeicher sind für den Webradio-Nutzer zudem nicht eigenständig oder auf anderem Wege nutzbar. Weder ist beim Streaming i.e.S. sicher, dass zu einem bestimmten Zeitpunkt das gesamte Musikstück im Arbeitsspeicher vorliegt, noch ist ein einzelnes Musikstück ohne weiteres „herauszulösen". Dem kann auch nicht entgegnet werden, dass der Streaming-Client oder eine andere Aufnahmesoftware die Daten für eine permanente Speicherung extrahieren und die Weiterverwertung ermöglichen könnte. Zum einen greift Aufnahmesoftware schon tatbestandlich nicht notwendigerweise auf die Puffer-Kopie zurück, sondern kann die Daten z.B. bei Weitergabe an die

---

1095 Zu den Voraussetzungen siehe in diesem Kapitel Abschnitt A, Punkt I 1.

1096 S.a. *Busch*, GRUR 2011, 496 (501); *Klickermann*, MMR 2007, 7 (11); *Schack*, GRUR 2007, 639 (641); *Stieper*, MMR 2012, 12 (15 f.); *v. Welser*, in: *Wandtke/Bullinger*, UrhR, § 44 a UrhG Rdnr. 1. A.A. *Radmann*, ZUM 2010, 387 (390).

1097 Zutreffend auch *Stieper*, MMR 2012, 12 (15).

Sound-Karte mitschneiden. Zum anderen liegt, wenn denn eine permanente Kopie auf Grundlage der Vervielfältigung im Arbeitsspeicher angefertigt wird, die wirtschaftliche Bedeutung nicht bei der Kopie im Arbeitsspeicher, sondern bei der zweiten Kopie. Nicht zuletzt wäre es wenig konsequent, einem technischen Verfahren inhärente Vervielfältigungen, welche eine zulässige Werknutzung ermöglichen, dem Verbotsrecht der Rechteinhaber zu unterwerfen, nur weil das technische Verfahren vom Nutzer manipuliert werden kann.

Aus diesem Grund ist die Argumentation von *Mitsdörfer/Gutfleisch* abzulehnen, dass eine Vervielfältigung eine eigene wirtschaftliche Bedeutung erhält, wenn zwecks Zugriff eine Geo-Sperre umgangen wird.[1098] Dieser Aspekt ist vielmehr unter der folgenden Voraussetzung zu beurteilen, ob die Vervielfältigung eine „rechtmäßige Nutzung" ermöglicht. Der wirtschaftliche Vorteil von Vervielfältigungen im Arbeitsspeicher geht bei der Übertragungsstrategie Streaming i.e.S. nicht über die Wahrnehmbarmachung des Streams hinaus und ihnen ist keine eigenständige wirtschaftliche Bedeutung beizumessen.

III. Zweck der Vervielfältigung

Wie schon erläutert, ist die reine Werkrezeption eine „rechtmäßige Nutzung".[1099] Genau diese sollen die im Rahmen des Streaming-Verfahrens hergestellten Vervielfältigungen im Zwischenspeicher des Nutzers ermöglichen.

Nun könnte entgegnet werden, dass § 44a Alternative 2 UrhG nicht anwendbar sei, wenn das Webradio-Programm Inhalte enthielte, zu deren Übertragung der Anbieter nicht befugt sei, sprich die Vorlage nicht rechtmäßig sei, weil für die Sendung keine entsprechende Lizenz eingeholt wurde.[1100] Dagegen sprechen jedoch folgende Überlegungen: Als Vorbild für Art. 5 Abs. 1 InfoSoc-RL, den § 44a UrhG in das deutsche Recht umsetzt, diente Art. 5 Abs. 1 Software-RL, welcher vorübergehende Vervielfältigungen für die „bestimmungsgemäße Benutzung durch den rechtmäßigen Erwerber" freistellt, sich also ausdrücklich auf die Nutzung durch den sich auf die Schranke Berufenden bezieht.[1101] Desweiteren ist nach der InfoSoc-RL das „Browsing", d.h. das Durchsuchen des Netzangebots durch den Endnutzer, ausdrücklich von Art. 5 Abs. 1 InfoSoc-RL erfasst.[1102] Dass beim Browsing häufig urheberrechtlich unzulässige Angebote aufgerufen werden, dürfte

---

1098 *Mitsdörfer/Gutfleisch*, MMR 2009, 731 (733).

1099 S. hierzu in diesem Teil Kapitel 2, Abschnitt A, Punkt I 1 c).

1100 So argumentiert das *AG Leipzig*, Urt. v. 21.12.2011 – 200 LS 390 JS 184/11 (erhältlich in beck-online) im Rahmen des Strafverfahrens gegen einen der Initiatoren der Webseite kino.to. Ebenso *Walter*, in: *ders.* (Hrsg.), Europäisches Urheberrecht, Info-RL, Rdnr. 110.

1101 S.a. *Walter*, in: *ders.* (Hrsg.), Europäisches Urheberrecht, Info-RL, Rdnr. 105.

1102 S. Erwägungsgrund 33 InfoSoc-RL.

dem europäischen Gesetzgeber bekannt gewesen sein. Er hat diesen Punkt dennoch nicht aufgegriffen. Darüber hinaus ist es auch aus einem systematischen Blickwinkel heraus betrachtet nur logisch, dass sich eine Privilegierung auf die Handlung desjenigen bezieht, der sich auf die Vorschrift berufen kann. Entscheidend ist also, ob die Nutzung durch den Webradio-Nutzer rechtmäßig ist. Die Nutzung einer rechtswidrigen Vorlage steht der Privilegierung nicht entgegen.[1103]

Verschafft sich der Nutzer den Zugang zu dem Angebot indes auf rechtswidrige Weise, z.B. unter Umgehung von technischen Schutzmaßnahmen i.S.d. § 95a UrhG, ist er nicht länger schutzbedürftig. Die Vervielfältigung auf seinem Rechner kann er schlicht verhindern, indem er die technische Schutzmaßnahme nicht umgeht. Vor diesem Hintergrund ist der von *Stieper* vertretenen Ansicht zu folgen, dass die Nutzung in diesem Fall nicht rechtmäßig ist, selbst wenn die Wahrnehmung grundsätzlich zustimmungsfrei ist.[1104] In diesem Sinne kann auch die Urteilsbegründung des EuGH im Fall „FAPL/Murphy" verstanden werden, in welcher der EuGH im Rahmen der Prüfung der Zulässigkeit einer Nutzungshandlung ausdrücklich auf den fehlenden Verstoß gegen die Zugangskontrollregeln (in Deutschland § 3 ZKDSG[1105]) hingewiesen hat.[1106]

Vorübergehende Vervielfältigungen, die während des Streaming-Prozesses auf dem Rechner des Nutzers abgelegt werden, sind daher gem. § 44a UrhG privilegiert, wenn sie spätestens beim Beenden der Client-Software automatisch gelöscht werden. Eine Ausnahme gilt für vorübergehende Vervielfältigungen, die nach Umgehung einer technischen Schutzmaßnahme wie etwa einer Geo-Sperre hergestellt werden.[1107]

D. Ergebnis

Vervielfältigungen im Rahmen von Vorbereitungshandlungen sind in der Regel nicht privilegiert, sondern bedürfen einer Nutzungsrechtseinräumung seitens der Rechteinhaber. Hiervon ausgenommen sind Vervielfältigungen, die der Einbin-

1103 In diesem Sinne auch *Stieper*, MMR 2012, 12 (15 f.).

1104 *Stieper*, MMR 2012, 12 (15 f.).

1105 Gesetz über den Schutz von zugangskontrollierten Diensten und von Zugangskontrolldiensten v. 19.3.2002, BGBl I 2002, 1090.

1106 *EuGH*, GRUR Int 2011, 1063 (1071 f. Tz. 126-132 und 171) = MMR 2011, 817 m. Anm. *Stieper* – FAPL/Murphy.

1107 Im Ergebnis ähnlich *Fusbahn,* IPRB 2011, 42 (44) allerdings in Bezug auf Streaming-Portale für Filme; sowie *Stieper*, MMR 2012, 12 (15) allgemein zu Streaming-Media; und *Ullrich*, ZUM 2010, 317 (312). A.A. *Radmann*, ZUM 2010, 387 (391).

dung eines Musiktitels in ein vom Webradio-Anbieter selbst zusammengestelltes Simulcast/Webcast-Programm dienen. Sie fallen unter § 55 Abs. 1 UrhG.

Der Übermittlungsvorgang hingegen ist ab Vervielfältigung auf einem Server des ersten Vermittlers bis hin zur Vervielfältigung im Arbeitsspeicher des Nutzers in der Regel durch § 44a UrhG privilegiert und zustimmungsfrei möglich. Eine Ausnahme bilden insofern nur Vervielfältigungen auf Nutzerseite, die nach Umgehung einer Geo-Sperre, sofern diese die Voraussetzungen des § 95a UrhG erfüllt, hergestellt werden.

Einer Überprüfung dieses Ergebnisses im Lichte des Dreistufentests bedarf es nicht, da der EuGH betont hat, dass eine Vervielfältigungshandlung, die alle Voraussetzungen des Art. 5 Abs. 1 InfoSoc-RL erfülle, ebenso alle Anforderung des Dreistufentests erfülle.[1108] Selbst wenn man dieser Schlussfolgerung nicht zustimmen sollte und eine Überprüfung der konkreten Nutzungshandlung fordert, kommt man in Bezug auf Vervielfältigungen bei der Übermittlung von Webradio jedoch zu keinem anderen Ergebnis: Die Voraussetzung der ersten Stufe, dass es sich um einen bestimmten Sonderfall handelt, ist bei den technisch bedingten Vervielfältigungen im Rahmen von Übertragung und Empfang von Webradio-Programmen gegeben. Der Anwendungsbereich der Schrankenbestimmung ist klar vorhersehbar und es besteht angesichts der Tatsache, dass das Funktionieren der Übertragungsart Streaming von der Anfertigung dieser Vervielfältigungen abhängt, ein grundsätzliches Interesse der Öffentlichkeit an der Vereinfachung des Lizenzierungsprozesses.[1109] Die Aufhebung des Schutzes für diese Verwertungshandlung beeinträchtigt darüber hinaus nicht die normale Verwertung der Inhalte. Tatbestandlich wird schon vorausgesetzt, dass die Kopie keine eigenständige wirtschaftliche Bedeutung hat, und tatsächlich gibt es für diese Nutzung keinen Markt. Insbesondere kann daher kein Dritter mit der Übermittlung ebendiesen Inhaltes Einnahmen erzielen, sondern allenfalls aufgrund der Übermittlungstätigkeit als solcher. In jedem Fall aber würden die durch Lizenzierung erzielbaren Einnahmen im Verhältnis zu den sonstigen Einnahmequellen einen äußerst geringen Anteil ausmachen, da nicht anzunehmen ist, dass eine Bereitschaft besteht, hierfür zu zahlen. Selbst die ersatzlose Aufhebung des ausschließlichen Verwertungsrechts scheint vor diesem Hintergrund gerechtfertigt und stellt angesichts des vorgenannten überwiegenden legitimen

---

1108 *EuGH*, GRUR Int 2012, 336 (341 Tz. 56 f.) – Infopaq II.

1109 Zum Bestehen eines legitimen Zwecks unter Abwägung der Individualinteressen der Vermittler, des Allgemeinwohlinteresses und der Partizipations- und Kontrollinteressen der Rechteinhaber s.a. *Poeppel*, Die Neuordnung der urheberrechtlichen Schranken im digitalen Umfeld, S. 466-469.

öffentlichen Interesses keine unzumutbare Beeinträchtigung berechtigter Interessen i.S.d. dritten Teststufe dar.

Kapitel 3: Zur Privilegierung von Webradio-Streamripping

Es wurde erläutert, dass das Streamripping in Form der dauerhaften Speicherung eines Musiktitels aus dem Webradio eine Vervielfältigung desselben und somit einen Eingriff in das Exklusivrecht des Rechteinhabers i.S.d. § 16 Abs. 1 UrhG darstellt. Im Folgenden ist nun zu untersuchen, ob diese Aufnahme unter eine der Schrankenbestimmungen des Urheberrechtsgesetzes subsumiert werden kann. In Frage kommt im hier untersuchten Kontext der Vervielfältigung durch einen privaten Endnutzer für zukünftige private Wiedergaben die Schranke des § 53 Abs. 1 UrhG für Vervielfältigungen zum privaten Gebrauch. Gemäß der Verweisung in §§ 83 und 85 Abs. 4 UrhG gilt diese Schranke für die Leistungsschutzrechte der Tonträgerhersteller und Künstler gleichermaßen. Die Frage, ob diese Schrankenbestimmung Einschränkungen erfahren muss, erfolgt getrennt im folgenden Kapitel, um die Diskussion nicht verfrüht auf einen etwaigen Anpassungsbedarf zu lenken, sondern deutlich aufzeigen zu können, dass viele Konstellationen des Webradio-Streamripping bereits nach § 53 Abs. 1 UrhG *de lege lata* nicht erfasst sind.

Für die nachfolgende Beurteilung ist sich ins Bewusstsein zu rufen, dass der Grad der Einflussnahme des Nutzers auf den Aufnahmeprozess abhängig von der gewählten Aufnahmemethode ganz unterschiedlich sein kann. An einem Ende der Skala steht – ähnlich der Aufzeichnung vom analogen Radio – der manuelle Mitschnitt von einem zuvor persönlich ausgewählten Webradio-Sender mit selbst zu steuerndem Anfangs- und Endzeitpunkt der Aufnahme, wie es z.B. der *phonostar Player* anbietet. Am anderen Ende der Skala steht die vollautomatisierte Suche, Speicherung und Übermittlung des Musiktitels an den Nutzer durch einen Dritten ohne großes Zutun des Nutzers, wie z.B. bei *flatster*. Daneben existieren selbstverständlich weitere Lösungen, die in ihrer technischen Ausgestaltung zwischen diesen beiden Extremen liegen. Die Voraussetzung der Schranke werden nachfolgend im Einzelnen untersucht.

A. Privilegierter Vervielfältigungszweck und -umfang

Privilegiert ist nach § 53 Abs. 1 Satz 1 UrhG nur der private Gebrauch einzelner Vervielfältigungen durch natürliche Personen. Die Beweislast hinsichtlich dieser ersten Gruppe von Tatbestandsmerkmalen liegt beim Nutzer, der sich gegenüber dem Rechteinhaber auf das Vorliegen der Schrankenvoraussetzungen des § 53 Abs. 1 Satz 1 UrhG beruft.[1110]

I. Private Nutzung

Der private Gebrauch wird definiert als der Gebrauch in der Privatsphäre zur Befriedigung rein persönlicher Bedürfnisse durch die eigene Person oder die mit ihr durch ein persönliches Band verbundenen Personen.[1111] Da juristische Personen keine Privatsphäre haben, sind allein natürliche Personen begünstigt.[1112] Auch eine Vervielfältigung zu Zwecken der Berufsausbildung oder betriebsinterne Zwecke eines Unternehmens stellt keinen Privatgebrauch dar.[1113]

Der Ort der Vornahme ist dabei trotz des Bezugs zur Privatsphäre in der allgemeinen Definition unerheblich, d.h. privater Gebrauch ist auch dann gegeben, wenn der Kopiervorgang nicht in der häuslichen Umgebung stattfindet, solange er nur privater Natur ist.[1114] Gleichermaßen ist kein privater Gebrauch i.S.d. § 53 Abs. 1 UrhG gegeben, wenn die Vervielfältigung nicht zu privaten Zwecken erfolgt, selbst wenn der Gebrauch *in* der Privatsphäre stattfindet. Durch diese Voraussetzungen werden u.a. solche Vervielfältigungsstücke von der Privilegierung ausgeschlossen, deren Bestimmung von vornherein eine Entäußerung in den außerprivaten Bereich ist, wie z.B. im Fall der p2p-Netzwerke.[1115]

Mit Blick auf Webradio-Angebote ist diese erste Voraussetzung unabhängig von der verwendeten Aufnahmemethode erfüllt, wenn der Nutzer die Aufnahme

---

1110 Zur Beweislastverteilung *Schenk*, Die digitale Privatkopie, S. 68-70.

1111 *BGH*, NJW 1978, 2596 (2597) = GRUR 1978, 474 m. Anm. Lehmpfuhl (Vervielfältigungsstücke/Wolfsblut) zum früheren, aber gleichbedeutenden Begriff des „persönlichen Gebrauchs"; *Dreier*, in: *Dreier/Schulze*, UrhG, § 53 UrhG Rdnr. 7; *Dreyer*, in: *Dreyer/Kotthoff/Meckel*, UrhR, § 96 UrhG Rdnr. 3; *Hohagen*, Die Freiheit der Vervielfältigung zum eigenen Gebrauch, S. 350 f.; *Loewenheim,* in: *Loewenheim*, Handbuch UrhR, § 31 Rdnr. 26 m.w.N.; *ders.*, in: *Schricker*, UrhR, § 53 UrhG Rdnr. 14 m.w.N.; *Lüft*, in: *Wandtke/Bullinger*, UrhR, § 53 UrhG Rdnr. 22; *W. Nordemann*, in: *Fromm/Nordemann*, UrhR, § 53 Rdnr.6.

1112 Dies entspricht dem Wortlaut des Art. 5 Abs. 2 lit. b) InfoSoc-RL. Zuvor schon *BGH*, BGHZ 134, 250 (256) = NJW 1997, 1363 (CB-infobank I). Juristische Personen können Vervielfältigungen zustimmungsfrei nur unter den engeren Voraussetzungen des § 53 Abs. 2 UrhG vornehmen, s. hierfür auch die amtl. Begründung zum Entwurf eines Gesetzes zur Änderung von Vorschriften auf dem Gebiet des Urheberrechts vom 22. Dezember 1983, BT-Drs. 10/837, S. 16 f.

1113 S. *Lauber-Rönsberg*, Urheberrecht und Privatgebrauch, S. 177.

1114 *OLG München*, GRUR-RR 2003, 365 (366) = MMR 2003, 535 (CD-Münzkopierautomaten); s.a. *Loewenheim,* in: *Schricker*, UrhR, § 53 UrhG Rdnr. 14.

1115 Im Einzelnen *Freiwald*, Die private Vervielfältigung im digitalen Kontext, S. 135-141; und *Kreutzer*, GRUR 2001, 193 (200).

tatsächlich nur für sich bzw. in seinem engsten Familien- und Freundeskreis verwendet. Ist hingegen der Anbieter der Aufnahmesoftware Hersteller der Kopie, ist § 53 Abs. 1 Satz 1 UrhG nicht anwendbar und die Vervielfältigung kann allenfalls nach § 53 Abs. 1 Satz 2 UrhG zulässig sein.[1116]

II. Nutzung nicht zu Erwerbszwecken

§ 53 Abs. 1 Satz 1 UrhG sieht allerdings eine zusätzliche Einschränkung vor. Der private Gebrauch darf weder unmittelbar noch mittelbar Erwerbszwecken dienen.[1117] Damit werden berufliche und erwerbswirtschaftliche Zwecke aus dem Anwendungsbereich des § 53 Abs. 1 Satz 1 UrhG ausgeschlossen.[1118] Da dies angesichts der Bedeutung des ebenfalls im Gesetz genannten Begriffs „privat" als unnötige Dopplung erscheint, ist zu überlegen, ob dieser Einschränkung eine darüber hinausgehende Bedeutung zukommt.

Denkbar ist, dass normative Aspekte wie die Anzahl der gefertigten Kopien oder die wirtschaftlichen Einbußen des Rechteinhabers hinzuzuziehen sind, die bei positivem Vorliegen gegen eine rein private Nutzung sprechen. Schließlich finden sich im Urheberrechtsgesetz ähnliche Begriffe, insbesondere im Auskunftsanspruch des § 101 Abs. 1 UrhG, der von einem „gewerblichen Ausmaß" spricht, dessen Bedeutung auf den Begriff „Erwerbszweck" zu übertragen sein könnte.[1119] Immerhin ist die Terminologie des Urheberrechtsgesetzes nicht ein-

---

1116 *LG Köln*, MMR 2007, 610 (611). Zu den Voraussetzungen einer zulässigerweise durch Dritte gefertigten Privatkopie nachfolgend in diesem Kapitel in Abschnitt C.

1117 Dies entsprach schon der bisherigen Auffassung, s. *BGH*, NJW-RR 1993, 1321 = GRUR 1993, 899 (Dia-Duplikate): „berufliche Zwecke". Dies wurde im Rahmen der Umsetzung der InfoSoc-RL dann aber ausdrücklich ins Gesetz aufgenommen, s. BT-Drs. 15/38, S. 20. Zur Frage, ob die Formulierung als Einführung eines negativen Tatbestandsmerkmals zu verstehen ist, das eine Beweislastumkehr mit sich bringt, s. *Schenk*, Die digitale Privatkopie, S. 68-70, jedoch mit ablehnendem Ergebnis.

1118 Statt vieler *Dreier*, in: *Dreier/Schulze*, UrhG, § 53 UrhG Rdnr. 10; *Loewenheim*, in: *Schricker*, UrhR, § 53 UrhG Rdnr. 15.

1119 Wobei sich eine klare Rechtsprechungspraxis hinsichtlich der Schwelle zur Gewerblichkeit des Ausmaßes noch nicht herausgebildet hat. Das OLG Köln geht z.B. von einem Anbieten in gewerblichem Ausmaß aus, wenn ein gesamtes Musikalbum in seiner relevanten Verkaufsphase zum Download bereitgehalten wird, s. *OLG Köln*, MMR 2008, 820 (822) = ZUM 2008, 978. Dabei sieht es die Verwertungsphase bei Werken der Unterhaltungsmusik bei 6 Monaten; bei nicht aktualitätsbezogenen Werkgattungen wie Hörbüchern kann diese Phase länger sein, s. *OLG Köln*, MMR 2010, 246-250 m. Anm. *Solmecke* = GRUR 2011, 85-86. Das OLG Zweibrücken hat ein gewerbliches Ausmaß verneint, wenn ein Computerspiel bereits seit drei Monaten auf dem Markt ist und keine ausreichende Marktposition innehat, s. *OLG Zweibrücken,* GRUR-RR 2009, 12 (13) = ZUM-RD 2008, 605. Dazu ausführlich *Wilhelmi,* ZUM 2008, 942-950. S. zum „gewerblichen Ausmaß" außerdem *OLG Hamburg*, MMR 2010, 338; *OLG Schleswig*, GRUR-RR 2010, 239 ; *OLG Karlsruhe*, GRUR-RR 2009, heitlich und selbst innerhalb der Schrankenbestimmungen wird neben „Erwerbszweck“ von „gewerblicher Zweck“ (z.B. in §§ 42a Abs. 1 Satz 1, 53a Abs. 1 Satz 2 UrhG), „gewerblich“ (z.B. in § 54b Abs. 1 UrhG), „gewerbliche Einrichtung“ (z.B. § 46 Abs. 1 Satz 1 UrhG) und „kommerzieller Zweck“ (§ 52a Abs. 1 UrhG) gesprochen.[1120] Mit dieser Argumentation könnte ganz im Interesse der Rechteinhaber eine Nutzung für den privaten Gebrauch etwa dann ausgeschlossen werden, wenn sich ein Webradio-Hörer mittels intelligenter Aufnahmesoftware sämtliche Titel eines erst neu veröffentlichten Albums aus verschiedensten Webradio-Angeboten zusammensuchen lässt.

Bei genauer Betrachtung sprechen jedoch mehr Argumente gegen diese Überlegung.

Eine Verwertungshandlung dient nach Auffassung des Gesetzgebers einem „Erwerbszweck“, wenn sie unmittelbar oder mittelbar eigene Erwerbsinteressen fördert, z.B. wenn sie im Rahmen eines Gewerbebetriebs getätigt wird.[1121] Dieser Begriff bezieht sich also auf die *subjektiven* Interessen des Nutzers an der Vornahme der Handlung. Anders der Begriff des „gewerblichen Ausmaßes“: Ob ein Handeln ein „gewerbliches Ausmaß“ erreicht, sich also im Sinne eines Vergleichs *wie* eine gewerbliche Handlung darstellt, bestimmt sich rein *objektiv* nach der daraus resultierenden Anzahl und Schwere der Rechtsverletzung.[1122] Es entscheidet die Perspektive eines außenstehenden Betrachters, sodass selbst ein Handeln rein privater Natur ein „gewerbliches Ausmaß“ erreichen kann. Die Begriffe haben damit schon dem Wortlaut nach unterschiedliche Bedeutungen. Die verschiedenen Termini hat der Gesetzgeber jedoch selbst nach diversen Novellen des Urheberrechtsgesetzes systematisch beibehalten.[1123]

Dass der absolute qualitative und/oder quantitative Umfang des Rückgriffs eines Nutzers auf die Privilegierung der Privatkopie unberücksichtigt bleiben muss, erklärt sich darüber hinaus mit Blick auf die Konsequenzen einer weiteren Einschränkung des Anwendungsbereichs des § 53 Abs. 1 Satz 1 UrhG. Anders als der Auskunftsanspruch des § 101 Abs. 1 UrhG, der „nur“ eine Vorschrift auf Rechtsfolgenseite ist, eine Verletzung also voraussetzt, wirkt die Schrankenbestimmung des § 53 Abs. 1 Satz 1 UrhG zugunsten des Nutzers rechtsverhin-

---

379 ; *OLG Frankfurt*, NJW-RR 2009, 1205 = GRUR-RR 2009, 296; *OLG Zweibrücken*, MMR 2010, 214.

1120 Eine vertiefte Untersuchung des Begriffs des „gewerblichen Zwecks“ im Urheberrecht bietet *Haupt*, UFITA 2009/I, S. 71 ff. mit einer Übersicht auf S. 72-75 über die Verortung dieser einzelnen Begriffe im UrhG.

1121 S. BT-Drs. IV/270, S. 31.

1122 S. *Dreier*, in: *Dreier/Schulze*, UrhG, § 101 UrhG Rdnrn. 6 f.; *Spindler*, ZUM 2008, 640 (642); *Wimmers*, in: *Schricker*, UrhR, § 101 UrhG Rdnr. 29.

1123 Darauf weist *Haupt*, UFITA 2009/I, S. 71 (90-92) ebenfalls hin.

dernd. Ganz bewusst hat der Gesetzgeber daher lediglich relativ, d.h. in Bezug auf ein Werk, mit der Gestattung nur „einzelner Vervielfältigungen eines Werkes" eine quantitative Einschränkung vorgenommen. Faktoren wie die Aktualität des aufgezeichneten Werkes und die Anzahl der als Privatkopie aufgezeichneten Musiktitel sind für die Bestimmung, ob ein privater Gebrauch vorliegt, hingegen unerheblich.

Ob dies in Einklang mit den Anforderungen des urheberrechtlichen Dreistufentests steht, ist eine andere Frage und wird im Folgenden noch zu prüfen sein. Streamripping scheitert an diesem Tatbestandsmerkmal jedenfalls nicht.

III. Anzahl der zulässigen Kopien

§ 53 Abs. 1 Satz 1 UrhG privilegiert die Anfertigung von Vervielfältigungen eines Werkes auf beliebigen Trägern. Der Begriff der Vervielfältigung entspricht dem des § 16 Abs. 2 UrhG, d.h. umfasst jede körperliche Festlegung des Werks oder eines Teils davon, die geeignet ist, das Werk den menschlichen Sinnen auf irgendeine Weise unmittelbar oder mittelbar wahrnehmbar zu machen – sei es, dass diese Fixierung analog oder digital ist.[1124] Der Deutsche Gesetzgeber hat sich zudem – und insofern restriktiver als es Art. 5 Abs. 2 lit. b) InfoSoc-RL vorgibt – dafür entschieden, nur die Herstellung „einzelner" Vervielfältigungsstücke zum privaten Gebrauch zuzulassen.[1125] Der BGH hat dies als „einige wenige"[1126] umschrieben, und nachdem zumindest im „analogen Zeitalter" eine Zahl von sieben Exemplaren als zulässig erachtet worden war,[1127] möchten sich viele Vertreter in der Literatur nicht mehr auf eine absolute Zahl festlegen, sondern halten das für zulässig, was im Einzelfall zur Deckung des rein persönlichen Bedarfs erforderlich ist.[1128] Hierfür spricht, dass eine starre Obergrenze von z.B.

1124 S. BT-Drs. 15/38, S. 20.

1125 Ausführlich zu Art. 5 Abs. 2 lit. b) InfoSoc-RL und zum nationalen Recht *Freiwald*, Die private Vervielfältigung im digitalen Kontext am Beispiel des Filesharing, S. 93-98 und 103 f.; *Hohagen*, Die Freiheit der Vervielfältigung zum eigenen Gebrauch, S. 225-228 und 420-426. S.a. *Dreier*, in: *Dreier/Schulze*, UrhG, § 53 UrhG Rdnrn. 8 f.; *Loewenheim,* in: *Schricker*, UrhR, § 53 UrhG Rdnrn. 16 und 18. Da die Richtlinie nur die Mindestvoraussetzungen einer Beschränkung auflistet, ist dieses „Mehr" an Schutz des Rechteinhabers zulässig, s. dazu *Schenk*, Die digitale Privatkopie, S. 70.

1126 *BGH*, NJW 1978, 2596 (2597) = GRUR 1978, 474 (Vervielfältigungsstücke).

1127 Ebda.

1128 *Dreier*, in: *Dreier/Schulze*, UrhG, § 53 UrhG Rdnr. 9; *Dreyer*, in: *Dreyer/Kotthoff/Meckel*, UrhR, § 53 UrhG Rdnr. 29; *Lauber-Rönsberg*, Urheberrecht und Privatgebrauch, S. 179 f.; *Loewenheim*, in: *Loewenheim*, Handbuch UrhR, § 31 Rdnr. 28; *ders.*, in: *Schricker*, UrhR, § 53 UrhG Rdnr. 17; *Lüft*, in: *Wandtke/Bullinger*, UrhR, § 53 UrhG Rdnr. 13; *A. Nordemann,* in: FS Loewenheim, S. 205; *Schack*, Urheber- und Urhebervertragsrecht, Rdnr. 558; *Schenk*, Die digitale Privatkopie, S. 32. A.A. und für 3 Exemplare *W. Nordemann*, in: *Fromm/Norde-*

sieben oder drei Exemplaren keinesfalls Folge eines rationalen Abwägungsprozesses ist. Eine sachgerechte Lösung kann vielmehr nur unter Berücksichtigung der Umstände des Einzelfalls gefunden werden.[1129]

Eine klare Aussage zur maximal zulässigen Zahl an Kopien lässt sich daher nicht treffen. Dies gilt für alle Vervielfältigungen, d.h. auch für Webradio-Aufnahmen. Vielmehr wird im Einzelfall zu bestimmen sein, was zulässig ist. Der urheberrechtliche Dreistufentest ist dabei als Werkzeug zur Bestimmung der Obergrenze heranzuziehen.

IV. Zwischenergebnis

Die ersten Voraussetzungen für die Qualifikation als Vervielfältigung zum privaten Gebrauch kann eine Aufnahme vom Webradio durchaus erfüllen: Sofern keine Entäußerung geplant ist, qualifiziert sich die Aufnahme für den wiederholten privaten Genuss durchaus als „privat". Das ändert sich auch dann nicht, wenn der Nutzer – aus quantitativer Sicht – viele Mitschnitte anfertigt oder – aus qualitativer Sicht – höchst aktuelle Titel oder viele Titel von dem gleichen Künstler kopiert. Solange der Nutzer zudem nur ein oder zwei Kopien auf unterschiedlichen Medien für sich anfertigt, bewegt er sich ebenfalls weiterhin im Rahmen der Schrankenbestimmung.

B. Anforderungen an die Vorlage

Vorgaben zum Typus der Vorlage macht § 53 Abs. 1 Satz 2 UrhG nicht. Es können daher sowohl körperliche als auch unkörperliche Formen der Werkverwertung, also auch die hier relevante öffentliche Zugänglichmachung oder Sendung, als Vorlage dienen. Allerdings schränkt § 53 Abs. 1 Satz 1 UrhG die Möglichkeiten ein, wie der Nutzer Zugriff auf die Vorlage erhält. Zwar ergibt sich aus einem Umkehrschluss zu § 53 Abs. 2 Satz 1 Nr. 2 UrhG, dass es nicht erforderlich ist, dass der Nutzer ein in seinem Eigentum stehendes Werkexemplar benutzt.[1130] Sofern die verwendete Vorlage aber rechtswidrig hergestellt oder öffentlich zugänglich gemacht wurde, darf diese Rechtswidrigkeit nicht offensichtlich sein. Zudem verlangen einige Stimmen in der Literatur, dass der Nutzer den

---

mann, UrhR, § 53 Rdnr. 13; bzw. für 1 Exemplar *Hohagen*, Die Freiheit der Vervielfältigung zum eigenen Gebrauch, S. 354 f.

1129 Die verschiedenen Kriterien, die zur Bestimmung der maximal zulässigen Zahl von Privatkopien heranzuziehen sein können, untersucht *M. Becker*, ZUM 2012, 643 ff.

1130 BGHZ 141, 13 (20) = NJW 1999, 1953 (Kopienversanddienst). S.a. *Lüft*, in: *Wandtke/ Bullinger*, UrhR, § 53 UrhG Rdnr. 15.

Besitz an der Vorlage rechtmäßig erworben hat. In Fällen, in denen ein Webradio-Angebot in Deutschland unter Verletzung der Verwertungsrechte der Rechteinhaber empfangen werden kann oder der Nutzer eine Geo-Sperre umgeht, stellt sich daher die Frage, ob ein Rückgriff auf die Schranke der Privatkopie an diesen beiden Tatbestandsvoraussetzungen scheitert.

I. Rechtmäßige Erlangung der Vorlage bzw. rechtmäßiger Zugriff

Die rechtmäßige Erlangung des Besitzes an der Kopiervorlage war zumindest bis vor Umsetzung der ersten Novelle im Jahr 2003 eine ungeschriebene Voraussetzung des § 53 Abs. 1 Satz 1 UrhG und kann dogmatisch in der Figur des Rechtsmissbrauchs bzw. der unzulässigen Rechtsausübung verortet werden.[1131] Ob die Besitzerlangung an einer Sache rechtmäßig ist, richtet sich im Normalfall nach den §§ 854 ff. BGB. Hiervon zu unterscheiden ist die Frage, ob die Kopiervorlage selbst von einem rechtlichen Makel frei zu sein hat.[1132] Nachdem in § 53 Abs. 1 Satz 1 UrhG aber genau eine solche Voraussetzung aufgenommen wurde, nämlich dergestalt, dass die Vorlage nicht offensichtlich rechtswidrig hergestellt oder öffentlich zugänglich gemachten worden sein darf,[1133] herrscht weniger Klarheit, da diese Ergänzung des § 53 Abs. 1 Satz 1 UrhG im Sinne einer negativen Abgrenzung verstanden werden kann, dass nur die *Herstellung bzw. öffentliche Bereitstellung* der Vorlage, nicht aber die *Art und Weise des Zugriffs* auf dieselbe entscheidend ist.[1134]

Tatsächlich behält die Forderung nach dem ungeschriebenen Tatbestandsmerkmal der rechtmäßigen Besitzerlangung aber auch mit der Klarstellung von

---

1131 Im Einzelnen *Hohagen*, Die Freiheit der Vervielfältigung zum eigenen Gebrauch, S. 355-359 m.w.N.; sowie *Jani*, ZUM 2003, 842 (844).

1132 Hierzu sogleich in diesem Kapitel unter Abschnitt B, Punkt II 3.

1133 Die Ergänzung ist das Ergebnis der Beratungen im *Vermittlungsausschuss*, BT-Drs. 15/1353, nachdem der *Bundesrat* gefordert hatte, dass als Voraussetzung des § 53 Abs. 1 UrhG aufgenommen werde, dass für die Vervielfältigung eine rechtmäßig hergestellte Vorlage verwendet werde, s. BR-Drs. 271/1/03, S. 2 f.; BR-Drs. 271/03, S. 2 f.; und BT-Drs. 15/1066, S. 1 f. Beschlussempfehlung und Bericht des Rechtsausschusses sahen eine Voraussetzung in Bezug auf die Quelle noch nicht vor, s. BT-Drs. 15/837, S. 9. Zur Rechtslage vor der ausdrücklichen Aufnahme dieses Tatbestandsmerkmals in § 53 Abs. 1 Satz 1 UrhG, s. *Hohagen*, Die Freiheit der Vervielfältigung zum eigenen Gebrauch, S. 359-364; und *Schenk*, Die digitale Privatkopie, S. 35-38. Zur Diskussion um die ursprünglich geforderte Beschränkung der Privatkopie auf Kopien von legalen Quellen, s. etwa *Jani*, ZUM 2003, 842 (842 f.); und *Poeppel*, Die Neuordnung der urheberrechtlichen Schranken im digitalen Umfeld, S. 280 f.

1134 S. *Jani*, ZUM 2003, 842 (843 f.). So nennen z.B. die folgenden Kommentare die Rechtmäßigkeit des Besitzes nicht länger als Voraussetzung des § 53 Abs. 1 Satz 1 UrhG: *Dreier*, in: *Dreier/ Schulze*, UrhG, § 53 UrhG Rdnrn. 11 ff.; *Loewenheim*, in: *Loewenheim*, Handbuch UrhR, § 31 Rdnrn. 29 f.; und *W. Nordemann*, in: *Fromm/Nordemann*, UrhR, § 53 Rdnrn. 14 f.

2003 eine gewisse Berechtigung. Man denke etwa an eine private Vervielfältigung von rechtmäßig hergestellten, aber geheimen und daher nicht veröffentlichten Betriebsunterlagen, oder aber an jemanden, und so ist es tatsächlich passiert,[1135] der CDs einer Musikabteilung eines Elektronikfachmarktes vor Ort im Elektronikmarkt in sein Notebook einlegt und diese auf die Festplatte kopiert. Die Vorlage wurde in beiden Fällen zweifelsohne rechtmäßig hergestellt, die Rechtmäßigkeit des Zugriffs ist hingegen fraglich.

Es sprechen sich daher einige Stimmen in der Literatur für die anhaltende Existenz dieser Voraussetzung aus.[1136] Andere übertragen sie sogar auf Internet-Sachverhalte, mit der Begründung, der Internet-Nutzer ergreife zwar nicht im eigentlichen Sinne „Besitz" an der Kopiervorlage. Vielmehr verbleibe diese auf den fremden Servern und es werde insoweit nur ein digitales Vervielfältigungsstück erstellt. Gleichwohl könne von einem rechtswidrigen Verschaffen der digitalen Vorlage ausgegangen werden, wenn sich der Nutzer die Möglichkeit des Zugriffs auf unrechtmäßige Art und Weise verschaffe, z.B. wenn er die Möglichkeit zum Abruf des Streams über den Einbruch in eine fremde Datenbank unter Verletzung des § 202a StGB herbeiführe.[1137] Ganz ähnlich scheint der Fall zu liegen, wenn ein Nutzer unter Umgehung einer Geo-Sperre auf ein Webradio zugreift und den Stream rippt.

Es lohnt sich jedoch zunächst eine genauere Betrachtung der diesem ungeschriebenen Tatbestandsmerkmal zugrunde liegenden Interessen. Bei einem bereits veröffentlichten Werk, von dem ohne rechtmäßige Besitzerlangung eine Privatkopie erstellt wird, wird tatsächlich nur gegen die possessorischen Besitzschutzansprüche i.S.d. §§ 861 f. BGB verstoßen. Die wirtschaftlichen Interessen des Rechteinhabers werden nicht beeinträchtigt, da dem Rechteinhaber gemäß § 54 Abs. 1 UrhG ein Vergütungsanspruch zusteht. Der gesetzliche urheberrechtliche Interessenausgleich bleibt folglich unangetastet und der in seinem Besitz verletzte Dritte kann gegenüber dem Werknutzer seine possessorischen Besitzschutzansprüche gem. §§ 861 f. BGB geltend machen. Für eine weiterreichende urheberrechtliche Sanktion besteht also gar kein Bedarf. Liegt hingegen ein Verstoß gegen ein über possessorische Besitzschutzansprüche oder den urheberrechtlichen Vergütungsanspruch hinausreichendes geschütztes Interesse des Rechteinhabers vor, wie

---

1135 S. *Polizeipräsidium Rostock*, Pressemeldung Nr. 1509-01/2010, 15.9.2010, http://www.polizei.mvnet.de/cms2/Polizei_prod/Polizei/de/oeff/Pressemitteilungen/Aktuelle_Pressemitteilungen/index.jsp?&pid=22512; besprochen bei *Fangerow/Schwartz*, GRUR 2011, 597.

1136 S. *Dreyer*, in: *Dreyer/Kotthoff/Meckel*, UrhR, § 53 UrhG Rdnr. 21; *Fangerow/Schwartz a.a.O.*, S. 589 f.; *Hohagen*, Die Freiheit der Vervielfältigung zum eigenen Gebrauch, S. 355-357; *Schack*, Urheber- und Urhebervertragsrecht, S. 268 Rdnr. 556.

1137 So *Kreutzer*, GRUR 2001, 193 (200); *Lauber-Rönsberg*, Urheberrecht und Privatgebrauch, S. 183.

z.B. bei einem unveröffentlichten Werk, kann die Voraussetzung des rechtmäßigen Besitzerwerbs durchaus erst zu einem billigen Ergebnis führen.[1138]

Letzteres trifft auf die Umgehung von technischen Schutzmaßnahmen i.S.d. § 95a Abs. 1 UrhG zu. Da § 54a Abs. 1 Satz 2 UrhG für die Berechnung des Vergütungsanspruchs als Ausgleich für private Vervielfältigungen vorsieht, dass der Einsatz von technischen Schutzmaßnahmen bei der Berechnung der Vergütungshöhe zu berücksichtigen ist, d.h. diese verringert, wird bei Nutzung einer grundsätzlich per technischer Maßnahme geschützten Vorlage in den Interessenausgleich eingegriffen, da hiervon gefertigte Kopien nicht am Pauschalvergütungssystem teilnehmen. Sofern man die Existenz dieses ungeschriebenen Merkmals also bejaht und auf Internetsachverhalte überträgt, tritt neben den Verstoß gegen § 95a Abs. 1 UrhG ein Eingriff in das Vervielfältigungsrecht i.S.d. § 16 Abs. 1 UrhG. Ist der Anbieter mit dem Zugriff der Nutzer auf sein Angebot grundsätzlich einverstanden und räumt er dem Nutzer willentlich den Zugriff auf den Stream ein, kann von einer rechtswidrigen Verschaffung der tatsächlichen Möglichkeit der Vervielfältigung selbstverständlich nicht die Rede sein.[1139]

II. Keine offensichtliche Rechtswidrigkeit der Vorlage

Die zusätzliche Freigabebedingung, dass die Vorlage nicht offensichtlich rechtswidrig hergestellt oder öffentlich zugänglich gemacht sein darf, ist eine deutsche Besonderheit, und geht über die Vorgaben der InfoSoc-RL hinaus.[1140] Da die Richtlinie allerdings nur die Mindestvoraussetzungen einer Beschränkung der Urheberrechte vorschreibt, ist eine derartige Verengung der Schrankenvoraussetzungen zulässig.[1141] Die Last ihres Beweises trägt aufgrund der Formulierung als negatives Tatbestandsmerkmal allerdings nicht der Nutzer, sondern der Rechteinhaber.[1142] Als Kompromissformel, welche die Forderungen nach der Zulässigkeit von Privatkopien nur von legalen Quellen einerseits und dem Schutz der Internetnutzer vor erhöhten Prüfungspflichten andererseits vereinen soll, lässt sie jedoch zwei entscheidende Fragen offen.

Erstens ist nicht klar, auf welche Vorlage-Arten sich die Freigabebedingung bezieht. Zweifelsohne sind Vervielfältigungen i.S.d. § 16 UrhG erfasst. Öffentli-

---

1138 Überzeugend *Hohagen*, Die Freiheit der Vervielfältigung zum eigenen Gebrauch, S. 357 f.

1139 Vgl. in Bezug auf das Filesharing *Freiwald*, Die private Vervielfältigung im digitalen Kontext, S. 146-148.

1140 Art. 5 Abs. 2 lit. b) InfoSoc-RL stellt keine Anforderungen an die Quelle der Kopiervorlage.

1141 S. *v. Welser*, in: *Wandtke/Bullinger*, UrhR, Vor §§ 120 ff. UrhG Rdnr. 58a.

1142 So ausdrücklich die Amtliche Begründung, s. BT-Drs. 16/1828, S. 26. Zur Herleitung s.a. *Dreyer*, in: *Dreyer/Kotthoff/Meckel*, UrhR, § 53 UrhG Rdnr. 22; und *Schenk*, Die digitale Privatkopie, S. 79.

che Zugänglichmachungen i.S.d. § 19a UrhG fallen ebenfalls darunter. Ob aber auch Sendungen i.S.d. § 20 UrhG diesem zusätzlichen Kriterium unterliegen oder ob für sie ausschließlich das strengere Verwertungsverbot des § 96 Abs. 2 UrhG gilt, ist nicht eindeutig geregelt. Dies ist für die Zulässigkeit der Anfertigung einer Privatkopie von einem Titel aus dem Webradio jedoch von entscheidender Bedeutung. Denn während § 53 Abs. 1 Satz 1 UrhG grundsätzlich großzügiger ist und die Zulässigkeit einer Privatkopie von einer rechtswidrigen Vorlage von der Erkennbarkeit der Rechtswidrigkeit abhängig macht, kommt es nach § 96 Abs. 2 UrhG auf eine Erkennbarkeit nicht an. Die Vervielfältigung von einer unzulässigen Sendung ist schlicht immer verboten.[1143] Zweitens bereitet die Frage, unter welchen Umständen die Rechtswidrigkeit einer Vorlage zu Tage tritt und welcher Sorgfaltsmaßstab bei der Beurteilung der Offensichtlichkeit anzulegen ist, d.h. für wen die Rechtswidrigkeit offensichtlich sein muss, gewisse Probleme.

1. Von der Freigabebedingung des § 53 Abs. 1 Satz 1 UrhG erfasste Vorlagearten

Grundsätzlich können sowohl Sendungen i.S.d. § 20 UrhG als auch öffentliche Zugänglichmachungen i.S.d. § 19a UrhG als Vorlage für Privatkopien genutzt werden. Aus historischer Sicht ist gerade die Aufzeichnung von Funksendungen zwecks späterer Nutzung, das sog. „time-shifting", ein klassischer und anerkannter Fall der Privatkopie. Fraglich ist angesichts des auf den ersten Blick ähnlichen Regelungsbereiches der §§ 53 Abs. 1 und 96 UrhG, ob und inwiefern die zusätzliche Freigabevoraussetzung des § 53 Abs. 1 Satz 1 UrhG und das Verwertungsverbot des § 96 Abs. 2 UrhG beide Formen der öffentlichen Wiedergabe erfassen und wie ein möglicherweise damit einhergehender Konflikt auf Rechtsfolgenseite aufgelöst werden kann. Hierfür werden die beiden Vorschriften getrennt untersucht.

a) Bedeutung des Verwertungsverbots i.S.d. § 96 Abs. 2 UrhG

Das absolute Verwertungsverbot i.S.d. § 96 Abs. 2 UrhG bezieht sich dem Wortlaut nach auf „Funksendungen". Dieser Begriff entspricht dem in §§ 20 ff. UrhG verwendeten Begriff und verweist damit auf alle terrestrischen, über Kabel oder über Satellit ausgestrahlten Sendungen, mithin auch Sendungen über das Inter-

---

1143 § 96 Abs. 2 UrhG begründet dabei selbst keinen Anspruch und ist im Verhältnis zu einem Verstoß gegen sonstige Verwertungsrechte subsidiär anzuwensen, s. *Bullinger*, in: *Wandtke/ Bullinger*, UrhR, § 96 UrhG Rdnrn. 13, 24; *Dreier*, in: *Dreier/Schulze*, UrhG, § 96 UrhG Rdnr. 2; *Lütje*, in: *Möhring/Nicolini*, UrhG, § 96 UrhG Rdnr. 7; *Spindler*, in: *Spindler/ Schuster*, § 96 UrhG, Rdnr. 1.

net.[1144] Rechtswidrige Webradio-Sendungen dürfen demnach nicht aufgezeichnet werden.[1145]

Zugleich ist der Wortlaut insofern eindeutig, als er eine Ausdehnung auf von § 19a UrhG erfasste Fälle verhindert. Infolgedessen wurde für eine analoge Anwendung des § 96 Abs. 2 UrhG auf öffentliche Zugänglichmachungen i.S.d. § 19a UrhG plädiert mit der Begründung, Sinn und Zweck des § 96 Abs. 2 UrhG sei es zu verhindern, dass der Rechteinhaber die Kontrolle über rechtswidrige Vervielfältigungsstücke bzw. Sendungen verliere. Ein solcher Kontrollverlust zeige sich aber nicht nur bei der Anfertigung von Vervielfältigungen von Funksendungen, sondern in weit größerem Umfang auch bei der Herstellung von Vervielfältigungsstücken von digital zugänglich gemachten Vorlagen.[1146] Da der Gesetzgeber im Rahmen der Umsetzung der InfoSoc-RL § 96 UrhG aber gerade nicht um rechtswidrig veranstaltete öffentliche Zugänglichmachungen erweitert hat, sondern § 53 Abs. 1 Satz 1 UrhG nach eingehender rechtspolitischer Debatte um die Anforderung ergänzt wurde, dass für die Privatkopie keine offensichtlich rechtswidrig öffentlich zugänglich gemachte Vorlage verwendet werden darf, muss diese Ansicht als überholt gelten. Die Schutzlücke ist offensichtlich nicht planwidrig und eine analoge Anwendung des § 96 Abs. 2 UrhG unzulässig.[1147] § 96 Abs. 2 UrhG gilt nur für Sendungen i.S.d. § 20 UrhG.

Mit diesem Ergebnis geht eine weitere Feststellung einher, nämlich dass vom Verwertungsverbot des § 96 Abs. 2 UrhG grundsätzlich auch vorübergehende, im Rahmen des Übertragungsprozesses einer rechtswidrigen Internet-Sendung hergestellte Vervielfältigungen erfasst sind. Damit steht die Vorschrift in Konflikt zu § 44a UrhG, der, wie zuvor erläutert wurde, gewisse vorübergehende Vervielfältigungen ungeachtet der Rechtswidrigkeit der Vorlage erlaubt.[1148] Angesichts seines begrenzteren Anwendungsbereichs, nämlich lediglich vorübergehende Vervielfältigung, wird man § 44a UrhG allerdings als *lex specialis* zu § 96 Abs. 2 UrhG ansehen müssen. Zudem ist ihm als *lex posterior* der Vorrang

---

1144 S. *Dreier*, in: *Dreier/Schulze*, UrhG, § 96 UrhG Rdnr. 11; *Lütje*, in: *Möhring/Nicolini*, UrhG, § 96 UrhG Rdnr. 20.

1145 In diesem Sinne schon *v. Zimmermann*, MMR 2007, 553 (555). Ebenso *Dreier*, in: *Dreier/ Schulze*, UrhG, § 53 UrhG Rdnr. 11 und 12b; *Dreyer*, in: *Dreyer/Kotthoff/Meckel*, UrhR, § 53 UrhG Rdnr. 24; *Spindler*, in: *Spindler/Schuster*, § 96 UrhG, Rdnr. 15; *Schwartmann*, K&R-Beihefter 1 2011, 1 (19). A.A. soweit ersichtlich nur *Stieper*, MMR 2012, 12 (17), der davon auszugehen scheint, dass auch Sendungen dieser Freigabebedingung unterliegen, und den einhergehenden Konflikt zwischen §§ 53 Abs. 1 und 96 Abs. 2 UrhG dadurch lösen will, dass die Privatkopieschranke *lex specialis* zum Verwertungsverbot sei.

1146 *Wild,* in: *Schricker*, UrhR, 3. Aufl., § 96 UrhG Rdnr. 3a.

1147 S. *Dreier*, in: *Dreier/Schulze*, UrhG, § 96 UrhG Rdnr. 11; *Spindler*, in: *Spindler/Schuster*, § 96 UrhG, Rdnr. 15; *Wild,* in: *Schricker*, UrhR, § 96 UrhG Rdnr. 4.

1148 Siehe in diesem Teil, Kapitel 2, Abschnitt C Punkt III.

zu geben. Eine vorübergehende Vervielfältigung, die gem. § 44a UrhG zulässig ist, verstößt daher nicht gegen das Verwertungsverbot des § 96 Abs. 2 UrhG.

b) Geltungsbereich der Freigabebedingung des § 53 Abs. 1 Satz 1 UrhG

Der Geltungsbereich der zusätzlichen Freigabebedingungen i.S.d. § 53 Abs. 1 Satz 1 UrhG in Form der fehlenden Offensichtlichkeit einer etwaigen Rechtswidrigkeit kann ebenfalls mit Verweis auf den Wortlaut erläutert werden. Die Freigabebedingung spricht nämlich von hergestellten und öffentlich zugänglich gemachten Vorlagen, d.h. orientiert sich am Wortlaut des § 16 UrhG bzw. des § 19a UrhG. Bereits das spricht dafür, dass die zusätzliche Voraussetzung gerade nicht für Sendungen gilt, ansonsten hätte sich der Gesetzgeber für die allgemeingültige Formulierung „öffentlich wiedergegeben" i.S.d. § 15 Abs. 2 UrhG entscheiden können.

Darüber hinaus aber hatte der Gesetzgeber bei Einführung der Neuregelung den Schutz von Werken beim File-Sharing vor Augen.[1149] Zudem war angesichts des ohnehin schon bestehenden Verwertungsverbots des § 96 Abs. 2 UrhG eine Klarstellung für Sendungen gar nicht notwendig. Die zusätzliche Freigabebedingung gilt daher nur für öffentliche Zugänglichmachungen i.S.d. § 19a UrhG und Vervielfältigungen i.S.d. § 16 UrhG.

c) Stellungnahme

Angesichts der unterschiedlichen Anwendungsbereiche stehen die §§ 53 Abs. 1 und 96 Abs. 2 UrhG nicht in Konflikt. Es mag jedoch bezweifelt werden, ob die Ungleichbehandlung von Privatkopien von rechtswidrigen Sendungen und Privatkopien von rechtswidrigen öffentlichen Zugänglichmachungen gerechtfertigt ist.

Das Ziel des Gesetzgebers, welches er schon in seiner Begründung zum Ersten Korb betont und im Rahmen des Zweiten Korbs wiederholt hat, ist es zu verhindern, dass eine Rechtsverletzung, die in der Herstellung rechtswidriger Vorlagen besteht, perpetuiert wird.[1150] Diesem Ziel dienen zweifelsohne sowohl das absolute Verwertungsverbot des § 96 UrhG als auch das den Anwendungsbereich des § 53 Abs. 1 UrhG beschränkende Tatbestandsmerkmal der fehlenden Offensichtlichkeit der Rechtswidrigkeit. Letzteres jedoch berücksichtigt zusätzlich das Bestreben des Gesetzgebers, Internetnutzer nicht mit unerfüllbaren Prüfpflichten hinsichtlich der Rechtmäßigkeit der von ihnen genutzten Vorlagen zu belasten und u.U. eine Regelung zu schaffen, die von den Internetnutzern nicht befolgt wird oder befolgt werden kann.

1149 S. BT-Drs. 16/1828, S. 26.

1150 BT-Drs. 15/38, S. 39; BT-Drs. 15/1066, S. 2; und BT-Drs. 16/1828, S. 26.

Bei Anwendung des § 96 Abs. 2 UrhG auf rechtswidrige Sendungen im Internet wird diese Überlegung klar außer Acht gelassen, obwohl es für einen Internetnutzer ähnlich schwer erkennbar ist, wann ein Angebot wie z.B. ein Webradio rechtswidrig verfügbar ist und wann nicht. Der Nutzer einer Internet-Sendung ist daher grundsätzlich genauso schutzwürdig wie der Nutzer einer Zugänglichmachung i.S.d. § 19a UrhG. Hinzu kommt, dass dem Internetnutzer in aller Regel schon der juristische Hintergrund fehlen wird, um unterscheiden zu können, wann es sich um eine Sendung i.S.d. § 20 UrhG handelt und er dem absoluten Verwertungsverbot unterliegt, und wann es eine öffentliche Zugänglichmachung i.S.d. § 19a UrhG ist und er auf die Schrankenbestimmung vertrauen darf. In diesem Sinne hat der Gesetzgeber, gerade ohne seine Wertung auf bestimmte Nutzungsarten zu begrenzen, festgestellt, dass die Beschränkung der Privatkopie „gerade auch mit Blick auf rechtswidrige Nutzungsvorgänge im Internet formuliert worden“[1151] ist. Allein der Tatsache, dass der Gesetzgeber § 96 Abs. 2 UrhG im Rahmen des zweiten Korbes nicht problematisiert hat, kann man jedenfalls nicht entnehmen, dass er sich bewusst für eine unterschiedliche Behandlung entschieden hat. Die damals dominante File-Sharing-Problematik berührte nun einmal § 19a UrhG und nicht § 20 UrhG, sodass der Gesetzgeber in die Diskussion um rechtswidrige Sendungen über das Internet nicht einzusteigen brauchte.

Um Wertungswidersprüche zu vermeiden, besteht daher die Notwendigkeit einer Restriktion des § 96 Abs. 2 UrhG zumindest auf jene Fälle, in denen die Unterscheidung, ob es sich um eine Sendung handelt und ob diese rechtswidrig veranstaltet wird, ähnlich einfach ist wie bei jenen Sachverhaltsgestaltungen, die der Gesetzgeber bei Einführung des § 96 Abs. 2 UrhG im Jahr 1965 (damals als § 106 UrhG a.F.) im Visier gehabt haben konnte.[1152] Immerhin wurde er seitdem nicht verändert.[1153] Denkbar ist etwa eine Beschränkung auf Vervielfältigungen von Quellen außerhalb des Internets.

Angesichts des eindeutigen Wortlautes ist eine Ergänzung *de lege lata* im Interesse der Rechtssicherheit aber kaum möglich, sondern ist rechtspolitisch zu fordern. Bis dahin ist § 96 Abs. 2 UrhG direkt anzuwenden. Selbst wenn eine Aufnahme von einer rechtswidrigen Sendung erfolgt und grundsätzlich als Privatkopie privilegiert ist, gilt daher ungeachtet einer möglichen Offensichtlichkeit der Rechtswidrigkeit das Verwertungsverbot des § 96 Abs. 2 UrhG.

1151 BT-Drs. 16/1828, S. 26.

1152 Die amtliche Begründung nennt leider keine Beispiele, s. BT-Drs. IV/270, S. 19 und 103. Angesichts des historischen Verlaufs der technischen Entwicklungen kommt allerdings nur der terrestrische Rundfunk in Frage.

1153 Für die Notwendigkeit einer Korrektur des Verwertungsverbots daher auch *Poeppel*, Die Neuordnung der urheberrechtlichen Schranken im digitalen Umfeld, S. 284 f.

2. *Rechtswidrigkeit der Vorlage*

Die tatbestandsmäßige Verletzung eines Rechts indiziert auch im Urheberrecht die Rechtswidrigkeit.[1154] Infolgedessen ist eine Vorlage i.S.d. §§ 53 Abs. 1 Satz 1 und 96 Abs. 1 UrhG rechtswidrig *hergestellt*, wenn es weder eine vertragliche noch eine gesetzliche Rechtfertigung für die Herstellung gibt, wobei es nicht darauf ankommt, ob dem Verletzer die Rechtswidrigkeit seiner Handlung bewusst ist. Entsprechend ist eine Vorlage i.S.d. § 53 Abs. 1 UrhG rechtswidrig *zugänglich gemacht* bzw. eine Funksendung i.S.d. § 96 Abs. 2 UrhG rechtswidrig *veranstaltet*, wenn sie unter Verletzung der Rechte des Rechteinhabers, sprich ohne Lizenz und ohne Rechtfertigung aufgrund einer Schrankenbestimmung, zum Download oder Streaming auf Abruf bereitgestellt oder gesendet wird.[1155]

Vereinzelt wird die Auffassung vertreten, diese Vorfrage der Rechtswidrigkeit der Vorlage sei nach dem Recht des Landes zu beurteilen, in dem die Herstellung der Vorlage erfolge.[1156] Dieser Ansatz ist jedoch nicht nur aus praktischen Gesichtspunkten verfehlt, da die nach § 53 Abs. 1 UrhG geforderte Offensichtlichkeit der Rechtswidrigkeit praktisch nie gegeben wäre. Denn selbst wenn dem Nutzer Herstellungsort oder Ort der Zugänglichmachung bekannt wären, ist nicht davon auszugehen, dass er die Rechtswidrigkeit nach dem dort geltenden Urheberrecht beurteilen könnte. Der Ansatz widerspricht darüber hinaus den Grundsätzen des Urheberkollisionsrechts, wonach deutsches Recht Anwendung findet, wenn für Deutschland Schutz beansprucht wird.[1157] Nach deutschem Recht ist eine Zugänglichmachung bzw. Sendung per Internet rechtswidrig, wenn diese in Deutschland tatsächlich abgerufen werden kann, ohne dass die Zustimmung des Rechtsinhabers vorliegt.[1158]

Demzufolge ist bei Webradios von einer Rechtswidrigkeit auszugehen, wenn der Anbieter keine Nutzungsrechte für die Sendung bzw. öffentliche Zugänglichmachung in Deutschland besitzt. Schrankenbestimmung, auf die sich der Webradio-Anbieter berufen kann, sind nicht ersichtlich.[1159]

1154 So genannte Lehre vom „Erfolgsunrecht“, s. BGHZ 39, 103 (109) = NJW 1963, 953; BGHZ 74, 9 (14) = NJW 1979, 1351; BGHZ 118, 201 (207) = NJW 1992, 2014, jeweils zu § 823 BGB. S.a. *Sprau*, in: *Palandt*, BGB, § 823 BGB Rdnrn. 24-26.

1155 S. *Dreier*, in: *Dreier/Schulze*, UrhG, § 96 UrhG Rdnr. 12; *Jani*, ZUM 2003, 842 (847-849); *Reinbacher,* GRUR 2008, 394 (395-398). S.a. *Fusbahn,* IPRB 2011, 42 (43) in Bezug auf Streaming-Portale für Filme.

1156 So *Hoffmann*, WRP 2006, 55 (60 f.); und *Vianello*, CR 2010, 728 (732).

1157 S. dazu im zweiten Teil Kapitel 5, Abschnitt A.

1158 S.o. im zweiten Teil Kapitel 5, Abschnitt B, Punkt II.

1159 S. dazu bereits in diesem Teil, Kapitel 2, Abschnitt A.

3. *Offensichtlichkeit der Rechtswidrigkeit*

Sofern es sich bei der Vorlage um eine öffentliche Zugänglichmachung handelt, reicht die Feststellung der Rechtswidrigkeit allerdings noch nicht aus. Hinzukommen muss, dass die Rechtswidrigkeit offensichtlich ist.

a) Begriff der „Offensichtlichkeit"

Eine Definition des Begriffs der Offensichtlichkeit haben bislang weder die deutschen Gerichte angeboten, noch sind hierzu die Gesetzesmaterialien ergiebig, da dieser Einschub erst nachträglich im Rahmen des Vermittlungsverfahrens Eingang in § 53 Abs. 1 Satz 1 UrhG gefunden hat.[1160] Allerdings haben auch andere Vorschriften des deutschen Rechts die Offensichtlichkeit als Tatbestandsvoraussetzung. Nach dem dort gefundenen Maßstab ist für die Offensichtlichkeit in der Regel entscheidend, dass sie so eindeutig ist, dass die Rechtswidrigkeit ohne besondere Mühen erkennbar ist und keine Zweifel an der Rechtswidrigkeit bestehen.[1161] Dies sollte jedoch nicht so verstanden werden, dass die Rechtswidrigkeit den Werknutzer geradezu „anspringen" muss, wie etwa *W. Nordemann* und *Dreyer* mit Definitionen wie „was jedermann auf den ersten Blick erkennt"[1162] bzw. „wenn es sich aufdrängt, also für jedermann auf der Hand liegt"[1163] anzunehmen scheinen. Vielmehr sagt der Gesetzgeber selbst, dass die Werknutzer nur nicht mit „unerfüllbaren Prüfpflichten"[1164] belastet werden dürfen. Im Umkehrschluss können gewisse *erfüllbare* Überprüfungen durchaus erwartet werden, nach deren Erfüllung die Rechtswidrigkeit ohne besondere Mühen erkennbar werden kann. Von daher ist die Formulierungen von *Loewenheim* passender, der Offensichtlichkeit annimmt, wenn die Rechtswidrigkeit „ohne Schwierigkeiten erkennbar"[1165] ist. Dies beantwortet freilich noch nicht die Frage, von welchem Betrachtungshorizont die Frage der Offensichtlichkeit zu beantworten ist.

1160 S. BT-Drs. 15/1353, sowie die weiteren Verweise in Fn. 1133.

1161 Für eine ausführliche Analyse der Definition des Rechtsbegriffs der Offensichtlichkeit im Rahmen anderer Tatbestände, wie z.B. § 111b Abs. 1 Satz 2 UrhG oder § 10 Satz 1 Nr. 1 TMG, *Schenk*, Die digitale Privatkopie, S. 71-73.

1162 *W. Nordemann*, in: *Fromm/Nordemann*, UrhR, § 53 Rdnr. 14.

1163 *Dreyer*, in: *Dreyer/Kotthoff/Meckel*, UrhR, § 53 UrhG Rdnr. 25.

1164 BT-Drs. 16/1828, S. 26.

1165 *Loewenheim,* in: *Schricker*, UrhR, § 53 UrhG Rdnr. 23. Ähnlich *Dreier*, in: *Dreier/Schulze*, UrhG, § 53 UrhG Rdnr. 12, der allerdings die Verpflichtung zu „Nachforschungen" ausdrücklich ausschließt.

b) Betrachtungshorizont

Zumindest in Bezug auf die Offensichtlichkeit der Rechtswidrigkeit einer *hergestellten* Vorlage waren bislang nach allgemeiner Auffassung allein objektive Kriterien heranzuziehen, d.h. das Verständnis des Durchschnittsnutzers entschied über die Offensichtlichkeit. Dafür sprach, dass der Umfang eines absoluten Rechts objektiv zu bestimmen sein und nicht vom jeweiligen Kenntnisstand einzelner Personen abhängen sollte.[1166] Die Begründung zum Zweiten Korb erklärt nun aber hinsichtlich der hier relevanten *zugänglich gemachten* Vorlagen, dass „die öffentliche Zugänglichmachung für den jeweiligen Nutzer nach *seinem* Bildungs- und Kenntnisstand offensichtlich rechtswidrig sein“[1167] müsse. Dies kann zumindest im Hinblick auf die zweite Alternative der Freigabebedingung für einen rein subjektiven Maßstab sprechen.

aa) Subjektiver oder objektiver Sorgfaltsmaßstab

Legt man einen subjektiven Maßstab zugrunde, wäre nur das offensichtlich, was der individuelle Nutzer in einer konkreten Situation als unrechtmäßig einschätzen kann.[1168] Der Vorteil dieses Ansatzes ist der Schutz des gutgläubigen Nutzers, womit der Sorge der Bundesregierung Rechnung getragen würde, das Erfordernis der legalen Quelle könne *de facto* ein Verbot der Privatkopie bedeuten. Gleichzeitig könnte sich derjenige, der bei vollem Bewusstsein eine rechtswidrige Vorlage kopiert, nicht hinter dem Argument verstecken, die Rechtswidrigkeit sei für weniger informierte Dritte objektiv nicht erkennbar gewesen.[1169] Die Kehrseite der Medaille ist freilich, dass sich ein Nutzer schlicht „dumm stellen“ kann und es dem Rechteinhaber nur schwer möglich ist, das Gegenteil zu beweisen. Die Einschränkung wäre damit wirkungslos.[1170]

Die Frage der Offensichtlichkeit kann daher nicht ohne Zuhilfenahme objektiver Kriterien beurteilt werden. Immerhin will der Gesetzgeber nur verhindern,

---

1166 S. *Dreier*, in: *Dreier/Schulze*, UrhG, § 53 UrhG Rdnr. 12; *Dreyer*, in: *Dreyer/Kotthoff/Meckel*, UrhR, § 53 UrhG Rdnr. 25; *Jani*, ZUM 2003, 842 (850 f.); *Loewenheim*, in: *Loewenheim*, Handbuch UrhR, § 31 Rdnr. 30 mw.N.; *W. Nordemann*, in: *Fromm/Nordemann*, UrhR, § 53 Rdnr. 14. A.A. aber *Loewenheim*, in: *Schricker*, UrhR, § 53 UrhG Rdnr. 22, der sich für die Anwendung subjektiver Kriterien für beide Alternativen der Freigabebedingung ausspricht. So scheinbar auch *Lüft*, in: *Wandtke/Bullinger*, UrhR, § 53 UrhG Rdnr. 16.

1167 BT-Drs. 16/1828, S. 26 [mit Hervorhebung durch die Verfasserin].

1168 *Dreier*, in: *Dreier/Schulze*, UrhG, § 53 UrhG Rdnrn. 12 ff.; *Lüft*, in: *Wandtke/Bullinger*, UrhR, § 53 UrhG Rdnr. 16. A.A. *Reinbacher*, GRUR 2008, 394 (398).

1169 Dies betonen auch *Jani*, ZUM 2003, 842 (851); und *Reinbacher*, GRUR 2008, 394 (398), der allerdings von einem objektiven Beurteilungsmaßstab ausgeht und subjektive Kriterien zu Hilfe nimmt.

1170 Zutreffend *Schenk*, Die digitale Privatkopie, S. 73 f.

dass der Nutzer mit *unerfüllbaren* Prüfpflichten belastet wird. Die Bestimmung dessen, was erfüllbar ist und dem Nutzer folglich bekannt sein muss, kann aber nur anhand objektiver Kriterien erfolgen, wobei gemäß der Intention des Gesetzgebers, den Bildungs- und Kenntnisstand eines Nutzers zu berücksichtigen, ein objektiv verkehrskreisbezogener Maßstab zu Grunde zu legen ist.[1171]

Im Übrigen besteht auch aus strafrechtlicher Perspektive kein Bedarf dafür, die Voraussetzung der Offensichtlichkeit rein subjektiv auszulegen, um so die Verantwortlichkeit des Nutzers zu begrenzen. Nach § 106 UrhG ist die unerlaubte Vervielfältigung urheberrechtlich geschützter Werke nämlich nur strafbar, wenn sie vorsätzlich erfolgt. Eine zu weitgehende Kriminalisierung derjenigen Nutzer, die eine nicht als solche erkennbare illegale Vorlage verwenden, ist schon deshalb nicht zu befürchten.[1172]

Dieser Ansatz wird auch den Interessen der Parteien im Lichte der gesetzlich vorgesehenen Beweislastverteilung gerecht. So müssen Rechteinhaber nicht zum Verständnis des einzelnen Nutzers vortragen, sondern haben lediglich darzulegen, welcher Sorgfaltsmaßstab von diesem Nutzer zu erwarten gewesen wäre.

bb) Das europäische Verbraucherleitbild

Nach der Feststellung, dass ein objektiv verkehrskreisbezogener Maßstab anzulegen ist, ist dieser mit Leben zu füllen. Anhaltspunkte kann das europäische Verbraucherleitbild bieten, welches von einem Durchschnittsverbraucher ausgeht, „der angemessen gut unterrichtet und angemessen aufmerksam und kritisch ist, unter Berücksichtigung sozialer, kultureller und sprachlicher Faktoren“[1173]. Allerdings stellt sich zunächst die Frage, ob dieses Konzept, welches auf europäischer Ebene in der Richtlinie über unlautere Geschäftspraktiken kodifizert ist, überhaupt in das Urheberrecht übernommen werden kann.

Fest steht, dass die Pflicht zur effektiven Umsetzung des Europarechts nicht an den Grenzen eines Rechtsgebietes endet („effet utile“).[1174] Darüber hinaus gilt

---

1171 *Berger,* ZUM 2004, 257 (260). Ebenso *Lauber-Rönsberg*, Urheberrecht und Privatgebrauch, S. 188 f. A.A. *Schenk*, Die digitale Privatkopie, S. 74-77, die entgegen der Gesetzesbegründung nach wie vor einen rein objektiven Maßstab heranziehen möchte.

1172 *Stickelbrock,* GRUR 2004, 736 (738). Die Möglichkeit einer gespaltenen Auslegung dieser Vorschrift in Bezug auf strafrechtliche und zivilrechtliche Sanktionen erläutert außerdem *Hoffmann*, WRP 2006, 55 (56-58).

1173 Erwägungsgrund 18 der RL 2005/29/EG vom 11.5.2005 über unlautere Geschäftspraktiken im binnenmarktinternen Geschäftsverkehr zwischen Unternehmen und Verbrauchern, ABlEU Nr. L 149 v. 11.6.2005, S. 22 („UGP-RL“).

1174 S. *Mayer*, in: *Grabitz/Hilf/Nettesheim*, Das Recht der EU, Art. 19 EUV Rdnrn. 57 f.; *Wegener*, in: *Callies/Ruffert*, EUV/AEU, Art. 19 EUV Rdnr. 15.

der Grundsatz der Einheit und Widerspruchsfreiheit der Rechtsordnung.[1175] Jedenfalls dann, wenn die Schutzrichtung des jeweiligen Rechtsgebietes mit dem Zweck des Wettbewerbsrechts übereinstimmt, sollte eine Übertragung des wettbewerbsrechtlichen Verbraucherleitbildes in systematischer Hinsicht also möglich sein.[1176]

Das Wettbewerbsrecht dient gem. § 1 UWG dem Schutz der Mitbewerber, der Verbraucher sowie den sonstigen Marktteilnehmern, kurz: der Allgemeinheit.[1177] Ganz ähnlich soll das Urheberrecht die Interessen der Urheber und der Allgemeinheit in Einklang bringen, verfolgt also einen ähnlich individuell-kollektiven Ansatz.[1178] Nicht zuletzt aber privilegiert § 53 Abs. 1 UrhG einen Kreis von Personen, die dem „Verbraucher" i.S.d. Definition des BGB ähnlich sind: Gemäß § 13 BGB ist Verbraucher jede natürliche Person, die ein Rechtsgeschäft weder zu gewerblichen noch zu selbständigen beruflichen Zwecken durchführt. § 53 Abs. 1 UrhG schützt natürliche Personen, die urheberrechtlich geschützte Güter zum privaten, nicht unmittelbar oder mittelbar Erwerbszwecken dienenden Gebrauch vervielfältigen.[1179] Das Verbraucherleitbild lässt sich daher auch für das Urheberrecht nutzbar machen.

Dementsprechend ist im Sinne einer Beurteilungsgrundlage danach zu fragen, welche Reaktion ein Durchschnittsverbraucher an den Tag legen würde, der angemessen gut unterrichtet, angemessen aufmerksam und kritisch ist. Aufgrund der Bezugnahme auf den „Durchschnitt" ist auf die Gesamtheit des relevanten Verkehrskreises abzustellen. Sodann ist im Hinblick auf die „angemessene Kritikfähigkeit" des Verbrauchers abstrakt dessen Fähigkeit festzustellen, ein Angebot zu hinterfragen. Die „angemessene Informiertheit" des Verbrauchers nimmt – ebenso abstrakt – Bezug auf das abrufbare Wissen, und im Hinblick auf die „angemessene Aufmerksamkeit" ist nach der konkreten Informationswahrnehmung zu fragen. Das Kriterium der Angemessenheit lässt dabei abwegige Vorstellungen hinsichtlich der vorgenannten Eigenschaften ausscheiden.[1180]

1175 S. *Cremer*, in: *Callies/Ruffert*, EUV/AEU, Art. 21 EUV Rdnrn. 12 ff.; *Kaufmann-Bühler*, in: *Grabitz/Hilf/Nettesheim*, Das Recht der EU, Art. 21 EUV Rdnr. 18. S.a. *Schorkopf*, in: *Grabitz/Hilf/Nettesheim*, Das Recht der EU, Art. 7 AEUV Rdnrn. 11 ff.

1176 S. *Lederer*, NJOZ 2011, 1833 (1837).

1177 Statt aller *Sosnitza*, in: *Piper/Ohly/Sosnitza*, § 1 UWG Rdnrn. 9 ff. m.w.N.

1178 S. dazu die Ausführung zur Auslegung von Schrankenbestimmungen in diesem Teil, Kapitel 1. S.a. *Lederer*, NJOZ 2011, 1833 (1837) in Bezug auf das Zivilrecht allgemein.

1179 Entsprechend wird im Rahmen von Untersuchungen des § 53 Abs. 1 UrhG regelmäßig von „Verbrauchern" gesprochen, s. etwa *Poll/Braun*, ZUM 2004, 266; *Müller*, GRUR 2011, 26; *Schack*, ZUM 2002, 497; *Stickelbrock*, GRUR 2004, 736.

1180 Im Einzelnen *Lederer*, NJOZ 2011, 1833 (1834 f. m.w.N.); und *Sosnitza*, in: *Piper/Ohly/Sosnitza*, § 2 UWG Rdnrn. 96, 102-104.

Besonders im Internet finden sich allerdings Tendenzen, die situationsadäquate Aufmerksamkeit eines sich im Internet bewegenden Durchschnittsverbrauchers als „eher gering“ einzustufen.[1181] Werden hingegen Fachkreise angesprochen, ist davon auszugehen, dass diese eine höhere Aufmerksamkeit aufbringen bzw. mehr als ein bloßes Grundverständnis von der Funktionsweise des Internets besitzen als Laien. Gleichermaßen ist davon auszugehen, dass die Aufmerksamkeit höher ist, wenn ein Bezug zu einem Rechtsgeschäft besteht. Abhängig von der Art des Rechtsgeschäfts kann der Grad der Aufmerksamkeit zusätzlich variieren.[1182] Die Feststellung, dass sich der durchschnittliche Internetnutzer nicht um eine gründliche und vollständige Wahrnehmung aller verfügbaren Informationen zu bemühen habe, lässt sich daher nicht verabsolutieren. Abhängig vom Einzelfall legt der durchschnittliche Nutzer im Internet durchaus sowohl einen hohen als auch einen geringen Grad an Aufmerksamkeit an den Tag.

Vor diesem Hintergrund ist als Beurteilungsgrundlage der Erkennbarkeit der Rechtswidrigkeit von Webradio-Angeboten das relevante Verkehrsverständnis zu bestimmen. Ein den Grad der Aufmerksamkeit reduzierender Faktor ist bei der Anfertigung von Webradio-Aufnahmen sicherlich, dass kein Bezug zu einem konkreten Rechtsgeschäft besteht. Gleichwohl ist davon auszugehen, dass Webradio-Nutzer, die sich solcher Aufnahmetechnologien bedienen, nicht gänzlich unerfahren im Umgang mit solchen Diensten sind und sich deswegen auch der Diskussion um Musikpiraterie im Internet bewusst sein und das konkrete Angebot gezielt hinterfragen können.[1183] Letztlich hängt eine Beurteilung der Offensichtlichkeit der Rechtswidrigkeit der Zugänglichmachung einer Vorlage natürlich von den Umständen des Einzelfalls ab. Nichtsdestotrotz ist es möglich, mithilfe einer typisierenden Betrachtung gewisse Anhaltspunkte herauszuarbeiten, die aus dem Blickwinkel eines durchschnittlichen Webradio-Hörers, der angemessen gut unterrichtet und angemessen aufmerksam und kritisch ist, für die Rechtswidrigkeit eines Angebots sprechen.

c) Offensichtlichkeit der Rechtswidrigkeit bei Webradio-Angeboten

Im Folgenden wird diskutiert, welche Anhaltspunkte die Rechtswidrigkeit eines Webradio-Angebots zu Tage treten lassen können. Daran anschließend gilt es zu

---

1181 S. etwa *BGH*, GRUR 2005, 438 (441) = MMR 2005, 309 = CR 2005, 357; und *OLG Frankfurt a.M.*, NJW 2011, 398 (400 Tz. 39) = GRUR 2011, 249 = MMR 2011, 270.

1182 S. *Lederer*, NJOZ 2011, 1833 (1835 f. m.w.N.).

1183 Nach einer Studie der *GfK* im Auftrag des *Bundesverbands Musikindustrie* wissen 81% der Bevölkerung, dass das Herunterladen oder Anbieten von urheberrechtlich geschützten Inhalten im Internet rechtliche Schritte nach sich ziehen kann, s. *Bundesverband Musikindustrie*, DCN-Studie 2012, http://www.musikindustrie.de/studien, S. 28 ff.

untersuchen, in welchem Verhältnis der Grad der Beteiligung des einzelnen Nutzers an der Vervielfältigungshandlung zu der Erkennbarkeit der Rechtswidrigkeit steht. Denn weiß der Nutzer wie etwa bei den meisten Web-Anwendungen nicht, welches Webradio-Angebot als Vorlage dient, liegt der Schluss nahe, die Rechtswidrigkeit sei für ihn nicht erkennbar, selbst wenn seitens des Anbieters mehr Klarheit herrschen sollte.

aa) Anhaltspunkte für eine Rechtswidrigkeit

Zweifelsohne ist es eine unerfüllbare Prüfpflicht, vom Nutzer zu verlangen, sich konkrete Kenntnisse über die Rechtsbeziehungen zwischen Rechteinhaber und Webradio-Anbieter und damit die Zulässigkeit des Angebots zu verschaffen. Es können daher allenfalls Indizien auf die Rechtswidrigkeit der Vorlage hindeuten.

Als eindeutiges Indiz für die Rechtswidrigkeit der Vorlage wird im Zusammenhang mit Downloads der Veröffentlichungszeitpunkt eines Werkes genannt, d.h. ist das Werk schon vor seinem Veröffentlichungsdatum zugänglich, sei die Vorlage rechtswidrig.[1184] Auch soll eine Vorlage offensichtlich rechtswidrig sein, wenn sie noch zur Zeit der Kino-, DVD- oder TV-Auswertung abrufbar ist.[1185] Auf Mitschnitte aus Webradio-Programmen lassen sich diese Überlegungen allerdings nicht übertragen. Radio-Premieren von einzelnen Titeln vor Veröffentlichung des ganzen Albums oder der Single sind gang und gäbe, und selbst wenn sämtliche Titel eines höchst aktuellen Albums kurz nach dessen Veröffentlichung eher selten einmal komplett im Radio gespielt werden, so ist es doch jedenfalls nicht ausgeschlossen.

Daneben wird die Unentgeltlichkeit eines Angebots als Anhaltspunkt genannt.[1186] Seine Tragweite ist allerdings schon im Hinblick auf Downloads fraglich, stellen viele Rechteinhaber ihre Titel aus marketingstrategischen Gründen kostenlos zum Download bereit.[1187] Umso weniger überzeugt dieser Aspekt in Bezug auf Webradio-Angebote, da Radio seit jeher in der Regel über Gebühren oder Werbung finanziert wird. Daneben sagen die Art und Qualität der Vorlage nichts

1184 *Dreier*, in: *Dreier/Schulze*, UrhG, § 53 UrhG Rdnr. 12b; *Freiwald*, Die private Vervielfältigung im digitalen Kontext, S. 153; *Hohagen*, Die Freiheit der Vervielfältigung zum eigenen Gebrauch, S. 368; *Loewenheim,* in: *Schricker*, UrhR, § 53 UrhG Rdnr. 23; *Lüft*, in: *Wandtke/ Bullinger*, UrhR, § 53 UrhG Rdnr. 16; *W. Nordemann*, in: *Fromm/Nordemann*, UrhR, § 53 Rdnr. 14; *Reinbacher,* GRUR 2008, 394 (400).

1185 *Fusbahn,* IPRB 2011, 42 (43).

1186 *Dreyer*, in: *Dreyer/Kotthoff/Meckel*, UrhR, § 53 UrhG Rdnr. 26 f.; *Jani*, ZUM 2003, 842 (853).

1187 S.a. *Hohagen*, Die Freiheit der Vervielfältigung zum eigenen Gebrauch, S. 367.

über die Rechtswidrigkeit eines Webradio-Angebotes aus, da sich die Qualität legaler und rechtswidriger Webradio-Streams nicht unterscheiden muss.[1188]

Des Weiteren sollen der Ort des Bezugs bzw. die Vertrauenswürdigkeit des Angebotes Indikatoren für die Rechtswidrigkeit sein.[1189] Übertragen auf Internet-Angebote bedeutete dies eine Bewertung der Gestaltung des Angebots einschließlich der gewählten Top-Level-Domain (TLD) und der Einhaltung gesetzlicher Informationspflichten wie der Anbieterkennzeichnung.[1190] Unterstellt, der durchschnittliche Internetnutzer würde sich mit der Bedeutung von TLDs auskennen, was an sich schon fraglich ist, so erfolgt ihre Verteilung meist unabhängig vom Sitz oder Wohnort der die TLD nutzenden juristischen oder natürlichen Person und den darüber angebotenen Leistungen.[1191] Ungeachtet dessen sind gewisse Endungen wie „.tv", die Länderkennung des Inselstaates Tuvalu im Pazifischen Ozean, auch von legalen Angeboten gern genutzt.

Ebenso wenig lässt dann eine fehlende Anbieterkennzeichnung sichere Rückschlüsse auf die Rechtmäßigkeit der Vorlage zu. Erstens ist der Kreis der Personen, die gesetzlich zur Anbieterkennzeichnung verpflichtet sind, nicht deckungsgleich mit dem Erfordernis eines Nutzungsrechts. Zum Beispiel unterliegt ein in Deutschland niedergelassener Anbieter den Vorgaben des TMG[1192] und damit der Impressumspflicht gem. § 5 TMG, auch wenn er seine Dienstleistungen ausschließlich ins Ausland erbringt und daher nur für dieses Gebiet die urheberrechtlichen Nutzungsrechte benötigt.[1193] Zweitens kann die Anbieterkennzeichnung selbstverständlich und ungeachtet irgendwelcher urheberrechtlicher Nut-

---

1188 Für dieses Kriterium als Indiz zumindest im analogen Bereich *Dreyer*, in: *Dreyer/Kotthoff/Meckel*, UrhR, § 53 UrhG Rdnrn. 26 f.; *Reinbacher,* GRUR 2008, 394 (399). A.A. aber in Bezug auch auf analoge CDs *Schenk*, Die digitale Privatkopie, S. 80.

1189 *Dreier*, in: *Dreier/Schulze*, UrhG, § 53 UrhG Rdnr. 12a: Hinterhof- und Lastwagenverkauf; *Dreyer*, in: *Dreyer/Kotthoff/Meckel*, UrhR, § 53 UrhG Rdnrn. 26 f.: peer-to-peer-Systeme; *Jani*, ZUM 2003, 842 (851 f.); *Loewenheim,* in: *Schricker*, UrhR, § 53 UrhG Rdnrn. 23 f.: „dubiose Inserate"; *Lüft*, in: *Wandtke/Bullinger*, UrhR, § 53 UrhG Rdnr. 16; *Reinbacher,* GRUR 2008, 394 (400); *Schenk*, Die digitale Privatkopie, S. 79. Für eine grundsätzliche Offensichtlichkeit der Rechtswidrigkeit bei Angeboten in Tauschbörsen *Berger,* ZUM 2004, 257 (260).

1190 Zu Peer-to-Peer-Diensten *Jani*, ZUM 2003, 842 (853); sowie zu einem Streaming-Angebot für aktuelle Kinofilme *Radmann*, ZUM 2010, 387 dort Fn. 5.

1191 S. *Wikimedia Foundation Inc.*, Top-Level-Domain, http://de.wikipedia.org/wiki/Top-Level-Domain.

1192 Telemediengesetz v. 26.2.2007, BGBl I 2007, 179.

1193 S. *Martiny*, in: MünchKomm-BGB, Bd. 10, § 3 TMG Rdnr. 7; und *Pfeiffer/Weller/Nordmeier*, in: *Spindler/Schuster*, § 3 TMG Rdnr. 7. Ebensowenig lässt sich die urheberrechtliche Rechtmäßigkeit der Vorlage anhand der Vorgaben des RStV (Staatsvertrag für Rundfunk und Telemedien v. 31.8.1991) bestimmen. S. zum Anwendungsbereich des RStV *Holznagel/Kibele*, in: *Spindler/Schuster*, § 1 RStV Rdnrn. 18-21.

zungsrechte freiwillig erfolgen bzw. kommen selbst Unternehmen, die grundsätzlich eine Anbieterkennzeichnung vorhalten müssen, ihren Informationspflichten nicht immer im gesetzeskonformen Umfang nach. Schließlich und drittens ist nicht anzunehmen, dass ein durchschnittlicher Internetnutzer diese Feinheiten kennt.[1194]

Ein unverkennbarer Hinweis auf die Rechtswidrigkeit der Herstellung bzw. Zugänglichmachung der Vorlage soll daneben die Umgehung technischer Schutzmaßnahmen sein.[1195] Übertragen auf den Online-Bereich könnte also die Notwendigkeit der Umgehung einer Geo-Sperre dafür sprechen, dass die Rechtswidrigkeit der Zugänglichmachung für den Nutzer offensichtlich ist. Dies ist jedoch ein Trugschluss. Erstens gibt es andere, nicht rechtlich begründete Motive für den Einsatz einer Geo-Sperre.[1196] Zweitens macht die nutzerseitige Umgehung einer Schutzmaßnahme, welche den Zugriff auf die Vorlage verhindert, weder die Herstellung der Vorlage noch ihre Zugänglichmachung rechtswidrig. Für die Rechtswidrigkeit der Zugänglichmachung nach deutschem Recht ist allein entscheidend, ob das Angebot in Deutschland abrufbar ist, was aber gerade dann nicht der Fall ist, wenn der Anbieter eine wirksame Geo-Sperre einsetzt. Einzelne erfolgreiche Umgehungsversuche sind zu ignorieren. „Enthüllt" wird nach Umgehung also eine Vorlage, die deutsches Recht nicht berührt.[1197] Allerdings verstößt der umgehende Nutzer in diesem Fall gegen § 95a Abs. 1 UrhG und kann sich aus diesem Grund nicht auf § 53 Abs. 1 UrhG berufen.[1198]

Letztlich kann die Offensichtlichkeit der Rechtswidrigkeit eines Webradio-Angebots gegenüber dem einzelnen Nutzer daher einzig über eine positive Kennzeichnung des Angebots erreicht werden durch die Information, dass ein Angebot für ein bestimmtes Land lizenziert wurde. Entsprechend wäre davon aus-

1194 Dies bestätigen auch die Ergebnisse der DCN-Studie 2013, wonach 2/3 der Bevölkerung angeben, dass es ihnen nicht leicht falle, zwischen legalen und illegalen Online-Angeboten zu unterscheiden, s. *Bundesverband Musikindustrie*, DCN-Studie 2013, http://www.musikindustrie.de/studien, S. 20.

1195 *Dreier*, in: *Dreier/Schulze*, UrhG, § 53 UrhG Rdnr. 12b; *Jani*, ZUM 2003, 842 (851); *Lauber-Rönsberg*, Urheberrecht und Privatgebrauch, S. 184; *Loewenheim,* in: *Loewenheim*, Handbuch UrhR, § 31 Rdnr. 30; *Loewenheim,* in: *Schricker*, UrhR, § 53 UrhG Rdnr. 23.

1196 So zutreffend *Mitsdörfer/Gutfleisch*, MMR 2009, 731 (734).

1197 Im Ergebnis ähnlich wie hier in Bezug auf P2P-Tauschbörsen *Freiwald*, Die private Vervielfältigung im digitalen Kontext, S. 154.

1198 Für eine analoge Anwendung des § 53 Abs. 1 UrhG auf Sachverhalte, in denen sich der Nutzer unter Umgehung einer Geo-Sperre Zugang zu einem Werk verschafft, wie *Mitsförffer/ Gufleisch* sie vorschlagen, besteht daher keine Notwendigkeit, da es an einer planwidrigen Regelungslücke fehlt. S. aber *Mitsdörfer/Gutfleisch*, MMR 2009, 731 (734).

zugehen, dass nicht gekennzeichnete Angebote rechtswidrig sind.[1199] Vor diesem Hintergrund sollten die Rechteinhaber in Zusammenarbeit mit den Verwertungsgesellschaften eine Form von verständlicher Kennzeichnung entwickeln, deren sichtbare Anbringung auf der Webseite letztlich eine Verpflichtung aus dem Lizenzvertrag ist.[1200] Durch Aufklärungskampagnen hinsichtlich der Bedeutung dieser Kennzeichnung und eine entsprechende Berichterstattung in den Medien könnte sodann die für die Offensichtlichkeit erforderliche Sensibilisierung der Öffentlichkeit erfolgen mit dem Ergebnis, dass ein Werknutzer seine Augen vor der Offensichtlichkeit der Rechtswidrigkeit eines konkreten Angebotes nicht ohne Weiteres verschließen kann.[1201]

bb) Zurechnung des Wissens des Anbieters der Aufnahmesoftware

Bei vielen Aufnahmemethoden bekommt der Nutzer das eigentliche Webradio-Angebot bzw. die Plattform des Anbieters des Webradio-Programms allerdings überhaupt nicht zu Gesicht. Der Nutzer gibt lediglich den gewünschten Titel ein und die Suche nach der Vorlage beginnt. Übermittelt wird dann die mitgeschnittene Datei. Der Nutzer hat schlicht keine Veranlassung oder sogar keine Möglichkeit, sich ein Urteil über die Rechtmäßigkeit des Angebots zu bilden. Ließe man dies als Argument für eine fehlende Erkennbarkeit der Rechtswidrigkeit gelten, eröffnete sich freilich eine Umgehungsmöglichkeit immensen Ausmaßes.

Schon aus diesem Grund ist geboten, dem Nutzer das Wissen eines zwischen ihn und das Webradio-Angebot geschalteten Dritten um die Rechtswidrigkeit der verwendeten Vorlage zuzurechnen, sofern man nicht ohnehin zum Schluss kommt, dass eine nicht mehr von der Privatkopie gedeckte unzulässige Vervielfältigung durch Dritte vorliegt.[1202] Hierfür spricht zudem der allgemeine Rechtsgrundsatz, dass derjenige, der sich zur Erledigung seiner eigenen Angelegenheiten Dritter

---

1199 Für eine solche Kennzeichnung schon früh *Handig*, ecolex 2005, 921 (924); und *v. Zimmermann*, MMR 2007, 553 (556 f.). Zustimmend *Dresel*, WRP 2011, 1289 (1291); *Meschede*, K&R 2008, 585 (586); *Raue/Hegemann*, in: *Hoeren/Sieber*, Handbuch Multimedia Recht, Teil 7.3 Rdnr. 201.

1200 Die Tarife der *GEMA* und der *GVL* sehen eine Kennzeichnung im Zeitpunkt des Abschlusses dieser Arbeit jedenfalls nicht vor.

1201 Für die Möglichkeit der Sensibilisierung durch Aufklärungskampagnen auch *Hohagen*, Die Freiheit der Vervielfältigung zum eigenen Gebrauch, S. 368; *Jani*, ZUM 2003, 842 (853); *Schenk*, Die digitale Privatkopie, S. 80; *Stickelbrock*, GRUR 2004, 736 (738). Ebenso *Radmann*, ZUM 2010, 387, der allerdings noch weiter geht und die Offensichtlichkeit der Illegalität eines Angebots allein aus der Berichterstattung in der Presse ableitet.

1202 Dazu sogleich unter in diesem Kapitel unter Abschnitt C.

bedient, sich deren Wissen zurechnen lassen muss.[1203] Entsprechend wird § 166 BGB auf Bereiche analog angewendet, in denen es an einer rechtsgeschäftlichen Vollmacht fehlt, selbst wenn es nicht um einen Vertragsschluss geht.[1204] So sollte es auch hier sein, denn welche Vorlagen der Anbieter von intelligenter Aufnahmesoftware auswählt, ist Ausdruck seines eigenen Willens. Nicht zuletzt aber ist angesichts der subjektivierenden Tendenz in der Gesetzesbegründung ein Betrachtungshorizont zu wählen, der die Verkehrskreise genauer berücksichtigt.

Daraus ergibt sich für Rechteinhaber neben der Kennzeichnung der einzelnen Webradio-Angebote eine weitere, durchaus praktikable Lösung: Sie können den Drittanbieter per Informationsschreiben gezielt über die Rechtswidrigkeit eines Webradio-Angebots informieren. Dieser müsste das konkrete Webradio-Angebot sodann von seiner Liste der zu durchsuchenden Angebote löschen und auf eine Blacklist setzen. Alternativ schlägt *v. Zimmermann* vor – wenngleich vor dem Hintergrund einer möglichen Haftung der Anbieter von Aufnahmesoftware als Störer –, dass die Verwertungsgesellschaften *GEMA* und *GVL* diesen Dritten eine aktualisierte Liste legaler Internetradios zukommen lässt und nur von auf dieser Liste enthaltenen Webradios aufgezeichnet werden darf.[1205] Für Webradios, die für das Gebiet Deutschland lizenziert sind, die Lizenzierung jedoch nicht über die deutschen Verwertungsgesellschaften abgewickelt wurde, lassen sich sicherlich Lösungen zum Austausch solcher „white lists" zwischen den Verwertungsgesellschaften entwickeln.

III. Zwischenergebnis

Obgleich in der Bevölkerung die Ansicht zu existieren scheint, dass das Webradio eine zulässige Vorlage für die Anfertigung von Privatkopien ist, ist dem nicht immer so. Webradio-Angebote, die als Sendungen i.S.d. § 20 UrhG zu qualifizieren sind, nämlich Simulcasts, Webcasts und Loop-Streams, und die in Deutschland rechtswidrig zu empfangen sind, d.h. für welche der Anbieter keine entsprechenden Lizenzen erworben hat, können schon aufgrund des Verwertungsverbots des § 96 Abs. 2 UrhG nicht als Grundlage für Privatkopien dienen. Davon gefertigte Aufnahmen sind unabhängig vom Wissensstand des Nutzers unzulässig. Simulcasts, Webcasts und Loop-Streams können daher nur dann als

---

1203 BGHZ 83, 293 (296 f.) = NJW 1982, 1585; *BGH*, NJW 1985, 1080 (1081); BGHZ 102, 316 (320 f.) = NJW 1988, 911. S.a. *Ellenberger*, in: *Palandt*, BGB, § 166 BGB Rdnrn. 2-5; *Schramm*, in: MünchKomm-BGB, Bd. 1, § 166 BGB Rdnr. 3.

1204 S. etwa BGHZ 55, 307 (311) = NJW 1971, 1702; *BGH*, NJW-RR 1986, 1019 (1020); BGHZ 117, 104 (106 f.) = NJW 1992, 1099. S.a. *Ellenberger*, in: *Palandt*, BGB, § 166 BGB Rdnrn. 6, 9; und *Schramm*, in: MünchKomm-BGB, Bd. 1, § 166 BGB Rdnrn. 40 f.

1205 *v. Zimmermann*, MMR 2007, 553 (558). Zustimmend *Dresel*, WRP 2011, 1289 (1292).

Vorlage genutzt werden, wenn der Anbieter die entsprechenden Nutzungsrechte für Deutschland erworben hat.

Bei den anderen, § 19a UrhG betreffenden Webradio-Angeboten kommt es darauf an, ob eine mögliche Rechtswidrigkeit offensichtlich ist. Da hierfür nach der hier vertretenen Auffassung ausreichend ist, dass der Anbieter der Aufnahmesoftware Kenntnis von der Rechtswidrigkeit des Angebotes hat, kann dieser schriftlich über unzulässige Webradio-Angebote informiert werden, welche er sodann auf eine Blacklist zu setzen hat, bzw. ihm könnte eine Whitelist zur Verfügung gestellt werden. Wenn sich in der Zukunft einmal ein Standard zur Kennzeichnung zulässiger Webradio-Angebote herausgebildet hat, auf dessen Einführung vor diesem Hintergrund zweifelsohne hingewirkt werden sollte, kann die Rechtswidrigkeit dann bei Fehlen der Kennzeichnung offensichtlich sein. Mithin sollten die Rechteinhaber aktiv werden, wollen sie die Zahl der Vorlagen reduzieren, auf die für die Herstellung von Privatkopien zurückgegriffen werden kann.

C. Herstellenlassen durch Dritte

Die vorangehenden Ausführungen beziehen sich auf den Fall, dass der Nutzer die Kopie selbst herstellt. Der Nutzer kann die Vervielfältigung grundsätzlich aber auch durch einen Dritten herstellen lassen, was insbesondere bei Web-Anwendungen eine durchaus denkbare Sachverhaltskonstellation ist. Dann ist fraglich, ob die Nutzungshandlung trotzdem nach der Schrankenbestimmung über § 53 Abs. 1 UrhG für Vervielfältigungen zum privaten Gebrauch privilegiert ist.

Der Rückgriff auf die Leistungen eines Dritten spricht zumindest nicht *per se* gegen die Anwendbarkeit des § 53 Abs. 1 UrhG, denn der Gesetzgeber hat im Interesse derjenigen, die sich eigene Kopiergeräte nicht leisten können, in Satz 2 der Vorschrift festgelegt, dass die Vervielfältigung nicht eigenhändig erfolgen muss, sondern statt dessen „durch einen anderen" hergestellt werden kann.[1206] Dies steht, obwohl sie die Möglichkeit der Herstellung durch Andere nicht ausdrücklich erwähnt, mit der InfoSoc-RL im Einklang.[1207] Dabei ist „Anderer" i.S.d. Vorschrift jeder Dritte, etwa Familienmitglied, öffentliche Bibliotheken oder gewerbliche Kopieranstalt.[1208]

Diese Ausnahme ist jedoch an zwei Voraussetzungen geknüpft. Nach dem Wortlaut des Gesetzes muss die Vervielfältigung zum einen unentgeltlich oder

1206 BT-Drs. IV/270, S. 72 und 74. S.a. BGHZ 134, 250 (262) = GRUR 1997, 459 (CB-infobank I).

1207 S. Stellungnahme der Kommission, KOM 2001 (170), endg., S. 3.

1208 S. BGHZ 141, 13 (23) = NJW 1999, 1953 (Kopienversanddienst); *Loewenheim*, in: *Schricker*, UrhR, § 53 UrhG Rdnr. 25; *Decker*, in: *Möhring/Nicolini*, UrhG, § 54 UrhG Rdnr. 11.

mittels fotomechanischer Verfahren erfolgen, wobei Letzteres im vorliegenden Kontext selbstredend ausscheidet. Zum anderen verlangt der BGH mit der überwiegenden Literaturmeinung, dass die Vervielfältigung, die der Hersteller im Auftrag eines Dritten für dessen privaten Gebrauch anfertigt, dem Dritten als dem Besteller als Ergebnis einer normativen Bewertung zuzurechnen ist.[1209]

I. Zurechnung der Vervielfältigungshandlung

Eine Zurechnung kann nach Auffassung des BGH nach dem Sinn und Zweck des § 53 Abs. 1 Satz 2 UrhG nur erfolgen, wenn sich der Hersteller darauf beschränkt, „an die Stelle des Vervielfältigungsgeräts zu treten und als notwendiges Werkzeug des anderen tätig zu werden“[1210]. Mit Blick auf Aufnahmesoftware bedeutet dies, dass der Anbieter der Aufnahmesoftware – wenn nicht schon der Nutzer selbst Hersteller ist – nicht mehr macht, als die Vervielfältigung technisch durchzuführen, während die Organisationshoheit über Gegenstand und Umfang der Vervielfältigung beim Besteller verbleibt.

Die Beschaffung der Kopiervorlage allein reicht nach Auffassung des BGH dabei noch nicht aus, um eine Zurechnung der Vervielfältigung zum Nutzer auszuschließen.[1211] Dies muss selbst dann gelten, wenn sich die Zahl der Sender, auf die der Nutzer durch Zwischenschalten des Dritten zugreifen kann, vervielfacht.[1212] Das Abgreifen des Signals durch den Anbieter einer Aufnahmesoftware – sei es für Fernseh- oder Webradioprogramme – ist also unschädlich.

Gegen eine Zurechnung zum Nutzer bzw. Besteller sprechen nach allgemeiner Auffassung allerdings zusätzliche Leistungen des Herstellers, welche über eine rein technische Hilfestellung hinausgehen und dem Gesamtleistungspaket eine besondere Prägung verleihen, wie z.B. die selbständige Durchführung einer

1209 *BGH*, NJW 2009, 3511 (3513 Tz. 17) m. Anm. Rössel = GRUR 2009, 845 (Internet-Videorecorder), der damit BGHZ 141, 13 (21) = NJW 1999, 1953 (Kopienversanddienst) bestätigt. S.a. *Dreier*, in: *Dreier/Schulze*, UrhG, § 53 UrhG Rdnr. 14; *Dreyer*, in: *Dreyer/Kotthoff/Meckel*, UrhR, § 53 UrhG Rdnr. 36; *Loewenheim,* in: *Schricker*, UrhR, § 53 UrhG Rdnrn. 26-29 m.w.N.; *Lüft*, in: *Wandtke/Bullinger*, UrhR, § 53 UrhG Rdnrn. 117 f.

1210 *BGH*, NJW 2009, 3511 (3513 Tz. 17) m. Anm. Rössel = GRUR 2009, 845 (Internet-Videorecorder) mit Verweis auf BGHZ 134, 250 (261) = GRUR 1997, 459 (CB-infobank I).

1211 BGHZ 134, 250 (265) = GRUR 1997, 459 (CB-infobank I); bestätigt durch *BGH*, NJW 2009, 3511 (3513 Tz. 17) m. Anm. Rössel = GRUR 2009, 845 (Internet-Videorecorder). So zuvor schon *M. Becker*, AfP 2007, 5 (7 f.); *Finguelli/Nink,* CR 2008, 791 (796); *Kamps/Koops*, CR 2007, 581 (584); *Wiebe*, CR 2007, 28 (30). A.A. *v. Zimmermann*, MMR 2007, 553 (554 f.).

1212 Zu diesem Aspekt überzeugend *Wiebe* a.a.O., S. 30.

themenbezogenen Recherche sowie Auswertung und Zusammenstellung der Rechercheergebnisse.[1213]

Genau diesen Service aber bieten viele Web-Anwendungen. Anders als die Online-Videorekorder, die keine Recherche im eigentlichen Sinne durchführen, sondern nur Sendungen anzeigen, um dem Nutzer die Auswahl der aufzunehmenden Sendungen zu vereinfachen, durchsuchen Web-Anwendungen wie *flatster* die verschiedenen Webradio-Programme systematisch nach den gewünschten Titeln, und zwar nach eigenen Vorgaben sowohl hinsichtlich der zu berücksichtigenden Programme als auch des Zeitpunktes, und präsentieren dem Webradio-Nutzer ihr Ergebnis. Wenn Hersteller der Kopie der Anbieter der Software ist, scheidet eine Privilegierung nach § 53 Abs. 1 Satz 2 UrhG daher in der Regel aus. Zu diesem Ergebnis kam auch das LG Köln, weil der Anbieter der Web-Anwendung einen sog. „trackfinder“ zur Verfügung stellte, mithilfe dessen es möglich war, die unterschiedlichen Webradio-Programme auf die einzelnen gespielten Musiktitel hin zu analysieren. Eine Aufspaltung der Dienstleistungen in Vervielfältigungshandlung als solche und sonstige Leistungen erachteten die Richter als unzulässig.[1214] Dem ist zuzustimmen.

Eine Zurechnung im Falle der Herstellung der Kopie durch den Anbieter kann umgekehrt also nur dann erfolgen, wenn der Nutzer wie im Falle der Online-Videorekorder genaue Vorgaben zur Vorlage macht, insbesondere Webradio-Programm und Uhrzeit bestimmt. Ein Angebot, das die Aufnahme einer ganzen Radiosendung ermöglicht, lässt sich daher mit § 53 Abs. 1 Satz 2 UrhG vereinbaren. Gleichwohl darf der Anbieter einer solchen Aufnahmesoftware eine so hergestellte Vervielfältigung nicht weiterverwenden.[1215] Ungeachtet dessen wäre diese Vorgehensweise für den Anbieter nicht praktikabel, weil die anschließende Übermittlung unstreitig eine öffentliche Zugänglichmachung i.S.d. § 19a UrhG darstellen würde.[1216]

1213 BGHZ 134, 250 (264 f.) = GRUR 1997, 459 (CB-infobank I), wobei in diesem Fall die Vervielfältigungsfreiheit zum sonstigen eigenen Gebrauch (§ 53 Abs. 2 Satz 1 Nr. 2 und 4 lit. a) UrhG) in Frage stand, was im Hinblick auf die Reichweite der gesetzlichen Möglichkeit des Herstellenlassens jedoch keine andere Bedeutung zur Folge hat. Ebenso *Loewenheim,* in: *Schricker*, UrhR, § 53 UrhG Rdnr. 30 m.w.N. S.a. *Hohagen*, Die Freiheit der Vervielfältigung zum eigenen Gebrauch, S. 394-397; und *Wiebe*, CR 2007, 28 (30 f.).

1214 S. *LG Köln*, MMR 2007, 610 (611 f.).

1215 Zur Bevorratung *KG*, GRUR 2000, 49 (Mitschnitt-Einzelangebot). Zur digitalen Speicherung und Übersendung von Kopien, s. *OLG München*, MMR 2007, 525 (528) = ZUM-RD, 347 (subito), nicht rechtskr. S.a. *Dreyer*, in: *Dreyer/Kotthoff/Meckel*, UrhR, § 53 UrhG Rdnr. 36; *Lüft*, in: *Wandtke/Bullinger*, UrhR, § 53 UrhG Rdnr. 19. Ebenso in Bezug auf OVR, *M. Becker*, AfP 2007, 5 (9 f.).

1216 Dazu schon oben im zweiten Teil Kapitel 4, Abschnitt B, Punkt II.

Sofern also eine Web-Anwendung zur Aufnahme von Webradio technisch so strukturiert ist, dass ihr Anbieter die Aufnahme technisch bewerkstelligt, scheitert es aufgrund der Vielfalt an Zusatzleistungen und vor allem der ausgefeilten Recherchefunktion in aller Regel an einer Zurechnung zum Nutzer und die Vervielfältigung ist nicht als Privatkopie privilegiert.

II. Unentgeltlichkeit

Aber selbst wenn die Web-Anwendung so gestaltet ist, dass die Herstellung durch den Anbieter erfolgt, sie aber dem Nutzer zuzurechnen ist, muss der Dienst als weitere Voraussetzung des § 53 Abs. 1 Satz 2 UrhG unentgeltlich sein.

Unentgeltlich heißt dabei nicht Kostenfreiheit. Die Erstattung der reinen Herstellungskosten, jedenfalls der Materialkosten, ist unschädlich.[1217] Die Herstellung von Vervielfältigungsstücken durch einen anderen erfolgt jedoch dann nicht unentgeltlich, wenn eine Gegenleistung konkret für die Tätigkeit des Herstellens erbracht wird oder der Hersteller auf seiner Webseite Werbeflächen bereitstellt und das Herstellen von Vervielfältigungsstücken ein wesentlicher Bestandteil des auf Gewinnerzielung gerichteten Geschäftsmodells ist. Der BGH betont insofern ausdrücklich, dass ein Geschäftsmodell nicht künstlich in einen defizitären Bereich, z.B. den Vertrieb von Online-Videorekordern, und einen profitablen Bereich der Vermarktung von Werbeflächen zergliedert werden kann.[1218] Dem ist zuzustimmen, denn das urheberrechtlich relevante Angebot des Betreibers der Webseite ist ohne Zweifel die Voraussetzung für die Erzielung von Werbeeinnahmen.

Entsprechend ist bei Web-Anwendungen, die zwar für den Kunden unentgeltlich sind, sich zu einem wesentlichen Teil aber über Werbeeinnahmen finanzieren, von einer Entgeltlichkeit des Angebots auszugehen. Nichts anderes gilt selbstverständlich, wenn der Nutzer ein Entgelt unmittelbar für das Herstellen von Webradio-Aufnahmen wie z.B. in Form einer monatlichen Pauschalzahlung entrichtet. In diesen Fällen scheidet eine Privilegierung der Vervielfältigungshandlung nach § 53 Abs. 1 Satz 2 UrhG aus.[1219]

1217 *BGH*, NJW 2009, 3511 (3517 Tz. 55) m. Anm. Rössel = GRUR 2009, 845 (Internet-Videorecorder). S.a. die Begründung zum Regierungsentwurf, BT-Drs. 15/38, 20 f.

1218 *BGH* a.a.O., Tz. 55 (Internet-Videorecorder). S.a. *Lauber-Rönsberg*, Urheberrecht und Privatgebrauch, S. 194 f.; und *Niemann,* CR 2009, 661 (665 f.). A.A., die jetzt aber als überholt angesehen werden dürfte, noch *Dreier*, in: *Dreier/Schulze*, UrhG, § 53 UrhG Rdnr. 16 m.w.N.; *Dreyer*, in: *Dreyer/Kotthoff/Meckel*, UrhR, § 53 UrhG Rdnr. 35; *Hofmann,* MMR 2006, 793 (798 f.); *Loewenheim,* in: *Schricker*, UrhR, § 53 UrhG Rdnr. 32; *Lüft*, in: *Wandtke/Bullinger*, UrhR, § 53 UrhG Rdnr. 20; *W. Nordemann*, in: *Fromm/Nordemann*, UrhR, § 53 UrhG Rdnr. 11; *Schenk*, Die digitale Privatkopie, S. 82.

1219 S. *LG Köln*, MMR 2007, 610 (612). S.a. *v. Zimmermann*, MMR 2007, 553 (554).

III. Zwischenergebnis

Solange der Nutzer auf seine computerbasierte Aufnahmesoftware und nicht auf eine Web-Anwendung zurückgreift, ist er in jedem Fall selbst Hersteller der Aufnahme. Bei Web-Anwendungen kommt es auf die konkrete technische Ausgestaltung im Einzelfall an, wobei davon auszugehen ist, dass Anbieter solcher Dienste alles daran setzen werden, um die Nutzer als Hersteller dastehen zu lassen. Bewerkstelligt die Kopie dennoch der Anbieter, ist Voraussetzung für die Privilegierung, dass die Kopie dem Nutzer zuzurechnen ist. Dies ist bei Web-Anwendungen, die die Aufnahme auf Ebene eines einzelnen Titels ermöglichen, aufgrund des weitreichenden Zusatzangebotes hinsichtlich der Recherche nach Vorlagen in der Regel zu verneinen. Ist das Angebot zudem nicht unentgeltlich, z.B. weil es sich über Werbung finanziert, ist dies ein weiterer Grund dafür, dass sich Nutzer und Anbieter nicht auf die Schranke der Privatkopie berufen können.

D. Ergebnis: Reichweite des § 53 Abs. 1 UrhG

Die ausschlaggebenden Tatbestandsmerkmale, die über die Zulässigkeit des Webradio-Streamripping entscheiden, sind die Rechtswidrigkeit der Vorlage und deren Offensichtlichkeit sowie die Vorgaben an das Herstellenlassen durch einen Dritten. Die übrigen Anforderungen des § 53 Abs. 1 UrhG können grundsätzlich auch beim Streamripping erfüllt sein.

Im Hinblick auf die Aufnahme von *rechtmäßigen* Webradio-Angeboten ist die Aufnahme sowohl per manuell zu bedienender als auch intelligenter Aufnahmesoftware in Form von Computerprogrammen zulässig. Gleiches gilt für Aufnahmesoftware in Form von Web-Anwendungen, wenn Hersteller der Vervielfältigung der Nutzer ist. Ist hingegen Hersteller der Anbieter der Web-Anwendung, ist die Vervielfältigung in aller Regel dem Anbieter zuzurechnen oder die Privilegierung scheitert an der Voraussetzung der Unentgeltlichkeit. Damit reduzieren sich die Möglichkeiten der zulässigen Gestaltung von Web-Anwendungen zum Zwecke des Streamripping, der für die Musikindustrie offensichtlich „gefährlichsten" Art von Aufnahmesoftware (hohe Automatisierung, hoher Bedienkomfort, große Verfügbarkeit von Musiktiteln und damit größtes Potential, legale Musikkäufe zu substituieren) schon nach geltendem Recht erheblich, wenngleich nicht vollends.

Dienen *rechtswidrige* Webradio-Angebote als Vorlage, ist zu unterscheiden, ob diese als öffentliche Zugänglichmachung oder als Sendung zu qualifizieren sind. Von rechtswidrigen Webcasts, Simulcasts und Loop-Streams (Sendungen) darf schon wegen des Verbots des § 96 Abs. 2 UrhG nicht aufgezeichnet werden, was die Auswahl an Quellen weiter einschränkt. Bei rechtswidrigen On-Demand-

Streams und personalisierten Webradios (öffentlichen Zugänglichmachungen) kommt es darauf an, dass die Rechtswidrigkeit offensichtlich ist. Bei manuell gefertigten Aufnahmen ist die Rechtswidrigkeit für den Nutzer in der Regel nicht offensichtlich, solange es noch keinen etablierten Kennzeichnungsstandard für lizenzierte Angebote gibt. Bei Aufnahmen mithilfe von intelligenter Aufnahmesoftware hingegen kann eine Offensichtlichkeit erreicht werden, indem der Software-Anbieter von der Rechtswidrigkeit des Angebots in Kenntnis gesetzt wird. Der Hahn für Vorlagen kann daher noch weiter zugedreht werden, indem Rechteinhaber den Anbietern eine Liste der zulässigen bzw. unzulässigen Angebote zukommen lassen. Dass diese Liste stets unvollständig sein wird bzw. einem steten Wandel unterliegt, liegt in der Natur der Sache. Erschweren wird ein solches Vorgehen die Zurverfügungstellung von Angeboten, welche die Schrankenbestimmungen als Geschäftsmodell ausnutzen, dennoch.

Festzuhalten ist daher an dieser Stelle, dass nach der hier vertretenen Auffassung bereits nach geltendem Recht folgende Fallkonstellationen nicht von der Schranke der Privatkopie erfasst sind, nämlich das Streamripping

1. unter Umgehung einer wirksamen technischen Schutzmaßnahme, z.B. in Form einer Geo-Sperre oder einer Passwortsperre, wegen nicht rechtmäßiger Erlangung der Kopiervorlage;
2. von rechtswidrigen Simulcasts, Webcasts und Loop-Streams aufgrund des Verwertungsverbots i.S.d. § 96 Abs. 2 UrhG;
3. von rechtswidrigen On-Demand-Streams und personalisierten Webradios mit intelligenter Aufnahmesoftware, wenn der Software-Anbieter Kenntnis von der Rechtswidrigkeit hat, da in diesem Fall die Freigabebedingung der fehlenden Offensichtlichkeit der Rechtswidrigkeit der Vorlage nicht erfüllt ist;
4. von On-demand-Streams und personalisierten Webradios per Web-Anwendung, wenn Hersteller der Vervielfältigung der Anbieter ist und die Aufnahme nicht allein dem Nutzer zuzurechnen oder die Web-Anwendung entgeltlich ist, da die Voraussetzungen des § 53 Abs. 1 Satz 2 UrhG nicht erfüllt sind.

Für die Fälle, in denen eine Webradio-Aufnahme grundsätzlich von der Schranke der Privatkopie erfasst ist, also vornehmlich bei Rückgriff auf legale Webradio-Angebote, wenn der Nutzer Hersteller der Vervielfältigung ist, ist hiernach zu prüfen, ob das gefundene Ergebnis den verfassungsrechtlich gebotenen Interessenausgleich erfüllt und den internationalen Vorgaben des Dreistufentests entspricht.

Kapitel 4: Verfassungs- und dreistufentestkonforme Auslegung des § 53 Abs. 1 UrhG im Lichte von Webradio-Streamripping

Im vorangegangenen Kapitel wurde erläutert, inwiefern Mitschnitte von Webradio-Inhalten mit einem Verweis auf eine Vervielfältigung zum privaten Gebrauch auch ohne die Zustimmung der Rechteinhaber zulässig sind. Dabei hat sich gezeigt, dass viele Varianten des Streamripping aus unterschiedlichen Gründen schon gar nicht in den Anwendungsbereich des § 53 Abs. 1 UrhG fallen. Für jene Aufnahmemethoden, die technisch so aufgebaut sind, um die Vorgaben des § 53 Abs. 1 Satz 1 UrhG zu erfüllen und somit eine Privatkopie „hervorzubringen", ist im Folgenden zu untersuchen, ob eine solche Privilegierung die Erfordernisse eines verfassungskonformen Interessenausgleichs und die Vorgaben des völkerrechtlich verankerten Dreistufentests erfüllt. Dabei überschneiden sich die im Rahmen dieser beiden „Tests" anzustellenden Überlegungen in gewissen Bereichen, so insbesondere hinsichtlich des jeweils gebotenen Interessenausgleichs. Die nachfolgende Untersuchung erfolgt daher nicht trennscharf nach verfassungsrechtlichen Vorgaben einerseits und denen des Dreistufentests andererseits. Vielmehr sollen die konventionsrechtlichen Anforderungen des Dreistufentests parallel zu den im deutschen Urheberrecht gewachsenen Auslegungsgrundsätzen und der Verfassungskonformität von Schranken geprüft werden, wie es auch der BGH meist umsetzt.[1220]

Zunächst wird aus verfassungsrechtlicher Sicht und unter ökonomischen Gesichtspunkten geprüft, ob im digitalen Kontext grundsätzlich noch eine Berechtigung für die Schranke der Privatkopie besteht (Abschnitt A). Anschließend wird untersucht, ob die Schranke der Privatkopie im Lichte der Möglichkeiten des Streamripping die Grundregel des Dreistufentests erfüllt und auf „bestimmte Sonderfälle" beschränkt ist (Abschnitt B), sowie die Bedingung erfüllt, dass sie nicht die „normale Verwertung" beeinträchtigt (Abschnitt C). Anschließend

1220 Die Verhältnismäßigkeitsprüfung im Fall „CB-Infobank I", zum Beispiel, beendet der BGH unter Hinweis auf Art. 9 Abs. 2 RBÜ damit, dass die zugelassene Vervielfältigung weder gegen die Voraussetzungen der zweiten noch der dritten Teststufe verstoßen dürfe, s. *BGH*, BGHZ 134, 250 (263) = NJW 1997, 1363 (CB-infobank I). In der Entscheidung „Kopienversanddienst" begründet der BGH die Notwendigkeit des analogen Ausgleichsanspruchs auch mit den Erfordernissen des Dreistufentests und orientiert sich auch beim Begründungsaufbau daran. Erst anschließend nimmt er Bezug auf Art. 14 GG, s. BGHZ 141, 13 (35 f.) = NJW 1999, 1953 (Kopienversanddienst). Ähnlich verfahren die Richter im Fall „Elektronischer Pressespiegel", s. BGHZ 151, 300 (315 f.) = NJW 2002, 3393 (Elektronischer Pressespiegel). Zum Umgang des *BGH* mit dem Dreistufentest s.a. *Reschke*, Verfassungs- und dreistufentestkonforme Auslegung, 96-121.

erfolgt eine Bewertung und Abwägung der durch die Schranke der Privatkopie betroffenen und begünstigten Interessen unter Berücksichtigung des gegenwärtigen Vergütungssystems für private Vervielfältigungen (Abschnitt E), wofür zuvor in Form eines Exkurses das gegenwärtige Vergütungssystem skizziert wird (Abschnitt D).

A. Vervielfältigungsfreiheit als verfassungsrechtliches und ökonomisches Postulat

§ 53 Abs. 1 UrhG enthält eine Ausnahme vom Verbot der ungenehmigten Vervielfältigung urheberrechtlich geschützter Inhalte, beschränkt also dieses Ausschließlichkeitsrecht von Urhebern, Leistungsschutzberechtigten und Inhabern abgeleiteter Nutzungsrechte, mithin ihr Eigentum i.S.d. Art. 14 Abs. 1 GG. Die Beschränkung betrifft einerseits das Verfügungsrecht, indem die Verfügungsmacht des Urhebers über die Vervielfältigung seines Werkes zu privaten Zwecken aufgehoben wird. Andererseits wird dem Urheber durch die als Kompensation durch §§ 54 ff. UrhG gewährten pauschalen verwertungsgesellschaftlichen Vergütungsansprüche die Bestimmung von Art und Höhe der Gegenleistung entzogen, sprich sein Verwertungsrecht beschränkt. Maßstab für die Anwendung der Schranke der Privatkopie ist folglich die Eigentumsgarantie mit der Konsequenz, dass eigentumsbeschränkende Regelungen aufgrund der Sozialpflichtigkeit des Eigentums zwar einfachgesetzlich möglich sind, aber durch hinreichend tragfähige öffentliche Belange legitimiert sein müssen.[1221] Es muss ein sachgerechter Ausgleich zwischen Eigentümerbefugnissen und legitimen Belangen der Allgemeinheit gefunden werden.

Das Bundesverfassungsgericht hat sich bisher nicht zu der verfassungsrechtlichen Beurteilung der Schranke für Vervielfältigungen zum privaten Gebrauch geäußert. Eine dahingehende Verfassungsbeschwerde von Unternehmen der Musikindustrie wurde vom BVerfG mit Beschluss vom 7.10.2009 nicht zur Entscheidung angenommen, da die Ausschlussfrist des § 93 Abs. 3 BVerfGG (Jahresfrist) für die Erhebung einer Verfassungsbeschwerde gegen Gesetze nach Ansicht

1221 Das allgemeine (verfassungsrechtliche) Persönlichkeitsrecht ist in der Regel nur zu berücksichtigen, wenn bei Urheberrechtsschranken außer den Verwertungsrechten auch urheberpersönlichkeitsrechtliche Aspekte betroffen sind bzw. sind die in Zusammenhang mit Art. 14 GG getroffenen Wertungen auf Art. 2 Abs. 1, Art. 1 Abs. 1 GG zu übertragen. Ähnliches gilt für die und die Kunst- und Wissenschaftsfreiheit. Ein Eingriff in dieselbe scheidet aufgrund der vorrangigen Einschlägigkeit des Art. 14 GG aus. Siehe in diesem Teil, Kapitel 1, Abschnitt B, Punkt I 2 und 3.

der Richter nicht eingehalten worden war.[1222] Die Beschwerdeführer hatten geltend gemacht, § 53 Abs. 1 UrhG in der seit 2008 geltenden Fassung sei mit Art. 14 Abs. 1 GG unvereinbar, soweit er digitale Privatkopien ohne hinreichende Beschränkung für zulässig erkläre. Eine Entscheidung in der Sache wurde somit nicht getroffen. Trotzdem weist das BVerfG darauf hin, dass der Gesetzgeber mit der Beibehaltung des § 53 Abs. 1 UrhG „eine eindeutige Antwort auf die Frage gegeben [hat], ob die digitale Privatkopie zulässig bleiben soll"[1223]. Nachfolgend wird daher untersucht ob und inwieweit § 53 Abs. 1 UrhG im Lichte der Möglichkeiten des Streamripping vom Webradio (noch) einem legitimen Zweck dient.

I. Vervielfältigungsfreiheit verfassungsrechtlich erforderlich

In Bezug auf die Schranke für private Vervielfältigungen kommen vor allem die Informationsfreiheit i.S.d. Art. 5 Abs. 1 Satz 1 Hs. 2 GG, der aus dem Persönlichkeitsgrundrecht i.S.d. Art. 2 Abs. 1, Art. 1 Abs. 1 GG hergeleitete Schutz der Vertraulichkeit und Integrität informationstechnischer Systeme, sowie u.U. die durch Art. 5 Abs. 3 GG garantierte Kunst- und Wissenschaftsfreiheit in Frage.[1224] Ein eigenständiges Recht auf Privatkopien gibt es nach der derzeitigen Gesetzeslage allerdings nicht.[1225] Ebensowenig gibt es einen Grundsatz der Urheberrechtsfreiheit der Privatsphäre.[1226]

1222 *BVerfG*, GRUR 2010, 56 = MMR 2010, 40 m. Anm. *Hoeren* = ZUM 2010, 45 m. Anm. *Stieper* (Digitale Privatkopien). S.a. die Besprechungen bei *Lenz/Würtenberger*, NVwZ 2010, 168; und *Wagener*, Die Privatkopie als urheberrechtliche Schrankenregelung, S. 221-223.

1223 *BVerfG*, GRUR 2010, 56 (57 Tz. 12) = MMR 2010, 40 m. Anm. *Hoeren* = ZUM 2010, 45 m. Anm. *Stieper* (Digitale Privatkopien). S.a. *Lenz/Würtenberger*, NVwZ 2010, 168 (171).

1224 Eine Kollision mit den Meinungs- und Medienfreiheiten scheidet in aller Regel aus, da das Vervielfältigungsrecht nicht die Nutzung der dem zu vervielfältigenden Werk innewohnenden Idee verhindert bzw. angesichts des Art. 9 Abs. 2 TRIPs schon nicht verhindern darf: „Der urheberrechtliche Schutz erstreckt sich auf Ausdrucksformen und nicht auf Ideen, Verfahren, Arbeitsweisen oder mathematische Konzepte als solche." Vgl. auch Art. 2 WCT.

1225 Vorherrschende Auffassung: *Dreier*, in: *Dreier/Schulze*, UrhG, § 53 Rdnr. 1; *Götting*, in: *Schricker*, UrhR, § 95b UrhG Rdnr. 3; kritisch *Hohagen*, Die Freiheit der Vervielfältigung zum eigenen Gebrauch, S. 240-256; *Lauber-Rönsberg*, Urheberrecht und Privatgebrauch, S. 206-223; *Loewenheim*, in: *Schricker*, UrhR, § 53 UrhG Rdnr. 3; *A. Nordemann,* in: FS Loewenheim, S. 205 (209 f.); *Stickelbrock*, GRUR 2004, 736 (740). S.a. *BVerfG*, NJW 2006, 42 (43) = GRUR 2005, 1032 = ZUM 2005, 812 (Eigentum und digitale Privatkopie); und *BGH*, NJW 2008, 3565 (3568 Tz. 29) = GRUR 2008, 996 = ZUM 2008, 781 (Clone-CD). Ohne eindeutige Stellungnahme *Wandtke/Ohst*, in: *Wandtke/Bullinger*, UrhR, § 95b UrhG Rdnr. 28, die zwar von einem „Recht zur Vervielfältigung zum privaten Gebrauch" sprechen, dieses aber durch §§ 95a ff. UrhG beschränkt sehen wollen.

1226 S. im Einzelnen *Perwitz,* Die Privilegierung privater Nutzung, S. 82-84 m.w.N.

1. Informationsfreiheit und Konsuminteressen

In seiner Begründung zum Zweiten Korb hat der Gesetzgeber betont, dass das Grundrecht auf Informationsfreiheit für die Schranke der Privatkopie keine Bedeutung habe. Die Privatkopieschranke sei einzig und allein eine Reaktion darauf, dass ein Verbot der Privatkopie nicht durchsetzbar sei und der Urheber so wenigstens einen finanziellen Ausgleich für die unkontrollierbare Nutzung seiner Werke erhielte. Das Grundrecht auf Informationsfreiheit könne allenfalls zur Begründung eines Rechts auf den Werkzugang herangezogen werden.[1227] Betrachtet man den Schutzbereich der Informationsfreiheit jedoch genauer, kommen Zweifel an der Auffassung des Gesetzgebers, dass lediglich das Marktversagen die Schranke der Privatkopie rechtfertigen soll.

Gemäß Art. 5 Abs. 1 Satz 1 Hs. 2 GG hat jeder das Recht, sich aus allgemein zugänglichen Quellen ungehindert zu unterrichten. Für ein urheberrechtlich geschütztes Werk bedeutet dies, dass es dann zu einer allgemein zugänglichen Informationsquelle wird, wenn es auf einem Informationsträger gespeichert und in den Verkehr gebracht bzw. auf andere Weise öffentlich wahrnehmbar gemacht worden ist.[1228] Die „Unterrichtung" erfasst dabei sowohl die Wahrnehmung der Informationen als auch die Herstellung von Informationsträgern zum Zwecke der Speicherung, d.h. letztlich die Vervielfältigung des Werkes, da die Aufnahme und Verarbeitung von Informationen häufig einer wiederholten Rezeption bedarf.[1229] Darüber hinaus versteht sich die Bundesrepublik Deutschland als Kulturstaat.[1230] Nicht zuletzt kann die Privilegierung privater Nutzungen dazu beitragen, die Entstehung eines „digital divide"[1231] durch die Gesellschaft zu verhindern, indem sie zur Verbreitung von Informationen beiträgt, und somit

---

1227 BT-Drs. 16/1828, S. 20 f.

1228 Detailliert in Bezug auf urheberrechtlich geschützte Werke *Stieper,* Rechtfertigung, Rechtsnatur und Disponibilität der Schranken des Urheberrechts, S. 56 f. Zur Definition der allgemein zugänglichen Quelle, s. BVerfGE 103, 44 (59-61) = NJW 2001, 1633-1639 (n-tv); sowie *Herzog*, in: *Maunz/Dürig*, Art. 5 Rdnrn. 87-90; und *Jarass*, in: *Jarass/Pieroth*, GG, Art. 5 GG Rdnr. 16.

1229 S. BVerfGE 103, 44 (59) = NJW 2001, 1633-1639 (n-tv); und *Jarass*, in: *Jarass/Pieroth*, GG, Art. 5 GG Rdnr. 17. S.a. *Lauber-Rönsberg*, Urheberrecht und Privatgebrauch, S. 117; *Perwitz,* Die Privilegierung privater Nutzung, S. 95 m.w.N.; *Poeppel*, Die Neuordnung der urheberrechtlichen Schranken im digitalen Umfeld, S. 148 und 267 f.; *Stieper,* Rechtfertigung, Rechtsnatur und Disponibilität der Schranken des Urheberrechts, S. 57, jeweils m.w.N.

1230 S. das Kulturstaatsprinzip. Dazu oben in diesem Teil Kapitel 1, Abschnitt B, Punkt IV.

1231 Der Begriff „digital divide" bzw. „digitale Kluft" oder „digitaler Graben" steht für die Befürchtung, dass diejenigen, die Zugang zu modernen Informations- und Kommunikationstechniken auch bessere soziale und wirtschaftliche Entwicklungschancen haben.

mittelbar der Schöpfung neuer Werke dient.[1232] Ferner darf die intellektuelle und emotionale Bedeutung des Zugangs zu geistigen Werken für die Persönlichkeitsentfaltung des Einzelnen nicht unterschätzt werden.[1233] Die Allgemeinheit hat folglich ein legitimes Interesse an freiem Zugang auch zu Informationen kultureller Art, selbst wenn sich dieses als reiner Konsum bzw. reine Werkrezeption äußert. Insofern kann es als kulturelles und soziales Gebot verstanden werden, die Privatkopie nicht zu behindern.[1234]

Diese Erkenntnis führt gleichwohl noch zu keiner Entscheidung für die Interessen der Nutzer und gegen die Interessen der Rechteinhaber. Erstens gibt es kein berechtigtes Interesse an kostenlosem Kopieren.[1235] Zweitens unterscheidet sich die Vervielfältigung von anderen Werknutzungen wie der öffentlichen Wiedergabe eben dadurch, dass sie im Gegensatz zu diesen ein neues Werkexemplar hervorbringt, also über die reine Wahrnhemung hinaus reicht. Drittens wäre auch ohne die Privilegierung der privaten Vervielfältigung der Zugang zu geschützten Werken nicht unmöglich, sondern allenfalls erschwert. Und viertens kommt hinzu, dass das Nutzerinteresse bei Fragen der konsumtiven Teilhabe an Kunst, die nur dem Zeitvertreib dient, von geringerer Bedeutung sein muss als die Informationen über z.B. Tagesereignisse, selbst wenn eine Differenzierung zwischen wichtigen und weniger wichtigen Werken durchaus schwierig sein kann.

2. *Privatsphäre, informationelle Selbstbestimmung, Integrität informationstechnischer Systeme*

Darüber hinaus ist die Bedeutung des Schutzes der Privatsphäre der Nutzer zu untersuchen, auf die häufig im Rahmen der verfassungsrechtlichen Verhältnismäßigkeitsprüfung unter dem Punkt der Erforderlichkeit der Maßnahme verwiesen wird.

In Zusammenhang mit analogen Nutzungen wird gegen ein Verbot privater Kopien der zu seiner Durchsetzung notwendige Eingriff in die Privatsphäre des Nutzers angeführt. Dieser sei natürlich grundsätzlich geeignet, den vollen Wert des geistigen Eigentums zu realisieren, aber eben nicht das mildeste Mittel.[1236] Denn nur Durchsuchungen des privaten Bereiches ermöglichten die Rechts-

---

1232 *Senftleben,* in: *Hilty/Peukert*, Interessenausgleich im UrhR, S. 159 (166); und dies aufgreifend *Perwitz,* Die Privilegierung privater Nutzung, S. 96-99.

1233 Dazu detaillierter noch *Perwitz,* Die Privilegierung privater Nutzung, S. 94 f., 100-103.

1234 In diesem Sinne auch *Poeppel*, Die Neuordnung der urheberrechtlichen Schranken im digitalen Umfeld, S. 268.

1235 Dazu schon oben in diesem Teil in Kapitel 1, Abschnitt B, Punkt III 1.

1236 S. *Stieper,* Rechtfertigung, Rechtsnatur und Disponibilität der Schranken des Urheberrechts, S. 59 m.w.N.; und *Schenk*, Die digitale Privatkopie, S. 45-47.

durchsetzung, griffen gleichzeitig jedoch in unzulässiger Weise in die durch Art. 13 GG verbürgte Unverletzlichkeit der Wohnung ein.[1237] Dieser Argumentation über eine Grundrechtskollision ist jedoch zu entgegnen, dass nicht ein Ausschließlichkeitsrecht als solches mit dem Grundrecht aus Art. 13 GG in Konflikt gerät, sondern allenfalls dessen Durchsetzung. Dies hatte schon der BGH in seiner Entscheidung „Grundig Reporter" herausgearbeitet und festgestellt, dass es keinen allgemeinen Grundsatz gebe, dass die Rechte des Urhebers stets vor dem Interesse des Einzelnen an einer Freihaltung seiner privaten Sphäre von urheberrechtlichen Ansprüchen zurücktreten müssten.[1238] Eine legitime rechtspolitische Erwägung ist es natürlich trotzdem.[1239]

Auf den ersten Blick scheint diese Argumentation auf Fragestellungen digitaler Nutzungen jedoch nicht übertragbar zu sein. Immerhin scheinen technische Schutz- und Kontrollmöglichkeiten ihre Aufgabe ohne Eingriff in den Schutzbereich des Art. 13 GG erfüllen zu können. Bei näherer Betrachtung zeigt sich jedoch, dass sich technische Schutzmaßnahmen mangels entsprechender Akzeptanz in der Bevölkerung, ihrer raschen Veraltung und der damit einhergehenden hohen Kosten, sie auf dem neuesten Stand zu halten, eben nicht flächendeckend durchgesetzt haben. Die Durchsetzbarkeit ist aus praktischer Sicht also nach wie vor nicht gegeben. Zweitens erfordert bei Werken in digitaler Form bereits der Zugang zum Werk häufig die Vornahme mindestens einer Vervielfältigungshandlung. Das Interesse der Allgemeinheit am ungehinderten Zugang zu bestehenden Informationen wäre daher sogar besonders gefährdet, wenn die Schranke der Privatkopie pauschal gestrichen würde.[1240] Drittens kann die Verfolgung der Rechtsverletzung mit dem Grundsatz der informationellen Selbstbestimmung kollidieren. Die Identifizierung eines anonymen Rechtsverletzers im Internet setzt nämlich voraus, dass der jeweilige Internetserviceprovider Auskunft darüber erteilt, wer sich zu dem relevanten Zeitpunkt einer bestimmten IP-Adresse bedient hat.[1241] Und viertens könnte die technische Überwachung privater Nutzungsvorgänge, welche die Übermittlung von Daten über den Nutzungsumfang des Einzelnen beinhaltet, ohne dass dieser das verhindern kann, in Konflikt mit

1237 So ausdrücklich die Amtl. Begr. BT-Drs. IV/270, S. 71. S.a. *Poeppel*, Die Neuordnung der urheberrechtlichen Schranken im digitalen Umfeld, S. 266 f.; *Schenk*, Die digitale Privatkopie, S. 21 f. Anschaulich im Kontext der der Entwicklung der Schranke der Privatkopie seit 1901 *Bergmann*, in: FS Ullmann, S. 26-35.

1238 BGHZ 17, 266 (287 und 289) = GRUR 1955, 492 (Grundig-Reporter).

1239 *Hohagen*, Die Freiheit der Vervielfältigung zum eigenen Gebrauch, S. 297. Ebenfalls für die Gültigkeit dieses Argumentes *Lauber-Rönsberg*, Urheberrecht und Privatgebrauch, S. 127 f.

1240 Zutreffend *Hohagen* a.a.O., S. 35; und *Stieper,* Rechtfertigung, Rechtsnatur und Disponibilität der Schranken des Urheberrechts, S. 61.

1241 Im Einzelnen *Lauber-Rönsberg*, Urheberrecht und Privatgebrauch, S. 128-133.

dem vom BVerfG als von Art. 2 Abs. 1 i.V.m. Art. 1 Abs. 1 GG geschützt anerkannten Grundrecht auf Gewährleistung der Vertraulichkeit und Integrität informationstechnischer Systeme geraten.[1242] Soweit man argumentieren möchte, dass hier ebenfalls keine Grundrechtskollision vorläge, wäre jedenfalls die obige rechtspolitische Erwägung, kein Ausschließlichkeitsrecht vorhalten zu wollen, welches mangels Durchsetzbarkeit letztlich nur auf dem Papier besteht, auf diesen Sachverhalt zu übertragen. Ein generelles Verbot der Privatkopie ist daher weiterhin kein akzeptables Mittel.[1243]

Dementsprechend ist zwar ein allgemeines Verbot der Herstellung privater Kopien abzulehnen bzw. die Existenz einer Schranke für Privatkopien im Grundsatz zu befürworten. Denn zumindest die einmalige Vervielfältigung eines Werkes ist von der Informationsfreiheit geschützt. Verfassungsrechtlich zwingend vorgegeben ist die Schranke des § 53 Abs. 1 UrhG in ihrem vollen jetzigen Umfang gleichwohl nicht. Insbesondere kann die Vervielfältigung unveröffentlichter Werke – sofern sie überhaupt von § 53 Abs. 1 UrhG erfasst ist – mangels Allgemeinzugänglichkeit der Quelle nicht auf die Informationsfreiheit gestützt werden.[1244] Ebenso wenig lassen sich angesichts der mittlerweile kostengünstig verfügbaren Vervielfältigungsgeräte jedenfalls im digitalen Kontext Vervielfältigungen durch Dritte oder Mehrfachkopien mit ihr rechtfertigen.[1245] Letztlich steht und fällt die Verfassungskonformität aber mit der Frage, ob die vom Gesetzgeber vorgesehene Regelung zur Vergütung privater Vervielfältigungen tatsächlich zu einem angemessenen Ausgleich der widerstreitenden Interessen führt, worauf sogleich noch einzugehen ist.[1246]

3. *Kunst- und Wissenschaftsfreiheit*

Wie oben schon erläutert wurde, ist für die Wissenschaftsfreiheit im Rahmen des wissenschaftlichen Erkenntnisprozesses die Wahrheitssuche konstitutiv.[1247] Bei

---

1242 BVerfGE 120, 274 (313-318) = NJW 2008, 822 (824 ff.) (Online-Durchsuchung). S.a. *Lauber-Rönsberg*, Urheberrecht und Privatgebrauch, S. 133-136; und *Stieper,* Rechtfertigung, Rechtsnatur und Disponibilität der Schranken des Urheberrechts, S. 60 f.

1243 *Stickelbrock*, GRUR 2004, 736 (742 f.), die früh die Probleme der technischen Schutzmaßnahmen erkannte; und *Schenk*, Die digitale Privatkopie, S. 46 f. A.A. und für ein Verbot *Geerlings*, GRUR 2004, 207 (209 f.).

1244 S. *Hohagen*, Die Freiheit der Vervielfältigung zum eigenen Gebrauch, S. 342 f.; *Stieper,* Rechtfertigung, Rechtsnatur und Disponibilität der Schranken des Urheberrechts, S. 62. Siehe hierzu auch in diesem Teil Kapitel 3, Abschnitt B, Punkt I.

1245 In diesem Sinne auch *Poeppel*, Die Neuordnung der urheberrechtlichen Schranken im digitalen Umfeld, S. 278-280; *Stieper a.a.O.*, S. 62.

1246 Dazu sogleich unter Kapitel 4, Abschnitt E.

1247 Siehe in diesem Teil Kapitel 1, Abschnitt B, Punkt I 3 und Punkt III 3.

dieser Wahrheitssuche ist der Zugang zu wissenschaftlicher Literatur sowie die Möglichkeit, eine Vervielfältigung zustimmungsfrei herstellen zu dürfen, um sich mit der Vorlage auseinanderzusetzen, für jeglichen Erkenntnisgewinn eine grundlegende Voraussetzung.[1248] Bei Überlegungen zur Zulässigkeit privater Vervielfältigungen, die dem reinen Werkgenuss und nicht etwa wissenschaftlichen Zwecken dienen, also rein konsumtiv sind, spielt dieses Grundrecht jedoch nicht mit hinein. Gleiches gilt für die Kunstfreiheit.[1249]

II. Vervielfältigungsfreiheit ökonomisch berechtigt

Aus ökonomischer Sicht sind zu hohe Transaktionskosten der klassische Rechtfertigungsgrund für die Schranke der Privatkopie und die Bereitstellung eines Vergütungsanspruches.[1250] Mittlerweile steht jedoch in Frage, ob diese Begründung angesichts der Verfügbarkeit technischer Schutzmaßnahmen und der Möglichkeit der Kennzeichnung digitaler Werke mit zur Rechtewahrnehmung erforderlichen Informationen noch Gültigkeit besitzt. Schließlich können diese Maßnahmen die Transaktionskosten erheblich senken.[1251] Alternativ könnte – insofern schon früher, nämlich bei der Begründung des Urheberrechts als solchem ansetzend – argumentiert werden, dass das Problem der Nicht-Exklusivität des Wirtschaftsgutes überhaupt nicht mehr existiere. Mit dem Schutz technischer Schutzmaßnahmen und den zur Rechtewahrnehmung erforderlichen Informationen könnten immaterielle Güter kontrolliert werden, ohne dass es auf die Hilfe des Staates durch Schaffung eines Ausschließlichkeitsrechts ankäme.[1252]

1248 S. *Hohagen*, Die Freiheit der Vervielfältigung zum eigenen Gebrauch, S. 293-296.

1249 Zu der Frage, inwiefern das Privatkopieprivileg die Schaffung neuer Werke begünstigen kann, s. *Senftleben,* in: *Hilty/Peukert*, Interessenausgleich im Urheberrecht, S. 159 (167-170).

1250 S. *Dreier*, in: *Dreier/Schulze*, UrhG, Vor §§ 44a ff. Rdnr. 4. S.a. *Reich,* Die ökonomische Analyse des Urheberrechts in der Informationsgesellschaft, S. 276; *Stieper,* Rechtfertigung, Rechtsnatur und Disponibilität der Schranken des Urheberrechts, S. 85 m.w.N.

1251 Dieser Aspekt wurde in der US-amerikanischen Literatur ausführlich diskutiert, s. die Übersicht und weiteren Nachweise bei *Stieper,* Rechtfertigung, Rechtsnatur und Disponibilität der Schranken des Urheberrechts, S. 91.

1252 *Peukert*, in: *Hilty/Peukert*, Interessenausgleich im Urheberrecht, S. 11 (25-45), der zu dem Ergebnis kommt, dass technische Schutzmaßnahmen nach gegenwärtiger Rechtslage selbst privaten Werkgenuss kontrollierbar werden lassen und den urheberrechtlichen Ausschließlichkeitsrechten unterwerfen. S.a. *Stieper,* Rechtfertigung, Rechtsnatur und Disponibilität der Schranken des Urheberrechts, S. 92 f. In diese Richtung gingen auch die Überlegungen des Bundesrates zum Entwurf eines Gesetzes zur Regelung des Urheberrechts in der Informationsgesellschaft, BT-Drs. 15/38, S. 37: „Wegfall der Vergütung über die Gerätepauschale, wenn dem Urheber wirksame technische Schutzmaßnahmen gegen unbefugte Nutzung zur Verfügung stehen […]."

Diese Auffassung ist jedoch abzulehnen. Zunächst mag schon bezweifelt werden, dass die Transaktionskosten angesichts der Erforderlichkeit stets aktualisierter technischer Schutzmaßnahmen und eines automatisierten Lizenzmanagements tatsächlich geringer oder gleich dem Nutzen sind, den ein Verwender aus dem Konsum zieht.[1253] Einigen Rechteinhabern mögen diese Maßnahmen angesichts der Kosten u.U. überhaupt nicht offen stehen. Ferner sind Altwerke ohne entsprechenden Schutz auf dem Markt und daher nur schwer in das System zu integrieren.

Zweitens würde eine Ersetzung des § 53 Abs. 1 UrhG durch technischen Schutz den Urheber von der Wertschöpfung ausschließen, da die Verfügungsbefugnis i.d.R. umfassend den Verwertern zustünde. Zugleich bliebe die Verhandlungsmacht eines Urhebers, bereits bei Einräumung der exklusiven Nutzungsrechte einen Ausgleich für die Einräumung der exklusiven Nutzungsrechte zu erhalten, der deren Wert tatsächlich entspricht, unverändert klein. Über §§ 53 Abs. 1, 54 Abs. 1 UrhG sind Urheber immerhin über den Vergütungsanspruch gesichert. Das Urheberrecht wäre daher bei Abschaffung der Schranke der Privatkopie zu einem erheblichen Teil seiner Anreizfunktion beraubt.[1254]

Drittens kommt hinzu, dass eine vertragliche Vereinbarung zwischen Urheber/Verwerter und Nutzer nicht zwingend die ökonomisch effizienteste Lösung darstellt. Verfügen die Vertragspartner in einem Markt nicht über die gleichen Informationen, kann es zu keiner effizienten Ressourcenallokation kommen. Dies ist bei Verträgen zwischen privaten Nutzern und kommerziellen Verwertern besonders zu befürchten, sodass von einer Preisdiskriminierung im Regelfall die kommerziellen Verwerter profitieren und eine optimale Versorgung der breiten Bevölkerung mit Kulturgütern verhindert wird.[1255]

Aus ökonomischer Sicht erscheint eine Beschränkung des ausschließlichen Vervielfältigungsrechts für private Nutzungen in Kombination mit einem Vergütungsanspruch im Gegensatz zu einem Verbot privater Kopien daher grundsätzlich noch immer als der Königsweg. Diese Schlussfolgerung aus ökonomischer

---

1253 S. *Stieper,* Rechtfertigung, Rechtsnatur und Disponibilität der Schranken des Urheberrechts, S. 93 f. Zur Frage, ob die Exklusivität digitalisierter Werke durch den Einsatz von technischen Schutzmaßnahmen überhaupt erreicht werden kann *de Grahl,* Die Durchsetzung von Urheberrechten im digitalen Zeitalter, S. 49 f.

1254 Zutreffend *Hilty*, GRUR 2005, 819 (822); *Stieper,* Rechtfertigung, Rechtsnatur und Disponibilität der Schranken des Urheberrechts, S. 93. Diese Bedeutung hat auch das Schweizer Bundesgericht gesehen, *Schweizerisches Bundesgericht*, ZUM 2009, 84 (88) (ProLitteris).

1255 S. *de Grahl,* Die Durchsetzung von Urheberrechten im digitalen Zeitalter, S. 44; *Stieper,* Rechtfertigung, Rechtsnatur und Disponibilität der Schranken des Urheberrechts, S. 94 f. Zum Marktversagen aufgrund von asymmetrischen Informationen grundlegend *Schäfer/Ott*, Lehrbuch der ökonomischen Analyse des Zivilrechts, S. 108 f.

Sicht sollte im Rahmen der teleologischen Gesetzesauslegung nicht vernachlässigt werden, schließlich war die ökonomische Effizienz ein Grund für die Einführung dieser Beschränkung des Urheberrechts.[1256] Nichtsdestotrotz ist nachfolgend zu prüfen, inwieweit die verfassungsrechtlichen und ökonomischen Erwägungen den Umfang der gegenwärtigen Schrankenbestimmung für private Kopien in Bezug auf Streamripping rechtfertigen.

B. Erste Teststufe: Beschränkung auf bestimmte Sonderfälle

Die erste Stufe des Dreistufentests verlangt, dass eine Schranke auf „bestimmte Sonderfälle" beschränkt ist.[1257] Im Hinblick auf die deutsche Regelung der Vervielfältigungen zum privaten Gebrauch erweist sie sich als unproblematisch.

„Bestimmt" ist § 53 Abs. 1 UrhG, da der Anwendungsbereich dieser Vorschrift auf den „privaten Gebrauch" und nur auf Kopien von „nicht offensichtlich rechtswidrig öffentlich zugänglich gemachten oder hergestellten Vorlagen" beschränkt und daher vorhersehbar ist und von anderen Schrankentatbeständen unterschieden werden kann.[1258]

Die Ansicht, dass es sich bei § 53 Abs. 1 UrhG außerdem um einen „Sonderfall" handelt, hat sich ebenfalls durchgesetzt.[1259] Aufgrund der quantitativ u.U. sogar hohen Einbußen – immerhin ist weder der Nutzerkreis eng abgegrenzt, noch die Anzahl von Nutzungshandlungen pro Person beschränkt – verneinte *Ricketson* das Vorliegen eines Sonderfalls in Bezug auf diese Schrankenbestimmung noch.[1260] Mittlerweile hat sich jedoch die Auffassung durchgesetzt, dass eine rein quantitative Betrachtung dem Dreistufentest nicht gerecht wird, sondern zusätzlich qualitative Überlegungen einfließen müssen, wie die Frage, ob die Schrankenbestimmung einem spezifischen Zweck dient und dieser Zweck

---

1256 Zu den Bedenken, die ökonomische Analyse als allein entscheidendes Ziel zu sehen, *Reich,* Die ökonomische Analyse des Urheberrechts in der Informationsgesellschaft, S. 218-228.

1257 Zu den Voraussetzungen der ersten Teststufe s. in diesem Teil, Kapitel 1, Abschnitt C, Punkt II 1.

1258 S.a. *Perwitz,* Die Privilegierung privater Nutzung, S. 110 f.; und *Senftleben*, CR 2003, 914 (915).

1259 Grundlegend *Senftleben*, CR 2003, 914 (915 f.). S.a. *M. Becker*, AfP 2007, 5 (10); *Dresel*, WRP 2011, 1289 (1293); *Freiwald*, Die private Vervielfältigung im digitalen Kontext am Beispiel des Filesharing, S. 113; *Hilty*, GRUR 2005, 819 (825); *Hohagen*, Die Freiheit der Vervielfältigung zum eigenen Gebrauch, S. 96-99 m.w.N.; *Lüghausen,* Die Auslegung von § 53 Abs. 1 S. 1 UrhG anhand des urheberrechtlichen Dreistufentests, S. 159 f.; *Perwitz,* Die Privilegierung privater Nutzung, S. 111-114; *Schenk*, Die digitale Privatkopie, S. 95.

1260 *Ricketson*, IPQ 1999, 56 (69). Ähnlich *Poll/Braun*, ZUM 2004, 266 (272-274).

einen wichtigen Belang darstellt.[1261] Dieser ist im Fall der Schranke der Privatkopie der Schutz der Informationsfreiheit zur Förderung von Innovation, insbesondere durch Verringerung der Herstellungskosten von Neuschöpfungen, die Gewährleistung der Teilhabe am kulturellen Leben sowie der Schutz der Privatsphäre und das Recht auf Vertraulichkeit und Integrität informationstechnischer Systeme.[1262] Als qualitativer Aspekt ist zudem der Schutz des Eigentums der Rechteinhaber zu berücksichtigen, die angesichts der potentiellen Undurchsetzbarkeit ihrer Ansprüche gegen Nutzer ohne gesetzlichen Vergütungsanspruch leer ausgehen könnten.

Die Grundregel, dass die Schranke einen bestimmten Sonderfall regeln muss, ist angesichts der speziellen Nutzerinteressen damit erfüllt. Dass in den Anwendungsbereich der Privatkopieschranke auch das Streamripping fällt, führt – jedenfalls an dieser Stelle – zu keiner anderen Bewertung.

C. Zweite Teststufe: Beeinträchtigung der normalen Werkverwertung

Auf der zweiten Teststufe ist sodann zu prüfen, ob die Freistellung von Vervielfältigungen zum privaten Gebrauch, im vorliegenden Fall im Wege des Streamripping, die normale Auswertung urheberrechtlich geschützten Materials beeinträchtigt.

Dies zu bejahen ist verführerisch, da die Argumentation, dass jede Verwertung, die nicht zu einer Vergütung des Urhebers führt, bereits dessen Verwertungsmöglichkeiten beeinträchtigt, bestechend einfach ist.[1263] Kritiker begegnen ihr daher mit einem Verweis auf die dritte Teststufe und meinen, man solle es sich nicht zu einfach machen und eine Schrankenbestimmung an der zweiten Stufe scheitern lassen, wenn doch die Interessenabwägung das entscheidende Kriterium sei.[1264] Folgte man letzterer Auffassung, ist die Gefahr freilich groß, die Bedeutung der zweiten Teststufe zu übersehen.

Eine derart unscharfe Diskussion ist jedoch völlig unnötig. Der Wortlaut des Dreistufentests selbst liefert die Antwort, wann ein Verstoß gegen die zweite

1261 Insofern kann nach oben verwiesen werden, s. in diesem Teil, Kapitel 1, Abschnitt C, Punkt II 1 b).

1262 Siehe die Erwägungen zur verfassungsrechtlichen Rechtfertigung dieser Schrankenbestimmung in diesem Teil, Kapitel 1, Abschnitt B, Punkt III und Kapitel 4, Abschnitt A, Punkt I.

1263 Die Ablehnung einer Schrankenbestimmung mit Verweis auf diese Teststufe hat daher auch im digitalen Kontext Tradition, s. *Hohagen*, Die Freiheit der Vervielfältigung zum eigenen Gebrauch, S. 107. Auch in anderen Bereichen wurde diese Argumentation immer wieder aufgegriffen, s. die Hinweise bei *Senftleben*, CR 2003, 914 (918).

1264 So etwa *Hohagen* a.a.O., S. 109.

Teststufe vorliegt, nämlich wenn die zur Diskussion stehende Verwertung die *normale Verwertung* beeinträchtigt. Es ist daher zunächst im Sinne einer Marktbetrachtung herauszuarbeiten, wie Musik normalerweise verwertet wird. Im zweiten Schritt ist zu prüfen, ob die private Kopien die normale Verwertung tatsächlich beeinträchtigen.[1265]

I. Marktbetrachtung: Die normale Verwertung von Musik

Einen Markt für die Anfertigung von Webradio-Aufnahmen zum anschließenden privaten Gebrauch gibt es ganz offensichtlich. So sind viele Nutzer nicht nur bereit, einen gewissen Preis für Aufnahmesoftware zu zahlen. Sie zahlen auch für inhaltsgleiche Kopien, die über andere Vertriebskanäle (z.B. per Download) erhältlich sind. Das Streamripping ist jedoch kein Markt, auf dem die Rechteinhaber originär tätig sind oder zukünftig tätig sein werden, da die Verwertungskette durch die Beteiligung eines Dritten durchbrochen wird, wodurch eine Distanz zwischen Nutzern und den Rechteinhabern geschaffen wird, die eine individuelle Wahrnehmung durch diese praktisch unmöglich macht – ganz ähnlich der nachgelagerten Verwertung von Tonträgern per terrestrischer Radiosendung. Die Rechteinhaber sind vielmehr in anderen Märkten aktiv.

Die Märkte der Urheber von Musik und Text, der ausübenden Künstler und der Tonträgerhersteller (wenn letztere denn nicht personenidentisch mit einer Plattenfirma sind) orientieren sich an der Nachfrage der Plattenfirmen und Verlage. Der Markt dieser Verwerter hängt wiederum von der Nachfrage der Musik kaufenden Musiknutzer ab. Die Märkte der Kreativen und Leistungsschutzberechtigten sind somit nicht identisch mit dem der Verwerter. Gleichwohl erlaubt die Verwertungskette einen Rückschluss vom letzten Markt der Plattenfirmen und Verlage auf den ersten Markt der Urheber, ausübenden Künstler und Tonträgerhersteller. Denn geht die Nachfrage der Musiknutzer zurück, wirkt sich der Umstand auch bei den Urhebern aus, die ihre Leistung nur im Wert geschmälert vermarkten können.[1266] Ein Markt ist folglich der Absatzmarkt für Tonträger und Downloads.

Darüber hinaus könnte, die Überlegungen von *Lüghausen* aufgreifend, ein weiterer Markt entscheidend sein, in Form des Marktes für Radiowerbung, denn immerhin finanzieren sich viele Radiosender auch über Werbung. So stellt *Lüghausen* in Zusammenhang mit der Frage, ob Online-Videorekorder die normale Verwertung von Fernsehsendungen betreffen, auf den Werbemarkt für Fernseh-

1265 Zu den Einzelheiten dieses Kritieriums s. in diesem Teil, Kapitel 1, Abschnitt C, Punkt II 2.

1266 Vgl. die Überlegungen bei *M. Becker*, AfP 2007, 5 (10 f.); und *Lüghausen,* Die Auslegung von § 53 Abs. 1 S. 1 UrhG anhand des urheberrechtlichen Dreistufentests, S. 166 f. zum relevanten Markt im Hinblick auf Vervielfältigungen durch Online-Videorekorder.

unternehmen ab. Nach seiner Argumentation orientiere sich der Markt der Filmurheber an der Nachfrage der Filmhersteller, deren Markt an der Nachfrage durch Sendeunternehmen, und diese seien wiederum von der Nachfrage nach Werbezeiten abhängig. Sobald diese aufgrund der sinkenden Zuschauerquote bzw. dem Spulen von Werbeblöcken fiele, seien auch die Urheber betroffen.[1267]

Diese Überlegung ist für den vorliegend diskutierten Fall „Webradio" allerdings abzulehnen. Zum einen wird Musik originär nicht für die Einbindung in ein Radioprogramm produziert, Fernsehsendungen hingegen schon. Dementsprechend ist der Werbemarkt für den Inhaber der Musikrechte nicht in dem Maße relevant wie für den Inhaber der Rechte an einer Fernsehsendung. Zum anderen ist der Werbemarkt – anders als im Bereich der Fernsehsendungen – tatsächlich nicht betroffen. Zwar entfällt jedenfalls ein Grund für das Radiohören, wenn ein Nutzer die aktuellsten Musiktitel auf seinen eigenen Geräten speichern, sich dadurch eine eigene Musiksammlung aufbauen und auf diese jederzeit und von jedem Ort z.B. mithilfe der neueren Cloud-Computing-Angebote[1268] und modernen Wiedergabegeräte zugreifen kann. Die Musik ist jedoch nicht der einzige Grund, weshalb Radio gehört wird. Weitere Gründe sind Nachrichten, regionale Informationen sowie die Auswahl und Mischung der Musiktitel.[1269] Diese Funktionen eines Radioprogramms kann die private Kopie eines Musikstück bzw. selbst einer ganzen Reihe von Titeln nicht erfüllen. Dies belegen die aktuellen Zahlen zur Radionutzung, nach denen „herkömmliches" Radio in Deutschland trotz der enormen Zunahme der medialen Angebote nach wie vor von ca. 58 Mio. Menschen täglich eingeschaltet wird.[1270] Der Mitschnitt eines oder mehrerer Titel bedeutet daher noch keinen Einbruch des Radio-Werbemarktes.

Der relevante Markt für die vorliegende Betrachtung ist demnach der Absatzmarkt für Tonträger und Downloads.[1271]

1267 *Lüghausen a.a.O.*, S. 166-172. Diesem Ansatz widersprechen allerdings *Kamps/Koops*, CR 2007, 581 (585).

1268 Zum Beispiel der „TelekomCloud" der *Telekom* oder der „iCloud" von *Apple*. S. *Telekom Deutschland GmbH,* Die TelekomCloud, http://www.telekom.de/telekomcloud; sowie *Apple, Inc.*, Was ist iCloud?, http://www.apple.com/de/icloud/features.

1269 *Klingler/Kutteroff*, Media Perspektiven 2010, 195.

1270 *Gattringer/Klingler,* Media Perspektiven 2010, 442 (442 und 454).

1271 Im Ergebnis wie hier *Hohagen*, Die Freiheit der Vervielfältigung zum eigenen Gebrauch, S. 102, der dieses Ergebnis sogar auf alle Werkverwertungen im digitalen Kontext überträgt.

II. Beeinträchtigung der normalen Verwertung durch Webradio-Aufnahmen

Zu untersuchen ist sodann, ob das Streamripping in diesen Markt eindringen und den Rechteinhabern einen derartigen ökonomischen Nachteil zufügen kann, dass die Privilegierung des Nutzers durch § 53 Abs. 1 UrhG im Lichte des Dreistufentests nicht mehr gerechtfertigt ist. Anhaltspunkte für eine solche Beeinträchtigung der normalen Verwertung sind das Bestehen der Möglichkeit der Kontrolle des durch die Schrankenbestimmung eröffneten Marktes, *hier:* des Marktes für Webradio-Aufnahmen, die absolute und/oder relative finanzielle Einbuße der Rechteinhaber sowie damit einhergehend das Konkurrenzverhältnis zwischen der privilegierten Vervielfältigung und den der normalen Verwertung unterliegenden Vervielfältigungen, *hier*: zwischen Webradio-Aufnahmen und dem Verkauf von Tonträgern und Downloads.

1. Möglichkeit der Kontrolle des Marktes

Eine Möglichkeit der Kontrolle wird in der vertraglichen Abbedingung von Schrankenbestimmungen gesehen, d.h. Rechteinhaber und Nutzer vereinbaren individualvertraglich oder in Form von AGB, dass der Nutzer von einer bestimmten Schranke keinen Gebrauch machen darf.[1272] Bei dem hier untersuchten Sachverhalt besteht aufgrund der Zwischenschaltung des Webradio-Anbieters aber schon keine vertragliche Verbindung zwischen Rechteinhaber und Nutzer. Es bedarf daher an dieser Stelle keiner weiteren Untersuchung, ob und inwieweit vertragsrechtliche Einschränkungen entscheidungsrelevant sind.

Im Zusammenhang mit Downloads wird ferner argumentiert, dass eine Beeinträchtigung vorliege, wenn der Rechteinhaber die Möglichkeit habe, diesen

1272 Der Leser sei auf die einschlägige Literatur verwiesen, wobei dieses Thema nach wie vor streitig ist. Für eine eingeschränkte Disponibilität *Gräbig*, GRUR 2012, 331 (334 f.); *Hohagen*, Die Freiheit der Vervielfältigung zum eigenen Gebrauch, S. 502-506; *Rott,* in: *Hilty/Peukert*, Interessenausgleich im Urheberrecht, S. 267 (282); und *Zech,* in: *Leible/Ohly/Zech*, Wissen – Märkte – Geistiges Eigentum, S. 187 (195 f., 198). Für vollständige Disponibilität *Spindler*, GRUR 2002, 105 (118 f.); ebenso *Lauber-Rönsberg*, Urheberrecht und Privatgebrauch, S. 211-223. Für vollständig zwingenden Charakter *LG Berlin*, GRUR-RR 2009, 329 (330) = MMR 2010, 46 m. Anm. *Gräbig* (Musikdownloadportal); *Geiger*, in: *Hilty/Peukert,* Interessenausgleich im Urheberrecht, S. 143 (154); und *Schack*, ZUM 2002, 497 (502 f.). So ist beispielsweise in Belgien die vertragliche Beschränkung von Rechten der Nutzer schlicht verboten, s. *Rott,* in: *Hilty/Peukert*, Interessenausgleich im Urheberrecht, S. 267 (270).

Markt technisch zu kontrollieren.[1273] Auf das Streamripping lässt sich dieses Argument jedoch nicht übertragen, sofern Webradio-Angebote sich nicht mit technischen Schutzmaßnahmen belegen lassen oder solche Maßnahmen keine Akzeptanz haben, obwohl die Nutzungsbedingungen der *GVL* den Einsatz von technischen Schutzmaßnahmen grundsätzlich verlangen.[1274]

Allerdings bedeutet dies nicht, dass es gar keine Möglichkeit der Kontrolle von privaten Webradio-Aufnahmen gibt. Sind in den Aufnahmevorgang Dritte involviert, nämlich die Anbieter von Aufnahmesoftware, bei denen die Anfragen der Nutzer zentral zusammenlaufen, könnte ein Zähler in die Software integriert werden, der automatisch erfasst, welche Musiktitel wie häufig vervielfältigt werden. Darauf aufbauend ließe sich die Vergütung titelgenau berechnen und sie könnte von den Nutzern über den Anbieter an den Rechteinhaber abgeführt werden. Die dem Anbieter dadurch entstehenden Kosten wären an die Nutzer seines Angebotes weiterzubelasten oder könnten durch Werbung finanziert werden, ohne dass eine individuelle, titelgenaue Lizenzierung gegenüber jedem Nutzer erforderlich wäre. Bei dieser Konstruktion würde auch nicht in die Privatsphäre des Nutzers eingegriffen, sein Recht auf informationelle Selbstbestimmung beeinträchtigt oder die Integrität seiner informationstechnischen Systeme gefährdet. Diejenigen Vervielfältigungen, die mit einer solchen Aufnahmesoftware hergestellt werden, müssten bei der Ermittlung der Vergütungshöhe für Geräte und Speichermedien selbstverständlich unberücksichtigt bleiben, um eine unzulässige Doppelvergütung zu vermeiden. Dass dies grundsätzlich möglich ist, zeigt schon die gegenwärtige Berechnungspraxis. Danach sind Vervielfältigungen von z.B. nicht geschützten Gütern oder Homevideos bei der Berechnung der Vergütungshöhe nicht zu berücksichtigen.[1275]

Grundsätzlich besteht also eine Möglichkeit der Kontrolle des Marktes für Webradio-Aufnahmen durch ein Verbot des Streamripping in Kombination mit einer Lizenzierung über den Anbieter der Aufnahmelösung. Gleichwohl wurde zuvor bereits erläutert, dass die Möglichkeit der Kontrolle nur ein Indiz für die Beeinträchtigung der normalen Verwertung, nicht aber das alleinige Kriterium sein darf.[1276] Zudem weisen *Hohagen* und *Hilty* zutreffend darauf hin, dass es nicht ausreicht, wenn nur einer der Akteure – hier der Verwerter – den fraglichen Markt (wieder) unter seine Kontrolle bringt. In der Regel sind Urheber und aus-

---

1273 So *Poll/Braun*, ZUM 2004, 266 (274-277). S. die Darstellung der Standpunkte bei *Freiwald*, Die private Vervielfältigung im digitalen Kontext, S. 176-180; und *Senftleben*, CR 2003, 914 (918).

1274 *GVL*, Betriebsvoraussetzungen Webcasting, abrufbar unter: https://www.gvl.de/gvl-internet radio-download.htm, Ziffer 6 f.

1275 Siehe dazu sogleich in diesem Kapitel 4, Abschnitt D.

1276 Siehe in diesem Teil, Kapitel 1, Abschnitt C, Punkt II 2 b).

übende Künstler hinsichtlich der Erlöserwirtschaftung weiterhin vom Verwerter abhängig.[1277] Es sind daher weitere qualitative und quantitative Faktoren zu berücksichtigen.

2. Finanzielle Einbuße der Rechteinhaber

Zahlen seitens der Industrie dahingehend, ob und in welchem Umfang Mitschnitte aus Webradio-Angeboten den Kauf eines Originals tatsächlich *verhindern*, liegen nicht vor. Allerdings zeigt die jährliche Umfrage des *Bundesverbandes Musikindustrie*, dass 5,3% der Deutschen (ca. 3,4 Mio. Personen) bereits vom Webradio aufzeichnen.[1278] 2,2 Millionen verwenden dafür spezielle Aufnahmesoftware.[1279] Gleichzeitig nehmen 11 % (ca. 7 Mio. Personen) der Deutschen Musik von Musikvideos auf, welche z.B. bei *YouTube* als Stream angeboten werden.[1280]

Zugleich zeigen die Erfahrungswerte der letzten Jahre, dass mit dem Anstieg illegaler Downloads die Umsätze erheblich sanken und damit nicht nur die Einkünfte etablierter Künstler Schaden genommen haben, sondern gleichzeitig die Aufstiegschancen von Newcomern geschrumpft sind.[1281] So sind die Umsätze der Musikindustrie von 2,4 Milliarden Euro im Jahr 2001 auf 1,5 Milliarden Euro im Jahr 2010 zurückgegangen, mit knapp 900 Millionen illegalen Musik-Downloads im Jahr 2010 im Vergleich zu 492 Millionen Tracks im Jahr 2001.[1282] In diesem Zusammenhang schätzt die TERA-Studie, dass illegale Downloads eine Ersatzrate von 10-30% entfalten, und errechnet auf dieser Basis, dass digitale Musikpiraterie der Musikindustrie im Jahr 2008, neuere Zahlen sind

1277 *Hilty*, GRUR 2005, 819 (822); *Hohagen*, Die Freiheit der Vervielfältigung zum eigenen Gebrauch, S. 109.

1278 *Bundesverband Musikindustrie*, Presseversion DCN-Studie 2011, erhältlich unter: http://www.musikindustrie.de/studien, S. 30 f.

1279 *Bundesverband Musikindustrie*, Vollversion DCN-Studie 2011, erhältlich unter: http://www.musikindustrie.de/studien, S. 36.

1280 *Bundesverband Musikindustrie*, Presseversion DCN-Studie 2011, erhältlich unter: http://www.musikindustrie.de/studien, S. 30 f.

1281 Zu den Entwicklungen seit 1999, s. *Bundesverband Musikindustrie e.V.*, Musik im digitalen Wandel, Februar 2012, http://www.musikindustrie.de/fileadmin/news/publikationen/Kompendium_Musik_im_digitalen_Wandel_FINAL.pdf, S. 5-8; sowie *Gorski*, Effizienz, Wahlfreiheit und Gleichbehandlung, S. 117-125. Es werden aber auch Zweifel an einer tatsächlichen Schädigung der Rechteinhaber geäußert, s. etwa *Hoeren*, Kurzgutachten zur BMWi-Studie, Februar 2012, http://politik.eco.de/files/2012/03/20120227-Hoeren-eco-Gutachten_final-2702.pdf (Stand: 17.6.2012), S. 9 f.

1282 *Bundesverband Musikindustrie e.V. a.a.O.*, S. 13 f. und 15. Für einen Überblick auf europäischer Ebene, s. *TERA Consultants*, Building a Digital Economy. The Importance of Saving Jobs in the EU's Creative Industries, März 2010, http://www.teraconsultants.fr/assets/publications/PDF/2010-Mars-Etude_Piratage_TERA_full_report-En.pdf, S. 21 f.

nicht verfügbar, einen Verlust von € 86 Millionen zugeführt hat.[1283] Die DCN-Studie des *Bundesverbandes Musikindustrie* lässt ebenfalls einen gewissen Zusammenhang zwischen der Nutzung von illegalen Musikquellen im Internet und der Bereitschaft, für Musik zu zahlen, erkennen. So gaben im Februar 2011 73% der Musik-Downloader, die ausschließlich illegale Quellen nutzen, überhaupt kein Geld für Musik aus, die verbleibenden 27% nur € 18/Jahr. Musik-Downloader, die ausschließlich legale Quellen nutzen, geben hingegen durchschnittlich € 57/Jahr für Musik aus.[1284]

Diese Zahlen und Entwicklungen lassen vermuten, dass auch Streamripping einen gewissen Substitutionseffekt bewirkt.[1285] Gegen diese Schlussfolgerung wendet *Dresel* zwar ein, dass sich der Musikmarkt trotz der Verfügbarkeit von Aufnahmesoftware durch einen stetigen Anstieg digitaler Verkäufe und sonstiger neuer Märkte konsolidiert, ihm ab 2013 sogar ein Wachstum prognostiziert wird.[1286] Dem schließt sich jedoch das Gegenargument an, dass sich ein Schaden nicht allein in einem geringeren Gewinn manifestiert. Das Kopieren kann auch eine zukünftige Gewinnsteigerung, etwa durch positive Entwicklungen der Verkäufe, beeinträchtigen.

1283 *TERA Consultants*, Building a Digital Economy. The Importance of Saving Jobs in the EU's Creative Industries, März 2010, http://www.teraconsultants.fr/assets/publications/PDF/2010-Mars-Etude_Piratage_TERA_full_report-En.pdf, S. 18-21 i.V.m. S. 57, und 25 f. Das Problem dieser Methode liegt freilich in der Bestimmung der Substitutionsrate, da nur hypothetische Annahmen möglich sind, s.a. *Schwartmann*, BMWi-Studie, Januar 2012, http://www.bmwi.de/BMWi/Navigation/Service/publikationen,did=474202.html, S. 66.

1284 *Bundesverband Musikindustrie*, Vollversion DCN-Studie 2011, erhältlich unter: http://www.musikindustrie.de/studien, S. 65.

1285 So auch *Schwartmann*, BMWi-Studie, Januar 2012, http://www.bmwi.de/BMWi/Navigation/Service/publikationen,did=474202.html, S. 61-73.

1286 *Dresel*, WRP 2011, 1289 (1292). Zum steigenden Umsatz im Bereich Downloads *Bundesverband Musikindustrie e. V.*, Presseversion. DCN-Studie 2011, http://www.musikindustrie.de/uploads/media/DCN-Studie_2011_Presseversion_FINAL.pdf, S. 18 f. Zur allgemeinen Wachstumsprognose *Bundesverband Musikindustrie e. V.*, GfK Musikmarktprognose. Deutscher Musikmarkt ab 2013 wieder auf Wachstumskurs, http://www.musikindustrie.de/gfk-prognose00; *Bundesverband Musikindustrie e. V.*, Trendreport 2011: Deutscher Musikmarkt stabilisiert sich, 17. Januar 2012, http://www.musikindustrie.de/aktuell_einzel/back/84/news/trendreport-2011-deutscher-musikmarkt-stabilisiert-sich/; und und *Bundesverband Musikindustrie e. V.*, Musikindustrie in Zahlen 2009, S. 16. Die Zahl illegaler Downloader und illegal herunter geladener Titel ist dabei wenig aussagekräftig. Zwar sank die Zahl illegaler Downloader von noch 4,4 Mio. Nutzern in 2005 auf 3,1 Mio. Nutzer in 2010 bzw. von 412 Mio. Titeln in 2005 auf 185 Mio. Titel in 2010. Gleichzeitig aber stieg die Zahl der illegalen Album-Downloads von 20 Mio. im Jahr 2005 auf 46 Mio. im Jahr 2010, d.h. die Intensität, mit der ein einzelner Nutzer herunterlädt hat sich erheblich gesteigert, s. *Bundesverband Musikindustrie*, Presseversion DCN-Studie 2011 a.a.O., S. 21.

Ungeachtet dessen, welches Argument man letztlich überzeugender finden mag, kann der Verweis auf die bisherigen Einbußen des Musikmarktes und die Vermutung, dass Gleiches auf Webradio-Aufnahmen zutrifft, für sich genommen aber nicht ausreichen, um darauf ein Verbot der Privatkopie zu stützen. Nicht zuletzt wird die Anfertigung von Kopien für den privaten Gebrauch in Deutschland noch immer durch einen Vergütungsanspruch kompensiert, sodass die Vergütung für Webradio-Aufnahmen nicht Null beträgt. Jedenfalls den Kern des Urheberrechts lässt die Schrankenbestimmung daher unangetastet, wenngleich die Angemessenheit der Höhe der Vergütung selbstverständlich fraglich ist.[1287] Wollen die Rechteinhaber mit ihren finanziellen Einbußen argumentieren, sollten sie in jedem Fall weitere Informationen zu deren absoluter und relativer Höhe vorlegen, etwa repräsentative Umfragen darüber, in welchem Ausmaß sich Nutzer tatsächlich für eine Webradio-Aufnahme und gegen den Kauf einer CD entscheiden und welche finanziellen Konsequenzen diese Entscheidung für den Rechteinhaber hat.

3. *Konkurrierende Werknutzung*

Allerdings ist das Potential eines Webradio-Mitschnitts, den Kauf eines Originals zu substituieren, nicht zu verkennen, und es gilt zu prüfen, ob ein Verstoß der Schranke der Privatkopie gegen die zweite Teststufe mit Verweis auf die (Gefahr der) Substitution des Primärmarktes begründet werden kann.

Das Argument, die Qualität von Webradio-Angeboten sei zu gering, als dass sie in Konkurrenz zu CDs treten könnten, kann als überholt betrachtet werden. Richtig ist zwar, dass eine Audio-CD mit ca. 1.411 kbit/s noch immer eine sehr viel höhere Übertragungsrate besitzt, als eine Aufnahme aus dem Internet mit einer gängigen Übertragungsrate von 128 kbit/s bieten kann, und die Wiedergabe von CD dementsprechend von besserer Qualität ist als die von einer Webradio-Aufnahme.[1288] Die Übertragungsraten werden jedoch zunehmend besser, sodass einige Anbieter bereits mit 192 kbit/s, oder sogar 256 kbit/s oder 320 kbit/s übertragen.[1289] Zudem komprimieren die neueren Verfahren mit weitaus geringerem Qualitätsverlust als noch der alte Standard MP3.[1290]

Darüber hinaus aber – und diese Feststellung ist noch viel wichtiger – zeigt ein Blick in den eigenen tragbaren Musik-Player schon jetzt, dass die gegenwär-

---

1287 Dazu sogleich in diesem Teil Kapitel 4, Abschnitt E, Punkt II 2.

1288 S. *Wikimedia Foundation Inc.*, Datenübertragungsrate, http://de.wikipedia.org/wiki/Daten übertragungsrate.

1289 S. z.B. die Übersicht unter http://www.liveradio.de/internetradio/top_25_streams.html?o=b.

1290 S. *Wikimedia Foundation Inc.*, Audiodatenkompression, http://de.wikipedia.org/wiki/Audio datenkompression.

tig erreichten Übertragungsraten ausreichen, um das Bedürfnis eines durchschnittlichen Musiknutzers zu befriedigen. Bei *iTunes*, beispielsweise, wurden Musiktitel anfangs in einer Qualität von 128 kbit/s, heute von 256 kbit/s, (komprimiert in AAC) zum Download angeboten. Liest man eine Original-CD ein, sind ebenfalls Kompressionen in das MP3-Format mit einer Datenrate von 128 kbit/s oder – etwas besser – 256 kbit/s üblich. Unterschiede zur Original-CD hört der durchschnittliche Musiknutzer auf seinem MP3-Player dabei entweder kaum oder nimmt sie jedenfalls in Kauf. Ansonsten wäre nicht zu erklären, dass so viele Musiknutzer Musik herunterladen und/oder ihre Original-CDs digitalisieren. Genau diese Qualität erreichen mittlerweile aber auch Webradio-Angebote und Aufnahmen davon. Dies gilt umso mehr, da viele Webradio-Angebote ohne Anmoderation, Nachrichten und Staumeldungen etc. senden, sodass Musiktitel in voller Länge und ohne Unterbrechungen aufgenommen werden können.[1291] Die technischen Limitationen beeinflussen die Qualität einer Kopie aus dem Internet angesichts der besseren Internetverbindungen und damit einhergehend höheren Übertragungsraten folglich nicht mehr in dem Ausmaß, wie vielleicht noch vor ein paar Jahren. Zum Vergleich: Früher hatte ein Modem eine Übertragungsrate von 56 kbit/s, ein ISDN-Anschluss kam auf 64 kbit/s bzw. 128 kbit/s bei Nutzung beider B-Kanäle.[1292]

Hinzu kommt, dass jedenfalls intelligente Aufnahmesoftware ein solches Level der Verfügbarkeit von Musiktiteln erreicht, wie es sonst tatsächlich nur ein Download-Shop oder ein gut sortiertes Musikgeschäft aufweist. Das früher durchaus überzeugende Argument, es wäre für den Radiohörer zu unbequem, mit dem Finger auf der Aufnahmetaste vor dem Radio sitzend auf den gewünschten Titel zu warten, sodass er auf einfacherem Wege doch das Original erwirbt, greift nicht. Innerhalb kürzester Zeit können bei einigen Anbietern ohne weiteres Zutun des Nutzers vollständige Alben gespeichert werden.

Es ist daher das Argument von *Dresel* abzulehnen, Privatkopien verhielten sich zumindest zum Teil komplementär zur Primärverwertung. Sie zieht hierfür das Beispiel heran, dass jemand eine kopierte CD verschenkt, und der Beschenkte an dieser so großen Gefallen findet, dass er weitere Alben des gleichen Künstlers erwirbt.[1293] Dies lässt sich auf den Fall des Streamripping aber nicht übertragen. Beim Streamripping sucht der Nutzer ganz gezielt nach einem bestimmten

---

1291 Im Gegensatz hierzu argumentiert *Dresel*, jedoch ohne diese Auffassung näher zu erläutern, dass Webradio-Aufnahmen qualitativ nicht überzeugten, s. *Dresel*, WRP 2011, 1289 (1292 f.).

1292 S. *Wikimedia Foundation Inc.*, Datenübertragungsrate, http://de.wikipedia.org/wiki/Datenübertragungsrate.

1293 *Dresel*, WRP 2011, 1289 (1292 f.).

Titel und nichts hält ihn davon ab, auf diesem Wege die weiteren Titel des Albums zu beziehen.

III. Zwischenergebnis

Die Untersuchung hat gezeigt, dass sich die Frage, ob durch Streamripping die normale Werkverwertung beeinträchtigt wird, nicht pauschal beantworten lässt.

Für eine Beeinträchtigung sprechen eine hohe Qualität der Webradio-Aufnahme, ein hoher Komfort bei der Bedienung der Aufnahmesoftware, z.B. durch Voreinstellung von Webradio-Programmen, sowie eine hohe Verfügbarkeit sowohl hinsichtlich der Auswahl an Musiktiteln als auch der zeitnahen Zurverfügungstellung. Erfüllt eine Aufnahmesoftware all diese Kriterien in der Form, dass eine so hergestellte Webradio-Aufnahme einem Musikkauf per Download oder als Tonträger in nichts nachsteht, tritt die Aufnahmemethode in direkte Konkurrenz zum Primärmarkt für Musik. Dies spricht gegen die Vereinbarkeit mit der zweiten Teststufe. Ein weiterer Faktor, der für einen Verstoß spricht, ist, dass die Vervielfältigung über den Anbieter der Aufnahmesoftware grundsätzlich individuell lizenziert werden könnte, d.h. kein Marktversagen auszugleichen ist. Insbesondere Webradio-Aufnahmen über vollautomatisierte Web-Anwendungen sollten vor diesem Hintergrund vom Kreis der zulässigen Privatkopien ausgeschlossen werden.[1294]

Zu unterscheiden ist hiervon das Streamripping mithilfe eines auf dem Rechner des Nutzers installierten Computerprogramms. Mit diesen Aufnahmemethoden können zwar ebenfalls Aufnahmen von hoher Qualität erzielt werden. Komfort und Verfügbarkeit sind jedoch eingeschränkter, da mehr Initiative seitens des Nutzers gefordert ist bzw. die Verfügbarkeit von der Internetverbindung des Nutzers abhängt. Viel wichtiger ist aber noch, dass die so hergestellten Vervielfältigungen weniger einfach individuell lizenzierbar und damit „normal verwert-

1294 In diesem Sinne äußerten sich auch einige der im Rahmen der Vorbereitungen des „Zweiten Korbs" befragten Interessengruppen allerdings ohne Differenzierung zwischen den verschiedenen Erscheinungsformen von Aufnahmesoftware, s. etwa *Forum der Rechteinhaber*, Stellungnahme zum Entwurf des „zweiten Korbs" zur Regelung des Urheberrechts in der Informationsgesellschaft vom 9. Juni 2006, http://www.musikindustrie.de/uploads/media/pp_gesetz_nat_stellungn_20060609_forum_korb2.pdf, S. 1 f. Ohnehin mag in diesen Fällen schon bezweifelt werden, dass es beim Anbieter der Aufnahmesoftware mit rechten Dingen zugeht, d.h. er für den Nutzer tatsächlich eine individuelle Kopie von einem zeitnah gesendeten Webradio-Programm anfertigt und nicht auf eine (unzulässig) bevorratete Kopie zurückgreift. Schließlich ist nicht anzunehmen, dass immer dann, wenn ein Nutzer einen Titel aufzeichnen möchte, alle aktuell erhältlichen Alben auf den verfügbaren Webradio-Stationen gespielt werden.

bar" sein werden.[1295] Von einer Beeinträchtigung der normalen Verwertung ist in diesem Fall daher nicht ohne weiteres auszugehen.

Aufnahmesoftware, die einen „manuellen" Mitschnitt oder den Mitschnitt von Sendeblöcken erlaubt, stellt jedenfalls keine wirkliche Alternative zum Erwerb eines Tonträgers dar und beeinträchtigt die normale Verwertung daher nicht.

D. Exkurs: Das gegenwärtige System der Vergütung privater Vervielfältigungen

Bevor nachfolgend im Detail untersucht werden kann, ob und inwieweit die gegenwärtige Formulierung des § 53 Abs. 1 UrhG im Lichte der technischen Möglichkeiten in neuerer Zeit noch einer verfassungsrechtlichen Verhältnismäßigkeitsprüfung standhält bzw. den Vorgaben der dritten Teststufe der Schranke der Privatkopie entspricht, soll das gegenwärtige Vergütungssystem für Privatkopien nach §§ 54 ff. UrhG dargestellt werden. Denn die Vergütungshöhe ist ein wichtiges, wenn nicht sogar das entscheidende, Kriterium.

Dabei ist darauf hinzuweisen, dass es gegenwärtig kein europaweit einheitliches Vergütungssystem gibt und Unterschiede hinsichtlich der vergütungspflichtigen Geräte und Tarife zu unterschiedlichen Abgaben für ein und denselben Nutzungsvorgang führen können.[1296] Der Anlauf der *Europäischen Kommission* zur weiteren Harmonisierung hat nach langwierigen Konsultationen – sie begannen im Mai 2008 – bislang nur zur Vorlage von zwei Empfehlungen geführt. Danach soll erstens vermehrt auf Lizenzen und maßgeschneiderte vertragliche Regelungen zurückgegriffen werden. Zweitens sollen die unterschiedlichen einzelstaatlichen Abgabensysteme mit dem Binnenmarkt in Einklang gebracht werden.[1297]

1295 Wie hier *Dresel*, WRP 2011, 1289 (1292).

1296 Vgl. die Übersicht über die Vergütungssysteme in insgesamt 20 europäischen Mitgliedsstaaten, welche die *Europäische Kommission* im Jahr 2008 zusammengestellt hat *Europäische Kommission*, Background Document. Fair Compensation for Acts of Private Copying, 14.2.2008, http://ec.europa.eu/internal_market/copyright/docs/levy_reform/background_en.pdf. S.a. die vergleichende Analyse der nationalen Vergütungsstrukturen für private Vervielfältigung von *Kretschmer*, Private Copying and Fair Compensation, September 2011, http://www.ipo.gov.uk/ipresearch-faircomp-full-201110.pdf, S. 28-36.

1297 *Vitorino*, Recommendations resulting from the Mediation on Private Copying and Reprography Levies, 31.1.2013, http://ec.europa.eu/internal_market/copyright/levy_reform/index_de.htm. Unter dieser Adresse finden sich auch die Informationen zum Stand der Arbeit der Kommission.

I. Voraussetzungen der Vergütungspflicht

§ 54 Abs. 1 UrhG knüpft den Vergütungsanspruch daran, dass für das jeweilige Werk zu erwarten ist, dass es, ungeachtet des verwendeten Vervielfältigungsverfahrens, nach § 53 Abs. 1-3 UrhG vervielfältigt wird.[1298] Bei Musiktiteln ist davon auszugehen, dass sie kopiert werden. Sie sind daher im Rahmen der Verteilung der von den Verwertungsgesellschaften eingenommenen Vergütungen auf die einzelnen Berechtigten zu berücksichtigen.[1299]

Maßgeblich für das Bestehen einer Vergütungspflicht in Bezug auf Geräte oder Speichermedien ist, dass sie allein oder in Verbindung mit anderen Geräten, Speichermedien oder Zubehör zur Vornahme von Vervielfältigungen zum privaten und sonstigen eigenen Gebrauch i.S.d. § 53 Abs. 1-3 UrhG benutzt werden. Geräte sind körperliche Gegenstände, mit denen eine Vervielfältigung i.S.d. Urheberrechtsgesetzes hergestellt werden kann.[1300] Speichermedien sind alle physikalischen Informations- und Datenträger mit Ausnahme von Papier oder ähnlichen Trägern.[1301] Dabei kommt es darauf an, ob die Geräte- oder Speichermedien in typischer Weise tatsächlich zur Vervielfältigung genutzt werden. Wenn nach den Umständen hingegen erwartet werden kann, dass die Geräte oder Speichermedien im Geltungsbereich des UrhG nicht zu Vervielfältigungen benutzt werden, entfällt der Vergütungsanspruch nach § 54 Abs. 2 UrhG.

So sind vergütungspflichtige Geräte im digitalen Audiobereich vor allem CD-Brenner; vergütungspflichtige Speichermedien alle physikalischen Informations- und Datenträger mit Ausnahme von Papier oder ähnlichen Trägern, d.h. insbesondere magnetische Speicher wie die Musikkassette, optische Speicher wie CD- und DVD-Rohlinge und elektronische Speicherchips wie Smartcard oder Memory Stick.[1302] Ob Computer ebenfalls vergütungspflichtige Geräte sind, etwa weil sie jedenfalls in Verbindung mit anderen Geräten bzw. Zubehör zur Vornahme von Vervielfältigungen nach § 53 Abs. 1 bis 3 UrhG benutzt werden können, ist umstritten.[1303]

1298 *Dreyer*, in: *Dreyer/Kotthoff/Meckel*, UrhR, § 54 UrhG Rdnr. 1; *Lüft*, in: *Wandtke/Bullinger*, UrhR, § 54 UrhG Rdnr. 4.

1299 Statt aller *Dreier*, in: *Dreier/Schulze*, UrhG, § 54 UrhG Rdnr. 4; und *Loewenheim*, in: *Schricker*, UrhR, § 54 UrhG Rdnr. 6.

1300 S. *Dreyer*, in: *Dreyer/Kotthoff/Meckel*, UrhR, § 54 UrhG Rdnr. 10.

1301 BT-Drs. 16/1828, S. 29.

1302 S.a. die Liste der *ZPÜ* zu den vergütungspflichtigen Produkten, *ZPÜ*, Rundschreiben zur Reform des Urheberrechtsgesetzes mit Wirkung ab 01.01.2008, https://www.gema.de/file admin/user_upload/Musiknutzer/Informationen/ZPUE_Neues_Recht_2008.pdf, S. 3.

1303 Die ganz h.M. in der Urheberrechtsliteratur spricht sich für eine Vergütungspflicht aus, s. *Dreier*, in: *Dreier/Schulze*, UrhG, § 54 UrhG Rdnrn. 6-11; *Loewenheim*, in: *Schricker*, UrhR, § 54 UrhG Rdnrn. 14 f.; *Lüft*, in: *Wandtke/Bullinger*, UrhR, § 54 UrhG Rdnrn. 10-15;

Anspruchsgegner sind gem. §§ 54 und 54b UrhG die Hersteller von Geräten und Speichermedien, sowie gewerbliche Importeure und unter bestimmten Voraussetzungen auch die Händler.[1304] Nach dem Willen des Gesetzgebers sind die Vergütungen aber im Rahmen der Preisgestaltung der Produkte auf die Endverbraucher umzulegen.[1305]

II. Anspruchsberechtigte

Nach § 54 Abs. 1 UrhG ist der Urheber des Werkes anspruchsberechtigt, wobei dieser Anspruch nach § 54 h Abs. 1 UrhG nur durch Verwertungsgesellschaften geltend gemacht werden kann. Daneben sind in entsprechender Anwendung der §§ 54 ff. UrhG die Inhaber von Leistungsschutzrechten zum Erhalt einer angemessenen Vergütung berechtigt.[1306] Sendeunternehmen i.S.d. § 87 UrhG steht nach § 87 Abs. 4 UrhG kein Vergütungsanspruch zu.[1307] Da aufgrund der unterschiedlichen Anspruchsberechtigten insbesondere bei der Verwertung von Musiktiteln mehrere Verwertungsgesellschaften zur Geltendmachung des Anspruchs berechtigt sind, haben diese sich aus unterschiedlichen rechtlichen und wirtschaftlichen Gründen zur gemeinsamen Geltendmachung in der BGB-Gesellschaft *ZPÜ (Zentralstelle für Private Überspielungsrechte)* zusammengeschlossen.[1308]

Wagener, Die Privatkopie als urheberrechtliche Schrankenregelung, S. 198-205 mit Vergleich zur alten Rechtslage. Der BGH hat dagegen zunächst entschieden, dass PCs nicht vergütungspflichtig seien, s. *BGH*, NJW-RR 2009, 274 = GRUR 2009, 53 = MMR 2009, 182 m. Anm. *Arlt* (PC). Dagegen wurde Verfassungsbeschwerde eingelegt und das BVerfG hat den Fall an den BGH zurückverwiesen, s. *BVerfG*, GRUR 2011, 225 = MMR 2011, 225 m. Anm. *Arlt* = ZUM 2011, 309 (PC). Der BGH hat anschließend dem EuGH diverse Fragen zur Vergütungspflicht von PCs zur Vorabentscheidung vorgelegt, s. *BGH*, GRUR 2011, 1012 m. Anm. *Peifer* = ZUM 2011, 724 (PC II), dort anhängig als Rechtssache C-459/11, ABlEU Nr. C 362 v. 10.12.2011, S. 12. S.a. die Zusammenfassung des Verfahrens bei *Peifer*, GRUR 2011, 1017.

1304 Vgl. aber die Empfehlung von *Vitorino* an die *Europäische Kommission*, die Verantwortlichkeit von Herstellern und Importeuren auf die Händler zu verlagern, s. *Vitorino*, Recommendations resulting from the Mediation on Private Copying and Reprography Levies, 31.1.2013, abrufbar unter: http://ec.europa.eu/internal_market/copyright/levy_reform/index_de.htm, S. 4 und 11-13, insbesondere um die mehrfache Zahlung von Lizenzen zu verhindern.

1305 Amtl. Begr. BR-Drs. 218/94, S. 17.

1306 Statt aller *Dreier*, in: *Dreier/Schulze*, UrhG, § 54 UrhG Rdnrn. 17-19; und *Lüft*, in: *Wandtke/Bullinger*, UrhR, § 54 UrhG Rdnr. 9;

1307 S. die amtl. Begründung des Zweiten Gesetzes zur Regelung des Urheberrechts in der Informationsgesellschaft, BT-Drs. 16/1828, S. 16-18. Zur Diskussion um die Europarechtswidrigkeit dieses Ausschlusses s. die Nachweise bei *Dreier*, in: *Dreier/Schulze*, UrhG, § 87 UrhG Rdnr. 24; und *v. Ungern-Sternberg*, in: *Schricker*, UrhR, § 87 UrhG Rdnr. 45.

1308 Ein Grund ist die gesetzliche Vermutung gem. § 13c Abs. 2 Satz 1 UrhWG, dass eine Verwertungsgesellschaft, wenn sie einen Vergütungsanspruch nach § 54 Abs. 1 UrhG geltend

Auf den Vergütungsanspruch gem. § 54 Abs. 1 UrhG wie auch auf andere gesetzlichen Vergütungsansprüche können Urheber und Leistungsschutzberechtigte gem. § 63a Satz 1 UrhG nicht im Voraus verzichten. Eine Übertragung eines gesetzlichen Vergütungsanspruchs ist zudem im Grundsatz nur an Verwertungsgesellschaften möglich.[1309] Diese Regelung soll sicherstellen, dass den Urhebern bzw. Leistungsschutzberechtigten die Vergütung für private Vervielfältigungen (über die Verwertungsgesellschaften) direkt zufließt und damit insbesondere für Urheber einen wichtigen Pfeiler der Maßnahmen zur Sicherung der angemessenen Beteiligung an der Verwertung ihrer Werke bietet.[1310]

Die klassischen Verwerter von Musik sind jedoch zumeist Inhaber abgeleiteter Rechte und haben damit – wenngleich systemlogisch – keinen eigenen gesetzlichen Vergütungsanspruch im Falle privater Vervielfältigungen. Dies mag dann nicht auffallen, wenn der Verwerter, wie z.B. eine Plattenfirma, gleichzeitig die Position eines Leistungsschutzberechtigten, nämlich eines Tonträgerherstellers, einnimmt und auf diesem Wege über eigene Vergütungsansprüche verfügt. Dies ist aber eben nicht immer so. Insbesondere Verleger, d.h. Verwerter von Werken der Literatur, Wissenschaft und Kunst i.S.d. Verlagsrechts, wozu die Musikverlage zählen, verfügen über kein eigenes Leistungsschutzrecht.[1311] Um sie ähnlich den

---

macht, die Rechte aller Beteiligten wahrnimmt, diese Vermutung bei mehreren mit der Wahrnehmung beauftragten Verwertungsgesellschaften gem. § 13c Abs. 2 Satz 2 UrhWG aber nur gilt, wenn diese den Anspruch gemeinsam geltend machen. Zudem beinhaltet die gemeinsame Wahrnehmung wirtschaftliche Vorteile, s. dazu *Müller*, ZUM 2007, 777 (784 f.).

1309 Zur Diskussion, ob dies bedeutet, dass gesetzliche Vergütungsansprüche grundsätzlich nicht abtretbar sind, s. *Hanewinkel*, GRUR 2007, 373 (374). Gegen eine Abtretbarkeit jedenfalls *Dreier*, in: *Dreier/Schulze*, UrhG, § 54 UrhG Rdnrn. 10, 18; und *Wandtke*, in: *Wandtke/ Bullinger*, UrhR, § 63a UrhG Rdnr. 7.

1310 S. die amtliche Begründung zum Entwurf eines Gesetzes zur Stärkung der vertraglichen Stellung von Urhebern und ausübenden Künstlern, BT-Drs. 14/6433, S. 14.

1311 Ein neues Leistungsschutzrecht für Verleger wird eingeführt, jedoch nur für Presseverleger und im Hinblick auf Online-Nutzungen. Der Beschluss des *Koalitionsausschusses* vom 4.3.2012 deutete schon darauf hin, dass Herstellern von Presseerzeugnissen ein Leistungsschutzrecht mit einer Dauer von einem Jahr für die redaktionell-technische Festlegung journalistischer Beiträge oder kleiner Teile hiervon eingeräumt werden solle, s. Stetiges Wachstum, solide Finanzen, starker Zusammenhalt. Ergebnisse des Koalitionsausschusses am 4. März 2012, http://docs.dpaq.de/353-koalitionsrundenergebnisse.pdf. Diese Bestrebungen haben nun Eingang gefunden in das Achte Gesetz zur Änderung des Urheberrechtsgesetzes v. 7.5.2013, BGBl I 2013, 1161. S.a. der Referentenentwurf für ein „Siebentes Gesetz zur Änderung des Urheberrechtsgesetzes" v. 13.6.2012, abrufbar unter: http://irights.info/userfiles/ RefE%20LSR.pdf. Er wurde für das Jahr 2012 bereits erwartet, s. BT-Drs. 17/6678, S. 2. Für eine Zusammenfassung der Diskussion zu diesem neuen Leistungsschutzrecht, s. *Ohly*, WRP 2012, 41 ff; und *Reinicke*, MMR 2011, 561 f. m.w.N. Für die grundsätzliche Notwendigkeit des Rechtsschutzes der Verwerter über Leistungsschutzrechte *Hilty*, GRUR 2005, 819 (826).

gesetzlich normierten Leistungsschutzberechtigten an den Einnahmen aus gesetzlichen Vergütungsansprüchen zu beteiligen, wurde daher in § 63a Satz 2 UrhG eine Sonderregelung für Verlage aufgenommen, wonach ein Urheber seine Rechte an einen Verlag abtreten kann, „wenn dieser sie durch eine Verwertungsgesellschaft wahrnehmen lässt, die Rechte von Verlegern und Urhebern gemeinsam wahrnimmt“. Dies setzt allerdings voraus, dass der Urheber seine Rechte zuvor nicht schon selbst der Verwertungsgesellschaft zur Wahrnehmung eingeräumt hat, da der Verlag sonst keine Nutzungsrechte erwerben kann.[1312]

In diesem Fall, der grundsätzlich eine komplette Abtretung aller Vergütungsansprüche zuzulassen scheint, stellt sich die Frage, inwiefern der Urheber in der Praxis tatsächlich noch von seinem gesetzlichen Vergütungsanspruch profitiert. Schließlich könnte ein Verleger gegenüber der Verwertungsgesellschaft auf eine hundertprozentige Ausschüttung zu seinen Gunsten bestehen.[1313] Gegen eine solchen Handlungsspielraum auf Verlegerseite sprechen jedoch unterschiedliche Aspekte. Erstens ist Ausgangspunkt für die Gewährung von Vergütungsansprüchen die Intention des Gesetzgebers, den Urheber durch eine angemessene Beteiligung an der Verwertung seiner Werke zu schützen.[1314] Vor diesem Hintergrund sind Abtretungen des Urhebers an einen Verleger als zweckgebunden zu betrachten, sodass sich gewisse Verfügungen schon aus diesem Grund verbieten. Zweitens lässt sich argumentieren, dass jegliche weiterreichende vertragliche Regelungen im Verhältnis zum Urheber an einer AGB-rechtlichen Inhaltskontrolle an § 307 Abs. 1 und 2 Nr. 1 BGB i.V.m. § 63a Satz 2 UrhG oder aber bei individualvertraglicher Vereinbarung an § 134 BGB i.V.m. § 63a Satz 2 UrhG scheitern würden. Drittens unterliegen die Verwertungsgesellschaften bei der Aufstellung ihrer Verteilungspläne gem. § 7 UrhWG einem Willkürverbot und Angemessenheitsgebot. Darüber kann bei der Verteilung nicht hinweggegangen werden.[1315] Viertens ist fraglich, ob § 63a Satz 2 UrhG nach dem EuGH-Urteil „Luksan/van der Let“ überhaupt mit europäischen Vorgaben zu vereinbaren ist. In diesem Fall hat der EuGH entschieden, dass der Anspruch auf einen durch Schrankenregelungen gewährten gerechten Ausgleich unverzichtbar sein muss.[1316]

1312 Entsprechend sind Ausschüttungen seitens der Verwertungsgesellschaft an Verlage unzulässig, s. *LG München I*, MMR 2012, 618 = ZUM-RD 2012, 410.

1313 Eingehend dazu *Flechsig/Bisle*, ZRP 2008, 115 ff. S.a. *Hanewinkel*, GRUR 2007, 373; und *Loewenheim*, in: *Schricker*, UrhR, § 63a UrhG Rdnr. 7.

1314 BT-Drs. 14/6433, S. 14. S.a. *Flechsig/Bisle* a.a.O., S. 116 f.

1315 Wobei Stimmen in der Literatur die Neufassung dieser Vorschrift als die beste Lösung erachten, s. *Loewenheim*, in: *Schricker*, UrhR, § 63a UrhG Rdnr. 7; und *Schulze*, in: *Dreier/Schulze*, UrhG, § 63a UrhG Rdnr. 15.

1316 *EuGH*, GRUR Int 2012, 341 (349, Tz. 108) – Luksan/van der Let.

Von der Vergütung für private Vervielfältigungen, die über Abgaben für Geräte und Speichermedien erzielt wird, profitieren folglich Urheber und Leistungsschutzberechtigte unmittelbar. Dies gilt selbst dann, wenn sie ihre Nutzungsrechte einem Verwerter auf exklusiver Basis eingeräumt haben. Für die wirtschaftlich oftmals schwachen Urheber ist dies von besonderer Bedeutung. Die Verwerter, die heutzutage in erster Linie die Primärverwertung der Musiktitel betreiben, sind hingegen nicht immer an diesen Einnahmen beteiligt. Musikverlage nehmen nur an einer Ausschüttung teil, wenn der Musikurheber ihnen die Verlagsrechte eingeräumt hat, und selbst dann ist ein Teil an den Urheber direkt abzuführen. Plattenfirmen sind nur dann beteiligt, wenn sie selbst Tonträgerhersteller i.S.d. § 85 Abs. 1 UrhG sind. Üblich sind mittlerweile aber sog. Bandübernahmeverträge, bei denen die Plattenfirma einen freien Musikproduzenten mit der Herstellung einer Tonaufnahme beauftragt oder eben direkt die fertige Aufnahme einkauft und sich die Tonträgerherstellerrechte abtreten lässt. Tonträgerhersteller ist in diesem Fall nicht die Plattenfirma sondern der Musikproduzent, der auf eigene Rechnung und im eigenen Namen sämtliche Verträge abschließt, die organisatorische Gesamtverantwortung trägt und am wirtschaftlichen Risiko über die Gewinnbeteiligung des Bandübernahmevertrages beteiligt ist.[1317] Eine Abtretung des gesetzlichen Vergütungsanspruchs des Tonträgerherstellers ist nach § 63a UrhG jedoch ausgeschlossen. Ein Verbotsanspruch kombiniert mit einer individualvertraglichen Lizenzierung der von der Schranke der Privatkopie freigestellten Nutzung ist für eine Plattenfirma und einen Musikverlag, dem der Vergütungsanspruch nicht abgetreten wurde, daher durchaus lukrativer als ein gesetzlicher Vergütungsanspruch.

III. Kriterien zur Bestimmung der Höhe des gesetzlichen Vergütungsanspruchs

Ausgangspunkt der Bestimmung der Vergütungshöhe ist der verfassungsrechtliche Grundsatz, dass die jeweilige Nutzung angemessen zu vergüten ist. Dementsprechend normiert § 11 Satz 2 UrhG die Verpflichtung, die Kreativen bei der Verwertung ihrer Werke angemessen zu beteiligen.[1318] Den Rahmen zur Bestimmung der Vergütungshöhe bildet § 54a UrhG, der den Verwertungsgesellschaften „Orientierung bieten und gleichzeitig den gerichtlich nachprüfbaren Rahmen abstecken“[1319]

1317 *OLG Hamburg*, GRUR 1997, 826 (827) (Erkennungsmelodie). S.a. die Darstelungen bei *Schaefer*, in: *Wandtke/Bullinger*, UrhR, § 85 UrhG Rdnr. 9; *Schulze*, in: *Dreier/Schulze*, UrhG, § 85 UrhG Rdnr. 9; *Vogel*, in: *Schricker*, UrhR, § 85 UrhG Rdnrn. 33-36.

1318 Zur Bedeutung des § 11 UrhG im Rahmen der Angemessenheitsprüfung, s. *J. Becker/Müller*, in: FS Pfennig, S. 373 (374 f.).

1319 BT-Drs. 16/1828, S. 29.

soll, jedoch keine Kriterien zur Bestimmung der absoluten Vergütungshöhe nennt, sondern lediglich Kriterien aufzählt, welche die Vergütungshöhe relativieren. Die Höhe der Vergütungssätze ist gem. § 13 Abs. 1 Satz 2 UrhWG vielmehr von den betroffenen Rechteinhabern, vertreten durch ihre Verwertungsgesellschaften (§ 54h Abs. 1 UrhG), und den Herstellern und Importeuren von Geräten und Speichermedien in gesetzlich vorgeschriebenen Verhandlungen selbst festzulegen. Dies soll über Gesamtverträge i.S.d. § 12 UrhWG oder über die Aufstellung eines Tarifs i.S.d. § 13 Abs. 1 Satz 1 UrhWG erfolgen.[1320]

Eines der relativierenden Kriterien ist das urheberrechtsrelevante Maß der tatsächlichen Nutzung des Geräts oder Speichermediums (§ 54a Abs. 1 Satz 1), welches mithilfe empirischer Untersuchungen zu ermitteln ist. Zu unterscheiden ist dabei zwischen Vervielfältigungen gem. § 53 Abs. 1 UrhG und solchen, die der Privatkopie nicht unterfallen, z.B. weil sie urheberrechtlich unzulässig oder ohnehin zulässig und schon aus diesem Grund nicht vergütungspflichtig sind.[1321] Ferner ist die Verwendung technischer Schutzmaßnahmen i.S.d. § 95a UrhG zu berücksichtigen (§ 54a Abs. 1 Satz 2), um Doppelvergütungen zu vermeiden.[1322] Entscheidend sind zudem die nutzungsrelevanten Eigenschaften der Geräte und Speichermedien, wie etwa Leistungsfähigkeit, Speicherkapazität und Mehrfach-

1320 Anschaulich zu diesen Verfahren der Festlegung der Vergütung *Müller*, in: *Kreile/Becker/Riesenhuber*, Recht und Praxis der GEMA, Kap. 7 Rdnrn. 50-59; allerdings kritisch in Bezug auf deren Erfolg *ders.*, ZUM 2007, 777 (785 f.); *J. Becker/Müller*, in: FS Pfennig, S. 373 (376 f.); und *Wagener*, Die Privatkopie als urheberrechtliche Schrankenregelung, S. 208-211. Vor der Umsetzung des „Zweiten Korbs" war die Höhe des Vergütungsanspruchs noch gesetzlich festgelegt. Eine ausführliche Untersuchung der Entwicklung des Pauschalvergütungssystems seit Einführung bietet *Schenk*, Die digitale Privatkopie.

1321 BT-Drs. 16/1828, S. 29. S.a. *BGH*, GRUR Int 2011, 955 (958 Tz. 36) = MMR 2011, 751 = CR 2011, 713 (Drucker und Plotter II); *Dreier*, in: *Dreier/Schulze*, UrhG, § 54a UrhG Rdnrn. 4 f.; *Lüft*, in: *Wandtke/Bullinger*, UrhR, § 54a UrhG Rdnr. 2; *Müller*, ZUM 2007, 777 (781 f.); *ders.*, in: *Kreile/Becker/Riesenhuber*, Recht und Praxis der GEMA, Kap. 7 Rdnrn. 28-31.

1322 So die amtliche Begründung zum diesen Punkt vor der Umsetzung des zweiten Korbes regelnden § 13 UrhWG, BT-Drs. 15/38, S. 30. In Bezug auf die InfoSoc-RL *Reinbothe*, GRUR Int 2001, 733 (739). Für ein Beispiel der Evaluierung dieses Kriteriums, s. *Schiedsstelle*, ZUM-RD 2010, 575 (580); und *Schiedsstelle*, ZUM-RD 2011, 46 (52). S.a *Dreier*, in: *Dreier/Schulze*, UrhG, § 54a UrhG Rdnr. 6; *Lüft*, in: *Wandtke/Bullinger*, UrhR, § 54a UrhG Rdnr. 3; *Müller*, ZUM 2007, 777 (782 f.); *ders.*, in: *Kreile/Becker/Riesenhuber*, Recht und Praxis der GEMA, Kap. 7 Rdnrn. 32-36. Der BGH hat allerdings die Frage aufgeworfen und dem EuGH vorgelegt, ob nur solche technischen Schutzmaßnahmen nicht zu berücksichtigen sind, die ein Anfertigen von Vervielfältigungen *tatsächlich* verhindern, s. *BGH*, GRUR Int 2011, 955 (958 f. Tz. 42) = MMR 2011, 751 = CR 2011, 713 (Drucker und Plotter II).

beschreibbarkeit (§ 54a Abs. 3 UrhG) sowie die Lebensdauer.[1323] Außerdem ist sicherzustellen, dass es z.B. bei Gerätekombinationen nicht zu einer unangemessen hohen Gesamtvergütung kommt (§ 54a Abs. 2 UrhG).[1324]

Eine Deckelung der Vergütungshöhe sieht der Gesetzgeber, anders als noch im Regierungsentwurf vorgeschlagen, nicht vor.[1325] Um eine unzumutbare Beeinträchtigung der Hersteller von Geräten oder Speichermedien dadurch auszuschließen, dass der Inlandsabsatz der Geräte und Speichermedien durch die u.U. fehlenden urheberrechtlichen Vergütungen und damit preisgünstigeren Geräte bzw. Speichermedien in Nachbarstaaten beeinträchtigt wird, hat der Gesetzgeber die Vergütungshöhe aber an das Preisniveau der Produkte gekoppelt, indem er bestimmt, dass die Vergütung „in einem wirtschaftlich angemessenen Verhältnis zum Preisniveau des Geräts oder des Speichermediums stehen" muss (§ 54a Abs. 4 UrhG).[1326]

Das Gesetz räumt den Parteien somit einen grundsätzlich weiten Gestaltungsspielraum bei der Bestimmung der Vergütungshöhe ein. Auch vom BVerfG ist vorerst nichts anderes zu erwarten, hat es dem Gesetzgeber, der bis Ende 2007 für die Festlegung der Vergütungshöhe zuständig war, doch ebenfalls viel Freiraum zugebilligt.[1327]

Allerdings ist fraglich, ob die genannten Kriterien verfassungsgemäß und angesichts der neueren Entwicklungen europarechtskonform sind. Insbesondere die Kopplung an den Kaufpreis des Gerätes oder Speichermediums kann ein Problem darstellen, wenngleich dies grundsätzlich nachvollziehbar ist, wenn man davon ausgeht, dass sich die Leistungsfähigkeit des Gerätes oder Speichermediums im Kaufpreis widerspiegelt.[1328] Bedenklich ist diesbezüglich, dass es bei einem Preisverfall des Produktes zu einem erheblichen Absinken der Vergütungshöhe kommen kann.[1329] Darüber hinaus wird bei diesem Vorgehen eine Kappung an

---

1323 S. *Dreier*, in: *Dreier/Schulze*, UrhG, § 54a UrhG Rdnr. 9; *Lüft*, in: *Wandtke/Bullinger*, UrhR, § 54a UrhG Rdnr. 4. Kritisch zum Kriterium der Leistungsfähigkeit *Schenk*, Die digitale Privatkopie, S. 172 f.

1324 S. *Dreier*, in: *Dreier/Schulze*, UrhG, § 54a UrhG Rdnr. 8; *Lüft*, in: *Wandtke/Bullinger*, UrhR, § 54a UrhG Rdnr. 4.

1325 S. BT-Drs. 16/1828, S. 30 und BT-Drs. 16/5939, S. 3 und 9.

1326 S.a. *Müller*, in: *Kreile/Becker/Riesenhuber*, Recht und Praxis der GEMA, Kap. 7 Rdnr. 40-45.

1327 S. BVerfGE 31, 229 (243) = NJW 1971, 2163 (Kirchen- und Schulgebrauch); BVerfGE 31, 270 (274) = NJW 1971, 2169 (Schulfunksendungen); BVerfGE 79, 29 (44) = NJW 1992, 1307 (Justizvollzugsanstalten); *BVerfG*, NJW 1997, 247 = GRUR 1997, 123 (Kopierladen I). Dieser Ansicht sind auch *Grzeszick*, ZUM 2007, 344 (350); *Lauber-Rönsberg*, Urheberrecht und Privatgebrauch, S. 112-115.

1328 *Wagener*, Die Privatkopie als urheberrechtliche Schrankenregelung, S. 207.

1329 *Dreier*, in: *Dreier/Schulze*, UrhG, § 54a UrhG Rdnrn. 10 f.; *Lüft*, in: *Wandtke/Bullinger*, UrhR, § 54a UrhG Rdnr. 5; und *Müller*, ZUM 2007, 777 (783 f. und 789 f.).

einem Punkt vorgenommen, an dem die Belastung unzumutbar wird, selbst wenn dieser Punkt unterhalb der angemessenen Vergütung liegt.[1330] Die Zulässigkeit dieser Kriterien ist daher nachfolgend zu überprüfen.[1331]

IV. Bestimmung der Vergütung für Privatkopien

Wie zuvor schon erläutert wurde, haben die neuen Gesetzesbestimmungen eine Anpassung der Tarifstruktur erforderlich gemacht. Dementsprechend sind die Tarife neu festzusetzen bzw. sind, sofern Gesamtverträge bestanden, diese zwischen der *ZPÜ* und den Herstellern bzw. Importeuren von Geräten und Speichermedien neu auszuhandeln, da die alten Gesamtverträge mit der Übergangsfrist zum 1.1.2010 endeten.[1332]

Dabei werden die Verhandlungen im Falle von Einigungsschwierigkeiten an die Schiedsstelle beim Deutschen Patent- und Markenamt verwiesen, damit diese einen Einigungsvorschlag formuliert. Die Diskussionen vor der Schiedsstelle und deren Begründungen zur Vergütungshöhe sind daher äußerst interessant, da sie Aufschluss über die Aspekte geben, die bei der Ermittlung der Vergütungshöhe zum Tragen kommen. Im Folgenden werden diese Aspekte anhand der Verhandlungen zwischen den Rechteinhabern einerseits und den Herstellern der Speichermedien CD und DVD sowie den Herstellern von Bild(ton)- und Tonaufzeichnungsgeräten andererseits aufgezeigt, wobei die Schiedsstelle ihren Einigungsvorschlag in beiden Verfahren auf fast identische Kriterien gestützt hat.[1333] Ein weiteres Verfahren zur Vergütungshöhe von PCs wird zwischen der *ZPÜ* und *BITKOM*, einem Interessenverband der Herstellerindustrie, betrieben.[1334]

Grundlage für die Berechnungen der Schiedsstelle bilden empirische Untersuchungen, wie im Fall der Geräte und Speichermedien solche der *GfK Panel Services Deutschland* und der *TNS Infratest GmbH*.

1330 Dies betont auch die *Schiedsstelle*, ZUM-RD 2011, 46 (57).

1331 Dazu sogleich in diesem Teil Kapitel 4, Abschnitt E, Punkt II 2.

1332 Die vorherige Verhandlung eines Gesamtvertrages ist gem. § 13a Abs. 1 Satz 2 UrhWG sogar zwingende Voraussetzung für die Aufstellung eines Tarifes durch eine Verwertungsgesellschaft.

1333 S. die Verfahren *Schiedsstelle*, ZUM-RD 2010, 575; und *Schiedsstelle*, ZUM-RD 2011, 46. Vgl. auch *Schiedsstelle*, ZUM 2010, 916-926 zur Bestimmung des Lizenzsatzes bei On-Demand-Diensten.

1334 Sch-Urh 37/08. Der *ZPÜ* wurde zunächst im Wege einer einstweiligen Verfügung untersagt, vor Abschluss der Verhandlungen einen Tarif aufzustellen, s. *OLG München*, GRUR-RR 2010, 187. S.a. die Zusammenfassung der Verhandlungen bei *J. Becker/Müller*, in: FS Pfennig, S. 373 (376 f.); und *Verweyen*, GRUR 2012, 875 (876 f.). Mit einem Abschluss des Verfahrens ist erst nach Stellungnahme des EuGH zur Vergütungspflicht von PCs rechnen, s. die Nachweise in Fn. 1303.

Im Hinblick auf die Vergütung für Geräte arbeitet die Schiedsstelle als erstes das Verhältnis der Nutzung der Vervielfältigungsfunktion gegenüber der Nutzung der sonstigen Funktionen der vergütungspflichtigen Geräte heraus.[1335] Als nächstes – ein für Geräte und Speichermedien gleichsam geltendes Kriterium – wird der prozentuale Anteil herangezogen, zu dem die mit den einzelnen Geräten bzw. Speichermedien vorgenommenen Vervielfältigungen urheberrechtlich relevant sind.[1336] Entscheidungserheblich ist für die Schiedsstelle die Anzahl der Brenn- oder Aufnahmevorgänge, nicht etwa die Speichergröße oder die Anzahl der kopierten Titel. Vervielfältigungen privater Inhalte (wie z.B. Homevideos), Vervielfältigungen von mit technischen Schutzmaßnahmen geschützten Werken und die erste Kopie bei kostenpflichtigen Downloads bleiben unberücksichtigt.[1337] Als Bezugsgröße der so ermittelten Prozentsätze nennt die Schiedsstelle den durchschnittlichen Endverkaufspreis, bereinigt um Umsatzsteuer und die nach §§ 54 ff. UrhG alte Fassung gezahlten Abgaben.[1338]

Besonders hervorzuheben ist, dass die Schiedsstelle sodann aufgrund von § 54a Abs. 4 UrhG eine Kappung der Vergütung vornimmt. Aufgrund der Preisstruktur in Nachbarstaaten Deutschlands sei die grundsätzlich nach den zuvor dargelegten Kriterien berechnete Vergütung zu hoch. Bei Geräten setzt sie die Kappungsgrenze bei 13,5% und bei Speichermedien bei 18% an.[1339]

Nach Vorschlag der Schiedsstelle berechnet sich die Vergütung einer CD-R 650 somit wie folgt:

> EUR 0,23 (durchschnittlicher Endverkaufspreis) – EUR 0,0161 (7% USt) – EUR 0,0288 (alte Urheberrechtsabgabe) = EUR 0,1851 (Bezugsgröße). Urheberrechtlich relevante Nutzung in Höhe von 52,29%, wobei jedoch eine Kappung bei 16% vorgenommen wird. EUR 0,1851 (Bezugsgröße) * 0,16 (Kappungsgrenze) = EUR 0,0296 (Vergütung).[1340]

Ein MP3-Player ohne Videofunktion wird wiederum mit folgender Vergütung belastet:

> EUR 33,17 (durchschnittlicher Endverkaufspreis) – EUR 5,30 (19% USt) – EUR 2,56 (alte Urheberrechtsabgabe) = EUR 25,13 (Bezugsgröße). Urheberrechtlich relevante Nutzung zwischen 93,9% und 95,8% aller mit diesem Gerät vorgenommenen Vervielfältigungen,

---

1335 *Schiedsstelle*, ZUM-RD 2011, 46 (50 f.).

1336 Die Feststellung der Internet-Enquete, dass die Pauschalabgaben additiv zu den individuellen Lizenzen und kostenpflichtigen Angeboten hinzukämen und die Verbraucher daher doppelt zahlten, ist daher falsch, s. aber Dritter Zwischenbericht der Enquete-Kommission „Internet und digitale Gesellschaft“, BT-Drs. 17/7899, S. 46.

1337 *Schiedsstelle*, ZUM-RD 2010, 575 (579-583); und *Schiedsstelle*, ZUM-RD 2011, 46 (51-55).

1338 *Schiedsstelle*, ZUM-RD 2010, 575 (583-585); und *Schiedsstelle*, ZUM-RD 2011, 46 (55 f.).

1339 *Schiedsstelle*, ZUM-RD 2010, 575 (585 f.); und *Schiedsstelle*, ZUM-RD 2011, 46 (56-58).

1340 Vgl. auch die Berechnungen der *Schiedsstelle* zu weiteren Speichermedien: *Schiedsstelle*, ZUM-RD 2010, 575 (586 f.).

wobei jedoch eine Kappung bei 13,5% vorgenommen wird. Zudem wird das Gerät nicht zu 100% für Vervielfältigungen benutzt, vielmehr beträgt die Nutzung der Vervielfältigungsfunktion 47,8%. EUR 25,13 (Bezugsgröße) * 0,135 (Kappungsgrenze) * 0,478 (Nutzung der Vervielfältigungsfunktion) = EUR 1,622 (Vergütung).[1341]

Ist ein Hersteller/Importeur nicht Mitglied eines Gesamtvertrages, greifen wiederum die Tarife, welche die *ZPÜ* aufgestellt hat. Im Audiobereich sind dies insbesondere:

- Tarif für MP3- und MP4-Player, gültig ab 1.1.2010[1342]
- Tarif für PCs und Brenner, gültig ab 1.1.2008[1343]
- Tarif für Festplatten, gültig ab 1.1.2008[1344]
- Tarif für Rohlinge, gültig ab 1.1.2010[1345]
- Tarif für USB-Sticks und Speicherkarten[1346]

Im Vergleich zu den Gesamtverträgen liegt die Vergütung nach Tarif also bedeutend höher. So sind etwa für einen Rohling CD-R EUR 0,072 (anstelle von EUR 0,0296) und für einen MP3 Player EUR 5,00 (anstelle von EUR 1,622) zu entrichten.

Ob die vorgesehene Vergütung „angemessen" ist, ist angesichts der Kappungsgrenze und der doch erheblichen Differenzen im Rahmen der Interessenabwägung auf der nächsten Teststufe durchaus kritisch zu hinterfragen.

1341 S.a. die Berechnungen der Schiedsstelle zu weiteren Gerätetypen: *Schiedsstelle*, ZUM-RD 2011, 46 (58 f.).

1342 *ZPÜ,* Tarif über die Vergütung nach den §§ 54, 54a UrhG (Vergütung für private Vervielfältigung) für MP3-Player, abrufbar unter: https://www.gema.de/fileadmin/user_upload/Musiknutzer/Tarife/Tarife_sonstige/Tarif_MP3-_und__MP4-Player_ab_2010.pdf.

1343 *ZPÜ/VG Wort/VG Bild-Kunst*, Gemeinsamer Tarif über die Vergütung nach den §§ 54, 54a UrhG (Vergütung für private Vervielfältigung) für PCs und zum Einbau bestimmte Brenner, abrufbar unter: https://www.gema.de/fileadmin/user_upload/Musiknutzer/Tarife/Tarife_sonstige/Tarif_PCs_und_zum_Einbau_bestimmte_Brenner.pdf.

1344 *ZPÜ/VG Wort/VG Bild-Kunst*, Gemeinsamer Tarif über die Vergütung nach den §§ 54, 54a UrhG (Vergütung für private Vervielfältigung) für Multimedia – Festplatten, Netzwerkfestplatten, Externe Festplatten, abrufbar unter: https://www.zpue.de/fileadmin/user_upload/pdf/tarif_festplatten_ab_2008.pdf.

1345 *ZPÜ/VG Wort/VG Bild-Kunst*, Gemeinsamer Tarif über die Vergütung nach den §§ 54, 54a UrhG (Vergütung für private Vervielfältigung) für Speichermedien der Typen CD-R etc., abrufbar unter: https://www.gema.de/fileadmin/user_upload/Musiknutzer/Tarife/Tarife_sonstige/Tarif_Rohlinge.pdf.

1346 *ZPÜ*, Tarif USB-Sticks, Speicherkarten, eBAnz v. 16.5.2012. Dieser Tarif ersetzt den Tarif „USB-Sticks und Speicherkarten", BAnz v. 27.4.2010, mit Wirkung ab dem 1.7.2012.

E. Dritte Teststufe: Der Interessenausgleich

Auf der dritten Teststufe des urheberrechtlichen Dreistufentests ist eine Schrankenbestimmung im Lichte des Erreichens eines sachgerechten Interessenausgleiches zu beurteilen. Unzulässig ist eine Schrankenbestimmung, wenn sie *berechtigte* Interessen in *unzumutbarer* Weise beeinträchtigt. In einer Gesamtschau sind dabei vier Elemente zu berücksichtigen: die Notwendigkeit berechtigter Interessen auf Seiten der Rechteinhaber, d.h. Interessen, die von Grundsätzen oder sozialen Normen geschützt sind; Interessen Dritter aus Menschen- und Grundrechten sowie kulturelle und soziale Aspekte; die Zulässigkeit lediglich gewöhnlicher Verletzungen; sowie die abmildernde Wirkung angemessener Vergütungszahlungen.[1347]

I. Vorliegen berechtigter Interessen der Rechteinhaber und deren Beeinträchtigung

Die Freistellung von Vervielfältigungshandlungen hat für Urheber und Leistungsschutzberechtigte sowie für Verwerter zweifelsohne einiges an Gewicht, da sie einen Eingriff in das Ausschließlichkeitsrecht bzw. ausschließliche Nutzungsrecht und damit das Eigentum bedeutet. Sofern ihre Interessen denn im Rahmen dieser Stufe des Dreistufentests zu berücksichtigen sind, ist daher vom Vorliegen berechtigter, wirtschaftlicher Interessen dieser Personen auszugehen.[1348]

Allein eine *Beschränkung* vorliegender, berechtigter Interessen muss freilich nicht zwingend deren *Beeinträchtigung* bedeuten. Wie zuvor erläutert, profitieren Urheber von einem ihr Eigentum beschränkenden Vergütungsanspruch u.U. mehr denn von einem Ausschließlichkeitsrecht. Dies gilt umso mehr, wenn das Ausschließlichkeitsrecht schon nicht durchsetzbar ist. Geht man zudem davon aus, dass Urheber sich nicht nur durch monetäre Anreize entlohnt fühlen, kann die Beschränkung des Ausschließlichkeitsrechts zu einer weiteren, weil einfacheren, Verbreitung ihrer Werke und somit Befriedigung ideeller Interessen führen.[1349] Darüber hinaus aber garantiert ihnen ein Vergütungsanspruch die Teilhabe an weiteren Einnahmen, welche sie im Wege individualvertraglicher Verhandlungen mit den Verwertern vielleicht nicht erzielen können.[1350]

1347 Zu den Voraussetzungen der dritten Teststufe, s. in diesem Teil, Kapitel 1, Abschnitt C, Punkt II 3.

1348 *Senftleben*, CR 2003, 914 (919).

1349 Diese Argumentation galt schon 1965 als es um die private Vervielfältigung an sich ging, s. BT-Drs. IV/270, S. 71. In diesem Sinne auch *Bergmann*, in: FS Ullmann, S. 23 (28). Dies übersehen *Ricketson*, IPQ 1999, 56 (70); und *Poll/Braun*, ZUM 2004, 266 (277), wenn sie eine Beeinträchtigung allein durch Beschränkung eines Ausschließlichkeitsrechts annehmen.

1350 Dazu eingehend *Hilty*, GRUR 2005, 819 (822 und 826).

Verwerter hingegen profitieren von der Vergütung für private Kopien nicht. Folglich ist die Durchsetzung des Ausschließlichkeitsrechts für sie grundsätzlich lukrativer. Die unmittelbare Relevanz der Interessen der Verwerter als Inhaber abgeleiteter Rechte wird nach der hier vertretenen Auffassung zwar verneint. Sie sind jedoch insofern zu berücksichtigen, als mittelbar auch die originären Rechteinhaber betroffen sind, wenn die Bereitschaft der Verwerter, sie durch finanzielle Unterstützung als Künstler aufzubauen und die Werke bekannt zu machen, verständlicherweise sinkt, wenn die Verwerter diese Einnahmequelle verlieren.[1351]

Die Annahme einer solchen Kausalität setzt freilich voraus, dass der wirtschaftliche Wert des Ausschließlichkeitsrechts für den Verwerter überhaupt realisierbar ist. Im Falle von manuell zu bedienender Aufnahmesoftware ist dies mangels Lizenzierbarkeit aber gerade nicht der Fall. Schon aus diesem Grund lässt sich in Bezug auf diese Aufnahmemethode die Ansicht vertreten, dass von einer Beeinträchtigung berechtigter Interessen durch den reinen Entzug der Lizenzierungsmöglichkeit nicht auszugehen ist.

In Bezug auf Web-Anwendungen zeigt sich ein anderes Bild. Der Primärmarkt wird durch diese Form des Streamripping praktisch substituiert.[1352] Gleichzeitig erscheint eine Lizenzierung der Webradio-Aufnahme ohne Eingriff in das allgemeine Persönlichkeitsrecht des Nutzers durchaus möglich. Sofern man darin nicht schon eine Beeinträchtigung der Interessen der Urheber sieht, etwa weil sich diese auf den Vergütungsanspruch i.S.d. § 54 Abs. 1 UrhG berufen können, so führen beide Faktoren jedenfalls in Kombination doch zu einer erheblichen Beeinträchtigung der Interessen der Verwerter, die sich auch auf den Markt der Leistungen der Urheber auswirkt.[1353] Bei intelligenter Aufnahmesoftware, die als Computerprogramm auf dem Rechner des Nutzers installiert ist, wird man ebenfalls eine Beeinträchtigung bejahen können.

In Bezug auf die Interessen der ausübenden Künstler gilt das Gesagte gleichermaßen. Im Hinblick auf Tonträgerhersteller wird das Vorliegen einer Beeinträchtigung ihrer berechtigten Interessen davon abhängen, welche Position sie einnehmen. Ist der Tonträgerhersteller „nur“ Tonträgerhersteller, hat er wie ein Urheber u.U. mehr von einem Vergütungsanspruch. Nimmt er hingegen die Position einer Plattenfirma ein, wird ihm ein Verbotsrecht mehr nützen.

1351 Siehe dazu in diesem Teil, Kapitel 1, Abschnitt C, Punkt II 3 a) aa).

1352 Siehe in diesem Teil Kapitel 4, Abschnitt C, Punkt II 3.

1353 Siehe zur Bestimmung des relevanten Marktes in diesem Teil Kapitel 4, Abschnitt C, Punkt I.

II. Zumutbarkeit der Beeinträchtigung

Die Feststellung der Beeinträchtigung berechtigter Interessen reicht jedoch noch nicht aus, um in der gegenwärtigen Formulierung der Schranke der Privatkopie einen Verstoß gegen die dritte Teststufe anzunehmen. Die Beeinträchtigung muss vielmehr unzumutbar sein. So spricht ein Vergütungsanspruch dafür, dass die berechtigten Interessen der Rechteinhaber jedenfalls nicht leichthin beeinträchtigt werden.[1354] Von einer grundsätzlichen Zulässigkeit der Schranke bei Vorliegen eines Vergütungsanspruchs kann dennoch nicht ausgegangen werden. Es ist eine Interessenabwägung durchzuführen.

1. Entgegenstehende Interessen Dritter

Die Gründe für die Vornahme privater Vervielfältigungen sind durchaus unterschiedlich und können nicht mit dem einfachen Hinweis, dass sie doch letztlich alle Privatkopien hervorbrächten, über einen Kamm geschoren werden. So können für die Begründung der Privatkopie das Argument des Schutzes der Informationsfreiheit durch Zugang zu Informationen und schließlich Teilhabe am kulturellen Leben, zu hohe Transaktionskosten oder die Wissenschafts- und Kunstfreiheit genannt werden.[1355] Die Bedeutung dieser Argumente muss jedoch im Einzelfall überprüft werden, insbesondere wenn es sich wie im vorliegenden Fall des Streamripping um einen rein konsumtiven bzw. rezeptiven Werkgenuss handelt.

Wie bereits an anderer Stelle herausgearbeitet wurde, wird selbst der konsumtive Werkgenuss von der Informationsfreiheit geschützt.[1356] Dieses Grundrecht vermag jedoch nicht einen möglichst einfachen, schnellen und kostengünstigen Zugang zu Musik und deren anschließende Nutzung zu rechtfertigen. Immerhin gibt es Musik mittlerweile über unterschiedlichste legale Wege und in den unterschiedlichsten Angebotsformen. Wollte man den grenzenlosen konsumtiven Gebrauch mithilfe der Privatkopie schützen, schösse dies erheblich über die ursprüngliche Zielsetzung der Schranke der Privatkopie hinaus.

Als einziges wesentliches Argument, welches im Falle des konsumtiven Werkgenusses noch Geltung beanspruchen kann, bleibt daher der Hinweis auf den Schutz der Privatsphäre bzw. der Vertraulichkeit und Integrität informations-

---

1354 *Ricketson*, IPQ 1999, 56 (70). Ebenso *Dreier*, in: *Dreier/Schulze*, UrhG, Vorb. §§ 44a ff. UrhG Rdnrn. 10f.; *Hilty*, GRUR 2005, 819 (825 m.w.N.); *Senftleben*, CR 2003, 914 (919); *ders.*, in: *Hilty/Peukert*, Interessenausgleich im Urheberrecht, S. 159 (175).

1355 Insofern kann nach oben auf die Untersuchung der ersten Teststufe verwiesen werden, s. in diesem Kapitel 4, Abschnitt B.

1356 Siehe in diesem Teil Kapitel 4, Abschnitt A, Punkt I 1.

technischer Systeme.[1357] Aber auch dessen Geltungsbereich ist eingeschränkt auf Streamripping mittels beim Nutzer installierter Aufnahmesoftware. Sobald Aufnahmesoftware technisch so gestaltet werden kann, dass die Interessen der Nutzer bei der Erfassung der Nutzung unangetastet bleiben, sind keine berechtigten Interessen seitens der Nutzer oder der Allgemeinheit ersichtlich, die einem Herauslösen von auf diese Weise gefertigten Aufnahmen aus dem Anwendungsbereich der Privatkopie entgegenstehen.

2. Reduzierung der Beeinträchtigung durch eine angemessene Vergütung

Sofern und soweit festgestellt wird, dass den berechtigten Interessen der Rechteinhaber grundsätzlich berechtigte Interessen der Allgemeinheit entgegenstehen, ist zu prüfen, ob die Beeinträchtigung durch eine entsprechende Vergütung auf ein zumutbares Maß reduziert wird.[1358] Schließlich lautet die europäische Vorgabe, dass eine Schranke für Privatkopien nur unter der Bedingung gewährt werden darf, „dass die Rechteinhaber einen gerechten Ausgleich erhalten“[1359].

Spiegelbildlich nimmt das BVerfG Verstöße gegen Art. 14 GG dann an, wenn der Vergütungsanspruch des Urhebers tatsächlich aufgehoben werden soll. Denn eine Aufhebung muss nach Ansicht der Richter durch ein gesteigertes öffentliches Interesse gerechtfertigt sein.[1360] Eine Aufhebung wurde bislang allerdings nur im eher exotisch anmutenden Fall der Durchführung von Veranstaltungen der Gefangenenbetreuung bestätigt, bzw. abstrakt betrachtet, wenn die Schranke der öffentlichen Aufgabenerfüllung dient.[1361] Erfolgt eine Schrankenauslegung

1357 Wie hier *Poll/Braun*, ZUM 2004, 266 (277 f.); *Senftleben,* in: *Hilty/Peukert*, Interessenausgleich im Urheberrecht, S. 159 (169); und *Ullrich,* GRUR Int 2009, 283 (287). Mit der gleichen Argumentation gegen ein Recht auf Privatkopie *de lege ferenda, A. Nordemann,* in: FS Loewenheim, S. 205 (210 f.).

1358 S. *Senftleben*, CR 2003, 914 (919); *ders.,* in: *Hilty/Peukert*, Interessenausgleich im Urheberrecht, S. 159 (184).

1359 Art. 5 Abs. 2 lit. b) InfoSoc-RL.

1360 BVerfGE 31, 229 (243) = NJW 1971, 2163 (Kirchen- und Schulgebrauch); BVerfGE 49, 382 (392-398) = NJW 1979, 2029 (Kirchenmusik). S.a. *BVerfG*, GRUR 2011, 223 (225, Tz. 24) (Drucker und Plotter).

1361 BVerfGE 79, 29 = GRUR 1989, 193 (Vollzugsanstalten). Im Fall „Schulfunksendungen“ bejahte das Gericht ebenfalls den Wegfall des Vergütungsanspruchs, begründete dies aber nicht mit einem gesteigerten öffentlichen Interesse, sondern stellte auf das behauptete Faktum ab, dass es sich hier „nicht um eine zusätzliche Verwertung des Werkes“ handele, s. BVerfGE 31, 270 (274) = NJW 1971, 2169 (Schulfunksendungen). Kritisch zu beiden Urteilen *Melichar*, in: *Schricker*, UrhR, Vor §§ 44a ff. Rdnr. 11. S.a. die kritische Analyse bei *Reschke*, Verfassungs- und dreistufentestkonforme Auslegung, 63-69.

hingegen im Lichte des technischen Wandels, scheinen die Richter dazu geneigt, grundsätzlich eine Vergütungspflicht anzunehmen.[1362]

Für die weitere Untersuchung ist daher zunächst herauszuarbeiten, was die Vorgabe der Schaffung eines gerechten Ausgleichs bedeutet, um dann die Vergütung, die nach dem deutschen Vergütungssystem gewährt wird, daran zu messen.

a) Begriff des „gerechten Ausgleichs“

In § 53 Abs. 1 UrhG ist von einer Verpflichtung zur Gewährung eines gerechten Ausgleichs bzw. einer etwaigen Vergütung selbst keine Rede. Diese findet sich erst in § 54 UrhG, der vorsieht, dass Urheber sowie analog Leistungsschutzberechtigte für die zustimmungsfreie Nutzung ihrer Werke einen Anspruch auf Zahlung einer *angemessenen Vergütung* haben.[1363] Eine Definition dessen, was angemessen ist, gibt das Gesetz jedoch nicht.[1364]

aa) Vorschläge in der deutschen Literatur

In der deutschen Literatur wird die Einführung einer „Referenzvergütung“[1365] vorgeschlagen.[1366] Selbstverständlich muss aber auch deren Höhe zunächst bestimmt werden.[1367]

Müller verweist auf § 13 Abs. 3 UrhWG, der den geldwerten Vorteil, der durch die Privatkopie erzielt wird, als Größe nennt.[1368] *Schulze* verweist auf den Richtwert von 10% der durch die Verwertung erzielten Bruttoeinnahmen, der allerdings keine starre Größe darstellen soll.[1369] Ferner wird überlegt, im Lichte des Grundsatzes der Einheit der Rechtsordnung auf § 32 Abs. 2 Satz 2 UrhG abzustellen, wonach eine Vergütung angemessen ist, „wenn sie im Zeitpunkt des

---

1362 BGHZ 17, 266 (288 f.) = GRUR 1955, 492 (Grundig-Reporter). S.a. die Darstellung der Rechtsprechung von BGH und BVerfG zur Auslegung von Schrankenbestimmungen bei *Reschke*, Verfassungs- und dreistufentestkonforme Auslegung, S. 47-63.

1363 Statt aller *Loewenheim*, in: *Schricker*, UrhR, § 54 UrhG Rdnr. 24.

1364 Daher ebenfalls kritisch *Loewenheim*, in: *Schricker*, UrhR, § 54a UrhG Rdnr. 4. S. die Erläuterungen zur Ermittlung der Vergütungshöhe in diesem Kapitel in Abschnitt D.

1365 *Müller*, in: *Kreile/Becker/Riesenhuber*, Recht und Praxis der GEMA, Kap. 7 Rdnr. 23.

1366 *Dreier*, in: *Dreier/Schulze*, UrhG, § 54a UrhG Rdnr. 7; und *Müller*, ZUM 2007, 777 (781). Für eine nutzungsabhängige Vergütung auch *Ullrich,* GRUR Int 2009, 283 (291); und *Lüghausen,* Die Auslegung von § 53 Abs. 1 S. 1 UrhG anhand des urheberrechtlichen Dreistufentests, S. 186-192, jedoch ohne weitere Stellungnahme zu einer möglichen Berechnungsgrundlage.

1367 Zum Problem der Festlegung einer angemessenen Vergütungshöhe *Schricker*, GRUR 2002, 737.

1368 *Müller*, in: *Kreile/Becker/Riesenhuber*, Recht und Praxis der GEMA, Kap. 7 Rdnr. 24.

1369 *Schulze*, in: *Dreier/Schulze*, UrhG, § 13 UrhWG Rdnrn. 16 f.

Vertragsschlusses dem entspricht, was im Geschäftsverkehr nach Art und Umfang der eingeräumten Nutzungsmöglichkeit, insbesondere nach Dauer und Zeitpunkt der Nutzung, unter Berücksichtigung aller Umstände üblicher- und redlicherweise zu leisten ist".[1370] Problematisch ist hierbei allerdings, dass sich schon aufgrund der Natur der Privatkopie der Wert, den der Werknutzer ihr beimisst bzw. der Erlös, der damit erzielt werden kann, kaum bestimmen lässt.[1371] Gleichwohl hat er BGH klargestellt, dass es auch dann einer Mindestvergütung bedarf, wenn mit einer wirtschaftlichen Nutzung kein geldwerter Vorteil erzielt werde.[1372]

Die Verbände der Vergütungsschuldner wiederum wollen die Vergütungen auf der Grundlage des jeweiligen durchschnittlichen Herstellerabgabepreises der vergütungspflichtigen Geräte oder Speichermedien berechnen.[1373]

bb) Ansätze auf europäischer Ebene

Der europäische Gesetzgeber nähert sich der Frage des „gerechten Ausgleichs" („fair compensation") aus einer anderen Richtung. Zwar soll der gerechte Ausgleich ebenfalls dafür sorgen, dass Rechteinhaber für die Nutzung ihrer Werke angemessen vergütet werden. Zur Festlegung der Höhe dieses Ausgleichs verweist er allerdings auf den sich „aus der betreffenden Handlung für die Rechteinhaber ergebende[n] etwaige[n] Schaden"[1374] bzw. auf die „Nachteile für Rechteinhaber"[1375]. Ferner hat die *Europäische Kommission* in ihrer Analyse der Vergütungssysteme in Europa nachdrücklich darauf hingewiesen, dass „fair compensation" (sprich „gerechter Ausgleich") nicht gleichzusetzen sei mit „equitable remuneration" (sprich „angemessener Vergütung").[1376]

Bevor für die Bestimmung des gerechten Ausgleichs aber vorschnell die nach § 97 Abs. 2 UrhG anerkannten Methoden der Schadensberechnung herangezogen werden, sollte man sich den Wortlaut der englischen und französischen Sprachfassung der InfoSoc-RL und ihrer Erwägungsgründe in Erinnerung rufen. In Erwägungsgrund 35 heißt es zwar „rightholders should receive *fair compensation* to *compensate them adequately* for the use made of their protected works or

1370 *Loewenheim*, in: *Schricker*, UrhR, § 54 UrhG Rdnr. 22.

1371 Kritisch daher zu recht *Dreier*, in: *Dreier/Schulze*, UrhG, § 54a UrhG Rdnr. 7.

1372 *BGH*, GRUR 2012, 711 (712, Tz. 20) = ZUM-RD 2012, 311 = WRP 2012, 944 (Barmen Live); *BGH*, GRUR 2012, 715 (716, Tz. 26) = ZUM-RD 2012, 316 = WRP 2012, 949 (Bochumer Weihnachtsmarkt).

1373 S. die Darstellung bei *J. Becker/Müller*, in: FS Pfennig, S. 373 (377).

1374 Erwägungsgrund 35 InfoSoc-RL.

1375 Erwägungsgrund 38 InfoSoc-RL.

1376 *Europäische Kommission*, Background Document. Fair Compensation for Acts of Private Copying, 14.2.2008, http://ec.europa.eu/internal_market/copyright/docs/levy_reform/background_en.pdf, S. 4.

other subject-matter“ bzw. „les titulaires de droits doivent recevoir une *compensation équitable* afin de les *indemniser de manière adéquate* pour l’utilisation faite de leurs œuvres ou autres objets protégés“.[1377] Satz 2 von Erwägungsgrund 38 lautet in der englischen Version allerdings „This may include the introduction or continuation of remuneration schemes *to compensate for the prejudice* to rightholders.“ bzw. in der französischen: „Une telle exception pourrait comporter l’introduction ou le maintien de systèmes de rémunération destinés à *dédommager* les titulaires de droits *du préjudice subi*.“[1378]

Sowohl die englische als auch die französische Sprachfassung verzichten also auf die klare Benennung des „Schadens“ als Berechnungsgrundlage, sondern wählen mit „fair compensation“ (anstelle von z.B. „damage“ oder „indemnification“) bzw. mit „compensation équitable“ (anstelle von z.B. „dommage“ oder „indemnité“) weichere Formulierungen. Vor diesem Hintergrund stellt sich die Frage, ob der europäische Gesetzgeber wirklich eine Kopplung der Vergütung an den Schaden vor Augen hatte, oder ob die unterschiedliche Wortwahl darauf zurückzuführen ist, dass die InfoSoc-RL ganz unterschiedliche nationale urheberrechtliche Schutzkonzepte zu vereinen hat.[1379]

cc) Die Entscheidungen des EuGH zum „gerechten Ausgleich“

Erste und entscheidende Antworten auf diese Frage gibt die „Padawan“-Entscheidung des EuGH.[1380] In diesem Fall hatte sich der EuGH mit der Frage zu

1377 [Hervorhebung durch die Verfasserin].

1378 [Hervorhebung durch die Verfasserin].

1379 Für letzteres *Ullrich*, GRUR Int 2009, 283 (287 und 291), der eine schadensorientierte Vergütung mit Verweis auf das naturrechtliche Fundament des Urheberrechts ablehnt.

1380 *EuGH*, GRUR 2011, 50-56 m. Anm. *Kröber* = MMR 2010, 828-830 = CR 2011, 6-9 – Padawan/SGAE. Im Weiteren hatte sich der EuGH mit einer Vorlage aus den Niederlanden ebenfalls mit diesem Thema zu beschäftigen, s. *EuGH*, GRUR 2011, 909-912 m. Anm. *Kröber* = MMR 2011, 670-672 = CR 2011, 491-494 – Stichting/Opus. Im Zeitpunkt des Abschlusses dieser Arbeit sind außerdem viele weitere Vorlagen anhängig. Aus Deutschland die Vorlagen des *BGH*, GRUR Int 2011, 955-959 = MMR 2011, 751-755 = CR 2011, 713-718 (Drucker und Plotter II); und *BGH*, GRUR 2011, 1012-1018 m. Anm. *Peifer* = ZUM 2011, 724-729 (PC II), anhängig als verb. Rs. C-457/11, C-458/11, C-459/11 und C-460/11 – VG Wort; s. hierzu *Generalanwältin Sharpston*, Schlussanträge v. 24.1.2013 – Verb. Rs. C-457/11, C-458/11, C-459/11 und C-460/11 – VG Wort, abrufbar über die Webseite http://curia.europa.eu. Aus Österreich die Vorabentscheidungsersuchen des *Obersten Gerichtshofs (Österreich)* v. 12.10.2011 – C-521/11, ABlEU Nr. C 25 v. 28.1.2012, S. 27 – Amazon/Austro Mechana (Volltext abgedruckt in GRUR Int 2012, 262-268); und v. 11.5.2012 die Rs. C-314/12 – Constantin Filmverleih/UPC Telekabel; s. zur ersten Vorlage *Generalanwalt Mengozzi*, Schlussanträge v. 3.3.2013 – Rs. C-521/11 – Amazon/Austro Mechana, abrufbar über die Webseite http://curia.europa.eu. Aus Dänemark die Vorlage des Østre Landsret, anhängig beschäftigen, ob die Firma „Padawan SL“, welche Leermedien vertreibt, auf denen Vervielfältigungen gespeichert würden, die nur gewerblichen Zwecken dienten, die von der spanischen Verwertungsgesellschaft *Sociedad General de Autores y Editores de España (SGAE)* geforderte Abgabe für private Vervielfältigungen zu zahlen hatte.[1381] Ausgehend von der Feststellung, dass es sich bei dem Begriff des „gerechten Ausgleichs“ um einen autonomen Begriff des Unionsrechts handelt, der im gesamten Gebiet der Union einheitlich auszulegen ist,[1382] führt der Gerichtshof aus, dass „die Konzeption und die Höhe des gerechten Ausgleichs mit dem Schaden in Zusammenhang [stehen], der sich für den Urheber aus der Vervielfältigung ergibt, wenn sie ohne seine Genehmigung für den privaten Gebrauch erfolgt“[1383], und dass „der gerechte Ausgleich als eine Gegenleistung für den dem Urheber entstandenen Schaden zu sehen“[1384] ist. Der gerechte Ausgleich muss danach „zwingend auf der Grundlage des Kriteriums des Schadens berechnet werden, der den Urhebern geschützter Werke durch die Einführung der Ausnahme für Privatkopien entstanden ist.“[1385] „Geringfügige Nachteile“ können vernachlässigt werden.[1386]

Stellt der EuGH demnach jedenfalls auf den ersten Blick auf den Schaden ab, macht er dann jedoch keine Vorgabe zu dessen Berechnung.[1387] Infolgedessen ist fraglich, ob diese Aussage so zu verstehen ist, dass die Vergütung in ihrer Höhe tatsächlich gleich dem zu ersetzenden Schaden zu sein hat. Eine derartige Konnexität zwischen Schaden und gerechtem Ausgleich hatte jedenfalls *Generalanwältin Trstenjak* in ihren Schlussanträgen nicht für notwendig erachtet.[1388]

---

als Rs. C-463/12 – Copydan Båndkopi. Aus den Niederlanden die Vorlage des Hoge Raad, anhängig als Rs. C-435/12 – ACI Adam. Zum Hintergrund und Inhalt der Vorlagebeschlüsse aus Deutschland, s. *Klett/Apetz-Dreier*, K&R 2011, 633-636.

1381 S. u.a. die Besprechung bei *Dreier,* ZUM 2011, 281 ff.; und *Spindler*, in: FS Pfennig, S. 387 (388-390).

1382 *EuGH*, GRUR 2011, 50 (53 Tz. 33) m. Anm. *Kröber* = MMR 2010, 828 = CR 2011, 6 – Padawan/SGAE

1383 *EuGH* a.a.O. Tz. 40 – Padawan/SGAE.

1384 Ebda. Bestätigt in *EuGH*, GRUR 2011, 913 (913 f., Tz. 28) = EuZW 2011, 683 – VEWA.

1385 *EuGH* a.a.O., Tz. 42 – Padawan/SGAE. Bestätigt in *EuGH*, GRUR 2011, 909 (910, Tz. 24) m. Anm. *Kröber* = MMR 2011, 670 = CR 2011, 491– Stichting/Opus.

1386 *EuGH* a.a.O.,Tz. 39 – Padawan/SGAE.

1387 Zu den möglichen Gründen für diese Zurückhaltung, s. *Karapapa,* EIPR 2011, 252 (254).

1388 *GA Trstenjak*, Schlussanträge v. 11.05.2010 – Rs. C-467/08 – Padawan, abrufbar über die Webseite *http://curia.europa.eu* des Europäischen Gerichtshofes, Tz. 80: „Dagegen lässt sich ein Rechtscharakter als reiner Schadensersatzanspruch, den das vorlegende Gericht dem Rechtsinstitut des „gerechten Ausgleichs“ offenbar unterstellt, nicht ohne Weiteres bestätigen. [...] Die Richtlinie erlaubt lediglich eine Orientierung am Schaden bzw. Nachteil, macht diese aber nicht zu verbindlichen Kriterien.“ S.a. in Tz. 81: „Dies deutet darauf hin, dass ein etwaiger Schaden, wie die spanische Regierung zutreffend anmerkt, weder als einziges noch

In der nachfolgenden „VEWA“-Entscheidung betreffend die Kalkulation von Abgaben für den Verleih von Musik und Filmen in Belgien gab der EuGH weitere Hinweise, wie der gerechte Ausgleich zu verstehen sei. So verweist der EuGH auf den wirtschaftlichen Wert der Nutzung eines geschützten Gegenstandes, stellt aber gleichzeitig fest, dass nicht alle Nutzungen einen wirtschaftlichen Wert besitzen.[1389] Ferner sagt er, die Vergütung müsse „den Urhebern ermöglichen, ein angemessenes Einkommen zu erzielen“[1390] und dürfe „daher nicht nur symbolisch sein“[1391]. Sie müsse zudem den Umfang der Gebrauchsüberlassung berücksichtigen.[1392] In der „FAPL/Murphy“-Entscheidung stellt der EuGH weiter fest, dass das Urheberrecht nur die angemessene, nicht aber die höchstmögliche Vergütung der Urheber sicherstellen solle.[1393]

Daneben hat er die Bestimmung der Form, Art und Weise der Zahlung und Erhebung sowie die Höhe der Vergütung den Mitgliedsstaaten überlassen.[1394] Einzige Voraussetzung ist, dass ein System des Ausgleichs geschaffen wird.[1395] In diesem Zusammenhang bestätigt der EuGH die Zulässigkeit eines Systems kollektiver Durchsetzung in Form einer Abgabe auf Geräte und Speichermedien, bei dem die Endnutzer zwar Schuldner der Vergütung für die Privatkopie sind, die Zahlung der Vergütung aber von Dritten, wie Herstellern von Geräten und Speichermedien, verlangt werden darf, da sie diese an den Nutzer weiterleiten können. Die Schwierigkeit der Durchsetzung von Vergütungsansprüchen gegenüber privaten Nutzern hat der EuGH jedenfalls erkannt.[1396] Bei der Bestimmung der Geräte, die der Vergütungspflicht unterfallen, verlangt er einen Zusammenhang zwischen der Abgabe und dem mutmaßlichen Gebrauch des Gerätes, sodass nicht für Privatkopien genutzte Geräte nicht vergütungspflichtig sein sollen.[1397] Zudem stellt der EuGH die Vermutung auf, dass die Kopierfunktion eines Gerätes

---

als ausschlaggebendes Kriterium bei der Bestimmung eines solchen „gerechten Ausgleichs“ angesehen werden kann, vielmehr nur eines von vielen Kriterien darstellt, auf welche die Mitgliedstaaten bei der Bemessung des gerechten Ausgleichs abstellen können.“

1389 *EuGH*, GRUR 2011, 913 (914, Tz. 32 f.) = EuZW 2011, 683 – VEWA.

1390 *EuGH* a.a.O., S. 914, Tz. 34 – VEWA.

1391 Ebda.

1392 *EuGH* a.a.O., Tz. 38 – VEWA.

1393 *EuGH*, GRUR Int 2011, 1063 (1070 f., Tz. 108 und 115) = MMR 2011, 817 m. Anm. *Stieper* – FAPL/Murphy. S.a. *Handig*, GRUR Int 2012, 9 (14); und *Peifer*, GRUR-Prax 2011, 435.

1394 *EuGH*, GRUR 2011, 50 (53, Tz. 27) m. Anm. *Kröber* = MMR 2010, 828 = CR 2011, 6 – Padawan/SGAE.

1395 *EuGH* a.a.O., Tz. 41 – Padawan/SGAE.

1396 S. *EuGH* a.a.O., Tz. 46-49 – Padawan/SGAE; bestätigt von *EuGH*, GRUR 2011, 909 (910, Tz. 27-29) m. Anm. *Kröber* = MMR 2011, 670-672 = CR 2011, 491-494 – Stichting/Opus.

1397 *EuGH*, GRUR 2011, 50 (54, Tz. 53) m. Anm. *Kröber* = MMR 2010, 828 = CR 2011, 6 – Padawan/SGAE.

oder Speichermediums, welches von natürlichen Personen zu privaten Zwecken eingesetzt wird, von diesen vollständig ausgenutzt wird.[1398]

dd) Stellungnahme

Angesichts dieses Urteils ist davon auszugehen, dass der gerechte Ausgleich grundsätzlich mit Blick auf den „Schaden" zu berechnen ist, der dem Rechteinhaber durch die Anfertigung und Nutzung der Privatkopie entsteht. Dies ist jedoch nicht so zu verstehen, dass dem Rechteinhaber die zustimmungsfreie Nutzung wie die Folge einer Verletzung i.S.d. §§ 249 ff. BGB bzw. § 97 UrhG zu vergüten ist. Zum einen schneidet die Schranke dem Rechteinhaber lediglich die Möglichkeit ab, den Marktpreis für die Nutzung zu verlangen. Zum anderen würde die Zugrundelegung des Schadens dem Charakter von Schrankenbestimmungen, jedenfalls soweit sie berechtigten Interessen Dritter dienen, nicht gerecht.[1399] Darüber hinaus basiert eine Pauschalabgabe gerade auf einer typisierenden Betrachtung, was einer konkreten Schadensberechnung entgegensteht.[1400] Es wäre daher vorteilhafter gewesen, wenn die deutsche Übersetzung den Begriff „Nachteil" gewählt hätte.

Dies zeigt auch ein Vergleich der Sprachfassungen des Urteils. In der spanischen Sprachfassung des „Padawan"-Urteils – und Spanisch war Verfahrenssprache – verweist der EuGH auf den „perjuicio" als Bezugsgröße für den gerechten Ausgleich, d.h. auf den dadurch entstehenden „Nachteil".[1401] Damit entscheidet er sich für den in Erwägungsgrund 38 der InfoSoc-RL gewählten Begriff, und nicht für den in Erwägungsgrund 35 der InfoSoc-RL verwendeten Begriff „daño", den „Schaden". Darüber hinaus war die Vorlagefrage auf die Auslegung des Begriffs „perjuicio" (und nicht „daño") gerichtet.[1402] In diesem Sinne hat auch *Generalanwältin Trstenjak* in ihren Schlussanträgen, deren Originalsprache Deutsch ist, den „Schaden" als nur *ein* Kriterium zur Bestimmung des gerechten Ausgleichs gesehen.[1403]

Es ist daher davon auszugehen, dass der gerechte Ausgleich bzw. die angemessene Vergütung zwar schadensorientiert zu bestimmen ist, nicht aber die Höhe eines nach § 97 Abs. 2 UrhG zu zahlenden Schadensersatzes erreichen

1398 *EuGH* a.a.O., Tz. 54 f. – Padawan/SGAE.

1399 Dieses Problem erkennt *Peifer*, jurisPR-WettbR 12/2010, Anm. 2.

1400 Zutreffend *Spindler*, in: FS Pfennig, S. 387 (396 f.).

1401 *EuGH*, GRUR 2011, 50 (53, Tz. 39-46 und 52.) m. Anm. *Kröber* = MMR 2010, 828 = CR 2011, 6 – Padawan/SGAE.

1402 *EuGH* a.a.O., Tz. 38 – Padawan/SGAE.

1403 *GA Trstenjak*, Schlussanträge v. 11.05.2010 – Rs. C-467/08 – Padawan, abrufbar über die Webseite http://curia.europa.eu des Europäischen Gerichtshofes, Tz. 80 f. und 84.

oder den dortigen Vorgaben an die Schadensberechnung folgen muss.[1404] Vielmehr sind nach der bisherigen Rechtsprechung des EuGH Relativierungen aufgrund des Zwecks der Schrankenbestimmung durchaus möglich. Für diese Interpretation spricht auch die Empfehlung des ehemaligen EU-Kommissars für Justiz und Inneres, *António Vitorino*, die er in seinem Abschlussbericht an die *Europäische Kommission* hinsichtlich der Vergütungsabgaben für die Privatkopie unterbreitet. Danach soll der Schaden unionsweit einheitlich auszulegen sein als der Wert, den Konsumenten den zusätzlichen Kopien beimessen.[1405]

Gleichzeitig muss nun aber die im Zusammenhang mit der dritten Teststufe des Dreistufentests vertretene Ansicht, dass eine Reduzierung der Beeinträchtigung auf ein gebührliches Maß durch eine entsprechende Vergütung möglich ist, so gelesen werden, dass das gebührliche Maß nur erreicht ist, wenn die Vergütung den „Nachteil" ausgleicht. Dies scheint für das deutsche Recht eine Abkehr von der bisherigen nutzungsorientierten Berechnung der „angemessenen Vergütung" zu bedeuten.

Aus verfassungsrechtlicher Sicht bestehen hiergegen allerdings keine grundsätzlichen Bedenken, da eine hinter der marktüblichen Vergütung zurückbleibende Entschädigung angemessen sein kann, sofern das Urheberrecht nicht in seinem Kern ausgehöhlt wird.[1406] Dem Grundsatz der Einheit der Rechtsordnung widerspricht der schadensorientierte Ansatz ebenfalls nicht. § 32 UrhG, der dem Urheber bei der individuellen Lizenzierung seiner Rechte eine „angemessene Vergütung" sichert, und § 54 UrhG, der Vergütungsanspruch für die „gesetzliche Lizenz" der Privatkopie, verfolgen unterschiedliche Ziele: Bei der Vergütung für gesetzliche Lizenzen kommt es notwendigerweise zu einer Generalisierung und Typisierung; § 32 UrhG hat hingegen individualisierend den Einzelfall vor Augen.[1407] Und auch § 13 Abs. 3 Satz 2 UrhG lässt es ausdrücklich zu, andere Berechnungsgrundlagen heranzuziehen, wenn diese nur ausreichende zu erfassende Anhaltspunkte für die durch die Verwertung erzielten Vorteile geben.

1404 Zutreffend *Dreier,* ZUM 2011, 281 (283 f.). Für den tatsächlich möglichen Schaden jedenfalls als Grenze der Vergütungshöhe *Spindler*, in: FS Pfennig, S. 387 (396 f.).

1405 *Vitorino,* Recommendations resulting from the Mediation on Private Copying and Reprography Levies, 31.1.2013, http://ec.europa.eu/internal_market/copyright/levy_reform/index_de.htm, S. 4 und 18-20.

1406 Wie hier *Lauber-Rönsberg*, Urheberrecht und Privatgebrauch, S. 114 f.

1407 *Schricker*, GRUR 2002, 737 (738).

b) Bewertung der Europarechtskonformität des deutschen Vergütungssystems

Daran anknüpfend ist zu prüfen, ob mit den Vorgaben der §§ 54 ff. UrhG überhaupt ein gerechter Ausgleich, wie ihn der EuGH fordert, erzielt werden kann und ob das gegenwärtige Vergütungssystem dieses Ziel erreicht.

Seit Einführung der Schranke der Privatkopie in das deutsche Recht hat es u.a. aufgrund verfassungsrechtlicher Bedenken bereits verschiedene Anpassungen des Vergütungssystems gegeben. So war vor Umsetzung des zweiten Korbes insbesondere problematisch, dass die Vergütungssätze gesetzlich vorgegeben waren und daher weder die Inflationsrate berücksichtigt werden konnte noch ausreichend Flexibilität zur Einbeziehung neuer Nutzungsformen in das Vergütungssystem bestand bzw. es immer wieder Unsicherheiten hinsichtlich der Einordnung neuer Produkte als Gerät oder Speichermedium gab.[1408] Diese Kritikpunkte wurden bereits durch den zweiten Korb behoben, u.a. dadurch, dass die Vergütungssätze nun von den Beteiligten selbst auszuhandeln sind und bei allen Formen der Aufzeichnung die Leistungsfähigkeit der Geräte/Speichermedien zu berücksichtigen ist.[1409] Fraglich bleibt, welche Auswirkungen die „Padawan"-Entscheidung und Folgeentscheidungen des EuGH auf das deutsche Vergütungssystem haben.

aa) Kreis der Anspruchsberechtigten und Anspruchsgegner

Festzuhalten ist noch einmal, dass das deutsche Vergütungssystem die für die Auswertung von Musik wichtigen Verwerter, sprich Musikverlage und Plattenfirmen, von den aus § 54 UrhG fließenden Einnahmen ausschließt und diesen Anspruch nur Urhebern und Leistungsschutzberechtigten gewährt.[1410] Dies steht grundsätzlich im Einklang mit nationalen und internationalen Vorgaben, wenngleich durch die Beschränkung des Vervielfältigungsrechts unmittelbar in die Rechtsposition der Verwerter eingegriffen wird. Wenn im „Padawan"-Urteil nur von „Urhebern" gesprochen wird, ist dies vor diesem Hintergrund lediglich als Formulierungsfehler zu verstehen, zumal in der englischen Sprachfassung das Wort „rightholder" erscheint. Die dort getroffenen Schlussfolgerungen gelten folglich für Leistungsschutzberechtigte entsprechend.[1411]

1408 Zum Reformbedarf vor Einführung des zweiten Korbes ausführlich *Schenk*, Die digitale Privatkopie, S. 90-100. S.a. *Müller*, ZUM 2007, 777 (779 f.).

1409 S. zur Bewertung des neuen Systems, wenngleich noch auf Grundlage des Regierungsentwurfes, *Schenk*, Die digitale Privatkopie, S. 165-197. S.a. *Müller*, ZUM 2007, 777 (779-785).

1410 Siehe in diesem Teil Kapitel 4, Abschnitt D, Punkt II.

1411 Vgl. etwa Tz. 42 und 43 bei *EuGH*, GRUR 2011, 50 m. Anm. *Kröber* = MMR 2010, 828 = CR 2011, 6 – Padawan/SGAE.

Europarechtskonform ist zudem der im deutschen Urheberrechtsgesetz definierte Kreis der möglichen Anspruchsgegner. Da der EuGH insofern nur von Personen spricht, „die über Anlagen, Geräte und Medien ... *verfügen*"[1412], ist davon auszugehen, dass eine Inanspruchnahme dem „gerechten Ausgleich" entspricht, wenn seitens der in Anspruch genommenen Personen die Möglichkeit besteht, die Aufwendungen für die Abgabe auf die privaten Nutzer abzuwälzen. Dementsprechend ist die Belastung von Herstellern, Importeuren und Händlern gleichermaßen zulässig.[1413] Hervorzuheben ist indes, dass der EuGH als Beispiel für mögliche Anspruchsgegner ausdrücklich auch jene Personen nennt, die Nutzern „die Dienstleistung einer Vervielfältigung erbringen"[1414]. Danach ist es grundsätzlich möglich, Drittanbieter wie Anbieter von Aufnahmesoftware zu Schuldnern des Vergütungsanspruchs zu machen.[1415]

bb) Vergütungspflichtige Geräte/Speichermedien

Hinsichtlich der Zulässigkeit der Abgabe als Geräte-, Speichermedien- oder Betreiberabgabe wie im Falle des § 54c UrhG für Ablichtungsgeräte bestehen jedenfalls in Zusammenhang mit privat genutzten Geräten keine Bedenken. Diese lässt der EuGH ausdrücklich zu bzw. macht keine Vorgaben, auf welche Gerätetypen eine Vergütung zu entrichten ist.[1416]

Wie mit Geräten und Leermedien umzugehen ist, „die nicht privaten Nutzern überlassen werden und eindeutig anderen Verwendungen als der Anfertigung von Privatkopien vorbehalten sind" (Tz. 59), also z.B. Geräte wie Drucker und PCs, die rein gewerblich bzw. gemischt privat/gewerblich genutzt werden, ist umstritten. Die Entscheidung des EuGH kann so gedeutet werden, dass diese von der Vergütungspflicht vollständig auszunehmen sind.[1417] Dem ist insofern zuzustimmen,

---

1412 Ebda [mit Hervorhebung durch die Verfasserin].

1413 So auch *Frank*, CR 2011, 1 (3). S. aber den Vorschlag von *Vitorino*, die Händler mehr in den Fokus zu rücken, *Vitorino,* Recommendations resulting from the Mediation on Private Copying and Reprography Levies, 31.1.2013, http://ec.europa.eu/internal_market/copyright/levy_reform/index_de.htm, S. 11-13. A.A. *Koch/Krauspenhaar*, GRUR-Int 2012, 881.

1414 *EuGH*, GRUR 2011, 50 (54, Tz. 46) m. Anm. *Kröber* = MMR 2010, 828 = CR 2011, 6 – Padawan/SGAE.

1415 Die stärkere Inanspruchnahme von solchen Drittanbietern scheint auch die Empfehlung an die *Europäische Kommission* zu sein, s. *Vitorino,* Recommendations resulting from the Mediation on Private Copying and Reprography Levies, 31.1.2013, http://ec.europa.eu/internal_market/copyright/levy_reform/index_de.htm, S. 5.

1416 Ebda. S.a. *Dreier,* ZUM 2011, 281 (285). Ebensowenig fordert Art. 14 GG eine Abgabe auf bestimmte Geräte, s. *Niemann*, CR 2011, 69 (73, 75). Kritisch aber zur Erhebung pauschaler Abgaben auf grob generalisierte Gerätegattungen *Verweyen*, GRUR 2012, 875.

1417 Für eine Ausnahme jedenfalls der rein gewerblichen Vervielfältigungen von der Vergütungspflicht *Karapapa,* EIPR 2011, 252 (255); *Klett*, K&R 2010, 800 (801 f.); *Kröber*, als Geräte, die *ausschließlich* zu anderen als zu privaten Zwecken genutzt werden, nicht mit einer Abgabe für private Kopien belastet werden dürfen. Es ist daher entgegen der bisherigen Annahme des deutschen Gesetzgebers durchaus möglich, dass für eine Geräteart oder eine Art von Speichermedium nicht unbedingt eine einheitliche Entscheidung hinsichtlich der Vergütungspflicht und der Vergütungshöhe zu treffen ist.[1418] Dennoch mag die Beibehaltung einer Vergütungspflicht für solche Geräte mit Verweis auf andere Schrankenbestimmungen als die Schranke der Privatkopie, zu begründen sein. Eine Gesetzesänderung erscheint daher nicht zwingend erforderlich.[1419] Die Diskussion braucht im Rahmen dieser Untersuchung, die rein private Vervielfältigungen zum Gegenstand hat, jedoch nicht vertieft werden.

GRUR 2011, 55 f.; *Niemann*, CR 2011, 69 (74). Ebenso auch die Empfehlung an die *Europäische Kommission*, s. *Vitorino,* Recommendations resulting from the Mediation on Private Copying and Reprography Levies, 31.1.2013, http://ec.europa.eu/internal_market/copyright/levy_reform/index_de.htm, S. 14 f. Diese Auffassung bestätigen auch Urteile aus Spanien, Frankreich und Italien, welche die „Padawan"-Entscheidung bereits berücksichtigen. Für Spanien: *Juzgado de lo Mercantil n°7 de Madrid*, Urt. v. 21.12.2010 – 368/10, Cuadernos de Administración Local, April 2011, S. 43; *Juzgado de lo Mercantil n° 6 de Madrid*, Urt. v. 31.1.2011 – 120/11, Cuadernos de Administración Local, April 2011, S. 42 f.; *Audiencia Provincial de Barcelona*, Urt. v. 2.3.2011 – 89/2011, abrufbar unter: http://www.elpais.com/elpaismedia/ultimahora/media/201103/03/tecnologia/20110303elpeputec_1_Pes_PDF.pdf. Für Frankreich: *Conseil d'Etat,* Urt. v. 17.6.2011 – n° 324816, abrufbar unter: http://www.legifrance.gouv.fr/affichJuriAdmin.do?oldAction=rechJuriAdmin&idTexte=CETATEXT000024250538&fastReqId=1433928154&fastPos=1. Für Italien: *Tribunale di Milano,* Urt. v. 23.12.2010 – 2069/2011, abrufbar unter: http://www.dimt.it/immaginiUtenti/file/Giuris prudenza/Trib-Milano_14_2_2011_n02069.pdf. S.a. die Besprechung der Urteile bei *Klett/Apetz-Dreier*, K&R 2011, 633 (635 f.). A.A. *Peifer*, jurisPR-WettbR 12/2010, Anm. 2 Abschnitt D; und *Spindler*, in: FS Pfennig, S. 387 (392 f.) mit der Begründung, dass die InfoSoc-RL lediglich eine Mindestharmonisierung hinsichtlich der Art der gewährten Schranken bezwecke, im Falle einer optional gewährten Schranke diese jedoch mit einer vom jeweiligen Land frei festzusetzenden Abgabe belegt werden kann. Für die Zulässigkeit der Abgaben jedenfalls für gemischte Nutzungen *Dreier,* ZUM 2011, 281 (283); und *Spindler*, in: FS Pfennig, S. 387 (393-395). S.a. die Analysen des Urteils von *Frank*, CR 2011, 1 (5); und *Hoeren*, MMR 2011, 831; *Jani/Ebbinghaus*, GRUR-Prax 2011, 71.

1418 S. aber BT-Drs. 16/1828, S. 20 f.

1419 In diesem Sinne *Dreier*, ZUM 2011, 281 (287 f.); und *Hoeren*, MMR 2011, 831. A.A. *Klett*, K&R 2010, 800 (801); und *ders./Apetz-Dreier*, K&R 2011, 633 (635). S. außerdem zur Vergütungspflicht von Geräten und Speichermedien bei Vorliegen einer zur Vornahme von Vervielfältigungen eingesetzten Kette aus unterschiedlichen Geräten die Vorlagefragen des BGH, *BGH*, GRUR Int 2011, 955-959 = MMR 2011, 751-755 = CR 2011, 713-718 (Drucker und Plotter II); und *BGH*, GRUR 2011, 1012-1018 m. Anm. *Peifer* = ZUM 2011, 724-729 (PC II).

cc) Bestimmung der Vergütungshöhe

Festgestellt werden kann bezüglich der Bemessung der Höhe der Abgabe, dass jedenfalls eine typisierende Betrachtung, wie sie im deutschen Recht mithilfe der in § 54a UrhG genannten Kriterien erfolgt, grundsätzlich zulässig ist.[1420] Ebenso zulässig sind Pauschalierungen, wenngleich die Betonung der Berechnung auf Grundlage des „Schadens" jedenfalls nach der deutschen Sprachfassung zunächst dafür spricht, dass die tatsächliche Nutzung entscheidend ist. Denn erstens lässt es der Gerichtshof ausreichen, dass die Gerätschaften „zur Anfertigung von Privatkopien genutzt werden *können*"[1421]. Zweitens hält er „es nicht [für] erforderlich, nachzuweisen, dass [die Nutzer] mit Hilfe dieser Geräte tatsächlich Privatkopien angefertigt ... haben"[1422], sondern vermutet bei natürlichen Personen vielmehr, „dass sie sämtliche mit diesen Anlagen verbundenen Funktionen, einschließlich der Vervielfältigungsfunktion, nutzen"[1423] und lässt daher „die technische Fähigkeit dieser Anlagen oder dieser Geräte, Kopien zu fertigen, ausreich[en], um die Anwendung der Abgabe für Privatkopien zu rechtfertigen"[1424]. Darüber hinaus gibt es auch im digitalen Bereich nach wie vor Fallgestaltungen, bei denen eine individuelle Lizenzierung entweder wegen fehlender technischer Schutzmaßnahmen oder deren mangelnder Akzeptanz in der Bevölkerung nicht möglich ist.[1425]

Die gesetzlich geforderte Berücksichtigung von technischen Schutzmaßnahmen sowie nutzungsrelevanter Eigenschaften der Geräte und Speichermedien ist ebenfalls nicht zu beanstanden. Ersteres ergibt sich schon aus Erwägungsgrund 39 InfoSoc-RL. Letzteres lässt sich damit begründen, dass Eigenschaften wie Maß der Nutzung, Leistungsfähigkeit der Geräte sowie deren Speicherkapazität

---

1420 Der EuGH hält ein System der Finanzierung für zulässig, wenn die „fraglichen Anlagen, Geräte und Medien zur Vervielfältigung zur Anfertigung von Privatkopien genutzt werden können", s. *EuGH*, GRUR 2011, 50 (54, Tz. 52) m. Anm. *Kröber* = MMR 2010, 828 = CR 2011, 6 – Padawan/SGAE. S.a. *Dreier,* ZUM 2011, 281 (286).

1421 *EuGH*, GRUR 2011, 50 (54, Tz. 52) m. Anm. *Kröber* = MMR 2010, 828 = CR 2011, 6 – Padawan/SGAE [mit Hervorhebung durch die Verfasserin].

1422 *EuGH* a.a.O., Tz. 54 – Padawan/SGAE.

1423 *EuGH* a.a.O., Tz. 55 – Padawan/SGAE.

1424 *EuGH* a.a.O., Tz. 56 – Padawan/SGAE. In diesem Sinne auch *Dreier,* ZUM 2011, 281 (286); und *Jani/Ebbinghaus*, GRUR-Prax 2011, 71.

1425 Zur fortdauernden Daseinsberechtigung von Pauschalvergütungssystem s.a. *Schenk*, Die digitale Privatkopie, S. 87-90. *Schenk* fasst dabei zusammen, dass eine Ungleichbehandlung von analogen und digitalen Kopien nur schwer vermittelbar wäre, dass eine effiziente Nutzungskontrolle eben noch nicht möglich sei, dass Altwerke aus dem Schutzsystem fielen, der Selbstschutz per technischer Schutzmaßnahme zur Verpflichtung werden würde und der individuellen Lizenzierung datenschutzrechtliche Probleme entgegenstünden.

und Mehrfachbeschreibbarkeit durchaus als Grundlage für eine Berechnung des „Nachteils" dienen können.[1426]

Eine Berücksichtigung des Zusammenwirkens von Geräten i.S.d. § 54a Abs. 2 UrhG zur Vermeidung einer Doppelvergütung ist ebenso zulässig, da hierdurch in jedem Fall eine den Schaden übersteigende Kompensation ausgeschlossen wird.[1427]

dd) Zulässigkeit von Kaufpreiskopplung und Kappungsgrenzen

Problematisch ist hingegen die Vorgabe des § 54a Abs. 4 UrhG, dass die Hersteller durch die Vergütung nicht unzumutbar beeinträchtigt werden dürfen und die Vergütung in einem angemessenen Verhältnis zum Preisniveau des Gerätes stehen muss.

Diese grundsätzlich nutzungsorientierte Betrachtung dessen, was sich der Hersteller leisten kann, darf weder als Einfallstor für eine Kopplung an den Endverkaufs- oder Herstellerabgabepreis noch als eine Kappungsgrenze verstanden werden, da dies mit der Vorgabe, die Vergütung vom „Nachteil" für den Rechteinhaber abhängig zu machen, schlicht nicht vereinbar ist.

Der Kaufpreis eines Produktes oder der Herstellerabgabepreis sagen schlicht nichts über den Umfang der aus der Verwertung der Werke bei privater Vervielfältigung gezogenen Früchte und damit zur Höhe des gerechten Ausgleichs – weder in Gestalt eines „Schadens" oder „Nachteils" noch im Sinne einer „angemessenen Vergütung" – aus. Die Preisstruktur in Nachbarstaaten hat ebenfalls nichts mit dem „Nachteil" zu tun, den der Rechteinhaber aufgrund der Privatkopie erfährt.[1428] Zudem ist der eigentliche Vergütungsschuldner nicht der Hersteller oder Importeur, den § 54a Abs. 4 UrhG zu entlasten gedenkt, sondern derjenige, der die Vervielfältigungen vornimmt, mithin der Nutzer. An diesen kann die Belastung jedoch weitergereicht werden. Der Gesetzgeber hatte daher schon im Gesetzgebungsverfahren ganz richtig festgestellt, dass die Anknüpfung an den Preis nicht beibehalten werden solle und der Preis keinen Maßstab für das

1426 S.a. *Dreier*, ZUM 2011, 281 (286); und *Jani/Ebbinghaus*, GRUR-Prax 2011, 71.

1427 S.a. *Jani/Ebbinghaus*, GRUR-Prax 2011, 71. In welchem Umfang das Zusammenwirken zu berücksichtigen ist, hat der EuGH aufgrund der Vorlagebeschlüsse des BGH zu untersuchen, s. *BGH*, GRUR Int 2011, 955 (957 f., Tz. 28-33) = MMR 2011, 751 = CR 2011, 713 (Drucker und Plotter II); und *BGH*, GRUR 2011, 1012-1018 m. Anm. *Peifer* = ZUM 2011, 724-729 (PC II). S.a. *Dreier*, ZUM 2011, 281 (286).

1428 In diesem Sinne *J. Becker/Müller*, in: FS Pfennig, S. 373 (379 f.); *Dreier*, ZUM 2011, 281 (286 f.); und *Peifer*, jurisPR-WettbR 12/2010, Anm. 2, der darauf hinweist, dass die Kommission den Ruf nach einer Harmonisierung der Vergütungssätze nicht mehr ignorieren kann.

Ausmaß der urheberrechtlichen Nutzung darstelle.[1429] Die Vergütungshöhe lässt sich allenfalls relativieren mit Verweis auf etwaige, eine geringere finanzielle Belastung rechtfertigende berechtigte Interessen auf Nutzerseite, da die Vergütung über den Gerätepreis etc. schließlich unmittelbar an sie weitergeleitet wird.

Vor diesem Hintergrund bestehen gegen eine Kopplung der Vergütungshöhe an das Preisniveau und eine Kappungsgrenze neben den europarechtlichen auch verfassungsrechtliche Bedenken, da zweifelhaft ist, ob dieser erhebliche Eingriff in das Ausschließlichkeitsrecht verhältnismäßig ist.[1430] Das bedeutet, dass das Preisniveau, wie *Becker/Müller* zutreffend feststellen, „nur Korrektiv, nicht aber Maßstab der Vergütungsberechnung"[1431] sein kann. Kritisch zu sehen sind vor diesem Hintergrund sowohl die aktuelle Formulierung des § 54a Abs. 4 UrhG als auch die gegenwärtige Praxis der Schiedsstelle beim Deutschen Patent- und Markenamt.[1432]

Nicht zu beanstanden ist freilich der Rückgriff auf empirische Untersuchungen. Ebenso spricht nichts gegen die grundsätzliche Trennung der Gerätefunktionen in Funktionen zur Vervielfältigung und sonstige Funktionen. Selbst die Trennung zwischen Vervielfältigungen für den privaten Gebrauch und sonstigen Vervielfältigungen lässt sich mit Verweis auf die Vermeidung einer Doppelvergütung rechtfertigen, obgleich der EuGH grundsätzlich davon ausgeht, dass natürliche Personen die Vervielfältigungsfunktion von Geräten und Speichermedien zu 100% nutzen.[1433] Um zu verhindern, dass die wirtschaftlichen Interessen von Nutzern und Herstellern bei der Bemessung der Vergütungshöhe unberücksichtigt bleiben, spricht sich *Spindler* mit Verweis auf die in Erwägungsgrund 31 InfoSoc-RL verankerte Interessenabwägung dennoch für die Beibehaltung gewisser Kappungsgrenzen aus.[1434] Bei der hier vertretenen Auffassung, nämlich

---

1429 BT-Drs. 10/837, S. 10 f. und 19.

1430 S. *Müller*, ZUM 2007, 777 (784 und 789); und *Schenk*, Die digitale Privatkopie, S. 175-182.

1431 *J. Becker/Müller*, in: FS Pfennig, S. 373 (378).

1432 Wie hier *J. Becker/Müller* a.a.O., S. 378 f.; *Dreier*, ZUM 2011, 281 (286 f.); *Dresel*, WRP 2011, 1289 (1294); *Niemann*, CR 2011, 69 (75); und *Peifer*, jurisPR-WettbR 12/2010, Anm. 2. Ebenfalls nicht vereinbar mit den Vorgaben nach „Padawan" wäre eine absolute Kappungsgrenze bei 5%, welche im Gesetzgebungsverfahren zunächst diskutiert dann aber verworfen wurde, da sie verfassungsrechtliche Bedenken aufwarf, s. dazu ausführlich *Schenk*, Die digitale Privatkopie, S. 175-185. Kritisch auch *Schack*, Urheber- und Urhebervertragsrecht, Rdnr. 491.

1433 *EuGH*, GRUR 2011, 50 (54, Tz. 55) m. Anm. *Kröber* = MMR 2010, 828 = CR 2011, 6 – Padawan/SGAE. Vgl. auch die Feststellung in den Schlussanträgen von *Generalanwältin Trstenjak*, dass Vervielfältigungen, die nicht der Schranke der Privatkopie unterfallen, nicht zu berücksichtigen sind, *GA Trstenjak*, Schlussanträge v. 11.05.2010 – Rs. C-467/08 – Padawan, abrufbar über die Webseite *http://curia.europa.eu* des Europäischen Gerichtshofes, Tz. 78.

1434 *Spindler*, in: FS Pfennig, S. 387 (399).

dass der EuGH eben nicht verlangen wollte, dass die Vergütung auf eine Schadensberechnung i.e.S. gestützt wird, können die Interessen anderer Parteien jedoch auch ohne die Festlegung von festen Kappungsgrenzen berücksichtigt werden.

ee) Bedeutung des Gewinns Dritter

Darüber hinaus darf ein weiterer, entscheidender Aspekt nicht übersehen werden: Die Bedeutung von Dritten, die den Nutzern den Zugang zu dem Werk ermöglichen und sie ggf. durch eigene, ergänzende Leistungen mit einem Mehrwert versehen, sprich „Hilfsdienstleistungen“[1435] erbringen, hat bei neueren Formen der digitalen Werkverwertung erheblich zugenommen.[1436] Zum einen wandelt sich das technische Umfeld so schnell, dass die traditionellen Verwerter mit dem Aufbau eines dem Nachfrageverhalten entsprechenden Angebots nicht schnell genug hinterherkommen und somit notgedrungen Platz machen für Angebote Dritter. Zum anderen ist die Vermittlung von Werken angesichts der günstigen Speichermedien und Internetverbindungen um ein Vielfaches einfacher geworden als noch vor ein paar Jahren, sodass praktisch jeder mit einem Computer und einem Internetanschluss Werke für andere Nutzer zugänglich machen kann.[1437]

Diese kommerzielle Tätigkeit Dritter muss spätestens nach dem „Padawan“-Urteil, welches von „Vervielfältigungsdiensten“ spricht, zwar als grundsätzlich richtlinienverträglich anerkannt werden.[1438] Insofern hinkt das deutsche Recht gegenüber den europäischen Begrifflichkeiten etwas hinterher.[1439] Wenn solche neuen „Hilfsdienstleister“ mit ihrem Angebot aber Einnahmen erzielen und Gewinn erwirtschaften, ist es nur verständlich, dass die Rechteinhaber an diesen beteiligt sein wollen – umso mehr, wenn sie als „Schrankenschmarotzer“[1440] für

1435 *Dreier*, in: FS Ullmann, S. 37.

1436 *Senftleben* bezeichnet diese Dienste als „Mehrwertdienste“, s. *Senftleben,* in: *Hilty/Peukert*, Interessenausgleich im Urheberrecht, S. 159 (165).

1437 S. etwa der Dienst *8tracks*, sowie die seit 1998 bestehenden Probleme mit Peer-to-Peer-Netzwerken.

1438 S. *EuGH*, GRUR 2011, 50 (54, Tz. 46, 48, 50) m. Anm. *Kröber* = MMR 2010, 828-830 = CR 2011, 6-9 – Padawan/SGAE. Wie hier *Peifer*, jurisPR-WettbR 12/2010, Anm. 2.

1439 Zutreffend *Spindler*, in: FS Pfennig, S. 387 (391 f.).

1440 Der Begriff geht den *Bundesverband Musikindustrie* zurück, s. etwa *Bundesverband Musikindustrie e. V.*, Anzahl illegaler Alben-Downloads gestiegen, 30.8.2011, http://www.musikindustrie.de/fileadmin/news/presse/Pressemitteilungen_2011/110829_DCN_BVMI_FINAL.pdf; und *Bundesverband Musikindustrie e. V.*, Bundesregierung muss endlich faire Bedingungen für die Auswertung von Musik im Internet schaffen, 13.12.2011, http://www.musikindustrie.de/aktuell_einzel/back/84/news/bundesregierung-muss-endlich-faire-bedingungen-fuer-die-auswertung-von-musik-im-internet-schaffen/.

die Nutzung der Werke keine Vergütung entrichten, z.B. weil sie sich – wie im vorliegenden Fall – auf die Anwendbarkeit einer Schrankenbestimmung berufen. Immerhin ist es das Eigentum der jeweiligen Rechteinhaber, das verwertet wird.

Darüber hinaus steht hinter den gesetzlichen Lizenzen wie dem §§ 53 Abs. 1 i.V.m. 54 Abs. 1 UrhG der Grundgedanke, dass die Rechteinhaber für jede Erweiterung der Öffentlichkeit, der ihr Werk zugänglich ist bzw. wird, eine erneute Gelegenheit für eine Entlohnung bekommen sollen. Zu berücksichtigen ist, dass sich der tatsächliche oder zumindest der potentielle Nutzerkreis mit jeder Herstellung eines neuen Werkstücks über diese Dritten vergrößert und das Partizipationsinteresse des Rechteinhabers sogar noch weiter wächst, wenn die Kopien wie im Falle der digitalen Vervielfältigung dem Original gleichwertig sind.

Unterstützung für diese Forderung findet sich außerdem in der ökonomischen Analyse des Rechts. Schließlich soll das Urheberrecht den Mehrwert internalisieren, den Dritte mit dem Werkgenuss erzielen. Dies ist aber nicht nur der private Mehrwert, der einem Nutzer durch Wahrnehmung des Werkes zugutekommt, sondern auch der, den ein Dritter durch die gewerbliche Ausbeutung des Werkes durch Weitergabe an einen Nutzer zieht. Dieser Profit von Dritten muss sich folglich in der Vergütung widerspiegeln, die sie für die Nutzung ihres Werkes erhalten.[1441] Dies ist bei der gegenwärtigen Bemessungspraxis nicht gewährleistet.

ff) Hürden bei der Durchsetzung

Müller weist zudem darauf hin, dass dem Urheberrecht eine Regelung für den Fall fehlt, dass zwischen den Verwertungsgesellschaften auf Seiten der Rechteinhaber und den Interessenverbänden auf Seiten der Finanzierungsschuldner (nicht notwendigerweise Schuldner der Vergütung) hinsichtlich der Höhe der Vergütungssätze für einen gesetzlichen Vergütungsanspruch keine Einigung erzielt werden kann.[1442] Anders als bei § 11 Abs. 2 UrhWG in Bezug auf die vertragliche Einräumung urheberrechtlicher Nutzungsrechte gibt es nämlich keine Möglichkeit der Nutzung trotz fehlender Einigung bei Zahlung des unstreitigen Teils der Vergütung an die Verwertungsgesellschaft und gleichzeitiger Zahlung unter Vorbehalt bzw. Hinterlegung des darüber hinausgehenden Teils, also der insoweit streitigen Forderung. Rechteinhaber müssen vielmehr auf die Zahlung ihrer Vergütung entweder bis zur Erzielung einer Einigung mit den Finanzierungsschuldnern oder aber bis zu einer rechtskräftigen gerichtlichen

1441 Im Ergebnis ebenfalls für eine Berücksichtigung der kommerziellen Nutzung bei der Bestimmung der Vergütungshöhe *Lauber-Rönsberg*, Urheberrecht und Privatgebrauch, S. 115.

1442 *Müller*, ZUM 2007, 777 (788 f.); *ders.*, ZUM 2008, 377. Mit den früher gesetzliche festgelegten Vergütungssätzen bestand diese Gefahr nicht in diesem Maße, s. *Lauber-Rönsberg* a.a.O., S. 244.

Entscheidung über die Vergütungshöhe warten. Bis zur tatsächlichen Zahlung der Vergütung kann daher einige Zeit vergehen, was wiederum zu einer Störung des Verhandlungsgleichgewichts und einer Verlagerung des Insolvenzrisikos führen kann.[1443]

gg) Ermittelter Anpassungsbedarf

Die Anpassungen der §§ 54 ff. UrhG in den letzten Jahren haben das deutsche Vergütungssystem auf eine rechtliche Grundlage gestellt, die mit den europäische Vorgaben im Großen und Ganzen vereinbar ist. Es gibt jedoch einige Bereiche, in denen es nicht nach diesen Vorgaben angewendet wird, so bei der Bestimmung der Vergütungshöhe gem. Gesamtvertrag durch die Schiedsstelle. Ihre Praxis der Kopplung der Vergütung an den Endverkaufspreis sowie die Kappung der Vergütung kann vor dem Hintergrund, dass Berechnungsgrundlage allein der „Nachteil" sein soll, nicht mehr aufrecht gehalten werden. Ferner sollte der Gewinn, den Dritte mit der Vermittlung des Werkes z.B. über Werbeeinnahmen erzielen, endlich berücksichtigt werden.

Entsprechend sind neue Kriterien zur Bestimmung des „Nachteils" zu entwickeln und die Angemessenheit der gegenwärtig gewährten Vergütung neu zu bewerten.[1444] So liegt die Vermutung nahe, dass die gesetzlichen Vergütungsansprüche deutlich erhöht werden müssen.[1445] Darüber hinaus ist die Einbeziehung von Dritten, die Hilfsdienstleistungen anbieten, in das Vergütungssystem sowie das System der Rechtedurchsetzung zu überdenken.

Es sollte zunächst ermittelt werden, welchen Wert das auf einem Speichermedium gespeicherte oder mit einem Gerät vervielfältigte urheberrechtlich geschützte Material hat. Hierfür kann bei Musikwerken auf die Vergütung zurückgegriffen werden, die Urheber und Leistungsschutzberechtigte bei der gewerblichen Vervielfältigung von Musikwerken auf Tonträgern wie CDs erzielen –

1443 Auf diese Problematik weist auch die Enquete-Kommission „Kultur in Deutschland" hin, s. BT-Drs. 16/7000, S. 282.

1444 So auch *Klett*, K&R 2010, 800 (802). Für eine Vereinbarkeit des deutschen Vergütungssystems mit den Vorgaben des Dreistufentests jedenfalls noch vor der Entscheidung des EuGH in Sachen „Padawan" *Lüghausen,* Die Auslegung von § 53 Abs. 1 Satz 1 UrhG anhand des urheberrechtlichen Dreistufentests, S. 188 f.; und *Senftleben*, CR 2003, 914 (919).

1445 In diesem Sinne schon *Freiwald,* Die private Vervielfältigung im digitalen Kontext am Beispiel des Filesharing, S. 171-180, 199; *Kreutzer*, GRUR 2001, 193 (199); *Perwitz,* Die Privilegierung privater Nutzung, S. 129; *Schack*, ZUM 2002, 497 (509 f.); *ders.*, Urheber- und Urhebervertragsrecht, Rdnr. 557. Instruktiv zum Verbot der Rückwirkung neuer Abgabetatbestände *Frank*, CR 2011, 1 (6); und *Niemann*, CR 2011, 69 (74), ersterer u.a. mit der interessanten Begründung, dass eine Weiterbelastung an den Endverbraucher nicht mehr möglich sei.

immerhin entsteht ein vergleichbares Endprodukt. Der so ermittelte Wert ist dann angesichts der Unterschiede zwischen der Primärverwertung und der Privatkopie um einen entsprechenden Abschlag zu vermindern.[1446] Dieser Ansatz ähnlich einer Lizenzanalogie erfüllt in jedem Fall die Vorgabe des EuGH bezüglich einer schadensorientierten Berechnung.

Auf Grundlage dieser Bezugsgröße ist dann in einem zweiten Schritt unter Zugrundelegung der in § 54 Abs. 1 bis 3 UrhG genannten Kriterien die angemessene Vergütung für die einzelnen Produkte zu ermitteln. Hierbei wäre zu berücksichtigen, zu welchem Anteil das jeweilige Produkt für Privatkopien genutzt wird und welche berechtigten Interessen auf Seiten der Nutzer für eine Reduzierung der Vergütung sprechen. Ferner wäre zu prüfen, ob Dritte durch die Ermöglichung der Privatkopie selbst Gewinn erzielen und inwieweit die Vergütung aus diesem Grund wieder angehoben werden muss. Inwiefern die Nutzer mit diesem Anteil an der Vergütung belastet werden dürfen, der auf den Gewinn des Hilfsdienstleisters entfällt, steht dann sicherlich zur Diskussion. Bislang scheint der Gesetzgeber jedenfalls keine Bedenken dagegen zu haben, dass Hersteller von Geräten und Speichermedien, welche die massenhafte Herstellung von Privatkopien zweifelsohne mitzuverantworten haben und gerade wegen dieser Nutzungsmöglichkeit so erfolgreich sind, nicht an Urheber zahlen, sondern die Nutzer in die Pflicht nehmen. Wenngleich an dieser Verteilung jedenfalls aus der ökonomischen Perspektive Zweifel geäußert werden können, ist diese Verteilung zumindest aus systematischer Sicht verständlich, denn Hersteller der Vervielfältigung ist nicht der Dritte, sondern der Nutzer.

III. Zwischenergebnis

Für alle Arten von Aufnahmesoftware lässt sich gemeinsam feststellen, dass durch den Eingriff in das Ausschließlichkeitsrecht grundsätzlich wirtschaftliche Interessen der Rechteinhaber berührt sind. Dies bedeutet jedoch nicht, dass gleichzeitig eine Beeinträchtigung *berechtigter* Interessen vorliegt.

Urheber und ausübende Künstler können mit einem Vergütungsanspruch aus § 54 UrhG angesichts ihrer Abhängigkeit von den Verwertern und dem möglichen Wunsch einer weiten Verbreitung ihrer Werke im Einzelfall besser bedient sein als mit einem Ausschließlichkeitsrecht. In diesem Fall scheinen ihre Interessen auf einer Linie mit den Interessen der Allgemeinheit zu liegen. Denn Letztere hat ganz offensichtlich ein Interesse an einem möglichst einfachen und kostengünstigen

1446 Zu diesem Ansatz, den die Verwertungsgesellschaften bereits zum Teil verfolgen, im Einzelnen *J. Becker/Müller*, in: FS Pfennig, S. 373 (383 f.) mit dem Hinweis, dass die Verwertungsgesellschaften gegenwärtig von einem Abschlag von 75% auf den Preis im Primärmarkt ausgehen.

Zugang zu Musikwerken, welches ein Vergütungsanspruch eher erfüllt als ein Verbotsrecht. Allein mit diesem Verweis auf gleichlaufende Interessen dieser Interessengruppen lässt sich eine Schrankenbestimmung aber ebenso wenig rechtfertigen.[1447] Es darf nämlich nicht übersehen werden, dass dieses Allgemeininteresse überhaupt erst einmal schützenswert sein muss, um eine Beschränkung des Ausschließlichkeitsrechts zu rechtfertigen. Zwar hat der BGH in der „CB-infobank I"-Entscheidung erläutert, dass auch das Interesse der Allgemeinheit an einem „unkomplizierten Zugang" zu Werken eine wichtige Rolle spielt.[1448] Dies ist jedoch nicht so zu interpretieren, dass *in jedem Fall* ein unkomplizierter Zugang zu gewähren ist. Vielmehr muss die Äußerung des BGH in dem Zusammenhang gesehen werden, dass die Richter über den Zugang zu „Informationen und Dokumentationen" zu entscheiden hatten, mithin über Inhalte, die im Interesse der Informationsfreiheit über einen höheren Stellenwert verfügen als Werke der Musik und deren konsumtive Nutzung. Es kommt folglich darauf an, ob durch den Zugang und die anschließende Nutzung der Informationsfreiheit, der Kultur- und Wissenschaftsfreiheit und dem Schutz der Privatsphäre bzw. der Integrität und Vertraulichkeit informationstechnischer Systeme und zu einem gewissen Grad dem Ausgleich des Marktversagens wegen Unmöglichkeit und/oder Unzumutbarkeit des individuellen Erwerbs gedient wird.[1449] Weder Informationsfreiheit noch Kultur- und Wissenschaftsfreiheit rechtfertigen aber die rein konsumtive bzw. rezeptive kostenlose Nutzung. Aus der verfassungsrechtlichen Perspektive würde es eine Veränderung der grundsätzlichen Idee hinter der Schranke der Privatkopie bedeuten, wenn diese den rein konsumtiven Genuss freistellte.[1450] Hinzu kommt, dass zumindest im Hinblick auf Web-Anwendungen eine Gefährdung der Grundrechte auf Privatsphäre und Gewährleistung der Vertraulichkeit und Integrität informationstechnischer Systeme verhindert werden kann, wenn die Erhebung der für die Lizenzierung erforderlichen Daten anonym erfolgt. Schon aus diesem Grund ist eine Privilegierung von Streamripping über Web-Anwendungen mit der dritten Stufe des Dreistufentests unvereinbar, ohne dass es der Überlegung bedarf, ob die in § 54 UrhG vorgesehene Vergütung die Beeinträchtigung auf ein zumutbares Level senkt.

Im Hinblick auf den Einsatz sonstiger intelligenter Aufnahmesoftware ist sodann fraglich, ob die gegenwärtig vorgesehene Vergütung, die den Urhebern und

1447 Auf diesen Punkt geht *Hilty*, der, soweit ersichtlich, als einer der ersten auf die Parallelen zwischen den Interessen der dritten Partei und jenen der Urheber hinweist, leider nicht ein, s. *Hilty*, GRUR 2005, 819 (824).

1448 *BGH*, BGHZ 134, 250 (263) = NJW 1997, 1363 (CB-infobank I).

1449 In diesem Sinne auch *Ullrich,* GRUR Int 2009, 283 (287).

1450 Vgl. dazu die Darstellung der Entwicklung der Schranke der Privatkopie bei *Bergmann*, in: FS Ullmann, S. 23 ff.

Leistungsschutzberechtigten gewährt wird, überhaupt in der Lage ist, einen gerechten Ausgleich herbeizuführen. So merkten *Poll/Braun* im Jahr 2004 an, dass die Vergütung für ausübende Künstler und Tonträgerhersteller gemäß § 54 UrhG gerade einmal 2 % des Wertes der genutzten Vervielfältigungsrechte abdecke.[1451] Dies erfordert eine Gegenüberstellung der gegenwärtigen Vergütung nach Tarifen und Gesamtverträgen mit der Vergütung, welche auf Basis des möglichen finanziellen Nachteils insbesondere durch die Gefahr der Substitution des Primärmarktes unter Berücksichtigung des Gewinns von Hilfsdienstleistungen anbietenden Dritten und des Verbots einer Kappung zu berechnen ist. Etwaige die Vergütungshöhe mindernde Aspekte auf Nutzerseite sind dabei jedenfalls bei Einsatz von intelligenter Aufnahmesoftware nicht ersichtlich. Selbst wenn man also davon ausgeht, dass eine Beeinträchtigung der Interessen der originären Rechteinhaber durch Vorhalten eines Vergütungsanspruches grundsätzlich verhindert würde, führte die Feststellung, dass diese Vergütung gegenwärtig nicht angemessen ist, zum Ergebnis, dass eine unverhältnismäßige Beeinträchtigung der Interessen der originären Rechteinhaber vorliegt.[1452]

Lediglich im Hinblick auf manuelle Mitschnitte zeigt sich ein anderes Bild. Es fehlt – wie schon im analogen Bereich – an der Realisierbarkeit des Verbotsrechts bzw. die Durchsetzung des Verbotsrechts bedeutete einen starken Eingriff in die Privatsphäre des Nutzers. Der Beeinträchtigung ist daher ein geringeres Gewicht beizulegen als in Fällen, in denen kein Marktversagen besteht. Gleichzeitig ist die praktische Relevanz dieser Aufnahmemethode angesichts des geringen Bedienkomforts, der schlechteren Verfügbarkeit und u.U. „abgeschnittenen", unvollständigen Titeln eher mit analogen Privatkopien vergleichbar. Darüber hinaus ist in diesen Fällen kein Mehrwert eines Dritten, den dieser durch die Vermittlung des Werkes zieht, zu internalisieren. Die gegenwärtig vorgesehene Kopplung der Vergütung an den Endverkaufspreis bzw. ihre Kappung sind dennoch darauf zu prüfen, ob sie eine angemessene Vergütung und damit einen gerechten Ausgleich sicherstellen. Grundsätzlich besteht eine Privilegierung von manuellen digitalen Mitschnitten aber auch die dritte Stufe des Dreistufentests.

1451 *Poll/Braun*, ZUM 2004, 266 (278). Ähnlich *A. Nordemann,* in: FS Loewenheim, S. 205 (212 f.).

1452 Im Ergebnis wie hier allerdings ohne Begründung *A. Nordemann,* in: FS Loewenheim, S. 205 (213).

F. Ergebnis

I. Notwendigkeit der Restriktion des § 53 Abs. 1 UrhG

Die Überprüfung der Ergebnisse in Bezug auf die Anwendbarkeit des § 53 Abs. 1 UrhG auf das Webradio-Streamripping zeigt, dass eine Restriktion des an und für sich weit gefassten Wortlautes der Vorschrift angesichts der Vorgaben des urheberrechtlichen Dreistufentests dringend geboten ist. Zwar sind mithilfe von Aufnahmesoftware gefertigte Privatkopien grundsätzlich bestimmte Sonderfälle und passieren daher die erste Teststufe. Schon die Vorgaben der zweiten Teststufe fordern jedoch ein Verbot des Streamripping unter Zuhilfenahme von vollautomatisierten Web-Anwendungen ungeachtet ihrer technischen Ausgestaltung im Einzelfall, d.h. unabhängig davon, ob Hersteller der Aufnahme der Nutzer oder der Anbieter der Web-Anwendung ist. Diese Privatkopien substituieren den Primärmarkt, obwohl sie grundsätzlich individuell über den Anbieter zu lizenzieren wären. Es gibt folglich schlicht kein Argument dafür, den Rechteinhabern die daraus möglicherweise fließenden Einnahmen vorzuenthalten.

Mag diese Einschätzung auf der zweiten Stufe des Dreistufentests in Bezug auf intelligente Aufnahmesoftware, die auf dem Rechner des Nutzers installiert ist, noch anders ausfallen, verlangt jedenfalls die dritte Teststufe einen Ausschluss dieser Aufnahmemethode aus dem Anwendungsbereich des § 53 Abs. 1 UrhG. Die Rechteinhaber haben berechtigte Interessen an einem gerechten wirtschaftlichen Ausgleich für die private Vervielfältigung. Dieser starken Position stehen indes allenfalls schwache Interessen der Allgemeinheit gegenüber, wobei angesichts des lediglich konsumtiven bzw. rezeptiven Genusses erhebliche Zweifel an deren Qualifizierung als „berechtigte Interessen" geäußert werden können. Dieser Unterschied in der Gewichtung der Belange muss sich in der Vergütung widerspiegeln, da die Beeinträchtigung umso weniger zumutbar ist, je unbedeutender die Interessen der Allgemeinheit sind. Diese abmildernde Wirkung vermag die gegenwärtig gewährte Vergütung aufgrund der Kopplung an den Endverkaufspreis und der Kappungsgrenzen nicht zu erzielen.

Einzig und allein jene Aufnahmen, die der Nutzer ähnlich wie früher mit seinem Kassettenrekorder manuell mitschneidet, stehen in Einklang mit den internationalen Vorgaben.

De lege lata erfüllt die Regelung der §§ 53 Abs. 1 und 54 ff. UrhG die Anforderungen des urheberrechtlichen Dreistufentests daher nicht. Aus verfassungsrechtlicher Perspektive ist diesem Ergebnis nichts hinzuzufügen.

Die Untersuchung hat damit gezeigt, dass die Forderung der Rechteinhaber, Privatkopien mittels intelligenter Aufnahmesoftware aus dem Anwendungsbereich der Vorschrift herauszunehmen, um hierdruch das Streamripping einzudämmen, in gewissem Maße durchaus berechtigt ist.[1453] Etwaigen Bedenken, dass hierdurch ein Nutzungsvorgang „freigelegt“ wird, der aufgrund von tatsächlichen und rechtlichen Hindernissen durch die Rechteinhaber nicht effektiv lizenzierbar ist, ist zum einen zu entgegnen, dass die Frage der Durchsetzbarkeit grundsätzlich getrennt von der Frage des Bestehens eines Rechtes zu sehen ist. Zum anderen hat die Erfahrung gezeigt, dass sich im digitalen Bereich in der Regel einige wenige Dienste durchsetzen, sodass den Rechteinhabern nicht eine Vielzahl dezentraler Einzelnutzer gegenübersteht, sondern einige wenige zentrale Diensteanbieter.

In der Gesetzesbegründung weist der Gesetzgeber allerdings darauf hin, dass er den Dreistufentest bei der Gesetzesreform hinreichend beachtet habe und alle bestehenden Schranken mit ihm konform seien.[1454] Mithin erscheint es nicht zulässig, den Gesetzeswortlaut des § 53 UrhG teleologisch zu reduzieren, sodass intelligente Aufnahmesoftware aus dem Anwendungsbereich der Schranke ausgenommen wäre. Darüber hinaus hat sich aufgrund der ablehnenden Haltung seitens der Regierung, eine Einschränkung des § 53 Abs. 1 UrhG vorzunehmen, ein gewisses Grundverständnis in der Bevölkerung festigen können, dass Aufnahmen von Webradio-Angeboten zulässig seien.[1455] Eine rechtspolitische Auflösung der gegenwärtigen Situation ist daher unumgänglich.

Ebenso erscheint im Falle eines etwaigen Gerichtsverfahrens zur Zulässigkeit von Streamripping und/oder der Zulässigkeit der Nutzung von intelligenter Aufnahmesoftware eine Vorlage an den EuGH zur Überprüfung der Konformität des § 53 Abs. 1 UrhG mit Art. 5 Abs. 5 InfoSoc-RL dringend geboten. Andernfalls werden Werk und Autor nach und nach getrennt und das Urheberrecht durch die

---

1453 S. *Bundesverband der phonographischen Wirtschaft e.V./Deutsche Landesgruppe der IFPI e.V.*, Positionspapier zum sogenannten „Zweiten Korb“ der Urheberrechtsnnovelle, 29.10.2003, http://www.musikindustrie.de/uploads/media/pp_gesetz_nat_stellungn_20031029_ifpi_korb2.pdf; *Bundesverband der phonographischen Wirtschaft e.V./Deutsche Landesgruppe der IFPI e.V.*, Stellungnahme der Deutschen Landesgruppe der IFPI e.V. und des Bundesverbandes der phonographischen Wirtschaft e.V. zum Referentenentwurf für ein Zweites Gesetz zur Regelung des Urheberrechts in der Informationsgesellschaft, 1.11.2004, http://www.musikindustrie.de/uploads/media/pp_gesetz_nat_stellungn_20041101_ifpi_korb2.pdf; und *Bundesverband der phonographischen Wirtschaft e.V./Deutsche Landesgruppe der IFPI e.V.*, Stellungnahme zum Entwurf eines Zweiten Gesetzes zur Regelung des Urheberrechts in der Informationsgesellschaft, 20.2.2006, http://www.musikindustrie.de/uploads/media/pp_gesetz_nat_stellungn_20060220_ifpi_korb2.pdf.

1454 BT-Drs. 16/1828, S. 19 und 21.

1455 Man denke nur an die selbstverständlich erscheinende Empfehlung der Nutzung von intelligenter Aufnahmesoftware seitens der Computer-Zeitschriften, s. *CHIP Xonio Online GmbH*, Internetradio aufnehmen: Gratis Rekorder-Tools, 26.4.2011, http://www.chip.de/news/Internetradio-aufnehmen-Gratis-Rekorder-Tools_48610198.html: „ganz legal“; und *Hansen*, Radiofrühling, c’t-Magazin v. 11.5.2009, S. 118 (122 ff.).

damit einhergehende Verfestigung kollektiver Rechtewahrnehmung auf den bloßen Vergütungsanspruch reduziert.

II. Die Privatkopie de lege ferenda

Vorab lässt sich feststellen, dass das Rad nicht neu erfunden werden muss, um eine Neugestaltung der Schranke der Privatkopie zu erreichen, welche den Erfordernissen der (wieder einmal) technischen Neuerungen auf dem Gebiet der Vervielfältigungsmöglichkeiten gerecht wird. Die Ausgestaltung der Vervielfältigungsfreiheit zum privaten Gebrauch in Form einer thematisch auf diesen Bereich beschränkten Generalklausel ist nach wie vor interessengerecht und angemessen. Es bedarf allerdings einiger Anpassungen, sodass nachfolgend aufgezeigt wird, wie die erforderlichen Anpassungen des Urheberrechtsgesetzes zur Einschränkung des Anwendungsbereiches des § 53 Abs. 1 UrhG auf die digitale Privatkopie umgesetzt werden können.

1. Lösungsvorschläge für eine Anpassung des § 53 Abs. 1 UrhG

Nicht erforderlich ist die Aufnahme von Tatbestandsmerkmalen oder der Einführung eines Auffangtatbestandes ähnlich der US-amerikanischen „fair use"-Schranke des 17 U.S.C. § 107, wie sie etwa *Hoeren* oder *Förster* vorschlagen.[1456] Durch eine solche Anpassung wäre zweifellos eine hohe Flexibilität und damit Einzelfallgerechtigkeit gewährleistet. Gleichzeitig aber wäre eine solche Vorschrift in hohem Maße konkretisierungsbedürftig, was wiederum zu einer größeren Rechtsunsicherheit führt. Es wäre mithin nicht mehr möglich, durch einen Blick ins Gesetz abschätzen zu können, ob es sich bei einer konkreten Vervielfältigung um eine zustimmungsfrei zulässige Werknutzung handelt oder nicht.[1457] Die jahrelange

---

1456 *Hoeren*, MMR 2000, 3 (5) für die Einführung einer „Megaschranke"; und *Förster*, Fair Use, S. 213-222 m.w.N., der eine solche „große Lösung" ablehnt und für die Aufnahme eines Auffangtatbestands plädiert. Vgl. auch die zwei unterschiedlichen Formulierungsvorschläge bei *Poeppel*, Die Neuordnung der urheberrechtlichen Schranken im digitalen Umfeld, S. 491-493, der sie unter der Überschrift „Redliche Verwendung" zum einen an die US-amerikanische Fair-Use-Regel zum anderen an den völkerrechtlichen Dreistufentest anlehnt, im Ergebnis aber die Einführung einer Schrankengeneralklausel ablehnt.

1457 Aus diesem Grund ebenfalls ablehnend *Hohagen*, Die Freiheit der Vervielfältigung zum eigenen Gebrauch, S. 610; *Poeppel*, Die Neuordnung der urheberrechtlichen Schranken im digitalen Umfeld, S. 496; *Schack*, in: FS Schricker, S. 511 f.; *Spindler*, GRUR 2002, 105 (115). Im Ergebnis ebenso jedoch mit Verweis auf das naturrechtliche Fundament des Urheberrechts *Ullrich*, GRUR Int 2009, 283 (285). Kritisch außerdem *Leistner*, IIC 2011, 417 (441 f.). Aus diesem Grund lehnt sie auch die *Bundesministerin der Justiz* ab, s. *Leutheusser-Schnarrenberger*, Kein Grund zum Kulturpessimismus, Frankfurter Allgemeine Zeitung v. 31. 5 2012, S. 8.

Auseinandersetzung in den USA um die Büchersuche von *Google* zeigt eindrücklich die Schwächen dieses Systems.[1458] Darüber hinaus steht eine solche Schrankengeneralklausel – wenngleich sie grundsätzlich mit den Vorgaben des Völker- und Verfassungsrechts vereinbar wäre – nicht mit dem in der InfoSoc-RL vorgesehenen abschließenden Schrankenkatalog im Einklang.[1459] Zudem ist eine Generallausel i.S.d. *fair use*-Schranke angesichts der tatsächlichen Entstehung von privilegierungswürdigen Verwertungsanliegen verfehlt, da diese keinem so dynamischen Wandel unterliegen wie die Verwertungstechnologien und daher eine entsprechend wandlungsfähige Generalklausel benötigen. So hat die Digitalisierung bei Anpassung des Urheberrechtsgesetzes durch das Gesetz zur Regelung des Urheberrechts in der Informationsgesellschaft mit § 44a Nr. 1 und 2 UrhG gerade einmal zwei neue privilegierte Zwecke hervorgebracht. Es ist daher durchaus ausreichend, die neu aufkommenden legitimen Privilegierungsanliegen nach wie vor der ausdrücklichen Regelung durch den Gesetzgeber zu überlassen. Zusätzlich kann durch Auslegung der bestehenden enumerativen Einzeltatbestände anhand der Interessenlage auf die wenigen Fälle reagiert werden, in denen eine enge Auslegung zu unbefriedigenden Ergebnissen führen würde.[1460]

Ebenso ist von der Idee Abstand zu nehmen, eine tatbestandliche Differenzierung nach Werkarten einzuführen, wie sie etwa § 52a Abs. 2 Satz 2 UrhG für Filmwerke vorsieht und wie sie die *Deutsche Landesgruppe der IFPI* ursprünglich gefordert hat.[1461] Die Informationsfreiheit lässt sich nicht auf bestimmte

---

1458 S. zum aktuellen Stand und den Gang des Verfahrens, statt aller *Rauer,* GRUR-Prax 2011, 185; sowie *Hüttner/Ott*, ZUM 2010, 377-387 mit einer Übersicht der am in dieser Sache angestrebten gerichtlichen Vergleich bestehenden Kritikpunkte, jeweils m.w.N.

1459 Dritter Zwischenbericht der Enquete-Kommission „Internet und digitale Gesellschaft“, BT-Drs. 17/7899, S. 21 f. S.a. *Förster,* Fair Use, S. 187-210; und *Poeppel*, Die Neuordnung der urheberrechtlichen Schranken im digitalen Umfeld, S. 497-505, beide mit einer detaillierten Prüfung einer Schrankengeneralklausel im Lichte des Völker-, Verfassungs- und Europäischen Rechts; *Schack,* in: FS Schricker, S. 511 (513); sowie *Ullrich,* GRUR Int 2009, 283 (285), wobei *Ullrich* der Ansicht ist, dass sich eine Schrankengeneralklausel i.S. der *fair use-doctrine* schon nicht mit einem Urheberrecht wie dem Deutschen verträgt, welches aufgrund seines naturrechtlichen Fundaments ein Eigentums- und Persönlichkeitsrecht ist.

1460 Überzeugend *Poeppel*, Die Neuordnung der urheberrechtlichen Schranken im digitalen Umfeld, S. 507-511.

1461 Vgl. dazu die Überlegungen der Bundesregierung, BT-Drs. 15/38, S. 40, und die Beschlussempfehlung und den Bericht des Rechtsausschusses, BT-Drs. 15/3837, S. 34. S. aber das Positionspapier *Bundesverband der phonographischen Wirtschaft e. V./Deutsche Landesgruppe der IFPI e.V.*, Positionspapier zum sogenannten „Zweiten Korb“ der Urheberrechtsnnovelle, 29.10.2003, http://www.musikindustrie.de/uploads/media/pp_gesetz_nat_stellungn_20031029_ifpi_korb2.pdf, S. 3 und 11, wobei die *IFPI* ihre Forderung im Laufe des Gesetzgebungsverfahrens dahingehend angepasst hat, dass die Schranke der Privatkopie nicht auf bestimmte

Werktypen beschränken, d.h. entsprechende Allgemeininteressen gebieten geradezu eine Erstreckung der Schranke für den privaten Gebrauch auf sämtliche Werkarten.[1462] Ebensowenig sollte eine weitere Differenzierung innerhalb des privilegierten Gebrauchszwecks, d.h. nach dem in der Privatsphäre mit dem Vervielfältigungsexemplar verfolgten weitergehenden Zweck, vorgenommen werden.[1463] Eine solche Unterscheidung träfe vor allem auf praktische Hindernisse, da es dem Rechteinhaber praktisch unmöglich ist, substantiiert darzulegen und zu beweisen, zu welchem Zweck ein Nutzer die jeweilige Kopie angefertigt hat, sodass eine effektive Rechtsverfolgung folglich an den allgemeinen Grundsätzen der Darlegungs- und Beweislast scheitern würde.[1464]

Abzulehnen ist aber auch die Forderung von *Hohagen* nach einer Beschränkung der zulässigen Anzahl der – jedenfalls digitalen – Vervielfältigungsexemplare auf eines.[1465] Dies wird den tatsächlichen Gegebenheiten nicht gerecht: Selbst von legal erworbenen digitalen Musiktiteln fertigen Musiknutzer für den privaten Gebrauch mehrere Exemplare an, um den Musiktitel möglichst komfortabel auf unterschiedlichen Geräten, z.B. ihrem tragbaren Medienabspielgerät wie einem *iPod*, ihrem Smartphone oder ihrem Rechner zu speichern und darauf abzuspielen, ohne dass dem Rechteinhaber hierdurch ein finanzieller Verlust entstehen würde. Das Problem liegt vielmehr darin, dass Nutzer schon ihr erstes eigenes Werkexemplar im Wege der Privatkopie herstellen, ohne die Rechteinhaber dafür zu vergüten – unabhängig von möglicherweise folgenden weiteren Vervielfältigungen. Dies kann mangels Kontrollierbarkeit jedoch selbst dann nicht verhindert werden, wenn die Anfertigung von nur einem Vervielfältigungsexemplar zulässig ist. Die Anzahl sollte vor diesem Hintergrund unbestimmt bleiben, um

Werkarten beschränkt sein solle, sondern lediglich bestimmte Ausnahmefälle zulassen dürfe, s.u. Fn. 1463.

1462 In diesem Sinne auch *Hohagen*, Die Freiheit der Vervielfältigung zum eigenen Gebrauch, S. 611.

1463 So aber die Forderung der *Deutschen Landesgruppe der IFPI*, 1) Kopien nur vom eigenen Original zu Sicherungszwecken sowie 2) Aufzeichnungen von Rundfunksendungen nur zum Zweck des zeitversetzten Wahrnehmens zuzulassen, s. *Bundesverband der phonographischen Wirtschaft e.V./Deutsche Landesgruppe der IFPI e.V.*, Stellungnahme der Deutschen Landesgruppe der IFPI e.V. und des Bundesverbandes der phonographischen Wirtschaft e.V. zum Referentenentwurf für ein Zweites Gesetz zur Regelung des Urheberrechts in der Informationsgesellschaft, 1.11.2004, http://www.musikindustrie.de/uploads/media/pp_gesetz_nat_stellungn_20041101_ifpi_korb2.pdf, S. 2 f.; sowie später *Bundesverband der phonographischen Wirtschaft e.V./Deutsche Landesgruppe der IFPI e.V.*, Stellungnahme zum Entwurf eines Zweiten Gesetzes zur Regelung des Urheberrechts in der Informationsgesellschaft, 20.2.2006, http://www.musikindustrie.de/uploads/media/pp_gesetz_nat_stellungn_20060220_ifpi_korb2.pdf, S. 2 und 7.

1464 Zutreffend *Hohagen*, Die Freiheit der Vervielfältigung zum eigenen Gebrauch, S. 611 f.

1465 *Hohagen* a.a.O., S. 618.

ausreichend Flexibilität im Umfang mit verschiedenen Werkarten und Formen des privaten Gebrauchs sicherzustellen.[1466]

Anstelle einer quantitativen Beschränkung scheint daher die Einführung eines auf Grundlage von qualitativen Kriterien ausschließenden Tatbestandsmerkmals angebrachter, welches ähnlich dem Tatbestandsmerkmal des „gewerblichen Ausmaßes“ in § 101 Abs. 1 UrhG die Aktualität und Anzahl der kopierten Titel berücksichtigt.[1467] Doch auch dagegen spricht, dass ein solches Merkmal ebenfalls in hohem Maße konkretisierungsbedürftig ist und das Grundrecht auf Informationsfreiheit gerade zumindest eine Kopie eines jeden Werkes zwecks Unterrichtung gestattet. Sinnvoller ist es, beim Punkt der Verfügbarkeit von Titeln, einschließlich der Einfachheit des Abrufs, anzugreifen, was letztlich auch ausschlaggebend für das eigentliche Problem, nämlich die Substitution des Primärmarktes, ist. Allein die Anfertigung einer Kopie zur eigenen, insofern von der Informationsfreiheit erfassten, Unterrichtung birgt diese Gefahr nicht. Demnach sollte der Einsatz von Aufnahmegeräten und -software nur dann zulässig sein, wenn diese keine über die reine Vervielfältigungshandlung hinausgehenden Funktionalitäten aufweisen, insbesondere keine weiterführenden Recherchefunktionen übernehmen, weil dann gerade nicht das problematische Level an Verfügbarkeit von Werken und Komfort bei der Bedienung erreicht wird. Dies mag freilich eine Abkehr von der bisherigen Rechtsprechung im analogen Bereich bedeuten. Mit einer solchen Ergänzung wird der Anwendungsbereich des § 53 Abs. 1 UrhG jedoch wieder auf ein dem Sinn und Zweck der Privatkopie entsprechendes Niveau geführt und es wird verhindert, dass mithilfe der Privatkopie eine Form der organisierten Massennutzung geschützter Werke begründet wird, welche der gewandelten Art und Weise der Teilhabe an Informationen nicht mehr gerecht wird.

Diesem Vorschlag für eine Anpassung des § 53 UrhG ähnlich hat die *Deutsche Landesgruppe der IFPI* vorgeschlagen, die Möglichkeit der automatisierten Auswahl und Separierung von einzelnen Bestandteilen des übertragenen Programms zu verbieten.[1468] Dies geht nach der hier vertretenen Auffassung jedoch

---

1466 Wie hier *Poeppel*, Die Neuordnung der urheberrechtlichen Schranken im digitalen Umfeld, S. 358-361.

1467 Das Merkmal „gewerbliches Ausmaß“ selbst sollte nicht in § 53 Abs. 1 UrhG übernommen werden, da es mit seinem Fokus auf das *Anbieten* von Werken einen Vergleich im Verhalten des (privaten) Anbieters zu dem Verhalten eines gewerblichen Händlers anstrebt, nicht aber das Verhalten des Nutzers bewerten möchte.

1468 *Bundesverband der phonographischen Wirtschaft e.V./Deutsche Landesgruppe der IFPI e.V.*, Stellungnahme zum Entwurf eines Zweiten Gesetzes zur Regelung des Urheberrechts in der Informationsgesellschaft, 20.2.2006, http://www.musikindustrie.de/uploads/media/pp_gesetz_nat_stellungn_20060220_ifpi_korb2.pdf, S. 7: „Zulässig ist die Aufnahme von Werken innerhalb eines Programms einer Funksendung durch eine natürliche Person zum zu weit, da einem solchen Verbot auch Kopien unterfallen können, welche durch die Informationsfreiheit geschützt sind.

Gleichzeitig wird durch eine Ergänzung zur Unzulässigkeit des Einsatzes von Aufnahmesoftware und -geräten die rechtliche Bewertung von Kopien, welche der Nutzer selbst herstellt, und Kopien, die unter Zuhilfenahme eines Dritten gefertigt werden, neu justiert. Die Überlegung, ein generelles Verbot der Herstellung einer Kopie durch Dritte einzuführen – wohlgemerkt, sofern diese überhaupt dem Nutzer zuzurechnen sind, ansonsten liegt schon kein Fall der Privatkopie vor – verfehlt nämlich das Problem.[1469] § 53 Abs. 1 Satz 2 UrhG sollte daher unverändert übertragen werden, um Situationen gerecht zu werden, in denen der Nutzer auf die Unterstützung eines Dritten noch angewiesen ist.[1470]

---

eigenen persönlichen und privaten Gebrauch auf einem beliebigen Träger, sofern sie weder unmittelbar noch mittelbar Erwerbszwecken dient und durchgeführt wird, um die Funksendung zu einem passenderen Zeitpunkt wahrzunehmen, soweit nicht zur Aufnahme eine offensichtlich rechtswidrig ausgestrahlte Funksendung verwendet wird. Unzulässig ist es, einzelne Bestandteile des übertragenen Programms mit Hilfe besonderer Vorrichtungen automatisiert auszuwählen und separiert dauerhaft zu vervielfältigen."

1469 Über eine solche Beschränkung scheint die *Bundesregierung* zumindest nachzudenken, s. die Prüfbitten, welche das *Bundesministerium der Justiz* am 19.2.2009 aufgrund der Entschließungen des *Bundestags* im Rahmen der Beratungen des „Zweiten Korbs" aufgeworfen hat und die nach wie vor im Rahmen eines möglichen „Dritten Korbs" diskutiert werden, s. BT-Drs. 16/5939, S. 28. Vgl. dazu die Stellungnahmen der unterschiedlichen Interessengruppen. Für ein Verbot der Vervielfältigung durch Dritte: *Börsenverein des Deutschen Buchhandels*, Prüfung weiteren gesetzgeberischen Handlungsbedarfs im Bereich des Urheberrechts – Stellungnahme zu den Fragen des Bundesministeriums der Justiz vom 13. Februar 2009, http://www.boersenverein.de/sixcms/media.php/976/Stellungnahme_Dritter_Korb_Juni09.pdf, S. 2. Dagegen: *Bundesrechtsanwaltskammer*, Stellungnahme der Bundesrechtsanwaltskammer zur Prüfung weiteren gesetzgeberischen Handlungsbedarfs im Bereich des Urheberrechts, Mai 2009, http://www.brak.de/w/files/stellungnahmen/Stn19-2009.pdf, S. 3; *Deutscher Journalistenverband*, Stellungnahme des Deutschen Journalisten-Verbandes e. V. zum Fragebogen „Prüfung weiteren gesetzgeberischen Handlungsbedarfs im Bereich des Urheberrechts", 26.6.2009, http://www.djv.de/fileadmin/DJV/Tipps_und_Infos_fuer_Freie_NEU/UrhR-Korb-3-Fragebogen.pdf (Stand: 17.6.2012), S. 3; *Deutscher Richterbund*, Stellungnahme des Deutschen Richterbundes zur Prüfung weiteren gesetzgeberischen Handlungsbedarfs im Bereich des Urheberrechts, Juni 2009, http://www.drb.de/cms/index.php?id=583; *Max-Planck-Institut für Geistiges Eigentum, Wettbewerbs- und Steuerrecht*, Stellungnahme des Max-Planck-Instituts für Geistiges Eigentum, Wettbewerbs- und Steuerrecht zur Anfrage des Bundesministeriums der Justiz vom 19. Februar 2009, http://www.ip.mpg.de/files/pdf1/Stellungnahme-UrheberrechtDritterKorb6.pdf, S. 5 f.; *Verbraucherzentrale Bundesverband*, Prüfung weiteren gesetzgeberischen Handlungsbedarfs im Bereich des Urheberrechts, Juni 2009, http://www.vzbv.de/mediapics/stn_fragebogen_bmj_handlungsbedarf_urheberrecht_06_2009.pdf, S. 7f.

1470 A.A. *Hohagen*, Die Freiheit der Vervielfältigung zum eigenen Gebrauch, S. 618; und *Poeppel*, Die Neuordnung der urheberrechtlichen Schranken im digitalen Umfeld, S. 278-280, die das

Gleichwohl abzulehnen ist die in der Begründung zum Regierungsentwurf der Bundesregierung für den „zweiten Korb“ geäußerte Ansicht, wonach die Aufrechterhaltung von § 53 Abs. 1 Satz 2 UrhG erforderlich sei, da die Überwachung einer gegenteiligen Lösung praktisch unmöglich sei.[1471]

Darüber hinaus sollte weder die Eigentümerstellung des Vervielfältigenden, noch die Notwendigkeit der Verwendung eines Originals, noch die Rechtmäßigkeit der Vorlage zur Voraussetzung gemacht werden. Der Sinn und Zweck der urheberrechtlichen Schranken besteht nicht zuletzt auch darin, Menschen Zugang zu Informationen zu gewähren, wenngleich sie nicht über ein eigenes Werkexemplar verfügen. Dieses Ziel wird nicht erreicht, wenn die Eigentümerstellung vorausgesetzt wird.[1472] Der Gesetzgeber hat außerdem ganz richtig erkannt, dass die Voraussetzung einer rechtmäßigen Vorlage aufgrund der äußerst schwierigen Ermittelbarkeit der Rechtslage nur zur Unsicherheit beitragen würde.[1473] Gleiches gilt, soweit die Zulässigkeit der Vervielfältigung nur bei Verwendung des Originals[1474] oder eines legalen Radiosenders[1475] als Werkvorlage gefordert wird.

Herstellenlassen eines Vervielfältigungsexemplars durch Dritte vollständig aus dem Kreis privilegierte Nutzungshandlungen streichen möchten.

1471 So aber BT-Drucks 16/1828, S. 19.

1472 Wie hier *Fangerow/Schwartz*, GRUR 2011, 597 (598).

1473 BT-Drucks 16/1828, S. 26. Zustimmend *Hohagen*, Die Freiheit der Vervielfältigung zum eigenen Gebrauch, S. 618 f.; und *Poeppel*, Die Neuordnung der urheberrechtlichen Schranken im digitalen Umfeld, S. 280-285, der sogar noch einen Schritt weiter geht und die Zulässigkeit einer Privatkopie selbst nicht von einer offensichtlichen Rechtswidrigkeit abhängig machen möchte.

1474 Auch dieser Aspekt ist Bestandteil der Prüfbitten, s.o. Fn. 1469, und auch hier fallen die Meinungen unterschiedlich aus. Für eine Vervielfältigung nur vom Original: *Börsenverein des Deutschen Buchhandels*, Prüfung weiteren gesetzgeberischen Handlungsbedarfs im Bereich des Urheberrechts – Stellungnahme zu den Fragen des Bundesministeriums der Justiz vom 13. Februar 2009, http://www.boersenverein.de/sixcms/media.php/976/Stellungnahme_Dritter_Korb_Juni09.pdf, S. 2. Dagegen: *Bundesrechtsanwaltskammer*, Stellungnahme der Bundesrechtsanwaltskammer zur Prüfung weiteren gesetzgeberischen Handlungsbedarfs im Bereich des Urheberrechts, Mai 2009, http://www.brak.de/w/files/stellungnahmen/Stn19-2009.pdf, S. 3; *Deutscher Journalistenverband*, Stellungnahme des Deutschen Journalisten-Verbandes e. V. zum Fragebogen „Prüfung weiteren gesetzgeberischen Handlungsbedarfs im Bereich des Urheberrechts“, 26.6.2009, http://www.djv.de/fileadmin/DJV/Tipps_und_Infos_fuer_Freie_NEU/UrhR-Korb-3-Fragebogen.pdf (Stand: 17.6.2012), S. 2; *Deutscher Richterbund*, Stellungnahme des Deutschen Richterbundes zur Prüfung weiteren gesetzgeberischen Handlungsbedarfs im Bereich des Urheberrechts, Juni 2009, http://www.drb.de/cms/index.php?id=583; *Max-Planck-Institut für Geistiges Eigentum, Wettbewerbs- und Steuerrecht*, Stellungnahme des Max-Planck-Instituts für Geistiges Eigentum, Wettbewerbs- und Steuerrecht zur Anfrage des Bundesministeriums der Justiz vom 19. Februar 2009, http://www.ip.mpg.de/files/pdf1/Stellungnahme-UrheberrechtDritterKorb6.pdf, S. 3-5; *Verbraucherzentrale Bundesverband*, Prüfung weiteren gesetzgeberischen Handlungsbedarfs im

Dabei kann dahinstehen, ob die eigentliche Bedrohung der Musikindustrie, welche durch die systematische und automatisierte Beschaffung verursacht wird, durch eine Beschränkung der zu verwendenden Vorlagen tatsächlich behoben werden könnte.[1476] Gerade aktuelle Hits wären immer noch sehr schnell zur Aufnahme verfügbar.

Dennoch sind auch hinsichtlich der Art der Vorlage zwei Anpassungen erforderlich. Zum einen sollte eine Klarstellung erfolgen, dass auch Sendungen von der zusätzlichen Freigabebedingung i.S.d. § 53 Abs. 1 UrhG erfasst sind. § 96 Abs. 2 UrhG ist entsprechend anzupassen. Der Wertungsunterschied zwischen Sendungen i.S.d. § 20 UrhG und öffentlichen Zugänglichmachungen i.S.d. § 19a UrhG ist jedenfalls in Bezug auf Internetnutzungen durch Nichts mehr zu rechtfertigen. Das Verwertungsverbot darf sich insofern nicht technikneutral nur auf Sendungen durch Funk, wie Ton- und Fernsehrundfunk, Satellitenrundunk und Kabelfunk beziehen.

Zum anderen muss die Frage der Offensichtlichkeit bei Bestehen der Möglichkeit, die Vervielfältigungen durch eine Software oder ein Gerät herzustellen oder herstellen zu lassen, welche ein Dritter bereit stellt und über die er im Rahmen seines Dienstleistungsangebotes eine gewisse Kontrolle behält, – sei es, um „nur" Updates durchzuführen oder weitere Zusatzleistungen anzubieten – aus dem Blickwinkel des Dritten beurteilt werden, bzw. ist das Wissen um die Rechtswidrigkeit dem Nutzer, der sich auf die Privatkopie beruft, zuzurechnen. Zu berücksichtigen ist dabei, dass sich die Neuformulierung des § 53 Abs. 1 UrhG nicht auf einen Spezialfall beschränken darf, also nicht nur den Einsatz von „intelligenter Aufnahmesoftware" verbieten sollte, sondern technikneutral formuliert sein muss, um zukünftigen Anpassungsbedarf möglichst gering zu halten.

Bei der Gelegenheit sollten gleich zwei weitere Bereinigungen vorgenommen werden. Das Tatbestandsmerkmal „sofern sie weder unmittelbar noch mittelbar Erwerbszwecken dienen" sollte gestrichen werden, da es eine unnötige Dopplung ist und den Anwendungsbereich der Vorschrift bestenfalls nur verzerrt. Zudem sollte klargestellt werden, dass eine Privatkopie lediglich von bereits veröffentlichten Werken gestattet ist, da allein diese von der Informationsfreiheit gedeckt ist.

Bereich des Urheberrechts, Juni 2009, http://www.vzbv.de/mediapics/stn_fragebogen_bmj_handlungsbedarf_urheberrecht_06_2009.pdf, S. 5 f.

1475 *v. Zimmermann*, MMR 2007, 553 (558).

1476 Die Software *Radiotracker* greift bspw. auf 60.000 Sender zu (http://audials.com/de/radio tracker/index.html), während es gegenwärtig ca. 1300 lizenzierte Webradios gibt, s. *GEMA*, Lizenzierte Webradios, https://www.gema.de/musiknutzer/lizenzieren/meine-lizenz/online-anbieter/webradio/lizenzierte-webradios.html.

2. *Eigener Regelungsvorschlag*

Unter Berücksichtigung vorgenannter Aspekte ergibt sich folgender Regelungsvorschlag zu § 53 Abs. 1 UrhG und § 96 Abs. 2 UrhG, welcher nicht nur das Interesse des Rechteinhabers sondern auch den verfassungsrechtlich geschützten Kern der berechtigten Allgemein- und Individualinteressen berücksichtigt. Die Änderungen zur gegenwärtigen Formulierung sind hervorgehoben.

> § 53 Abs. 1 UrhG
>
> (Satz 1) Zulässig sind einzelnen Vervielfältigungen eines *veröffentlichten* Werkes durch eine natürliche Person zum privaten Gebrauch auf beliebigen Trägern, ~~sofern sie weder unmittelbar noch mittelbar Erwerbszwecken dienen,~~ soweit nicht zur Vervielfältigung eine offensichtlich rechtswidrig hergestellte oder ~~öffentlich~~ *der Öffentlichkeit* zugänglich gemachte Vorlage verwendet wird.
>
> (Satz 2) Der zur Vervielfältigung Befugte darf die Vervielfältigungsstücke auch durch einen anderen herstellen lassen, sofern dies unentgeltlich geschieht oder es sich um Vervielfältigungen auf Papier oder einem ähnlichen Träger mittels beliebiger photomechanischer Verfahren oder anderer Verfahren mit ähnlicher Wirkung handelt.
>
> (Satz 3) Die Rechtswidrigkeit ist offensichtlich, wenn sie für die natürliche Person oder den anderen, durch den sie das Vervielfältigungsstück herstellen lässt, ohne Schwierigkeiten erkennbar ist.
>
> (Satz 4) Der Einsatz von Geräten oder Software für die Vervielfältigungen nach den Sätzen 1 und 2 ist zulässig, sofern diese keine Funktionalitäten aufweisen, die über die Herstellung der Vervielfältigung der durch die natürliche Person ausgewählten Vorlage hinausgehen.
>
> § 96 Abs. 2 UrhG
>
> Rechtswidrig veranstaltete*r* ~~Funksendungen~~ *Ton-, Fernseh-, Satellitenrundfunk und Kabelfunk,* ~~dürfen~~ *darf* nicht auf Bild- oder Tonträger aufgenommen oder öffentlich wiedergegeben werden.

Eine Anpassung der Vergütungsregeln der §§ 54 ff. UrhG ist bei dem hier vertretenen Regelungsvorschlag in Bezug auf § 54a Abs. 4 UrhG erforderlich, der angesichts der unionsrechtlichen Vorgaben zur Berechnung der Vergütung entfallen sollte. Eine Erweiterung des Kreises der Anspruchsgegner i.S.d. §§ 54 Abs. 1 und 54b Abs. 1 UrhG auf Anbieter von Hilfsdienstleistungen ist im Interesse einer gleichmäßigen Belastung aller von der Vervielfältigungshandlung indirekt profitierenden Parteien ebenfalls in Erwägung zu ziehen, ist angesichts ihrer geringen Relevanz, wenn denn § 53 Abs. 1 UrhG entsprechend eingeschränkt wird, aber nicht erforderlich. Gleichzeitig muss natürlich der Ausgleich der finanziellen Einbuße, welche die originären Rechteinhaber aufgrund des Wegfalls ihres Vergütungsanspruches erleiden können, geschaffen werden, etwa in Form eines vertragsrechtlichen Vergütungsanspruchs z.B. in Form einer prozentualen Beteiligung gegen den Verwerter, auf den der originäre Rechteinhaber nicht verzichten kann.[1477]

Auf diesen Regelungsvorschlag mag entgegnet werden, dass das Verbot der Verwendung intelligenter Aufnahmesoftware nicht kontrollierbar wäre, ohne unangemessen in die Privatsphäre der Nutzer einzugreifen. Die mangelnde Durchsetzbarkeit allein kann allerdings kein Argument gegen ein Verbot sein. Auch andere Beschränkungen des Privatkopienprivilegs, beispielsweise die § 53 Abs. 2 bis 5 oder das bereits erwähnte Verwertungsverbot des § 96 UrhG, lassen sich nur schwer kontrollieren, sind aber trotzdem Teil des Urheberrechtsgesetzes. Bei Einführung der hier vorgeschlagenen Beschränkung des Privatkopienprivilegs müssten Nutzer zumindest erst eine moralische Hemmschwelle überwinden, was auf lange Sicht zu einem Bewusstseinswandel in der Bevölkerung beitragen kann. Außerdem wäre die Grundlage geschaffen, Anbieter von intelligenter Aufnahmesoftware über Grundsätze wie die Störerhaftung in die Verantwortung zu nehmen. Ergänzend ist in Anlehnung an das Verbot von Vorbereitungshandlungen i.S.d. § 95a Abs. 3 UrhG an ein Verbot von kommerziell hergestellten und vertriebenen Aufnahmesoftware und -geräten zu denken.

Sofern entgegen der hier vertretenen Auffassung keine Einschränkung des § 53 Abs. 1 UrhG vorgenommen wird, muss zumindest die gegenwärtig gewährte Vergütung angepasst werden. In diesem Fall sollte ein Teil der Vergütungspflicht auf werkmittelnde Personen wie Anbieter von intelligenter Aufnahmesoftware umgelegt werden. Derartige Betreibervergütungen sind dem deutschen Recht ohnehin bekannt.[1478] Ferner sollte der Spielraum für eine restriktive Auslegung ausgeschöpft werden, den die Schrankenbestimmung des § 53 Abs. 1 UrhG schon *de lege lata* bietet. Insbesondere ist zu überlegen, zum einen strenge Kriterien an die Zurechnung anzulegen, wenn die Kopie zum privaten Gebrauch durch einen Dritten gefertigt wird, und zum anderen das Kriterium der Offensichtlichkeit der Rechtswidrigkeit weit auszulegen, sodass viele Fälle des Streamripping schon *a priori* nicht in den Anwendungsbereich des § 53 Abs. 1 UrhG fallen.

3. Internationale Lösungsvorschläge i.S. einer Neuordnung des Urheberrechts

Die Regelungsstruktur der Urheberrechtsschranken wird neben den zuvor schon erwähnten Vorschlägen der Einführung einer Schranke i.S.d. US-amerikanischen „fair use“ und einzelner Anpassungen am Wortlaut des § 53 Abs. 1 UrhG in

1477 Vgl. die Forderung der Enquete-Kommission „Kultur in Deutschland“ zur Überprüfung der Regelungen zum Urhebervertragesrecht, welche die Kommission als unzureichend erachtet, BT-Drs. 16/7000, S. 267.

1478 S. die Vergütungspflicht für Betreiber von Ablichtungsgeräten i.S.d. § 54c UrhG.

diversen Reformprojekten kritisch überprüft.[1479] Zu erwähnen seien an dieser Stelle nur einige, die allerdings – zumindest teilweise – eine Abkehr vom *aquis communautaire* in Form der sieben Richtlinien, welche der europäische Gesetzgeber in diesem Bereich seit 1991 erlassen hat, bedeuten und daher zunächst eine Anpassung der europäischen Rahmengesetzgebung (bezüglich der Schrankenbestimmungen insbesondere der InfoSoc-RL) erfordern würden.

Zu erwähnen ist das *Wittem Project*, welches im Entwurf eines „Draft European Copyright Code" mündete.[1480] Darin werden geordnet nach ihrem Rechtfertigungsgrund vier Kategorien von Schranken mit normativen Beispielen aufgeführt: Werknutzungen mit einer minimalen wirtschaftlichen Bedeutung (z.B. Sicherungskopien und unwesentliches Beiwerk); Werknutzungen zur Sicherung der Meinungs- und Informationsfreiheit (z.B. Zitate und Parodien); Werknutzungen zum Zwecke der Förderung sozialer, politischer oder kultureller Ziele (z.B. Archivierung und Rechtspflege); sowie Werknutzungen zur Förderung des Wettbewerbs (z.B. Abbildung von zum Verkauf bestimmten Werken). Vervollständigt wird diese Aufzählung durch eine Generalklausel, welche die Einführung weiterer Schranken erlaubt, sofern diese einen vergleichbaren Regelungs-

---

1479 Auf internationaler Ebene, s. die Studien der *WIPO* zu verschiedenen Schrankenbestimmungen, z.B. für Bibliotheken und Archive oder für erzieherische Zwecke, welche unter http://www.wipo.int/copyright/en/limitations/studies.html abrufbar sind; sowie *Max-Planck-Institut für Geistiges Eigentum, Wettbewerbs- und Steuerrecht*, Declaration, EIPR 2008, 489 (492-496). Auf europäischer Ebene, s. Grünbuch Urheberrecht in der wissensbestimmten Wirtschaft, KOM 2008 (466) endg.; Mitteilung der Kommission, Urheberrechte in der wissensbestimmten Wirtschaft, KOM 2009 (532) endg.; Reflektionspapier der GD Informationsgesellschaft und Medien und GD Binnenmarkt und Dienstleistungen, Creative Content in a European Digital Single Market, 22.10.2009, http://ec.europa.eu/avpolicy/docs/other_ac tions/col_2009/reflection_paper.pdf; sowie *Hugenholtz/Okediji*, Conceiving an International Instrument on Limitations and Exceptions to Copyright, 6.3.2008, http://www.ivir.nl/publi caties/hugenholtz/finalreport2008.pdf; *Hugenholtz/van Eechoud/van Gompel* et al., The Recasting of Copyright, November 2006, http://ec.europa.eu/internal_market/copyright/docs/ studies/etd2005imd195recast_report_2006.pdf. In Deutschland wird über den „Dritten Korb" zum Urheberrecht diskutiert, s. die vom *Bundesjustizministerium* angestoßene „Prüfung weiteren gesetzgeberischen Handlungsbedarfs im Bereich des Urheberrechts" vom 13.2.2009 sowie die „Berliner Rede zum Urheberrecht" der Bundesministerin der Justiz *Leutheusser-Schnarrenberger* vom 14.6.2010, http://www.bmj.de/SharedDocs/Reden/DE/ 2010/20100614_Berliner_Rede_zum_Urheberrecht.html. Für alternative Regelungsmodelle s. außerdem *Kreutzer*, Das Modell des deutschen Urheberrechts. Im Vereinigten Königreich stehen die Schrankenbestimmungen ebenfalls auf dem Prüfstand, s. *United Kingdom Intellectual Property Office*, Taking Forward the Gowers Review II, Dezember 2009, http://www.ipo.gov.uk/consult-gowers2.pdf.

1480 *Bently/Dreier/Hilty* et al., The Wittem Project. European copyright code, April 2010, http://www.copyrightcode.eu. Zur Entstehungsgeschichte des Projektes, s. *Dreier,* in: FS Loschelder S. 47 (49-52).

gehalt haben und weder die normale Werkverwertung noch berechtigte Interessen der Rechteinhaber unter Berücksichtigung der berechtigten Interessen Dritter beeinträchtigen.[1481]

Interessant ist, dass das *Wittem Project* in Art. 5.3 Abs. 2 lit. a Draft European Copyright Code eine Ausnahme für Privatkopien vorsieht, die dem gegenwärtigen § 53 Abs. 1 Satz 1 UrhG sehr ähnelt:

> „The following uses for the purpose of promoting important social, political and cultural objectives are permitted without authorisation, but only against payment of remuneration, and to the extent justified by the purpose of the use:
>
> (a) reproduction by a natural person for private use, provided that the source from which the reproduction is made is not an obviously infringing copy".[1482]

Ob die Probleme, welche § 53 Abs. 1 Satz 1 UrhG schon heute in Bezug auf intelligente Aufnahmesoftware aufwirft, mit dieser Formulierung umgangen werden können, mag bezweifelt werden. Dies ließe sich allenfalls durch eine entsprechend restriktive Auslegung der Voraussetzung „for the purpose of promoting important social, political and cultural objectives" erreichen.

Ein weiterer Vorschlag stammt vom *Institute for Information Law (IViR)* der Universität Amsterdam. Vor dem Hintergrund der Frage, wie weit die Harmonisierung der Rechtsordnungen der EU-Mitgliedstaaten fortgeschritten ist und eine weitere Harmonisierung erreicht werden kann, empfehlen die Autoren die Einführung eines abschließenden Kataloges bestimmter verbindlicher, eindeutig formulierter Schrankenbestimmungen. Dieser soll ebenfalls durch eine Generalklausel ergänzt werden, welche es den Mitgliedstaaten freistellt, weitere Ausnahmen einzuführen, sofern diese den Voraussetzungen des urheberrechtlichen Dreistufentests genügen und den Binnenmarkt nicht beeinträchtigen.[1483]

Dem Vorschlag des *IViR* ganz ähnlich schlagen Vertreter des *Max-Planck-Instituts für Geistiges Eigentum, Wettbewerbs- und Steuerrecht (MPI)* eine technikneutrale, offene Formulierung der Schrankenbestimmungen vor, geordnet nach dem jeweiligen Zweck der Nutzung, nicht wie gegenwärtig auf Grundlage

---

1481 Damit wiederholt der Vorschlag zwar sämtliche Schrankenbestimmungen der InfoSoc-RL, geht jedoch auch darüber hinaus , s.a. die Erläuterungen des Schrankenkatalogs bei *Dreier,* in: FS Loschelder S. 47 (57-60).

1482 „Die folgenden Nutzungen sind für den Zweck der Förderung wichtiger sozialer, politischer und kultureller Ziele ohne Zustimmung zulässig, jedoch nur gegen Zahlung einer Vergütung und soweit sie durch den Zweck der Nutzung gerechtfertigt ist: (a) Vervielfältigung durch eine natürliche Person zum privaten Gebrauch, vorausgesetzt dass die Quelle, von der die Vervielfältigung hergestellt wird, keine offensichtlich rechtswidrige Kopie ist" [Übersetzung durch die Verfasserin].

1483 *Guibault/Westkamp/Rieber-Mohn* et al., Study on the Implementation and Effect in Member States' Law of Directive 2001/29/EC. Part I, Februar 2007, http://ec.europa.eu/internal_market/copyright/docs/studies/infosoc-study_en.pdf, S. 65-67.

der begünstigten Nutzerkreise oder Technologien. Dabei sollen jedenfalls die Ausnahmen für den wissenschaftlichen Gebrauch verpflichtend, vertraglich nicht abdingbar und gegen technische Schutzmaßnahmen durchsetzbar sein.[1484]

Sowohl das *IViR* als auch das *MPI* unterbreiten jedoch keine konkreten Formulierungsvorschläge, sodass an dieser Stelle keine Aussage zu der Bedeutung für den Fall „Webradio-Aufnahmen" getroffen werden kann.

1484 *Max-Planck-Institut für Geistiges Eigentum, Wettbewerbs- und Steuerrecht*, European Commission – Green Paper: Copyright in the Knowledge Economy. Comments by the Max Planck Institute for Intellectual Property, Competition and Tax Law, 2008, http://www.ip.mpg.de/files/pdf1/Comments-GreenPaperCopyrigthKnowledgeEconomy4.pdf.

Schlussbetrachtung

Zusammenfassung der Ergebnisse in Thesen

Die explosionsartige Entwicklung des Internets und neuer Geschäftsmodelle hat zu tiefgreifeden Veränderungen geführt. Vor allem ist ein klarer Trend zur jederzeitigen und mobilen Arufbarkeit von Inhalten aller Art, so auch von Musik, erkennbar, welcher die Nutzung von Streaming-Angeboten wie Webradio weiter vorantreibt. Zugleich verlieren materielle Träger der Leistungen der Kreativen beständig an Bedeutung; verkauft wird der Zugang zu Musik.

Der Zugang im digitalen Bereich wird jedoch nicht mehr von den klassischen Primärverwertern wie den Plattenfirmen hergestellt, sondern von Dritten wie z.B. den Anbietern von Webradio. Darüber hinaus sind Anschlussnutzungen wie Streamripping der Kontrolle durch die Primärverwerter entzogen. Dritte, die die hierfür notwendige Aufnahmesoftware zur Verfügung stellen, profitieren insofern von fremdem geschützten Material, ohne mit ihrer Tätigkeit selbst in fremde Urheberrechte einzugreifen.[1485] Bedingt durch die Möglichkeiten der Digitalisierung und die preisgünstigen Speichermedien ist außerdem eine grundlegende Veränderung im Verhalten der Nutzer und in ihren Wertmaßstäben im Umgang mit urheberrechtlich geschützten Gütern zu beobachten. Der kostengünstige Zugriff auf eine große Auswahl an verfügbaren Titeln von hoher Qualität scheint eine Selbstverständlichkeit geworden zu sein. Dabei ist den Nutzern nicht immer klar, welches Verhalten zulässig und welches unzulässig ist, bzw. welchen Quellen legal und welche illegal sind.[1486] Infolgedessen hat vor allem das private Kopieren aufgrund effizienterer Aufnahmemethoden neue Dimensionen angenommen,

---

1485 Zu bedenken ist, dass solche Anschlussnutzungen nicht nur die traditionellen, sondern auch die neuen legalen Musikangebote wie Musikbibliotheken mit Playlists à la *spotify* kannibalisieren.

1486 Nach einer Studie der *GfK* in Auftrag des *Bundesverbands Musikindustrie* ist es für 2/3 der Bevölkerung nicht leicht, zwischen legalen und illegalen Online-Angeboten zu unterscheiden und das Streamripping halten immerhin noch 5% der Bevölkerung für zulässig, s. *Bundesverband Musikindustrie*, DCN-Studie 2013, http://www.musikindustrie.de/studien, S. 13, 15 und 20.

obwohl es an und für sich natürlich nichts Neues ist.[1487] Diese Entwicklungen ziehen einschneidende Strukturveränderungen für sämtliche Rechteinhaber nach sich. Am spürbarsten sind sie aber sicherlich für die Plattenfirmen, deren bisheriger Primärmarkt mehr und mehr substituiert wird und die gleichzeitig nicht mehr zwingend ein Glied der Verwertungskette sind.

Vor diesem Hintergrund war es ein Ziel dieser Arbeit, die unterschiedlichen Webradio-Arten in den urheberrechtlichen Rahmen einzugliedern, um die Grundlage für die Diskussion um tragfähige Lizenzierungsmodelle für die unterschiedlichen Webradio-Typen zu schaffen. Ein weiteres Ziel war die Bewertung der Zulässigkeit des Webradio-Streamripping, wobei sich die Eingangsfrage, ob Streamripping eine neue Form von Musikpiraterie darstellt, wie so häufig nur mit einem „Es kommt darauf an“ beantworten lässt. Im Einzelnen lassen sich folgende Feststellungen treffen:

1. Digitalisierung, Kompression und Speicherung von Musik für eine anschließende Verwendung im Webradio berühren das Vervielfältigungsrecht i.S.d. § 16 UrhG[1488], wenn sich der physische Träger der Vervielfältigung in Deutschland befindet. Mit Ausnahme von Vervielfältigungen, welche die einmalige Sendung eines Werkes ermöglichen, d.h. ephemere Vervielfältigungen i.S.d. § 55 Abs. 1 UrhG sind, unterfallen sie keiner urheberrechtlichen Schrankenregelung. Der Webradio-Anbieter muss diese Nutzungsvorgänge lizenzieren.
2. Die Verwertungsrechte der Sendung i.S.d. § 20 UrhG[1489] und der öffentlichen Zugänglichmachung i.S.d. § 19a UrhG[1490] sind geeignet, die gegenwärtig verfügbaren Webradio-Varianten rechtlich zu erfassen. Ein Rückgriff auf ein unbenanntes Verwertungsrecht i.S.d. § 15 Abs. 2 Satz 1 UrhG ist nicht erforderlich. Entscheidendes Kriterium für die Abgrenzung der beiden Verwertungsrechte ist die zeitliche Dimension. Bei der öffentlichen Zugänglichmachung bestimmt der Nutzer über den Zeitpunkt des Abrufs, wobei diese Entscheidungshoheit nicht auf Ebene eines in das Programm eingebetteten

1487 S. *Schwartmann*, BMWi-Studie, Januar 2012, http://www.bmwi.de/BMWi/Navigation/Service/publikationen,did=474202.html, S. 40-51 m.w.N., der als Ursachen für Urheberrechtsverletzungen im Internet die Faktoren „technologischer Fortschritt“ und „Mangel an Rechts- und Unrechtsbewusstsein“ nennt; sowie *Van Eecke/Truyens* et al., EU study on the Legal analysis of a Single Market for the Information Society, SMART 2007/0037, November 2009, http://ec.europa.eu/information_society/newsroom/cf/itemdetail.cfm?item_id=7022, Kap. 5 Ziffer 1.2.1, die einige Stimmen von Nutzern wiedergeben, etwa: „If they don't want me to download, then why do I have the software and hardware with which to do it?“

1488 Bzw. §§ 77 Abs. 1 und 85 Abs. 1 Satz 1 UrhG.

1489 Bzw. §§ 78 Abs. 1 Nr. 2 und 86 UrhG.

1490 Bzw. §§ 78 Abs. 1 Nr. 1 und 85 Abs. 1 Satz 1 UrhG.

Titels liegen muss, sondern das reine Anstoßen des Programms auf Initiative des Nutzers ausreicht, um den Tatbestand des § 19a UrhG zu erfüllen.

3. Simulcasts und Webcasts, selbst in Form von Spartenkanälen, sowie Loop-Streams sind Sendungen i.S.d. § 20 UrhG, da der Nutzer nicht frei über den Zeitpunkt des Beginns des Programms bestimmen kann. Funktionen, die ein Stoppen oder Pausieren des Streams ermöglichen, sowie Speichermöglichkeiten sind für diese Einordnung unschädlich. On-Demand-Streams und personalisierte Webradios fallen unter das Recht der öffentlichen Zugänglichmachung i.S.d. § 19a UrhG. Gleiches gilt für Angebote mit Skip-Funktion. Kann Webradio in Deutschland empfangen bzw. abgerufen werden, befindet sich der Ort der Einstellung ins Netz und/oder der Serverstandort in Deutschland, liegt eine nach deutschem Recht relevante öffentliche Wiedergabe vor. Entsprechend muss der Webradio-Anbieter das jeweils einschlägige Recht zur öffentlichen Wiedergabe für Deutschland einholen. Bei der Bestimmung des Empfangslandes unberücksichtigt bleiben Zugriffe, die unter Umgehung einer wirksamen Geo-Sperre erfolgen.
4. Die digitale Kommunikation basiert auf der wiederholten, technisch bedingten Anfertigung von Kopien der zu übermittelnden Information an verschiedenen Stellen der Übermittlungsstrecke. Sofern diese angesichts ihrer Kürze überhaupt Vervielfältigungen i.S.d. § 16 UrhG sind und räumlich in den Anwendungsbereich des Urheberrechtsgesetzes fallen, sind sie zumeist gem. § 44a Nr. 1 UrhG als vorübergehende Vervielfältigungshandlungen zulässig, ohne dass es der Zustimmung des Rechteinhabers bedarf.
5. Auf Nutzerseite werden beim Streaming Kopien der übermittelten Information angefertigt. Es ist davon auszugehen, dass die zu einem bestimmten Betrachtungszeitpunkt im Arbeitsspeicher vorhandenen Werkfragmente jedenfalls gemeinsam eine urheberrechtlich relevante Vervielfältigung i.S.d. § 16 UrhG bilden. Sie sind aufgrund ihrer vorübergehenden Natur allerdings gem. § 44a Nr. 2 UrhG privilegiert, sofern der Nutzer zur Wahrnehmung nicht bewusst eine wirksame technische Schutzmaßnahme z.B. in Form einer Geo-Sperre umgeht. Liegt eine Umgehung vor, verstößt der Nutzer gegen § 95a Abs. 1 UrhG und § 16 UrhG.
6. Die Nutzungshandlungen der Anbieter von intelligenter Aufnahmesoftware in der Variante Web-Anwendung berühren ungeachtet der technischen Ausgestaltung des Dienstes im Einzelfall stets ein Recht der öffentlichen Wiedergabe und müssen entsprechende Lizenzen einholen. Ist die Vervielfältigung im Online-Speicher dem Anbieter zuzurechnen, ist die Übermittlung an den Nutzer eine öffentliche Zugänglichmachung i.S.d. § 19a UrhG. Ist die Vervielfältigung im Online-Speicher dem Nutzer zuzurechnen, ist das Abgreifen und Weiterleiten des Signals zum Speicherplatz des Nutzers eine Sendung i.S.d. § 20 UrhG.

7. Die Schranke der Privatkopie i.S.d. § 53 Abs. 1 UrhG erfasst Streamripping dem Wortlaut nach, da der privilegierte Vervielfältigungszweck, die Herstellung einzelner Vervielfältigungen zum privaten Gebrauch, prinzipiell erfüllt sein kann. Dennoch ist aufgrund unterschiedlicher Faktoren schon *de lege lata* nicht jede Form des Streamripping zulässig. Zudem sind aufgrund der Vorgaben des urheberrechtlichen Dreistufentests i.S.d. Art. 5 Abs. 5 InfoSoc-RL *de lege ferenda* dringend Einschränkungen des Anwendungsbereiches dieser Schranke geboten.
8. Ein erster Faktor, der über die Zulässigkeit von Webradio-Streamripping entscheidet, ist die Person des Herstellers der Vervielfältigung. Ist der Anbieter der Aufnahmesoftware Hersteller, was bei Web-Anwendungen der Fall sein kann, wird der Anwendungsbereich des § 53 Abs. 1 UrhG verlassen, wenn der Anbieter entgeltlich agiert und/oder diverse Zusatzleistungen z.B. Recherchedienstleistungen erbringt.
9. Ein weiterer Faktor ist die Rechtswidrigkeit der Vorlage und deren Offensichtlichkeit. Rechtswidrig ist die Vorlage, wenn der Rechteinhaber der öffentlichen Wiedergabe nicht zugestimmt hat (s. These 3). Zwar ist die Rechtswidrigkeit aus Perspektive des einzelnen Nutzers in aller Regel nicht offensichtlich. Bedient sich der Nutzer zur Beschaffung der Vorlage aber eines Dritten, ist dessen Wissen um die Offensichtlichkeit nach der hier vertretenen Auffassung dem Nutzer zuzurechnen. Ist die Rechtswidrigkeit für diesen Dritten, wie z.B. den Anbieter einer Web-Anwendung, offensichtlich, z.B. weil dieser über eine Negativliste bestimmter, unrechtmäßiger Webradios verfügt, ist die Webradio-Aufnahme nicht nach § 53 Abs. 1 UrhG privilegiert. Darüber hinaus kommt es auf die Offensichtlichkeit der Rechtswidrigkeit bei einer Sendung wegen des absoluten Verwertungsverbotes des § 96 Abs. 2 UrhG nicht an. Streamripping von einer unrechtmäßigen Sendung ist *de lege lata* unzulässig.
10. Ist für den Zugriff auf das Webradio die Umgehung einer wirksamen technischen Schutzmaßnahme erforderlich, scheitert eine Bezugnahme auf die Schranke der Privatkopie an der ungeschriebenen Voraussetzung des rechtmäßigen Zugriffs auf die Kopiervorlage. Die Übertragungsstrategie Streaming als solche ist wiederum keine wirksame technische Schutzmaßnahme.
11. Die Anwendung der Schranke der Privatkopie auf Streamripping mittels intelligenter Aufnahmesoftware verstößt allerdings, ungeachtet dessen, wer Hersteller der Vervielfältigung ist, und selbst bei einer rechtmäßigen Vorlage, gegen die Vorgaben des urheberrechtlichen Dreistufentests. So ist bei vollautomatisierten Web-Anwendungen schon ein Verstoß gegen das Verbot der Beeinträchtigung der normalen Werkverwertung (zweite Stufe) anzunehmen, da die Kopien angesichts ihrer hohen Qualität, der großen Auswahl

an verfügbaren Titeln und der einfachen Bedienbarkeit in direkte Konkurrenz zum Primärmarkt für Musik treten, gleichzeitig aber eine individuelle Lizenzierung möglich ist. In jedem Fall aber sind sämtliche Erscheinungsformen intelligenter Aufnahmesoftware nicht mit der dritten Stufe vereinbar. Der Einschnitt in die Position des Rechteinhabers ist angesichts des Entzugs der Verfügungsbefugnis und der wirtschaftlichen Konsequenzen erheblich. Dem stehen nur verhältnismäßig schwache Interessen seitens der Nutzer bzw. der Allgemeinheit gegenüber. Ferner erreicht die gegenwärtig gewährte Vergütung nicht das Ziel, den Rechteinhabern einen gerechten Ausgleich für die Werknutzung zu bieten. Die berechtigten Interessen der Rechteinhaber sind daher unzumutbar verletzt.

12. Zulässig ist Webradio-Streamripping allerdings, wenn dies ähnlich dem Mitschnitt am Kassettenrekorder oder der Programmierung eines Videorekorders manuell durch den Nutzer erfolgt. In vielen Fällen stehen dieser Aufnahmemethode schon keine berechtigten Interessen der Rechteinhaber entgegen, da eine individuelle Lizenzierung nicht möglich ist und die Urheber- und Leistungsschutzberechtigten mit einem Vergütungsanspruch besser gestellt sind als mit einem nicht durchsetzbaren Verbotsrecht. Jedenfalls aber auf der dritten Teststufe fällt die Interessenabwägung zugunsten der Nutzer bzw. der Allgemeinheit aus.

Im Ergebnis ist Streamripping schon nach geltendem Recht nicht uneingeschränkt zulässig. Insbesondere besteht für die Rechteinhaber ein gewisser Spielraum, Tatsachen zu schaffen, die einige Varianten des Streamripping aus dem Anwendungsbereich der Schranke der Privatkopie herauslösen. In Frage kommt zum einen, den Webradio-Anbietern auf vertraglichem Wege die Verpflichtung aufzuerlegen, Geo-Sperren einzusetzen und das Angebot als lizenziert zu kennzeichnen. Zum anderen kann durch gezielte Information der Anbieter von intelligenter Aufnahmesoftware über zulässige bzw. unzulässige Webradios die Zahl der Quellen begrenzt werden, auf die für die Aufnahme zugegriffen werden darf. Ein weiterer, eher pragmatischer Ansatz, wie ihn die *GVL* bereits in ihrem Internetradio-Tarif vorsieht,[1491] ist, die Webradio-Anbieter vertraglich zu verpflichten, die Musiktitel so aneinanderzufügen, dass eine Aufnahme mit Qualitätseinbußen verbunden ist und Streamripping daher schon aus diesem Grund an Attraktivität verliert.

1491 S. *GVL*, Betriebsvoraussetzungen Webcasting, abrufbar unter: https://www.gvl.de/gvl-internetradio-download.htm, Ziffer 6.

Fazit

Das Urheberrecht hat im Zeitalter der Informationsgesellschaft mit seinen neuen Formen der Werkvermittlung eine Schlüsselfunktion erhalten, und die Zulässigkeit neuer Geschäftsmodelle sowie ihr wirtschaftlicher Erfolg hängen maßgeblich von seiner Ausgestaltung und Auslegung ab. Die Krux des Urheberrechts ist jedoch nach wie vor, dass es immer veraltet ist. Selbst seine Anpassungen an die Bedürfnisse der Informationsgesellschaft in den Jahren 2003 und 2007 erfolgten zu Zeitpunkten, an denen heute interessante Geschäftsmodelle und ihre Auswirkungen nicht absehbar waren.

Gleichwohl wurde gezeigt, dass das Urheberrecht grundsätzlich noch geeignet ist, neue Fragestellungen auch in Zeiten der Digitalisierung zu lösen, obgleich Forderungen nach gewissen Anpassungen nicht ignoriert werden können. Schließlich verändern sich durch den technologischen Fortschritt unausweichlich die wirtschaftlichen Rahmenbedingungen. Exemplarisch für diese Veränderung sind die Rechte der öffentlichen Wiedergabe sowie die Schranke der Privatkopie. Erstere sind zwar nach wie vor geeignet, Nutzungsvorgänge im Internet verwertungsrechtlich zu erfassen. Die mit den Verwertungsrechten verknüpften unterschiedlichen Rechtsfolgen, insbesondere das Sendeprivileg, führen in gewissen Bereich allerdings zu einer rechtlichen Ungleichbehandlung wirtschaftlich und funktional vergleichbarer Nutzungsvorgänge. Hier ist auf langfristige Sicht zu überlegen, die Rechtsfolgen jedenfalls im Bereich des Internets anzugleichen.

Die Schranke der Privatkopie wiederum vermag den Interessenausgleich in Bezug auf digitale Werknutzungen angesichts ihrer Konzeption für analoge Vervielfältigungsmöglichkeiten ohne gravierenden Einfluss auf den Primärmarkt heute nicht mehr herbeizuführen. Sie muss, wie etwa das Recht der öffentlichen Wiedergabe durch Schaffung des Rechts der öffentlichen Zugänglichmachung, mitsamt ihrem Modell zur Berechnung der angemessenen Vergütung ins digitale Zeitalter überführt werden. Der urheberrechtliche Dreistufentest zeigt hierbei den Weg.

Eine völlige Abkehr von der Zulässigkeit von Privatkopien ist freilich nicht ratsam, auch nicht im Hinblick auf digitale Kopien, da sie in Anbetracht der Informationsfreiheit und des Schutzes der Privatsphäre in gewissen Bereichen durchaus noch verfassungsrechtlich gefordert und ökonomisch sinnvoll ist. Ihr sind jedoch engere Grenzen zu setzen. Schwierigkeiten bereitet vornehmlich die bisherige Konzeption der Begrenzung der Privatkopieschranke. Danach liegt der Fokus auf dem einzelnen Nutzer und dem von ihm mit der privaten Kopie im Einzelfall verfolgen Zweck. Ursächlich für die Diskussion um die Privatkopie ist allerdings nicht der mit einer Privatkopie verfolgte Zweck sondern das Ausmaß, in dem auf diese Schrankenbestimmung dank der Qualität der Kopien, der Bequemlichkeit der Vervielfältigungsmethoden und der Verfügbarkeit von Vorlagen zurückgegriffen wird. Diese Aspekte müssen sich in den Zulässigkeitsvoraussetzungen widerspiegeln, was gegenwärtig nur bedingt der Fall ist.

Eine gesetzliche Einschränkung des Anwendungsbereiches des § 53 Abs. 1 UrhG und eine Anpassung des § 54a Abs. 4 UrhG sind daher dringend geboten.[1492] Angesichts des Umfangs des Prüfungsauftrages kann vom *Bundesjustizministerium* eine Stellungnahme zum jetzigen § 53 UrhG auch grundsätzlich erwartet werden. Selbst wenn es die Vorschrift unangetastet ließe, müsste es zumindest auch für diese Entscheidung eine Begründung liefern.[1493]

Mit einer entsprechenden Eingrenzung des Anwendungsbereichs der Vorschrift wird jedenfalls dem Problem entgegengetreten, dass Dritte wirtschaftlich von einer Schrankenbestimmung profitieren, ohne dass dieser Mehrwert, der immerhin auf den Leistungen der Kreativen gründet, in deren Vergütung berücksichtigt wird. Vielmehr sind sämtliche Verwerter und Hilfsdienstleister, die das Internet hat auf den Plan treten lassen und die von der Verwertung urheberrechtlich geschützter Leistungen profitieren, sinnvoll in die Wertschöpfungskette zu integrieren. Damit einhergehend sind die urhebervertragsrechtlichen Regelungen auf den Prüfstand zu stellen, um den Interessenausgleich zwischen Urhebern und den wirtschaftlich meist stärkeren Primärverwertern ihrer Werke zu gewährleisten.

Über seine Bedeutung im hier untersuchten Fall hinaus ist davon auszugehen, dass der urheberrechtliche Dreistufentest künftig an Bedeutung gewinnen wird, nicht zuletzt weil der EuGH die Harmonisierung des europäischen Urheberrechts zunehmend auf gerichtlichem Wege vorantreibt und der Dreistufentest eben das zentrale Werkzeug für die Bewertung von Schrankenbestimmungen ist. Diese Entwicklung muss jedoch nicht gefürchtet werden. Vielmehr wurde gezeigt, dass der Test, richtig interpretiert, durchaus ein flexibles Instrument zur Herbeiführung des notwendigen Ausgleichs zwischen den gegenläufigen Interessen darstellt. Wenn nicht schon vorher auf gesetzlichem Wege eine Anpassung des § 53 Abs. 1 UrhG herbeigeführt wird, ist daher jedenfalls eine Vorlage an den EuGH zur Überprüfung der Konformität des § 53 Abs. 1 UrhG mit Art. 5 Abs. 5 InfoSoc-RL bei nächster Gelegenheit dringend geboten.

1492 S. den Regelungsvorschlag im dritten Teil Kapitel 4, Abschnitt F, Punkt II 2.

1493 Die bisherigen Änderungen des Urheberrechtsgesetzes bzw. entsprechende Entwürfe beziehen sich allerdings ausschließlich auf andere Bereiche und lassen die Frage der Privatkopieschranke unangetastet, s. insbesondere das Achte Gesetz zur Änderung des Urheberrechtsgesetzes v. 7.5.2013, BGBl I 2013, 1161, welches sich ausschließlich auf die Einführung eines Rechts für Presseverleger bezieht, s. dazu bereits oben Fn. 1311; Regierungsentwurf eines Gesetzes zur Änderung des Urheberrechtsgesetzes v. 7.1.2013, BT-Drs. 17/12013, betreffend die Verlängerung der Schutzdauer für Musikkompositionen mit Text und der Rechte ausübender Künstler und Tonträgerhersteller von 50 auf 70 Jahre; sowie den Regierungsentwurf eines Gesetzes zur Nutzung verwaister und vergriffener Werke und einer weiteren Änderung des Urheberrechtsgesetzes v. 8.5.2013, BT-Drs. 17/13423.

Ausblick

Auf die Feststellung, dass sich das Urheberrecht auf Werkverwertungen in der Informationsgesellschaft übertragen lässt und viele Nutzungen dem ausschließlichen Verbotsrecht der Rechteinhaber unterliegen, folgt die Einsicht, dass sich die Durchsetzung dieser Rechte erschwert hat. In der jüngeren Vergangenheit wurden deswegen durch die Umsetzung der Durchsetzungs-RL[1494] und die Einführung eines Auskunftsanspruchs gegen Intermediäre in § 101 Abs. 2 und 9 UrhG im Jahr 2008[1495] vor allem die zivilrechtlichen Reaktionsmechanismen verschärft, um die Identität von Verletzern ermitteln zu können.[1496] In vielen Fällen ist der Rechtsverletzer aber trotz dieser Erleichterungen nicht zu identifizieren. Als Ausweg werden daher weitere praktische und rechtspolitische Lösungsansätze sowohl auf Ebene der Rechtedurchsetzung als auch der Rechtewahrnehmung diskutiert, wobei an dieser Stelle abschließend die wichtigsten im Sinne eines Ausblicks nachgezeichnet werden.

A. Haftung des Anbieters der Aufnahmesoftware

Mit der Feststellung, dass die jeweilige Variante des Streamripping mangels Zustimmungsfreiheit der Nutzung und Ausbleiben der Lizenzierung unzulässig ist, ist der Weg geebnet, den Anbieter der Aufnahmesoftware nach den Grundsätzen der Störerhaftung nach § 1004 BGB analog i.V.m. § 97 Abs. 1 UrhG zur Verantwortung zu ziehen, worüber sich jedenfalls Unterlassungsansprüche und

1494 RL 2004/48/EG v. 29.4.2004 des Europäischen Parlaments und des Rates zur Durchsetzung der Rechte des geistigen Eigentums, ABlEG Nr. L 157 v. 30.4.2004, S. 45 (auch „Enforcement-RL" genannt). Zum Regelungsbereich der RL, s. *Frey*, ZUM 2004, 522 ff.; und *Knaak*, GRUR Int 2004, 745 ff. Eine Überarbeitung der Durchsetzungs-RL wird gegenwärtig im Nachgang zum Bericht der *Europäischen Kommission* zur Anwendung der RL und den Konsultationen im Jahr 2011 diskutiert, s. Bericht der Kommission, Anwendung der Richtlinie 2004/48/EG des Europäischen Parlaments und des Rates vom 29. April 2004 zur Durchsetzung der Rechte des geistigen Eigentums, KOM 2010 (779) endg.; sowie die Roadmap der Europäischen Kommission, Proposal for a revision of the Directive on the enforcement of intellectual property rights, Januar 2012, http://ec.europa.eu/governance/impact/planned_ia/docs/2011_markt_006_review_enforcement_directive_ipr_en.pdf. S. hierzu auch *Hoeren*, MMR 2012, 137 (138).

1495 Durch das Gesetz zur Verbesserung der Durchsetzung von Rechten des geistigen Eigentums v. 7.7.2008, BGBl I 2008, 1191. Für eine Bewertung des Auskunftsanspruchs, s. *Spindler*, ZUM 2008, 640 ff.

1496 Zur Strategie der Abmahnverfahren gegen Filesharer, s. *Gesmann-Nuissl/Wünsche*, GRUR Int 2012, 225 (226 f.); *Nümann/Mayer,* ZUM 2010, 321 ff., jeweils m.w.N.; und kritisch *Adolphsen/Mayer/Möller*, NJOZ 2010, 2394 ff.

Beseitigungsansprüche erfassen lassen.[1497] Dieses Vorgehen ist besonders dann interessant, wenn die Rechtsdurchsetzung gegen den Einzelnen scheitert oder wegen der in der Gesamtbetrachtung eher geringen Spürbarkeit weniger effektiv und effizient ist.

Danach kann derjenige in Anspruch genommen werden, der – ohne selbst Verletzer zu sein – in irgendeiner Weise willentlich und adäquat-kausal zur Verletzung eines absoluten Rechts beiträgt, sofern es ihm rechtlich und tatsächlich möglich sowie zumutbar ist, die unmittelbare Rechtsverletzung zu unterbinden bzw. zu verhindern.[1498] Die Störerhaftung greift grundsätzlich auch bei Anbietern von Software oder Hardware, wenn der rechtsverletzende Gebrauch bei objektiver Betrachtung nicht außerhalb aller Wahrscheinlichkeit liegt und ihnen die Haftung billigerweise zuzumuten ist.[1499] Der BGH hat die Zumutbarkeit von Prüfungspflichten jedenfalls dann bejaht, wenn der Anbieter mit der Möglichkeit der Rechtsverletzung wirbt.[1500] Letztlich ist es aber eine Frage des Einzelfalls.[1501]

1497 Auf die Figur der Verkehrspflicht ist der BGH für das Urheberrecht nicht gewechselt, s. BGHZ 185, 330 (335 f., Tz. 18 f.) = NJW 2010, 2061 (Sommer unseres Lebens); *BGH*, NJW 2011, 3443 (3444, Tz. 18) = GRUR 2011, 1018 = ZUM 2011, 839 (Automobil-Onlinebörse). Im Lauterkeitsrecht wurde auf diese Weise eine Haftung für mittelbare Verursacher oder Mitverursacher begründet, welche insbesondere Schadensersatzansprüche rechtfertigen kann, s. *Hoeren/Neubauer*, WRP 2012, 508 (509 f.); *Spindler/Anton*, in: *Spindler/Schuster*, § 1004 BGB Rdnr. 10; *v. Ungern-Sternberg,* GRUR 2012, 321 (326 m.w.N.); *Wiebe*, WRP 2012, 1182 (1184 f.). Kritisch *Spindler*, GRUR 2011, 101 (102 f.). Zu den Möglichkeiten der Schadensersatzpflicht des Störers bei Verstößen gegen die sich aus der Störerhaftung ergebenden Unterlassungspflicht, s. *Krüger/Apel*, MMR 2012, 144 (148-151 m.w.N.).

1498 St. Rspr., *BGH*, NJW 1997, 2180 = GRUR 1997, 313 = WRP 1997, 325 (Architektenwettbewerb); *BGH,* NJW 1999, 1960 = GRUR 1999, 418 = MMR 1999, 280 (Möbelklassiker); BGHZ 148, 13 (17) = NJW 2001, 3265 (ambiente.de); *BGH*, NJW-RR 2002, 832 (833) = GRUR 2002, 618 = WRP 2002, 532 (Meißner Dekor); BGHZ 158, 236 (251) = NJW 2004, 3102 (Internetversteigerung I); BGHZ 158, 343 (350) = NJW 2004, 2158 (Schöner Wetten); BGHZ 172, 119 (120 f., Tz. 40) = NJW 2007, 2636 (Internetversteigerung II); *BGH*, NJW 2011, 3443 (3445, Tz. 25) = GRUR 2011, 1018 = ZUM 2011, 839 (Automobil-Onlinebörse); BGH, NJW 2013, 784 (785 f., Tz. 19) = GRUR 2013, 185 *m. Anm. Hoeren* (Alone in the dark). Allerdings wird inzwischen bezweifelt, ob die deutsche Störerhaftung, insbesondere das Erfordernis des Vorliegens einer Verletzung von Prüfungspflichten, als Umsetzung der Vermittlerhaftung gem. Art. 8 Abs. 3 InfoSoc-RL europarechtskonform ist, s. *Lehment*, WRP 2012, 149 (154); und *J. Nordemann*, GRUR 2011, 977 (979-981). Grund hierfür ist die „L'Oréal/eBay"-Entscheidung des EuGH, s. *EuGH*, GRUR 2011, 1025-1035 = MMR 2011, 596-605 m. Anm. *Hoeren* – L'Oréal/eBay.

1499 *BGH*, GRUR 2009, 841 (843, Tz. 20) = MMR 2009, 625 = ZUM 2009, 774 (Cybersky).

1500 *BGH* a.a.O., Tz. 21, 30 ff. (Cybersky). S.a. *OLG Hamburg*, MMR 2009, 405 (408 ff.) (Alphaload).

1501 Für die Bewertung der Zumutbarkeit von Prüfungspflichten hat die Rechtsprechung u.a. in Urteilen zur Haftung von Betreibern von Sharehosting-Diensten, Online-Marktplätzen und Internet-Foren sowie Inhabern von Internetanschlüssen in den letzten Jahren diverse Merkmale

Was Anbieter von vollautomatisierten Web-Anwendungen für Streamripping betrifft, spricht schon nach geltendem Recht Vieles für deren Haftung als Störer – nicht zu vergessen ist aber, dass sie schon als Täter für eine unzulässige öffentliche Wiedergabe haften.[1502] Erstens liegt der rechtsverletzende Gebrauch der Aufnahmesoftware nicht außerhalb aller Wahrscheinlichkeit, wenn rechtswidrige Sendungen aufgezeichnet werden können. Dies ist für den Anbieter erkennbar. Zweitens leistet der Anbieter insofern einen Beitrag zu dieser Urheberrechtsverletzung, als dass die Aufnahmen durch das Zurverfügungstellen der Aufnahmesoftware überhaupt erst ermöglicht werden. Drittens erzielt er mit diesem Angebot einen wirtschaftlichen Vorteil, sei es über ein vom Nutzer zu zahlendes Entgelt oder über Werbeeinnahmen. Zugleich aber lässt sich die Zahl unzulässiger Aufnahmen aus technischer Sicht verhältnismäßig einfach, effektiv und ohne großen wirtschaftlichen Aufwand eindämmen, indem der Anbieter die zu durchsuchenden Quellen, deren Auswahl immerhin in seiner Hand liegt, auf nicht offensichtlich rechtswidrige Webradios beschränkt.[1503] Inhaltlich muss der Anbieter die Aufnahmesoftware daher entsprechend beschränken.

Die Haftungserleichterungen für Internetprovider der Art. 12 bis 15 E-Commerce-RL, umgesetzt in §§ 7 bis 10 TMG, kommen für ihn schon deswegen nicht in Betracht, da sie auf negatorische Ansprüche, wie nach der Störerhaftung gewährt, nicht anwendbar sind.[1504] Zudem ist anzunehmen, dass die von einem Anbieter für Aufnahmesoftware erbrachte Dienstleistung im Lichte der aktuellen EuGH-Rechtsprechung aufgrund des Ausmaßes seiner Einflussnahme auf das Angebot, durch die er eine nicht nur vermittelnde Tätigkeit sondern eine eher

herausgearbeitet. S. statt vieler *Schwartmann*, BMWi-Studie, Januar 2012, http://www.bmwi.de/BMWi/Navigation/Service/publikationen,did=474202.html, S. 231-240; *Spindler/Anton*, in: *Spindler/Schuster*, § 1004 BGB Rdnrn. 9, jeweils m.w.N.

1502 Das LG Berlin hatte sich bereits mit der Zulässigkeit des Dienstes *flatster* zu befassen. Allerdings hatte die Klägerin den Anbieter nicht als Teilnehmer oder Störer sondern ausschließlich als Täter in Anspruch genommen, sodass das Gericht diesen Aspekt nicht untersuchen brauchte, s. *LG Berlin*, K&R 2011, 427 f.

1503 Entsprechend ist der Anbieter seitens der Rechteinhaber von rechtswidrigen Webradios in Kenntnis zu setzen. Mit ähnlichem Ergebnis *Dresel*, WRP 2011, 1289 (1292). Zur Zulässigkeit der Verpflichtung zur Filterung von Inhalten *BGH*, GRUR 2009, 841 (844, Tz. 34) = MMR 2009, 625 = ZUM 2009, 774 (Cybersky); sowie *Hoeren/Neubauer*, WRP 2012, 508 (510 m.w.N.).

1504 St. Rspr, s. BGHZ 158, 236 (246-248) = NJW 2004, 3102 (Internetversteigerung I); BGHZ 172, 119 (126, Tz. 19) = NJW 2007, 2636 (Internetversteigerung II); *BGH*, GRUR 2011, 152 (153, Tz. 26) = MMR 2011, 172 m. Anm. *Engels* = K&R 2011, 117 (Kinderhochstühle im Internet). S.a. *Hoffmann*, in: *Spindler/Schuster*, § 7 TMG Rdnrn. 32-34. Diese Auffassung ist jedoch nicht ohne Kritik geblieben, s. *Spindler*, GRUR 2011, 101 (102).

„aktive Rolle“[1505] bei Wahrnehmung des Angebotes einnimmt, unter keine der Haftungserleichterungen fällt.

Ein „Schlechthin“-Verbot des Streamripping bedeutet es gleichwohl (noch) nicht. Sollte der Anwendungsbereich des § 53 Abs. 1 UrhG allerdings, wie hier gefordert, eingeschränkt werden und sind infolgedessen ungeachtet der verwendeten Vorlage sämtliche Aufnahmen mittels intelligenter Aufnahmesoftware unzulässig, erreicht die urheberrechtswidrige Nutzung der Software einen solchen Umfang, dass ein Vertriebsverbot in Betracht kommt.[1506]

Hingegen erscheint es nicht zumutbar, Anbietern von Aufnahmesoftware, die manuelle Mitschnitte ermöglicht, Prüfungspflichten und die Umsetzung von Sicherungsmaßnahmen aufzuerlegen. Diese können weder feststellen, ob die Software illegal eingesetzt wird, noch haben sie Kontrollmöglichkeiten im Hinblick auf die verwendeten Vorlagen.[1507]

B. Internetsperren und Warnhinweismodelle

Zudem wird die verbesserte Urheberrechtsdurchsetzung durch die Einführung von „Internetsperren“ in Form von Internetinhaltssperren und/oder Internetzugangssperren diskutiert.

Erstere sollen partiell den Zugang zu bestimmten Inhalten verhindern oder erschweren, haben sich auf gesetzlicher Ebene aber weder in Deutschland noch im Ausland durchgesetzt. Gegenwärtig werden Access-Provider allenfalls per Sperrverfügung zur Sperrung einzelner Seiten aufgefordert.[1508] In Deutschland begegnen diese Internetinhaltssperren in Ansehung etwa des Fernmeldegeheimnisses, der Meinungsfreiheit und der Berufsfreiheit ohnehin grundrechtlichen Bedenken.[1509] Ebenso hat dann der EuGH mit ähnlicher Argumentation im Urteil

---

1505 *EuGH*, GRUR 2011, 1025 (1032, Tz. 113) = MMR 2011, 596 m. Anm. *Hoeren* – L'Oréal/eBay. Ausführlich zur Bedeutung dieser Entscheidung für das deutsche System der Störerhaftung und der Haftunsprivilegien *Spindler*, MMR 2011, 703 (704 ff.); und *Wiebe*, WPR 2012, 1182 (1185-1188).

1506 So fanden diverse Geschäftsmodelle, die auf der Verletzung von Rechten Dritter beruhten, auch in der Vergangenheit schon keine rechtliche Billigung, s. *BGH*, GRUR 2009, 841 (843, Tz. 21) = MMR 2009, 625 = ZUM 2009, 774 (Cybersky); *OLG München*, MMR 2009, 126 (127) = ZUM-RD 2006, 126 = K&R 2008, 756. S.a. *Danckwerts*, GRUR-Prax 2011, 260 ff. zur Diskussion um die Haftung des Sharehosters; sowie *Spindler*, GRUR 2011, 101 (108).

1507 Ähnlich *Schwartmann*, K&R-Beihefter 1 2011, 1 (19).

1508 Hierzu übersichtlich *Gesmann-Nuissl/Wünsche*, GRUR Int 2012, 225 (228-230).

1509 *Maaßen/Schoene*, GRUR-Prax 2011, 394; *Schnabel*, MMR 2008, 281 ff.; *Schwartmann*, GRUR-Prax 2012, 158.

„Scarlet Extended“[1510] gewisse Regeln aufgestellt, wann Sperrverfügungen als Verstoß gegen das Verbot der Einführung einer allgemeinen Überwachungspflicht nach Art. 15 Abs. 1 der E-Commerce-RL und unzumutbarer Eingriff in die Grundrechte der Access-Provider und ihrer Kunden unzulässig sind. In diesem Fall sollten Access-Provider das Senden und Empfangen von Musik über p2p-Netzwerke präventiv überwachen. Der EuGH entschied, dass das europäische Sekundärrecht jedenfalls einer Anordnung an einen Access-Provider entgegen steht, mit der dieser verpflichtet wird, ein System der Filterung 1) aller seine Dienste durchlaufenden elektronischen Kommunikationen 2), das unterschiedslos auf alle seine Kunden anwendbar ist, 3) präventiv, 4) auf ausschließlich seine eigenen Kosten und 5) zeitlich unbegrenzt einzurichten.[1511] Der Einführung nationaler Regelungen zu Inhaltssperren sind damit gewisse Hürden gesetzt.

Internetzugangssperren zielen wiederum auf eine umfassende Verhinderung des Zugangs zum Internet. Da es sich hierbei anders als im „Scarlet Extended“-Fall lediglich um partielle Überwachungspflichten handelt, dürften solche Modelle nicht *per se* unzulässig sein.[1512] Gleichwohl sieht in Europa derzeit nur Frankreich Internetzugangssperren für hartnäckige Rechtsverletzer vor. Dort werden Nutzern, die wiederholt das Urheberrecht verletzen, zunächst mehrfach Verwarnungen per E-Mail gesendet, die sie auf den Verstoß hinweisen. Danach kann die Akte an die Staatsanwaltschaft weitergeleitet werden, wobei neben etwaige Haft- und Geldstrafen sogar eine zeitweise Sperrung des Internetzugangs als ergänzende Sanktionsmöglichkeit treten kann.[1513]

Die *Bundesregierung* hat sich jedoch gegen die Einführung derartiger Maßnahmen ausgesprochen, diskutiert allerdings ein Warnhinweismodell. Die vom *Bundesministerium für Wirtschaft und Technologie (BMWi)* hierzu in Auftrag

---

1510 *EuGH*, GRUR 2012, 265-268 = MMR 2012, 174-176 – Scarlet Extended.

1511 *EuGH* a.a.O., Tz. 53 – Scarlet Extended. S. die Besprechung bei *Trstenjak*, GRUR Int 2012, 393 (400 f.); und *Wiebe*; WRP 2012, 1335 (1336-1338).

1512 *Schwartmann*, BMWi-Studie, Januar 2012, http://www.bmwi.de/BMWi/Navigation/Service/publikationen,did=474202.html, S. 177 f. und 323. A.A. *Hoeren*, Kurzgutachten zur BMWi-Studie, Februar 2012, http://politik.eco.de/files/2012/03/20120227-Hoeren-eco-Gutachten_final-2702.pdf (Stand: 17.6.2012), S. 19-21.

1513 Großbritannien arbeitet an der Etablierung eines ähnlichen Systems. Das in Irland eingeführte Modell, welches auf einer freiwilligen Vereinbarung zwischen dem größten irischen Zugangsanbieter und verschiedenen Musikanbietern basierte, wurde Ende 2011 wegen datenschutzrechtlicher Bedenken gestoppt. Zugleich wird in anderen Ländern über die Einführung von Warnhinweismodellen diskutiert, auch wenn die Pläne aus verschiedenen Gründen bislang nicht umgesetzt wurden. Zum Stand der Implementierung der Warnhinweismodelle in den unterschiedlichen Ländern *Schwartmann*, BMWi-Studie, Januar 2012, http://www.bmwi.de/BMWi/Navigation/Service/publikationen,did=474202.html, S. 76-194. S.a. *Gesmann-Nuissl/Wünsche*, GRUR Int 2012, 225 (231-233).

gegebene Studie schlägt vor, ein „vorgerichtliches Mitwirkungsmodell" einzuführen.[1514] Demzufolge soll der Rechteinhaber eine für den vermeintlichen Rechtsverstoß ermittelte IP-Adresse an den jeweiligen Zugangsanbieter übermitteln und dieser eine entsprechende Verwarnung an den Nutzer senden. Der Zugangsanbieter soll eine Liste über die versendeten Warnungen führen und ab einer gewissen Anzahl an Warnungen dem Rechteinhaber unter gleichzeitiger Information des Nutzers eine noch pseudonymisierte Verstoßliste übermitteln. Daraufhin soll der Rechteinhaber das Auskunftsverfahren gem. § 101 Abs. 9 UrhG beschreiten und der Zugangsanbieter, wie bisher, auf Grund richterlicher Anordnung Name und Anschrift des vermeintlichen Rechtsverletzers beauskunften.[1515] Diese Daten können anschließend zur Abmahnung des Nutzers verwendet werden bzw. sollen die Warnhinweise als solche schon einen erzieherischen Effekt auf den Nutzer ausüben.

Die Zukunft des Warnhinweismodells ist angesichts der geteilten Meinungen zu diesem Vorschlag zum einen jedoch ungewiss.[1516] An einer gesetzlichen Verankerung scheint jedenfalls kein Weg vorbeizuführen, nachdem es nicht so aussieht, als ob eine freiwillige Kooperation zwischen Rechteinhabern und Zugangsanbietern herbeigeführt werden kann.[1517] Zum anderen bieten Internetzugangssperren oder Warnhinweismodelle für Sachverhalte, in denen wie beim Webradio der Abruf und nicht der Upload die entscheidende Handlung ist, keine einfache Handhabe, da weder der Name noch die IP-Adressen der Nutzer für den Rechteinhaber ermittelbar sind.[1518]

1514 *Schwartmann*, BMWi-Studie, a.a.O. S.a. Dritter Zwischenbericht der Enquete-Kommission „Internet und digitale Gesellschaft", BT-Drs. 17/7899, S. 51 f.

1515 *Schwartmann*, BMWi-Studie, a.a.O., S. 337 f.

1516 Kritisch *Hoeren*, Kurzgutachten zur BMWi-Studie, Februar 2012, http://politik.eco.de/files/2012/03/20120227-Hoeren-eco-Gutachten_final-2702.pdf (Stand: 17.6.2012), S. 9 ff.: bedenklich seien insbesondere die Privatisierung der Rechtsdurchsetzung – zumal durch einen „Grunddaseinsversorger" – und die fehlende Überprüfbarkeit des Vorwurfes. S.a. *Spohn/Hullen*, GRUR 2010, 1053 (1057). Fraglich ist, wie die Äußerung der *Bundesministerin der Justiz* zu verstehen ist, Warnhinweise und Netzsperren seien nicht zukunftsweisend, s. *Leutheusser-Schnarrenberger*, Kein Grund zum Kulturpessimismus, Frankfurter Allgemeine Zeitung v. 31.5 2012, S. 8. Die Akzeptanz für solche Modelle scheint in der Bevölkerung wiederum gestiegen zu sein, s. *Bundesverband Musikindustrie*, Presseversion DCN-Studie 2013, http://www.musikindustrie.de/studien, S. 34 ff., wonach mehr als 2/3 der Bevölkerung einen Warnhinweis des Providers im Fall von illegalen Downloads befürworten und für wirksam erachten.

1517 S. *Schwartmann*, GRUR-Prax 2012, 158.

1518 S. *Gesmann-Nuissl/Wünsche*, GRUR Int 2012, 225 (233); und *Schwartmann*, BMWi-Studie, Januar 2012, http://www.bmwi.de/BMWi/Navigation/Service/publikationen,did=474202.html, S. 197.

C. ACTA

Die Diskussion um die Urheberrechtsdurchsetzung im Internet war in jüngerer Vergangenheit außerdem geprägt durch das über längere Jahre hinweg und unter Ausschluss der Öffentlichkeit verhandelte Anti-Counterfeiting Trade Agreement (ACTA)[1519], das harmonisierte Standards für die Durchsetzung der Rechte des geistigen Eigentums, darunter des Urheberrechts, etablieren sollte. Es enthielt neben bekannten zivilrechtlichen Ansprüchen für die Sanktionierung von Immaterialgüterrechtsverletzungen, die Großteils die bereits bestehende Rechtslage in Deutschland widerspiegelten,[1520] spezifische Regelungen zur „Durchsetzung der Rechte des Geistigen Eigentums im digitalen Umfeld" (Art. 2.18 ACTA). Die kleinen Unterschiede zu den bisherigen Regelungen im nationalen und europäischen Recht sowie Ungenauigkeiten in der Formulierung führten allerdings zu großen Unsicherheiten, wie das ACTA letztlich umgesetzt werden solle. Es wurde befürchtet, dass es durch eine einseitige Berücksichtigung der Interessen der Rechteinhaber eine Verschärfung des Rechtsschutzes erziele, was erhebliche Eingriffe in die Privatsphäre der Internetnutzer nach sich ziehe und die Informationsfreiheit im Internet beschneide.[1521] Unter entsprechend großem Protest wurde es von der Bevölkerung in Empfang genommen.[1522] Vor diesem Hintergrund hatte Deutschland die Unterzeichnung des ACTA aufgeschoben und *Bundesjustizministerin Leutheusser-Schnarrenberger* schlug ein ACTA ohne urheberrechtliche Regelungen vor.[1523] Am 4.7.2012 hat das *Europäische Parlament* das ACTA

1519 Handelsübereinkommen zur Bekämpfung von Produkt- und Markenpiraterie zwischen der Europäischen Union und ihren Mitgliedstaaten, Australien, Kanada, Japan, der Republik Korea, den Vereinigten Mexikanischen Staaten, dem Königreich Marokko, Neuseeland, der Republik Singapur, der Schweizerischen Eidgenossenschaft und den Vereinigten Staaten von Amerika, Fassung vom 15.11.2010, abrufbar unter: http://register.consilium.europa.eu/pdf/de/11/st12/st12196.de11.pdf.

1520 Eine Zusammenfassung der Regelungen des ACTA geben u.a. *Paal/Hennemann*, MMR 2012, 288 (291-203); und *Stieper*, GRUR Int 2011, 124 ff. mit einer Einschätzung des benötigten Anpassungsbedarfs im deutschen und europäischen Recht.

1521 *Metzger/Matulionyte* et al., Opinion of European Academics on Anti-Counterfeiting Trade Agreement, http://www.iri.uni-hannover.de/tl_files/pdf/ACTA_opinion_110211_DH2.pdf. Ebenfalls kritisch *Hoeren*, MMR 2012, 137.

1522 Die E-Petition an den *Bundestag*, die Ratifizierung des ACTA auszusetzen, hat 61.305 Mitzeichner gefunden und war im Zeitpunkt des Abschlusses dieser Arbeit in der parlamentarischen Prüfung, s. *Deutscher Bundestag*, Petition: Urheberrecht – Aussetzen der Ratifizierung von ACTA vom 10.2.2012, Pet-ID 22697, https://epetitionen.bundestag.de/petitionen/_2012/_02/_10/Petition_22697.nc.html.

1523 *SPIEGEL ONLINE GmbH,* Leutheusser-Schnarrenberger schlägt überarbeitetes Acta-Abkommen vor, 10.6.2012, http://www.spiegel.de/spiegel/vorab/acta-abkommen-reform-des-urheberrechts-nach-sommerpause-a-837917.html.

jedoch abgelehnt, sodass nun weder die EU noch einzelne Mitgliedstaaten dem Abkommen beitreten können.[1524]

D. Verbesserung der Rechtewahrnehmung

Neben den Überlegungen zur verbesserten Rechtsdurchsetzung werden Ansätze zur verbesserten Rechtewahrnehmung diskutiert, um den Hindernissen bei der Rechteeinräumung – verursacht durch die Komplexität des Lizenzierungsprozesses, seine fehlende Transparenz und hierdurch erhöhte Transaktionskosten – zu begegnen.[1525] Den Dienst *Spotify* z.B. hat es langwierige Verhandlungen gekostet, die notwendigen Lizenzen zu erhalten, während illegale Angebote in der Zwischenzeit munter Geld scheffeln konnten.

Nach der Idee einer „Kultur-Flatrate" sollen zu privaten Zwecken begangene Urheberrechtsverletzungen im digitalen Raum durch eine Pauschalvergütung („Flatrate") legalisiert sowie zulässige Downloads entgolten werden.[1526] An den Möglichkeiten der verfassungskonformen und praktikablen Ausgestaltung dieser Kultur-Flatrate werden jedoch Zweifel geäußert.[1527] Nach Ansicht der *Bundesministerin der Justiz* ist sie „der falsche Weg", da sie „nicht nur eine ökonomisch

1524 Die *Europäische Kommission* hatte das ACTA dem EuGH zunächst noch zur Überprüfung vorgelegt, ob es in Einklang mit den Grundrechten der EU steht, s. die Mitteilung auf der Webseite der Generaldirektion TRADE v. 11.5.2012, abrufbar unter: http://trade.ec.europa.eu/doclib/press/index.cfm?id=799. Das *Parlament* entschied, ohne die Entscheidung des EuGH abzuwarten, s. die Mitteilung auf der Webseite des Europäischen Parlamentes v. 4.7.2012, http://www.europarl.europa.eu/sides/getDoc.do?type=IM-PRESS&reference=20120220FCS38611&format=XML&language=DE#title7.

1525 Vgl. in diesem Zusammenhang auch die Studie von *Ghafele/Gibert*, Counting the Costs of Collective Rights Management of Music Copyright in Europe, 17.10.2011, http://mpra.ub.uni-muenchen.de/34646 zur Diskrepanz zwischen den potentiellen und tatsächlichen Einnahmen im Online-Musikmarkt.

1526 Stellvertretend für die Befürworter der Kultur-Flatrate, *Grassmuck*, ZUM 2005, 104 (108 m.w.N.); *Roßnagel/Jandt/Schnabel*; MMR 2010, 8 ff.; und *Roßnagel* et al., Die Zulässigkeit einer Kulturflatrate nach nationalem und europäischem Recht, 13.3.2009, https://kobra.bibliothek.uni-kassel.de/bitstream/urn:nbn:de:hebis:34-2009051227379/3/EMR_Gutachten_Kulturflatrate.pdf. S.a. *Dierking*, Internet zum Hören, 153-162.

1527 *Bundesverband Musikindustrie e.V.*, Positionspapier zur Kulturflatrate, 25.1.2010, http://www.musikindustrie.de/fileadmin/news/presse/100125_Kulturflatrate_10_Argumente_FINAL.pdf. S.a. *Runge*, GRUR Int 2007, 130 ff.: „Content-Flatrate" mit dem urheberrechtlichen Dreistufentest nicht zu vereinbaren. Unter welchen Voraussetzungen das deutsche Recht einer Kulturflatrate doch nicht im Wege steht, erläutert *Spindler*, Rechtliche und Ökonomische Machbarkeit einer Kulturflatrate, 6.3.2013, http://www.gruene-bundestag.de/fileadmin/media/gruenebundestag_de/themen_az/medien/Gutachten-Flatrate-GrueneBundestagsfraktion__CC_BY-NC-ND_.pdf.

widersinnige Zwangskollektivierung", sondern „auch mit europäischen Vorgaben nicht zu vereinbaren" sei.[1528] Dennoch lohnt es sich, angesichts des Erfolges von Flatrate-Musikangeboten wie *spotify*, den Gedanken der pauschalen Bezahlung jedenfalls in Bezug auf bestimmte (massenhafte) Nutzungen weiter zu verfolgen.[1529]

Ferner soll den Schwierigkeiten bei der Erteilung von Mehrgebietslizenzen für größere Werkblöcke begegnet werden.[1530] Dies führe, wie die *Europäischen Institutionen* in jüngerer Zeit nicht müde werden zu betonen, nicht nur zu finanziellen Einbußen auf Seiten der Rechteinhaber, sondern hemme zugleich die Entwicklung des einheitlichen digitalen Marktes und lasse große Bereiche möglicher Wertschöpfungen brach liegen.[1531] Aber auch auf nationaler Ebene ist ausgewiesenes Ziel die Verbesserung der Rechtewahrnehmung.[1532]

Die praktikabelste Lösung ist die Bündelung der Vergabe von Rechten bei einer zentralen Anlaufstelle i.S. eines „One-Stop-Shops". Mit Aufkommen des Internets hatten sich die Verwertungsgesellschaften der Urheber durch die Abkommen von Santiago (bezogen auf die Rechte der öffentlichen Wiedergabe) und Barcelona (bezogen auf die Vervielfältigungsrechte) aus den Jahren 2000/2001 auch zunächst darauf verständigt, dass jede Verwertungsgesellschaft Nutzern mit Sitz in ihrem jeweiligen Verwaltungsgebiet europaweite Nutzungserlaubnisse für die Online-Nutzung des Repertoires der übrigen Verwaltungsgesellschaften –

1528 *Leutheusser-Schnarrenberger*, Kein Grund zum Kulturpessimismus, Frankfurter Allgemeine Zeitung v. 31.5 2012, S. 8.

1529 S. zum Stand der Diskussion sowie möglichen Modifikationen der Kulturflatrate *Petschulat,* Kulturflatrate, Mai 2010, http://library.fes.de/pdf-files/do/07256.pdf. Denkbare Modelle einer Kulturflatrate zur Kompensation der Vervielfältigungen über Peer-to-Peer-Filesharing Systeme untersucht grundelgend *Spindler,* Rechtliche und Ökonomische Machbarkeit einer Kulturflatrate, 6.3.2013, http://www.gruene-bundestag.de/fileadmin/media/gruenebundestag_de/themen_az/medien/Gutachten-Flatrate-GrueneBundestagsfraktion__CC_BY-NC-ND_.pdf.

1530 Anschaulich zu den Schwierigkeiten *Bairle*, MMR 2012, 503 (505 f.).

1531 Die Institutionen der EU haben zu dieser Thematik in letzten Jahren verschiedene Äußerungen verabschiedet, u.a. Mitteilung der Kommission v. 3.1.2008 über kreative Online-Inhalte im Binnenmarkt, KOM 2007 (836) endg., S. 6; Bericht des Rechtsausschusses des Europäischen Parlaments v. 3.6.2010 über die Durchsetzung von Rechten des geistigen Eigentums im Binnenmarkt, 2009/2178(INI), Tz. 33-35; Mitteilung der Kommission v. 26.8.2010, Eine Digitale Agenda für Europa, KOM 2010 (245) endg./2, S. 8-11; Mitteilung der Kommission v. 24.5.2011, Ein Binnenmarkt für Rechte des geistigen Eigentums Förderung von Kreativität und Innovation zur Gewährleistung von Wirtschaftswachstum, hochwertigen Arbeitsplätzen sowie erstklassigen Produkten und Dienstleistungen in Europa, KOM 2011 (287) endg., S. 12. S.a. die Übersicht bei *Pfennig*, in: FS Loschelder, S. 279 (286). Instruktiv zu den Problemen privater Medienunternehmen beim Rechteerwerb *Grewenig*, ZUM 2011, 27 (28-30).

1532 Dritter Zwischenbericht der Enquete-Kommission „Internet und digitale Gesellschaft", BT-Drs. 17/7899, S. 39-41, 74-78 und 85.

sowohl Streaming als auch Download – erteilen durfte.[1533] Die *Europäische Kommission* sah in dieser an den wirtschaftlichen Sitz eines Nutzers anknüpfende Zuständigkeitsregelung jedoch eine aus kartellrechtlicher Sicht unzulässige Marktaufteilung und damit einen Verstoß gegen Art. 81 Abs. 1 EGV a.F. (ersetzt durch Art. 101 Abs. 1 AEUV) und die Abkommen wurden nicht verlängert.[1534] Ferner hatte die *Generaldirektion Wettbewerb* die Verwertungsgesellschaften mit Untersagungsverfügung vom 16.7.2008 aufgefordert, die Gegenseitigkeitsverträge auf ihre kartellrechtliche Zulässigkeit zu überprüfen.[1535] Hiergegen klagte die *Confédération Internationale des sociétés d'auteurs et compositeurs (CISAC)*,[1536] und es folgten Neuverhandlungen der Gegenseitigkeitsverträge. Das Ergebnis ist, dass abhängig vom zu lizenzierenden Repertoire (etwa national, europäisch, US-amerikanisch), vom Territorium, und vom Verwertungsrecht unterschiedliche Verwertungsgesellschaften zur Erteilung der Lizenzen befugt sind, wobei umstritten ist, inwiefern die einzelnen, bei einer Online-Nutzung angesprochenen Verwertungsrechte, insbesondere das Vervielfältigungsrecht und das Recht der öffentlichen Zugänglichmachung, getrennt lizenziert werden können.[1537] Gegen-

---

1533 Die Texte stehen im Original nicht zur Verfügung, sodass auf die Zusammenfassungen in der Anmeldung von kooperativen Vereinbarungen (Fall COMP/C2/38.126 BUMA, GEMA, PRS, SACEM), ABlEU Nr. C 145 v. 17.5.2001, S. 2 (bezogen auf das Santiago-Abkommen) und in der Entscheidung der Kommission v. 8.10.2002, ABlEU Nr. L 107 v. 30.4.2003, S. 58 (bezogen auf die IFPI-Simulcasting Vereinbarung), bzw. auf ihre Besprechungen z.B. bei *Alich,* GRUR Int 2008, 996; *Bortloff,* GRUR Int 2003, 669 (676-678); *v. Einem*, MMR 2006, 647 (650 f.); *ders.*, Verwertungsgesellschaften, S. 229-242; *Hansen*, in: *Ensthaler/Weidert* (Hrsg.), Handbuch UrhR und Internet, Kap. 6 Rdnrn. 37-41; *Karbaum/Oeller*, in: *Kreile/Becker/Riesenhuber*, Recht und Praxis der GEMA, Kap. 17 Rdnrn. 29-33; *Lüder*, GRUR Int 2007, 649 (655); *Müller,* ZUM 2009, 121 (123-125); und *Poll*, ZUM 2008, 500 (501 f.) verwiesen werden muss.

1534 Empfehlung der Kommission 2005/737/EG v. 18. Mai 2005 für die länderübergreifende kollektive Wahrnehmung von Urheberrechten und verwandten Schutzrechten, die für legale Online-Musikdienste benötigt werden, ABlEU Nr. L 276 v. 21.10.2005, S. 54 mit Verweis auf die Entscheidung der Kommission 2003/300/EG v. 8.10.2002, ABlEG Nr. L 107 v. 30.4.2003, S. 59 (IFPI „Simulcasting").

1535 Entscheidung der Kommission v. 16.7.2008, K(2008) 3435 endg., ABlEG Nr. C 323 v. 18.12.2008, S. 12.

1536 Rs. T-442/08, ABlEU Nr. C 82 v. 4.4.2009, S. 25 f. Zum CISAC-Verfahren s.a. die Zusammenfassung bei *Hansen*, in: *Ensthaler/Weidert* (Hrsg.), Handbuch UrhR und Internet, Kap. 6 Rdnr. 57-76.

1537 Zu den Entwicklungen im Bereich der kollektiven Lizenzierung von Mehrgebietslizenzen in den letzten Jahren s. *Baierle*, MMR 2012, 503 ff.; *v. Einem,* Verwertungsgesellschaften, S. 242-261; *ders.*, MMR 2006, 647 ff.; *Hilty*, in: *Leistner* (Hrsg.), Europäische Perspektiven des Geistigen Eigentums, S. 123 (125-127 und 132-136); *Müller*, ZUM 2009, 121 ff.; *ders.*, ZUM 2011, 13 ff.; *Poll,* ZUM 2008, 500 ff.; *Spohn/Hullen,* GRUR 2010, 1053 (1055). Kritisch aus Sicht der Musiknutzer *v. Albrecht,* ZUM 2011, 706 (708 f.).

wärtig gelten die von der *GEMA* aufgestellten Tarife jedenfalls nur für „Angebote, die innerhalb Deutschlands bzw. für den deutschen Markt erfolgen.“[1538] Darüber hinaus müssen der Verwertungsgesellschaft die Rechte durch den Berechtigungsvertrag überhaupt übertragen worden sein, was ebenfalls Fragen aufwirft.[1539]

Allein die urheberrechtlichen Verwertungsrechte reichen für die Nutzung von Original-Musikaufnahmen außerdem nicht aus. Es sind zusätzlich die Leistungsschutzrechte an der Interpretation zu lizenzieren. Diese werden für Online-Nutzungen abhängig vom zu lizenzierenden Verwertungsrecht und Territorium ebenfalls nicht vollständig von Verwertungsgesellschaften, wie in Deutschland der *GVL*, wahrgenommen. Ein Großteil muss direkt mit dem Rechteinhaber, meist einer Plattenfirma, geklärt werden.[1540] Lediglich für das Simulcasting und Webcasting wurde ein Tarif für die Lizenzierung multiterritorialer Rechte aufgestellt.[1541]

Vor diesem Hintergrund haben sich sowohl die EU als auch der deutsche Gesetzgeber zum Ziel gesetzt, einheitliche und europaweite Lizenzverfahren zu erleichtern.[1542] Verschiedene Lösungsansätze, welche unterschiedliche Aspekte

---

1538 S. Ziffer II. 4 der Tarife Vergütungssätze VR-OD 8 für die Nutzung von Werken des GEMA-Repertoires im Rahmen von entgeltlichen Streaming-Angeboten (sogenannte „unlimitierte Abonnements“), abrufbar unter: https://www.gema.de/fileadmin/user_upload/Musiknutzer/Tarife/Tarife_vra/tarif_vr_od8.pdf und Vergütungssätze VR-OD 9 für die Nutzung von Werken des GEMA-Repertoires im Rahmen von Ad-funded-Streaming-Angeboten, BAnz v. 23.12.2011. S. mit leicht abweichender Formulierung auch Ziffer II. 3 der Tarife Radio (S-VR/Hf-Pr) für die Nutzung von Werken des GEMA-Repertoires durch private Veranstalter von Hörfunk (alle Sendearten ohne Premium-Radio), abrufbar unter: https://www.gema.de/fileadmin/user_upload/Musiknutzer/Tarife/Tarife_sonstige/gema_tarif_radio.pdf; und Premium-Radio S-VR/PHf-Pr für die Nutzung von Werken des GEMA-Repertoires durch private Veranstalter von Premium-Radio (alle Sendearten), abrufbar unter https://www.gema.de/fileadmin/user_upload/Musiknutzer/Tarife/Tarife_sonstige/tarif_premium_radio.pdf.

1539 Zur wirksamen Einräumung der Nutzungsrechte im Verhältnis Urheber/Verlag zu Verwertungsgesellschaft, s. *Spohn/Hullen,* GRUR 2010, 1053 (1054 f.); und *Staudt*, in: *Kreile/Becker/Riesenhuber*, Recht und Praxis der GEMA, Kap. 10 Rdnrn. 94-94b und 190-199. Allgemein zur Auslegung des Wahrnehmungsvertrages, s. *Riesenhuber*, in: *Kreile/Becker/Riesenhuber*, Recht und Praxis der GEMA, Kap. 9.

1540 S. *v. Albrecht,* ZUM 2011, 706 (708); *v. Einem*, MMR 2006, 647 (650 f.); *Müller*, ZUM 2009, 121 (124 f.), *Mestmäcker*, in: *Kreile/Becker/Riesenhuber*, Recht und Praxis der GEMA, Kap. 6 Rdnrn. 6-12.

1541 S. Abschnitt C Ziffern 1 und 2 des Tarifs für die Verwendung erschienener Tonträger fürs sog. Internetradio / Webcasting, BAnz v. 19.8.2008. Grundlage sind die Simulcasting-Abkommen der *International Federation of the Phonographic Industry (IFPI)*, s. *IFPI*, Major step forward for internet licensing, 8.10.2002, http://www.ifpi.org/content/section_news/20021008b.html. S.a. *Bortloff*, GRUR Int 2003, 669, (680-682).

1542 Für Deutschland, s. Punkt 5 des Positionspapiers „Ohne Urheber keine kulturelle Vielfalt“ des Staatsministers für Kultur und Medien *Bernd Neumann* v. 26.11.2010, abrufbar unter:

kombinieren, insbesondere den Aufbau von Informationssystemen zur Rechteinhaberschaft, die Einführung von One-Stop-Shops und die Aufrechterhaltung der sozialen Funktion von Verwertungsgesellschaften, werden diskutiert.[1543]

Mittlerweile liegt auch der Vorschlag für eine Richtlinie über die kollektive Rechtewahrnehmung vor. Die Richtlinie spricht dabei zwei ganz unterschiedliche Bereiche der Rechtewahrnehmung an. Zum einen soll sie Regeln über die Tätigkeit von Verwertungsgesellschaften durch Vorgaben u.a. im Bereich der Organisation und Transparenz allgemein angleichen. Zum anderen sollen Sonderregeln für die multiterritoriale Lizenzierung von Musikrechten im Online-Bereich geschaffen werden.[1544] Allerdings äußern sich die ersten Stimmen zu diesem Entwurf eher kritisch. Problematisch erscheint, dass die Richtlinie in der Regelungstiefe, z.B. hinsichtlich der Tarifaufstellungspflicht und des doppelten Wahrnehmungszwangs, teils hinter den deutschen Schutzstandards zurückbleibt, teils aber auch bedeutend strengere Qualitätsanforderungen an die Rechteverwaltung stellt, als es das deutsche Recht fordert. Kritisch betrachtet wird außerdem, dass unklar bleibt, wie die Rechteeinräumung im Einzelnen von statten gehen soll.[1545]

Ebenso wird das Urteil des EuG vom 12.4.2013 in Sachen „CISAC“ Einfluss auf die zukünftigen Entwicklungen haben. Darin erklärte das Gericht einen Teil der o.g. Entscheidungen der *Europäischen Kommission* für nichtig, und zwar soweit im Verhalten der Verwertungsgesellschaften eine abgestimmte Verhaltensweise festgestellt wurde. Es lehnte jedoch die Klagen ab, soweit sie die Nichtigerklärung der Entscheidung bezüglich der Mitgliedschafts- und Aus-

---

http://www.kulturrat.de/dokumente/bundesregierung/positionspapier-neumann.pdf; sowie im Dritten Zwischenbericht der Enquete-Kommission „Internet und digitale Gesellschaft“, BT-Drs. 17/7899, S. 40 f. und 70-79. Für Europa, s. die Nachweise in Fn. 1531. *Pfennig* weist allerdings zu Recht darauf hin, dass die *Europäische Kommission* mit ihrer Empfehlung 2005/737/EC aus dem Jahr 2005, dass Rechteinhaber in der Lage sein sollten, sich ohne Bindung an nationale Verwertungsgesellschaften eine Organisation ihrer Wahl zu suchen, die ihre Rechte europaweit vertreten, selbst zu der Zersplitterung des Lizenzmarktes und den gegenwärtig existierenden Unsicherheiten beigetragen hat, s. *Pfennig*, in: FS Loschelder, S. 279 (288).

1543 S. etwa die Vorschläge von *v. Albrecht,* ZUM 2011, 706 (708-713); *Bairle*, MMR 2012, 503 (506 f.); *v. Einem,* Verwertungsgesellschaften, S. 280-285; *Hilty*, in: *Leistner* (Hrsg.), Europäische Perspektiven des Geistigen Eigentums, S. 123 (139-150; 153-157).

1544 Vorschlag für eine Richtlinie des Europäischen Parlaments und des Rates über kollektive Wahrnehmung von Urheber- und verwandten Schutzrechten und die Vergabe von Mehrgebietslizenzen für die Online-Nutzung von Rechten an Musikwerken im Binnenmarkt v. 11.7. 2012, COM 2012 (372) final.

1545 S. *Holzmüller*, ZUM 2013, 168 ff.; *Staats*, ZUM 2013, 162 ff.

schließlichkeitsklauseln betrafen.[1546] Für die Verbreitung von Werken über das Internet, Satellit oder Kabel bleibt den Verwertungsgesellschaften ein absoluter Gebietsschutz demnach untersagt.

Die weiteren Entwicklungen in diesem Bereich sind also mit Spannung abzuwarten.

1546 *EuG*, Urt. v. 12.4.2013 – T-442/08 – CISAC, abrufbar über die Webseite http://curia.europa.eu.

Literaturverzeichnis

Adolphsen, Jens/Mayer, Dominik/Möller, Frederik, Massenabmahnungen im Urheberrecht. Ein Geschäftsmodell auf dem Prüfstand, NJOZ 2010, 2394-2399.

Ahrens, Hans-Jürgen, Das Schutzlandstatut nach Art. 8 Rom II-VO. Reichweite, Wirkung, Vorfragenanknüpfung, WRP 2011, 945-950.

Albrecht, Martin von, Praxis der Rechtevergabe im Online-Bereich. Ein Beitrag aus der Sicht privater Sendeunternehmen, ZUM 2011, 706-713.

Albrecht, Martin von/Mutschler-Siebert, Annette/Bosch, Tobias, Die Murphy-Entscheidung und ihre Auswirkungen auf Sport- und Filmlizenzen im Online-Bereich, ZUM 2012, 93-100.

Alich, Stefan, Neue Entwicklungen auf dem Gebiet der Lizenzierung von Musikrechten durch Verwertungsgesellschaften in Europa, GRUR Int 2008, 996-1007.

American Law Institute (ALI), Intellectual Property: Principles Governing Jurisdiction, Choice of Law, and Judgments in Transnational Disputes, 2008, http://www.wipo.int/wipolex/en/details.jsp?id=7687.

Ann, Christoph, Die idealistische Wurzel des Schutzes geistiger Leistungen, GRUR Int 2004, 597-603.

Arlt, Christian, Marktabschottend wirkender Einsatz von DRM-Technik. Eine Untersuchung aus wettbewerbsrechtlichem Blickwinkel, GRUR 2005, 1003-1011.

Auerbach, Jason A., Recording Satellite Radio. Adapting to Modern Technology or Infringing Copyright?, Cardozo L. Rev. 29 (2007), 331-369.

Bäcker, Kerstin, Die Rechtsstellung der Leistungsschutzberechtigten im digitalen Zeitalter. Am Beispiel der Auswertung von Tonaufnahmen im Internet aus der Sicht der Tonträgerhersteller, Schriftenreihe zum Recht des geistigen Eigentums Bd. 22, Berlin 2005 (zugl. jur. Diss. Dresden 2003/2004).

Backu, Frieder, Geolokalisation und Datenschutz, ITRB 2009, 88-90.

Baierle, Christian, Lizenzierung von Musikwerken im Online-Bereich. Weg frei zu einer globalen Musikrechtedatenbank?, MMR 2012, 503-509.

Bechtold, Stefan, Zur rechtsökonomischen Analyse im Immaterialgüterrecht, GRUR Int 2008, 484-488.

Becker, Jürgen/Müller, Stefan, Die Bestimmung der Höhe der angemessenen Vergütung für private Vervielfältigung, in: *Schierholz, Anke/Melichar, Ferdinand* (Hrsg.), Festschrift für Gerhard Pfennig zum 65. Geburtstag, München 2012, S. 373-386.

Becker, Maximilian, Onlinevideorecorder im deutschen Urheberrecht, AfP 2007, 5-13.

–, Zur Berechnung der zulässigen Zahl digitaler Privatkopien, ZUM 2012, 643-652.

Beckstein, Frank, Einschränkungen des Schutzlandprinzips. Die kollisionsrechtliche Behandlung von Immaterialgüterrechtsverletzungen im Internet, Tübingen 2010 (zugl. jur. Diss. Bayreuth 2009).

Bently, Lionel/Dreier, Thomas/Hilty, Reto et al., The Wittem Project. European copyright code, April 2010, http://www.copyrightcode.eu.

Berger, Christian, Die Neuregelung der Privatkopie in § 53 Abs. 1 UrhG im Spannungsverhältnis von geistigem Eigentum, technischen Schutzmaßnahmen und Informationsfreiheit, ZUM 2004, 257-266.

Berger, Christian/Degenhart, Christoph, Rechtsfragen Elektronischer Pressespiegel. Verfassungsrechtliche und urheberrechtliche Aspekte, AfP 2002, 557-583.

Bergmann, Alfred, Die Zulassung der privaten Vervielfältigung durch § 53 UrhG. Unvermeidbares Übel oder angemessener Interessenausgleich?, in: *Ahrens, Hans-Jürgen/Bornkamm, Joachim/Kunz-Hallstein, Hans Peter* (Hrsg.), Festschrift für Eike Ullmann, Saarbrücken 2006, S. 23-36.

Blumenfeld, Steven, Multicast, Broadcast Engineering 43 (2001), Heft 2, 50-52.

–, Streaming vs. file download, Broadcast Engineering 43 (2001), Heft 8, 40.

Borghi, Maurizio, Chasing Copyright Infringement in the Streaming Landscape, IIC 2011, 316-343.

Bortloff, Nils, Internationale Lizenzierung von Internet-Simulcasts durch die Tonträgerindustrie, GRUR Int 2003, 669-686.

Braun, Thorsten, Urheberrecht in der Informationsgesellschaft. Der Referentenentwurf zum Zweiten Korb aus Sicht der Tonträgerwirtschaft, insbesondere im Hinblick auf die Privatkopie, ZUM 2005, 100-104.

Brinkel, Guido, Filesharing. Verantwortlichkeit in Peer-to-Peer Tauschplattformen, Geistiges Eigentum und Wettbewerbsrecht Bd. 4, Tübingen 2006 (zugl. jur. Diss. Göttingen 2005).

Buchner, Benedikt, Rom II und das Internationale Immaterialgüter- und Wettbewerbsrecht, GRUR Int 2005, 1004-1012.

Bullinger, Winfried/Garbers-von Boehm, Katharina, Google-Bildersuche. Schlichte Einwilligung, GRUR-Prax 2010, 257.

Bundesverband der Phonographischen Wirtschaft e.V./Deutsche Landesgruppe der IFPI e.V., Positionspapier zum so genannten „Zweiten Korb" einer Urheberrechtsnovelle, 29.10.2003, http://www.musikindustrie.de/uploads/media/pp_gesetz_nat_stellungn_20031029_ifpi_korb2.pdf.
–, Stellungnahme zum Referentenentwurf für ein Zweites Gesetz zur Regelung des Urheberrechts in der Informationsgesellschaft, 1.11.2004, http://www.musikindustrie.de/uploads/media/pp_gesetz_nat_stellungn_20041101_ifpi_korb2.pdf.
–, Stellungnahme zum Entwurf eines Zweiten Gesetzes zur Regelung des Urheberrechts in der Informationsgesellschaft, 20.2.2006, http://www.musikindustrie.de/uploads/media/pp_gesetz_nat_stellungn_20060220_ifpi_korb2.pdf.
Bundesverband Musikindustrie e.V., Musik im digitalen Wandel, Februar 2012, http://www.musikindustrie.de/fileadmin/news/publikationen/Kompendium_Musik_im_digitalen_Wandel_FINAL.pdf.
–, Presseversion. Studie zur digitalen Content-Nutzung (DCN-Studie 2011), erhältlich unter: http://www.musikindustrie.de/studien.
–, Vollversion. Studie zur digitalen Content-Nutzung (DCN-Studie 2011), erhältlich unter: http://www.musikindustrie.de/studien.
–, Vollversion. Studie zur digitalen Content-Nutzung (DCN-Studie 2012), erhältlich unter: http://www.musikindustrie.de/studien.
–, Vollversion. Studie zur digitalen Content-Nutzung (DCN-Studie 2013), erhältlich unter: http://www.musikindustrie.de/studien.
Busch, Thomas, Zur urheberrechtlichen Einordnung der Nutzung von Streamingangeboten, GRUR 2011, 496-503.
Büscher, Mareile/Müller, Judith, Urheberrechtliche Fragestellungen des Audio-Video-Streamings, GRUR 2009, 558-560.
Callies, Christian/Ruffert, Matthias (Hrsg.), EUV/AEUV, 4. Aufl., München 2011 [zitiert: *Bearbeiter*, in: *Callies/Ruffert*, EUV/AEUV].
Castendyk, Oliver, Senderecht und Internet, in: *Hilty, Reto M./Drexl, Josef/Nordemann, Wilhelm* (Hrsg.), Schutz von Kreativität und Wettbewerb, Festschrift für Ulrich Loewenheim zum 75. Geburtstag, München 2009, S. 31-48.
Cichon, Caroline, Musikpiraterie im Internet, K&R 1999, 547-553.
Cisco Systems GmbH, Handbuch Netzwerktechnologien, München 2001.
Cohen Jehoram, Herman, Is there a hidden agenda behind the general non-implementation of the EU three-step test?, EIPR 2009, 408-410.
–, The Evolution of Copyright Restrictions, in: *Ohly, Ansgar* (Hrsg.), Perspektiven des Geistigen Eigentums und Wettbewerbsrechts, Festschrift für Gerhard Schricker zum 70. Geburtstag, München 2005, S. 249-259.

Czychowski, Christian/Nordemann, Jan Bernd, Die Entwicklung der Gesetzgebung und Rechtsprechung des BGH und EuGH zum Urheberrecht in den Jahren 2008 und 2009, NJW 2010, 735-743.

Danckwerts, Rolf, Neues vom Störer: Was ist ein „von der Rechtsordnung gebilligtes Geschäftsmodell"?, GRUR-Prax 2011, 260-262.

Deloitte, Background Document in support of the Digital Agenda for Europe. Final Report, Studie SMART 2007/0030, März 2010, http://ec.europa.eu/informa tion_society/newsroom/cf/itemdetail.cfm?item_id=7717.

Dierking, Laura, Internet zum Hören. Internetradio und Podcasts in rundfunk- und urheberrechtlicher Betrachtung, 2009, online veröffentlicht unter: http://miami.uni-muenster.de/servlets/DerivateServlet/Derivate-4832/diss_ dierking.pdf (zugl. jur. Diss. Münster 2008).

Dieselhorst, Jochen, Anwendbares Recht bei Internationalen Online-Diensten, ZUM 1998, 293-300.

Dious, Kevin M., Is Home Recording Dead? A Discussion of the Atlantic v. XM Satellite Radio Litigation and Audio Home Recording Rights, J. Intell. Prop. L. 14 (2007), 269-304.

Dreier, Thomas, „De fine": vom Ende des Definierens? Zur Abgrenzung von Münzkopierern, Personal Video Recordern und Serverdiensten, in: *Ahrens, Hans-Jürgen/Bornkamm, Joachim/Kunz-Hallstein, Hans Peter* (Hrsg.), Festschrift für Eike Ullmann, Saarbrücken 2006, S. 37-50.

–, Padawan und die Folgen für die deutsche Kopiervergütung, ZUM 2011, 281-291.

Dreier, Thomas/Schulze, Gernot, Urheberrechtsgesetz. Kommentar, 4. Aufl., München 2013 [zitiert: *Bearbeiter,* in: *Dreier/Schulze,* UrhG].

Dreier, Thomas, Das WITTEM-Projekt eines „European Copyright Code", in: *Erdmann, Willi/Leistner, Matthias, Rüffer, Wilfried* et al. (Hrsg.), Festschrift für Michael Loschelder zum 65. Geburtstag, Köln 2010, S. 47-60.

Dreyer, Gunda/Kotthoff, Jost/Meckel, Astrid, Heidelberger Kommentar zum Urheberrecht, 2. Aufl., Heidelberg u.a. 2009 [zitiert: *Bearbeiter,* in: *Dreyer/Kotthoff/ Meckel,* UrhR].

Dreyfuss, Rochelle, The American Law Institute Project on Intellectual Property: Principles Governing Jurisdiction, Choice of Law, and Judgments in Transnational Disputes, in: *Leible, Stefan/Ohly, Ansgar* (Hrsg.), Intellectual Property and Private International Law, Geistiges Eigentum und Wettbewerbsrecht Bd. 28, Tübingen 2009, S. 15-29.

Dürr, Frank/Becker, Christian/Rothermel, Kurt, Efficient Forwarding of Symbolically Addressed Geocast Messages, 17.10.2005, http://www.informatik. uni-stuttgart.de/cgi-bin/NCSTRL/NCSTRL_view.pl?id=INPROC-2005-31 &mod=0&engl=0.

Eberle, Carl-Eugen/Rudolf, Walter/Wasserburg, Klaus (Hrsg.), Mainzer Rechtshandbuch der Neuen Medien, Heidelberg 2003 [zitiert: *Bearbeiter*, in: *Eberle/Rudolf/Wasserburg*].

Edelman, Benjamin, Shortcomings and Challenges in the Restriction of Internet Retransmissions of Over-the-air Television Content to Cnadian Internet Users, http://cyber.law.harvard.edu/archived_content/people/edelman/pubs/jump-091701.pdf.

Van Eecke, Patrick/Truyens, Maarten et al., EU study on the Legal analysis of a Single Market for the Information Society. New rules for a new age?, SMART 2007/0037, November 2009, http://ec.europa.eu/information_society/newsroom/cf/itemdetail.cfm?item_id=7022.

Egloff, Willi, Rundfunk im Internet? Zur urheberrechtlichen Qualifikation von Simulcasting und Webcasting, sic! 2005, 96-110.

Eimeren, Birgit van/Frees, Beate, Drei von vier Deutschen im Netz – ein Ende des digitalen Grabens in Sicht?, Media Perspektiven 2011, 334-349.

Einem, Götz von, Grenzüberschreitende Lizenzierung von Musikwerken in Europa. Auswirkungen der Empfehlung der EU-Kommission zur Rechtewahrnehmung auf das System der Gegenseitigkeitsverträge, MMR 2006, 647-652.

–, Verwertungsgesellschaften im deutschen und internationalen Musikrecht. Rechtliche und praktische Probleme bei der Lizensierung von Musik angesichts der Digitalisierung und Internationalisierung der Rechteverwertung, Göttinger Studien zum Völker- und Europarecht Bd. 7, München 2007 (zugl. jur. Diss. Göttingen 2007).

Ensthaler, Jürgen/Weidert, Stefan (Hrsg.), Handbuch Urheberrecht und Internet, Schriftenreihe Kommunikation & Recht Bd. 7, 2. Aufl., Frankfurt am Main 2010 [zitiert: *Bearbeiter*, in: *Ensthaler/Weidert* (Hrsg.), Handbuch UrhR und Internet].

Ernst, Stefan, Kopierschutz nach dem neuen UrhG, CR 2004, 39-43.

European Broadcasting Union (EBU), Modern Copyright for Digital Media. Legal Analysis and EBU proposals, März 2010, http://www.ebu.ch/registration/policy2010/images/EBU%20Copyright%20WHITE%20Paper_EN_FINAL.pdf.

European Max Planck Group on Conflict of Laws in Intellectual Property (CLIP), Principles on Conflict of Laws in Intellectual Property, 1.12.2011, http://www.cl-ip.eu/files/pdf2/Final_Text_1_December_2011.pdf.

Fangerow, Kathleen/Schwartz, Manuel, Kopieren an der Quelle? Über die Notwendigkeit ungeschriebener Merkmale in § 53 I 1 UrhG, GRUR 2011, 597-601.

Ficsor, Mihály, The Law of Copyright and the Internet. The 1996 WIPO Treaties, their Interpretation and Implementation, Oxford 2002.

Finguelli, Pietro Graf/Nink, Judith, Auswirkungen der Rechtsprechung zum internetbasierten Videorekorder auf das Webhosting, CR 2008, 791-797.

Flechsig, Norbert P./Bisle, Wolfgang, Unbegrenzte Auslegung pro auctore? Ein ungenügendes Gesetz kann nicht durch Einlegung gerettet werden, ZRP 2008, 115-118.

Foged, Terese, How Internet Radio Plays in Accordance with U.S. and Danish (E.U.) Copyright Laws. Part 1, Ent LR 13 (2002), 142-152.

Förster, Achim, Fair Use, Geistiges Eigentum und Wettbewerbsrecht Bd. 18, Tübingen 2008 (zugl. jur. Diss. Göttingen 2008).

Frank, Christian, Urheberabgaben nach Padawan, CR 2011, 1-6.

Freiwald, Sven, Die private Vervielfältigung im digitalen Kontext am Beispiel des Filesharing, Schriftenreihe des Archivs für Urheber-, Film-, Funk- und Theaterrecht (UFITA) Bd. 214, Baden-Baden 2004 (zugl. jur. Diss. Freiburg i. Br. 2003).

Freund, Bernhard/Schnabel, Christoph, Bedeutet IPv6 das Ende der Anonymität im Internet? Technische Grundlage und rechtliche Beurteilung des neuen Internet-Protokolls, MMR 2011, 495-499.

Frey, Dieter, EU-Richtlinie zur Durchsetzung der Rechte des geistigen Eigentums. Anmerkungen zur Harmonisierung des immaterialgüterrechtlichen Sanktionsrechts aus urheberrechtlicher Perspektive, ZUM 2004, 522-530.

Fromm/Nordemann, Urheberrecht, hrsg. v. *Nordemann, Wilhelm/Nordemann, Axel/Nordemann, Jan Bernd*, 10. Aufl., Stuttgart 2008 [zitiert: *Bearbeiter*, in: *Fromm/Nordemann*, UrhR]

Fusbahn, Jens Klaus, Unbeschwerter Filmgenuss über Streaming-Portale wie *www.kino.to*, IPRB 2011, 42-45.

Garnett, Kevin/Davies, Gillian/Harbottle, Gwilym (Hrsg.), Copinger & Skone James on Copyright, 15. Aufl., London 2009.

Gattringer, Karin/Klingler, Walter, Radionutzung in Deutschland mit leichten Zuwächsen, Media Perspektiven 2010, 442-456.

–, Radionutzung in Deutschland steigt erneut an, Media Perspektiven 2012, 410-423.

Geerlings, Jörg, Das Urheberrecht in der Informationsgesellschaft und pauschale Geräteabgaben im Lichte verfassungs- und europarechtlicher Vorgaben, GRUR 2004, 207-213.

Geiger, Christophe, „Constitutionalising" Intellectual Property Law? The Influence of Fundamental Rights on Intellectual Property in the European Union, IIC 2006, 371-406.

–, Die Schranken des Urheberrechts im Lichte der Grundrechte. Zur Rechtsnatur der Beschränkungen des Urheberrechts, in: *Hilty, Reto M./Peukert, Alexander* (Hrsg.), Interessenausgleich im Urheberrecht, Baden-Baden 2004, S. 143-157.

–, From Berne to National Law, via the Cpyright Directive. The Dangerous Mutations of the Three-Step Test, EIPR 2007, 486-491.
–, Implementing an International Instrument for Interpreting Copyright Limitations and Exceptions, IIC 2009, 627-642.
–, Irrtum. Schranken des Urheberrechts sind Ausnahmebestimmungen und sind restriktiv auszulegen, in: *Berger, Mathias/Macciacchini, Sandro* (Hrsg.), Populäre Irrtümer im Urheberrecht, Festschrift für Reto M. Hilty, Zürich/Basel/ Genf 2008, S. 77-100.
–, The Private Copy Exception, an Area of Freedom (Temporarily) Preserved in the Digital Environment, IIC 2006, 74-81.
–, The Role of the Three-Step Test in the Adaptation of Copyright Law to the Information Society, UNESCO e-Copyright Bulletin, January-March 2007, http://unesdoc.unesco.org/images/0015/001578/157848e.pdf.
–, The Three Step Test, a Threat to a Blanced Copyright Law?, IIC 2006, 683-699.
–, Zusammenfassung der Standpunkte. Entwickelte Thesen, in: *Hilty, Reto M./Geiger, Christophe* (Hrsg.), Impulse für eine europäische Harmonisierung des Urheberrechts. Urheberrecht im deutsch-französischen Dialog, Berlin/ Heidelberg/New York 2007, 361-362.
Geiger, Christophe/Griffiths, Jonathan/Hilty, Reto M., Towards a Balanced Interpretation of the „Three-Step Test" in Copyright Law, EIPR 2008, 489-496.
Geller, Paul Edward (Hrsg.), International Copyright Law and Practice, Losebl., New York [zitiert: Bearbeiter, in: Geller, International Copyright Law and Practice].
Gervais, Daniel J., Towards a New Core International Copyright Norm, Marquette Intellectual Property Law Review 9 (2005), 1-35.
Gesmann-Nuissl, Dagmar/Wünsche, Kai, Neue Ansätze zur Bekämpfung der Internetpiraterie – ein Blick über die Grenzen, GRUR Int 2012, 225-234.
Gey, Michael, Das Recht der öffentlichen Zugänglichmachung i.S.d. § 19a UrhG. Entwicklung, Regelungsumfang und ausgewählte Probleme aus der Praxis, Stuttgart 2009 (zugl. jur. Diss. Würzburg 2008/2009).
Ghafele, Roya/Gibert, Benjamin, Counting the Costs of Collective Rights Management of Music Copyright in Europe, 17.10.2011, http://mpra.ub.uni-muenchen.de/34646.
Ginsburg, Jane C., Toward Supranational Copyright Law? The WTO Panel Decision and the „Three-Step Test" for Copyright Exceptions, RIDA 187 (2001), 2-65.
Gloy, Wolfgang/Loschelder, Michael, Eingabe zum Diskussionsentwurd eines Fünften Gesetzes zur Änderung des Urheberrechtsgesetzes, GRUR 1999, 320-323.

Gola, Peter/Schomerus, Rudolf, Bundesdatenschutzgesetz. Kommentar, 11. Aufl., München 2012 [zitiert: *Bearbeiter*, in: *Gola/Schomerus*, BDSG].

Goldhammer, Klaus/Schmid, Michael/Link, Christine, BLM-Webradiomonitor 2011. Internetradio-Nutzung in Deutschland, 5.7.2011, http://www.webradio-monitor.de/webradiomonitor-studie/studie-2011.

Gorski, Sebastian, Effizienz, Wahlfreiheit und Gleichbehandlung? Eine Untersuchung der Einführung von Wettbewerb zwischen musikalischen Verwertungsgesellschaften durch die Europäische Kommission, Schriften zum Medien-, Urheber- und Wirtschaftsrecht Bd. 4, Frankfurt am Main 2009 (zugl. jur. Diss. Marburg 2009).

Gräbig, Johannes, Abdingbarkeit urheberrechtlicher Schranken, GRUR 2012, 331-337.

Grabitz/Hilf/Nettesheim, Das Recht der Europäischen Union, hrsg. v. *Nettesheim, Martin*, Losebl. (Stand November 2012) [zitiert: *Bearbeiter*, in: *Grabitz/Hilf/Nettesheim*, Das Recht der EU].

Grahl, Julian de, Die Durchsetzung von Urheberrechten im digitalen Zeitalter. Analyse und Rechtspolitik, Ökonomische Analyse des Rechts Bd. 9, Frankfurt a.M. 2008 (zugl. jur. Diss. Hamburg 2007).

Grassmuck, Volker, Ein Plädoyer für durchsetzbare Schrankenbestimmungen für Privatkopie, Zitat und Filesharing, ZUM 2005, 104-109.

Grewenig, Claus, Rechteerwerb und Rechteinhaberschaft im digitalen Zeitalter. Probleme von Nutzern beim Rechteerwerb aus Sicht privater Medienunternehmen, ZUM 2011, 27-31.

Griffiths, Jonathan, Rhetoric & the „Three-Step Test": Copyright Reform in the United Kingdom, EIPR 2010, 309-312.

–, The „Three-Step Test" in European Copyright Law. Problems and Solutions, IPQ 2009, 428-457.

Grzeszick, Bernd, Geistiges Eigentum und Art. 14 GG, ZUM 2007, 344-354.

Guibault, Lucie/Westkamp, Guido/Rieber-Mohn, Thomas et al, Study on the Implementation and Effect in Member States' Law of Directive 2001/29/EC on the Harmonisation of Certain Aspects of Copyright and Related Rights in the Information Society. Part I: The Impact of Directive 2001/29/EC on Online Business Models, Februar 2007, http://ec.europa.eu/internal_market/copyright/docs/studies/infosoc-study_en.pdf.

Härting, Niko/Thiess, Lars, Streaming-Plattformen: Neue Abmahnwelle in Sicht?, WRP 2012, 1068.

Handig, Christian, Downloads aus dem Internetradio, ecolex 2005, 921-924.

–, Reform und Neuordnung der „öffentlichen Wiedergabe", ZUM 2013, 273-278.

–, Urheberrechtliche Aspekte bei der Lizenzierung von Radioprogrammen im Internet, GRUR Int 2007, 206-218.

–, Was erfordert „die Einheit und die Kohärenz des Unionsrechts“? Das urheberrechtliche Nachspiel der EuGH-Entscheidung Football Association Premier League, GRUR Int 2012, 9-14.

Hanewinkel, Ingo Karsten, Urheber versus Verleger. Zur Problematik des § 63a S. 2 UrhG und dessen geplanter Änderung im Zweiten Korb, GRUR 2007, 373-381.

Hansen, Sven, Radiofrühling, c't-Magazin v. 11.5.2009, S. 118-125.

Hardege, Stefan, Informationstechnologische Entwicklungen und der Schutz von Verfügungsrechten für Informationsgüter. Eine ökonomische Analyse zur Ausgestaltung des Urheberrechts, Schriften zur Wirtschaftstheorie und Wirtschaftspolitik Bd. 34, Frankfurt am Main 2006 (zugl. jur. Diss. Hamburg 2005) [zitiert: *Hardege*, Ökonomische Analyse zur Ausgestaltung des Urheberrechts].

Hart, Michael, The Copyright in the Information Society Directive. An Overview, EIPR 2002, 58-64.

Haupt, Stefan, „Gewerblicher Zweck“ im Urheberrecht, UFITA 2009/I, S. 71-94.

He, Huaiwen, Seeking a Balanced Interpretation of the Three-Step Test. An Adjusted Structure in View of Divergent Approaches, IIC 2009, 274-308.

Herrmann, Christoph, Das Grundrecht auf Gewährleistung der Vertraulichkeit und Integrität informationstechnischer Systeme, Europäische Hochschulschriften Reihe 11 Rechtswissenschaft Bd. 5104, Frankfurt am Main 2010 (zugl. jur. Diss. Frankfurt (Main) 2010).

Hilty, Reto M., Kollektive Rechtewahrnehmung und Vergütungsregelungen: Harmonisierungsbedarf und -möglichkeiten, in: *Leistner, Matthias* (Hrsg.), Europäische Perspektiven des Geistigen Eigentums, Geistiges Eigentum und Wettbewerbsrecht Bd. 41, Tübingen 2010, S. 123-166.

–, Sündenbock Urheberrecht?, in: *Ohly, Ansgar/Klippel, Wilhelm* (Hrsg.), Geistiges Eigentum und Gemeinfreiheit, Geistiges Eigentum und Wettbewerbsrecht Bd. 11, Tübingen 2007, S. 107-144.

–, Verbotsrecht vs. Vergütungsanspruch. Suche nach den Konsequenzen der tripolaren Interessenlage im Urheberrecht, in: *Ohly, Ansgar* (Hrsg.), Perspektiven des Geistigen Eigentums und Wettbewerbsrechts, Festschrift für Gerhard Schricker zum 70. Geburtstag, München 2005, S. 325-352.

–, Vergütungssystem und Schrankenregelungen. Neue Herausforderungen an den Gesetzgeber, GRUR 2005, 819-828.

Hoeren, Thomas, ACTA ad acta? Überlegungen zum urheberrechtlichen „Shitstorm“, MMR 2012, 137-138.

–, Die Schranken des Urheberrechts in Deutschland, in: *Hilty, Reto M./Geiger, Christophe* (Hrsg.), Impulse für eine europäische Harmonisierung des Urheberrechts. Urheberrecht im deutsch-französischen Dialog, Berlin/Heidelberg/New York 2007, S. 265-290.

–, Geolokalisation und Glücksspielrecht (Teil 1), ZfWG 2008, 229-232.

–, Geolokalisation und Glücksspielrecht (Teil 2), ZfWG 2008, 311-315.

–, Internet und Recht. Neue Paradigmen des Informationsrechts, NJW 1998, 2849-2854.

–, Kurzgutachten zur BMWi-Studie über Modelle zur Versendung von Warnhinweisen durch Internet-Zugangsanbieter an Nutzer bei Urheberrechtsverletzungen, Februar 2012, http://politik.eco.de/files/2012/03/20120227-Hoeren-eco-Gutachten_final-2702.pdf (Stand: 17.6.2012).

–, Urheberrecht 2000. Thesen für eine Reform des Urheberrechts, MMR 2000, 3-7.

–, Zoning und Geolocation. Technische Ansätze zu einer Reterritorialisierung des Internet, MMR 2007, 3-6.

Hoeren, Thomas/Neubauer, Arne, Der EuGH, Netlog und die Haftung für Host-Provider, WRP 2012, 508-514.

Hoeren, Thomas/Sieber, Ulrich (Hrsg.), Handbuch Multimedia Recht. Rechtsfragen des elektronischen Geschäftsverkehrs, Losebl. (Stand: Dezember 2012) [zitiert: *Bearbeiter*, in: *Hoeren/Sieber*, Handbuch Multimedia Recht].

Hoffmann, Jochen, Die Auslegung des Begriffs der „offensichtlich rechtswidrig hergestellten Vorlage“ in § 53 Abs. 1 UrhG, WRP 2006, 55-61.

Hofmann, Ruben, Virtuelle Personal Video Recorder vor dem Aus? Kritische Analyse der bisherigen Rechtsprechung zu virtuellen PVR, MMR 2006, 793-799.

Hohagen, Gisbert, Die Freiheit der Vervielfältigung zum eigenen Gebrauch, Urheberrechtliche Abhandlungen des Max-Planck-Instituts für Geistiges Eigentum, Wettbewerbs- und Steuerrecht, München Bd. 48, München 2004.

Hüttner, Sabine/Ott, Stephan, Schachern um das Weltkulturerbe. Das Google Book Settlement, ZUM 2010, 377-387.

Holzmüller, Tobias, Der Entwurf der Richtlinie über die kollektive Wahrnehmung von Urheberrechten und verwandten Schutzrechten – Anmerkungen zu den Regelungen über die grenzüberschreitende Lizenzierung von Musikrechten, ZUM 2013, 168-174.

Hugenholtz, Bernt/Eechoud, Mireille van/Gompel, Stef van et al., The Recasting of Copyright & Related Rights for the Knowledge Economy, November 2006, http://ec.europa.eu/internal_market/copyright/docs/studies/etd2005imd195recast_report_2006.pdf.

– /*Okediji, Ruth*, Conceiving an International Instrument on Limitations and Exceptions to Copyright. Final Report, 6.3.2008, http://www.ivir.nl/publica ties/ hugenholtz/finalreport2008.pdf.

Jani, Ole, Alles eins? Das Verhältnis des Rechts der öffentlichen Zugänglichmachung zum Vervielfältigungsrecht, ZUM 2009, 722-730.

–, Was sind offensichtlich rechtswidrig hergestellte Vorlagen? Erste Überlegungen zur Neufassung von § 51 Abs. 1 Satz 1 UrhG, ZUM 2003, 842-855.

Jani, Ole/Ebbinghaus, Amélie, „Gerechter" Ausgleich für Privatkopien. Tarif-Festsetzung nach dem „Padawan"-Urteil des EuGH, GRUR-Prax 2011, 71.

Janisch, Fabian/Lachenmann, Matthias, Konvertierung von Musikvideo-Streams in Audiodateien. Eine Analyse aus Sicht des deutschen Urheberrechts, MMR 2013, 213-217.

Jarass, Hans D./Pieroth, Bodo, Grundgesetz für die Bundesrepublik Deutschland. Kommentar, 11. Aufl., München 2011 [zitiert: *Bearbeiter*, in: *Jarass/ Pieroth*, GG].

Kamps, Michael/Koops, Leonard, Online-Videorecorder im Lichte des Urheberrechts, CR 2007, 581-586.

Karapapa, Stavroula, Padawan v SGAE. A right to private copy?, EIPR 2011, 252-259.

Katz-Bassett, Ethan/John, John P./Krishnamurthy, Arvind et al., Towards IP Geolocation Using Delay and Topology Measurements, 2006, http://www.cs. washington.edu/homes/ethan/papers/geoloc-imc06.pdf.

Katzenberger, Paul, Deutsches Folgerecht und ausländische Kunstauktionen. Zur Anwendbarkeit und zum räumlichen Schutzbereich des § 26 UrhG bei grenzüberschreitenden Veräußerungen von Kunstwerken, GRUR Int 1992, 567-588.

–, TRIPS und das Urheberrecht, GRUR Int 1995, 447-468.

Kianfar, Mina, Die Weitersenderechte für den Betrieb eines Online-Videorecorders (OVR). Zugleich Besprechung von OLG Dresden, Urt. v. 12.7.2011 – 14 U 801/07 – save.tv, GRUR-RR 2011, 393-396.

Klass, Nadine, Das Urheberkollisionsrecht der ersten Inhaberschaft – Plädoyer für einen universalen Ansatz, GRUR Int 2007, 373-386.

Klatt, Heiko, Die urheberrechtliche Einordnung personalisierter Internet-Radios, CR 2009, 517-522.

Kleinke, Yvonne, Zu Auswirkungen des Internet-Fernsehens auf das Urheberrecht, AfP 2008, 460-467.

Klett, Alexander R./Apetz-Dreier, Daja, Urheberrechtliche Geräteabgaben und Europarecht. Der BGH legt dem EuGH in vier weiteren Verfahren Fragen zur Vorabentscheidung vor, K&R 2011, 633-636.

Klett, Alexander R., Kommentar. Muss das System urheberrechtlicher Geräteabgaben im deutschen Urheberrecht neu überdacht werden? K&R 2010, 800-802.

Klickermann, Paul H., Urheberrechtsschutz bei zentralen Datenspeichern, MMR 2007, 7-11.

Klingler, Walter/Kutteroff, Albrecht, Radio der Zukunft, Media Perspektiven 2010, 195-204.

Knaak, Roland, Die EG-Richtlinie zur Durchsetzung der Rechte des geistigen Eigentums und ihr Umsetzungsbedarf im deutschen Recht, GRUR Int 2004, 745-750.

Knies, Bernhard, Die Rechte der Tonträgerhersteller in internationaler und rechtsvergleichender Sicht, Urheberrechtliche Abhandlungen des Max-Planck-Instituts für ausländisches und internationales Patent-, Urheber- und Wettbewerbsrecht Heft 32, München 1999 (zugl. jur. Diss. München 1998).

Koch, Benjamin/Krauspenhaar, Daniel, Hat das derzeitige System der Abgaben auf Vervielfältigungsgeräte und Speichermedien nach §§ 54 ff. UrhG noch eine Zukunft?, GRUR-Int 2012, 881-886.

Koch, Frank A., Grundlagen des Urheberrechtsschutz im Internet und in Online-Diensten, GRUR 1997, 417-430.

–, Der Content bleibt im Netz. Gesicherte Werkverwertung durch Streaming-Verfahren, GRUR 2010, 574-578.

Koelman, Kamiel J., Fixing the Three Step Test, EIPR 2006, 407-412.

Kreile, Johannes, Ende territorialer Exklusivität – Der EuGH als Totengräber?, ZUM 2012, 177-187.

Kreile, Reinhold/Becker, Jürgen/Riesenhuber, Karl (Hrsg.), Recht und Praxis der GEMA. Handbuch und Kommentar, 2. Aufl., Berlin 2008 [zitiert: *Bearbeiter*, in: *Kreile/Becker/Riesenhuber*, Recht und Praxis der GEMA].

Kretschmer, Martin, Private Copying and Fair Compensation. An empirical study of copyright levies in Europe, September 2011, http://www.ipo.gov.uk/ipresearch-faircomp-full-201110.pdf.

Kreutzer, Till, Das Modell des deutschen Urheberrechts und Regelungsalternativen, Hamburger Schriften zum Medien-, Urheber- und Telekommunikationsrecht Bd. 1, Baden-Baden 2008 (zugl. jur. Diss. Hamburg 2007).

–, Napster, Gnutella & Co. Rechtsfragen zu Filesharing-Netzen aus der Sicht des deutschen Urheberrechts de lege lata und de lege ferenda – Teil 1, GRUR 2001, 193-204.

Kröger, Detlef, Enge Auslegung von Schrankenbestimmungen – wie lange noch? Zugang zu Informationen in digitalen Netzwerken, MMR 2002, 18-21.

Krüger, Stefan/Apel, Simon, Haftung von Plattformbetreibern für urheberrechtlich geschützte Inhalte. Wie weit geht die Haftung und wann droht Schadensersatz?, MMR 2012, 144-151.

Krüger, Stefan/Apel, Simon/Maucher, Svenja-Ariane, Ist die IP-Adresse wirklich ein personenbezogenes Datum? Ein falscher Trend mit großen Auswirkungen für die Praxis, MMR 2011, 433-439.

Kühn, Ulrich, Geolokalisierung mit anonymisierten IP-Adressen, DuD 2009, 747-251.

Kur, Annette, Are there any Common European Principles of Private International Law with regard to Intellectual Property?, in: *Leible, Stefan/Ohly, Ansgar* (Hrsg.), Intellectual Property and Private International Law, Geistiges Eigentum und Wettbewerbsrecht Bd. 28, Tübingen 2009, S. 1-14.

–, Haftung für Rechtsverletzungen Dritter: Reformbedarf im europäischen IPR?, WRP 2011, 971-982.

–, Of Oceans, Islands, and Inland Water. How Much Room for Exceptions and Limitations under the Three Step-Test?, Max-Planck-Institut für Geistiges Eigentum, Wettbewerbs- und Steuerrecht Research Paper Series No. 08-04, http://papers.ssrn.com/sol3/papers.cfm?abstract_id=1317707.

–, Territorialität versus Globalität. Kennzeichenkonflikte im Internet, WRP 2000, 935-940.

Kur, Annette/Grosse Ruse-Khan, Henning, Enough is Enough. The Notion of Binding Ceilings in International Intellectual Property Protection, Dezember 2008, http://papers.ssrn.com/sol3/papers.cfm?abstract_id=1326429.

Kurose, James f./Ross, Keith W., Computernetzwerke. Der Top-Down-Ansatz, 4. Aufl., München 2008.

Laki, Sándor/Mátray, Péter/Hága, Péter et al., A Detailed Path-latency Model for Router Geolocation, 2009, http://www.etomic.org/publications/geoloc.pdf.

Larenz, Karl/Canaris, Claus-Wilhelm, Methodenlehre der Rechtswissenschaft, 3. Aufl., Berlin 1995.

Lauber-Rönsberg, Anne, Urheberrecht und Privatgebrauch. Eine rechtsvergleichende Untersuchung des deutschen und des britischen Rechts, Schriften zum geistigen Eigentum und zum Wettbewerbsrecht Bd. 44, Baden-Baden 2011 (zugl. jur. Diss. Dresden 2010).

Lauber-Rönsberg, Anne/Schwipps, Karsten, Das Gesetz zur Regelung des Urheberrechts in der Informationsgesellschaft, GRUR 2004, 293-300.

Lederer, Beatrice, Das Verbraucherleitbild im Internet, NJOZ 2011, 1833-1838.

Lehment, Cornelis, Neuordnung der Täter- und Störerhaftung, WRP 2012, 149-159.

Lei, Jun, Media Distribution using Overlay Multicast and Peer-to-Peer Technologies, Diss. Göttingen 2008.

Leistner, Matthias, Das Murphy-Urteil des EuGH: Viel Lärm um nichts oder Anfang vom Ende des Territorialitätsgrundsatzes im Urheberrecht?, JZ 2011, 1140-1148.

–, The German Federal Supreme Court's Judgment on Google's Image Search. A Topical Example of the „Limitations" of the European Approach to Exceptions and Limitations", IIC 2011, 417-442.

Leistner, Matthias/Hansen, Gerd, Die Begründung des Urheberrechts im digitalen Zeitalter. Versuch einer Zusammenführung von individualistischen und utilitaristischen Rechtfertigungsbemühungen, GRUR 2008, 479-490.

Lent, Wolfgang, Gebühren- und Zulassungspflicht für Internetrundfunk?, K&R 2003, 502-508.

Lenz, Christofer/Würtenberger, Thomas D., Digitale Privatkopie und Eigentumsschutz des Urhebers, NVwZ 2010, 168-171.

Lerch, Alexander, Bitdatenreduktion, in: *Weinzierl, Stefan* (Hrsg.), Handbuch der Audiotechnik, Berlin 2008, S. 849-884.

Leutheusser-Schnarrenberger, Sabine, Kein Grund zum Kulturpessimismus, Frankfurter Allgemeine Zeitung v. 31. 5 2012, S. 8.

Lévêque, François/Ménière, Yann, The Economics of Patents and Copyright, July 2004, http://www.cerna.ensmp.fr/Documents/FL-YM-eBookIP.pdf.

Lewinski, Silke von, EU und Mitgliedstaaten ratifizieren WIPO-Internetverträge. Was ändert sich aus deutscher Sicht?, GRUR-Prax 2010, 49.

Loewenheim, Ulrich (Hrsg.), Handbuch des Urheberrechts, München 2010 [zitiert: *Bearbeiter*, in: *Loewenheim*, Handbuch UrhR].

Lucas, Andre, For a Reasonable Interpretation of the Three-Step Test, EIPR 2010, 277-282.

Lüder, Tilman, First Experience With EU-wide Online Music Licensing, GRUR Int 2007, 649-658.

Ludwig, Michael, Radio 2.0 für die Internet-Generation, 19.8.2011, http://www.chip.de/artikel/Onlineradio-Test-Die-besten-Internetradios-im-Praxis-Check_51002633.html.

Lüghausen, Philip, Die Auslegung von § 53 Abs. 1 S. 1 UrhG anhand des urheberrechtlichen Dreistufentests. Am Beispiel virtueller Private Video Recorder, Aachen 2009 (zugl. jur. Diss. Köln 2008).

Maaßen, Stefan/Schoene, Volker, Sperrungsverfügung gegen Access-Provider wegen Urheber, GRUR-Prax 2011, 394.

Malcher, Arno, Personalisierte Webradios – Sendung oder Abruf. Die urheberrechtliche Einordnung internetbasierter Musikdienste am Beispiel personalisierter Webradios, Studien zum Gewerblichen Rechtsschutz und zum Urheberrecht Bd. 78, Hamburg 2011 (zugl. jur. Diss. Köln 2010).

Martens, Dirk/Windgasse, Thomas, Nutzungsveränderung und Zukunftsperspektiven von Webradio, Media Perspektiven 2010, 119-130.

–, Nutzungsverhalten und Typologie von Webradiohörern, Media Perspektiven 2011, 267-278.

Maunz/Dürig, Grundgesetz Kommentar, hrsg. v. *Herzog, Roman/Herdegen, Matthias/Scholz, Rupert* u.a., Losebl. (Stand: November 2012) [zitiert: *Bearbeiter*, in: *Maunz/Dürig*]

Max-Planck-Institut für Geistiges Eigentum, Wettbewerbs- und Steuerrecht, Declaration. A Balanced Interpretation of the „Three-Step Test" in Copyright Law, http://www.ip.mpg.de/shared/data/pdf/declaration_three_step_test_final_english.pdf, abgedruckt bei *Geiger, Christophe/Griffiths, Jonathan/Hilty, Reto M.*, EIPR 2008, 489 (492-496).

–, Stellungnahme des Max-Planck-Instituts für Geistiges Eigentum, Wettbewerbs- und Steuerrecht zur Anfrage des Bundesministeriums der Justiz vom 19. Februar 2009, http://www.ip.mpg.de/files/pdf1/Stellungnahme-UrheberrechtDritterKorb6.pdf.

–, European Commission – Green Paper: Copyright in the Knowledge Economy. Comments by the Max Planck Institute for Intellectual Property, Competition and Tax Law, 2008, http://www.ip.mpg.de/files/pdf1/Comments-GreenPaperCopyrigthKnowledgeEconomy4.pdf.

Mende, Annette, Das Radio in der digitalen Welt, Media Perspektiven 2010, 369-376.

Metzger, Axel, Der Einfluss des EuGH auf die gegenwärtige Entwicklung des Urheberrechts, GRUR 2012, 118-126.

–, Urheberrechtsschranken in der Wissensgesellschaft. „Fair use" oder enge Einzeltatbestände?, in: *Leistner, Matthias* (Hrsg.), Europäische Perspektiven des Geistigen Eigentums, Geistiges Eigentum und Wettbewerbsrecht Bd. 41, Tübingen 2010, S. 101-122.

Metzger, Axel/Matulionyte, Rita et al., Opinion of European Academics on Anti-Counterfeiting Trade Agreement, http://www.iri.uni-hannover.de/tl_files/pdf/ACTA_opinion_110211_DH2.pdf.

Meyerdierks, Per, Sind IP-Adressen personenbezogene Daten?, MMR 2009, 8-13.

Mitsdörfer, Sven/Gutfleisch, Ulf, „Geo-Sperren" – wenn Video-Portale ausländische Nutzer aussperren. Eine urheberrechtliche Betrachtung, MMR 2009, 731-715.

Möhring/Nicolini, Urheberrechtsgesetz. Kommentar, hrsg. v. *Nicolini, Käte/Ahlberg, Hartwig*, 2. Aufl., München 2000 [zitiert: *Bearbeiter*, in: *Möhring/Nicolini*, UrhG].

Mönkemöller, Lutz, Moderne Freibeuter unter uns?. Internet, MP3 und CD-R als GAU für die Musikbranche!, GRUR 2000, 663-669.

Müller, Stefan, Der Verzicht auf technische Schutzmaßnahmen: kein Verzicht auf die gesetzliche Vergütung für private Vervielfältigung, GRUR 2011, 26-31.

–, Die Rechteinhaberschaft an Musikwerken bei Online-Nutzungen, ZUM 2011, 13-20.

–, Festlegung und Inkasso von Vergütungen für die private Vervielfältigung auf der Grundlage des „Zweiten Korbs", ZUM 2007, 777-791.

–, Rechtewahrnehmung durch Verwertungsgesellschaften bei der Nutzung von Musikwerken im Internet, ZUM 2009, 121-131.

–, Verbesserung des gesetzlichen Instrumentariums zur Durchsetzung von Vergütungsansprüchen für private Vervielfältigung, ZUM 2008, 377-384.

Münchener Kommentar zum BGB, hrsg. v. *Säcker, Franz Jürgen/Rixecker, Roland,* Bd. 1, 6. Aufl., München 2012 [zitiert: *Bearbeiter*, in: MünchKomm-BGB, Bd. 1].

Münchener Kommentar zum BGB, hrsg. v. *Säcker, Franz Jürgen/Rixecker, Roland,* Bd. 10, 5. Aufl., München 2010 [zitiert: *Bearbeiter*, in: MünchKomm-BGB, Bd. 10].

Münchener Kommentar zum BGB, hrsg. v. *Säcker, Franz Jürgen/Rixecker, Roland,* Bd. 11, 5. Aufl., München 2010 [zitiert: *Bearbeiter*, in: MünchKomm-BGB, Bd. 11].

Nägele, Thomas/Jacobs, Sven, Rechtsfragen des Cloud Computing, ZUM 2010, 281-292.

Neumaier, Sven-Uwe, Die gezielte grenzüberschreitende Satellitensendung – kein Eingriff in das Urheberrecht des Empfangslandes?, ZUM 2011, 36-42.

Neurauter, Sebastian, Internetfernsehen und Co. Das Urheberrecht unter dem Druck des Medienwandels, GRUR 2011, 691-697.

Niemann, Fabian, Shift der urheberrechtlichen Verwertungsrechte in der arbeitsteiligen digitalen Welt, CR 2009, 661-666.

–, Urheberrechtsabgaben und Verfassungsrecht: o tempora, o mores, CR 2011, 69-76.

Nordemann, Axel, To copy or not to copy. Soll es ein Recht auf Privatkopie geben?, in: *Hilty, Reto M./Drexl, Josef/Nordemann, Wilhelm* (Hrsg.), Schutz von Kreativität und Wettbewerb, Festschrift für Ulrich Loewenheim zum 75. Geburtstag, München 2009, S. 205-213.

Nordemann, Jan Bernd, Haftung von Providern im Urheberrecht. Der aktuelle Stand nach dem EuGH-Urteil v. 12.7.2011 – C-324/09 – L'Oréal/eBay, GRUR 2011, 977-981.

Nümann, Peter/Mayer, Markus A., Rechtfertigung und Kritik von Massenabmahnungen gegen Urheberrechtsverletzungen in Filesharing-Netzwerken, ZUM 2010, 321-331.

Ohly, Ansgar, Ein Leistungsschutzrecht für Presseverleger?, WRP 2012, 41-48.

–, Urheberrecht als Wirtschaftsrecht, in: *Depenheuer, Otto/Peifer, Karl-Nikolaus* (Hrsg.), Geistiges Eigentum: Schutzrecht oder Ausbeutungstitel? Zustand und Entwicklungen im Zeitalter von Digitalisierung und Globalisierung, Berlin/Heidelberg 2008, 141-161.

Paal, Boris P./Hennemann, Moritz, Schutz von Urheberrechten im Internet. ACTA, Warnhinweismodell und Europarecht, MMR 2012, 288-293.

Pahlen-Brandt, Ingrid, Datenschutz braucht scharfe Instrumente. Beitrag zur Diskussion um „personenbezogene Daten", DuD 2008, 34-40.

Palandt, bearb. v. *Bassenge, Peter/Brudermüller, Gerd/Diederichsen, Uwe* et al., Bürgerliches Gesetzbuch, 72. Aufl., München 2013 [zitiert: *Bearbeiter*, in: *Palandt*, BGB].

Peifer, Karl-Nikolaus, Gerechter Ausgleich und Kopiervergütung bei eindeutig beruflichen digitalen Vervielfältigungen, jurisPR-WettbR 12/2010, Anm. 2.

–, Territorialität und Dienstleistungsfreiheit. Der Fall "Karen Murphy" vor dem EuGH, GRUR-Prax 2011, 435-438.

Perwitz, Ulf, Die Privilegierung privater Nutzung im Recht des geistigen Eigentums, Schriften zum geistigen Eigentum und zum Wettbewerbsrecht Bd. 33, Baden-Baden 2011 (zugl. jur. Diss. Freiburg 2009).

Petschulat, Tim O. Kulturflatrate. Auf der Suche nach einem Internet-kompatiblen Urheberrecht, Mai 2010, http://library.fes.de/pdf-files/do/07256.pdf.

Peukert, Alexander, Der Schutzbereich des Urheberrechts und das Werk als öffentliches Gut. Insbesondere: Die urheberrechtliche Relevanz des privaten Werkgenusses, in: *Hilty, Reto M./Peukert, Alexander* (Hrsg.), Interessenausgleich im Urheberrecht, Baden-Baden 2004, S. 11-46.

Pfennig, Gerhard, Die Entwicklung der Rechtswahrnehmung in der Informationsgesellschaft, in: *Erdmann, Willi/Leistner, Matthias, Rüffer, Wilfried* et al. (Hrsg.), Festschrift für Michael Loschelder zum 65. Geburtstag, Köln 2010, S. 279-304.

Philips, Jeremy, Just three Stepps, but so many criteria, JIPLP 2008, 613.

Piper/Ohly/Sosnitza, Gesetz gegen den unlauteren Wettbewerb, bearb. v. *Ohly, Ansgar/Sosnitza, Olaf*, 5. Aufl., München 2010 [zitiert: *Bearbeiter*, in: *Piper/Ohly/Sosnitza*]

Poeppel, Jan, Die Neuordnung der urheberrechtlichen Schranken im digitalen Umfeld, Schriften zum deutschen und internationalen Persönlichkeits- und Immaterialgüterrecht Bd. 11, Göttingen 2005 (zugl. jur. Diss. Kiel 2004/2005).

Poll, Günter, CELAS, PEDL & Co. Metamorphose oder Anfang vom Ende der kollektiven Wahrnehmung von Musik-Online-Rechten in Europa?, ZUM 2008, 500-507.

–, Neue internetbasierte Nutzungsformen. Das Recht der Zugänglichmachung auf Abruf (§ 19a UrhG) und seine Abgrenzung zum Senderecht (§§ 20, 20b UrhG), GRUR 2007, 476-483.

–, Vom Broadcast zum Podcast. Urheberrechtliche Einordnung neuer Internetgeschäftsmodelle, MMR 2011, 226-231.

Poll, Günter/Braun, Thorsten, Privatkopien ohne Ende oder Ende der Privatkopie? § 53 Abs. 1 UrhG im Lichte des „Dreistufentests", ZUM 2004, 266-279.

Prensky, Marc, Digital Natives, Digital Immigrants, On the Horizon 9 (5) 2001, S. 1-6

Radmann, Friedrich, Kino.ko. Filmegucken kann Sünde sein, ZUM 2010, 387-392.

Ranke, Johannes/Roßnagel, Alexander, Dienstleistungsfreiheit, Urheberrecht und Wettbewerbsschutz im Satellitenfernsehen. Auswirkungen des EuGH-Urteils zu territorialen Exklusivitätsvereinbarungen von Lizenzen, MMR 2012, 152-157.

Ratje, Eckhard/Langer, Eva, Die räumliche Aufspaltung von Filmlizenzen am Beispiel der Vergabe der Medienrechte der Deutschen Fußball Liga, ZUM 2012, 299-306.

Rau, Marco/Behrens, Martin, Catch me if you can ... Anonymisierungsdienste und die Haftung für mittelbare Rechtsverletzungen, K&R 2009, 766-771.

Reich, Michael, Die ökonomische Analyse des Urheberrechts in der Informationsgesellschaft, Law and Economics Bd. 28, München 2006 (zugl. jur. Diss. München 2004).

Rauer, Nils, „Google Book Search"– Richter Chin verweigert auch dem überarbeiteten Vergleichsvorschlag seine Zustimmung, GRUR-Prax 2011, 185.

Reinbacher, Tobias, Strafbarkeit der Privatkopie von offensichtlich rechtswidrig hergestellten oder öffentlich zugänglich gemachten Vorlagen, GRUR 2008, 394-401.

Reinbothe, Jörg, Die EG-Richtlinie zum Urheberrecht in der Informationsgesellschaft, GRUR Int 2001, 733-745.

Reinbothe, Jörg/Lewinski, Silke von, The WIPO Treaties 1996. The WIPO Copyright Treaty and The WIPO Performances and Phonograms Treaty, London 2002.

Reinicke, Christian, Ein neues Leistungsschutzrecht auch für Überschriften?, MMR 2011, 561-562.

Reschke, Johannes, Die verfassungs- und dreistufentestkonforme Auslegung der Schranken des Urheberrechts – zugleich eine Überprüfung von § 52b UrhG,

Schriften zum deutschen und internationalen Persönlichkeits- und Immaterialgüterrecht Bd. 27, Göttingen 2010 (zugl. jur. Diss. Kiel 2010) [zitiert: *Reschke*, Verfassungs- und dreistufentestkonforme Auslegung].

Ricketson, Sam, The boundaries of copyright: its proper limitations and exceptions: international conventions and treaties, IPQ 1999, 56-94.

Ricketson, Sam/Ginsburg, Jane C., International Copyright and Neighbouring Rights. The Berne Convention and Beyond, Bd. 1, 2. Aufl., Oxford 2006.

Rieger, Sebastian, Streaming-Media und Multicasting in drahtlosen Netzwerken. Untersuchung von Realisierungs- und Anwendungsmöglichkeiten, GWDG-Bericht 61 (2003).

Riegler, Thomas, Webradio und Web-TV. Technik, Software, Stationen und Empfangspraxis, Baden-Baden 2008.

Rimac, Ivica, End-to-End Mechanisms for Rate-Adaptive Multicast Streaming over the Internet, Diss. Darmstadt 2004, abrufbar unter http://tuprints.ulb.tu-darmstadt.de/epda/000520/ir-diss-elib.pdf.

Röhl, Christoph, Die urheberrechtliche Zulässigkeit des Tonträger-Sampling, K&R 2009, 172-175.

Roßnagel, Alexander et al., Die Zulässigkeit einer Kulturflatrate nach nationalem und europäischem Recht, 13.3.2009, https://kobra.bibliothek.uni-kassel.de/bitstream/urn:nbn:de:hebis:34-2009051227379/3/EMR_Gutachten_Kultur flatrate.pdf.

Roßnagel, Alexander/Jandt, Silke/Schnabel, Christoph, Kulturflatrate. Ein verfassungsrechtlich zulässiges alternatives Modell zur Künstlervergütung?, MMR 2010, 8-12.

Rott, Peter, Die Privatkopie aus der Perspektive des Verbraucherrechts, in: *Hilty, Reto M./Peukert, Alexander* (Hrsg.), Interessenausgleich im Urheberrecht, Baden-Baden 2004, S. 267-287.

Rüberg, Michael, Vom Rundfunk- zum Digitalzeitalter. Die elektronische Übermittlung urheberrechtlicher Schutzgüter in Deutschland und Großbritannien, Schriftenreihe des Instituts für Rundfunkrecht an der Universität zu Köln Bd. 98, München 2007 (zugl. jur. Diss. Köln 2006/2007).

Runge, Philipp, Vereinbarkeit einer Content-Flatrate für Musik mit dem Drei-Stufen-Test, GRUR Int 2007, 130-137.

Sack, Rolf, Das IPR des geistigen Eigentums nach der Rom II-VO, WRP 2008, 1405-1419.

Sasse, Helge/Waldhausen, Hans, Musikverwertung im Internet und deren vertragliche Gestaltung. MP3, Streaming, Webcast, On-demand-Service etc., ZUM 2000, 837-848.

Schack, Haimo, Internationale Urheber-, Marken- und Wettbewerbsrechtsverletzungen im Internet. Internationales Privatrecht, MMR 2000, 59-65.

–, Rechtsprobleme der Online-Übermittlung, GRUR 2007, 639-645.

–, Schutz digitaler Werke vor privater Vervielfältigung. Zu den Auswirkungen der Digitalisierung auf § 53 UrhG, ZUM 2002, 497-511.

–, Urheber- und Urhebervertragsrecht, 5. Aufl., Tübingen 2010.

–, Urheberrechtliche Schranken, übergesetzlicher Notstand und verfassungskonforme Auslegung, in: *Ohly, Ansgar* (Hrsg.), Perspektiven des Geistigen Eigentums und Wettbewerbsrechts, Festschrift für Gerhard Schricker zum 70. Geburtstag, München 2005, S. 511-521.

Schäfer, Hans-Bernd/Ott, Claus, Lehrbuch der ökonomischen Analyse des Zivilrechts, 4. Aufl., Berlin u.a. 2005.

Schaefer, Martin, Alles oder nichts! Erwiderung auf Jani, Alles eins? – Das Verhältnis des Rechts der öffentlichen Zugänglichmachung zum Vervielfältigungsrecht, ZUM 2009, 722, ZUM 2010, 150-155.

Schenk, Heike, Die digitale Privatkopie, Berlin 2006 (zugl. jur. Diss. Göttingen 2006).

Schmidt, Heidi, Online-Nutzungen und Rundfunk. Welche Dienste sind möglich?, in: *Stern, Klaus/Peifer, Karl-Nikolaus/Hain, Karl-Eberhard* (Hrsg.), Werkvermittlung und Rechtemanagement im Zeitalter von Google und YouTube. Urheberrechtliche Lösungen für die audiovisuelle Medienwelt, Schriftenreihe des Instituts für Rundfunkrecht an der Universität zu Köln Bd. 104, München 2011, S. 27-35.

Schnabel, Christoph, Böse Zensur, guter Filter? – Urheberrechtliche Filterpflichten für Access-Provider, MMR 2008, 281-286.

Schønning, Peter, Anwendbares Recht bei grenzüberschreitenden Direktübertragungen, ZUM 1997, 34-39.

Schricker, Gerhard (Hrsg.), Urheberrecht. Kommentar, 4. Aufl., München 2010 [zitiert: *Bearbeiter*, in: *Schricker*, UrhR].

–, Zum Begriff der angemessenen Vergütung im Urheberrecht. 10% vom Umsatz als Maßstab? GRUR 2002, 737-743.

Schulze, Gernot, Aspekte zu Inhalt und Reichweite von § 19 a UrhG, ZUM 2011, 2-13.

Schwartmann, Rolf, Filesharing, Sharehosting & Co. Funktionsweise und rechtliche Bewertung aktueller Erscheinungsformen von Urheberrechtsverletzungen im Internet, K&R-Beihefter 1 2011, 1-23.

–, Vergleichende Studie über Modelle zur Versendung von Warnhinweisen durch Internet-Zugangsanbieter an Nutzer bei Urheberrechtsverletzungen, Januar 2012, http://www.bmwi.de/BMWi/Navigation/Service/publikationen, did=474202.html [zitiert: *Schwartmann*, BMWi-Studie].

–, Warnhinweise zur Sicherung von Urheberrechten im Internet: Das vorgerichtliche Mitwirkungsmodell im internationalen Kontext, GRUR-Prax 2012, 158.

Schwarz, Franziska, Der schnelle Weg, Süddeutsche Zeitung v. 17.11.2011, S. 11.

Schwarz, Mathias, Klassische Nutzungsrechte und Lizenzvergabe bzw. Rückbehalt von „Internet-Rechten“, ZUM 2000, 816-837.

–, Urheberrecht und unkörperliche Verbreitung multimedialer Werke, GRUR 1996, 836-842.

Schwenzer, Oliver, Tonträgerauswertung zwischen Exklusivrecht und Sendeprivileg im Lichte von Internetradio, GRUR Int 2001, 722-732.

Senfleben, Martin, Copyright Limitations and the Three-Step Test. An Analysis of the Three-Step Test in International and EC Copyright Law, Den Haag 2004.

–, Die Bedeutung der Schranken des Urheberrechts in der Informationsgesellschaft und ihre Begrenzung durch den Dreistufenstest, in: *Hilty, Reto M./ Peukert, Alexander* (Hrsg.), Interessenausgleich im Urheberrecht, Baden-Baden 2004, S. 159-186.

–, Fair Use in The Netherlands – a Renaissance?, ami 2009, 1-7, abrufbar unter: http://papers.ssrn.com/sol3/papers.cfm?abstract_id=1563986.

–, Grundprobleme des urheberrechtlichen Dreistufentests, GRUR Int 2004, 200-211.

Simitis, Spiros (Hrsg.), Bundesdatenschutzgesetz, 7. Aufl., Baden-Baden 2011 [zitiert: *Bearbeiter*, in: *Simitis*, BDSG].

Söbbing, Thomas, Clouds und Grid Computing. IT-Strategien der Zukunft rechtlich betrachtet, MMR 2008, XII-XIV.

Solmecke, Christian/Bärenfänger, Jan, Urheberrechtliche Schutzfähigkeit von Dateifragmenten. Nutzlos = Schutzlos, MMR 2001, 567-573.

SPIEGEL ONLINE GmbH, Internetradio Pandora ist 2,6 Milliarden Dollar wert, 16.6.2011, http://www.spiegel.de/wirtschaft/unternehmen/0,1518,768677,00.html.

Spindler, Gerald, Bildersuchmaschinen, Schranken und konkludente Einwilligung im Urheberrecht. Besprechung der BGH-Entscheidung „Vorschaubilder”, GRUR 2010, 785-792.

–, Der Auskunftsanspruch gegen Verletzer und Dritte im Urheberrecht nach neuem Recht, ZUM 2008, 640-648.

–, Die kollisionsrechtliche Behandlung von Urheberrechtsverletzungen im Internet, IPRax 2003, 412-421.

–, Europarechtliche Rahmenbedingungen der Störerhaftung im Internet. Rechtsfortbildung durch den EuGH in Sachen L’Oréal/eBay, MMR 2011, 703-707.

–, Europäisches Urheberrecht in der Informationsgesellschaft, GRUR 2002, 105-120.
–, Geräteabgaben im Lichte europarechtlicher Vorgabe – die jüngste EuGH-Rechtsprechung und die Konsequenzen für das deutsche Recht, in: *Schierholz, Anke/Melichar, Ferdinand* (Hrsg.), Festschrift für Gerhard Pfennig zum 65. Geburtstag, München 2012, S. 387-402.
–, Morpheus, Napster & Co. – Die kollisionsrechtliche Behandlung von Urheberrechtsverletzungen im Internet, in: *Leible, Stefan* (Hrsg.), Die Bedeutung des Internationalen Privatrechts im Zeitalter der neuen Medien, Stuttgart 2003, S. 155-180.
–, Präzisierungen der Störerhaftung im Internet. Besprechung des BGH-Urteils „Kinderhochstühle im Internet", GRUR 2011, 101-108.
–, Rechtliche und Ökonomische Machbarkeit einer Kulturflatrate. Gutachten erstellt im Auftrag der Bundestagsfraktion „Bündnis 90/DIE GRÜNEN", 6.3.2013, http://www.gruene-bundestag.de/fileadmin/media/gruenebundestag_de/themen_az/medien/Gutachten-Flatrate-GrueneBundestagsfraktion__CC_BY-NC-ND_.pdf.
–, Urheberrecht in der Wissensgesellschaft. Überlegungen zum Grünbuch der EU-Kommission, in: *Hilty, Reto M./Drexl, Josef/Nordemann, Wilhelm* (Hrsg.), Schutz von Kreativität und Wettbewerb, Festschrift für Ulrich Loewenheim zum 75. Geburtstag, München 2009, S. 287-307.
Spindler, Gerald/Schuster, Fabian (Hrsg.), Recht der elektronischen Medien, 2. Aufl., München 2011 [zitiert: *Bearbeiter*, in: *Spindler/Schuster*].
Spohn, Kolja/Hullen, Nils, Lizenzierung von Musik zur Online-Verwertung. Statt One-Stop-Shop ein Rechte-Puzzle, GRUR 2010, 1053-1058.
Staats, Robert, Der EU-Richtlinienvorschlag über die kollektive Rechtewahrnehmung – Stellungnahme aus Sicht der Praxis, ZUM 2013, 162-168.
Staudinger, Kommentar zum Bürgerlichen Gesetzbuch, Internationales Wirtschaftsrecht, 14. Neubearb., Berlin 2006 [zitiert: *Bearbeiter*, in: *Staudinger*, BGB, IntWirtschR].
Sterling, Adrian, World Copyright Law, 3. Aufl., London 2009.
Stickelbrock, Barbara, Die Zukunft der Privatkopie im digitalen Zeitalter, GRUR 2004, 736-743.
Stieper, Malte, Das Anti-Counterfeiting Trade Agreement (ACTA) – wo bleibt der Interessenausgleich im Urheberrecht, GRUR Int 2011, 124-131.
–, Rechtfertigung, Rechtsnatur und Disponibilität der Schranken des Urheberrechts, Jus Privatum Bd. 144, Tübingen 2009 (zugl. jur. Habil., Kiel 2009).
–, Rezeptiver Werkgenuss als rechtmäßige Nutzung. Urheberrechtliche Bewertung des Streaming vor dem Hintergrund des EuGH-Urteils in Sachen FAPL/Murphy, MMR 2012, 12-17.

Stieß, Katrin, Anknüpfungen im internationalen Urheberrecht unter Berücksichtigung der neuen Informationstechnologien, Studien zum vergleichenden und internationalen Recht Bd. 108, Frankfurt am Main 2005 (zugl. jur. Diss. Köln 2004).

Strömer, Tobias H./Gaspers, Holger, „Umgehen" des Kopierschutzes nach neuem Recht, K&R 2004, 14-19.

Svantesson, Dan Jerker B., "Imagine There's No Countries". Geo-Identification, the Law, and the Not-So-Borderless Internet, Journal of Internet Law 10 (9) 2007, 1 und 18-21.

–, Borders on, or Border Around: The Future of the Internet, Alb. L.J.Sci & Tech. 16 (2006), 343-380-

–, Geo-Identification. Now They Know Where You Live, 2005, http://epublications.bond.edu.au/cgi/viewcontent.cgi?article=1011&context=law_pubs.

–, Geo-Location Technologies and other Means of Placing Borders on the "Borderless" Internet, John Marshall Journal of Computer & Information Law 23 (2004), 101-139.

Tanenbaum, Andrew S., Computernetzwerke, 4. Aufl., München 2003.

TERA Consultants, Building a Digital Economy. The Importance of Saving Jobs in the EU's Creative Industries, März 2010, http://www.teraconsultants.fr/assets/publications/PDF/2010-Mars-Etude_Piratage_TERA_full_report-En.pdf.

Topic, Michael, Streaming Media Demystified, New York 2002.

Trstenjak, Verica, Das Verhältnis zwischen Immaterialgüterrecht und Datenschutzrecht in der Informationsgesellschaft im Lichte der Rechtsprechung des Europäischen Gerichtshofs, GRUR Int 2012, 393-402.

Ullrich, Jan Nicolaus, Alles in einem. Die Einräumung eines Nutzungsrechts i. S. d. § 31 Abs. 1 UrhG für einen On-Demand-Dienst im Internet, ZUM 2010, 311-321.

–, Clash of Copyrights. Optionale Schranke und zwingender finanzieller Ausgleich im Fall der Privatkopie nach Art. 5 Abs. 2 lit. b) Richtlinie 2001/29/EG und Dreistufentest, GRUR Int 2009, 283-292.

Ungern-Sternberg, Joachim von, Die Rechtsprechung des Bundesgerichtshofs zum Urheberrecht und zu den verwandten Schutzrechten in den Jahren 2008 und 2009 (Teil II), GRUR 2010, 386-396.

–, Die Rechtsprechung des Bundesgerichtshofs zum Urheberrecht und zu den verwandten Schutzrechen in den Jahren 2010 und 2011 (Teil II), GRUR 2012, 321-331.

–, Senderecht und Recht der öffentlichen Zugänglichmachung. Verwertungsrechte in einer sich wandelnden Medienwelt, in: *Stern, Klaus/Peifer, Karl-Nikolaus/Hain, Karl-Eberhard* (Hrsg.), Werkvermittlung und Rechtemanagement im Zeitalter von Google und YouTube. Urheberrechtliche Lösungen

für die audiovisuelle Medienwelt, Schriftenreihe des Instituts für Rundfunkrecht an der Universität zu Köln Bd. 104, München 2011, S. 51-70.
–, Übertragung urheberrechtlich geschützter Werke durch Internetanbieter und Online-Verbreitungsrecht, in: *Erdmann, Willi/Leistner, Matthias, Rüffer, Wilfried* et al. (Hrsg.), Festschrift für Michael Loschelder zum 65. Geburtstag, Köln 2010, S. 415-424.
–, Urheberrechtliche Verwertungsrechte im Lichte des Unionsrechts, GRUR 2012, 1198-1206.
United Kingdom Intellectual Property Office, Taking Forward the Gowers Review of Intellectual Property. Second Stage Consultation on Copyright Exceptions, Dezember 2009 http://www.ipo.gov.uk/consult-gowers2.pdf.
Verweyen, Urs, Geräteabgaben: Eins vor, Zwei zurück. Besprechung zu BGH, Urt. v. 3011.2011 – I ZR 59/10 – PC als Bild- und Tonaufzeichnungsgerät, GRUR 2012, 875-882.
Vianello, Mirko, Abruf und Aufzeichnung von Video- und Audiostreams zum privaten Gebrauch, CR 2010, 728-734.
Vitorino, António, Recommendations resulting from the Mediation on Private Copying and Reprography Levies, 31.1.2013, http://ec.europa.eu/internal_market/copyright/levy_reform/index_de.htm.
Wagener, Kristine, Die Privatkopie als urheberrechtliche Schrankenregelung, Schriften zum Medien-, Urheber- und Wirtschaftsrecht Bg. 10, Frankfurt a.M. 2011 (zugl. jur. Diss. Marburg 2011).
Walter, Michel M. (Hrsg.), Europäisches Urheberrecht. Kommentar, Wien 2001 [zitiert: *Bearbeiter*, in: *Walter*, Europäisches Urheberrecht].
Wandtke, Artur-Axel, Grenzenlose Freiheit der Kunst und Grenzen des Urheberrechts. Oder über Kunst lässt sich trefflich streiten? ZUM 2005, 769-776.
Wandtke, Artur-Axel/Bullinger, Winfried (Hrsg.), UrhR. Praxiskommentar zum Urheberrecht, 3. Aufl., München 2009 [zitiert: *Bearbeiter*, in: *Wandtke/Bullinger*, UrhR].
Weber, Peter, Die Reichweite des urheberrechtlichen Sendebegriffs aus Sicht der Europäischen Rundfunkunion EBU, ZUM 2009, 460-464.
–, Urheberrecht und Rechtemanagement aus Sicht des Sendeunternehmens, in: *Stern, Klaus/Peifer, Karl-Nikolaus/Hain, Karl-Eberhard* (Hrsg.), Werkvermittlung und Rechtemanagement im Zeitalter von Google und YouTube. Urheberrechtliche Lösungen für die audiovisuelle Medienwelt, Schriftenreihe des Instituts für Rundfunkrecht an der Universität zu Köln Bd. 104, München 2011, S. 37-50.
Westkamp, Guido, Study on the Implementation and Effect in Member States' Law of Directive 2001/29/EC on the Harmonisation of Certain Aspects of Copyright and Related Rights in the Information Society. Part II: Implemen-

tation of Directive 2001/29/EC in the Member States, Februar 2007, http://ec.europa.eu/internal_market/copyright/docs/studies/infosoc-study-annex_en.pdf.

–, The "Three-Step Test" and Copyright Limitations in Europe. European Copyrigh Law between Approximation and National Decision Making, J. Copyright Soc'y U.S.A. 56 (2008), 1-65.

Wiebe, Andreas, Der „virtuelle Videorecorder", CR 2007, 28-34.

–, Vertrauensschutz und geistiges Eigentum am Beispiel der Suchmaschinen, GRUR 2011, 888-895.

–, Providerhaftung in Europa: Neue Denkanstöße durch den EuGH (Teil 1), WRP 2012, 1182-1189.

–, Providerhaftung in Europa: Neue Denkanstöße durch den EuGH (Teil 2), WRP 2012, 1335-1341.

Wigoutschnigg, Raphael, Anonymisierungsprotokolle, DuD 2012, 515-519.

Wilhelmi, Rüdiger, Das gewerbliche Ausmaß als Voraussetzung der Auskunftsansprüche nach dem Durchsetzungsgesetz, ZUM 2008, 942-950.

Winkelmüller, Michael/Kessler, Hans-Wolfram, Territorialisierung von Internet-Angeboten. Technische Möglichkeiten, völker-, wirtschaftsverwaltungs- und ordnungsrechtliche Aspekte, GewA 2009, 181-183.

Wolff, Christian, Rechtsfragen im Umgang mit Webradio-Angeboten. Medien-, urheber- und wettbewerbsrechtliche Rechte und Pflichten von Webradiosendern und -portalbetreibern, ITRB 2009, 177-180.

Zech, Herbert, Vertragliche Dispositionen über Schranken, in: *Leible, Stefan/Ohly, Ansgar/Zech, Herbert* (Hrsg.), Wissen – Märkte – Geistiges Eigentum, Geistiges Eigentum und Wettbewerbsrecht Bd. 38, Tübingen 2010, S. 187-202.

Zimmermann, Georg von, Recording-Software für Internetradios, MMR 2007, 553-558.

Zscherpe, Kerstin, Urheberrechtsschutz digitalisierter Werke im Internet, MMR 1998, 404-411.

Sämtliche Internetquellen der Arbeit befinden sich auf dem Stand vom 2.6.2013, soweit nicht abweichend angegeben.

Schriften zum Wirtschafts- und Medienrecht, Steuerrecht und Zivilprozeßrecht

Herausgegeben von Jürgen Costede und Gerald Spindler

Die Buchreihe geht aus Dissertationsschriften hervor, die an der Juristischen Fakultät der Georg-August-Universität zu aktuellen Problemkreisen aus den renommierten Rechtsgebieten des Wirtschafts- sowie Medienrechts, aber auch des Steuer- und Zivilprozessrechts angenommen wurden. Das Wirtschaftsrecht ist breit vertreten mit Schwerpunkten im Gesellschafts- und Kapitalmarktrecht unter Einbeziehung des Kernstücks des Börsenrechts, aber auch der grundlegenden Fragen des Europarechts. Das Medienrecht hingegen umfasst das Urheberrecht, wesentliche Aspekte des gewerblichen Rechtsschutzes sowie das durch den enormen Stellenwert des Internets immer mehr an wirtschaftlicher Bedeutung gewinnende E-Commerce-Recht. Ein besonderer thematischer Schwerpunkt liegt dabei auf den rechtsvergleichenden Ansätzen, die in der heutigen Zeit auf Grund der Harmonisierung des Rechts auf europäischer und internationaler Ebene immer mehr an Bedeutung gewinnen und als *école de vérité* den Vorrat an rechtlichen Lösungsmöglichkeiten erweitern und bereichern. Die Rechtsvergleichung beschränkt sich dabei in der Regel nicht auf das sonst häufig beliebte deutsch-amerikanische Verhältnis, sondern bezieht auch andere europäische Länder mit ein. Die Reihe zeichnet sich durch ein hohes Maß an Aktualität aus, indem häufig hervorstechende Themen der rechtswissenschaftlichen Diskussion aufgegriffen werden. Aber auch grundlegende Arbeiten etwa zur Umsetzung von EU-Richtlinien in das deutsche Recht fehlen nicht in der Schriftenreihe.

Band 1 Reiner Fu: Die stille Gesellschaft im internationalen Steuerrecht aus deutscher Sicht. 1997.

Band 2 Kirsten Forsblad: Restschuldbefreiung und Verbraucherinsolvenz im künftigen deutschen Insolvenzrecht. 1997.

Band 3 Vassilios Tountopoulos: Die Reichweite der registerrechtlichen Gründungsprüfung einer AG. Eine Untersuchung unter rechtsvergleichendem Aspekt. 1998.

Band 4 Franc Pfahl: Die Maßgeblichkeit der Handelsbilanz, ein dem Steuerbilanzrecht vorgegebenes Grundprinzip? Von der Notwendigkeit einer steuerrechtlichen Begründung der durch § 5 Abs. 1 EStG in das Steuerrecht übernommenen handelsrechtlichen Vorschriften der Gewinnermittlung. 1999.

Band 5 Michael Schröder: Die Wertpapierhandelsaufsicht nach dem Zweiten Finanzmarktförderungsgesetz. 1998.

Band 6 Daniela Hasche: Die Sachgründung der GmbH. 1999.

Band 7 Oliver Wendt: Die rechtliche Problematik von Strahlenschäden. Rechtliche und rechtstatsächliche Aspekte der Haftung für Strahlenschäden unter Einbeziehung der Vorfälle in der strahlentherapeutischen Abteilung des Universitäts-Krankenhauses Eppendorf. 2000.

Band 8 Susanne Matussek: Zum Werbungskostenbegriff im Einkommensteuerrecht. 2000.

Band 9 Klaas Ziervogel: Rufausbeutung im Rahmen vergleichender Werbung. Veränderungen im Zuge der gesetzlichen Regelung vergleichender Werbung. 2002.

Band 10 Sven Wortberg: Lösungsklauseln und Insolvenz. 2003.

Band 11 Eva Ullrich: Die Zurechnung von Buchgutschriften. Zufluß und Leistungsfähigkeit im Einkommensteuerrecht. 2004.

Band 12 Carmen Werner: Einkommensteuerrechtliche Zurechnungen bei mittelbaren Beteiligungen an Personengesellschaften. 2003.

Band 13 Ulf Andreas Nissen: Die Online-Videokonferenz im Zivilprozess. 2004.

Band 14 Oliver Wiegmann: Grund, Grenzen und Wirkungsweise des § 105 InsO. 2004.

Band 15 Holger Seidler: Eigene Aktien. Eine Analyse des Aktien-, Handelsbilanz- und Kapitalmarktrechts zur Ermittlung von Deregulierungspotential und Regulierungsbedarf. 2004.

Band 16 Stefan Eck: Providerhaftung von Konzernunternehmen. Rechtliche Zusammenschau von Konzernunternehmen bei der Verbreitung rechtsverletzender Informationen im Internet. 2004.

Band 17 Frauke Fasold: Die einkommensteuerliche Problematik der Buchwertfortführung. Übertragung stiller Reserven und Gewinnrealisierung im Einkommensteuerrecht. 2005.

Band 18 Thomas Linke: Selbstregulierte Streitlösung für deutsche Domains. 2005.

Band 19 Malte Abel: Pfändungsschutz nach § 851 ZPO. Speziell die Pfändung zweckgebundener Forderungen. 2005.

Band 20 Harriet Eidam: Typische Risiken des elektronischen Rechtsgeschäftsverkehrs. 2005.

Band 21 Katharina Schmitz: Haftung für Links. Zur Verantwortlichkeit des Hyperlinksetzers und Suchmaschinenbetreibers unter besonderer Berücksichtigung von Verkehrs- und Garantenpflichten. 2006.

Band 22 Thomas Miserre: Rundfunk-, Multimedia- und Telekommunikationsrecht. Abgrenzung der Anwendungsbereiche von Art. 5 I 2 GG, Rundfunkstaatsvertrag, Teledienstegesetz, Mediendienstestaatsvertrag und Telekommunikationsgesetz. 2006.

Band 23 Mona Bandehzadeh: Jugendschutz im Rundfunk und in den Telemedien. Eine Würdigung des Staatsvertrages über den Schutz der Menschenwürde und den Jugendschutz in Rundfunk und Telemedien unter verfassungsrechtlichen Aspekten. 2007.

Band 24 Judith Volkmann: Mediation im Zivilprozess. Rechtliche Rahmenbedingungen für ein gerichtsinternes Mediationsangebot. 2006.

Band 25 Tino Grattenthaler: Die Vergütung von Vorstandsmitgliedern in Aktiengesellschaften. Eine grundlegende Betrachtung mit ausgesuchten Schwerpunkten aus rechtswissenschaftlicher Sicht. 2007.

Band 26 Till Dunckel: Online-Auktionen und Wettbewerbsrecht. 2007.

Band 27 Lena Katharina Landsmann: Die stille Gesellschaft in der Insolvenz. 2007.

Band 28 Jan Riebeling: Der Einsatz von Informations- und Kommunikationstechnologie im Insolvenzverfahren. 2007.

Band 29 Daniela Stiegel: Aktienoptionen als Vergütungselement aus arbeitsrechtlicher Sicht. Eine Vergütungsform an der Schnittstelle von Arbeits- und Gesellschaftsrecht. 2007.

Band 30 Jia Li: Nutzungen und Nutzungsrechte im Einkommensteuerrecht. 2007.

Band 31 Olaf Koglin: Opensourcerecht. Die urheber- und schuldrechtlichen Beziehungen zwischen Lizenzgeber und Lizenznehmer bei Open Source Software am Beispiel der General Public License (GPL). 2007.

Band 32 Katharina Padberg: Die Bedeutung des Börsenkurses für die Höhe von Barabfindungen. 2008.

Band 33 Karl Friedrich Balz: No-Shop-Vereinbarungen nach amerikanischem und deutschem Recht. 2008.

Band 34 Sascha Teichert: Die Besteuerung in- und ausländischer Investmentfonds nach dem Investmentsteuergesetz. Unter besonderer Beachtung der steuerrechtlichen Behandlung der Veräußerungs- bzw. Rückgabegewinne i.S. des § 8 InvStG sowie des Sondervermögens mit zusätzlichen Risiken (Hedgefonds) i.S. der §§ 112 ff. InvG. 2009.

Band 35 Stefan Zimmermann: E-Commerce, Verbraucherschutz und die Entwicklung Intelligenter Agenten. 2008.

Band 36 Zhe Huang: Zur Lehre von der Geschäftsgrundlage nach altem und neuem Recht. 2009.

Band 37 Torben Speier: Insiderhandel und Ad-hoc-Publizität nach Anlegerschutzverbesserungsgesetz. Rechtliche Grundlagen und ausgewählte Fragen in einem veränderten kapitalmarktrechtlichen Gewand. 2009.

Band 38 Stefan Rieger: Eigenkapitalersatz in mehrstufigen und mehrfachen Beteiligungsverhältnissen. Ein Beitrag zu den Grundlagen und Grenzen des Eigenkapitalersatzgedankens. 2009.

Band 39 Arnaud Lionel Ngassa Djomo: Die Corporate Governance aus Sicht der Rechtsvergleichung zwischen Deutschland und Kamerun. 2009.

Band 40 Matthias Lack: Rechtsfragen des individuellen Auskunftsrechts des Aktionärs nach dem Gesetz zur Unternehmensintegrität und Modernisierung des Anfechtungsrechts. 2009.

Band 41 Kirsa Steinke: Die Übertragbarkeit der *Keck*-Rechtsprechung des EuGH auf die Niederlassungsfreiheit. 2009.

Band 42 Frauke von Lücken: Parteifähigkeit der Gesellschaft bürgerlichen Rechts und Parteibegriff im Zivilprozessrecht. 2009.

Band 43 Katrin Kepper: Die mitbestimmende monistische SE deutschen Rechts. Eine Untersuchung der Kompatibilität der deutschen Mitbestimmung und der monistischen Führungsorganisation am Beispiel der Europäischen Aktiengesellschaft (SE). 2010.

Band 44 Marc Philipp Weber: Die Umsetzung der Enforcement-Richtlinie ins deutsche Recht. Unter besonderer Berücksichtigung der Umsetzung des Art. 7 RL. 2010.

Band 45 Xinmiao Yu: Substitution des Antidumpingrechts durch extraterritoriale Anwendung des EG-Wettbewerbsrechts. 2010.

Band 46 Parastu Bahramsari: Zur persönlichen Zuordnung von Betriebsausgaben und Werbungskosten im Einkommensteuerrecht. Drittaufwand und verwandte Erscheinungen. 2011.

Band 47 Henning Dehnert: Der deliktische Erfolgsort bei reinen Vermögensschäden und Persönlichkeitsrechtsverletzungen. Eine Untersuchung des europäischen und deutschen internationalen Zivilverfahrensrechtes und des internationalen Privatrechtes. 2011.

Band 48 Christian Conreder: Verfassungsrechtlicher Schutz von Aktionärsrechten. 2011.

Band 49 Jörn Heckmann: Die retrospektive Digitalisierung von Printpublikationen. 2011.

Band 50 Andreas Lönner: Die *actio pro socio* im Recht der Kapital- und Personengesellschaften. Eine rechtsformübergreifende Untersuchung unter besonderer Berücksichtigung des aktienrechtlichen Klagezulassungsverfahrens. 2011.

Band 51 Thomas Müller: Rechtsnatur und Wirkung so genannter „atypischer Beherrschungsverträge". 2012.

Band 52 Alexander Fritzsche: Anlegerschutz bei Zertifikaten. Der Rechtsrahmen bei Emission, Vertrieb und Handel von Zertifikaten im Spiegel anlegergerechter Regulierung. 2012.

Band 53 Carlo Piltz: Soziale Netzwerke im Internet - Eine Gefahr für das Persönlichkeitsrecht? 2013.

Band 54 Udo Schulze: Der funktionale Zusammenhang zwischen bilanzieller Betrachtungsweise und Drittvergleich bei der Kapitalerhaltung im GmbH-Recht. 2013.

Band 55 Aileen Prill: Webradio-Streamripping Eine neue Form der Musikpiraterie? Eine Untersuchung des urheberrechtlichen Rahmens für Webradios und der Schranke der Privatkopie. 2013.

www.peterlang.com

For the avoidance of doubt, input of the whole or any part of this publication into any generative artificial intelligence model, chatbot, program, software or technology is expressly prohibited without the prior written consent of the publisher.